FORGING SIMULATION

단조
시뮬레이션

전만수 저

JINSAEM 진샘미디어

발간사

한국의 단조산업은 최근 십수년 간 상당히 큰 폭으로 성장해 왔다. 이는 기초산업인 철강 제조업과 유통업, 배후산업인 자동차, 조선, 기계, 플랜트 산업이 고루 발전한 결과일 것이다. 그러나 양적인 팽창과는 달리 장비와 설계프로그램 등 고부가가치산업화의 기초인 하드웨어와 소프트웨어의 수준은 단조선진국에 미치지 못하고 있는 실정이다. 또한 뿌리산업 지원정책에 힘입어 볼륨이 커진 R&D활동에도 불구하고 우리 손으로 만든 변변한 단조서적조차 내 놓을 것이 거의 없다는 것이 안타깝던 차에 지난 20여년 한국산 단조 시뮬레이션 소프트웨어를 개발하고 발전시켜온 경상대학교 전만수 교수팀과 '단조 시뮬레이션'을 발간하게 된 것은 그 의미와 보람이 참으로 크다 하겠다.

'단조 시뮬레이션'은 우리 조합과 경상대학교가 공동 수행한 「2012년도 중소기업청 업종공통개발사업」의 결과물 중 하나이다. 기업현장에 도움이 되는 내용으로 채우려고 노력했으며 그 결과 대부분의 예제가 현장지도와 사후관리를 한 기업현장으로부터 도출되었다. 이 책이 지향하는 것은 단조 시뮬레이션 기술을 기업현장에서 사용하는데 좀 더 용이하도록 돕는 것이다. 따라서 공통기술개발사업의 결과물인 '중소기업형 단조 시뮬레이션 AFDEX-K'를 이해하고 십분 활용하는데 큰 도움이 될 것으로 기대한다.

끝으로 집필과 발간에 혼신의 힘을 쏟아준 경상대학교 전만수 교수팀과 예제 도출에 기꺼이 협조해 준 단조업체 관계자 그리고 정책적 지원을 아끼지 않은 중소기업청과 중소기업중앙회에 감사의 말씀을 드린다.

2013년 6월 13일

한국단조공업협동조합

이사장 강동한

머리말

최근 20년간 단조 시뮬레이션 기술은 눈부신 발전을 이룩하였다. 그리고 단조산업도 크게 발전하여 R&D 및 컨설팅 활동이 크게 증가하였으며, 단조산업을 비롯한 소성가공 산업은 많은 전문가가 향유할 수 있는 유망 분야로 자리잡았다.

하지만 아직 이 분야에서 관심을 끌만한 서적이 없다는 것은 아쉬운 일이다. 그 이유는 이미 오래전부터 이 기술의 발전을 대학이 아니라 소프트웨어회사가 주도해 왔기 때문일 것이다. 그러기에 그 중간 지역에 머무르고 있는 저자에게는 오랜기간동안 관련 서적의 집필에 대한 부담을 지고 있었다.

저자는 20여년간 단조 시뮬레이터를 개발해 오는 과정에서 많은 현장 문제를 가지고 고민하고 그 해결책을 찾는 과정에서 엎어지기도 하고 일어서기도 하면서 발전을 거듭한 끝에 여기까지 왔다. 앞으로 가야할 길이 멀지만, 잠시 뒤돌아볼 시간을 가지면서, 그 사이에 고민했거나 여전히 고민 중인 문제들을 묶어서 책으로 내게 되었다.

이 책에 담긴 대부분의 예제와 기술적 내용은 기업체에서 나온 것이다. 해당 기업체에게는 다소 부담이 될지도 모르지만, 한 단계 더 높은 곳을 보고 간다면, 별 문제가 되지 않을 것이다. 다른 기업체에서 나온 것들과 한 자리에 함으로써 각자가 못보던 것을 스스로 볼 수 있는 안목이 생긴다면, 충분한 보상은 될 것이다. 저자는 자료의 출처를 밝히는데 노력을 다 한 것으로 이 책에 기여한 개인이나 기관에게 감사하는 마음을 대신한다. 혹시 누락된 점이 있다면, 개정판에서 이를 보완할 것을 약속드린다.

이 책은 가급적 단조 시뮬레이션 기술을 객관적으로 다루고자 노력하였으나, 부득이하게 AFDEX의 특징과 관련된 내용이 부분적으로 삽입될 수밖에 없었던 점에 관하여 양해를 구한다. 그리고 SCM435소재와 ESW105소재가 매우 대비되는 기계적 성질을 가지고 있기 때문에 이에 관한 기술적 내용이 빈번하게 취급되었다는 점을 밝혀두며, 이 점에 대해서도 이해 당사자들의 양해를 구한다. 특히 ESW105는 자동차부품용 소재로 사용되고 있는 검증된 소재이지만, 이 책 내용으로 서술된 저변형경화 소재에 대한 일부의 부정적 이미지를 독자들이 ESW 소재에 대해서도 갖게 될까 염려된다.

끝으로 이 자리를 빌어 이 책의 발간에 지대하게 공헌한 한국단조공업협동조합 및 기업체 관계자 분들과 경상대학교 소성가공 CAE 연구실의 졸업생과 재학생들에게 심심한 감사를 드린다.

저자 전만수 올림

차례

CHAPTER 01

소성역학 이론

제1장은 소성가공 시뮬레이션 기술의 기반이 되는 역학의 기본적 지식으로 이루어져 있다. 일반 역학을 구성하는 힘, 변위 및 변형, 재료의 변형거동특성 등이 이 장의 중심적 내용을 형성하고 있다. 따라서 대부분의 내용은 타 분야의 역학과 공유하는 것으로 일반성을 지닌 것이다.

한정된 지면 관계상 일부 내용은 생략되었거나 압축되어 소개되었다. 보다 상세한 내용은 관련 서적[1.1]으로 대신한다.

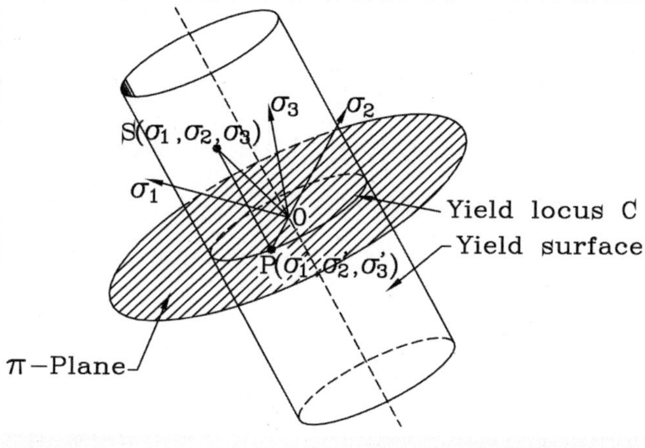

1.1 서론

투명한 재료는 빛이 통과할 수 있는 무수히 많은 통로를 갖추고 있다. 금속의 경우는 최외곽전자의 진동으로 인하여 불투명하다. 전위, 원자배열 등의 결함, 불순물 등으로 인하여 인접한 질점에서 거동특성은 매우 큰 차이를 보이며, 불확실성이 매우 높다. 원자크기의 미시적 관점에서 보면, 재료는 불연속이며 거동특성이 시간에 따라서 변한다. 이런 거동특성은 통계학적 처리를 거치지 않으면 사실상 활용이 불가능하다. 결정 정도의 크기 관점에서 보면 그 정도가 많이 개선되겠지만 결정경계면, 불순물, 결정의 방향 등으로 인하여 연속적이고 일정한 재료의 거동특성을 얻기란 불가능하다. 이런 이유로 미시적 접근방법에 의한 공학해석결과는 실제의 거시적 현상과 다소 큰 차이를 보인다.

관심 영역이 일정 크기 이상이 되면, 재료의 거동특성은 통계학적으로 안정된 상태가 된다. 이러한 거동특성을 거시적 거동특성이라고 한다. 역학의 거시적 접근방법은 물체의 거시적 거동특성의 규명에 초점을 맞추고 있다. 거시적 접근방법은 재료가 연속체(continuum)라는 가정으로부터 출발한다. 즉, 공학해석 대상 물체는 연속된 질점(particle)들의 집합으로 이루어져 있고, 인접한 질점들이 서로 연결되어 일정한 형태의 연속된 물체를 형성하고 있으며, 각 질점은 재료의 거시적 특성을 따른다고 간주한다. 연속체는 변형 후에도 연속성이 유지되어야 한다. 즉, 변형 전후의 물체의 모든 질점들은 일대일 대응관계에 있어야 한다. 공학해석에서 취급되는 대부분의 물체는 거시적 관점에서 연속체로 간주될 수 있다. 물론 고체도 연속체에 속한다.

소성역학을 포함하는 고체역학은 변위의 관점에서 바라 본 변위법(displacement method)과 힘의 관점에서 바라 본 힘법(force method)에 의하여 설명되고 있다. 그림 1.1은 변위법의 관점에서 연속체역학 문제를 조명하고 있다(그림에서 (,) 뒤의 하첨자는 그 하첨자의 좌표축에 대한 편미분을 의미한다). 변위법에서는 변위를 연속체역학의 최종 미지수로 간주하고 다른 기계량들은 변위로부터 파생되는 양으로 취급된다. 연속체역학 문제는 크게 지배방정식, 구성방정식, 변형 관련 수식 등의 3가지 요소들로 구성된다. 지배방정식은 힘의 평형을, 구성방정식은 힘과 변형 등의 관계를, 변형 관련 수식들은 변형의 기하학 즉, 변형률-변위, 변형률속도-속도 등의 관계를 다룬다. 이러한 수식들은 미분방정식으로 표현되므로 유일해(unique solution)를 구하는 데 필요한 경계 및 초기조건을 동반한다.

변위법 관점에서 볼 때, 고체역학이란 변위를 구하는데 일차적인 목적을 둔 학문이다. 고체의 변위(displacement)는 크게 강체운동(rigid-body motion)과 변형(deformation)으로 구성된다. 강체운동은 강체병진운동과 강체회전운동으로 구분된다. 강체운동은 강체동역학(rigid-body dynamics)에서 주로 취급된다. 대학교의 저학년 때 배운 동역학은 대부분 강체동역학이다. 강체운동에서 변위는 시간의 함수이며, 가속도 및 운동에너지가 이론의 전개에 큰 영향을 준다. 변형은 변위에서 강체운동을 제외한 나머지를 의미한다. 변형은 질점 간의 상대변위를 유발하며, 시간과 위치의 함수로 표현된다. 변형이 시간의 함수인 문제는 광의의 동역학(진동, 변형체동역학(flexible dynamics))에서 주로 취

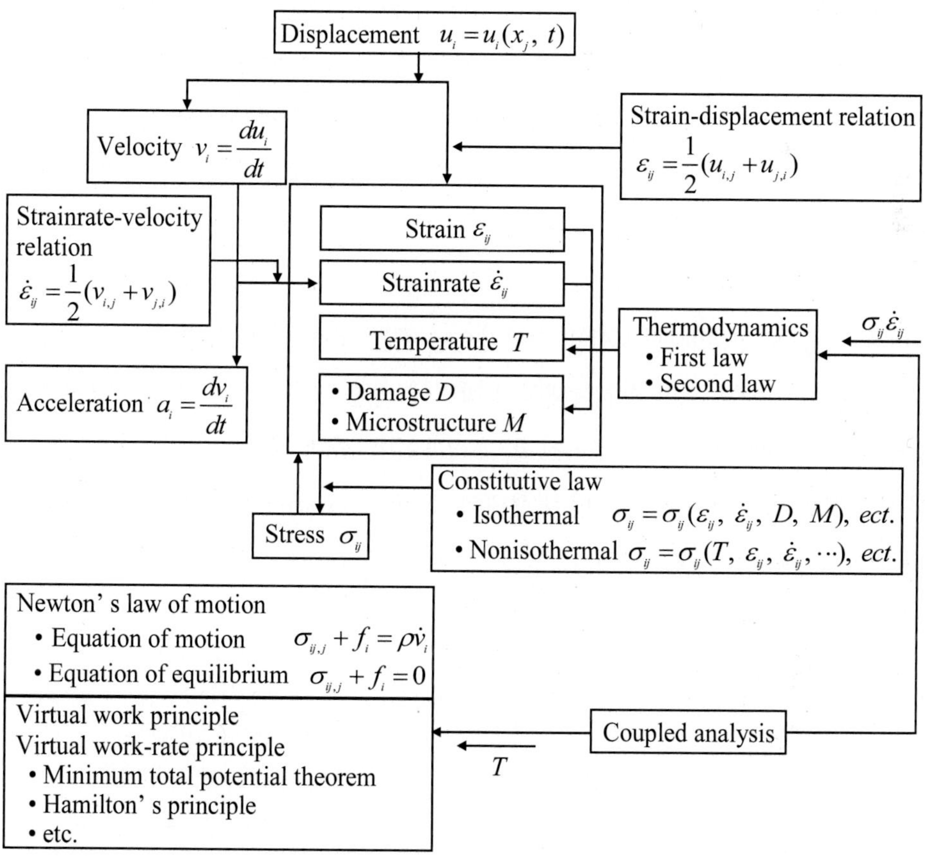

그림 1.1 연속체역학 문제의 구성

급되며, 변형이 정적이거나 준정적인 문제는 협의의 고체역학(탄성역학, 소성역학 등)에서 취급된다. 전자에서는 가속도의 영향이 반영되지만, 후자에서는 가속도의 영향을 무시한다.

재료는 종류와 사용환경에 따라 거동이 다르다. 구조용 재료의 경우 탄성범위 내에서 사용되며, 소성가공에서는 탄성변형량에 비하여 훨씬 큰 양의 소성변형을 수반한다. 탄성영역에서의 고체역학을 탄성역학(elasticity)이라고 하고, 소성변형을 동반하는 문제를 다루는 학문 분야를 소성역학(plasticity)이라고 한다.

역학 문제는 일반적으로 초기경계조건 문제로 수식화된다. 소성역학도 예외는 아니다. 경계조건은 필수경계조건(essential boundary condition)과 자연경계조건(natural boundary condition)으로 구분된다. 역학에서 필수경계조건은 기하학적 구속조건에 해당되며, 자연경계조건은 하중과 관련된 경계조건이다. 열전달 문제에서 필수경계조건은 온도가 주어진 경계이며, 자연경계조건은 열전달율이 주어진 경계이다. 일반적으로 경계상의 모든 점은 필수경계조건과 자연경계조건 중 하나에 속한다. 미지수가 변위장 또는 속도장 등과 같이 벡터량일 경우, 경계상의 한 점에 대하여 벡터량의 차원 수만큼의 경계조건이 부여된다. 예를들면 3차원 탄성역학 문제의 경우, 경계상의 한 점에서 모든 좌표축 방향에 대한 경계조건이 부여되어야 하므로 세 개의 경계조건이 독립적으로 주어져야 한다.

전술한 소성역학은 미분방정식을 수치적으로 푸는 것을 전제로 한 것이다. 수치해법이 도입되기 이전에는 소성역학은 해석적 방법에 의한 근사해법이 주류를 형성하였다. 대표적인 해석적 접근방법으로 스라브법, 스립라인법, 상계해법 등이 있다[1.2-1.6]. 이들은 아직도 압연공정 제어와 같이 닫힌 형태의 해(closed-form solution)가 요구되는 문제에 유용하게 사용되고 있다.

1.2 응력

1.2.1 응력의 정의

공학에서 힘 그 자체도 중요하지만, 단위면적당 작용하는 힘, 즉 응력(stress)이 이론의 전개와 응용 목적으로 매우 긴요하게 사용되고 있다. 응력의 물리적 의미는 단위면적당 작용하는 힘이며, 차원은 [힘][길이]$^{-2}$이다. 응력은 일반적으로 각 질점마다 다르므로 질점의 위치, 즉 좌표 x_i 또는 (x_1, x_2, x_3)의 함수이다. 3차원 공간에서 벡터는 세 개의 성분을 갖지만 응력은 아홉 개의 성분으로 표현되며, 이중 독립적인 응력 성분의 수는 여섯 개이다.

응력의 수학적 정의에 앞서 응력벡터(stress vector)를 공부하자. 그림 1.2에서 대상물체 내부 또는 경계상의 임의의 점 O를 지나는 가상의 단면(hypothetical cut)을 생각해 보자. 이 단면에는 힘의 균형을 유지시키기 위하여 그림 1.3에서 보는 바와 같이, 작용과 반작용 법칙을 따르는 내력이 분포하중의 형태로 작용하고 있다. 그림에서 보는 바와 같이 단면의 외향법선단위벡터(outwardly directed unit normal vector)를 $\mathbf{n}$ 또는 n_i라고 하고, 점 O를 중심으로 하는 단면적 ΔA에 작용하는 내력의 합력을 $\Delta\mathbf{F}$라고 하자. 이 때, 점 O에서 $\mathbf{n}$에 대한 응력벡터는 다음과 같이 정의된다.

$$\mathbf{t}^{(\mathbf{n})} = \lim_{\Delta A \to 0} \frac{\Delta \mathbf{F}}{\Delta A} \tag{1.2}$$

응력벡터는 고체상의 점에서 정의되므로 위치의 함수이다. 식 (1.2)의 응력벡터의 정의에서 외향법선단위벡터 $\mathbf{n}$과 $\Delta A \to 0$을 유념해야 한다. 즉, 점은 면적 또는 체적을 가지고 있지 않지만, 한 점의 응력벡터를 정의하기 위하여 대상 면적의 방향과 크기를 고려하고 있다. 그림 1.4는 응력 또는 응력벡터를 설명하기 위하여 면을 정의하고 있다. 면의 외향법선벡터가 x_1-축과 일치하면 양의 x_1-면(positive x_1 -face)이라고 정의하고, x_1-축과 반대 방향을 향하면 음의 x_1-면(negative x_1 -face)이라고 칭한다. x_2-면과 x_3-면도 마찬가지로 정의된다. 면적 자체는 본래 음수가 될 수 없지만, 한 점을 지나는 단면이 두 개 있으므로 그 면을 구분하기 위한 목적으로 양의 면과 음의 면이 정의된 것이다.

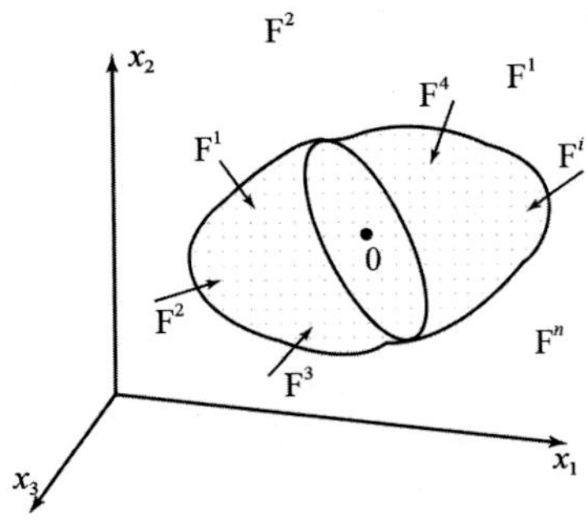

그림 1.2 대상 물체와 하중

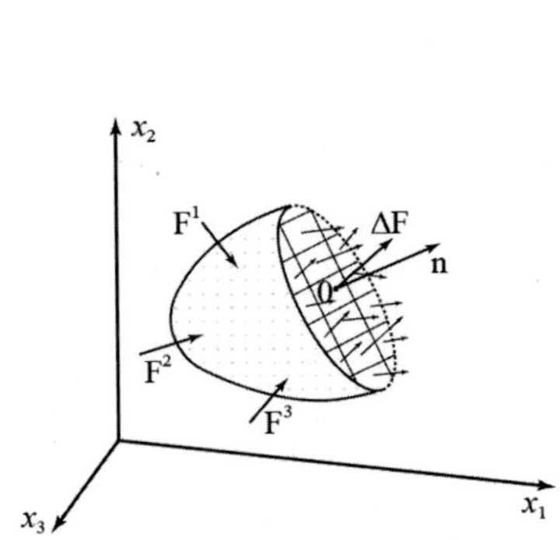

그림 1.3 외향법선단위벡터가 **n**인 면에 작용하는 내력

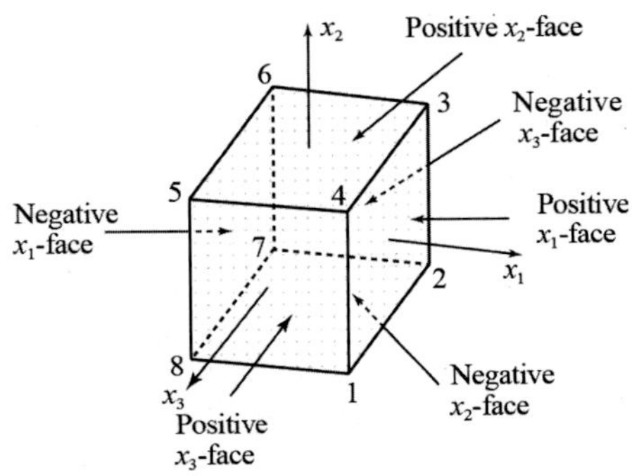

그림 1.4 양의 면과 음의 면의 정의

한편, 그림 1.5에서 보는 바와 같이 임의의 점 P에서 물체를 분리하면 두 개의 면이 생기고 이 두 면은 외향법선벡터 **n**과 −**n**에 의하여 정의된다. 분리된 면에서 점 P에 작용하는 단위면적당 힘, 즉 $\mathbf{t}^{(\mathbf{n})}$과 $\mathbf{t}^{(-\mathbf{n})}$은 뉴우톤의 제3운동법칙, 즉 작용과 반작용의 법칙에 의하여 그 크기는 같고 방향이 반대가 되어야 한다. 즉,

$$\mathbf{t}^{(\mathbf{n})} = -\mathbf{t}^{(-\mathbf{n})} \quad \text{또는} \quad t_i^{(\mathbf{n})} = -t_i^{(-\mathbf{n})} \tag{1.3}$$

이다.

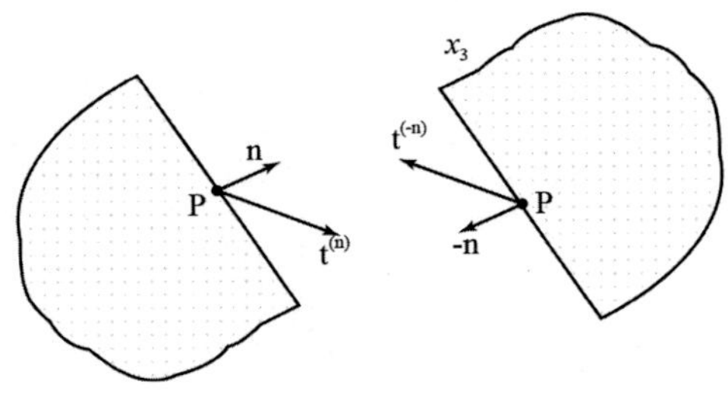

그림 1.5 작용과 반작용의 법칙

벡터 $\mathbf{n}$이 x_1-축과 일치하는 경우, 즉 n = I 또는 e_i인 경우, 응력벡터 $\mathbf{t}^{(\mathbf{n})}$의 x_1, x_2, x_3-성분을 각각 σ_{11}, σ_{12}, σ_{13} (또는 σ_{xx}, σ_{xy}, σ_{xz})으로 정의한다. 즉,

$$\mathbf{t}^{(\mathbf{e}_1)} \equiv \sum_{i=1}^{3} \sigma_{1i}\, \mathbf{e}_i \quad \text{또는} \quad t_j^{(\mathbf{e}_1)} \equiv \sigma_{1j} = \lim_{\Delta A_1 \to 0} \frac{\Delta F_j}{\Delta A_1} \tag{1.4}$$

이다. 여기서 ΔA_1은 합력 $\mathbf{\Delta F}$가 정의된 x_1-면상의 미소면적을 의미하며, e_i는 그림 2.1에서 보는 바와 같이 x_i 축의 단위벡터이다. 마찬가지로 응력 성분 σ_{21}, σ_{22}, σ_{23}, σ_{31}, σ_{32}, σ_{33} 등이 정의된다. 즉, 식 (1.4)를 일반화시키면 다음과 같다.

$$t_j^{(\mathbf{e}_i)} \equiv \sigma_{ij} = \lim_{\Delta A_i \to 0} \frac{\Delta F_j}{\Delta A_i} \tag{1.5}$$

따라서 응력 σ_{ij}는 i 면에 작용하는 j 방향의 단위면적당 힘을 의미한다. 첨자 i와 j가 동일한 σ_{11}, σ_{22}, σ_{33}은 법선응력(normal stress)이며, 첨자가 서로 다른 σ_{12}, σ_{23}, σ_{31}, σ_{21}, σ_{32}, σ_{13} 등은 전단응력(shear stress)이다. 흔히 전단응력을 $\sigma_{12}(\sigma_{xy})$ 대신 $\tau_{12}(\tau_{xy})$ 등으로 표현하며, 법선응력을 $\sigma_{11}(\sigma_{xx})$ 대신 σ_x 등으로 표현하기도 한다. 법선응력은 힘이 면에 수직하게 작용하는 경우이므로 인장 또는 압축 응력을 나타낸다. 전단응력은 면적에 평행한 방향으로 작용하므로 단위면적당 전단력의 의미를 갖는다. 응력 성분을 행렬 형태로 표현하면 다음과 같다.

$$\begin{bmatrix} \sigma_{11} & \sigma_{12} & \sigma_{13} \\ \sigma_{21} & \sigma_{22} & \sigma_{23} \\ \sigma_{31} & \sigma_{32} & \sigma_{33} \end{bmatrix} \quad \text{또는} \quad \begin{bmatrix} \sigma_{xx} & \sigma_{xy} & \sigma_{xz} \\ \sigma_{yx} & \sigma_{yy} & \sigma_{yz} \\ \sigma_{zx} & \sigma_{zy} & \sigma_{zz} \end{bmatrix} \tag{1.6}$$

응력의 부호를 고려해 보자. 고체의 한 점을 통과하는 가상적 단면은 두 개가 된다. 전술한 바와 같이 하나를 $\mathbf{n}$ 면(양의 면)이라고 하면, 다른 한 면은 $-\mathbf{n}$ 면(음의 면)이 될 것이다. 식 (1.3)의 작용과 반작용의 법칙에 의하여 양의 면과 음의 면에는 크기는 같고 방향이 다른 힘이 작용한다. 그러므로 한 번의 절단으로 만들어진 두 개의 가상적 단면상의 동일 점에 작용하는 응력 성분은 동일함을 다음의 식으로부터 알 수 있다.

$$t_j^{(\mathbf{e}_i)} = -t_j^{(-\mathbf{e}_i)} \equiv \sigma_{ij} \tag{1.7}$$

이 식으로부터 응력 성분의 (+)부호는 양의 면에 양의 방향의 하중이 작용하거나 음의 면에 음의 방향의 하중이 작용하는 경우를 뜻하며, 그 이외의 경우에는 (−)부호의 응력이 된다. 따라서 법선응력 성분이 양수라는 것은 그 성분의 방향으로 인장응력이 작용한다는 것을 의미한다.

한 점의 응력을 표현하는 과정을 재고해 보자. 물체, 즉 고체의 모양을 수치적으로 표현하기 위하여 좌표계가 필요하다. 좌표계는 문제에 따라 편리한대로 잡을 수 있다. 고체역학 문제의 수치해석(유한요소해석 등)에서 직각좌표계만으로 모든 문제의 해결이 사실상 가능하므로 지금부터 직각좌표계를 중점적으로 설명한다. 물론 축대칭 문제의 경우, 원통좌표계로 수식화하면 2차원적 접근방법이 적용될 수 있으므로 주로 원통좌표계를 사용한다. 직각좌표계의 방향은 편리한대로 잡으면 된다. 일반적으로 널리 사용되는 수평선과 수직선으로 이루어진 $x-y$ 좌표계가 보기에도 좋고 공간의 활용면에서도 효과적이다. 그러나 역학의 관점에서 특수한 방향의 직각좌표계를 사용하는 것이 효과적일 수 있다. 예를 들면 주응력축과 일치하는 좌표계를 사용하면, 이론의 전개와 물리적 의미 파악의 관점에서 매우 유리하다. 이에 관한 구체적 내용은 1.2.3절에서 상술한다.

응력은 2차 텐서량이다. 따라서 서로 다른 좌표계에 관한 동일점의 응력텐서(stress tensor)는 다음의 좌표변환 법칙을 따른다.

$$\sigma_{i'j'} = \sum_{p=1}^{3} \sum_{q=1}^{3} T_{i'p} T_{j'q} \sigma_{pq}$$

또는

$$\begin{pmatrix} \sigma_{1'1'} & \sigma_{1'2'} & \sigma_{1'3'} \\ \sigma_{2'1'} & \sigma_{2'2'} & \sigma_{2'3'} \\ \sigma_{3'1'} & \sigma_{3'2'} & \sigma_{3'3'} \end{pmatrix} = \begin{pmatrix} T_{1'1} & T_{1'2} & T_{1'3} \\ T_{2'1} & T_{2'2} & T_{2'3} \\ T_{3'1} & T_{3'2} & T_{3'3} \end{pmatrix} \begin{pmatrix} \sigma_{11} & \sigma_{12} & \sigma_{13} \\ \sigma_{21} & \sigma_{22} & \sigma_{23} \\ \sigma_{31} & \sigma_{32} & \sigma_{33} \end{pmatrix} \begin{pmatrix} T_{1'1} & T_{2'1} & T_{3'1} \\ T_{1'2} & T_{2'2} & T_{3'2} \\ T_{1'3} & T_{2'3} & T_{3'3} \end{pmatrix} \tag{1.8}$$

여기서 $T_{i'p}$ 는 변환행렬의 성분이고, $x_{i'}$-축과 x_p-축이 이루는 각도의 cosine 값이다. 즉,

$$T_{i'p} = \cos(x_{i'}, x_p) \tag{1.9}$$

이다.

응력텐서 중에서 하나의 축(대개 x_3-축(또는 z-축)으로 간주함)에 대한 성분이 모두 0일 경우, 평면응력(plane stress)이라고 한다. 직사각단면 보, 박판 등의 문제가 평면응력의 대표적인 예이다. 평면응력에 대한 그림 1.6의 두 좌표계 간의 변환관계는 다음과 같다.

$$\begin{bmatrix} \sigma_{1'1'} & \sigma_{1'2'} \\ \sigma_{2'1'} & \sigma_{2'2'} \end{bmatrix} = \begin{bmatrix} \cos\theta & \sin\theta \\ -\sin\theta & \cos\theta \end{bmatrix} \begin{bmatrix} \sigma_{11} & \sigma_{12} \\ \sigma_{21} & \sigma_{22} \end{bmatrix} \begin{bmatrix} \cos\theta & -\sin\theta \\ \sin\theta & \cos\theta \end{bmatrix} \tag{1.10}$$

여기서 강조해 두어야 할 점은 비록 그 수치가 다르더라도 식 (1.10)에서 두 집합의 응력 성분들은 동일한 물리적 의미를 갖는다는 사실이다. 특히 식 (1.10)은 상사변환(similarity transformation)이므로 두 응력텐서의 고유치(eigenvalue), 즉 주응력(principal stress)은 동일하다. 물론 이 점은 3차원 공간에서도 마찬가지로 성립한다.

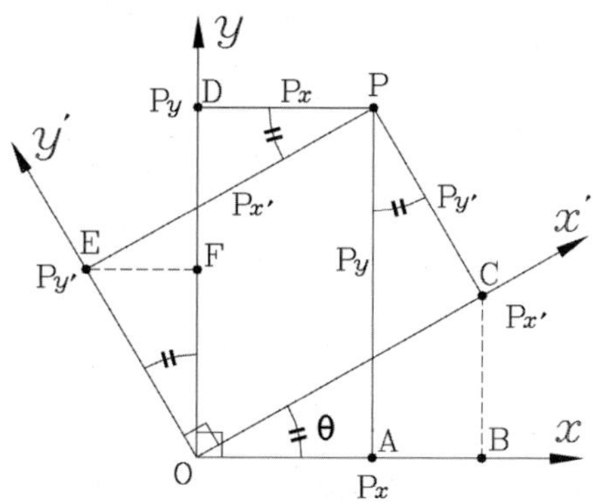

그림 1.6 좌표변환

한편, 응력벡터 $\mathbf{t}^{(\mathbf{n})}$과 응력텐서 σ_{ij}는 다음의 관계에 있다.

$$t_i^{(\mathbf{n})} = \sum_{j=1}^{3} \sigma_{ji} n_j$$

또는

$$\begin{bmatrix} t_x^{(\mathbf{n})} \\ t_y^{(\mathbf{n})} \\ t_z^{(\mathbf{n})} \end{bmatrix} = \begin{bmatrix} \sigma_{xx} & \sigma_{xy} & \sigma_{xz} \\ \sigma_{yx} & \sigma_{yy} & \sigma_{yz} \\ \sigma_{zx} & \sigma_{zy} & \sigma_{zz} \end{bmatrix} \begin{bmatrix} n_x \\ n_y \\ n_z \end{bmatrix} \tag{1.11}$$

이 관계식을 Cauchy의 공식(Cauchy's formula)이라고 한다. 이 공식으로부터 한 점에서 응력이 알려져 있다면 임의의 방향에 대한 응력벡터, 즉 단위면적당 작용하는 힘을 구할 수 있으며, 표면력벡터가 $t_i^{(\mathbf{n})} = \overline{t}_i$ 로 주어진 경계 S_{t_i} 에서 경계조건을 응력 성분으로 표현할 수 있다. 즉,

$$\sum_{j=1}^{3} \sigma_{ji} n_j = \overline{t}_i \quad \text{on} \quad S_{t_i} \tag{1.12}$$

이다. 이 식에서 우변은 기지의 값이고 좌변에서 벡터 n_j는 경계에서 기하학적으로 결정되는 기지의 값이므로, 표면력벡터가 주어진 경계는 응력에 관한 조건이 주어진 경계이다.

1.2.2 평형방정식

가속도의 영향을 무시할 경우, 평형조건으로부터 모든 외력의 합은 **0**이 되어야 하며, 외력의 1차 모멘트의 합도 **0**이 되어야 한다. 그리고 이 조건은 그림 1.7의 대상 고체로부터 가상적으로 분리된 임의의 체적 V' 에 대해서도 성립해야 한다. 물론 분리된 체적 V' 에 평형조건을 적용할 때, 분리 이전의 경계 S' 상에 작용하던 내력은 분리된 체적 V' 의 경계인 S' 상에 작용하는 외력으로 간주되어야 한다. 외력에는 체적력(body force)과 표면력이 있으며, 평형조건으로부터 외력의 합이 **0**이 되어야 하므로

$$\int_{S'} t_i^{(\mathbf{n})}\, dS + \int_{V'} f_i\, dV = 0 \quad (i = 1, 2, 3) \tag{1.13}$$

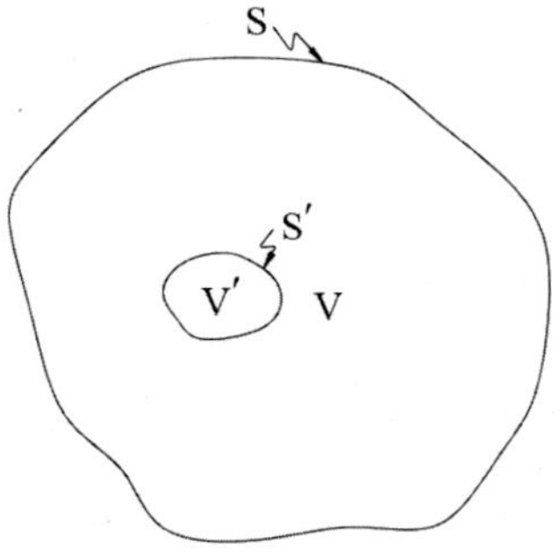

그림 1.7 고체와 부분계

이다. 여기서 f_i 는 단위부피당 체적력을 의미한다. 식 (1.11)의 Cauchy의 공식과 발산이론을 이용하면, 식(1.13)은

$$\int_{V'}\left(\sum_{j=1}^{3}\frac{\partial \sigma_{ji}}{\partial x_j}+f_i\right)dV=0 \tag{1.14}$$

이 되고, 이 식은 임의의 부분계 V' 에 대하여 성립해야 하므로

$$\sum_{j=1}^{3}\frac{\partial \sigma_{ji}}{\partial x_j}+f_i=0 \quad \text{또는} \quad \begin{aligned}&\frac{\partial \sigma_{xx}}{\partial x}+\frac{\partial \sigma_{yx}}{\partial y}+\frac{\partial \sigma_{zx}}{\partial z}+f_x=0\\&\frac{\partial \sigma_{xy}}{\partial x}+\frac{\partial \sigma_{yy}}{\partial y}+\frac{\partial \sigma_{zy}}{\partial z}+f_y=0\\&\frac{\partial \sigma_{xz}}{\partial x}+\frac{\partial \sigma_{yz}}{\partial y}+\frac{\partial \sigma_{zz}}{\partial z}+f_z=0\end{aligned} \tag{1.15}$$

이 성립해야 한다. 이 방정식을 평형방정식(equation of equilibrium)이라고 한다. 탄성역학이나 소성역학에서는 식 (1.15)의 평형방정식을 지배방정식으로 한다.

한편, 부분계에 대한 모멘트의 합이 **0**이 되어야 한다는 조건으로부터

$$\int_{S'}\mathbf{x}\times\mathbf{t}^{(\mathbf{n})}\,dS+\int_{V'}\mathbf{x}\times\mathbf{f}\,dV=\mathbf{0}$$

또는

$$\sum_{j=1}^{3}\sum_{k=1}^{3}\int_{S'}\varepsilon_{ijk}x_j t_k^{(\mathbf{n})}\,dS+\sum_{j=1}^{3}\sum_{k=1}^{3}\int_{V'}\varepsilon_{ijk}x_j f_k\,dV=0 \quad (i=1,2,3) \tag{1.16}$$

이다. 여기서 ε_{ijk} 는 교반기호(permutation symbol)이며, 지수 $i,\ j,\ k$ 에 따라 다음과 같이 정의된다.

$$\varepsilon_{ijk}=\begin{cases}0 & \text{if } i=j \text{ or } k=i\\ 1 & \text{if } (i,\ j,\ k)=(1,\ 2,\ 3) \text{ or } (2,\ 3,\ 1) \text{ or } (3,\ 2,\ 1)\\ -1 & \text{if } (i,\ j,\ k)=(1,\ 3,\ 2) \text{ or } (2,\ 1,\ 3) \text{ or } (3,\ 2,\ 1)\end{cases} \tag{1.17}$$

Cauchy의 공식과 발산이론으로부터

$$\sum_{j=1}^{3}\sum_{k=1}^{3} \int_{V'} \varepsilon_{ijk}[x_j(\sum_{p=1}^{3}\frac{\partial \sigma_{pk}}{\partial x_p}+f_k)+\sigma_{jk}]dV=0 \quad (i=1,2,3) \tag{1.18}$$

을 얻는다.

평형방정식으로부터 $\sum_{p=1}^{3}\partial\sigma_{pk}/\partial x_p+f_k=0$ 이므로 $\sum_{j=1}^{3}\sum_{k=1}^{3} \varepsilon_{ijk}\sigma_{jk}=0 \quad (i=1,2,3)$ 이다. 따라서, ε_{ijk} 가 j 와 k 에 대하여 의대칭(skew-symmetric)이므로 σ_{ij} 는 대칭이 되어야 한다. 즉,

$$\sigma_{ij}=\sigma_{ji} \quad \text{또는} \quad \sigma_{xy}=\sigma_{yx},\ \sigma_{yz}=\sigma_{zy},\ \sigma_{zx}=\sigma_{xz} \tag{1.19}$$

이다.

식 (1.15)와 (1.19)는 응력 성분 간의 상호관계를 맺어주는 것으로, 이 관계를 만족하는 응력 성분이 탄성역학과 소성역학 등의 정적 또는 준정적 역학문제에서 구하고자 하는 응력 분포가 되는 것이다.

1.2.3 주응력과 응력불변치

그림 1.8에서 보는 바와 같이, 응력벡터와 외향법선단위벡터를 내적하면

$$\sigma_N=\mathbf{t}^{(\mathbf{n})}\cdot\mathbf{n}=\sum_{i=1}^{3} t_i^{(\mathbf{n})}n_i=\sum_{i=1}^{3}\sum_{j=1}^{3}\sigma_{ji}n_in_j \tag{1.20}$$

이며, σ_N 은 응력벡터의 법선성분, 즉 법선응력 성분이 된다. 이 법선응력 성분이 최대가 되는 방향을 주응력의 방향이라고 하고 그 크기를 주응력이라고 한다. 주응력축에서 보면 응력벡터와 외향법선벡터는 일직선상에 있게 된다. 즉 $t_i^{(\mathbf{n})}\propto n_i$ 이다. 따라서 주응력축에서 전단응력 성분은 0 이며, 주응력의 방향 $\mathbf{n}$ 과 주응력의 크기 σ_N은 다음의 관계를 만족해야 한다.

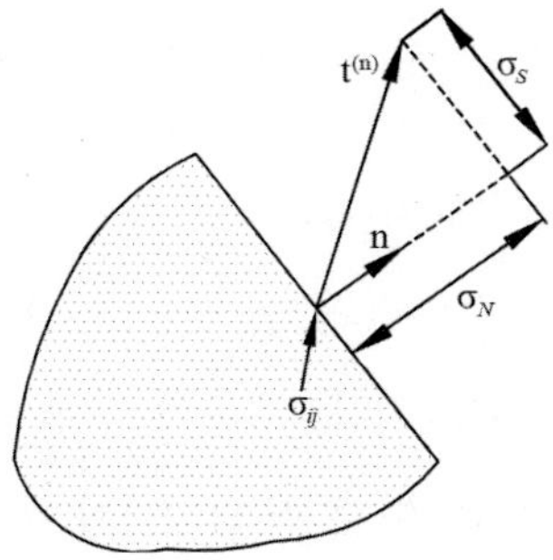

그림 1.8 응력벡터와 법선 및 접선 응력 성분

$$t_i^{(\mathbf{n})} = \sum_{j=1}^{3} \sigma_{ij} n_j = \sigma_N n_i \quad \text{또는} \quad \begin{bmatrix} \sigma_{xx} & \sigma_{xy} & \sigma_{xz} \\ \sigma_{yx} & \sigma_{yy} & \sigma_{yz} \\ \sigma_{zx} & \sigma_{zy} & \sigma_{zz} \end{bmatrix} \begin{bmatrix} n_x \\ n_y \\ n_z \end{bmatrix} = \sigma_N \begin{bmatrix} n_x \\ n_y \\ n_z \end{bmatrix} \tag{1.21}$$

식 (1.21)은 제차선형방정식(homogeneous linear equation)이며, 고유치 문제(eigenvalue problem)이다. 이 고유치 문제가 의미있는 해를 갖기 위해서는 다음의 특성방정식(characteristic equation)을 만족해야 한다.

$$\left| \sigma_{ij} - \sigma_N \delta_{ij} \right| = 0 \quad \text{또는} \quad \begin{vmatrix} \sigma_{xx} - \sigma_N & \sigma_{xy} & \sigma_{xz} \\ \sigma_{yx} & \sigma_{yy} - \sigma_N & \sigma_{yz} \\ \sigma_{zx} & \sigma_{zy} & \sigma_{zz} - \sigma_N \end{vmatrix} = 0 \tag{1.22}$$

이 특성방정식은 방정식 (1.21)이 부정이 되도록 함으로써 무수히 많은 해를 갖도록 하는 의미를 내포하고 있다. 즉, 선형방정식이 선형종속(linearly dependent)되도록 하는 것이다. 이 조건을 정리하면 다음의 3차 대수방정식이 유도된다.

$$\sigma_N^3 - I_1 \sigma_N^2 - I_2 \sigma_N - I_3 = 0 \tag{1.23}$$

여기서 I_1, I_2, I_3은 다음과 같이 정의된다.

$$I_1 = \sum_{i=1}^{3} \sigma_{ii} = \sigma_{xx} + \sigma_{yy} + \sigma_{zz} \tag{1.24}$$

$$\begin{aligned} I_2 &= \frac{1}{2} \sum_{i=1}^{3} \sum_{j=1}^{3} \left(\sigma_{ij} \sigma_{ij} - \sigma_{ii} \sigma_{jj} \right) \\ &= -\sigma_{xx}\sigma_{yy} - \sigma_{yy}\sigma_{zz} - \sigma_{zz}\sigma_{xx} + \sigma_{xy}{}^2 + \sigma_{yz}{}^2 + \sigma_{zx}{}^2 \end{aligned} \tag{1.25}$$

$$I_3 = |\sigma_{ij}| = \sigma_{xx}\sigma_{yy}\sigma_{zz} + 2\sigma_{xy}\sigma_{yz}\sigma_{zx} - \sigma_{xx}\sigma_{yz}{}^2 - \sigma_{yy}\sigma_{zx}{}^2 - \sigma_{zz}\sigma_{xy}{}^2 \tag{1.26}$$

응력텐서가 대칭이므로 선형대수학의 이론에 의하여 방정식 (1.23)은 세 개의 실근 σ_1, σ_2, σ_3 (일반적으로 $\sigma_1 \geq \sigma_2 \geq \sigma_3$ 순으로 둠)을 갖는다. σ_1, σ_2, σ_3 은 주응력이라는 물리적 의미를 가지며, 응력텐서의 고유치이다. 주응력 중에서 최대값과 최소값은 각각 최대와 최소 법선응력이 된다. 각 주응력 σ_i 를 식 (1.21)의 σ_N 에 대입하여 구한 벡터 $\mathbf{n}^{(i)}$ 의 방향이 주응력 σ_i 에 상응하는 주응력축의 방향이 된다. 주목할 점은 주응력축에 대한 전단응력이 0이라는 사실이다. 그리고 세 개의 주응력축은 서로 직교하고 $\mathbf{n}^{(i)}$ 가 단위벡터이므로 다음의 관계가 성립한다.

$$\mathbf{n}^{(i)} \cdot \mathbf{n}^{(j)} = \delta_{ij} \tag{1.27}$$

여기서 δ_{ij} 는 크로네커델타(Kronecker delta)이며, i 와 j 가 동일하면 1의 값을 갖고 다르면 0의 값을 갖는다.

주응력(고유치)은 응력이 2차 텐서량이므로 좌표계에 무관한 값이다. 즉, 한 점의 응력상태가 주어진 경우, 주응력의 크기와 방향은 이미 결정된 것이다. 좌표계란 위치와 기계량을 표현하거나 정량화하기 위한 기준을 제공할 뿐이다. 따라서 방정식 (1.23)에서 I_1, I_2, I_3 은 좌표계와 무관하게 결정되는 값이며, 응력불변치(stress invariants)이다. 그러므로 식 (1.24)~(1.26)의 응력불변치를 주응력축에 대하여 표시하면, 주응력축에서 전단응력은 0이므로

$$I_1 = \sigma_1 + \sigma_2 + \sigma_3 \tag{1.28}$$

$$I_2 = -\sigma_1\sigma_2 - \sigma_2\sigma_3 - \sigma_3\sigma_1 \tag{1.29}$$

$$I_3 = \sigma_1\sigma_2\sigma_3 \tag{1.30}$$

로 간소화되며, I_1, I_2, I_3 을 각각 첫번째 응력불변치, 두번째 응력불변치, 세번째 응력불변치라고 한다. 식 (1.28)~(1.30)에서 보는 바와 같이 주응력축은 응력불변치들을 간결하게 표현하도록 하고, 이론의 전개를 용이하게 한다.

1.2.4 편차응력텐서와 유효응력

$\sigma_m = I_1/3$ 은 평균응력(mean stress)이며 평균응력의 부, 즉 $p = -\sigma_m$ 을 정수압(hydrostatic pressure) 이라고 한다. 일반적으로 정수압은 소재의 소성변형에 큰 영향을 주지 않는 것으로 밝혀져 있다. 따라서 응력텐서의 법선성분에서 평균응력을 뺀 편차응력텐서

$$\sigma_{ij}' = \sigma_{ij} - \sum_{k=1}^{3} \frac{\sigma_{kk}}{3}\delta_{ij} \tag{1.31}$$

를 이론 전개 목적으로 빈번히 사용하고 있다. 여기서 δ_{ij}는 크로네커델타(Kronecker delta)이다.

편차응력텐서 σ_{ij}' 은 2차 텐서량이며 다음의 세 개의 불변치를 갖는다.

$$J_1 = 0 \tag{1.32}$$

$$J_2 = \frac{1}{2}\sum_{i=1}^{3}\sum_{j=1}^{3} \sigma_{ij}'\sigma_{ij}' = \frac{1}{2}(\sigma_1'^2 + \sigma_2'^2 + \sigma_3'^2) \tag{1.33}$$

$$J_3 = \left|\sigma_{ij}'\right| = \sigma_1'\sigma_2'\sigma_3' \tag{1.34}$$

따라서 편차응력텐서의 첫 번째 불변치는 항상 0이므로 편차텐서의 불변치는 사실상 두 개이다.

한편, I_2 에서 I_1 의 영향을 분리하면 I_2 는 다음과 같이 정리된다.

$$\begin{aligned} I_2 &= -\frac{1}{3}I_1^2 + \frac{1}{6}[(\sigma_{xx}-\sigma_{yy})^2 + (\sigma_{yy}-\sigma_{zz})^2 + (\sigma_{zz}-\sigma_{xx})^2 + 6\sigma_{xy}^2 + 6\sigma_{yz}^2 + 6\sigma_{zx}^2] \\ &= -\frac{1}{3}I_1^2 + \frac{1}{6}[(\sigma_1-\sigma_2)^2 + (\sigma_2-\sigma_3)^2 + (\sigma_3-\sigma_1)^2] \\ &= -\frac{1}{3}I_1^2 + \frac{1}{2}\sum_{i=1}^{3}\sum_{j=1}^{3} \sigma_{ij}'\sigma_{ij}' \\ &= -\frac{1}{3}I_1^2 + J_2 \end{aligned} \tag{1.35}$$

따라서 J_2 는 I_2 에서 정수압의 영향(I_1)을 제외한 것임을 알 수 있다.

유효응력(effective stress) 또는 상당응력(equivalent stress) $\bar{\sigma}$ 를 다음과 같이 정의한다.

$$
\begin{aligned}
\bar{\sigma} &= \sqrt{3J_2} \\
&= \sqrt{\frac{3}{2}\sum_{i=1}^{3}\sum_{j=1}^{3} \sigma_{ij}'\sigma_{ij}'} \\
&= \sqrt{\frac{1}{2}[(\sigma_{xx}-\sigma_{yy})^2+(\sigma_{yy}-\sigma_{zz})^2+(\sigma_{zz}-\sigma_{xx})^2+6\sigma_{xy}{}^2+6\sigma_{yz}{}^2+6\sigma_{zx}{}^2]} \\
&= \sqrt{\frac{1}{2}[(\sigma_1-\sigma_2)^2+(\sigma_2-\sigma_3)^2+(\sigma_3-\sigma_1)^2]}
\end{aligned} \tag{1.36}
$$

유효응력은 3차원 또는 2차원 응력을 단순인장시험 시의 응력에 상응하는 값으로 표현한 것이다.

1.2.5 2차원 소성역학 문제와 축대칭 문제

2차원 고체역학 문제는 평면응력(plane stress) 문제와 평면변형(plane strain) 문제로 수식화되며, 축대칭 문제도 2차원 문제로 분류된다. 실제 대부분의 2차원 문제는 엄밀한 의미에서 볼 때 3차원 문제에 속하지만, 2차원 평면응력 또는 평면변형 문제의 가정하에서 해결되고 있다. 공학적으로 3차원 해석결과를 얻는 데는 많은 노력과 비용이 투입되어야 하고, 3차원 해석결과를 문제 해결 목적으로 직접 활용하는 것이 용이하지 않기 때문이다.

그림 1.9에서 보는 바와 같이 3차원 공간에서 어떤 하나의 방향에 대한 응력 성분이 모두 0인 경우를 평면응력이라고 한다. 일반적으로 $z(x_3)$-방향을 응력 성분이 0인 방향과 일치하도록 한다. 따라서 평면응력 문제의 응력은 다음 식으로 표현된다.

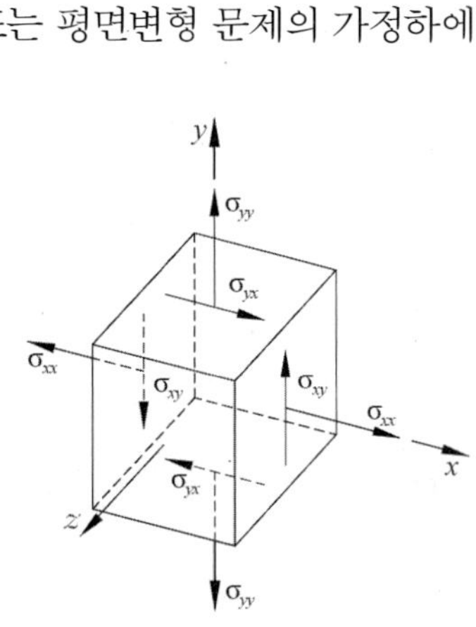

그림 1.9 평면응력

$$
\begin{bmatrix} \sigma_{11} & \sigma_{12} \\ \sigma_{21} & \sigma_{22} \end{bmatrix} \quad \text{또는} \quad \begin{bmatrix} \sigma_{xx} & \sigma_{xy} \\ \sigma_{yx} & \sigma_{yy} \end{bmatrix} \tag{1.37}
$$

한편, 하중 조건, 재료의 성질, 경계조건 등이 모두 축대칭인 고체역학 문제를 축대칭 문제(axisymmetric problem)라고 한다. 축대칭이기 위하여 축에 수직한 단면의 중심을 지나는 모든 선분과 축이 이루는 면이 대칭면이어야 한다. 축대칭 문제는 실제 3차원 문제이지만 2차원 평면상에서의 해석이 가능하다. 모든 대칭면에서의 역학적 거동이 동일하기 때문이다. 축대칭 문제를 2차원 평면상의 해석 문제로 수식화하는 과정에서 어떠한 가정 및 근사화도 개입되지 않는다.

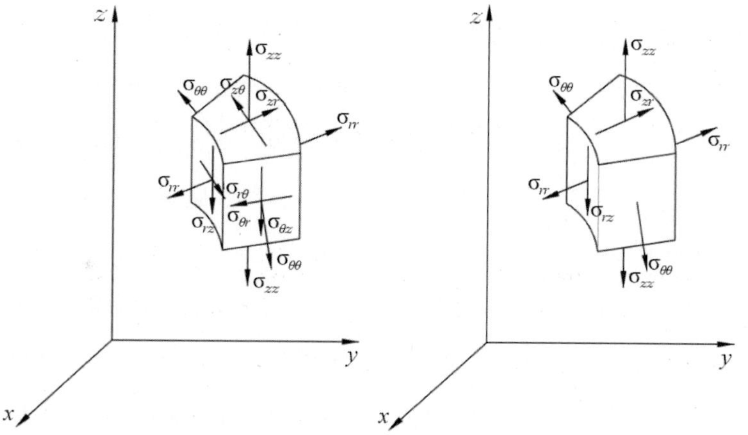

(a) 3차원 문제 (b) 축대칭 문제

그림 1.10 원통좌표계의 응력텐서와 축대칭 문제

축대칭 문제는 $r-\theta-z$ 원통좌표계로 수식화되고 있다. 그림 1.10(a)는 원통좌표계에서 응력텐서

$$\begin{bmatrix} \sigma_{rr} & \sigma_{r\theta} & \sigma_{rz} \\ \sigma_{\theta r} & \sigma_{\theta\theta} & \sigma_{\theta z} \\ \sigma_{zr} & \sigma_{z\theta} & \sigma_{zz} \end{bmatrix} \tag{1.38}$$

를 정의하고 있다. 축대칭 문제의 경우 대칭성 논리로부터 원통좌표계에서

$$\sigma_{r\theta} = \sigma_{\theta z} = 0 \tag{1.39}$$

이므로 축대칭 문제의 응력 성분은 그림 1.10(b)에서 보는 바와 같다. 즉, 축대칭 문제에서 비영(non-zero) 응력 성분은 다음과 같다.

$$\begin{bmatrix} \sigma_{rr} & 0 & \sigma_{rz} \\ 0 & \sigma_{\theta\theta} & 0 \\ \sigma_{zr} & 0 & \sigma_{zz} \end{bmatrix} \tag{1.40}$$

1.2.6 항복이론

자중의 영향을 고려하지 않을 경우 고체에 힘을 가하지 않으면, 모든 응력 성분이 0이고 변형이 발생하지 않는다. 어떤 크기 이하의 하중을 가했다가 하중을 제거하면, 원래의 모양으로 되돌아온다. 이 때의 변형을 탄성변형(elastic deformation)이라고 일컫는다. 어떤 크기 이상의 힘을 가했다가 제거하면, 일부의 변형은 탄성회복되고 나머지는 영구변형으로 물체에 남게 되는데 이를 소성변형(plastic deformation)이라고 일컫는다.

해저 10000m에 존재하는 모래나 망간 덩어리는 약 1000기압의 매우 큰 정수압 p의 영향을 받고 있다. 이 물체에는 재료의 항복강도에 비하여 절대값이 매우 큰 법선응력, 즉 $\sigma_x = \sigma_y = \sigma_z = -p$가 작용하고 있다. 만약 이 응력상태에 의하여 파괴되거나 소성변형이 발생한다면, 바다는 점점 깊어지고 궁극적으로는 지구가 붕괴될 것이다. 지구가 붕괴되지 않고 있다는 사실은 응력 성분이 단순히 크다고 소성변형 또는 파괴를 발생시키는 것이 아님을 말해 주고 있다. 문제는 소재가 어떤 응력상태에 도달하면 소성변형을 발생시키느냐는 것이다. 엄밀히 말하면 이 문제에 대한 정답은 없다. 단지 가설 및 이론, 즉 항복이론이 있을 뿐이며, 항복이론의 타당성은 재료마다 조금씩 다르다.

먼저 단축인장 시에 소재의 변형거동에 관하여 공부해 보자. 그림 1.11에 단축인장시험 시의 응력상태와 진응력 σ_t-진변형률 ε_t 곡선을 도시하였다. 이 문제에서는 $\sigma_{11} = \sigma_t$ 이외의 응력은 0이다. 잔류응력이 없는 상태에서 σ_{11}을 0으로부터 증가시켜 초기항복응력 Y_o에 도달할 때($\sigma_{11} = Y_o$), 초기소성변형이 발생한다. 일반적으로 소성변형이 발생하면, 금속재료의 대부분은 추가적인 변형을 저지하려는 능력, 즉 변형경화(strain hardening)의 성질을 보인다. 그림 1.11에서 보는 바와 같이 변형률의 증가와 함께 그 순간의 항복응력, 즉 유동응력 Y는 증가한다. 대다수의 금속재료는 소성변형을 야기시킨 후 힘을 제거하면, 그림 1.11에서 선 OA에 평행한 BC선을 따라 탄성회복된다. 다시 힘을 가하면 CB를 따라 항복점 B에 도달하게 된다고 간주한다. 물론 실제는 조금 차이가 날 수 있으나 대부분 그 차이는 무시할 수 있다. 따라서 어떤 상태, 즉 $\varepsilon = \varepsilon_t$에서 응력 σ_{11}이 유동응력 $Y(\varepsilon_t)$보다 작으면, 즉 $\sigma_{11} < Y(\varepsilon_t)$이면 탄성상태에 있게 된다. 그런데 $\sigma_{11} > Y(\varepsilon_t)$가 될 수 있을까? 점 B에서는 $\sigma_{11} > Y_o$ 이지만 이미 소성변형이 일어나 변형경화된 소재에서 Y_o는 무의미하다. 결코 $\sigma_{11} > Y(\varepsilon_t)$가 될 수 없다.

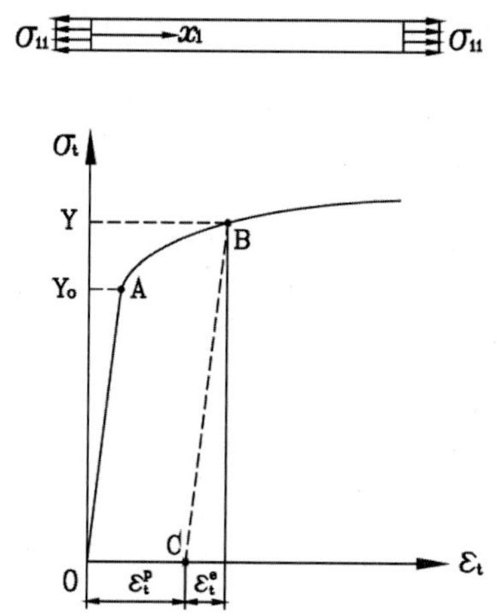

그림 1.11 인장시험과 진응력-진변형률 곡선

응력상태를 평가하고 소성변형을 정량화하기 위하여 항복함수(yield function) f를 정의한다. 항복함수는 응력의 함수, 즉

$$f = f(\sigma_{ij}) \tag{1.41}$$

이며, 어떤 점의 응력에 대한 함수값 f가 음수이면 그 점은 탄성영역에 존재하고, 함수값이 0이면 소성영역에 속한다는 의미를 가진 함수이다. 그러나 항복함수는 양수가 될 수 없다. 즉,

$f(\sigma_{ij}) < 0$: σ_{ij} 는 탄성영역 내에 존재한다.

$f(\sigma_{ij}) = 0$: σ_{ij} 는 항복면 상에 존재한다.

$f(\sigma_{ij}) > 0$: 불가능하다.

이다. 전술한 인장시험에서 항복함수는 $f = \sigma_{11} - Y$ 이다.

Drucker의 가설은 소성역학의 이론 전개에 매우 중요한 역할을 한다. 즉, Drucker의 가설은 항복면(곡면)은 볼록해야 하고 항복면 상의 한 점에 상응하는 변형률속도텐서는 항복면에 수직해야 한다는 결과로 귀결된다. Drucker의 가설을 요약하면 다음과 같다.

① 하중을 가하는 과정에서 추가되는 응력은 반드시 양의 일을 한다.

② 추가적인 응력을 가하였다가 제거할 때 소성변형이 발생한 경우 전체 행한 일은 양수가 되어야 한다. 그리고 변형경화 재료의 경우 변형이 탄성범위 내에서 이루어졌다면 행한 일은 0이 되어야 한다.

③ 결과적으로 진응력-진변형률 곡선의 형태가 그림 1.12(a)와 같아야 하고, 그림 1.12(b)와 그림 1.12(c)는 Drucker의 가설에 위배된다.

④ Drucker의 가설은 항복곡면이 볼록해야 하고 소성변형률속도는 항복곡면에 수직한 방향으로 발생한다는 결과를 낳는다.

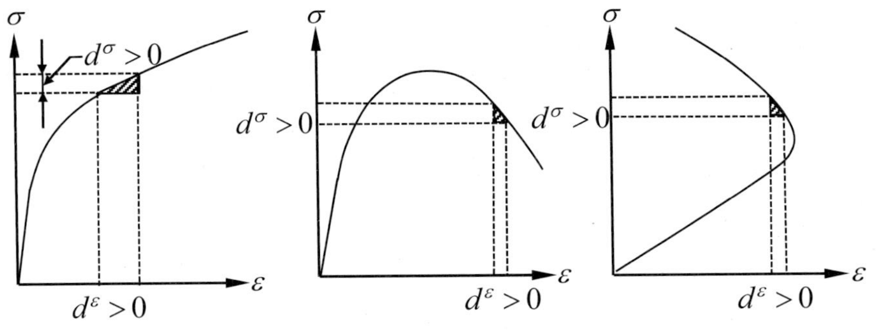

(a) 가능 (b) 불가능 (c) 불가능

그림 1.12 Drucker의 가설

항복을 일으키는 어떤 상태의 응력은 좌표계에 따라 다른 성분값으로 표현될 수 있지만 근본적으로 항복현상 자체를 피할 수 없다. 즉, 응력텐서는 방향에 따라 다른 값으로 표현되지만, 응력의 크기와 직결되어 있는 항복현상은 응력을 정의하는데 사용된 좌표계와 무관하다. 따라서 응력불변치와 항복현상 사이에는 깊은 연관관계가 있음을 예상할 수 있다. 소재가 등방성경화능을 가진 경우, 항복이 좌표계에 무관해야 하므로 항복함수 f는 응력불변치 I_1, I_2, I_3 의 함수가 되어야 한다. 즉, 항복함수는 다음의 형태가 되어야 한다.

$$f(I_1, I_2, I_3) = 0 \tag{1.42}$$

일반적으로 다공질재료가 아닌 경우 소재는 적정한 크기의 정수압 상태에서 파괴 또는 소성변형을 일으키지 않는다. 따라서 I_1이 소재의 항복에 미치는 영향을 무시한다. 이 경우의 항복함수는

$$f(J_2, J_3) = 0 \tag{1.43}$$

가 되어야 한다. 여기서 J_2와 J_3는 편차응력의 불변치이며, 다음 식으로 정의된다.

$$J_2 = \frac{1}{2}\sum_{i=1}^{3}\sum_{j=1}^{3} \sigma'_{ij}\sigma'_{ij} = \frac{1}{2}(\sigma_1'^2 + \sigma_2'^2 + \sigma_3'^2) = \frac{1}{3}I_1^2 + I_2 \tag{1.44}$$

$$J_3 = \left|\sigma'_{ij}\right| = \sigma'_1\sigma'_2\sigma'_3 \tag{1.45}$$

이 식에서 σ'_i에 대하여 J_2는 우함수이고, J_3은 기함수임을 알 수 있다. 등방성재료의 경우, 응력상태가 $(\sigma'_1,\ \sigma'_2, \sigma'_3)$일 때 항복이 발생하였다면, $(-\sigma'_1,\ \sigma'_2, \sigma'_3)$일 때도 항복이 발생해야 한다. 그런데 $J_3(\sigma'_1,\ \sigma'_2, \sigma'_3) = -J_3(-\sigma'_1,\ \sigma'_2, \sigma'_3)$이므로 항복함수 f는 J_3에 관하여 우함수가 되어야 한다.

재료의 변형경화 현상은 등방성경화(isotropic hardening)와 기구학적경화(kinematic hardening)로 설명되고 있다. 등방성경화는 비록 소재가 압축변형을 받아 경화되었더라도 인장변형이 가해지면 동일한 경화능을 나타낸다는 가정에 바탕을 둔 이상적 경화특성을 일컫는 용어이다. 즉, 등방성경화란 어떤 재료의 인장시편에 압축변형을 가하여 항복응력이 Y_1에서 Y_2로 증가한 상태에서 인장력을 가하면, Y_2의 인장응력이 작용할 때 초기항복이 발생한다는 가정에 바탕을 둔 경화특성이다. 이러한 특성을 나타내는 소재는 엄밀한 의미에서 없다고 할 수 있다. 그러나 소성가공중 변형모드의 변화가 극심하지 않으며, 극심할 경우엔 열처리를 통하여 경화성을 완화시켜 주는 과정이 있기 때문에, 경험적으로 볼 때 등방성경화의 가정은 큰 오차를 발생시키지 않는다. 그러나 바우싱거 효과(Bauschinger effect) 등을 등방성경화에서는 표현할 수 없다.

앞에서 항복함수가 가져야 할 기본적 요건에 관하여 공부하였다. 이러한 요건을 만족하면서 널리 사용되고 있는 다수의 항복이론(yield criterion)이 소개되어 있다. von Mises

(또는 Huber-von Mises) 항복이론과 Tresca 항복이론이 대표적인 항복이론이다.

1.2.6.1 von Mises 항복이론

von Mises 항복이론은 항복이론 중 소성가공공정의 해석 목적에 가장 널리 사용되는 이론이다. 관련 유동법칙이 명확한 수학적 형태(closed-form)로 표현될 뿐만 아니라 실험적으로도 그 우수성이 입증되어 있기 때문이다.

von Mises 항복이론은 응력상태가 다음과 같이 될 때, 소재가 항복을 일으킨다는 학설이다.

$$f = J_2 - k^2 = \frac{1}{2}\sum_{i=1}^{3}\sum_{j=1}^{3} \sigma'_{ij}\sigma'_{ij} - k^2 = 0$$

또는

$$\bar{\sigma} = \sqrt{\frac{1}{2}\left[(\sigma_{xx}-\sigma_{yy})^2 + (\sigma_{yy}-\sigma_{zz})^2 + (\sigma_{zz}-\sigma_{xx})^2\right] + 3\sigma_{xy}^2 + 3\sigma_{yz}^2 + 3\sigma_{zx}^2} = Y \tag{1.46}$$

여기서 $\bar{\sigma}$ 는 유효응력(effective stress) 또는 상당응력(equivalent stress)이다. Y와 k는 각각 소재의 항복응력(yield stress)과 순수전단항복응력(yield stress in pure shear)이다. 순수비틀림 시험에서 항복상태의 소재에 작용하는 순수전단항복응력이 k일 때 주응력이 $\sigma_1 = k$, $\sigma_2 = 0$, $\sigma_3 = -k$ 이기 때문에, 식 (1.46)로부터 k와 Y는 다음의 관계를 만족한다.

$$k = \frac{Y}{\sqrt{3}} \tag{1.47}$$

항복응력 Y는 소재의 성질과 관련된 값이며, 변형률, 변형률속도, 온도, 재료의 손상도(damage), 재료의 미세구조(microstructure) 등의 함수이다. 따라서 von Mises 항복이론은 유효응력이 소재의 항복응력에 도달하면 항복 또는 소성변형이 일어난다는 학설이다. 이 학설이 실제 현상을 매우 잘 반영한다는 사실을 여러 실험적 연구결과와 적용 경험이 뒷받침해 주고 있다.

1.2.6.2 Tresca 항복이론

Tresca 항복이론(최대전단응력항복이론, maximum shear stress yield criterion)도 널리 사용되고 있다. Tresca 항복이론은 다음과 같이 수식화된다.

$$f = \tau_{max} - k = 0 \tag{1.48}$$

즉, 최대전단응력이 소재의 허용전단응력 k에 도달하면, 항복이 발생한다는 뜻이다. 인장시험에서 항복이 발생하는 시점에서의 최대주응력 σ_1은 Y이고 최소주응력 σ_3은 0이다. 따라서 인장시험에서 항복에 도달했을 때 최대전단응력 τ_{max}가

$$\tau_{max} = \frac{\sigma_{max} - \sigma_{min}}{2} = \frac{Y}{2} \tag{1.49}$$

이므로, 소재의 허용전단응력 k와 항복응력 Y는

$$k = \frac{Y}{2} \tag{1.50}$$

의 관계에 있다. Tresca 항복이론은 강도해석 등의 목적으로 수계산 및 근사해석 시에 널리 사용되고 있으나, 소성가공공정의 시뮬레이션 목적으로는 거의 활용되지 않고 있다.

1.2.6.3 평면응력 문제의 항복함수

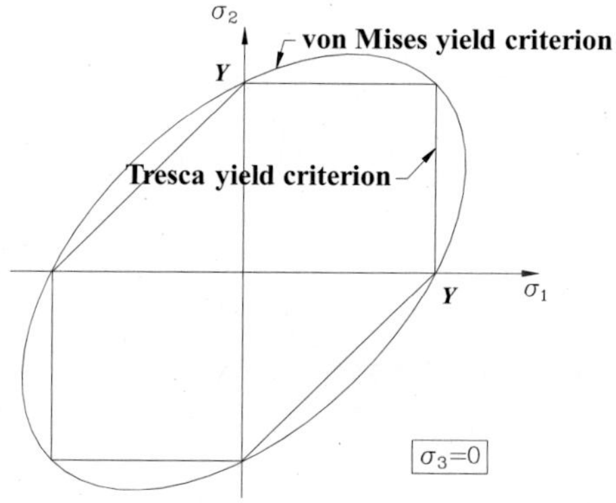

그림 1.13 평면응력 문제의 항복함수와 항복궤적

평면응력에서는 평면에 수직한 방향이 항상 하나의 주응력축이 되며 그 방향에 대한 주응력의 크기는 0이다. 따라서 편의상 $\sigma_3 = 0$ 으로 두자.

(1) von Mises 항복함수

$J_2 = \frac{1}{6}[(\sigma_1 - \sigma_2)^2 + (\sigma_2 - \sigma_3)^2 + (\sigma_3 - \sigma_1)^2]$와 $\sigma_3 = 0$ 을 식 (1.46)에 대입하여 정리하면, 평면응력 문제에서 von Mises 항복조건은 다음과 같이 요약된다.

$$f = \sigma_1^2 - \sigma_1\sigma_2 + \sigma_2^2 - Y^2 = 0 \tag{1.51}$$

이 항복궤적(yield locus)은 그림 1.13에서 보는 바와 같이 타원이며, 볼록하다.

(2) Tresca 항복함수

Tresca 항복함수는 다음과 같이 여섯 개 구간에서 다른 함수로 표현된다.

① $\sigma_1 > \sigma_2 > 0$ 일 경우: $\tau_{max} = \sigma_1 / 2 = k = Y/2, \quad f = \sigma_1 - Y$

② $\sigma_2 > \sigma_1 > 0$ 일 경우: $\tau_{max} = \sigma_2 / 2 = k = Y/2, \quad f = \sigma_2 - Y$

③ $\sigma_2 > 0 > \sigma_1$ 일 경우: $\tau_{max} = (\sigma_2 - \sigma_1)/2 = k = Y/2, \quad f = \sigma_2 - \sigma_1 - Y$

④ $0 > \sigma_2 > \sigma_1$ 일 경우: $\tau_{max} = -\sigma_1 / 2 = k = Y/2, \quad f = -\sigma_1 - Y$ (1.52)

⑤ $0 > \sigma_1 > \sigma_2$ 일 경우: $\tau_{max} = -\sigma_2 / 2 = k = Y/2, \quad f = -\sigma_2 - Y$

⑥ $\sigma_1 > 0 > \sigma_2$ 일 경우: $\tau_{max} = (\sigma_1 - \sigma_2)/2 = k = Y/2, \quad f = \sigma_1 - \sigma_2 - Y$

각 구간별 항복궤적을 도시하면 그림 1.13과 같다. 그림에서 Tresca 항복궤적 역시 볼록함을 알 수 있다. 즉, 궤적 상의 두 점을 연결한 선분은 항복궤적 내부 또는 항복궤적 상에 존재한다.

1.2.6.4 3차원 문제의 von Mises 항복함수

등방성재료의 항복 현상은 좌표계와 무관하므로 주응력으로 항복함수를 표현하는 것이 바람직하다. 이 경우 세 개의 전단응력이 0이 되므로 3차원 응력 문제의 경우라도 3차원 공간(주응력축 공간)에서 항복곡면을 표현할 수 있다. 그러나 일반좌표계에서 항복곡면을 표현하려면 여섯 개의 좌표축이 필요하므로 수학적 개념의 가시화는 가능하지만 기하학적 표현은 불가능하다.

먼저, 편차주응력 $\sigma_1' - \sigma_2' - \sigma_3'$ 좌표계에서 항복곡면을 도시해 보자. von Mises 항복이론으로부터 항복함수 $f(\sigma_1',\ \sigma_2',\ \sigma_3')$ 는

$$f(\sigma_1',\ \sigma_2',\ \sigma_3') = \frac{1}{2}(\sigma_1'^2 + \sigma_2'^2 + \sigma_3'^2) - k^2 \tag{1.53}$$

이다. 항복조건 $f(\sigma_1',\ \sigma_2',\ \sigma_3') = 0$ 은 그림 1.14(a)에서 보는 바와 같이 구의 방정식이다.

이제 주응력 $\sigma_1 - \sigma_2 - \sigma_3$ 좌표계에서 항복곡면을 도시해 보자. 항복함수 $f(\sigma_1,\ \sigma_2,\ \sigma_3)$ 가 다음과 같으므로

$$f(\sigma_1,\ \sigma_2,\ \sigma_3) = \frac{1}{6}[(\sigma_1 - \sigma_2)^2 + (\sigma_2 - \sigma_1)^2 + (\sigma_3 - \sigma_1)^2] - k^2 \tag{1.54}$$

3차원 문제의 경우 항복곡면 $f(\sigma_1,\ \sigma_2,\ \sigma_3) = 0$ 은 그림 1.14(b)와 같이 표현된다. 그림에서 보는 바와 같이 항복곡면은 중심축이 원점을 통과하고 중심축의 방향이 (1, 1, 1)인 실린더이다. $\sigma_1 + \sigma_2 + \sigma_3 = 0$ 인 면을 π면(π-plane)이라고 하고 이 면과 항복곡면이 만나는 궤적을 항복궤적 C(yield locus C)라고 한다. $\sigma_3 = 0$ 인 면과 항복곡면이 만나는 궤적은 타원이며, 그림 1.13의 타원과 동일하다.

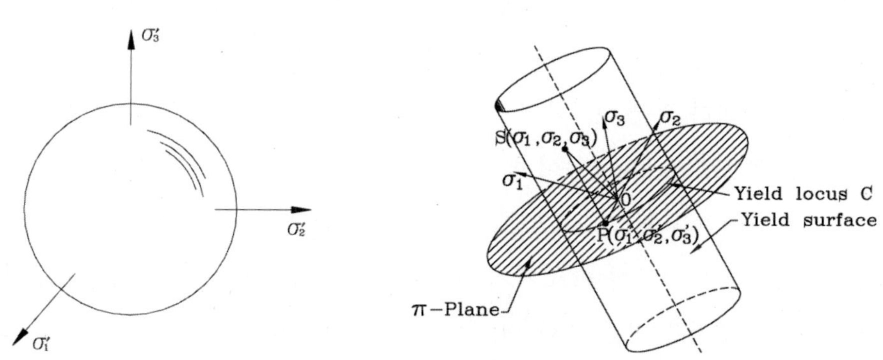

(a) $\sigma_1' - \sigma_2' - \sigma_3'$ 좌표계 (b) $\sigma_1 - \sigma_2 - \sigma_3$ 좌표계

그림 1.14 3차원 항복곡면 및 항복궤적

어떤 점의 응력상태가 항복곡면 내부에 속할 경우 그 점은 탄성영역에 존재하고, 응력상태가 실린더 상에 존재할 경우 그 점은 소성영역에 존재한다. 그러나 전술한 바와 같이 항복곡면 외부에는 존재할 수 없다.

1.3 고체의 변형

이제 물체의 변형을 정량화시켜 보자. 변위는 강체운동과 변형으로 구성되어 있다. 강체운동을 하는 물체에는 변형이 발생하지 않으며, 모든 질점 간의 길이가 변화하지 않는다. 따라서 길이의 변화는 물체의 변형을 정량화하는 척도로 사용될 수 있다.

1.3.1 변위장과 변형률

본 절에서는 임의의 점에서 변형을 정량적으로 표현하기 위하여 도입된 변형률(strain)에 관하여 공부한다.

변위는 그림 1.15에서 보는 바와 같이 고체의 위치변화를 정량화시킨 것이다. 각 질점에서 변위는 일반적으로 다르다. 따라서 변위벡터 **u**의 각 성분은 위치의 함수이며, 변위장이라고 불린다. 변위는 변형과 강체운동으로 구분되며, 탄성역학, 소성역학, 진동학 등에서는 변형을 중시하는 반면, 강체동역학에서는 변형을 무시하고 있다. 변형체 동역학에서는 둘 다를 중시한다. 탄성역학과 소성역학에서 물체의 전체적인 강체운동은 일반적으로 없지만 부분적으로는 강체운동이 발생하고 있다. 동역학에서는 변형에 의한 변위보다 강체운동에 의한 변위가 훨씬 크기 때문에 변형을 무시하는 경우가 많다. 한 질점의 변위는 벡터에 의하여 표현되는 반면, 고체의 변위, 즉 변위장은 각 성분이 실수함수인 벡터함수로 표현된다. 변위장을 최종 미지함수로 간주하여 고체역학 문제를 수식화하는 방법을 변위법이라고 하며, 대부분의 역학 문제는 변위법에 의하여 해결되고 있다.

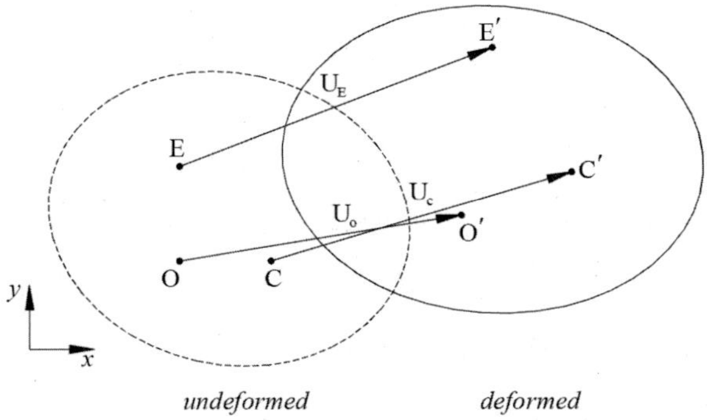

그림 1.15 변위장의 가시화

고체가 작은 변형(small deformation)을 받고 있다는 가정하에서 그림 1.16의 2차원 평면상의 점 O의 변형을 정량화시켜 보자(일차원변형의정량화는 1.4절의인장시험에관한내용으로대신한다). 이 점에서의 변형은 점 O에 인접하면서 각각 x-축과 y-축에 평행한 선분 OC와 OE의 단위길이당 길이변화와 각도 $\angle EOC$ 의 변화로 정량화된다. x-방향의 선분 OC의 길이변화율, 즉 단위길이당 길이변화량을

$$\lim_{C\to O}(\overline{O'C'}-\overline{OC})/\overline{OC} \equiv \varepsilon_{xx} \tag{1.55}$$

라고 정의하고, x-축과 y-축의 각도감소량을 다음과 같이 정의한다.

$$\lim_{C,E\to O}(\angle EOC-\angle E'O'C') \equiv 2\varepsilon_{xy} \tag{1.56}$$

그 이외의 변형률 성분 ε_{yy}, ε_{zz}, ε_{yz}, ε_{zx}, ε_{yx}, ε_{zy}, ε_{xz} 등도 마찬가지로 정의된다. 3차원 공간상의 한 점에서 변형률은 다음의 행렬 형태로 표현된다.

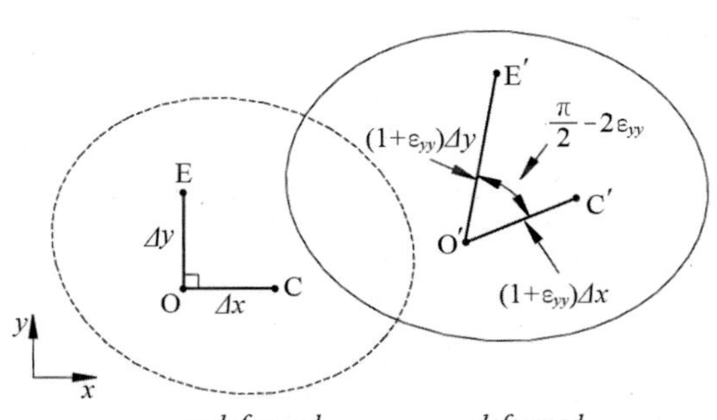

그림 1.16 고체의 변형의 정량화

$$\varepsilon_{ij}, \quad [\varepsilon_{ij}] = \begin{bmatrix} \varepsilon_{11} & \varepsilon_{12} & \varepsilon_{13} \\ \varepsilon_{21} & \varepsilon_{22} & \varepsilon_{23} \\ \varepsilon_{31} & \varepsilon_{32} & \varepsilon_{33} \end{bmatrix} = \begin{bmatrix} \varepsilon_{xx} & \varepsilon_{xy} & \varepsilon_{xz} \\ \varepsilon_{yx} & \varepsilon_{yy} & \varepsilon_{yz} \\ \varepsilon_{zx} & \varepsilon_{zy} & \varepsilon_{zz} \end{bmatrix} \tag{1.57}$$

여기서 ε_{ii} (i 에 대한 덧셈규약 따르지 않음)는 x_i -축 방향의 선분의 단위길이당 길이변화량을 의미하며, 법선변형률이다. $\varepsilon_{ij} (i \neq j)$ 는 직교하는 x_i -축 방향과 x_j -축 방향의 선분요소의 각도변화량의 1/2을 의미하며, 전단변형률이다. 법선변형률이 양수인 경우, 선분의 길이가 증가한 것을 의미하고, 전단변형률이 양수인 경우는 각도 $\angle EOC$ 가 감소한 것을 의미한다.

$x-y-z$ 직각좌표계를 사용할 경우, 3차원 물체의 한 점에서 변형률(ε_{xx}, ε_{yy}, ε_{zz}, ε_{xy}, ε_{yz}, ε_{zx})과 변위장 $\mathbf{u} = [u_x, u_y, u_z]^T$ 의 관계는 다음과 같다.

$$\varepsilon_{ij} = \frac{1}{2}\left(\frac{\partial u_i}{\partial x_j} + \frac{\partial u_j}{\partial x_i}\right) \quad \text{또는} \quad \begin{aligned} \varepsilon_{xx} &= \frac{\partial u_x}{\partial x} \\ \varepsilon_{yy} &= \frac{\partial u_y}{\partial y} \\ \varepsilon_{zz} &= \frac{\partial u_z}{\partial z} \\ \varepsilon_{xy} &= \frac{1}{2}\left(\frac{\partial u_x}{\partial y} + \frac{\partial u_y}{\partial x}\right) \\ \varepsilon_{yz} &= \frac{1}{2}\left(\frac{\partial u_y}{\partial z} + \frac{\partial u_z}{\partial y}\right) \\ \varepsilon_{xy} &= \frac{1}{2}\left(\frac{\partial u_z}{\partial x} + \frac{\partial u_x}{\partial z}\right) \end{aligned} \tag{1.58}$$

식 (1.58)로부터 변형률은 $\varepsilon_{ij} = \varepsilon_{ji}$ 임을 알 수 있다. 흔히 $i \neq j$ 일 때, $\gamma_{ij} = 2\varepsilon_{ij}$ 로 두고 γ_{ij} 를 공학전단변형률(engineering shear strain)이라고 한다. 이 때 유념해야 할 점은 γ_{ij} 가 2차 텐서량이 아니라는 사실이다.

변형률은 2차 텐서이므로 다음의 변환법칙을 따른다.

$$\varepsilon_{i'j'} = \sum_{p=1}^{3}\sum_{q=1}^{3} T_{i'p} T_{j'q} \varepsilon_{pq}$$

또는

$$\begin{pmatrix} \varepsilon_{1'1'} & \varepsilon_{1'2'} & \varepsilon_{1'3'} \\ \varepsilon_{2'1'} & \varepsilon_{2'2'} & \varepsilon_{2'3'} \\ \varepsilon_{3'1'} & \varepsilon_{3'2'} & \varepsilon_{3'3'} \end{pmatrix} = \begin{pmatrix} T_{1'1} & T_{1'2} & T_{1'3} \\ T_{2'1} & T_{2'2} & T_{2'3} \\ T_{3'1} & T_{3'2} & T_{3'3} \end{pmatrix} \begin{pmatrix} \varepsilon_{11} & \varepsilon_{12} & \varepsilon_{13} \\ \varepsilon_{21} & \varepsilon_{22} & \varepsilon_{23} \\ \varepsilon_{31} & \varepsilon_{32} & \varepsilon_{33} \end{pmatrix} \begin{pmatrix} T_{1'1} & T_{2'1} & T_{3'1} \\ T_{1'2} & T_{2'2} & T_{3'2} \\ T_{1'3} & T_{2'3} & T_{3'3} \end{pmatrix} \tag{1.59}$$

그림 1.17에서 보는 바와 같이 $r-\theta-z$ 원통좌표계에서 변형률(ε_{rr}, $\varepsilon_{\theta\theta}$, ε_{zz}, $\varepsilon_{r\theta}$, $\varepsilon_{\theta z}$, ε_{zr}) 과 변위 $\mathbf{u} = [u_r, u_\theta, u_z]^{\mathrm{T}}$ 의 관계는 다음과 같다.

$$\begin{aligned} \varepsilon_{rr} &= \frac{\partial u_r}{\partial r} \\ \varepsilon_{\theta\theta} &= \frac{1}{r}\frac{\partial u_\theta}{\partial \theta} + \frac{u_r}{r} \\ \varepsilon_{zz} &= \frac{\partial u_z}{\partial z} \\ \varepsilon_{r\theta} &= \frac{1}{2}\left(\frac{1}{r}\frac{\partial u_r}{\partial \theta} + \frac{\partial u_\theta}{\partial r} - \frac{u_\theta}{r}\right) \\ \varepsilon_{\theta z} &= \frac{1}{2}\left(\frac{\partial u_\theta}{\partial z} + \frac{1}{r}\frac{\partial u_z}{\partial \theta}\right) \\ \varepsilon_{zr} &= \frac{1}{2}\left(\frac{\partial u_z}{\partial r} + \frac{\partial u_r}{\partial z}\right) \end{aligned} \tag{1.60}$$

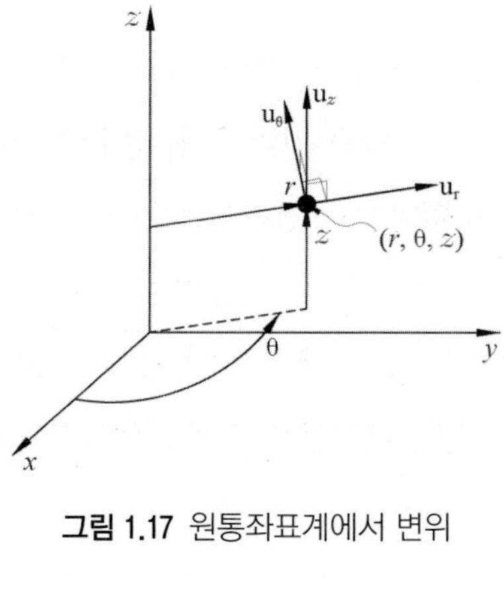

그림 1.17 원통좌표계에서 변위

1.3.2 속도장과 변형률속도

변위장은 위치와 시간의 함수이다. 변위장을 시간으로 미분함으로써 속도장을 다음과 같이 구할 수 있다.

$$\mathbf{v} = \frac{d\mathbf{u}}{dt}, \ v_i = \frac{du_i}{dt} \quad \text{또는} \quad v_i = \dot{u}_i \tag{1.61}$$

여기서 속도장 v_i 에 의하여 변위가 Δt 동안 발생하였다고 가정하자. 단, Δt 는 이 시간 동안 속도의 변화를 무시할 수 있고 충분히 작은 변형을 야기시킨다고 가정한다. 그러면 $u_i = v_i \Delta t$ 가 되므로 이 시간 동안 증가된 변형률 증분 $\Delta\varepsilon_{ij}$ 와 $d\varepsilon_{ij}$ 는 각각 다음과 같다.

$$\begin{aligned} \Delta\varepsilon_{ij} &= \frac{1}{2}\left(\frac{\partial(v_i \Delta t)}{\partial x_j} + \frac{\partial(v_j \Delta t)}{\partial x_i}\right) = \frac{1}{2}(\frac{\partial v_i}{\partial x_j} + \frac{\partial v_j}{\partial x_i})\Delta t \\ d\varepsilon_{ij} &= \frac{1}{2}\left(\frac{\partial v_i}{\partial x_j} + \frac{\partial v_j}{\partial x_i}\right)dt \end{aligned} \tag{1.62}$$

한편, 속도구배 텐서, $\dfrac{\partial v_i}{\partial x_j}$ 의 대칭부분

$$\dot{\varepsilon}_{ij} \equiv \frac{1}{2}\left(\frac{\partial v_i}{\partial x_j} + \frac{\partial v_j}{\partial x_i}\right) \tag{1.63}$$

을 변형률속도(strain rate)라고 부른다. 변형률속도는 2차 텐서량에 속한다. 시간매개변수 (time parameter) t 는 가상의 시간을 의미하며, 경우에 따라 실제의 시간으로 간주될 수도 있다. 가령 속도의 영향이 없다고 가정한 소성가공공정의 해석 시에 실제 공정의 속도를 입력하지 않은 경우의 t 는 가상의 시간이며, 점소성 문제의 경우에는 속도가 공정에 영향을 미치므로 이 때의 t 는 실제 시간의 의미를 지닌다.

일반적으로 $\varepsilon_{ij} \neq \int_0^t \dot{\varepsilon}_{ij}\, dt$ 이다. 주변형률축이 변위장의 발생과 함께 변하기 때문이다.

1.3.3 주변형률, 주변형률속도, 불변치

변형률과 변형률속도는 2차 텐서량이다. 따라서 응력텐서와 마찬가지로 변형률 텐서 ε_{ij} 와 변형률속도 텐서 $\dot{\varepsilon}_{ij}$ 에 관한 다음의 고유치 문제로부터

$$\sum_{j=1}^{3} \varepsilon_{ij} n_j = \varepsilon n_i \quad \text{또는} \quad \begin{bmatrix} \varepsilon_{xx} & \varepsilon_{xy} & \varepsilon_{xz} \\ \varepsilon_{yx} & \varepsilon_{yy} & \varepsilon_{yz} \\ \varepsilon_{zx} & \varepsilon_{zy} & \varepsilon_{zz} \end{bmatrix} \begin{bmatrix} n_x \\ n_y \\ n_z \end{bmatrix} = \varepsilon \begin{bmatrix} n_x \\ n_y \\ n_z \end{bmatrix} \tag{1.64}$$

$$\sum_{j=1}^{3} \dot{\varepsilon}_{ij} n_j = \dot{\varepsilon} n_i \quad \text{또는} \quad \begin{bmatrix} \dot{\varepsilon}_{xx} & \dot{\varepsilon}_{xy} & \dot{\varepsilon}_{xz} \\ \dot{\varepsilon}_{yx} & \dot{\varepsilon}_{yy} & \dot{\varepsilon}_{yz} \\ \dot{\varepsilon}_{zx} & \dot{\varepsilon}_{zy} & \dot{\varepsilon}_{zz} \end{bmatrix} \begin{bmatrix} n_x \\ n_y \\ n_z \end{bmatrix} = \dot{\varepsilon} \begin{bmatrix} n_x \\ n_y \\ n_z \end{bmatrix} \tag{1.65}$$

세 개의 주변형률 $\varepsilon = \varepsilon_1,\ \varepsilon_2,\ \varepsilon_3$ 및 주변형률속도 $\dot{\varepsilon} = \dot{\varepsilon}_1,\ \dot{\varepsilon}_2,\ \dot{\varepsilon}_3$ 가 정의된다. 변형률과 변형률속도가 2차 텐서량이므로 다음의 불변치가 정의된다.

$$L_1 = \sum_{i=1}^{3} \varepsilon_{ii} = \varepsilon_{xx} + \varepsilon_{yy} + \varepsilon_{zz} \tag{1.66}$$

$$L_2 = \frac{1}{2}\sum_{i=1}^{3}\sum_{j=1}^{3} (\varepsilon_{ij}\varepsilon_{ij} - \varepsilon_{ii}\varepsilon_{jj}) = -\varepsilon_{xx}\varepsilon_{yy} - \varepsilon_{yy}\varepsilon_{zz} - \varepsilon_{zz}\varepsilon_{xx} + \varepsilon_{xy}^{\ 2} + \varepsilon_{yz}^{\ 2} + \varepsilon_{zx}^{\ 2} \tag{1.67}$$

$$L_3 = \left|\varepsilon_{ij}\right| = \varepsilon_{xx}\varepsilon_{yy}\varepsilon_{zz} + 2\varepsilon_{xy}\varepsilon_{yz}\varepsilon_{zx} - \varepsilon_{xx}\varepsilon_{yz}^{\ 2} - \varepsilon_{yy}\varepsilon_{zx}^{\ 2} - \varepsilon_{zz}\varepsilon_{xy}^{\ 2} \tag{1.68}$$

$$\dot{L}_1 = \sum_{i=1}^{3} \dot{\varepsilon}_{ii} = \dot{\varepsilon}_{xx} + \dot{\varepsilon}_{yy} + \dot{\varepsilon}_{zz} \tag{1.69}$$

$$\dot{L}_2 = \frac{1}{2}\sum_{i=1}^{3}\sum_{j=1}^{3} (\dot{\varepsilon}_{ij}\dot{\varepsilon}_{ij} - \dot{\varepsilon}_{ii}\dot{\varepsilon}_{jj}) = -\dot{\varepsilon}_{xx}\dot{\varepsilon}_{yy} - \dot{\varepsilon}_{yy}\dot{\varepsilon}_{zz} - \dot{\varepsilon}_{zz}\dot{\varepsilon}_{xx} + \dot{\varepsilon}_{xy}^{\ 2} + \dot{\varepsilon}_{yz}^{\ 2} + \dot{\varepsilon}_{zx}^{\ 2} \tag{1.70}$$

$$\dot{L}_3 = \left|\dot{\varepsilon}_{ij}\right| = \dot{\varepsilon}_{xx}\dot{\varepsilon}_{yy}\dot{\varepsilon}_{zz} + 2\dot{\varepsilon}_{xy}\dot{\varepsilon}_{yz}\dot{\varepsilon}_{zx} - \dot{\varepsilon}_{xx}\dot{\varepsilon}_{yz}^{\ 2} - \dot{\varepsilon}_{yy}\dot{\varepsilon}_{zx}^{\ 2} - \dot{\varepsilon}_{zz}\dot{\varepsilon}_{xy}^{\ 2} \tag{1.71}$$

여기서 L_1과 $\dot{L}_1$의 물리적 의미는 각각 체적변화율과 체적변화율속도이다. 만약 소재가 비압축성일 경우 이 값이 0이 되어야 한다. 따라서 비압축성 조건은 다음 식으로 표현된다.

$$L_1 = \sum_{i=1}^{3} \varepsilon_{ii} = 0, \quad \dot{L}_1 = \sum_{i=1}^{3} \dot{\varepsilon}_{ii} = 0 \tag{1.72}$$

유효변형률 $\bar{\varepsilon}$ 와 유효변형률속도 $\dot{\bar{\varepsilon}}$ 는 다음과 같이 정의된다.

$$\bar{\varepsilon} = \sqrt{\frac{2}{3}\sum_{i=1}^{3}\sum_{j=1}^{3}\varepsilon_{ij}'\varepsilon_{ij}'} = \frac{\sqrt{2}}{3}[(\varepsilon_{xx}-\varepsilon_{yy})^2 + (\varepsilon_{yy}-\varepsilon_{zz})^2 + (\varepsilon_{zz}-\varepsilon_{xx})^2 + 6(\varepsilon_{xy}^{\ 2} + \varepsilon_{yz}^{\ 2} + \varepsilon_{zx}^{\ 2})]^{\frac{1}{2}} \tag{1.73}$$

$$\dot{\bar{\varepsilon}} = \sqrt{\frac{2}{3}\sum_{i=1}^{3}\sum_{j=1}^{3}\dot{\varepsilon}_{ij}'\dot{\varepsilon}_{ij}'} = \frac{\sqrt{2}}{3}[(\dot{\varepsilon}_{xx}-\dot{\varepsilon}_{yy})^2 + (\dot{\varepsilon}_{yy}-\dot{\varepsilon}_{zz})^2 + (\dot{\varepsilon}_{zz}-\dot{\varepsilon}_{xx})^2 + 6(\dot{\varepsilon}_{xy}^{\ 2} + \dot{\varepsilon}_{yz}^{\ 2} + \dot{\varepsilon}_{zx}^{\ 2})]^{\frac{1}{2}} \tag{1.74}$$

1.3.4 평면변형 문제와 축대칭 문제

변형률 텐서 또는 변형률속도 텐서의 성분에서 어떤 하나의 방향에 대한 성분이 모두 0일 때, 평면변형(plane strain)이라고 한다. 편의상 그 방향을 $z(x_3)$-축 방향이라고 가정하자. 평면변형일 때의 변위와 속도는

$$u_x = u_x(x, y),\quad u_y = u_y(x, y),\quad u_z = 0 \tag{1.75}$$

$$v_x = v_x(x, y),\quad v_y = v_y(x, y),\quad v_z = 0 \tag{1.76}$$

이며, 변형률 및 변형률속도 텐서는 다음과 같이 축약되어 표현된다.

$$[\varepsilon_{ij}] = \begin{bmatrix} \varepsilon_{xx} & \varepsilon_{xy} \\ \varepsilon_{yx} & \varepsilon_{yy} \end{bmatrix} = \begin{bmatrix} \varepsilon_{11} & \varepsilon_{12} \\ \varepsilon_{21} & \varepsilon_{22} \end{bmatrix} \tag{1.77}$$

$$[\dot{\varepsilon}_{ij}] = \begin{bmatrix} \dot{\varepsilon}_{xx} & \dot{\varepsilon}_{xy} \\ \dot{\varepsilon}_{yx} & \dot{\varepsilon}_{yy} \end{bmatrix} = \begin{bmatrix} \dot{\varepsilon}_{11} & \dot{\varepsilon}_{12} \\ \dot{\varepsilon}_{21} & \dot{\varepsilon}_{22} \end{bmatrix} \tag{1.78}$$

공학적으로 평면변형 문제에 속하는 대표적인 문제는 댐과 박판압연이다. 댐은 길이 방향으로의 변위가 물이 흘러가는 방향에 비하여 매우 작다. 박판압연의 경우 폭퍼짐량이 매우 작기 때문에 식 (1.76)의 가정이 공학적으로 유용하다. 따라서 평면변형 문제에 속한다. 소성가공공정의 2차원 해석은 주로 평면변형 문제의 가정하에서 실시되고 있다. 평면변형 문제는 $z(x_3)$-축 방향으로 재료의 유동이 발생하지 않는다는 가정에 바탕을 둔 것이다.

축대칭 문제는 3차원 문제 중에서도 특이한 문제에 속한다. 축대칭 문제란 기하학적으로 축대칭이어야 하고, 하중 및 경계조건 등 역학적인 면에서도 축대칭이어야 하며, 재료의 측면에서도 축대칭이어야 한다. 전술한 바와 같이 축대칭의 조건이 까다롭기는 하지만, 공학해석 문제에서 축대칭 문제로 간주될 수 있는 문제는 매우 많다. 축대칭 문제는 일반적으로 $r-\theta-z$ 원통좌표계로 수식화되고 있다. 그림 1.18(a)는 원통좌표계에서 변위벡터 $[u_r, u_\theta, u_z]^{\mathrm{T}}$ 를 정의하고 있다. 축대칭일 경우 원주방향의 변위는 없으며, 다른 변위 성분도 원주방향의 좌표 θ의 함수가 아니다. 즉,

$$u_r = u_r(r, z), \quad u_\theta = 0, \quad u_z = u_z(r, z) \tag{1.79}$$

이다. 따라서 0이 아닌 변형률 성분과 변위의 관계는 다음과 같다.

$$\begin{bmatrix} \varepsilon_{rr} \\ \varepsilon_{\theta\theta} \\ \varepsilon_{zz} \\ \varepsilon_{rz} \end{bmatrix} = \begin{bmatrix} \dfrac{\partial u_r}{\partial r} \\ \dfrac{u_r}{r} \\ \dfrac{\partial u_z}{\partial z} \\ \dfrac{1}{2}(\dfrac{\partial u_r}{\partial z} + \dfrac{\partial u_z}{\partial r}) \end{bmatrix} \tag{1.80}$$

마찬가지로 변형률속도 성분과 속도의 관계는 다음과 같다.

$$\begin{bmatrix} \dot{\varepsilon}_{rr} \\ \dot{\varepsilon}_{\theta\theta} \\ \dot{\varepsilon}_{zz} \\ \dot{\varepsilon}_{rz} \end{bmatrix} = \begin{bmatrix} \dfrac{\partial v_r}{\partial r} \\ \dfrac{v_r}{r} \\ \dfrac{\partial v_z}{\partial z} \\ \dfrac{1}{2}(\dfrac{\partial v_r}{\partial z} + \dfrac{\partial v_z}{\partial r}) \end{bmatrix} \tag{1.81}$$

축대칭 문제는 그림 1.18에서 보는 바와 같이 변위장 u_r과 u_z 또는 속도장 v_r과 v_z에 의하여 결정된다. 따라서 해석영역은 2차원 평면이지만 실제 계산에서는 체적을 고려한 3차원 해석을 실시한다.

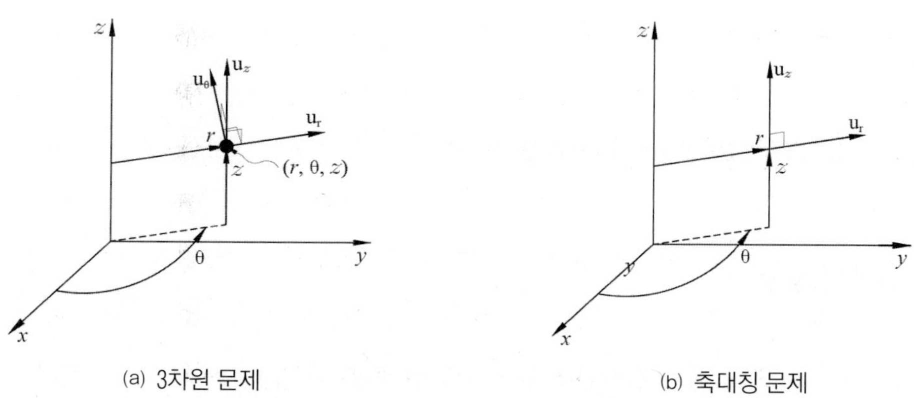

그림 1.18 원통좌표계에서 변위벡터의 정의와 축대칭 문제

1.3.5 변형률속도의 이상화

변형률속도는 하중을 제거하였을 때 회복되지 않는 양 ($\dot{\varepsilon}_{ij}{}^{p}$)과 그 이외의 양 ($\dot{\varepsilon}_{ij}{}^{d}$)으로 구분된다. 즉,

$$\dot{\varepsilon}_{ij} = \dot{\varepsilon}_{ij}{}^{p} + \dot{\varepsilon}_{ij}{}^{d} \tag{1.82}$$

로 표현되며, $\dot{\varepsilon}_{ij}{}^{p}$와 $\dot{\varepsilon}_{ij}{}^{d}$를 각각 소성변형률속도(plastic strain rate) 성분과 차이변형률속도 (difference strain rate) 성분이라고 한다. 소성변형률속도 성분의 기하학적 의미는 회복되지 않는 변형으로 명확하게 설명된다. 반면 차이변형률속도 성분은 탄성, 크립, 거시적 관점에서 불명확한 요소 등을 포함하므로 다소 포괄적인 의미로 사용된다. 대부분 차이변형률속도 성분을 탄성변형률속도 성분이라고 간주하거나 무시하고 있다. 이 때, 전자인 경우, 즉

$$\dot{\varepsilon}_{ij}{}^{d} = \dot{\varepsilon}_{ij}{}^{e} \tag{1.83}$$

라고 가정한 경우를 탄소성(elastic-plastic)이라고 하고, 후자인 경우, 즉

$$\dot{\varepsilon}_{ij}{}^{d} = 0 \tag{1.84}$$

라고 가정한 경우를 강소성(rigid-plastic)이라고 한다. 따라서 강소성 이론에서 $\dot{\varepsilon}_{ij}$와 $\dot{\bar{\varepsilon}}$는 각각 $\dot{\varepsilon}_{ij}{}^{p}$와 $\dot{\bar{\varepsilon}}^{p}$를 의미한다.

1.4 후크법칙과 소성유동법칙

1.4.1 인장시험

인장시험은 소재의 거시적 성질을 규명하기 위한 목적으로 널리 사용되고 있다. 그림 1.19는 상온상태의 금속재료에 대한 인장시험 곡선의 전형적인 예이다. 가로축은 표점

간의 길이 증가량 Δl 을 표점 간의 초기거리 l_0 로 나눈 값, 즉 공칭변형률(nominal strain, engineering strain) ε_e 이고, 세로축은 현재의 하중 P를 초기의 단면적 A_0로 나눈 값, 즉 공칭응력 (nominal stress, engineering stress) σ_e 이다.

인장시험 곡선에서 최대의 공칭응력을 인장강도(tensile strength) σ_u라고 하며, 최대공칭변형률(ε_F)×100(%)을 연신(elongation)이라고 한다. 그리고 초기항복이 발생하는 점 Y에 해당하는 공칭응력 σ_Y 를 초기항복응력(initial yield stress) 또는 항복강도(yield strength)라고 한다. 공칭응력 σ_e 와 공칭변형률 ε_e 가 선형비례 관계에 있을 때, 선형탄성(linear elastic)이라고 하며, 그 한계공칭응력을 비례한도(proportional limit)라고 한다. 그리고 직선의 기울기를 탄성계수(modulus of elasticity) 또는 영률(Young's modulus)이라고 한다. 비례한도로부터 초기항복까지를 비선형탄성 영역으로 간주해도 공학적으로 무방하다.

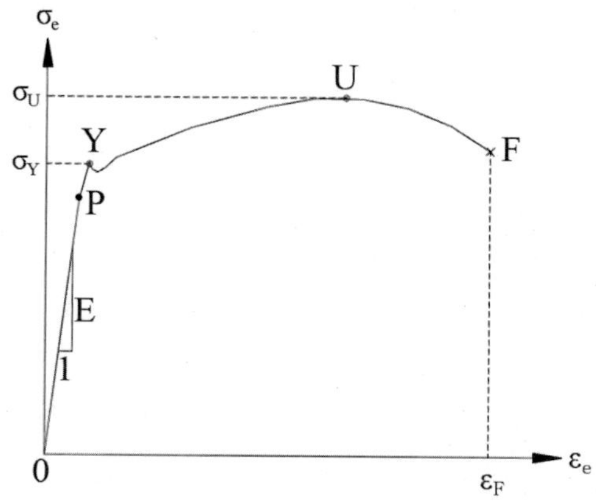

그림 1.19 공칭응력과 공칭변형률 곡선
(OP: 선형탄성, PY: 비선형탄성, YF: 소성)

인장시험 중 시편은 균일하게 늘어나지 않고 국부의 소성변형 영역이 이동되면서 점진적으로 늘어나게 된다. 어떤 부위가 소성변형을 받게 되면 단면이 줄어들고 그만큼 단위면적당 응력이 커지게 된다. 따라서 역학, 즉 응력의 관점에서 보면, 먼저 변형이 발생하여 반경이 작아진 부위가 허약하다. 그런데 일반적으로 변형이 발생하면 소재는 변형저항을 일으켜 저항능력이 오히려 커진다. 변형저항에 의한 저항능력의 증가가 단면감소로 인한 저항능력의 감소보다 크면 소성영역은 다른 곳으로 옮겨 간다. 그런데 만약 단면감소로 인한 저항능력 감소가 변형저항에 의한 저항능력의 증가보다 크게 되면 인장시편은 불안정한 상태가 되며, 단면적의 감소로 약해진 부위에서 계속적인 변형이 발생하게 된다. 즉, 네킹(necking)이 발생하게 되어 파단으로 연결된다. 이 때 최대하중이 작용하므로 최대 공칭응력점을 곧 네킹의 시작점으로 간주하고 있다. 인장시편에서 네킹 발생 부위를 역학적으로 예측할 때 유일해(unique solution)를 얻을 수 없다. 그러므로 네킹은 일종의 불안정성 문제(instability problem, bifurcation problem)에 속한다. 네킹이 시작되는 지점에서 최대공칭응력, 즉 인장강도에 도달한다.

일반적으로 인장시험 결과는 공칭응력과 공칭변형률의 관계이다. 실제 역학해석에서는 진응력(true stress)과 진변형률(true strain)의 관계를 필요로 한다.

공칭변형률 ε_e 와 진변형률 ε_t 가 각각 다음과 같이 정의되므로

$$\varepsilon_e = \frac{l - l_0}{l_0} = \frac{\Delta l}{l_0} \tag{1.85}$$

$$\varepsilon_t = \log_e \frac{l}{l_0} = \log_e \left(1 + \frac{\Delta l}{l_0}\right) \tag{1.86}$$

공칭변형률과 진변형률 사이에는 다음의 관계가 성립한다.

$$\varepsilon_t = \log_e (1 + \varepsilon_e) \tag{1.87}$$

식 (1.85)와 식 (1.86)에서 l 은 인장시험 중 현재 시점의 표점 간 거리를 의미한다.

한편 공칭응력 σ_e 와 진응력 σ_t 는 다음과 같이 정의된다.

$$\sigma_e = \frac{P}{A_0} \tag{1.88}$$

$$\sigma_t = \frac{P}{A} \tag{1.89}$$

여기서 A 는 인장시험 중 현재 시점의 단면적이다. 소성변형 시에 금속재료의 부피변화는 무시할 수 있을 정도로 작으므로 이를 무시하면, 항복점과 네킹 시작점 사이에서 다음의 조건이 성립한다.

$$l_0 A_0 = lA \tag{1.90}$$

식 (1.88), (1.89), (1.90) 등으로부터 다음의 관계식을 유도할 수 있다.

$$\sigma_t = \frac{P}{A_0}\frac{A_0}{A} = \sigma_e(1+\varepsilon_e) \tag{1.91}$$

이 책에서 하첨자 e가 뒤따르지 않는 응력 σ와 변형률 ε은 각각 진응력 σ_t와 진변형률 ε_t를 의미한다.

인장시험곡선과 재료의 용도를 생각해 보자. 구조용 재료의 경우, 구조물의 운용중 응력은 점 O주위에 머물러야 한다. 구조물의 설계 시에 안전계수 S가 고려되므로 실제 사용영역은 $\sigma < \sigma_Y / S$ 이내의 범위이다. 소성가공의 경우, 소성변형에 의존하여 재료를 성형하므로 소성변형이 주 관심사이다. 물론 소성가공에서 탄성회복(springback) 등으로 탄성변형이 문제가 되는 경우가 많기는 하지만 성형공정 자체는 소성변형에 의존한다. 이 두 경우는 Y로부터 멀리 떨어져 있는 경우이다. 그러나 설계 목적상 Y 주위에 존재하도록 하는 경우, 즉 탄성과 소성 및 파괴를 동시에 동반하는 경우도 있다. 기계적 안전장치나 캔의 따개 등이 이에 속한다.

1.4.2 후크법칙

후크법칙(Hooke's law, De potentia restitutiva(1678) by R. Hooke)은 물체에 힘을 가했을 때 늘어난 길이와 힘 사이에는 선형적 비례관계에 있다는 것이다. 스프링상수가 k인 스프링을 예로 들면, 늘어난 길이 δ는 힘 P와 다음의 관계에 있다.

$$\delta = \frac{P}{k} \quad \text{또는} \quad P = k\delta \tag{1.92}$$

봉재 또는 인장시편도 하나의 스프링이다. 역학적 관점에서 봉재와 스프링의 차이는 사실상 없다. 대부분의 구조용 재료의 인장시험곡선에서 인장시편이 늘어난 길이와 하중 간에 직선적으로 변한다고 간주할 수 있는 영역, 즉 후크법칙이 적용되는 영역이 뚜렷하게 존재한다. 그림 1.19의 구간 OP가 그것이다. 이 영역에서는 공칭응력과 진응력, 공칭변형률과 진변형률의 차이가 매우 작기 때문에 일반적으로 동일하다고 가정한다.

그림 1.19의 응력-변형률 곡선으로부터 단축하중의 후크법칙은 다음과 같이 표현된다.

$$\sigma = E\varepsilon \quad \text{또는} \quad \sigma_{xx} = E\varepsilon_{xx} \tag{1.93}$$

따라서 후크법칙은 그림 1.19에서 OP 구간, 즉 선형탄성영역의 하중-변형 특성을 표현하는 구성방정식이다.

후크법칙의 일반형은

$$\sigma_{ij} = \sum_{k=1}^{3}\sum_{l=1}^{3} C_{ijkl}\varepsilon_{kl} \tag{1.94}$$

로 표현된다. 여기서 C_{ijkl}은 탄성상수(elastic constants)이며, 총 81개의 성분으로 구성된 4차 텐서량이다. 응력과 변형률이 대칭이므로

$$C_{ijkl} = C_{jikl}, \quad C_{ijkl} = C_{ijlk} \tag{1.95}$$

이다. 이 조건으로부터 독립적인 탄성계수의 수는 36개로 줄어든다. 한편, 변형이 일어난 과정과 무관한 변형에너지밀도함수가 존재하기 위해서는

$$C_{ijkl} = C_{klij} \tag{1.96}$$

가 만족되어야 하며, 이 조건으로부터 21개의 독립변수만 남게 된다. 식 (1.96)은 Maxwell의 상호작용 원리(Maxwell's reciprocal theorem)와 동등한 의미를 갖는다. 만약 소재가 어떤 특정한 방향에 대하여 탄성역학적으로 대칭이면, 탄성상수의 수는 더 줄게 된다. 가령 하나의 대칭면이 존재할 경우에는 13개로, 세 개의 대칭면이 존재할 경우(직교이방성 재료, orthotropic material)에는 아홉 개로 준다. 하나의 축을 포함하는 모든 면이 대칭면이고 그 이외의 면은 비대칭면인 횡방향등방성 재료(transversely isotropic material)의 경우, 탄성상수는 다섯 개로 줄며, 모든 면이 대칭면인 등방성 재료(isotropic material)의 경우, 탄성상수는 탄성계수 E와 포아송비(Poisson's ratio) ν의 두 개로 준다.

탄성역학에서 하중은 기계적 하중(mechanical load)과 열하중(thermal load)으로 구분된다. 일반적으로 금속은 온도가 상승하면 열팽창을 발생시킨다. 물체의 변형은 기계적 하중에 의한 변형과 열하중에 의한 변형이 복합되어 나타난다. 물론 탄성역학에서는

소변형이란 가정하에서 두 종류의 변형이 독립적으로 발생하는 것으로 가정한다. 따라서 등방성 재료에 대한 후크법칙은 다음과 같이 요약된다.

$$\begin{aligned}
\varepsilon_{xx} &= \frac{1}{E}[\sigma_{xx} - \nu(\sigma_{yy} + \sigma_{zz})] + \alpha\Delta T \\
\varepsilon_{yy} &= \frac{1}{E}[\sigma_{yy} - \nu(\sigma_{zz} + \sigma_{xx})] + \alpha\Delta T \\
\varepsilon_{zz} &= \frac{1}{E}[\sigma_{zz} - \nu(\sigma_{xx} + \sigma_{yy})] + \alpha\Delta T \\
\varepsilon_{xy} &= \frac{(1+\nu)}{E}\sigma_{xy} \\
\varepsilon_{yz} &= \frac{(1+\nu)}{E}\sigma_{yz} \\
\varepsilon_{zx} &= \frac{(1+\nu)}{E}\sigma_{zx}
\end{aligned} \tag{1.97}$$

여기서 E, ν, α는 각각 탄성계수, 포아송비, 열팽창계수이며, $\Delta T = T - T_0$은 온도변화량이다. 이론적으로 포아송비는 $-1 \le \nu \le 0.5$를 만족해야 한다.

열변형이 없는 경우, 선형등방성 재료의 성질은 E와 ν에 의하여 결정됨을 후크법칙은 말해주고 있다. 한편 식 (1.97)를 응력에 관하여 정리하면,

$$\sigma_{ij} = 2\mu\varepsilon_{ij} + \lambda\sum_{k=1}^{3} \varepsilon_{kk}\delta_{ij} - (3\lambda + 2\mu)\alpha\Delta T\delta_{ij} \tag{1.98}$$

가 된다. 여기서

$$\mu = \frac{E}{2(1+\nu)}, \quad \lambda = \frac{\nu E}{(1+\nu)(1-2\nu)} \tag{1.99}$$

를 Lame′ 상수라고 한다.

식 (1.98)에서 응력 σ_{ij} 와 변형률 ε_{ij} 의 관계를 종종 다음의 형태로 표현한다.

$$\sigma_i = \sum_{j=1}^{3} D_{ij}\varepsilon_j \tag{1.100}$$

여기서 탄성행렬(elasticity matrix) **D**, 응력텐서 벡터 σ_i, 변형률텐서 벡터 ε_i는 다음과 같이 정의된다.

$$\mathbf{D} = \frac{E(1-\nu)}{(1+\nu)(1-2\nu)}\begin{bmatrix} 1 & \gamma & \gamma & 0 & 0 & 0 \\ \gamma & 1 & \gamma & 0 & 0 & 0 \\ \gamma & \gamma & 1 & 0 & 0 & 0 \\ 0 & 0 & 0 & \beta & 0 & 0 \\ 0 & 0 & 0 & 0 & \beta & 0 \\ 0 & 0 & 0 & 0 & 0 & \beta \end{bmatrix}, \quad \sigma_i = \begin{bmatrix} \sigma_{xx} \\ \sigma_{yy} \\ \sigma_{zz} \\ \sigma_{xy} \\ \sigma_{yz} \\ \sigma_{zx} \end{bmatrix}, \quad \varepsilon_i = \begin{bmatrix} \varepsilon_{xx} \\ \varepsilon_{yy} \\ \varepsilon_{zz} \\ 2\varepsilon_{xy} \\ 2\varepsilon_{yz} \\ 2\varepsilon_{zx} \end{bmatrix} \tag{1.101}$$

여기서

$$\gamma = \nu/(1-\nu), \quad \beta = (1-2\nu)/2(1-\nu) \tag{1.102}$$

이다.

평면응력, 평면변형, 축대칭 문제에 관한 후크법칙을 정리해 볼 필요가 있다. 먼저 평면응력에 관한 구성방정식을 유도해 보자. 평면응력에서 $\sigma_{zz} = \sigma_{zx} = \sigma_{zy} = 0$ 이므로, 이 조건을 식 (1.97)에 대입하여 정리하면,

$$\begin{aligned} \varepsilon_{xx} &= \frac{1}{E}(\sigma_{xx} - \nu\sigma_{yy}) \\ \varepsilon_{yy} &= \frac{1}{E}(\sigma_{yy} - \nu\sigma_{xx}) \end{aligned} \tag{1.103}$$

$$\begin{aligned} \varepsilon_{zz} &= -\frac{\nu}{E}(\sigma_{xx} + \sigma_{yy}) \\ 2\varepsilon_{xy} &= \frac{2(1+\nu)}{2E}\sigma_{xy} \end{aligned}$$

가 되며, 이 식을 응력텐서 벡터에 대하여 정리하면 다음과 같다.

$$\begin{bmatrix} \sigma_{xx} \\ \sigma_{yy} \\ \sigma_{xy} \end{bmatrix} = \frac{E}{1-\nu^2}\begin{bmatrix} 1 & \nu & 0 \\ \nu & 1 & 0 \\ 0 & 0 & (1-\nu)/2 \end{bmatrix}\begin{bmatrix} \varepsilon_{xx} \\ \varepsilon_{yy} \\ 2\varepsilon_{xy} \end{bmatrix} \text{ 또는 } \sigma_i = D_{ij}\varepsilon_j \tag{1.104}$$

여기서 $\mathbf{D}$, σ_i , ε_i 는 각각 다음과 같이 정의된다.

$$\mathbf{D} = \frac{E}{1-\nu^2}\begin{bmatrix} 1 & \nu & 0 \\ \nu & 1 & 0 \\ 0 & 0 & (1-\nu)/2 \end{bmatrix}, \quad \sigma_i = \begin{bmatrix} \sigma_{xx} \\ \sigma_{yy} \\ \sigma_{xy} \end{bmatrix}, \quad \varepsilon_i = \begin{bmatrix} \varepsilon_{xx} \\ \varepsilon_{yy} \\ 2\varepsilon_{xy} \end{bmatrix} \tag{1.105}$$

마찬가지로 평면변형에서 식 (1.104)과 식 (1.105)에 대응하는 식은 각각 다음과 같다.

$$\begin{bmatrix} \sigma_{xx} \\ \sigma_{yy} \\ \sigma_{xy} \end{bmatrix} = \frac{E(1-\nu)}{(1+\nu)(1-2\nu)} \begin{bmatrix} 1 & \nu/(1-\nu) & 0 \\ \nu/(1-\nu) & 1 & 0 \\ 0 & 0 & \nu/(1-2\nu)/2(1-\nu) \end{bmatrix} \begin{bmatrix} \varepsilon_{xx} \\ \varepsilon_{yy} \\ 2\varepsilon_{xy} \end{bmatrix} \tag{1.106}$$

$$\mathbf{D} = \frac{E(1-\nu)}{(1+\nu)(1-2\nu)} \begin{bmatrix} 1 & \nu/(1-\nu) & 0 \\ \nu/(1-\nu) & 1 & 0 \\ 0 & 0 & (1-2\nu)/2(1-\nu) \end{bmatrix} \tag{1.107}$$

축대칭 문제의 경우, 영이 아닌 변형률 성분이 ε_{rr}, $\varepsilon_{\theta\theta}$, ε_{zz}, ε_{rz} 밖에 없으며, 영이 아닌 응력 성분이 σ_{rr}, $\sigma_{\theta\theta}$, σ_{zz}, σ_{rz} 밖에 없다. 따라서 후크법칙을 풀어 쓰면 다음과 같다.

$$\begin{aligned} \varepsilon_{rr} &= \frac{1}{E}[\sigma_{rr} - \nu(\sigma_{\theta\theta} + \sigma_{zz})] \\ \varepsilon_{rr} &= \frac{1}{E}[\sigma_{\theta\theta} - \nu(\sigma_{zz} + \sigma_{rr})] \\ \varepsilon_{zz} &= \frac{1}{E}[\sigma_{zz} - \nu(\sigma_{rr} + \sigma_{\theta\theta})] \\ \varepsilon_{rz} &= \frac{(1+\nu)}{E}\sigma_{rz} \end{aligned} \tag{1.108}$$

이 식을 응력텐서 벡터에 관한 식으로 표현하면 다음과 같다.

$$\sigma_i = \sum_{j=1}^{3} D_{ij}\varepsilon_j \tag{1.109}$$

여기서

$$\mathbf{D} = \frac{E(1-\nu)}{(1+\nu)(1-2\nu)} \begin{bmatrix} 1 & \gamma & \gamma & 0 \\ \gamma & 1 & \gamma & 0 \\ \gamma & \gamma & 1 & 0 \\ 0 & 0 & 0 & \beta \end{bmatrix}, \ \sigma_i = \begin{bmatrix} \sigma_{rr} \\ \sigma_{\theta\theta} \\ \sigma_{zz} \\ \sigma_{rz} \end{bmatrix}, \ \varepsilon_i = \begin{bmatrix} \varepsilon_{rr} \\ \varepsilon_{\theta\theta} \\ \varepsilon_{zz} \\ 2\varepsilon_{rz} \end{bmatrix} \tag{1.110}$$

이다. 식 (1.110)에서 $\gamma = \nu/(1-\nu)$, $\beta = (1-2\nu)/2(1-\nu)$ 이다.

우리는 앞에서 후크법칙은 $\sigma_i = D_{ij}\varepsilon_j$ 의 일반 형태로 표현되며, 문제에 따라 D_{ij}, σ_i, ε_i가 다르게 정의됨을 공부하였다. 한편, 초기변형률 ε_j^o와 초기응력 σ_i^o를 고려한 후크

법칙은 다음과 같이 수식화된다.

$$\sigma_i = \sum_{j=1}^{3} D_{ij}(\varepsilon_j - \varepsilon_j^o) + \sigma_i^o \tag{1.111}$$

여기서 열팽창을 초기변형률로 간주한다면, ε_j^o 와 σ_i^o는 3차원 문제의 경우

$$\varepsilon_j^o = \begin{bmatrix} \alpha\Delta\mathrm{T} \\ \alpha\Delta\mathrm{T} \\ \alpha\Delta\mathrm{T} \\ 0 \\ 0 \\ 0 \end{bmatrix}, \ \sigma_i^o = \begin{bmatrix} \sigma_{xx}^o \\ \sigma_{yy}^o \\ \sigma_{zz}^o \\ \sigma_{xy}^o \\ \sigma_{yz}^o \\ \sigma_{zx}^o \end{bmatrix} \tag{1.112}$$

평면응력 문제의 경우

$$\varepsilon_j^o = \begin{bmatrix} \alpha\Delta\mathrm{T} \\ \alpha\Delta\mathrm{T} \\ 0 \end{bmatrix}, \ \sigma_i^o = \begin{bmatrix} \sigma_{xx}^o \\ \sigma_{yy}^o \\ \sigma_{xy}^o \end{bmatrix} \tag{1.113}$$

평면변형 문제의 경우

$$\varepsilon_j^o = (1+\nu)\begin{bmatrix} \alpha\Delta\mathrm{T} \\ \alpha\Delta\mathrm{T} \\ 0 \end{bmatrix}, \ \sigma_i^o = \begin{bmatrix} \sigma_{xx}^o \\ \sigma_{yy}^o \\ \sigma_{xy}^o \end{bmatrix} \tag{1.114}$$

축대칭 문제의 경우

$$\varepsilon_j^o = \begin{bmatrix} \alpha\Delta\mathrm{T} \\ \alpha\Delta\mathrm{T} \\ \alpha\Delta\mathrm{T} \\ 0 \end{bmatrix}, \ \sigma_i^o = \begin{bmatrix} \sigma_{rr}^o \\ \sigma_{\theta\theta}^o \\ \sigma_{zz}^o \\ \sigma_{rz}^o \end{bmatrix} \tag{1.115}$$

이다.

전술한 초기변형률은 금형의 열박음 해석 목적으로 사용될 수 있다.

1.4.3 소성유동법칙

공작물에 하중을 가했을 때 발생하는 전체변형량은 소성변형량과 그 나머지의 차이변형량으로 구성되어 있다. 일반적으로 차이변형량을 탄성변형량이라고 간주해도 큰 무리는 없다. 소성변형은 하중을 제거했을 때 원상태로 복구되지 않으며, 탄성변형은 원상태로 복구된다. 소성가공은 소성변형에 근거한 성형방법이다. 일반적으로 소성가공에서 소성변형량에 비하여 탄성변형량은 매우 작다. 탄성변형량을 무시한 경우를 강소성이라고 부른다. 강소성 이론에서는 탄성변형이 무시되는 반면, 탄소성 이론에서는 탄성변형과 소성변형이 동시에 고려된다. 탄소성은 강소성에 비하여 실제의 현상을 보다 정확하게 반영할 수 있으나, 이론의 이해와 활용이 어렵고 계산시간이 훨씬 많이 소요되는 단점을 지니고 있다. 그리고 잘못 사용했을 경우, 예측결과가 오히려 실제의 현상에서 크게 멀어질 수 있다. 즉, 불확실성이 증가한다. 반면, 강소성은 탄성의 영향을 무시한 단점은 있으나 해의 안전성 측면에서 유리하다. 현재 강소성 이론은 체적소성가공(bulk metal forming) 분야에서 공정 적용 단계에 와 있으나, 이 분야에서 탄소성 이론은 강소성 이론에 비하여 그 적용이 많지 않다. 여기서는 강소성 이론을 중점적으로 설명한다.

von Mises 항복함수는 다음과 같이 표현된다.

$$f(\sigma_{pq}') = \frac{1}{2}\sum_i \sum_j \sigma_{ij}'\sigma_{ij}' - k^2 \tag{1.116}$$

Drucker의 가설은 일반적인 소성가공 문제에 적합하다. Drucker의 가설에 의하면, 항복곡면은 볼록(convex)해야 하며, 소성변형률의 증분은 항복곡면에 직교해야 한다. 식 (1.116)에서 항복함수 f는 볼록하므로 Drucker의 가설을 만족한다. 소성변형률속도가 항복함수에 직교해야 한다는 조건으로부터 다음의 관계가 성립해야 한다.

$$\Delta\varepsilon_{ij}' = \Delta\lambda \frac{\partial f}{\partial \sigma_{ij}'} = \Delta\lambda\sigma_{ij}' \quad \text{또는} \quad \dot{\varepsilon}_{ij}' = \dot{\lambda}\frac{\partial f}{\partial \sigma_{ij}'} = \dot{\lambda}\sigma_{ij}' \tag{1.117}$$

여기서 $\Delta\lambda$ 및 $\dot{\lambda}$는 비례상수이다.

식 (1.74)의 유효변형률속도의 정의와 식 (1.36)의 유효응력의 정의로부터

$$\dot{\lambda} = \frac{3}{2}\frac{\dot{\bar{\varepsilon}}}{\bar{\sigma}} \tag{1.118}$$

가 되어야 하므로, von Mises 항복이론을 따르는 강소성재료의 유동법칙은 다음과 같다.

$$\sigma_{ij}{}' = \frac{2}{3}\frac{\bar{\sigma}}{\dot{\bar{\varepsilon}}}\dot{\varepsilon}_{ij}{}' = \frac{2}{3}\frac{\bar{\sigma}}{\sqrt{\frac{2}{3}\sum_k\sum_l \dot{\varepsilon}_{kl}{}'\dot{\varepsilon}_{kl}{}'}}\dot{\varepsilon}_{ij}{}' \tag{1.119}$$

여기서 강소성 이론에서는 $\dot{\varepsilon}_{ij} = \dot{\varepsilon}_{ij}{}^{p}$ 이다.

식 (1.119)에서 $\bar{\sigma}$ 는 재료의 성질을 반영하는 것으로 유동응력(flow stress) 또는 변형저항식이라고 일컫는다. 유동응력은 변형률, 변형률속도, 온도, 손상도 등의 함수이며, 실험적으로 구해진다.

1.4.4 유동응력

재료가 다르다고 해서 역학적 법칙이 달라지는 것은 없다. 구성방정식과 관련된 소재 계수들이 달라질 뿐이다. 소성변형을 받고 있는 재료의 항복응력 $\bar{\sigma}$ 는 유효변형률 $\bar{\varepsilon}$, 유효변형률속도 $\dot{\bar{\varepsilon}}$, 온도 T, 손상도, 결정크기 및 미세구조 등의 함수이며, 재료의 기계적 성질 또는 상태를 반영한다. 이 함수를 유동응력 함수 또는 변형저항식이라고 한다.

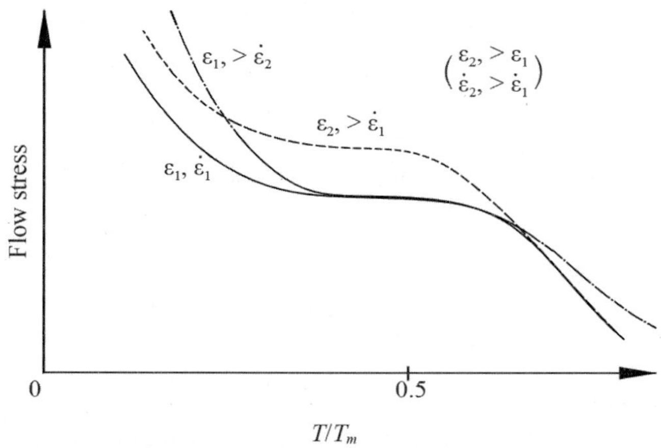

그림 1.20 온도, 변형률, 변형률속도가 유동응력에 미치는 영향

그림 1.20은 온도, 변형률, 변형률속도 등이 재료의 유동응력 함수에 미치는 영향을 도시한 것이다. 그림에서 T_m 은 재료의 용융점 온도를 의미한다. 저온에서는 변형률과 변형률속도가 유동응력 함수에 비교적 큰 영향을 미치며, 상온 주위에 이르러 변형률속도의 영향이 작아짐을 알 수 있다. 그리고 상온에서 재결정온도 직전까지는 변형률의 영향이 크고 변형률속도의 영향이 무시할 수 있을 정도로 작은 반면, 재결정온도 이상에서는 변형률의 영향이 작아짐을 알 수 있다. 그래서 일반적으로 상온에서는 변형률 의존 재료, 고온에서는 변형률속도 의존 재료라는 가정하에서 소성역학 문제가 해결되고 있다.

그림 1.21은 변형률이 유동응력 함수에 미치는 영향을 나타내고 있다. 고온에서는 변형률이 임계치에 이르면, 재결정이 발생하므로 변형률의 증가에 따른 유동응력 함수의 변화가 미미함을 알 수 있다. 저온에서 공업용 재료의 변형률 의존도가 비교적 높다. 그림 1.22는 고온에서 변형률속도가 유동응력 함수에 미치는 영향을 나타내고 있다. 유동응력 함수는 크게 세 구간으로 구성되어 있다. 변형률속도가 일정 이하이거나 일정 크기 이상일 경우에는 변형률속도의 증가에 따라 유동응력은 증가한다. 중간영역에서는 변형률속도의 증가에 따른 유동응력의 변화가 크지 않다. 일반적인 소성가공은 중간영역과 좌측영역에서 이루어지고 있고, 폭발성형과 같은 초고속 가공에서는 변형률속도가 우측의 영역에 속할 수 있다.

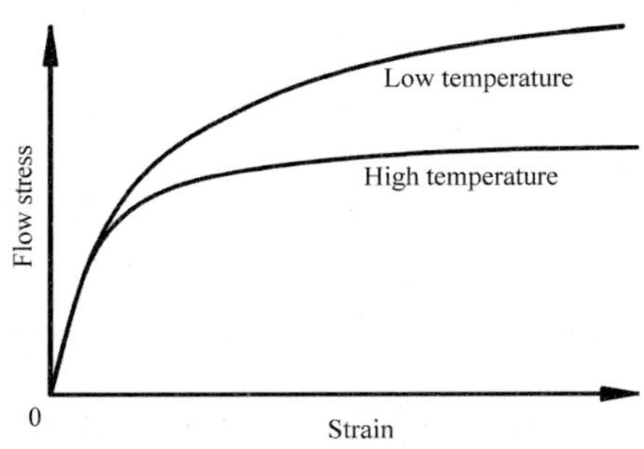

그림 1.21 변형률과 유동응력

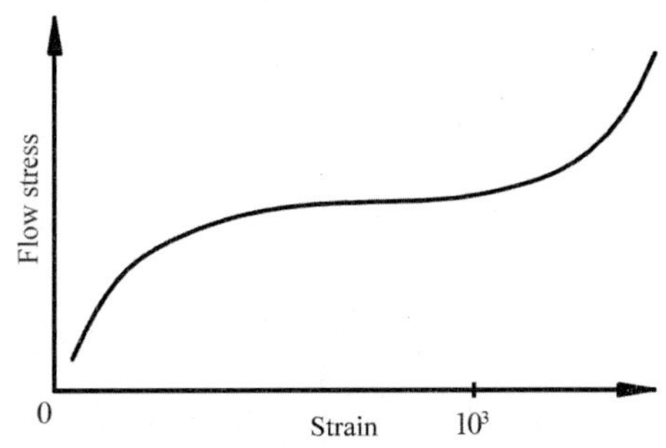

그림 1.22 고온에서 변형률속도와 유동응력에 미치는 영향

유동응력 함수가 변형률 및 변형률속도에 의존하지 않을 경우, 즉 일정할 경우를 완전소성(perfectly plastic) 재료라고 하고, 소성변형률 $\bar{\varepsilon}^p$ 만의 함수, 즉

$$\bar{\sigma} = \bar{\sigma}(\bar{\varepsilon}^p) \tag{1.120}$$

인 경우를 강소성(rigid-plastic) 재료라고 한다. 강점소성(rigid-viscoplastic) 재료와 강열점소성(rigid-thermoviscoplastic) 재료의 유동응력 함수는 각각 다음 식으로 표현된다.

$$\bar{\sigma} = \bar{\sigma}(\bar{\varepsilon}^p,\ \dot{\bar{\varepsilon}}^p) \tag{1.121}$$

$$\bar{\sigma} = \bar{\sigma}(\bar{\varepsilon}^p,\ \dot{\bar{\varepsilon}}^p,\ T) \tag{1.122}$$

강열점소성 소재의 경우, 온도가 응력에 영향을 미치므로 온도해석과 유동해석이 동시에 실시되어야 한다. 이를 비등온공정(non-isothermal process)이라고 하고, 그 해석을 비등온해석(non-isothermal analysis) 또는 연계해석(coupled analysis)이라고 한다. 만약 공정중 온도가 일정하다고 가정하면, 강점소성재료가 되며, 이 공정을 해석상 등온공정(isothermal process)이라고 한다.

냉간가공 공정의 경우, 일반적으로 유동응력은 유효변형률만의 함수로 간주될 수 있으며, 인장시험을 통하여 그 관계식을 손쉽게 얻을 수 있다. 물론, 참고문헌으로부터 재료 정보를 손쉽게 얻을 수 있다. 냉간소재의 유동응력을 모델링하기 위한 수식모델로 다음의 수식들이 널리 사용되고 있다.

$$\bar{\sigma} = Y_o\left(1+\bar{\varepsilon}/b\right)^n \tag{1.123}$$

$$\bar{\sigma} = K\ \bar{\varepsilon}^n \tag{1.124}$$

$$\bar{\sigma} = Y_o + K\ \bar{\varepsilon}^n \tag{1.125}$$

$$\bar{\sigma} = C_1 + C_2\bar{\varepsilon} \tag{1.126}$$

여기서 Y_o는 초기항복응력이고, K와 n을 각각 강도계수(strength coefficient)와 변형경화지수(strain hardening exponent)라고 한다. 이 중에서 식 (1.124)가 가장 널리 사용되고 있다. 식 (1.124)을 Hollomon의 유동응력식이라고 하고, 식 (1.125)를 Ludwik의 유동응력식이라고 한다.

이론에 의하면, 변형경화지수 n은 인장시험 시에 네킹이 발생하는 지점에서의 진변형률 ε_N과 일치한다. 즉,

$$n = \varepsilon_N \tag{1.127}$$

이다. 이를 Considère 조건[1.7]이라고 한다. 그러나 실제 식 (1.127)에 의하여 구한 값과 곡선피팅으로부터 구한 값은 다소 차이를 보일 수 있다. 그런데 경험적으로 볼 때, 식 (1.127)에 의하여 결정된 값은 인장시험의 시뮬레이션 시에 네킹의 발생 시점을 비교적 정확하게 예측해 준다. 따라서 네킹이 발생하는 시점과 네킹으로 인한 시편의 변형모양 및 거동특성이 중요한 문제에서는 식 (1.127)의 변형경화지수를 사용하고, 소성가공공정 적용을 위하여 전체적인 유동응력 정보를 얻고자 할 경우에는 변형률과 유동응력에 관한 전체적인 거동을 고려하여 구한 재료상수를 사용하는 것이 바람직하다.

소재의 고온 유동응력은 구하기 어렵고, 문헌에서 찾기도 쉽지 않은 것이 사실이다. 그 이유는 소재가 고온고압의 극한 상태에서 변형하기 때문이다. 다행인 점은 제한적인 자료로부터 얻은 유동응력과 관련된 정보를 이용해도 소성유동은 비교적 잘 맞다는 사실이다.

흔히 그림 1.20 ~ 1.22의 특성을 반영하기 위한 열점소성 재료의 유동응력을 다음과 같이 수식화하여 사용하고 있다.

$$\bar{\sigma} = C\bar{\varepsilon}^n \dot{\bar{\varepsilon}}^m \tag{1.128}$$

여기서 n, m 등은 각각 변형률경화지수와 변형률속도의존지수(strain rate dependency)라고 하며, 고온강도계수 C와 함께 온도와 변형률 등의 함수이다.

실제 식 (1.128)의 소재 정보를 획득하는데는 많은 어려움이 따른다. 소재의 고온특성이 매우 복잡한데다 고온고압의 극한 상황이라 소재정보의 계측이 용이하지 않기 때문이다. 이런 이유로 참고문헌에서 획득할 수 있는 소재정보도 한정되어 있다. 경험적으로 볼 때 변형률속도 의존 재료를 사용하여 실시한 등온해석의 결과가 실제의 현상을 비교적 잘 반영한다. 변형률속도 의존 재료의 거동특성곡선은 그림 1.22와 같으며, 이 곡선에서 좌측의 유동응력 함수는 흔히 다음의 수식모델로 표현되고 있다.

$$\bar{\sigma} = C\dot{\bar{\varepsilon}}^m \tag{1.129}$$

이 이외에도 다양한 형태의 유동응력 수식이 개발되어 있으며, 각 수식모델들은 나름대로의 장단점을 지니고 있다. 그리고 재료상수는 재료시험과 수식모델을 이용한 곡선피팅에 의하여 획득된다. 재료 물성치 획득을 위한 재료시험은 주로 인장시험, 압축시험, 비틀림시험 등을 이용한다. 시험을 통하여 획득된 정보는 최소자승법에 바탕을 둔 곡선피팅법에 의하여 구해진다.

1.5 경계조건과 마찰

지배방정식이 미분방정식일 경우, 유일해를 얻기 위하여 경계조건 또는 초기조건이 필수적이다. 경계조건은 두 종류로 나누어진다. 지배방정식이 $2p$차의 미분방정식일 경우, 0차에서 p-1차까지의 미분항 또는 도함수가 포함된 경계조건을 필수경계조건이라고 하고, p차부터 $2p$-1차까지의 도함수가 포함된 경계조건을 자연경계조건이라고 한다. 상미분방정식의 경계조건은 점에서 실수값으로 주어지고, 편미분방정식의 경우에는 경계를 정의구역으로 하는 함수의 형태로 주어진다.

탄성역학 문제의 경우, 필수경계조건은 변위(각도 포함)와 관련된 기하학적 조건이며, 자연경계조건은 힘(모멘트 포함)과 관련된 역학적 경계조건이다. 소성역학 문제의 경우, 필수경계조건은 속도와 관련된 기하학적 조건이며, 자연경계조건은 힘과 관련된 역학적 경계조건이다. 열전달 문제의 경우 온도가 주어진 경계는 필수경계조건이고 열전달율이 주어진 경계는 자연경계조건이다.

일반적으로 경계의 한 점에는 (미지수의 수 $\times p$)만큼의 경계조건이 부과된다. 가령 온도분포를 구하는 문제에서는 1차원 직선, 2차원 평면, 3차원 공간 모두 미지수의 수는 하나이다. 그러므로 고체의 차원과 무관하게 하나의 점에 하나의 경계조건이 부과된다. 그러나 변위 또는 속도가 2차 미분방정식의 미지함수로 수식화되는 고체역학 문제에서는 그렇지 않다. 2차원 평면의 한 점에서 두 개의 변위 또는 속도 성분이 미지수이고, 3차원 공간의 한 점에서 세 개의 변위 및 속도 성분이 미지수이다. 따라서 이러한 부류의 문제에서는 차원 수만큼의 경계조건이 하나의 점에 부과되어야 한다.

한편 소성가공공정의 해석에서 마찰은 공정의 특성을 결정짓는 주요인자 중의 하나이다. 압연공정에서 롤과 소재 간의 적절한 마찰력은 필수적이다. 그러나 과도한 마찰력은 압하력을 증가시키고 롤의 마모를 가속화시키므로 적절히 통제되어야 한다. 단조공정의 경우, 마찰은 금속유동(metal flow)의 형태를 결정짓는 역할을 하지만 금형의 마모수명을 떨어뜨리므로 적절히 통제되어야 한다. 냉간가공에서는 변형저항이 크기 때문에 윤활제를 사용하는 것이 일반화되어 있다. 열간에서도 극심한 금형의 마모를 줄이기 위하여 흔히 윤활제를 사용하고 있다. 마찰에 영향을 미치는 주요 인자에는 접촉면의 압력,

윤활상태, 상대속도, 온도, 소재의 성질, 조도 등이 있다. 소성가공에서 마찰면은 고온고압의 극한 상황이므로 마찰 인자가 마찰력에 미치는 영향을 정확히 분석하기란 쉽지 않으며, 물리학, 재료학, 소성역학 등의 주요 관심사 중의 하나이다.

소성역학에서는 마찰력을 전통적으로 쿨롱마찰법칙(law of Coulomb friction)과 일정전단마찰법칙으로 수식화하고 있다. 쿨롱마찰모델에서는 접촉면에서 상대적인 운동이 발생할 경우 마찰력이 법선력에 비례한다고 간주하는 반면, 일정전단마찰법칙(law of constant sheer friction)에서는 전단항복응력의 일정비율의 전단응력이 작용한다고 간주하고 있다. 즉, 미끄럼이 발생할 때, 마찰응력 (접선응력) σ_t 의 크기 $|\sigma_t|$ 는

$$|\sigma_t| = \mu|\sigma_n| \text{ (쿨롱마찰법칙)} \tag{1.130}$$

$$|\sigma_t| = mk \text{ (일정전단마찰법칙)} \tag{1.131}$$

이다. 여기서 μ 와 σ_n 은 각각 마찰계수(coefficient of Coulomb friction)와 법선응력이며, m 과 $k = Y/\sqrt{3}$ 은 각각 마찰상수(friction factor)와 전단항복응력이다. 마찰력은 운동을 저지하려는 방향으로 작용한다. 미끄러지지 않을 때는

$$|\sigma_t| \le \mu|\sigma_n| \qquad \text{또는} \qquad |\sigma_t| \le mk \tag{1.132}$$

이고, 두 물체의 변위 또는 속도의 접선성분이 모두 동일해야 한다.

일정전단마찰법칙에서는 마찰력과 법선력 간의 상호관계가 없으며, 기하학적으로 접촉하면 일정한 값의 마찰력이 작용하는 것으로 간주한다. 마찰력은 법선력과 함수관계에 있으므로 쿨롱마찰모델 또는 유사 형태의 마찰법칙이 실제의 현상을 보다 정확하게 표현할 것이다. 일정전단마찰법칙은 계산시간, 수식화의 단순함 등의 장점 때문에 단조, 압연, 압출, 인발 등의 체적소성가공공정의 해석을 위하여 광범위하게 사용되어 왔다. 인발 및 유선형 금형을 사용한 압출의 경우, 법선응력의 변화가 금형의 전 접촉구간에서 비교적 작으므로 일정전단마찰법칙과 쿨롱마찰법칙은 유사한 결과를 낳는다. 그러나 압연공정과 변형형태가 비교적 복잡한 단조공정의 경우에는 일정전단마찰법칙의 사용이 소성유동 해석 목적에 부적절할 수도 있다.

1.6 소성역학에서의 변분이론

$\tilde{v}_i$ 를 가용속도장(kinematically admissible velocity field)이라고 하자. 이 속도장은 필수경계조건과 비압축성 조건을 만족해야 한다. σ_{ij} 와 $\tilde{\sigma}_{ij}$ 를 각각 실제의 응력과 가용속도장 $\tilde{v}_i$ 에 상응하는 응력으로 정의하자. 그림 1.24에서 보는 바와 같이 항복곡면의 볼록한 성질(convexity)과 변형률속도의 직교성(normality)으로부터 다음의 관계가 항상 성립한다.

$$\sum_{i=1}^{3}\sum_{j=1}^{3} (\tilde{\sigma}_{ij}-\sigma_{ij})\tilde{\dot{\varepsilon}}_{ij} \geq 0 \tag{1.133}$$

여기서 등식은 $\tilde{\sigma}_{ij}=\sigma_{ij}$ 일 때만 성립한다. 한편

$$\begin{aligned}\sum_i\sum_j \int_V \sigma_{ij}\tilde{\dot{\varepsilon}}_{ij}dV &= \sum_i\sum_j \int_V \sigma_{ij}\frac{\partial \tilde{v}_i}{\partial x_j}dV \\ &= \sum_i\sum_j \left[\int_{S_{t_i}} \bar{t}_i\tilde{v}_i\,dS + \int_{S_{v_i}} \sigma_{ij}n_j\bar{v}_i\,dS - \int_V \frac{\partial \sigma_{ij}}{\partial x_j}\tilde{v}_i\,dV\right] \\ &= \sum_i\sum_j \left[\int_{S_{t_i}} \bar{t}_i\tilde{v}_i\,dS + \int_{S_{v_i}} \sigma_{ij}n_j\bar{v}_i\,dS\right]\end{aligned} \tag{1.134}$$

이므로 식 (1.133)를 대입하면 다음의 부등식을 얻게 된다.

$$\sum_i\sum_j \int_V \tilde{\sigma}_{ij}\tilde{\dot{\varepsilon}}_{ij}\,dV - \sum_i \int_{S_{t_i}} \bar{t}_i\tilde{v}_i\,dS \geq \sum_i\sum_j \int_{S_{v_i}} \sigma_{ij}n_j\bar{v}_i\,dS \tag{1.135}$$

위 식에서 등식은 $\tilde{\sigma}_{ij}=\sigma_{ij}$ 일 때 성립한다. 즉, 가용속도장이 정답과 일치할 때, 좌변의 범함수가 최소값을 갖는다. 그러므로 이 문제는 범함수의 극화 문제로 수식화된다. 한편, 재료가 von Mises 항복이론을 따르고 등방성경화 성질을 가질 경우, $\sum_i\sum_j \tilde{\sigma}_{ij}\tilde{\dot{\varepsilon}}_{ij}=\tilde{\bar{\sigma}}\,\tilde{\dot{\bar{\varepsilon}}}$ 이므로 다음의 범함수를 얻는다.

$$\phi = \int_V \tilde{\bar{\sigma}}\,\tilde{\dot{\bar{\varepsilon}}}dV - \sum_i \int_{S_{t_i}} \bar{t}_i\tilde{v}_i\,dS \tag{1.136}$$

즉, 식 (1.136)를 최소화시키는 가용속도장 $\tilde{v}_i$ 가 구하고자 하는 해가 된다.

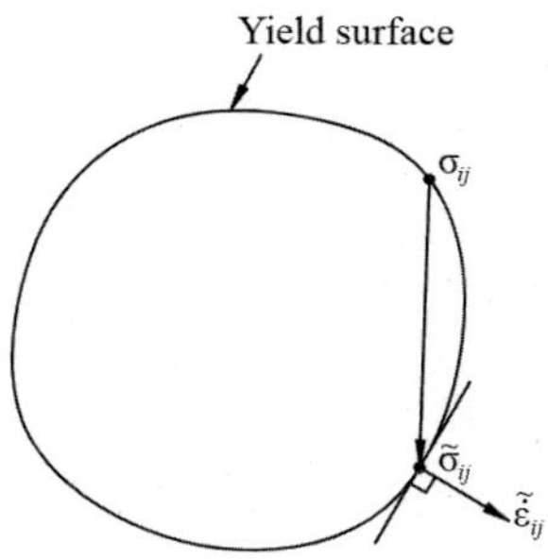

그림 1.23 응력과 변형률속도의 관계

CHAPTER 02

단조

좁은 의미로써의 단조는 그 명칭에 단조가 들어간 소성가공을 의미하지만, 넓은 의미로써의 단조는 소성가공 전체를 포함하는 의미로 사용된다.

단조의 산업경쟁력은 장비기술, 소재기술, 금형기술, 공정설계기술, 생산기술, 품질인증기술의 총체적 수준에 달려 있으며, 자동차산업, 기계산업, 조선산업, 발전 및 플랜트산업, 전자산업 등의 대규모 수요산업의 뒷받침이 필수적이다. 따라서 단조산업을 영위하는 국가는 경제 선진국 또는 산업생산이 왕성한 국가에 속한다.

단조는 국가적인 기간산업으로 국력의 척도이다.

2.1 단조의 역사

단조의 역사는 인류의 금속 사용 역사와 일치한다. 금속을 녹이는 기술이 있었으면, 금속에 열을 가하고 두들겨 성형하는 기술은 당연히 동시에 발전했을 것이기 때문이다. 인류가 금, 은, 동 등을 사용하기 시작한 것이 기원전 4000년경으로 본다면, 단조의 역사는 약 5000여년에 이른다고 봐야 할 것이다.

기원전 2500년경에 철을 사용하기 시작한 것으로 역사학자는 보고 있다. 기원전 2600여년경에 상형문자로 쓰여진 기록에서 고대 이집트인들이 황금을 신성시했다는 기록이 나온다. 단조작업을 하는 가장 오래된 증거물로는 기원전 1450년경의 이집트 벽화를 들 수 있다(그림 1). 기원전 1000년경에 청동도끼와 함께 단조용 앤빌(anvil)이 이집트, 로마, 그리스 등에서 사용되기 시작하였다. 기원전 800년경에 중국에서 용광로가 사용되었고, 기원전 600년경에 인도에서 도가니로 제강 기술이 사용되기 시작하였다. 기원전 700년에는 형에 의해 압입가공된 주화가 사용되었고 기원전 300~100년경에는 형단조된 것으로 짐작되는 철제품이 나타난다. 따라서 형단조가 이미 기원전에 시작되었다고 여겨진다.

서기 900년경에 시리아 지역에서 다마스커스강(Damascus steel)이 제조되기 시작하여 중세 이슬람에서 전투용 검을 만드는데 사용되었다. 초창기의 단조는 장신구나 무기의 제조와 불가분의 관계에 있다. 서기 1350년경에 발로 구동되는 해머가 사용되었고, 1400년대에는 수동 프레스가 사용되었다. 1488년에 그려진 그림에 수차해머가 나타나며, 서기 1400년대에 최초로 압연기가 사용되었다. 1784년에는 Watt가 증기해머를 발명하였고, 1798년에 Bramah가 수동펌프에 의한 수압프레스를 발명하였다.

우리나라의 경우, 기원전 1500년부터 청동기 시대가 시작되었다[2.2]. 한반도에만 국한한다면, 기원전 1000년부터 청동기 시대가 시작된 것으로 보는 학자도 있다. 한국의 철기문화는 중국으로부터 유입되었으며, 기원전 400년부터 시작된 것으로 보고 있다. 기원전 1세기경으로 추정되는 부산 복천동 내성유적에서 발견된 돌망치와 철기편 등이 나왔다. 가야시대에는 철의 제조 과정에서 단야라고 하는 단조 기술이 접목된 것으로 전해지고 있다. 따라서 한국의 단조 역사는 약 3500년으로 볼 수 있을 것이다.

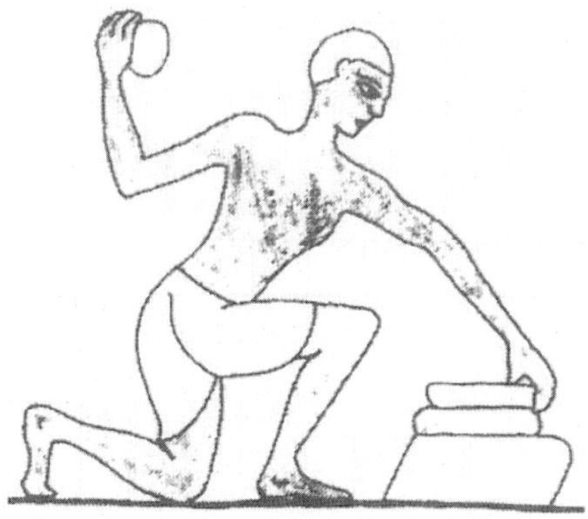

그림 2.1 인류 최초의 단조 그림[2.1]

단조는 오랜 역사에도 불구하고 현재 이 순간에도 발전을 멈추지 않고 있다. 과거에는 일부 계층의 장식품이나 무기를 만들기 위하여 발전하였지만, 현대에는 사람들에게 더 좋은 제품을 더 싼 가격에 더 친환경적으로 생산하여 제공하는 방향으로 발전하고 있다. 우리나라의 경우, 1970년대에 들어와서 실시된 방위산업 및 중화학공업의 육성에 힘입어 현대적 단조산업이 태동되었고, 1970년대 중반에 이르러 자동차산업이 본격화되면서 비약적인 발전을 시현하였다.

2.2 단조의 위치

단조는 상대적으로 작은 에너지를 사용하면서 양질의 기계부품을 싸게 대량생산할 수 있다는 장점을 지니고 있다. 뿐만 아니라, 단조는 재료의 고수율 활용 측면에서 매우 중요하며, 재료 그 자체가 제조 과정에서 많은 에너지를 소비하기 때문에 저탄소 녹색성장에서 중요한 역할을 담당하고 있다. 따라서 단조를 비롯한 소성가공의 비중을 증가시키는 방향으로 제조업이 발전하고 있다고 해도 과언이 아니며 최근의 청정생산에서도 기계부품 제조의 핵심으로 자리잡고 있다.

그림 2.2는 생산기술을 소성가공, 특히 단조의 관점에서 조망하고 있다.

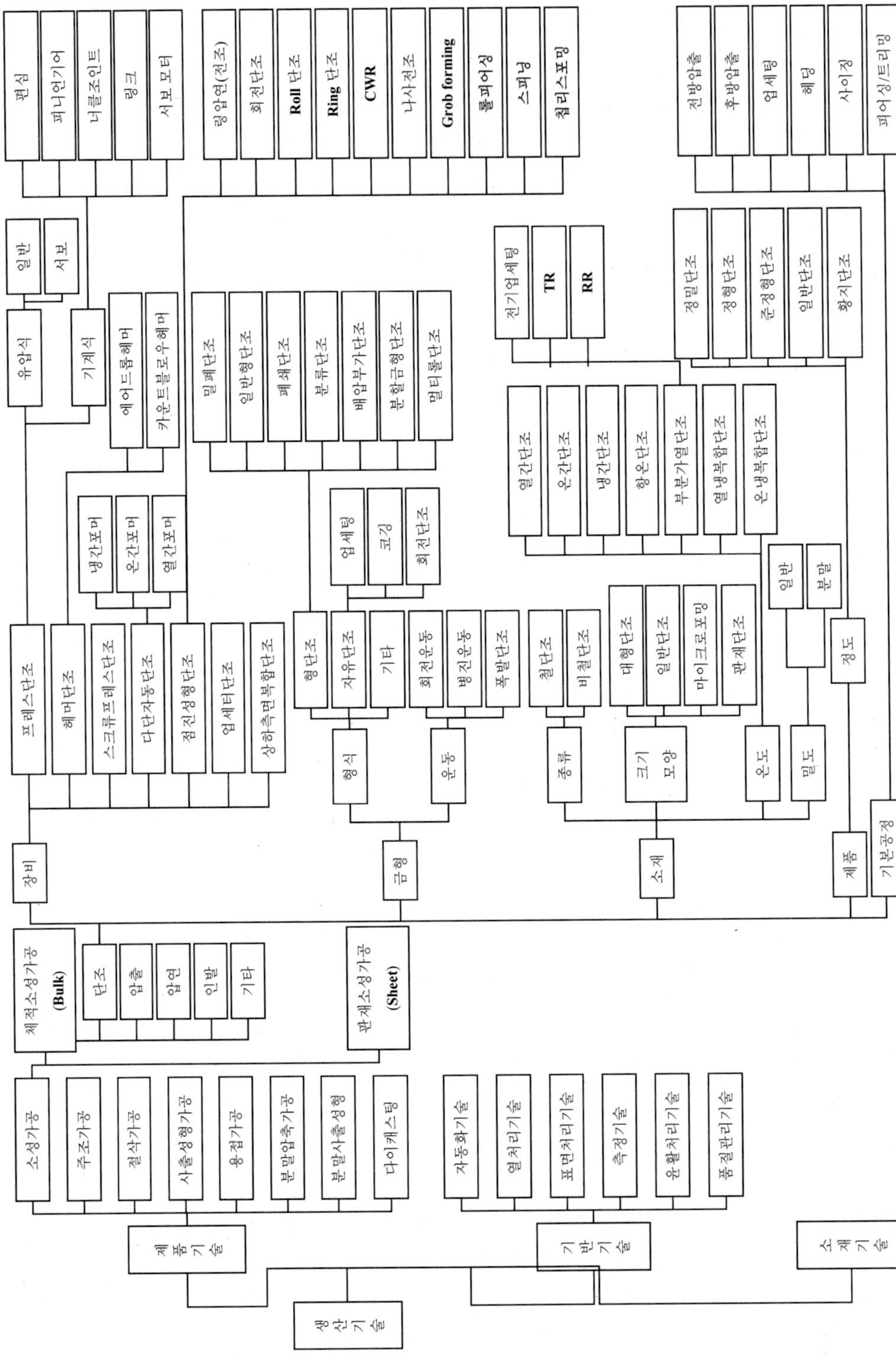

그림 2.2 생산기술과 소성가공, 단조

생산기술은 크게 제품기술과 기반기술로 나누어지며, 제품기술에는 소성가공, 주조가공, 절삭가공 등등이 포함된다. 소성가공은 소재의 형상에 따라 크게 체적소성가공과 판재소성가공으로 분류되며, 체적소성가공은 단조, 압출, 압연, 인발, 기타 특수공정으로 이루어진다. 일반적으로 단조는 모든 소성가공 기술을 대표하는 용어로도 종종 사용된다. 판형상의 제품도 옛날에는 망치를 사용하여 두들겨 만들었으며, 현대적 용어로는 점진성형 및 자유단조와 동일하다. 이러한 전통이 아직 남아 있기 때문에 단조라는 용어는 넓은 의미로 소성가공을 의미하기도 한다.

단조는 일반적으로 전방압출, 후방압출, 업셋팅, 헤딩, 사이징, 피어싱/트리밍 등의 기본 공정을 조합한 다단 공정으로 이루어진다. 이러한 공정의 흐름을 금형과 소재를 사용하여 나타낸 도면을 단조공정도 또는 공정설계도라고 한다. 단조의 특징은 이 단조공정에서 각 단이 서로 매우 강하게 연계되어 있어 최적의 공정을 누구도 알 수 없다는 데 있다. 사출공정이나 주조공정은 대부분의 설계가 위치 또는 치수를 결정하는 작업인 반면, 단조공정설계는 단의 수와 금형의 형상, 즉 함수를 찾는 복잡한 문제라는 점이다. 그렇기 때문에 단조공정설계는 창의성을 띄고 있으며, 지속적인 설계 개선 작업이 요구된다. 물론 이런 이유로 경험이 특히 중시되는 분야 중의 하나이다. 해석 기술자가 알아야 할 점은 치수나 위치들을 결정하는 설계 문제에서는 해석 기술에 의존한 최적설계가 이론적으로도 그렇고 실질적으로도 가능하지만 최적의 단의 수나 최적의 금형의 형상을 구하는 문제는 해석기술에만 의존할 수 없다는 점이다. 물론 소성가공공정의 설계 최적화를 위한 학술적 연구가 이루어지고는 있지만, 창의적 설계 문제의 수치적 최적설계는 사실상 불가능한 일이다.

그림 2.2에서 보는 바와 같이 단조의 특징을 결정하는 요인은 장비, 금형, 소재, 제품 등이다. 이 네 요소의 조합에 의하여 매우 다양한 단조 기술이 발전되어 있으며, 앞으로도 인간이 사고를 하고 물질 소유 욕구를 버리지 않는 한 단조 기술의 발전은 지속될 수밖에 없다. 그림 2.3에서 보는 바와 같이 현대의 단조는 주로 자동차, 항공기, 산업기계 및 건설기계 등에 사용되고 있다. 미국의 경우 자동차 다음으로 항공기산업 분야의 수요가 큰 것이 특징이다. 단조가 발전된 나라는 자동차산업이 발전된 나라와 일치하며, 이것은 곧 국가의 산업경쟁력과도 일치한다.

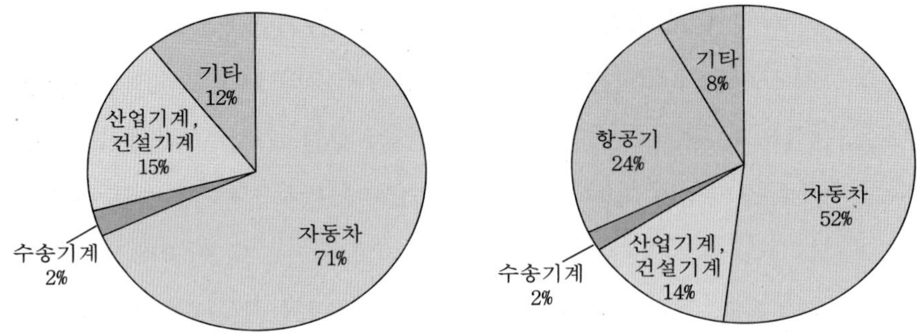

(a) 일본(2002) (b) 미국

그림 2.3 매출액 대비 단조품의 용도[2.1]

이 책에서는 그림 2.2에 열거된 주요 단조공정을 단조 시뮬레이션 기술을 이용하여 그 현상을 규명하여 제공하는데 목적을 두고 있다. 물론 매우 광범위한 영역을 단편적인 내용으로 소개하는 데는 한계가 있으나, 독자들이 단조 시뮬레이션 기술의 도움을 받아 이 책에서 채우지 못한 중요한 부분을 독자의 환경과 관점에 맞게 채우길 바란다.

2.3 공정혁신과 단조 시뮬레이션

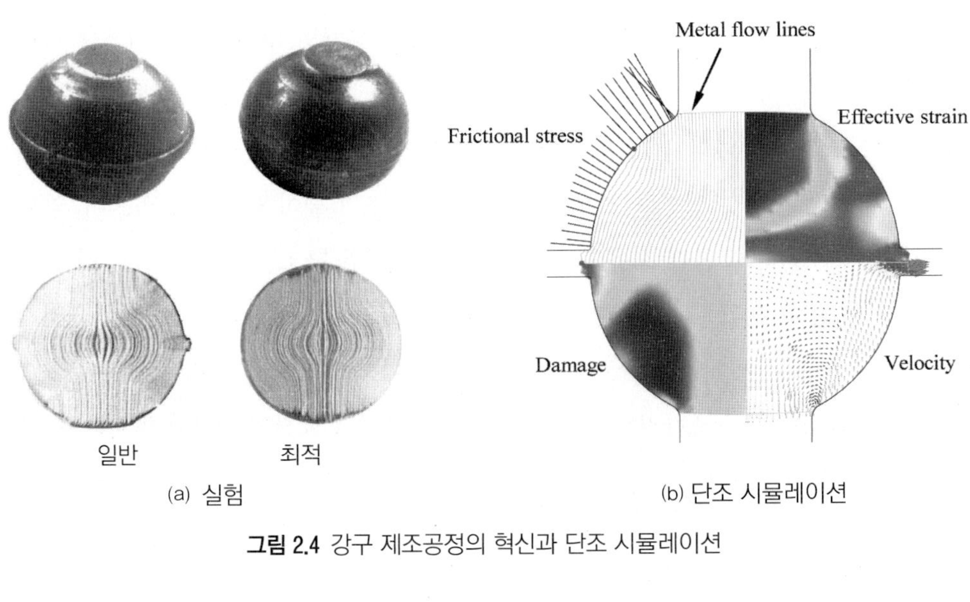

(a) 실험 (b) 단조 시뮬레이션

그림 2.4 강구 제조공정의 혁신과 단조 시뮬레이션

가장 단순한 단조품은 무엇일까? 아마도 강구의 소재일 것이다. 강구의 소재는 인발을 거친 후 단조에 의하여 제조된다. 그림 2.4의 좌편에서 보는 바와 같이 환상의 띠를 생성시키면 설계자가 원하는 상하 꼭지를 확실하게 형성시킬 수 있지만, 이것은 소재의 과소비와 금형 수명의 단축을 초래한다. 뿐만 아니라 그림에서 보는 바와 같이 건전하지 않는 소성유동선을 야기시킨다. 후속공정에서 강구 내부의 절단된 소성유동선은 강도를 저하시키는 요인이 된다.

그러나 산업현장에서 이 공정을 경험과 실험에 의존하여 최적화시키는 것은 불가능하다. 대부분 전용 연구개발장비를 갖추지 않아 기존의 생산 공정을 바꾸는 것이 현실적으로 쉽지 않다. 그리고 수많은 종류와 소재의 전처리 조건에 대응하는 것은 불가능한 일이다. 저자는 산학협력을 통하여 강구 제조 공정을 최적화함으로써 최대 6%의 수율 증가를 경험한 바 있다. 수율 증가는 그만큼의 소재비 절감과 함께 후속공정의 경비절감으로 연결되었다. 저가가 이 예제를 기록으로 남기게 된 것은 행운이 아닐 수 없다. 공학이란 먼 곳에 있지 않다는 사실을 웅변할 때마다 이 예제를 자주 활용하고 있다.

전술한 예는 우리 주위에 공정설계 혁신의 대상이 산재해 있음을 웅변하고 있다. 기존에는 불가능한 것도 단조 시뮬레이션 기술을 활용하면, 이제는 가능해졌다.

2.4 용어 정의 및 설명

여기서 몇 가지의 용어를 정의해 둘 필요가 있다. 대부분의 용어들이 해외로부터 장비 및 기술 도입 과정에서 유입되어 학술적 의미와 별개로 통용되는 것이 현실이다. 따라서 이 책에서는 다음과 같은 용어로 통일하여 사용한다.

① **형단조** : 영어의 'closed die forging(CDF)'을 일컫는 말이며, 크게 덧살불허형단조 또는 밀폐단조(CDF without flash)와 덧살허용형단조 또는 일반단조(CDF with flash)로 구분된다. 밀폐단조 대신 폐쇄단조라는 용어를 사용하는 기술자들이 많으나 폐쇄단조는 'enclosed die forging', 즉 상하의 금형을 맞닿도록 하여 제품에 해

당하는 폐쇄된 공간을 먼저 만든 상태에서 상하의 펀치를 이용하여 소재를 폐쇄된 공간을 채워서 단조하는 것을 의미하므로 두 용어를 엄격하게 구분해서 사용하는 것이 바람직하다.

② **금형, 상형, 하형** : 상형은 영어의 'upper die'를 의미하며, 하형은 영어의 'lower die'를 의미한다. 흔히 금형을 '다이'라고 부르는 경향이 있다. 특히 인발금형을 다이스(dies)라고 하는 경향이 있다. 금형이라는 널리 사용되는 용어가 있으므로 다이라는 용어를 사용하지 않는 것이 바람직하다.

③ **단조가공** : 흔히 '단조를 친다 또는 때린다'라는 용어를 사용하는데 이 역시 과거의 대장간을 스스로 연상하여 사용하는 느낌이 든다. 그러므로 '단조가공을 한다' 또는 '단조를 한다'라고 하는 것이 바람직하다. 그리고 인발가공, 압출가공, 압연가공 등의 용어의 사용이 때로는 어색하지 않은 경우가 흔히 있으므로, 절삭가공 및 연삭가공과 마찬가지로 접미사 '가공'과 함께 사용하는 것도 가능하다고 사료된다.

④ **자유단조** : 영어의 'open die forging'을 일컫는데, 자유단조를 영어로 'free forging'으로 착각하는 경우가 흔하다. 이 점을 유의해야 한다.

⑤ **덧살 또는 플래쉬** : 현장에서 흔히 '바리'라는 용어를 사용한다. 영어의 'flash'가 표준어이며, 이를 우리나라 말로 표현하면, 덧살이 적합하다. 아니면, 플래쉬라고 하는 것이 차선책일 것이다.

⑥ **마찰상수와 마찰계수** : 마찰계수는 쿨롱마찰법칙과 관련된 것이고 마찰상수는 일정전단마찰법칙과 관련된 것이다. 이에 관하여 혼돈하는 사례가 간혹 있으므로 유의해야 한다.

⑦ **소성유동선** : 봉재는 대개 주조된 기초소재를 압연, 압출, 인발 등의 공정을 거쳐 제조된다. 이 과정에서 결정들이 길이방향으로 변형된다. 그 결과, 봉재의 길이방향 단면을 부식시키면, 결정경계가 먼저 부식되기 때문에 길이방향의 결이 가시화된다. 이 결을 산업체에서는 그레인플로우(grain flow) 또는 파이버플로우(fiber flow) 등으로 부르고 있으나 이 책에서는 영어의 'metal flow lines'를 번영하여 소성유동선이라고 한다.

⑧ **유동응력계수** : $\bar{\sigma} = C\dot{\bar{\varepsilon}}^m$ 가 흔히 고온상태의 소재의 유동응력을 표현하는데 널리 사용된다. 여기서 C를 고온강도계수라고 하고 m을 변형률속도 의존도라고 한다.

상온에서 소재의 유동응력식으로 자주 사용되는 $\overline{\sigma} = K\overline{\varepsilon}^n$에 K와 n을 각각 강도계수와 변형경화지수라고 일컫는데 이 용어들과 혼돈하지 않도록 유의할 필요가 있다.

⑨ **항복강도, 항복응력, 유동응력** : 항복응력과 항복강도가 혼용되고 있다. 재료공학 전공자는 항복강도(yield strength)에 친숙하고, 기계공학 전공자는 항복응력(yield stress)에 친숙한 점이 있다. 항복응력은 재료의 상태에 따라 달라지는 반면, 항복강도는 인장강도와 함께 재료의 규격에 포함되는 기초 물성치에 속한다. 항복응력도 항복강도와 동일한 의미로 사용하는 경우도 있지만, 혼돈을 피하기 위하여 항복응력을 사용하지 않는 대신 유동응력을 재료의 상태에 따라 달라지는 항복응력, 즉 소성변형을 일으키는 유효응력의 의미로 사용하는 것이 바람직하다.

⑩ **유효응력, 상당응력** : 흔히 유효응력을 대신하여 von Mises 응력이라는 용어를 사용하고 있으나, 유효응력(effective stress) 또는 상당응력(equivalent)을 사용하는 것이 바람직하다. 단조 중의 유효응력은 재료의 상태에 따라 결정되는 유동응력과는 다를 수 있다. 물론 그 지점에서의 재료가 소성영역에 속해 있다면, 두 값은 같다. 탄성영역에서 두 값은 다르다.

CHAPTER 03

단조 시뮬레이션

단조공정설계기술은 단조산업의 핵심 기술이다. 단조산업의 근간을 이루는 기술적 요소 중에서 기술자의 의존도가 가장 높은 기술이다. 단조 시뮬레이션 기술은 단조공정설계업무에서 기술자의 역할을 대신할 수는 없지만, 기술자가 의지할 수 있는 없어서는 안될 친구와도 같은 존재이다.

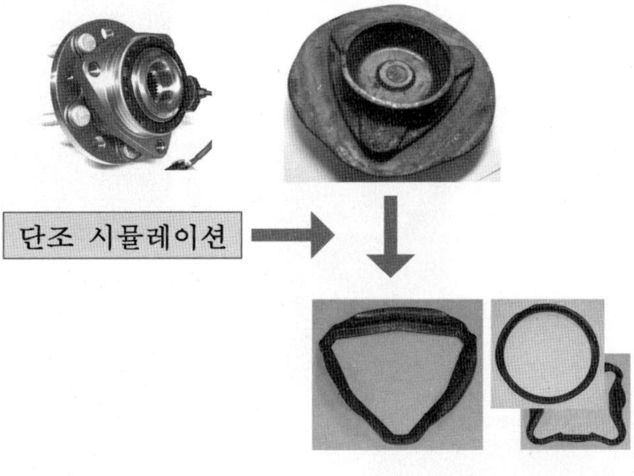

(동은단조 제공)

단조 시뮬레이터는 기술자의 관심사인 성형하중, 소재의 변형, 온도분포, 금형의 응력 등의 정보를 소성역학 이론과 유한요소법에 입각하여 제공한다. 그러나 이 정보로부터 가치를 뽑아내는 것은 기술자의 몫이다.

일부 기술자들이 이론을 의심하는 경우도 없지는 않다. 결론적으로 말하자면, 이론 그 자체는 실제와 크게 차이가 나지 않는다. 다만, 사용자의 전문성이나 입력 정보의 현실성 등에 따라 결과의 정확도는 영향을 받을 수 있다. 만약 아무렇게나 사용해도 정확한 결과가 예측되기를 원한다면, 그것의 경제적 가치는 곧 사라지게 될 것이다.

3.1 단조 시뮬레이터

그림 3.1과 3.2는 단조 시뮬레이션의 흐름도 및 개념을 나타낸 것이다. 그림 3.1에서 보는 바와 같이 단조 시뮬레이션은 전처리 프로그램(pre-processor), 솔버(solver), 후처리 프로그램(post-processor)으로 구성되어 있다.

전처리는 기본적으로 CAD 시스템과 연결되며, 소재, 프레스, 마찰 등의 데이타베이스(DB)의 지원을 받는다. 솔버는 속도, 압력, 온도 등의 미지수를 사용자가 요구한 공정 조건에 맞도록 구해주는 역할을 한다. 후처리 프로그램은 전술한 미지수와 이로부터 파생된 변형률속도, 변형, 응력, 성형하중 등의 정보를 사용자가 용이하게 정보화하도록 돕는다. 전후처리기는 사용의 편리성으로 평가되며, 솔버는 결과의 정확도, 계산 속도, 적용의 다양성으로 평가된다.

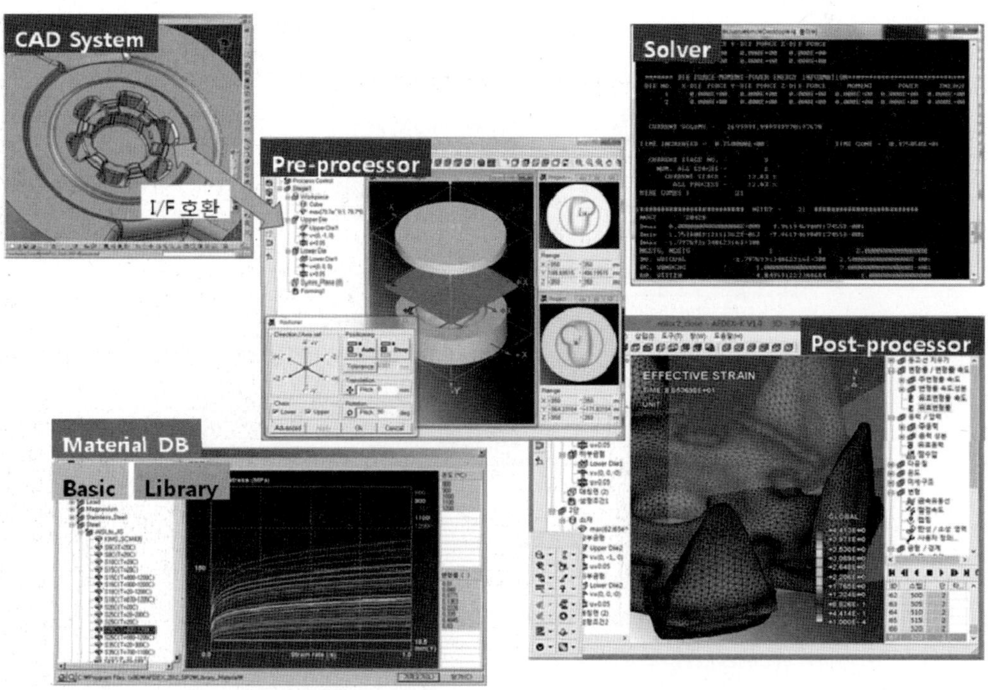

그림 3.1 단조 시뮬레이터의 구성[부록 C]

소재, 프레스, 마찰 등의 정보는 기본적으로 사용자의 영역이다. 물론 소프트웨어가 기본적인 정보를 제공하지만, 궁극적으로는 사용자의 환경에 맞도록 지속적으로 DB를 확충해 가는 자세가 필요하다. 특히 소재의 유동응력은 결과를 좌우하는 것으로 국가마다 소재의 제조사마다 그 물성치가 다르고, 열처리 및 인발 등의 전처리 및 단조 조건에 따라 그 성질이 비교적 크게 변한다는 점을 인식할 필요가 있다.

그림 3.2는 단조 시뮬레이션을 개념적으로 나타낸 것이다. 단조 시뮬레이션은 자연법칙으로부터 편미분방정식으로 유도된 평형방정식과 열전도방정식을 유한요소기교를 이용하여 이산화시켜서 비선형방정식을 만들고 이를 풂으로써 일차적으로 속도, 압력(라그랑지변수법), 온도변화율 등을 구한 후 이로부터 변형률속도, 변형형상, 온도 분포 등의 각종 파생변수를 구하는 것으로 요약된다.

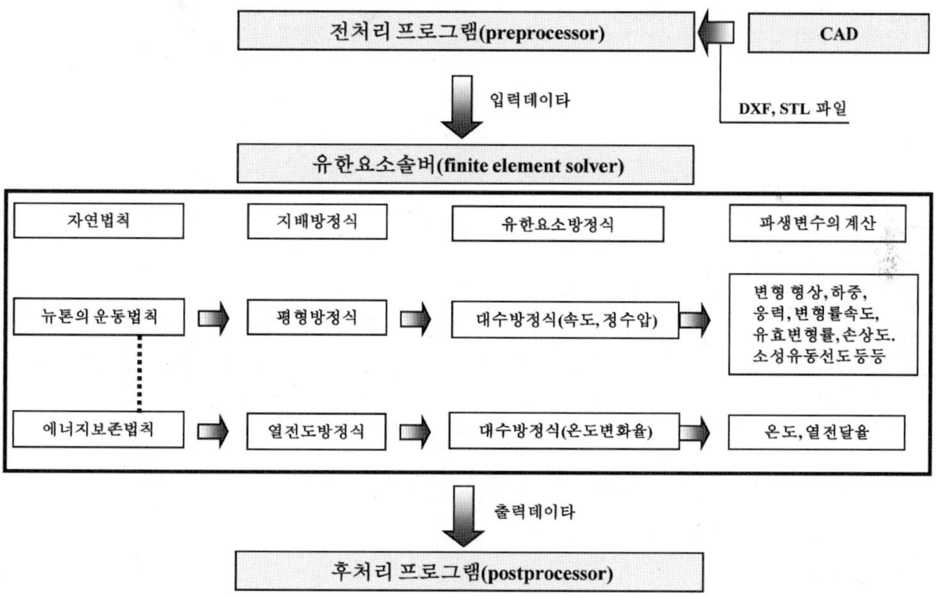

그림 3.2 단조 시뮬레이션

3.2 유동 문제의 수식화

그림 3.3에서 보는 바와 같이 소성가공공정에서 금형과 소재는 해석영역 V 와 경계 S 로 나누어지며, 경계 S 는 표면력(traction)이 $t_i^{(\mathbf{n})} = \overline{t}_i^{(\mathbf{n})}$ 로 주어진 S_{t_i}, 속도가 $v_i = \overline{v}_i$ 로 주어진 S_{v_i}, 금형과 소재의 접촉면을 표현하는 S_c 등으로 세분화될 수 있다. 압축력이 작용하는 금형과 소재의 접촉면에서의 법선속도는 동일하다. 즉, S_c 에서 $v_n = \overline{v}_n$ 이다. 소재는 비압축성, 강소성, 등방성경화(isotropic hardening) 등의 성질을 가지고 있으며 von Mises 항복이론과 관련 유동법칙을 따른다고 가정한다. 그리고 가속도의 영향은 무시할 정도로 작다고 가정한다.

소성가공공정의 유동해석 문제는 소재의 속도장 v_i 와 정수압 p (라그랑지변수법) 또는 속도장 v_i (벌칙기법)를 구하자는 것이며, 다음과 같은 경계치 문제로 수식화된다.

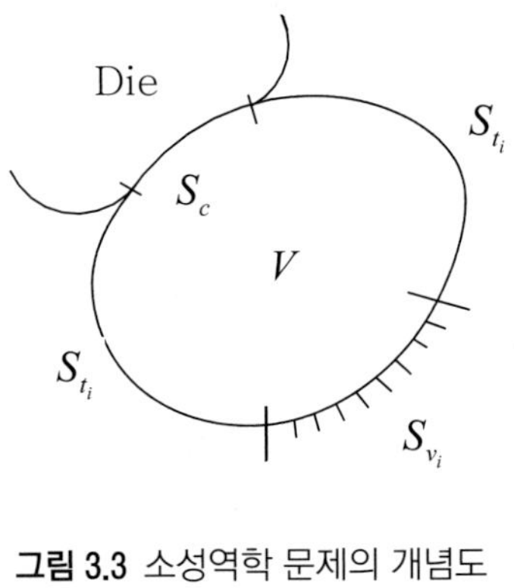

그림 3.3 소성역학 문제의 개념도

(1) 평형방정식

$$\sigma_{ij,j} + f_i = 0 \tag{3.1}$$

(2) 응력-변형률속도 관계식

$$\sigma_{ij} = -p\delta_{ij} + \sigma'_{ij} \tag{3.2}$$

$$\sigma'_{ij} = \frac{2\overline{\sigma}}{3\dot{\overline{\varepsilon}}}\dot{\varepsilon}_{ij} \tag{3.3}$$

(3) 속도-변형률속도 관계식

$$\dot{\varepsilon}_{ij} = \frac{1}{2}\left(v_{i,j} + v_{j,i}\right) \tag{3.4}$$

(4) 비압축성조건

$$v_{i,i} = 0 \tag{3.5}$$

(5) 경계조건

$$\sigma_{ij} n_j = \overline{t}_i^{(n)} \quad \text{on} \quad S_{t_i} \tag{3.6}$$

$$v_i = \overline{v}_i \quad \text{on} \quad S_{v_i} \tag{3.7}$$

$$v_n = \overline{v}_n \quad \text{on} \quad S_c \tag{3.8}$$

$$\sigma_t = -\mu \sigma_n (v_t) \quad \text{on} \quad S_c \text{ (coulomb friction)} \tag{3.9}$$

$$\sigma_t = mkg(v_t) \quad \text{on} \quad S_c \text{ (constant shear friction)} \tag{3.10}$$

평형방정식에서 f_i는 체적력이다. 구성방정식에서 $\overline{\sigma}$와 $\dot{\overline{\varepsilon}}$는 각각 유동응력과 유효변형률속도를 의미한다. 일반적으로 식 (3.3)에서 유동응력

$$\overline{\sigma} = \overline{\sigma}\left(\overline{\varepsilon}, \dot{\overline{\varepsilon}}, T\right) \tag{3.11}$$

는 변형률 $\overline{\varepsilon}$, 변형률속도 $\dot{\overline{\varepsilon}}$, 온도 T 등의 함수이며, 소재의 기계적 성질 또는 상태를 반영하는 함수이다. 식 (3.6)의 벡터 n_i는 해석경계에서 정의되며 외향단위법선벡터(outward unit normal vector)이다. 텐서량에서 상첨자 프라임(')은 편차 성분(deviatoric component)을 나타내며, 하첨자 t와 n은 각각 접선과 법선 성분을 의미한다. 그리고 하첨자가 두 번 반복되는 것은 덧셈에 대한 부호규약을 따른 것이며, 콤마(,) 뒤의 첨자는 편미분을 의미한다. 이러한 부호규약은 모든 수식에 적용된다. 식 (3.9)와 (3.10)에서 $g(v_t)$는 다음과 같다[3.1].

$$g(v_t) = -\frac{2}{\pi}\tan^{-1}\left(\frac{v_t - \overline{v}_t}{a}\right) \tag{3.12}$$

여기서 a는 $|v_t|$에 비하여 매우 작은 양의 상수이다.

비압축조건을 처리하기 위하여 벌칙기법(penalty method)을 사용할 경우와 라그랑지 변수법(Lagrange mulitiplier method)을 사용할 경우, 위의 경계치 문제의 약형(weak form)은 각각 다음과 같다[1.1].

$$\int_V \sigma'_{ij}\omega'_{ij}dV + \int_V K\dot{\varepsilon}_{ii}\omega_{jj}dV - \int_V f_i\omega_i dV - \sum \int_{S_{t_i}} \bar{t}_i^{(n)}\omega_i dS - \int_{S_c}\sigma_t\omega_t dS = 0 \tag{3.13}$$

$$\int_V \sigma'_{ij}\omega'_{ij}dV - \int_V p\omega_{jj}dV - \int_V f_i\omega_i dV - \int_V v_{i,i}q dV - \sum \int_{S_{t_i}} \bar{t}_i^{(n)}\omega_i dS - \int_{S_c}\sigma_t\omega_t dS = 0 \tag{3.14}$$

여기서 가중함수 ω_i 는 경계 S_{v_i} 에서 영의 값을 갖는 임의의 함수이고, 가중함수 q 는 전 해석영역에서 임의의 함수이다. 약형에서

$$\omega_{ij} = \left(\frac{\omega_{i,j} + \omega_{j,i}}{2}\right) \tag{3.15}$$

이며, ω_n 과 ω_t 는 각각 ω_i 의 법선과 접선 성분을 나타낸다. 벌칙기법에서, 벌칙상수 K 는

$$K\dot{\varepsilon}_{ii} = \sigma_{jj}/3 = -p \tag{3.16}$$

의 의미를 갖는다. 따라서 벌칙기법을 사용할 경우, 압력분포는 속도장 해석결과로부터 구해진다.

결론적으로 전술한 경계치 문제를 푸는 것은 라그랑지변수법을 사용할 경우에는 임의의 가중함수 ω_i 와 q 에 대하여 약형, 즉 식 (3.14)를 항상 만족시키는 속도장 v_i 와 압력 p 를 구하는 문제이며, 벌칙기법을 사용할 경우에는 임의의 가중함수 ω_i 에 대하여 약형, 즉 식 (3.13)을 항상 만족시키는 속도장 v_i 를 구하는 문제로 수식화된다. 물론, 속도장은 S_{v_i} 와 S_c 에서 필수경계조건을 만족해야 한다.

라그랑지변수법에서 약형에는 속도장 v_i 와 압력 p, 가중함수 ω_i 와 q 등이 바탕을 형성하고 있다. 그 이외의 것은 이들로부터 파생된 것이다. 따라서 이 네 개의 함수를 보간하여 절점의 속도와 요소의 압력이 미지수인 비선형연립방정식을 얻을 수 있다. 벌칙기법에서는 속도장 v_i 와 가중함수 ω_i 를 보간하여 절점의 속도가 미지수인 비선형연립방정식을 얻을 수 있다. 유한요소법에 관한 기초지식을 부록 A에 수록하였으며 상세한 것은 참고문헌[1.1]로 대신한다.

3.3 열전달 문제의 수식화

그림 3.4에서 보는 바와 같이 온도해석 대상 물체는 영역 V 와 경계 S 로 구성되어 있다. 경계 S 는 열전달율이 주어진 경계 S_q , 온도가 주어진 경계 S_T , 방사 및 대류 열전달이 일어나는 경계 S_e , 금형-소재의 접촉면 S_c 등으로 나누어진다. 소재는 소성열이 발생하는 반면, 금형은 강체라고 간주한다. 소재에 가한 에너지(응력동력 $\sigma_{ij}\dot{\varepsilon}_{ij}$)의 일정량은 소성열로 방출되고, 나머지는 내부에너지로 저장된다고 간주하며, 접촉면에서 발생한 마찰일은 금형과 소재에 각각 (0~50)%씩 전달되는 것으로 간주한다. 열전도율, 비열 등은 온도의 함수로 주어진다.

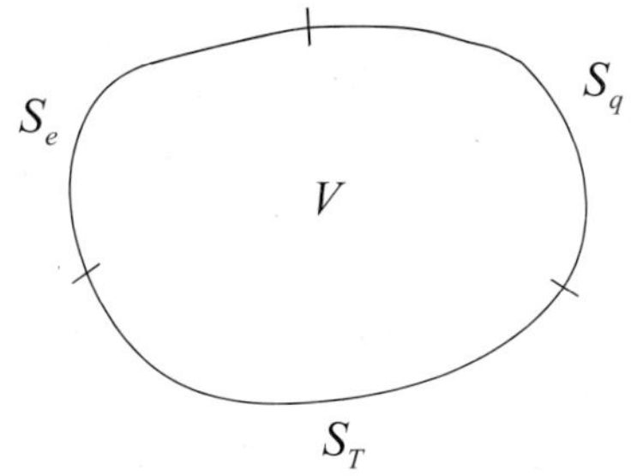

그림 3.4 전도 열전달 문제의 개념도

고체의 열전달 현상은 다음과 같은 고체에 대한 열전도방정식으로 수식화된다.

$$\left(kT_{,i}\right)_{,i} + Q = \rho c \frac{\partial T}{\partial t} \tag{3.17}$$

여기서 T 와 t 는 각각 온도와 시간을 의미하고, k와 ρc는 각각 열전도계수와 열용량을 의미한다. Q 는 발열율이며, 변형에너지에 기인한 발열율과 기타의 발열원에 기인한 발열율 Q_0 로 구성되어 있다. 즉, 발열율은

$$Q = C_g \sigma_{ij} \dot{\varepsilon}_{ij} + Q_0 \tag{3.18}$$

로 표현된다. 발열비율계수 C_g 는 응력동력 $\sigma_{ij}\dot{\varepsilon}_{ij}$ 중에서 열로 변환되는 비율을 의미한

다. 일반적으로 응력동력의 90%(C_g =0.9) 내외는 소성열로 변하고, 그 나머지는 재료의 결정구조 변화, 잔류변형에너지, 전위의 증가 등 내부에너지의 증가에 소요되는 것으로 알려져 있다.

전술한 경계조건은 다음과 같이 수식화된다.

$$T = \bar{T} \quad \text{on} \quad S_T \tag{3.19}$$

$$kT_{,i}n_i = q_f - h_c(T - T_c) \quad \text{on} \quad S_c \tag{3.20}$$

$$kT_{,i}n_i = -h_q(T - T_w) \quad \text{on} \quad S_q \tag{3.21}$$

$$kT_{,i}n_i = -\sigma\varepsilon(T^4 - T_e^4) - h_e(T - T_e) \quad \text{on} \quad S_e \tag{3.22}$$

여기서 n_i 는 외향단위법선벡터이며, $\bar{T}$, T_c , T_w , T_e 는 각각 주어진 온도, 접촉하는 물체 표면의 온도, 냉각수의 온도, 주위 환경의 온도를 나타내고, h_c , h_q , h_e 는 각각 접촉면의 열전달계수, 냉각수와의 대류열전달계수, 주위환경과의 대류열전달계수를 나타낸다. $\sigma\varepsilon$ 은 Stefan-Boltzmann 상수와 물체의 방사율(emissivity)의 곱이다. q_f 는 마찰에 의하여 접촉면에서 발생하는 발열율을 나타내며, 다음과 같다.

$$q_f = C_f \left|(v_t - \bar{v}_t)\sigma_t\right| \tag{3.23}$$

여기서 v_t 와 $\bar{v}_t$ 는 각각 공작물과 금형의 접선방향의 속도 성분이며, σ_t 는 접촉면의 접선 응력이다. C_f 는 0.0에서 0.5 사이의 값을 갖는 상수이며, 경계면에서의 마찰열을 고려해 주기 위한 것이다.

위의 경계치 문제의 약형은 다음과 같다.

$$\begin{aligned} &\int_V \left\{\rho c\frac{\partial T}{\partial t}\omega + kT_{,i}\omega_{,i} - Q\omega\right\}dV - \int_{S_c}\{q_f - h_c(T - T_c)\}\omega dS \\ &+ \int_{S_q} h_q(T - T_w)\omega dS + \int_{S_c}\{\sigma\varepsilon(T^4 - T_e^4) + h_e(T - T_e)\}\omega dS = 0 \end{aligned} \tag{3.24}$$

유한요소방정식의 자세한 유도 과정과 해법은 참고문헌[1.1]으로 대신한다.

3.4 금형 구조해석 문제의 수식화

탄성역학 문제를 그림 3.5에 개념적으로 도시하였다.

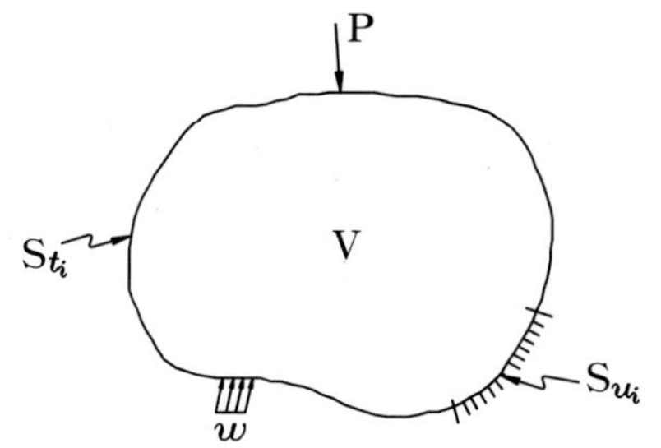

그림 3.5 탄성역학 문제의 개념도

금형의 구조해석 문제는 기하학적 경계조건과 역학적 경계조건을 만족하는 변위장 u_i 와 이로부터 파생되는 응력을 비롯한 각종 기계량을 구하는 것으로 설명된다.

금형의 구조해석 문제는 해석영역 V , 표면력이 $\sigma_{ij}n_j = \overline{t}_i^{(n)}$ 로 주어진 표면력지정경계 S_{t_i} , 변위가 $u_i = \overline{u}_i$ 로 주어진 변위지정경계 S_{u_i} , 두 물체의 접촉면 S_c 로 구성되어 있다. 두 물체의 접촉면에서 법선벡터를 공유하며, 접촉면은 동일한 법선벡터 n_i 로 정의한다. 법선벡터 n_i 가 물체의 외향이면 그 물체의 접촉경계를 S_c^+ 로 정의하고 반대로 내향인 접촉경계를 S_c^- 로 표시한다. 즉, 접촉경계에서 동일한 법선벡터를 사용하므로, 접촉경계에서는 항상 S_c^+과 S_c^-가 존재한다. S_c 는 S_c^+ 와 S_c^- 를 대표하는 의미로 사용한다. 두 물체 간의 접촉부의 S_c 에서의 역학적 및 기하학적 경계조건은 다음과 같다.

접촉경계의 법선방향으로는

$$u_n^{+c} = u_n^{-c} \quad \text{if} \quad \sigma_n^{+c} < 0 \tag{3.25}$$

$$\sigma_n^{+c} = 0 \quad \text{if} \quad u_n^{+c} - u_n^{-c} < 0 \tag{3.26}$$

이고, 접선방향으로는

$$\sigma_t^{+c} = -\sigma_t^{+c} = \mu|\sigma_n| \frac{\left(u_t^{-c} - u_t^{+c}\right)}{\left|u_t^{-c} - u_t^{+c}\right|} \quad \text{if} \quad u_t^{-c} \neq u_t^{+c} \tag{3.27}$$

$$u_t^{-c} = u_t^{+c} \quad \text{if} \quad |\sigma_t| < \mu|\sigma_n| \tag{3.28}$$

이다. 여기서 하첨자 n 과 t 는 각각 법선성분과 접선성분을 의미하며, 상첨자 $+c$ 와 $-c$ 는 각각 S_c^+ 과 S_c^- 에서의 성분을 의미한다.

식 (3.27)은 접촉면에서 미끄러짐이 발생하면 미끄러짐을 방해하는 방향으로 Coulomb 마찰법칙에 의하여 마찰력이 작용한다는 의미를 내포한다. 미끄러짐이 발생하지 않으면 접선방향의 경계조건은 식 (3.28)에 의하여 지배되고, 즉 필수경계조건의 일부로 간주되고, 그 때의 마찰력의 크기는 $\mu|\sigma_n|$ 보다 작게 된다.

벌칙기법을 이용하여 식 (3.25)의 조건을 다음의 식에서 보는 바와 같이 가상일의 원리에 내포시킬 수 있다.

$$\begin{aligned} &\int_V \sigma_{ij}\delta\varepsilon_{ij}dV - \int_V f_i\delta u_i dV - \sum \int_{S_{t_i}} \bar{t}^{(\mathrm{n})}\delta u_i dS \\ &+ \int_{S_{c'}} \beta\left(u_n^{+c} - u_n^{-c}\right)\left(\delta u_n^{+c} - \delta u_n^{-c}\right)dS - \int_{S_{c'}} \beta\sigma_t\delta u_t dS = 0 \end{aligned} \tag{3.29}$$

여기서 $S_{c'}$ $(\subset S_c)$는 $\sigma_n^{+c} < 0$ 인 역학적 접촉경계을 의미하며, 그 자체가 미지수이다. 이 표현은 비록 기하학적으로 붙어 있다고 해도 경계에 압력이 작용하지 않으면 자유표면이 된다는 의미를 내포하고 있다. 즉, S_c 는 기하학적 접촉경계를 의미한다. 벌칙상수 β 는 매우 큰 양의 상수로써 $\sigma_n^{+c} = -\beta\left(u_n^{+c} - u_n^{-c}\right)$ 의 물리적 의미를 갖는다.

응력-변형률 관계는 다음과 같이 표현된다.

$$\sigma_{ij} = 2\mu\varepsilon_{ij} + \lambda\varepsilon_{kk} - \left(3\lambda + 2\mu\right)\alpha\Delta T\delta_{ij} \tag{3.30}$$

여기서 μ 와 λ 는 Lamé 상수이며, 탄성계수 E 및 포아송비 ν 와 다음의 관계를 갖는다.

$$\mu = E/2(1+\nu) \tag{3.31}$$

$$\lambda = \nu E/\left(1+\nu\right)\left(1-2\nu\right) \tag{3.32}$$

그리고 α 는 열팽창계수이며, ΔT 는 현재온도와 기준온도의 차를 의미한다.

3.5 연계해석

냉간과 열간 소성가공공정 모두 소성열이 발생한다. 일반적으로 냉간에서의 소성열은 소재와 금형의 온도상승을 야기하나 상승된 온도로 인한 유동응력의 변화는 매우 작다고 알려져 있다. 반면, 열간의 경우는 소성열의 발생과 소재-금형간의 열전달에 의한 온도의 변화가 소재의 유동응력에 직접적인 영향을 주게 된다. 즉, 유동해석 문제의 식 (3.3)에서 $\bar{\sigma}$는 온도의 함수이고, 온도해석 문제의 식 (3.17)에서 Q는 변형률속도 또는 속도장의 함수이다. 따라서 유동해석 문제와 온도해석 문제가 연계되어 있으므로 이를 연계문제(coupled problem)라고 하고, 연계문제를 해석하고 규명하는 것을 연계해석(coupled analysis) 또는 비등온해석이라고 한다. 연계문제를 직접 연립하여 풀거나 변수를 소거하여 푼다는 것은 사실상 불가능하다. 실제 해석 대상인 소재는 하나이지만 금형(펀치 포함)은 최소한 2개이고, 금형이 2개일 경우 온도해석 문제는 3개이며, 유동해석 문제는 1개이기 때문에 수치계산이 사실상 불가능하기 때문이다.

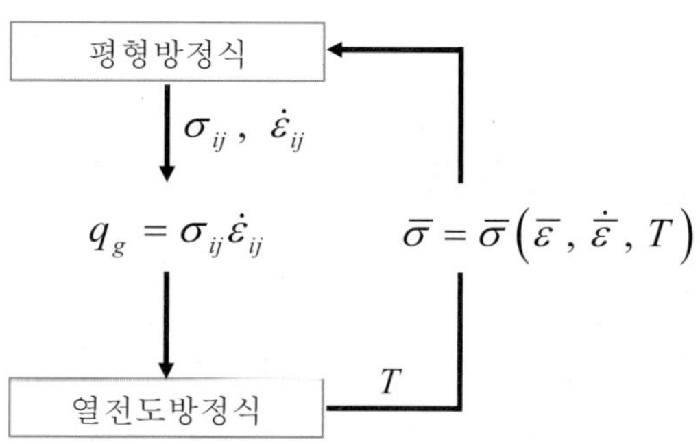

그림 3.6 연계해석

이러한 문제를 해결하기 위하여 그림 3.6에서 보는 바와 같은 온도-유동장 문제의 분리반복수렴기법이 일반적으로 사용되고 있다. 온도해석 문제와 유동해석 문제를 분리하여 독립적으로 풀되, 온도해석 시에 유동해석결과인 응력동력(stress power, $\sigma_{ij}\dot{\varepsilon}_{ij}$)을 사용하고, 유동장해석 시에 필요한 온도정보는 온도해석결과를 사용한다. 온도해석 시에 유동장은 변하지 않으며, 유동장해석 시에는 온도장이 변하지 않는다. 이러한 수치해석

과정을 반복하면, 유동장과 온도장의 변화가 동시에 점진적으로 감소하며, 최종적으로는 수렴해에 도달하게 된다.

연계해석은 소재의 열적 정보와 열적 경계조건 정보를 요구한다. 시뮬레이션 결과는 이러한 열적 정보에 크게 좌우된다. 많은 연구자들이 실험과 해석을 통하여 이에 관하여 연구하고 있으나, 아직 사용자들은 매우 제한된 정보밖에 접할 수 없다. 따라서 사용자 스스로 필요한 열적 정보를 얻기 위한 노력이 지속되어야 한다. 한편, 실제의 공정적용 연구에서는 대부분 등온해석이 실시되고 있다. 등온해석은 공정 중 온도의 변화가 없다고 가정하고 시뮬레이션을 실시하는 것을 일컫는 용어이다. 이 때 소재의 물성치는 소재의 평균온도로부터 구하면 된다. 이러한 소재 정보는 비교적 손쉽게 입수할 수 있다. 경험적으로 볼 때, 등온해석을 실시하여도 금속유동선도 등을 매우 정확하게 예측할 수 있다.

등온해석은 온도의 영향을 무시하여 온도가 일정하다고 가정한 상태에서의 소성유동 해석을 의미한다. 단조성이 극히 나쁘거나 특수한 부품의 생산을 위하여 등온 상태를 유지한 상태에서 실시하는 단조를 항온단조라고 하는데, 등온해석을 항온단조와 연결짓지 말아야 한다.

3.6 요소망생성 및 요소망재구성

유한요소법은 미분방정식의 근사해법에 근간을 두고 있다. 미분방정식의 근사해법은 수학적으로 Ritz법과 Galerkin법으로 대표된다. 미분방정식의 근사해법은 기하학적 경계조건을 만족하는 기지의 함수의 선형조합을 이용하여 근사해를 구하는 것이다. 유한요소법은 이 기지의 함수를 체계적으로 생성하는 방법에 근거하고 있다. 이 기지의 함수를 생성시키는 방법으로 해석영역을 절점과 요소로 이산화하는 것이다. 각 절점에서는 하나의 함수가 정의된다. 이 함수를 유한요소 보간함수(finite element interpolation funtion) 또는 형상함수라고 한다. 따라서 절점 수에 비례하여 기지의 보간함수가 만들어진다. 전술한 해석영역의 이산화, 즉 짜르는 과정을 요소망생성이라고 한다. 유한요소법에 관한 기초지식을 부록 B에 정리하였다.

한편, 식 (3.13), 식 (3.14), 식 (3.24), 식 (3.29)에서 보는 바와 같이 계산 과정은 적분에 근거하고 있다. 각 요소에 대한 적분은 표준 적분 구간으로 사상되어 수치적분법에 의하여 계산되는데, 이 때 요소의 형상에 대한 제약이 따른다. 즉, 2차원 해석에서 그림 3.7(a)에서 보는 바와 같이 요소망의 품질이 불량하면 요소망을 다시 만들어 주어야 하는데, 이를 요소망재구성이라고 한다. 물론, 그림 3.7(b)와 3.7(c)에서 보는 바와 같이 금형과 소재의 접촉상태가 양호하지 않을 경우에도 요소망재구성이 필요하다. 그 이외에도 요소망재구성을 실시해야 할 경우가 있을 수 있다.

요소망재구성은 무시할 수 없을 만큼의 오차를 필연적으로 발생시킨다. 첫째는 요소망재구성으로 소재 표면의 형상이 바뀌는데 그 오차는 탄성의 영향에 비하여 훨씬 클 수가 있다. 그리고 내부에서는 유효변형률과 같은 이력변수 등을 포함한 상태변수의 순화(numerical smoothing)를 필연적으로 초래한다. 상태변수의 순화는 최대값을 줄이고 최소값을 증가시키는 경향이 있으며, 순화의 정도가 요소의 품질에 크게 좌우될 수 있다. 요소의 수를 증가시키면, 일반적으로 해의 정도는 향상되지만, 요소망재구성이 요구되는 소성가공공정의 시뮬레이션에서는 상황이 이와 다를 수 있다. 요소의 수가 증가할수록 요소망재구성의 빈도가 증가하며, 경계와 상태변수의 수치적 오차가 증가하여 전체적으로는 나쁜 결과로 나타날 수도 있다. 물론 이러한 문제는 국부요소망재구성으로 어느 정도는 극복이 가능하다.

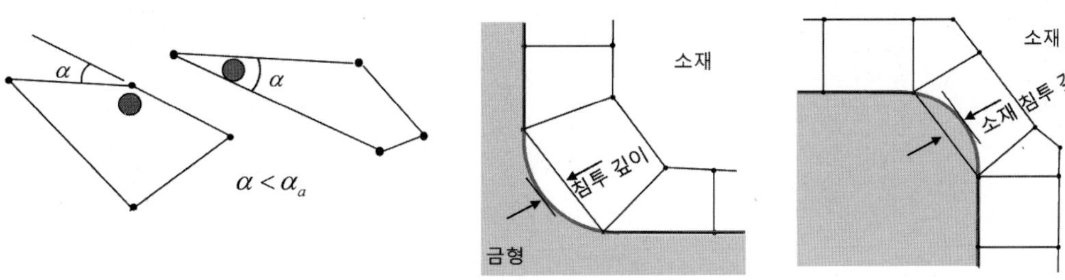

(a) (b) (c)

그림 3.7 요소망재구성을 실시해야 하는 경우

3.6.1 사각형요소 자동생성

AFDEX 2D는 사각형요소망을 사용한다. 사각형요소망의 자동생성은 루핑법에 의하여 실시된다. AFDEX 2D의 특징은 요소망재구성 시에 경계조건과 특이점 등의 정보를 그대로 살리기 때문에 요소망 재구성 전후에 해석 문제가 거의 변하지 않는다는 점이다. 그리고 요소망재구성 시에 소재의 경계를 표현하는 절점들이 금형으로부터 분리될 가능성이 있는지와 새로 접촉할 가능성이 있는지 등을 종합적으로 평가하여 결정된다. 이러한 까닭으로 매우 정교한 단조 시뮬레이션이 가능하다는 점이 장점이다. 특히, 소성가공 공정해석에서 표면상의 요소의 경계에 대한 직각도와 내부 요소의 직각도는 해석결과에 매우 중요한 영향을 미친다. 표면요소의 표면에 대한 직각도가 나쁠 경우, 표면 응력 등의 진동을 발생시키며, 이는 해의 정확도와 직결된다.

그림 3.8에 AFDEX 2D의 요소망생성 기능을 이용하여 자동생성된 사각형요소망을 나타내었으며, 상세한 내용은 참고문헌[3.2]로 대신한다.

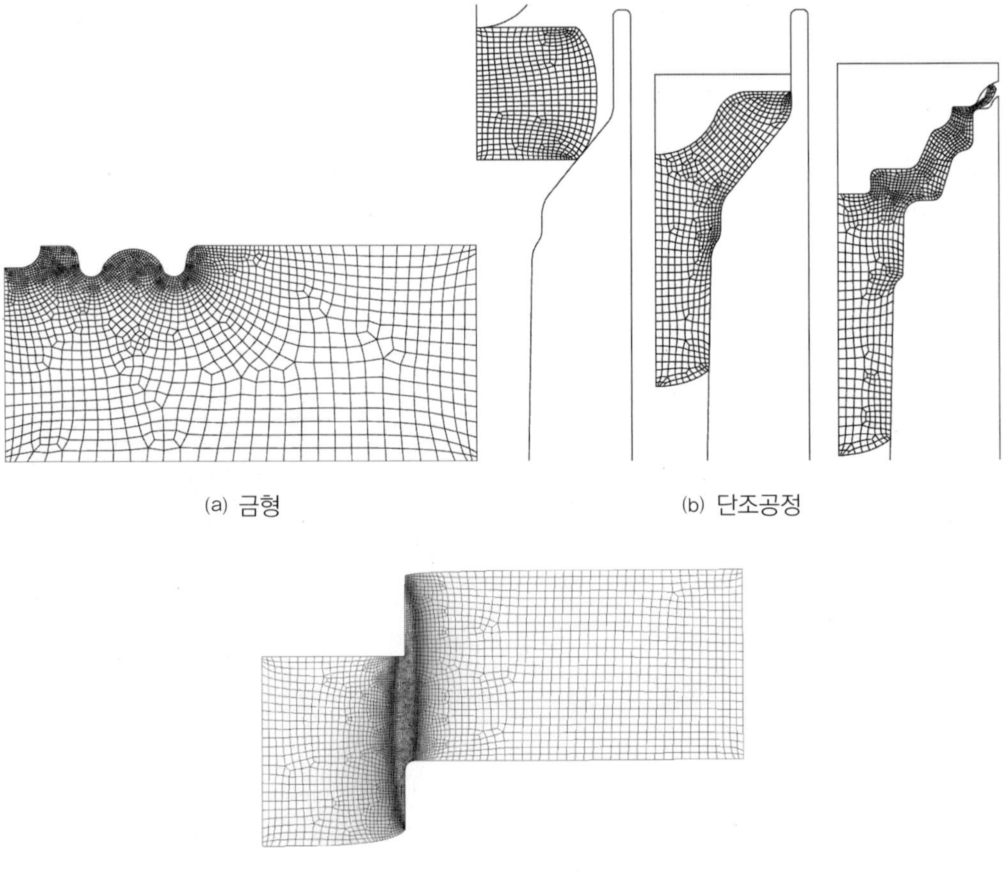

(a) 금형 (b) 단조공정

(c) 요소밀도 제어

그림 3.8 사각형요소망 자동생성

3.6.2 사면체 요소망 생성 기법

AFDEX 3D에서 육면체요소망은 루핑법으로 생성되거나 사각형의 구조요소망(structured mesh)으로 분할된 단면을 회전시키거나 압출함으로써 생성된다. 이 기능을 이용하면, 압출 및 인발, 압연, 후판 성형 등의 소재나 축대칭 소재 등과 같이 일정한 형태의 모양을 가진 임의의 물체를 육면체로 분할할 수 있다.

AFDEX 3D의 사면체 생성 방법은 기존의 Delaunay 삼각화 기법에다 최적화 및 지능화 기능을 보강한 것으로 요약된다[3.2].

그림 3.9의 좌편은 해석 도중에 요구된 요소밀도를 나타내고 있으며, 오른쪽의 그림은 이 요구조건을 만족하는 생성된 요소망을 나타내고 있다. 그림에서 보는 바와 같이 생성된 요소망은 희망 요소밀도를 잘 반영하고 있다. 그림 3.10은 단조 시뮬레이션 중의 일반적인 요소망을 보여 주고 있고, 그림 3.11은 사용자의 요소밀도 지정에 의한 요소망재구성 사례를 보여주고 있다. 이 그림들에서 보는 바와 같이 AFDEX 3D에서 채택하고 있는 사면체요소 생성 프로그램은 단조 시뮬레이션에 매우 적합하도록 개발되었다.

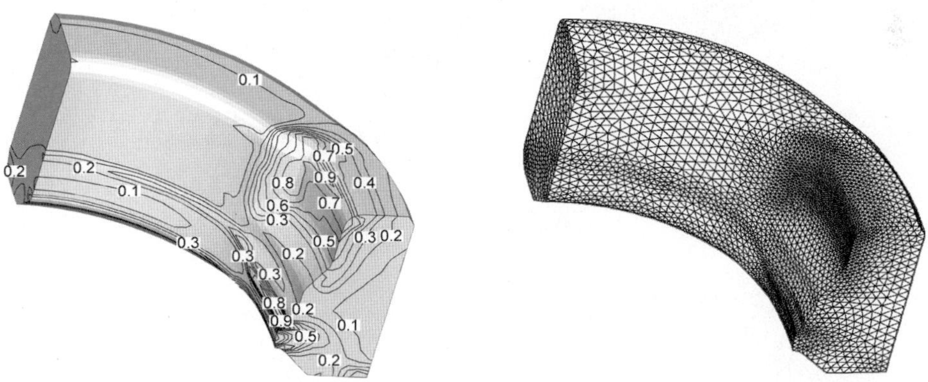

(a) 요구된 희망 요소밀도 (b) 생성된 사면체요소망

그림 3.9 사면체요소망의 밀도 제어

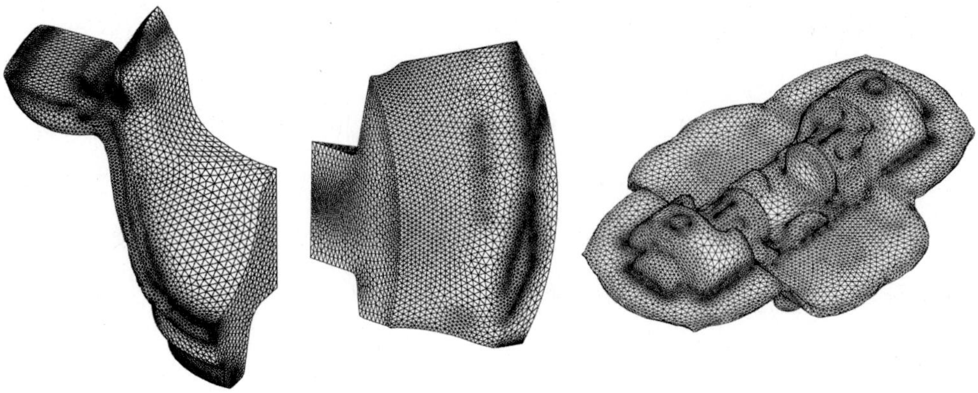

(a) 접촉경계가 강조된 사면체요소망

(b) CV 조인트 인너레이스(inner race)

(c) 피스톤 단조공정

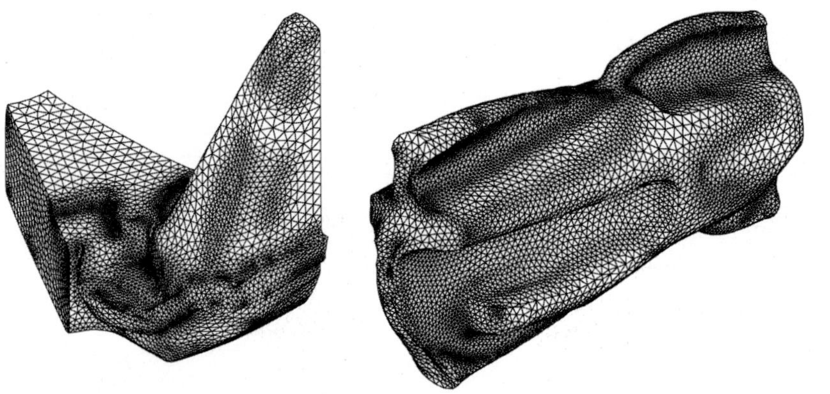

(d) 로터 폴(rotor pole) 단조공정

(e) 투스어댑터(tooth adapter) 단조공정

그림 3.10 사면체요소망

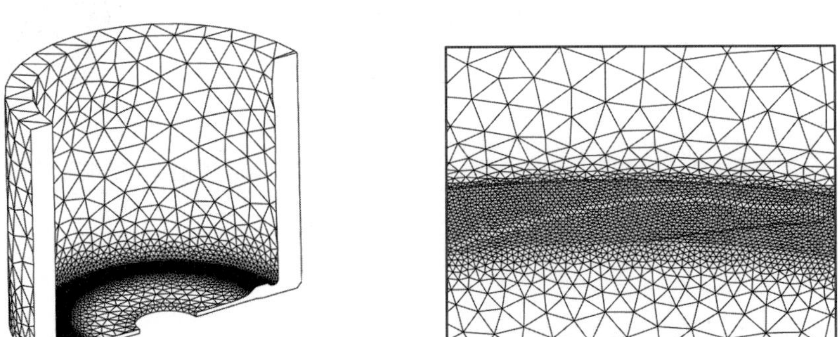

그림 3.11 사용자의 요소밀도 지정에 의한 3차원 요소망재구성[3.4]

3.7 해석 정보

해석 정보는 크게 공정기하 정보, 공정조건 정보, 소재 물성치 정보 등으로 나누어진다. 공정기하 정보는 공정도, 금형의 형상, 소재의 형상 등을 포함한다. 공정조건 정보 또는 공정조건은 마찰, 금형속도, 열전달계수 등의 데이타를 포함한다. 그리고 소재 물성치 정보에는 소재의 유동응력, 열전도계수, 열용량 등을 포함한다.

그 이외에 해석 기술자가 결정하거나 정의해 주어야 할 사항으로 대칭면 정보, 행정(stroke)정보, 요소의 수, 방정식의 해법 등이 있다.

CHAPTER 04

소재의 유동응력

재료가 다르다고 해서 역학적 법칙이 달라지는 것은 없다. 구성방정식과 관련 소재계수들이 달라질 뿐이다. 소성변형을 받고 있는 재료의 항복응력 $\bar{\sigma}$ 는 유효변형률 $\bar{\varepsilon}$, 유효변형률속도 $\dot{\bar{\varepsilon}}$, 온도 T, 손상도, 결정크기 및 미세구조 등의 함수이며, 재료의 기계적 성질 또는 상태를 반영한다. 이 함수를 유동응력 또는 변형저항식이라고 한다. 유동응력의 특성과 수식모델에 관한 상세 내용은 제1.4.4절을 참고하기 바란다.

4.1 유동응력의 모델식과 재료상수

소성가공에서 물성치의 핵심은 유동응력이다. 유동응력은 해석결과에 큰 영향을 미치며, 재료의 종류에 따라 비교적 큰 차이를 보이기 때문이다.

유동응력의 획득은 주로 인장시험, 압축시험, 비틀림시험 등에 의하여 이루어진다. 상온 상태의 소재의 유동응력에는 모든 실험방법이 유효하지만, 고온에서는 인장시험은 유효하지 않다. 실제 많은 경우 압축시험에 의존한다. 그 이유로는 실험이 비교적 간단하며, 중간 정도 크기의 변형률에 대한 실험치의 획득이 가능하기 때문이다. 물론 고온에서는 네킹이 조기에 발생하므로 인장시험으로 유동응력 관련 정보를 획득하는 것은 용이하지 않다. 다만, 재료의 고온 파단특성과 고온취성을 파악하고자 할 경우에는 인장시험이 유효하다.

유동응력을 표현하는 다양한 수식이 개발되어 있다. 이 중에서 대표적인 수식들을 제 1.4.4절에 요약하였다. 이 이외에도 다양한 형태의 유동응력 수식이 개발되어 있으며, 각 수식모델들은 나름대로의 장단점을 지니고 있다. 대개 고온 상태의 수식모델과 상온 상태의 수식모델로 구분되어 있으나, 식 (4.1)의 Johnson과 Cook의 수식모델[4.1]의 적용 범위는 고온과 상온을 모두 포함한다.

$$\bar{\sigma} = (A + B\bar{\varepsilon}^n)(1 + C\ln(\dot{\bar{\varepsilon}}/\dot{\bar{\varepsilon}}_0)(1 - ((T - T_w)/(T_m - T_w))^m) \tag{4.1}$$

여기서 A, B, C 는 각각 항복강도, 경화계수(hardening modulus), 속도민감도(strain rate senstivitity coefficient)를 의미하고, T_m과 T_w은 용융온도와 분위기온도를 의미한다. n과 m은 각각 변형경화지수와 열연화계수(thermal softening coefficient)이고, $\dot{\bar{\varepsilon}}_0$는 기준변형률속도(reference plastic strain rate)이다.

물론 식 (1.127)의 수식모델을 사용하여 고온과 상온 영역을 모두 표현할 수도 있다. 이 때는 재료상수를 온도의 함수로 간주한다.

손상도는 재료의 순화를 초래한다. 따라서 손상도는 유동응력에 영향을 미치므로 유동응력은 손상도의 함수이다. 손상도와 유동응력과의 관계를 연계하여 손상도의 영향을 반영하기 위한 시도가 이루어졌으나, 손상도의 영향이 크지 않기 때문에 공학적으로는 현재의 해석스텝에서 손상도는 일정하다고 간주하고 그 영향을 반영할 수 있다. 이 때, 기존의 유동응력 함수에다 손상도의 영향을 반영하는 함수를 곱하여 이를 반영하는 방법이 현실적인 대안이 될 수 있다. 가령, 다음의 유동응력 함수가 한 예가 될 수 있다.

$$\bar{\sigma} = Y_o\left(1+\bar{\varepsilon}/b\right)^n \delta(D) \tag{4.2}$$

여기서 $\delta(D)$ 는 1보다 작거나 같은 값을 갖는다. D는 손상도이며 제5.10.2절을 참고하기 바란다.

유동응력 수식모델은 사용자에 의한 재료상수의 입력을 필요로 한다. 재료상수는 재료시험과 수식모델을 이용한 곡선피팅에 의하여 획득된다. 재료시험은 주로 인장시험, 압축시험, 비틀림시험 등에 의하여 실시된다. 시험을 통하여 획득된 정보는 최소자승법 등에 바탕을 둔 곡선피팅법에 의하여 구해진다.

일반적으로 소프트웨어는 상용 소재의 유동응력 정보을 제공한다. 본래 유동응력은 사용자의 몫이다. 왜냐하면, 유동응력에 따라 해석결과가 크게 영향을 받으며, 유동응력을 획일화하는 것은 불가능하기 때문이다. 그러나 일반적으로 사용자의 입장에서는 정확하지 않더라도 기준이 되는 유동응력 정보의 제공을 희망한다. 그렇더라도 사용자가 주문한 특수한 강종까지 그 정보를 미리 제공하는 것은 불가능하다. 이 경우에는 근사적인 유동응력 정보의 획득이 필요하다. 첫 번째의 방법으로 해당 강종에 가장 가까운 강종을 선택하여 관련 유동응력 정보를 활용하는 것이다. 두 번째로 실험과 통계에 의하여 구한 재료상수에 관한 공식을 활용하는 방법을 들 수 있다. 여기서 상온과 고온에서 실험적으로 구한 강의 재료상수를 소개한다.

인장강도와 항복응력이 각각 σ_T 와 σ_Y 일 때, 식 (2.5)의 변형경화지수와 강도계수는 각각 $n = 0.198\,(\sigma_T/\sigma_Y - 1.0)^{0.5693}$, $K = \sigma_T\,(0.7198(\sigma_T/\sigma_Y - 1.0)^{0.4674} + 1.0)$ 이다[2.1].

그리고 Misaka 등의 실험식[4.2]에 의하면, 강의 고온 유동응력 실험식으로, 탄소함유량 $\bar{C} \le 1.2\%$, 750.0℃ ≤ 온도 ≤ 1250.0℃ , 0.0 ≤ 변형률 ≤ 0.5, 30.0/s ≤ 변형률속도 ≤ 200.0/s일 때, 식 (1.128)의 재료상수는 $n = 0.21$, $m = 0.13$, $C = 9.815e^{(A+0.126-1.75\bar{C}+0.594\bar{C}^2)}$ 이며, 여기서 매개변수 A는 $A = (2851 + 2968\bar{C} - 1120\bar{C}^2)/(T + 273.15)$ 이다.

4.2 인장시험

4.2.1 상온

인장시험은 기술자에게 재료의 기계적 성질에 관한 많은 정보를 제공한다. 탄성계수, 항복응력, 인장강도, 연신률, 네킹 발생 이전까지의 진변형률-진응력 관계 등이 인장시험으로 얻을 수 있는 대표적인 소재의 기계적 성질이다. 이 이외에도 인장시험은 기술자들에게 재료에 관한 많은 직관을 갖도록 한다. 이러한 점에서 인장시험 과정에서 일어나는 역학적 현상의 이해는 매우 중요하다.

인장시험의 특징은 네킹(necking)이다. 네킹 현상의 이해는 인장시험에서 발생하는 재료의 거시적 특성을 이해하는데 매우 중요하다. 특히 유한요소법을 이용한 네킹 현상의 정확한 해석은 그 이후에 발생하는 역학적 현상의 이해와 응용에 도움을 줄뿐만 아니라 해석용 프로그램의 적합성 여부의 평가와 해석 조건의 올바른 설정 및 활용 기술의 고도화에도 도움을 준다.

유한요소법을 이용한 인장시험에 관한 해석적 연구는 그 중요성에 비하여 많이 이루어지지 않았다. 관련 문헌을 조사해 보면[4.3, 4.4], 그립을 포함하여 모델링하되 초기결함을 부과하지 않은 경우, 시편의 표점 사이의 직사각형 영역을 모델링하되 초기결함을 부과하거나 한쪽 끝의 변위를 구속한 경우, 인위적으로 네킹 발생 부위의 변형률이 최대가 되도록 한 경우 등으로 나누어지고 있다. 소재의 형상으로 환봉재(round bar)와 판재 또는 사각단면 봉재가 주로 연구되었다. 일부의 연구에서 재료가 강소성으로 수식화되었고, 이를 제외한 연구에서 재료는 탄소성 또는 점탄소성으로 수식화되었으며, 다수의 연구들이 상용 프로그램을 활용하였다.

Hollomon의 유동응력식을 사용할 경우, 이론적으로 네킹은 진변형률이 변형경화지수와 동일하게 될 때 발생하며, 이 때 최대하중이 작용해야 한다(Considère 조건이라고 함). 다수의 연구자들이 네킹의 발생 시점의 예측에 관심을 가졌으나, 이 조건을 정확하게 만족한다고 발표한 것은 2007년도의 저자의 연구그룹[4.3]의 논문이 처음이다.

네킹은 단면적의 감소로 인한 인장시편의 구조 강도의 저하가 변형경화에 기인하는 재료의 유동응력의 증가를 능가하기 때문에 발생하는 것이므로 재료가 지닌 고유의 성질이다. 따라서 기존의 연구에서 사용한 인위적인 조건 설정은 타당하지 않다.

저자의 연구그룹[4.3]은 표점 간을 모델링한 단순 봉재(simple bar)의 완전 인장시험 해석모델(perfect model)을 이용하여 원형 단면 봉재의 인장시험에서 네킹 발생 시점을 정확하게 예측하였으며, 그 결과를 그림 4.1에 나타내었다. 그림에서 실험에 사용된 재료는 자동다단냉간단조용으로 전처리된 SWCH10A이다. 이 연구에서 사용한 유동응력은 Hollomon 유동응력식으로 표현되었으며, Considère 조건을 만족하도록 하기 위하여 네킹점에서의 진변형률을 변형경화지수로 사용하였다. 그 결과, 네킹점은 정확하게 예측하였지만, 그림 4.1에서 보는 바와 같이 네킹점 이후로는 실험결과와 예측결과가 큰 차이를 보이고 있다. 이것은 Hollomon 수식의 한계를 나타낸 것이다.

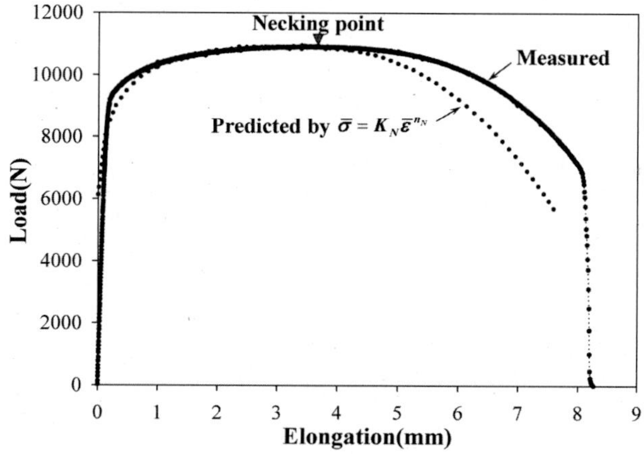

그림 4.1 Hollomon 유동응력식을 이용한 인장시험의 해석결과와 실험결과의 비교

한편, 인장시험 시에 파단직전의 소재는 네킹영역에서 고변형률 상태에 이른다. 이 점과 함께 Hollomon 유동응력식이 갖고 있는 문제점을 이용하여 인장시험을 공학적 관점에서 정확하게 예측하게 해 주는 방법을 저자의 연구그룹[4.4]이 제시하였다. 이 방법에서 유동응력은 다음과 같이 수정한 Hollomon 유동응력식으로 수식화되었다.

$$\bar{\sigma} = K(\bar{\varepsilon})\ \bar{\varepsilon}^{n} \tag{4.3}$$

여기서 강도계수 K는 변형률의 함수로 수식화되었다. 이 방법은 고변형률(SCM435의 경우, 그림 4.5에서 보는 바와 같이 1.5 내외까지 가능함)에 대해서도 진변형률-진응력 정보를 얻을 수 있는 장점이 있으며, 획득된 응력-변형률 곡선으로 강소성 유한요소법을 이용하여 인장시험을 해석한 결과 인장시험의 전체를 매우 정확하게 예측할 수 있음이 확인되었다. 이 방법을 근간으로 상온에서의 소재의 유동응력 획득 목적으로 AFDEX/MAT가 개발되었다.

이 방법은 축차적인 접근 방법에 근거하고 있으며, 그림 4.2에서 보는 바와 같이 3번의 반복 계산 이후에는 큰 변화가 없음을 알 수 있다. 4번의 반복계산으로 획득한 유동응력 곡선은 최대 변형률이 약 1.1까지의 유동응력을 표현하고 있으며, 이 곡선을 이용하여 인

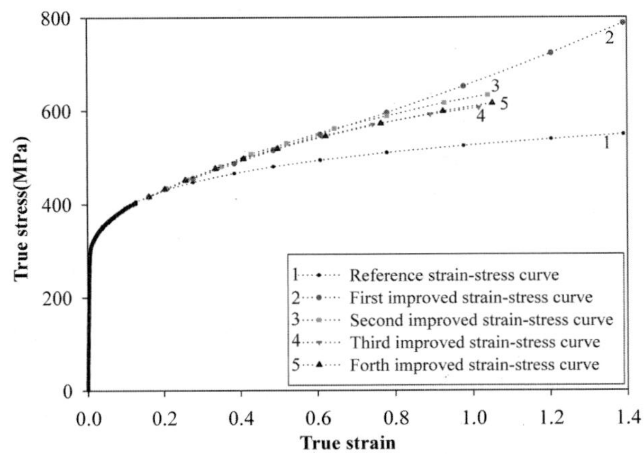

그림 4.2 진변형률-진응력 곡선의 비교

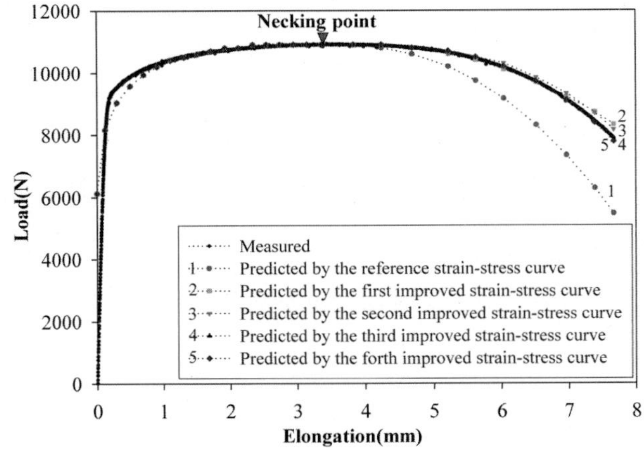

그림 4.3 연신-인장력 곡선의 비교

장시험을 해석한 결과, 그림 4.3에서 보는 바와 같이 실험결과와 예측결과의 최대 오차가 0.3% 이하로 나타났다. 이 결과는 예측된 유동응력이 공학적으로는 정답이라고 해도 과언이 아님을 암시한다.

여기서 전형적인 변형경화 소재인 SCM435와 변형경화능이 무시가능한 ESW95 및 ESW105의 유동응력을 대상으로 실시한 연구결과를 소개한다. 그림 4.4와 그림 4.5에 AFDEX/ MAT을 적용한 연구결과를 정리하였다. 그림 4.4(a)는 인장시험 결과이며, 그림 4.4(b)는 이 인장시험의 결과로부터 AFDEX/MAT를 사용하여 획득한 유동응력곡선을 나타내고 있다. 그림 4.5(a)는 인장시험 해석결과를 나타내고 있고, 그림 4.5(b)는 인장시험 해석결과로 얻은 변형이력을 나타낸다. 인장시험의 실험결과와 해석결과가 소성영역에서 매우 잘 일치하는 것을 확인할 수 있다. 참고로 단순 압축시험을 통하여 획득한 유동응력은 0.5 이하의 변형률에서 신뢰할만하며, 그 이상의 변형률에서는 배럴링 현상으로 신뢰성이 떨어질 수밖에 없다.

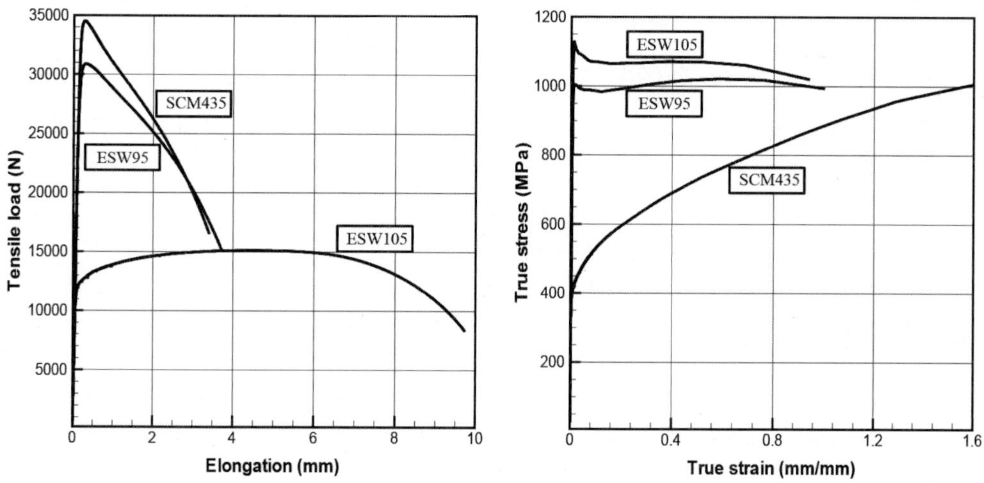

(a) 인장시험 결과 (b) 진응력-진변형률 곡선

그림 4.4 AFDEX/MAT를 활용한 소재의 유동응력 획득

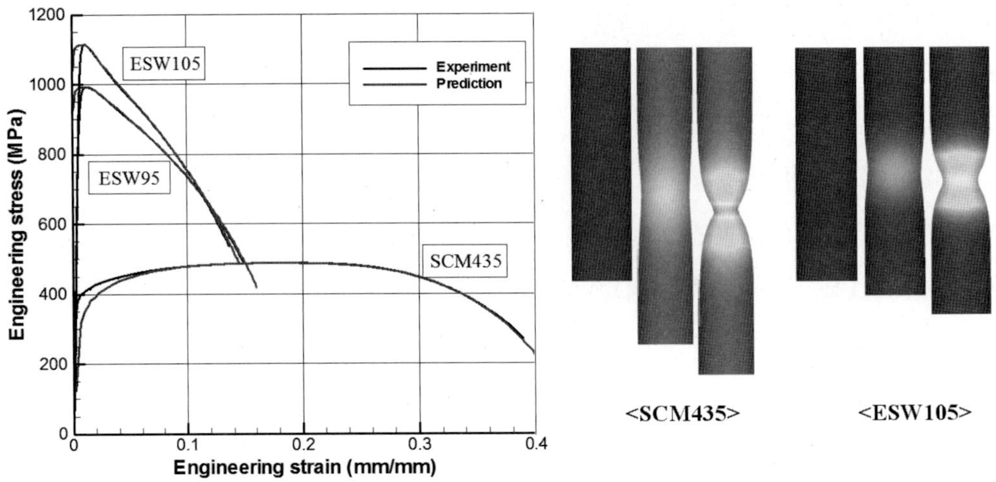

(a) 실험결과와 예측결과의 비교　　　　(b) 인장시험의 변형이력

그림 4.5 인장시험의 예측결과 및 비교

유동응력곡선에서 주목할 점은 SCM435의 경우, 1.6까지의 유효변형률에 대한 유동응력이 구해졌다는 점이다. 그리고 변형률이 증가할수록 변형경화능은 떨어지는 현상을 나타내고 있다. 이것은 업셋팅이나 인발 등의 공정을 통하여 변형된 소재의 변형경화능은 감소함을 알 수 있다. 따라서 단조 시뮬레이션 시에 소재의 초기 상태, 즉 초기변형률 등의 입력이 중요하다.

4.2.2 고온

고온 상태에서의 재료는 재결정이 지속적으로 발생하므로 변형경화능이 크게 떨어진다. 따라서 인장시험 시에 조기에 네킹이 발생하는 특징이 있다. 그러므로 네킹 발생 이전의 정보로부터 유동응력을 얻는다는 것은 무의미하다. 그리고 네킹 발생 이후에도 높은 변형률 및 변형률속도 의존성으로 인하여 인장시험 정보로부터 유동응력을 획득하는 것은 용이하지 않다.

그러나 재료의 고온인장시험은 고온 상태에서의 재료의 성형성(forgeability)을 평가하기 위한 목적으로는 매우 유용하다. 여기서는 실례를 통하여 고온인장시험의 중요성을 강조한다. 즉, 베어링강의 인장시험을 통한 소재의 성형성 및 고온취성의 평가 사례를 소개한다.

표 4.1 인장시험을 실시한 온도와 변형률속도의 조합

Strain rate(/s) \ Temperature(℃)	900	1000	1100	1150	1200	1250
1.0	•	•	•	•	•	•
5.0	•	•	•	•	•	•
10.0	•	•	•	•	•	•
50.0	•	•	•	•	•	•

인장시험에 사용된 시편의 지름은 10mm이며 길이는 11mm이다. 기존의 열간단조공정을 고려하여 고온 인장시험을 실시하였으며, 고온 인장시험에 사용된 온도 및 변형률속도의 조건을 표 4.1에 정리하였다.

그림 4.6에서 보는 바와 같이 두 종류 모두 베어링강임에도 불구하고 고온에서의 변형특성이 크게 다름을 알 수 있다. 그림 4.6(a)로부터 왜 STB2의 단조온도가 소성열로 인한 온도상승을 포함하여 1200℃ 이하로 통제되어야 하는지를 알 수 있다.

재료가 소성변형될 수 있는 정도를 나타내는 척도로 연신율 또는 단면감소율(RA)이 사용되고 있다. 단면감소율은 다음과 같이 정의된다.

$$RA = \frac{A_o - A_f}{A_o} \times 100\ (\%) \tag{4.4}$$

여기서 Ao와 Af는 각각 시편의 초기단면적과 파단 시의 단면적이다. 그림 4.6은 일정한 변형률속도(10/s)에서 여러가지의 온도(900℃~1250℃)로 고온 인장시험한 시편의 파단 형상을 나타내고 있다. 그림 4.6(a)의 STB2 베어링강의 경우 온도의 상승에 따라 연성이 증가하다가 일정 온도 이후에는 연성이 급격히 감소하고 있으며, 1100℃와 1150℃에서 단면감소율이 크게 나타났다. 그림 4.6(b)의 SCr420H 베어링강의 경우, 온도가 상승함에 따라 연성이 계속 증가하였으며, 1200℃와 1250℃에서 단면감소율이 크게 나타났다.

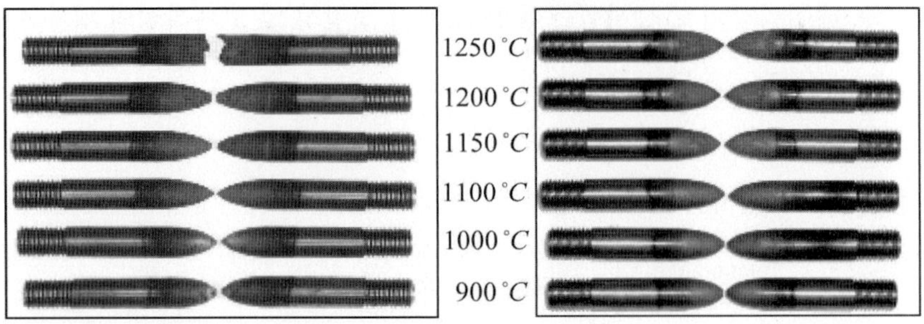

(a) STB2 (b) SCr420H

그림 4.6 고온인장시험 (10/s)

그림 4.7은 온도변화에 따른 단면감소율의 변화를 여러가지 변형률속도에 대해 나타내고 있다. 그림 4.7(a)의 STB2 베어링강의 경우에는 특정온도 (1000℃~1100℃)에서 단면감소율이 최대로 나타났으며, 특정온도(1200℃) 이후에 단면감소율이 급격하게 감소하였다. 그림 4.7(b)의 SCr420H 베어링강의 경우에는 특정온도 범위 내에서 온도의 상승에 따라 단면감소율이 증가하였으며, 1200℃와 1250℃에서 단면감소율이 최대로 나타났다. 그림 4.7(a)에서 보는 바와 같이 STB2 베어링강의 경우 단면감소율이 온도에 따라 약간의 차이는 있으나 변형률속도가 5/s일 때 최대값을 나타냈다. SCr420H 베어링강의 경우, 그림 4.7(b)에서 보는 바와 같이 변형률속도가 낮을수록 단면감소율이 높게 나타났다.

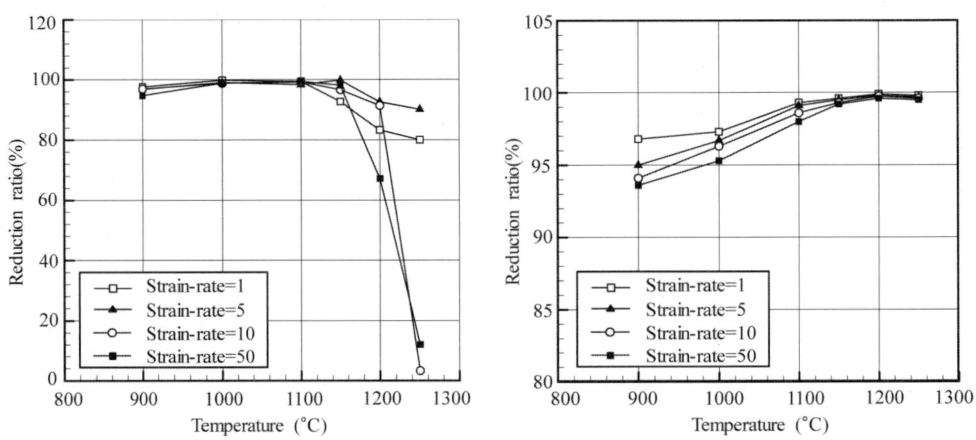

(a) STB2 (b) SCr420H

그림 4.7 온도에 따른 단면감소율의 변화

4.3 압축시험

4.3.1 상온

상온에서의 압축시험은 소재의 유동응력 측정 목적으로 흔하게 사용되고 있다. 그러나 한 번의 압축시험으로 얻을 수 있는 변형률의 상한치는 0.5 내외이고 단조 시에 최대변형률이 2.0을 초과한다는 점을 고려할 때 분명한 한계를 지니고 있다. 그렇지만 경제적인 측면에서의 장점이 있음에 틀림없다. 물론 상온에서는 연속 압축실험을 통하여 고변형률에서의 유동응력 획득이 이론적으로 가능하지만, 다소 정교한 실험 준비와 장비의 제약이 따르기 때문에 일반적으로 이 방법이 널리 사용되지 않고 있다. 연속 압축시험은 압축된 시편의 부풀러진 부위를 제거하여 새로운 시편으로 만들어 변형경화된 시편에 대하여 연속적으로 시험함으로써 고변형률에 대한 유동응력을 획득하기 위한 압축시험이다.

여기서는 압축시험과 인장시험으로 획득한 SCM435과 ESW105의 유동응력을 비교한다. 그림 4.8(a)는 SCM435의 유동응력을 비교하고 있고, 그림 4.8(b)는 ESW105의 유동응력을 비교하고 있다. 이 두 결과에서 인장시험과 압축시험에 의하여 획득된 소재의 유동응력은 비슷한 경향을 보이고 있다.

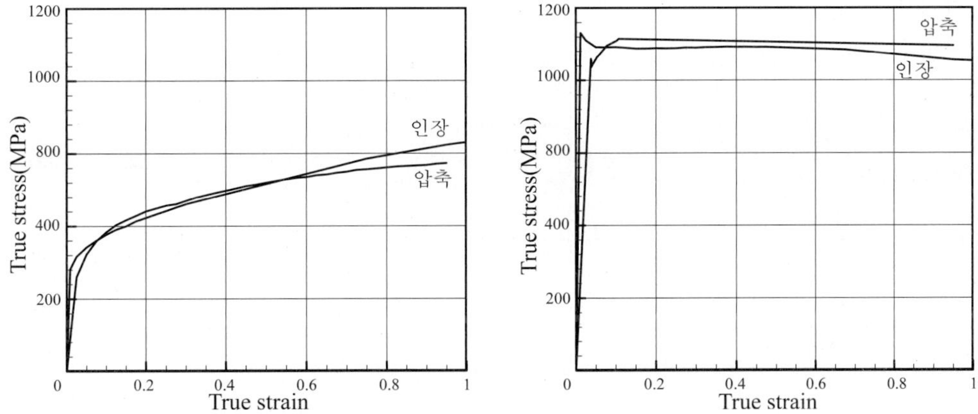

(a) SCM435 (b) ESW105

그림 4.8 인장시험과 압축시험으로 획득한 유동응력의 비교

대체적으로 단조는 인장보다 압축변형을 많이 받기 때문에 상온 상태의 소재에 대하여 압축시험으로 정교하게 획득한 유동응력 정보는 인장시험으로 얻은 유동응력 정보에 비하여 유용할 것이다. 그렇지만 변형률이 증가할수록 정확도가 떨어지는 문제가 있다. 반면, 인장시험 결과를 이용한 소재물성치 획득 기법을 사용하여 구한 결과는 상대적으로 고변형률에 대한 유동응력을 포함한다. 따라서 두 결과를 적절히 활용한 유동응력 곡선의 확보는 단조 시뮬레이션 활용 기술을 고도화하는데 의미있는 일이다.

4.3.2 고온

4.3.2.1 강-베어링강

고온 상태의 재료의 유동응력의 손쉬운 획득법은 물론 압축시험이다. 기존의 베어링 레이스 열간단조공정을 고려하여 고온 압축시험을 여러가지의 온도(SCr420H: 900℃~1300℃, STB2: 900℃~1250℃)와 변형률속도(1~50/s) 조건하에서 실시하였다. 고온 압축시험에 사용된 온도 및 변형률속도의 조건을 표 4.2에 정리하였다. 시편의 지름은 10mm이며 높이는 12mm이다. 시험 중 시편과 금형의 융착을 방지하기 위하여 얇은 니켈판(Ni plate)이 사용되었으며, 시편과 금형의 마찰을 줄이기 위해 이황화몰리브덴 윤활제가 사용되었다.

표 4.2 압축시험에서 온도와 변형률속도의 조합

Strain rate(/s) \ Temperature(℃)	900	1000	1100	1150	1200	1250	1300
1.0	•	•	•	•	•	•	•
5.0	•	•	•	•	•	•	•
10.0	•	•	•	•	•	•	•
50.0	•	•	•	•	•	•	•

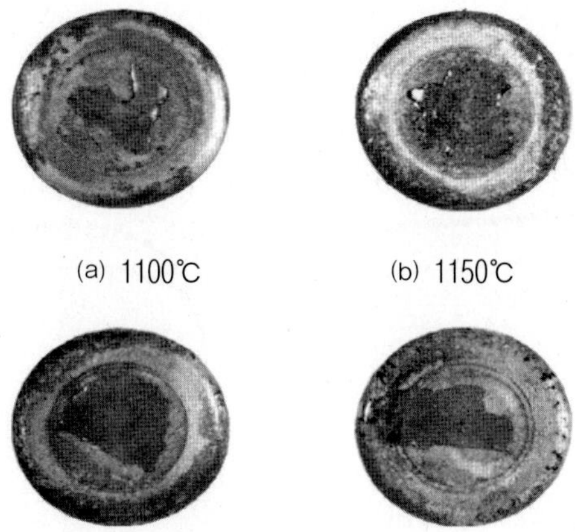

(a) 1100℃ (b) 1150℃

(c) 1200℃ (c) 1250℃

그림 4.9 고온 압축시편(STB2)

그림 4.9는 여러가지의 온도(1100℃~1250℃) 조건하에서 일정한 변형률속도(10/s)로 압축율 75%까지 고온 압축시험한 시편의 형상을 나타내고 있다. 그림에서 보는 바와 같이 소재의 온도가 1200℃ 이상일 때 외경의 표면에 균열이 발생한 것을 볼 수 있다. 1200℃의 경우 변형률속도 10/s와 50/s에서는 외경표면에 균열이 발생하였으며, 1/s와 5/s에서는 표면균열이 발생하지 않았다. 1250℃의 경우 변형률속도 1/s을 제외한 나머지 변형률속도(5/s, 10/s, 50/s)에서 외경표면에 균열이 발생하였다.

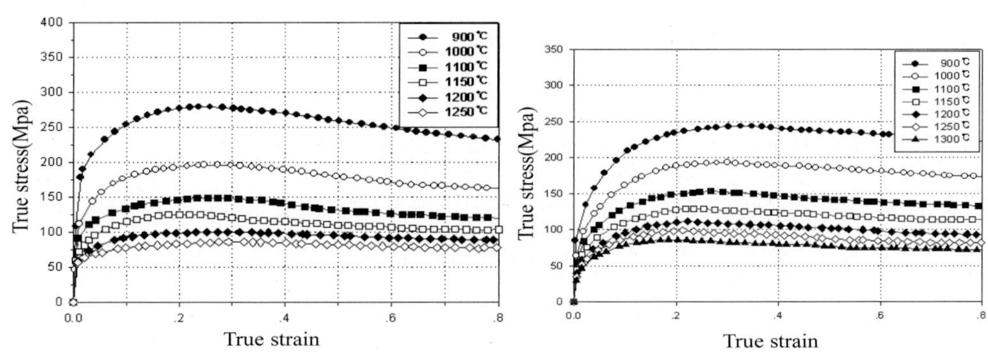

(a) STB2 (b) SCr420H

그림 4.10 변형률속도 10/s에서의 진응력-진변형률 곡선

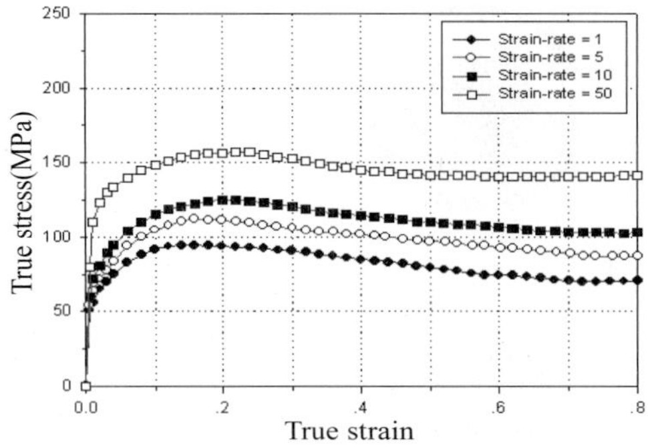

(a) STB2,1150℃

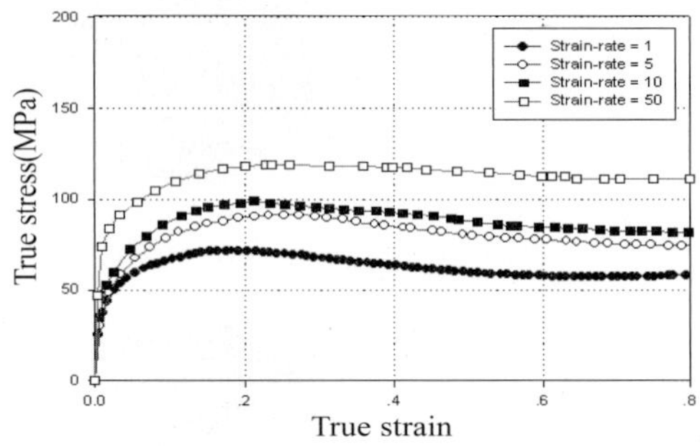

(b) SCr420H, 1250℃

그림 4.11 진응력-진변형률 곡선

압축시험에서 유동응력 곡선은 변형률의 증가에 따라 다양한 패턴을 보인다. 재결정을 발생시키는 데는 임계변형률 또는 피크변형률(peak strain)이 필요하며, 이 때까지는 변형경화능을 보인다. 그리고 이 임계치를 넘어가면, 재결정으로 유동응력의 감소가 일반적으로 발생한다. 만약 시편을 고속으로 변형시키면 재결정속도에 비하여 변형경화의 속도가 크기 때문에 유동응력이 지속적으로 증가하는 경향을 보인다. 저속으로 변형시키면, 변형경화와 재결정으로 인한 순화가 반복되므로 유동응력의 진동이 발생하기도 한다.

문제는 이 결과를 어떻게 수식화하여 활용할 것인가에 있다. 흔히 이 곡선들은 식(1.129)로 피팅된다. 이 때, C와 m은 온도와 변형률의 함수이다. 예를 들면, 그림 4.11(a)에서 STB2 소재의 온도가 1150℃이고 변형률이 0.3일 때, 변형률속도와 유동응력은 표 4.3에서 보는 바와 같다. 이 값을 가장 잘 반영하는 C와 m값을 최소자승법으로 구하면 되지만, 이 값을 쉽게 구할 수 없을 경우, 다음의 근사적인 방법으로 C와 m값을 수계산으로 구할 수 있다. 변형률속도가 1.0일 때를 정확하게 만족시킴으로써 C=91.0을 얻고, 변형률속도가 10.0, 20.0, 30.0일 때를 정확하게 만족시키는 m값을 구하면, 각각 0.095, 0.120, 0.133가 되는데, m값의 평균값을 구하면 m=0.116가 된다. 그림 4.12에서 보는 바와 같이, 이렇게 구한 C=91.0MPa과 m=0.116은 시험결과를 비교적 잘 반영한다.

표 4.3 샘플링 점에서 변형률속도와 유동응력

변형률속도	유동응력	C	m
1.0	91.0	91.0	
5.0	106.0	91.0	0.095
10.0	120.0	91.0	0.120
50.0	153.0	91.0	0.133

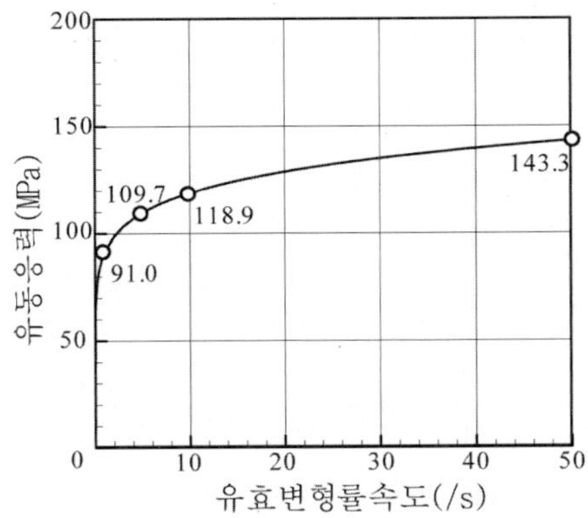

그림 4.12 시험데이타와 근사유동응력의 비교

한편, 압축시험 결과에서 고변형률로 올라갈수록 배럴링 현상 때문에 신뢰성이 떨어질 수밖에 없다. 물론 고온에서 재결정의 발생으로 실질적으로는 고변형률이 유지될 수 없다. 대체적으로 그 임계치를 0.7 내외로 보고 있다. 따라서 이 값보다 큰 변형률에 대해서는 그 임계치로 유동응력을 계산하는 것이 일반적이다. 물론 해석 중에 재결정 등을 연계함으로써 잔류변형률을 구하는 방법도 있을 수 있으나, 이 기술을 실용화하는데 많은 연구가 이루어져야 하며, 사용자의 전문지식이 뒷받침되어야 한다.

그림 4.10은 두 베어링강을 일정한 변형률속도(10/s)에서 온도를 달리하여 고온 압축시험을 실시하여 얻은 응력-변형률 선도이다. 고온 압축시험으로 얻은 응력-변형률 선도는 상온에서의 응력-변형률 선도와 다르다는 것을 알 수 있다. 그림에서 보는 바와 같이 온도가 상승함에 따라 유동응력이 감소함을 알 수 있다.

그림 4.11(a)와 그림 4.11(b)은 일정한 온도(1150℃-STB2, 1250℃-SCr420H)에서 여러 가지 변형률속도(1, 5, 10, 50/s)에 대하여 응력-변형률 선도를 나타낸 것이다. 그림에서 보는 바와 같이 변형률속도가 증가하면 유동응력이 증가함을 알 수 있다. 응력-변형률 선

도의 형태는 피크변형률 이하에서 변형률이 증가함에 따라 유동응력이 급격하게 증가하다가 피크변형률에서 최대응력을 나타낸다. 그 이후에는 비교적 큰 속도로 유동응력이 감소하다가 일정변형 이후에는 유동응력의 감소 속도가 작아지거나 정상상태를 유지하는 경향을 보이고 있다. 응력-변형률 곡선은 전형적인 동적재결정 곡선의 형태를 보여주고 있다.

다양한 온도와 변형률에 대한 응력-변형률속도 선도를 이용하여 곡선피팅법 ($\bar{\sigma} = C\dot{\bar{\varepsilon}}^m$)으로 고온강도계수 C와 변형률속도의존지수 m를 구하여 표 4.4와 표 4.5에 나타내었다.

표 4.4 고온강도계수 C[MPa]과 변형률속도의존지수 m(STB2)

온도	900		1000		1150	
변형률	C	m	C	m	C	m
0.1	182.2	0.151	142.0	142.0	89.05	0.123
0.3	190.2	0.151	151.6	0.126	88.40	0.136
0.5	176.6	0.154	138.8	0.123	78.20	0.149
0.7	16.85	0.145	126.0	0.130	69.01	0.178

표 4.5 고온강도계수 C[MPa]과 변형률속도의존지수 m(SCr420H)

온도	900		1100		1250	
변형률	C	m	C	m	C	m
0.1	169.5	0.096	101.7	0.120	65.84	0.125
0.3	194.2	0.099	113.7	0.120	68.87	0.142
0.5	184.0	0.110	101.4	0.142	60.02	0.167
0.7	177.0	0.110	92.79	0.158	56.63	0.170

4.3.2.2 알루미늄

열간단조 목적으로 널리 사용되고 있는 Al6061의 고온특성을 파악하기 위하여 고온압축시험을 실시하였다. 시편의 지름과 높이는 각각 8.0mm와 12.0mm이다. 시험조건으로 압축률은 50~60%이고, 변형률속도는 0.1~20.0/s이며, 시험온도는 300~550℃이다.

고온 압축시험으로부터 획득한 응력-변형률곡선을 그림 4.13에 나타내었다. 그림 4.13의 응력-변형률곡선으로부터 온도가 증가할수록 유동응력이 감소하고, 변형률속도가 증가할수록 유동응력이 증가함을 알 수 있다. 그리고 특정 변형률 이하에서 변형률은 유동응력에 비교적 큰 영향을 주지만, 유동응력이 최대일 때의 변형률, 즉 피크변형률값에 도달한 이후에는 변형률의 증가가 유동응력의 변화에 큰 영향을 못 준다는 사실도 알 수 있다. 이는 피크변형률 이후부터 재결정이 발생하여 변형경화를 완화시킴으로써 유동응력의 증가를 저지하기 때문이다. 이러한 패턴은 강에서도 나타났으며, 강과 알루미늄의 차이는 그 값의 크기의 차이밖에 없다. 만약 서로 다른 두 소재가 동일한 유동응력 특성을 보였다면, 역학적으로 동일하다고 할 것이다. 그러나 이 두 소재의 열적 특성과 파단특성 등이 다르다면, 해석결과가 다르거나 그 결과가 갖는 의미는 다르게 된다.

일반적으로 고온으로 가열된 재료, 즉 변형률속도 의존 재료의 특성을 반영하기 위한 유동응력 함수는 식 (1.129)로 표현되고 있다. 즉, $\bar{\sigma} = C\dot{\bar{\varepsilon}}^m$ 이다. 여기서 C는 고온강도계수이고, m은 변형률속도의존지수이다. 결국, 소재가 다르다는 것은 이 값들이 다르다는 것을 의미한다.

표 4.6 고온강도계수 C[MPa]과 변형률속도의존지수 m

온도	300		350		350		450		500		550	
변형률	C	m	C	m	C	m	C	m	C	m	C	m
0.1	84.98	0.045	64.87	0.054	49.83	0.068	41.51	0.105	36.82	0.109	31.41	0.118
0.2	87.69	0.044	66.60	0.058	50.60	0.073	41.22	0.103	37.10	0.108	30.90	0.121
0.3	89.26	0.038	65.92	0.065	50.87	0.070	41.92	0.100	36.17	0.108	29.76	0.122
0.4	89.84	0.039	65.86	0.055	49.74	0.067	40.09	0.104	35.54	0.099	29.28	0.109

고온 압축시험으로 획득한 그림 4.13의 정보와 식 (1.129)의 수식모델을 이용하여 곡선피팅법으로 각각의 변형률과 온도에 대한 Al6061의 강도계수 C와 변형률속도 의존도 m을 구하여 표 4.6에 정리하였다. 이 시험에서 실시한 변형률속도의 범위에서 변형률이 0.4 이상일 경우, 재료상수는 변형률의 영향을 크게 받지 않는다고 간주할 수 있다.

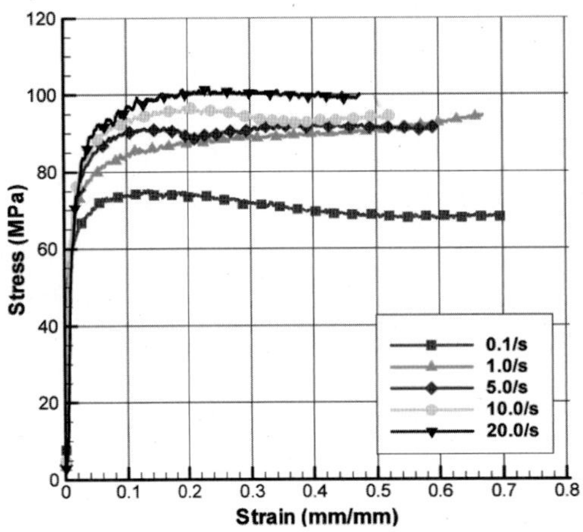

(a) 300℃

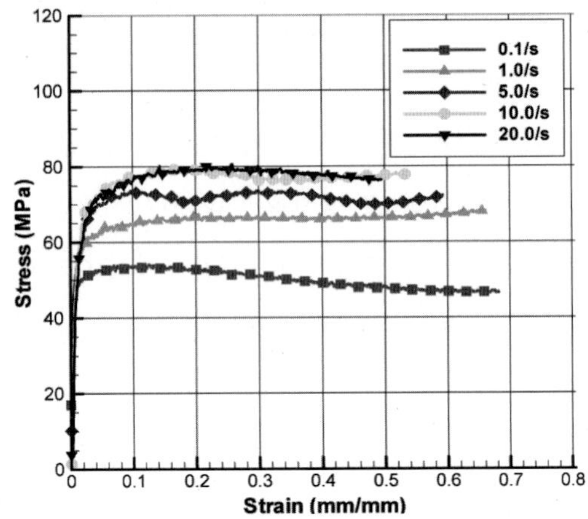

(b) 350℃

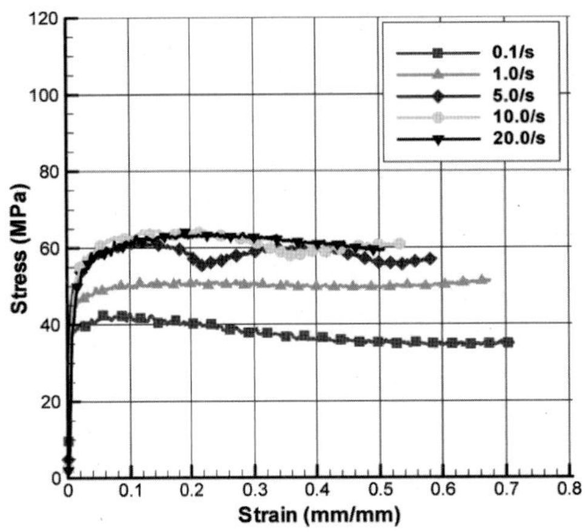

(c) 400℃

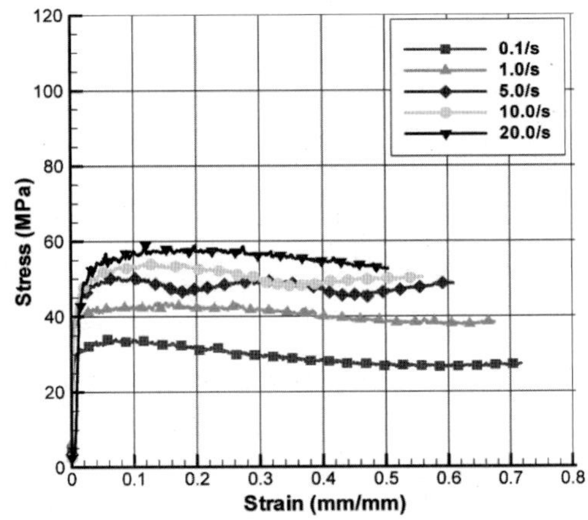

(d) 450℃

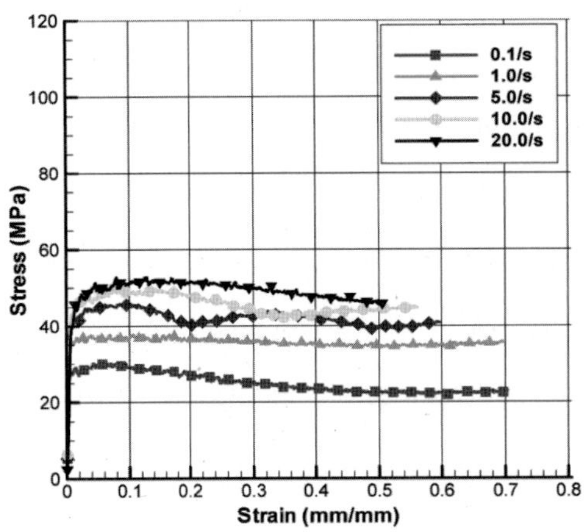

(e) 500℃

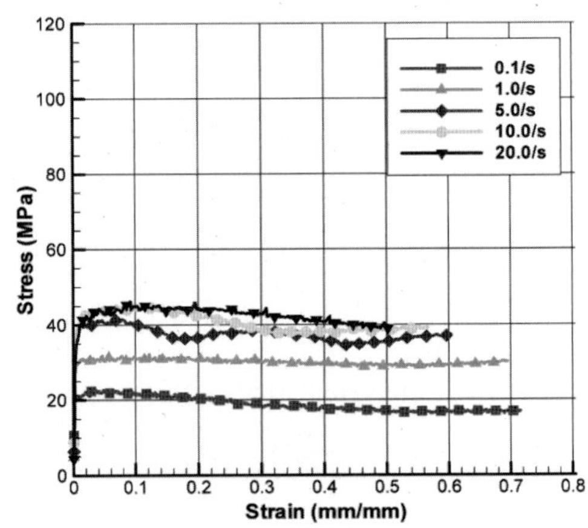

(f) 550℃

그림 4.13 Al6061의 온도와 변형률속도에 따른 유동응력

CHAPTER 05

결과에 미치는 주요 인자

해석결과에 미치는 주요 인자는 역학적 인자와 수치적 인자로 구분될 수 있다. 역학적 인자는 역학적 현상과 관련된 것으로 유동응력, 마찰, 임계손상도, 고온취성온도 등을 들 수 있다. 이러한 인자는 하중의 크기, 소성유동선의 형태, 결함의 발생 등과 직결된 것들이다. 반면, 수치적 인자는 예측결과의 정도를 향상시키기 위하여 고려해야 할 인자이다.

제5장에서는 단조 시뮬레이터 개발자로서 결과에 영향을 미칠 수 있는 인자들의 영향을 상술한다. 이 과정에서 걱정스러운 것은 사용자들에게 결과의 정확도에 대한 우려를 갖도록 할까 염려스럽다는 점이다. 그래서 먼저 전반적인 결과는 비전문가라도 꾀 믿을 만한 수준까지 단시간에 도달할 수 있다는 점을 강조한다. 아울러 결과의 정확도를 높이기 위한 노력의 지속과 함께 단조 시뮬레이션 기술에 근거한 엔지니어링 능력이 향상 된다는 점도 강조한다.

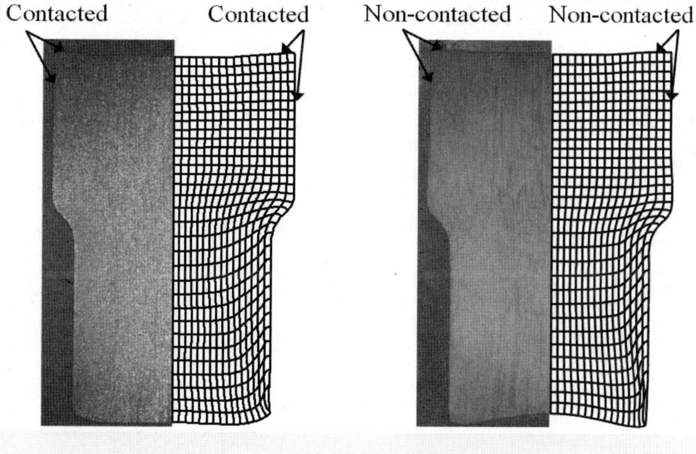

5.1 서론

먼저 역학적 인자에 관하여 살펴보자. 소재의 유동응력은 국부적인 미충진 문제나 변형이 국부적으로 중첩되는 부분에서 비교적 큰 차이의 소성유동을 발생시킬 수 있다. 냉간단조의 경우, 유동응력에서 변형경화지수는 국부적 결함, 좌굴, 내외부 크랙 발생의 원인 규명에 가장 큰 영향을 미치는 인자이다.

냉간단조에서는 저마찰 영역이 일반적으로 널리 분포한다. 특히 전후방압출의 경우 금형 출구를 통과한 재료는 기하학적 접촉상태만 유지하는 경우가 허다하다. 이러한 문제에서 일정전단마찰법칙은 과도한 마찰을 초래할 수 있다. 현재 많은 응용 기술자들이 일정전단마찰법칙을 사용하는 경향이 있으나, 가급적 쿨롱마찰법칙을 사용할 것을 권장한다. 일정전단마찰을 사용하여 마모를 논하는 경우도 있으나 이는 극단적인 잘못된 활용 사례이다. 이 책에서 다수의 예제들에서 일정전단마찰법칙을 사용하고 있는데, 이 중에서는 쿨롱마찰법칙이 지원되지 않았을 때 풀었던 예제들이 대부분이다.

재료의 파괴는 연성파괴와 취성파괴로 설명되고 있다. 냉간단조 재료는 일반적으로 연성재료에 속하므로 연성파괴 이론으로 단조 중 재료의 파단 현상을 설명하고 있다. 연성파괴 이론에서는 재료에 축적된 손상도가 임계손상도에 이르면 파단이 발생한다. 반면 취성파괴는 최대주응력이 일정 크기에 도달하면 최대주응력축과 수직한 면에서 발생한다. 냉간단조의 초기소재는 연성재료에 속하지만, 재료가 변형을 받으면서 유효변형률이 축적되어 취성화되는 경향이 있으므로 파단면의 예측에 있어서는 연성파괴를 중심으로 검토하되 취성파괴도 동시에 고려해야 한다. 손상도는 파괴에 직접적인 영향을 미칠 뿐만 아니라 유동응력에도 다소 영향을 미치는 것으로 알려져 있다. 일부 연구자들은 연성파괴 이론을 유동해석과 연계하여 해결을 시도하였으나, 손상도가 유동응력에 미치는 영향은 정상적인 공정에서는 무시 가능하다고 사료된다. 임계손상도는 재료의 파괴를 판단하는데는 중요한 영향을 미치며, 경험적으로 임계손상도 값의 축적에 심혈을 기울일 필요가 있다. 열간에서는 고온취성온도의 범위를 아는 것이 매우 중요하다. 이 구간에서 단조가 실행되면 심각한 내부 크랙을 남기게 되기 때문이다.

앞에서 설명한 역학적 인자 이외에 유한요소예측결과에 직접적으로 영향을 미치는 수치적 인자가 있다. 우선 요소의 수를 들 수 있다. 요소의 수를 많게 하면, 해의 정도가 높아진다는 것이 일반적인 상식이다. 그러나 요소망재구성이 수반되는 소성가공 문제의 시뮬레이션에서는 상황이 달라진다. 요소망재구성은 필연적으로 상태변수의 순화를 초래하며, 잦은 요소망재구성은 해석결과의 정확도를 떨어뜨리는 요소가 된다. 왜냐하면, 요소의 수가 많아지면, 주요변형 구간에서 요소의 크기가 작아지고 이로 인한 국부적인 변형이 발생한다. 이는 요소망재구성으로 연결되기 때문에 다소 많은 요소의 수는 결과의 정확도를 떨어뜨리는 요소가 되는 것이다. 따라서 적절한 요소의 수를 사용하는 것이 바람직하다.

일반적으로 소성가공 중 체적변화가 없는 것으로 가정을 한다. 이 가정은 비압축성 조건으로 수식화되는데, 이를 처리하는 방법으로 두 가지가 사용되고 있다. 라그랑지변수법(Lagrange multiplier method)과 벌칙기법(penalty method)이 그것이다. 라그랑지변수법에서는 정수압이 미지수가 되므로 미지수가 증가하는 반면, 벌칙기법에서는 변수의 추가 없이 비압축성 조건을 강요한다. 따라서 라그랑지변수법은 계산시간이 상대적으로 많이 드는 대신 결과의 정확성이 높으며, 수치적 문제가 없어지는 장점이 있다. 따라서 라그랑지변수법이 제공된다면 이 기능을 사용하는 것이 해의 정확도와 수치적 안정성의 관점에서 유리하다.

단조 시뮬레이션은 현재의 시점에서 역학적 원리와 기하학적 조건을 만족하는 절점의 이동속도를 구한 후 일정 시간증분 동안 일정방향으로 절점을 이동시키는 작업을 반복하는 것으로 요약된다. 이 때, 시간증분을 입력된 일정한 값으로 유지하면, 일부의 절점이 금형을 침투하거나 금형 상의 소재 절점이 금형으로 분리될 수가 있다. 이러한 상황이 되면, 금형에 침투한 소재를 깎아내야 하며, 금형으로부터 분리된 소재의 절점은 다시 금형에 위치시켜야 한다. 이 과정은 실제 시뮬레이션 과정에서 매우 빈번하게 진행되며, 이것은 해석결과에 다소의 영향을 미친다. 따라서 입력정보로부터 계산되는 평균적인 시간증분이 타당하게 결정되어야 하고, 적절한 크기의 소재의 금형침투한계 및 소재의 금형분리한계가 입력되어야 한다. 이 수치들은 해석결과의 부피변화율 등과 직접적으로 연결되어 있는 주요 수치적 인자이다.

한편, von Mises(또는 Huber-von Mises) 항복이론과 관련된 소성유동법칙 $\sigma'_{ij} = (2\bar{\sigma} / 3\dot{\bar{\varepsilon}})\,\dot{\varepsilon}_{ij}$ 에서 $\dot{\bar{\varepsilon}}$ 가 영에 가깝게 되면, 수치적으로 계산이 불가능하게 된다. 따라서 유효변형률속도 $\dot{\bar{\varepsilon}}$ 의 하한치를 설정해 두어야 한다. 일반적으로 이 값을 정상보다 크게 하면, 해의 획

득이 용이하지만, 문제에 따라서는 결과의 정확도에 무시못할 영향을 미친다. 반대로 이 값을 정상보다 작게 하면, 탄성영역과 소성영역의 구분을 명확하게 하며, 탄성영역의 인위적 소성변형을 최소화할 수 있는 반면, 해를 구하는데 많은 노력이 소요되며, 이 과정에서 해의 정확도가 나빠질 수도 있다.

5.2 소재의 영향

(1) 온도와 소성유동

소재는 온도에 따라 항복응력이 크게 변한다. 그림 5.1은 온도에 따른 유동응력 곡선의 전형적인 예를 나타내고 있다. 강의 경우 변태가 발생하므로 변태점 전후에서 유동응력의 급격한 변화가 발생하지만, 대체적으로 온도와 비례관계를 보이고 있다. 열간단조와 냉간단조는 성형하중의 측면에서 매우 큰 차이가 있을 것임을 이 그림은 잘 보여주고 있다. 물론 큰 성형하중은 그만큼 큰 에너지와 동력을 요구한다. 실제 냉간단조는 성형하중, 에너지, 동력 등의 제한으로 인하여 소형의 제품에만 적용되고 있다. 최근에는 2500톤 전후의 냉간단조기가 보급되고 있지만, 제품의 크기에는 구속이 따를 수밖에 없다. 따라서 2002년 일본의 단조 생산량 기준으로 보면, 그림 5.2에서 보는 바와 같이 열간단조가 차지하는 비중이 절대적으로 많다(이 통계에서 파스너(fastener)제조업은 제외되었다).

상온상태의 소재의 성질은 변형경화능 또는 변형경화 특성으로 표현되고, 고온상태에서의 소재의 성질은 점성으로 표현된다. 즉, 식 (1.124)와 식 (1.129)에서 보는 바와 같이 변형경화지수 n과 변형률속도의존지수 m으로 표현된다. 이 두 지수는 소성변형에 비교적 큰 영향을 미친다. 이 두 지수가 소성변형에 미치는 영향을 분석하면, 소재의 영향을 조망하는데 큰 도움이 된다.

(2) 변형경화능과 소성유동

먼저 변형경화지수의 영향을 가시화하기 위하여 변형경화능이 큰 SCM435와 변형경화능이 무시할 정도로 작은 ESW105를 대상으로 다양한 공정에 적용한 사례를 소개한다.

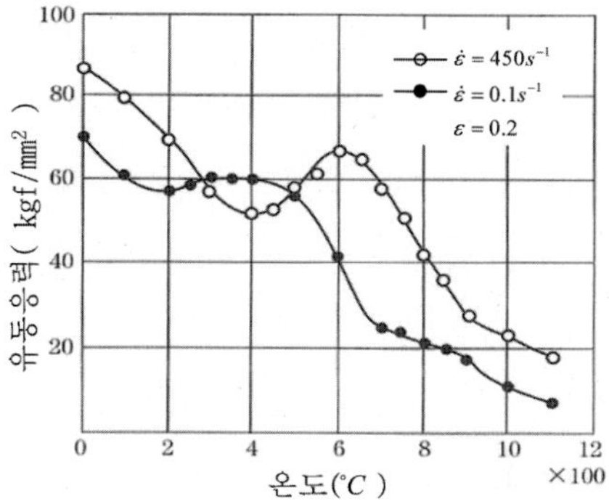

그림 5.1 온도에 따른 S35C의 유동응력

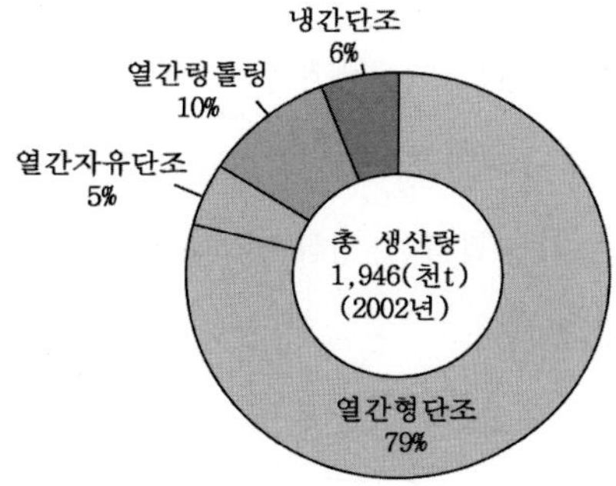

그림 5.2 단조 방법에 따른 단조품의 생산량[2.1]

냉간소성가공의 경우, 유동응력을 결정하는 주요 인자는 변형률이다. 유동응력의 변형률 의존도를 나타내는 수치가 변형경화지수이다. 그림 5.3은 전형적인 변형경화 소재와 경화능이 거의 없는 소재의 차이점을 강조하고 있다(그림 4.4 참조). 즉, 모서리 각도가 120°인 원추의 압입시험 시에 발생하는 소성유동선도를 비교하였으며, 변형경화가 큰 소재는 기존의 소성변형에 기인하여 증가된 변형저항이 소재의 변형을 비교적 넓게 전파하려는 성질을 갖는다. 반면, 저변형경화능 소재는 주변형구간에서 소성변형이 집중되는 경향을 보이고 있다. 이러한 점은 국부적으로 미충진이 발생하거나 변형이 국부적으로 집중되는 부분에서 비교적 큰 차이의 소성유동을 발생시킬 수 있다. 결론적으로 유동응력에서 변형경화지수는 해석결과에 가장 큰 영향를 미치며, 국부적 결함, 좌굴, 내외부 크랙의 발생 원인 규명에 가장 큰 영향을 미치는 인자이다.

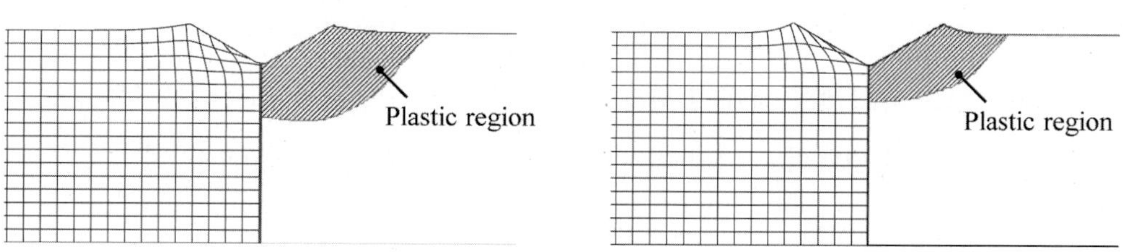

(a) SCM435 (b) ESW105

그림 5.3 원추 압입시험에서 금속유동선도

전방압출공정에서도 마찬가지이다. 그림 5.4는 동일한 금형을 사용하여 그림 4.5의 ESW105와 SCM435의 소재를 대상으로 예측한 소성유동선을 비교하고 있다. 이 비교는 소성유동의 관점에서 두 소재를 완전히 다른 소재로 간주해야 함을 보여주고 있다. 이는 금형의 파괴 또는 변형 등의 문제를 배제하더라도 기존의 단조공정으로는 변형경화능의 측면에서 차이가 큰 고강도 소재의 단조 자체가 불가능하거나, 경제적 생산이 이루어질 수 없다는 점을 암시한다. 따라서 신소재 응용을 위한 단조 공정설계를 위한 새로운 접근을 강조한다.

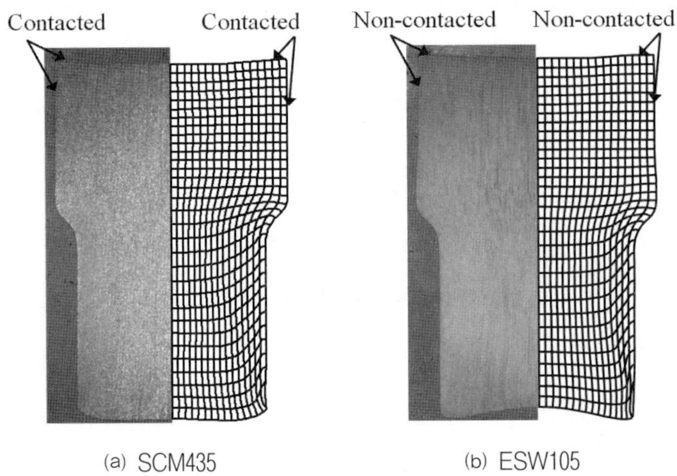

그림 5.4 전방압출공정에서 변형경화능과 소성변형[5.1]

대부분의 단조공정은 실린더의 축방향 압축, 즉 업셋팅을 동반한다. 일반적으로 소재의 직경은 규격화되어 있는 반면, 제품의 직경은 천차만별이기 때문이다. 즉, 실린더 압축공정을 통하여 재료의 직경을 맞추는 작업이 대부분 선행된다. 물론 파단면의 표면과 형상 품질을 개선시키는 목적으로도 업셋팅이 널리 행해지고 있다.

여기서는 실린더 업셋팅 시에 발생하는 배럴링 현상을 실험과 시뮬레이션을 통하여 조사하였다. 실린더 형태의 시편의 직경과 높이를 각각 16mm와 24mm로 하였으며, 피막처리를 실시하지 않았다. 마찰계수는 0.15로 간주하였다. 이 값은 상온에서 무윤활 상태의 강과 강이 접촉할 때의 마찰계수인 0.1~0.2의 사이 값이다[5.2]. 높이 감소 비율이 50%가 되도록 압축을 실시하였다. 그림 5.5(a)와 그림 5.5(b)에 해석결과와 실험결과를 각각 나타내었다.

동일한 조건으로부터 얻은 그림 5.5(a)의 해석결과로부터 상하부의 금형과 접촉하는 부위의 직경은 비슷하지만, 저변형경화 소재의 시편이 고변형경화 소재의 시편보다 배럴링 시에 중간 부위에서의 돌출량이 많다는 것을 알 수 있다. 이것은 고변형경화 소재의 시편이 보다 부드러운 곡면을 형성시켜 준다는 사실을 암시하는 결과이다. 이러한 현상은 그림 5.5(b)의 실험결과에서도 나타나고 있다.

이러한 소성변형 거동 특성은 제품의 형상에 따라서 유리한 조건으로 작용할 수도 있고 불리한 조건으로 작용할 수 있다. 쉽게 생각할 수 있는 것으로는 저변형경화 소재를 단조 시에는 상대적으로 업셋팅 양을 작게 할 수밖에 없다는 점이다. 이것은 모서리를 채우는 문제에서는 불리한 면으로 작용할 것이다. 물론 모서리가 먼저 차면서 발생하는 덧살 문제가 심각한 공정에서는 저변형경화 소재가 더 유리할 수 있다.

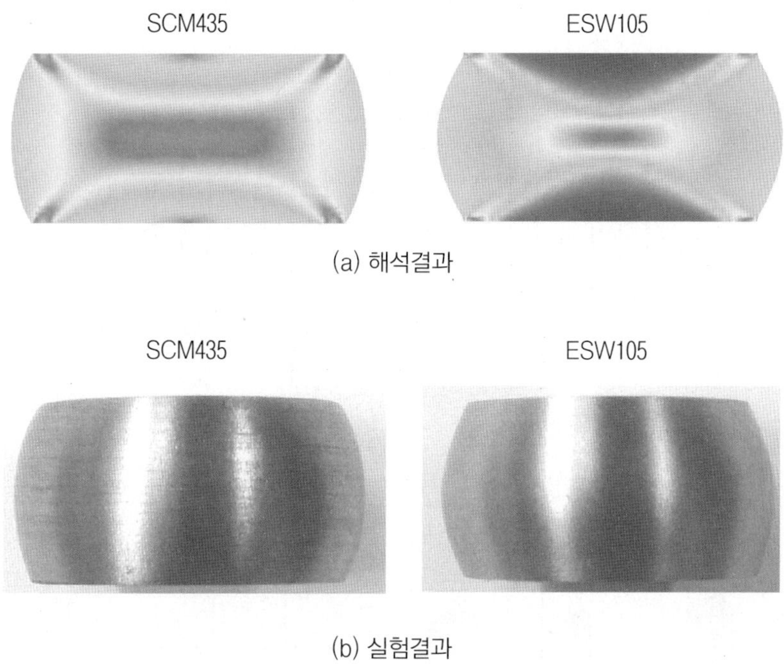

그림 5.5 축방향 압축시험의 실험결과

그리고 실 공정에서의 변형경화가 미치는 영향을 분석하기 위하여 SCM435와 ESW105의 볼스타드(ball-stud) 단조공정을 시뮬레이션하여 그 결과를 비교하였다. 쿨롱마찰법칙을 사용하였으며, 마찰계수는 $\mu = 0.05$로 가정하였다.

적용 대상 공정은 4단으로 구성되어 있다. 그림 5.6(a)에 공정도를 나타내었으며, 그림 5.6(b)와 그림 5.6(c)에서 주요 결과를 비교하였다. 그림 5.6(b)는 제3단과 제4단에서 금형에 작용하는 접촉응력을 나타내고 있다. 그림 5.6(c)는 성형하중의 이력을 나타내고 있다. 그림에서 보는 바와 같이 두 재료에 대한 접촉응력과 성형하중이 크게 차이를 나타내고 있음을 확인할 수 있다.

공정설계는 재료의 유동과 불가분의 관계에 있다. 금형의 변형을 무시할 경우, 재료의 소성유동 특성은 변형경화능에 절대적인 영향을 받는다. 비록 재료의 종류가 다르더라도 변형경화지수가 유사하다면, 변형 형상은 유사할 수밖에 없다. 비조질강이나 선조질강과 같이 변형경화지수가 기본적으로 작거나 이미 인발 등의 공정에서 경화가 발생하여 후속된 소성변형에서의 변형경화능이 인위적으로 떨어져 있을 경우에는 이와 유사한 조성을 지닌 재료와는 소성유동 측면에서 매우 상이할 수 있다.

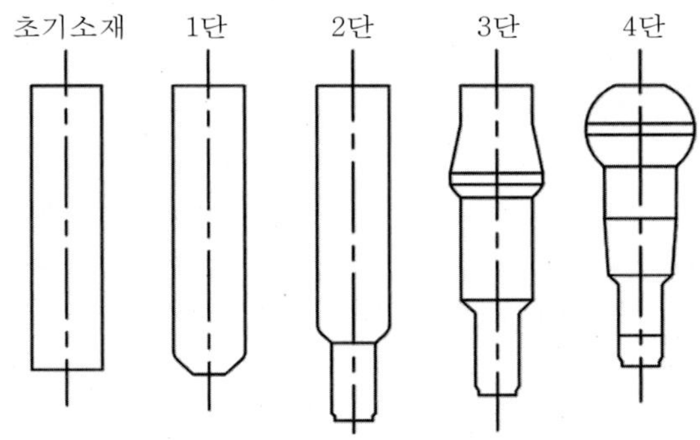

(a) 볼스타드 공정설계도

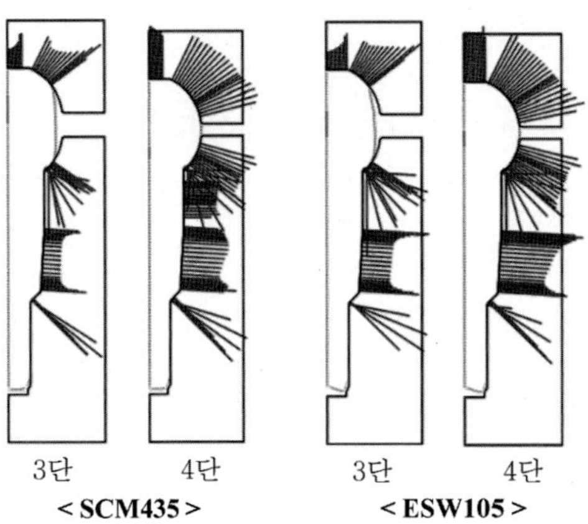

(b) 금형-소재 접촉면에 작용하는 접촉응력의 비교

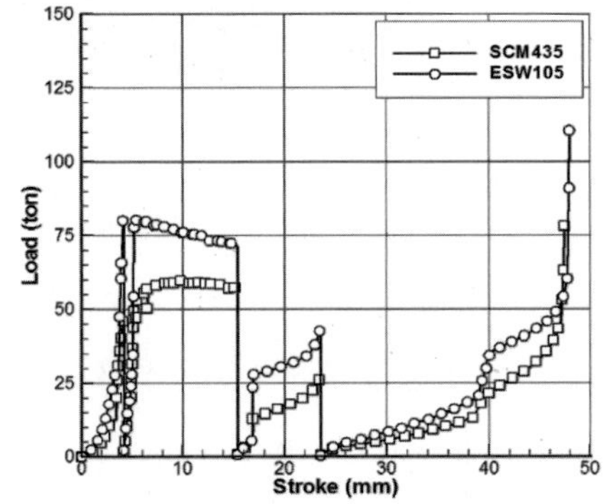

(c) 성형하중-스트로크 곡선의 비교

그림 5.6 볼스타드 냉간단조

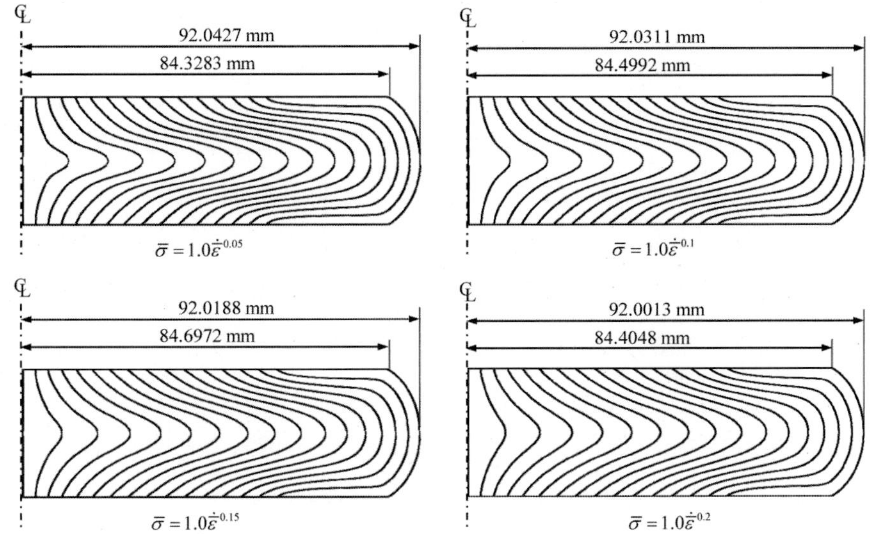

(a) 저속일 경우 (속도 = 50 mm/s)

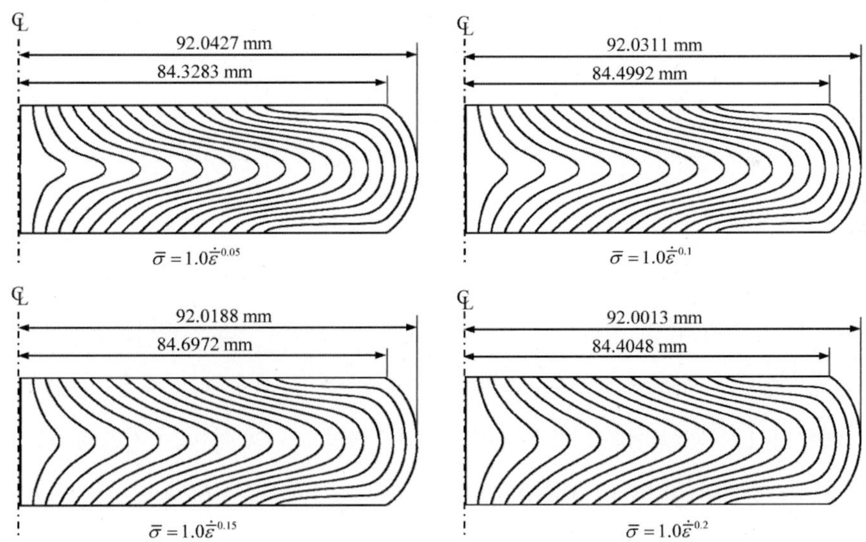

(b) 고속일 경우 (속도 = 250mm/s)

그림 5.7 변형률속도의존지수

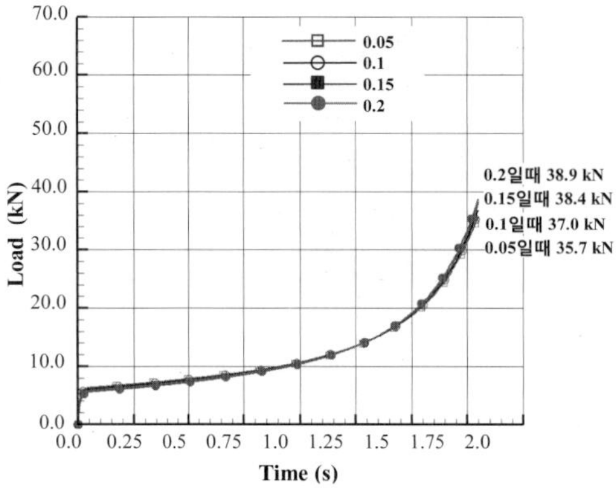

(a) 저속일 경우 (속도 = 50 mm/s)

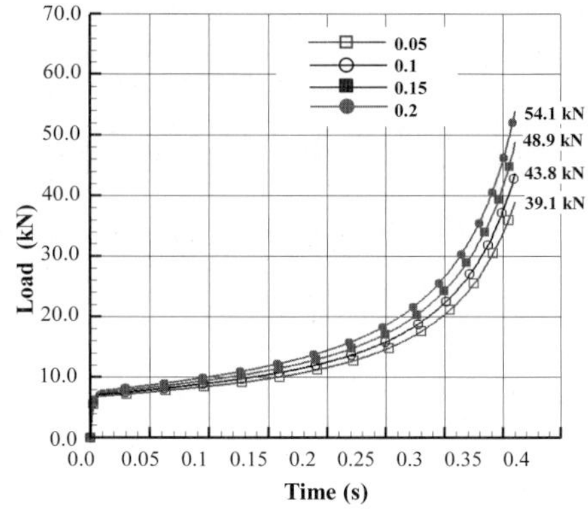

(b) 고속일 경우 (속도 = 250 mm/s)

그림 5.8 변형률속도의존지수와 성형하중

(3) 변형률속도 의존도와 소성유동

한편, 변형률속도 의존도가 소성변형에 미치는 영향을 분석하기 위하여 변형률속도의존지수 0.05, 0.1, 0.15 등의 조건과 고속과 저속의 두 가지 경우에 대한 등온해석을 실시하였으며, 그 결과를 그림 5.7과 그림 5.8에 나타내었다. 이 해석을 실시하는데 사용된 조건은 다음과 같다. 마찰계수: 0.2; 속도: 저속(50 mm/s), 고속(250 mm/s); 소재의 크기: 반경 45.0 mm, 높이 120.0 mm.

그림에서 보는 바와 같이 저속과 고속 모두 변형률속도 의존도에 따른 변형형상은 무시할 수 없는 차이를 보이고 있으나 그렇다고 해석결과를 좌우하는 것은 아니다. 반면, 고온강도계수가 1로 동일하다고 가정하였을 경우 성형하중의 차이는 저속과 고속 모두 변형에 비하여 크게 나타났으며 고속의 경우 그 차이가 특히 뚜렷하게 나타난다.

(4) 바우싱거효과

많은 경우 인발된 소재를 곧바로 냉간단조에 투입한다. 자동다단냉간단조에서 이러한 사례가 특히 많다. 그런데 인발은 기본적으로 인장변형에 의존하는 반면, 단조는 대개 압축변형에 의존하기 때문에 바우싱거효과(Bauschinger effect)로 유동응력 측면에서 비교적 큰 영향을 받는다. 바우싱거효과는 소성변형으로 재료에 가해진 미시적 응력 분포에 의하여 재료의 응력-변형률 특성이 변화하는 성질을 의미한다. 이러한 재료의 성질로 인하여 인장응력에 의한 소성변형은 재료의 압축강도를 떨어뜨리는 결과를 초래한다. 물론 그 반대도 성립한다. 이러한 현상은 다결정 금속재료에서 일반적으로 발생한다.

바우싱거효과는 재료의 강도를 떨어뜨리게 되므로 부정적인 면이 많다. 그러나 저변형경화 고강도 소재의 소성가공에서 그 효과를 성형하중의 최소화를 위한 목적으로 활용할 수가 있다[5.3]. 비록 고변형경화능을 지닌 소재도 바우싱거효과를 가지고 있겠지만, 인장 또는 압축 변형에 의한 변형경화가 그 반대의 변형에 의한 바우싱거효과보다 훨씬 크기 때문에 전술한 바와 같은 성형하중에 미치는 영향은 크지 않을 것이다. 그러나 최근 들어 경량화와 고내구성의 요구로 고강도 재료의 사용이 증가하고 있다. 고강도 소재의 냉간단조가 가능하기 위해서는 일반적으로 저변형경화능을 전제로 하며, 고강도 소재의 냉간단조에서 성형하중의 최소화는 당면 문제가 되고 있다. 따라서 고강도 재료의 냉간단조에서 바우싱거효과는 경우에 따라서는 중요할 수도 있다. 그리고 인발공정 이후의 재료의 유동응력 특성에 관한 이해는 단조 시뮬레이션 기술의 활용 측면에서도 중요한 의미를 지닌다.

여기서는 SCM435의 인발된 코일재 소재의 압축 특성에 관하여 바우싱거효과의 관점에서 실험적으로 정량화한다. 실험은 두 단계로 이루어져 있다. 첫 단계는 기초소재의 인발공정이다. 인발에 앞서 코일 형태의 기초소재는 피막 윤활처리되었으며, 인발가공을 통하여 10%, 20%, 30%, 40%, 50%의 단면감소율 하에서 기초소재가 만들어졌다. 압축시험용 시편은 규격 ASTM E9에 의거하여 제작되었다. 시편의 높이는 15.0mm이고, 직경은 10.0mm이다.

인발공정에 대한 관심사는 단면감소율에 따른 유효변형률의 분포와 변형 시에 주응력의 분포 등이다. 이러한 정보는 유한요소법에 바탕을 둔 단조 시뮬레이션 기술에 의하여 비교적 정확하게 획득될 수 있다. 그림 5.9는 그림 4.5의 SCM435의 유동응력을 사용하여 구한 인발공정의 예측결과를 나타내고 있다. 인발공정은 저마찰을 특징으로 하므로 0.03을 마찰계수로 사용하였다.

압축시험은 ASTM E9 의거하여 이루어졌다. 각 시험에 대하여 세 번의 반복시험을 실시하였으며, 그 결과, 편차는 무시할 정도로 작게 나타났다. 그림 5.10(a)와 그림 5.10(b)에 압축시험 결과를 나타내었다. 그림 5.10(a)는 응력-변형률 곡선이며, 이것은 초기 변형률이 0.0이라는 가정하에 작성된 것이다. 이 그림으로부터 인발가공으로 인한 변형경화를 확인할 수 있으며, 압축시험 시 초기에는 변형경화능을 상실하고 일정 변형 이후에 다시 변형경화능을 회복하는 것을 확인할 수 있다. 변형경화능을 상실하는 구간은 인발비, 즉 단면감소율에 비례하여 나타나고 있다.

그림 5.10(b)는 그림 5.10(a)를 추정된 초기변형률, 즉 그림 5.9의 평균 유효변형률만큼 오른쪽으로 이동하여 그린 것으로 바우싱거효과를 정량적으로 조사하기 위한 것이다. 그림 5.10(b)로부터 조사된 범위내에서 인발비에는 상관없이 바우싱거효과에 의하여 항복응력이 거의 일정하게 감소함을 알 수 있다. 그리고 항복이 발생한 이후 일정 기간 유지되는 완전소성 특성은 인발비에 따라 선형적으로 비례하며, 그 구간의 크기는 인발에 의해 발생한 평균 유효변형률의 30%이다.

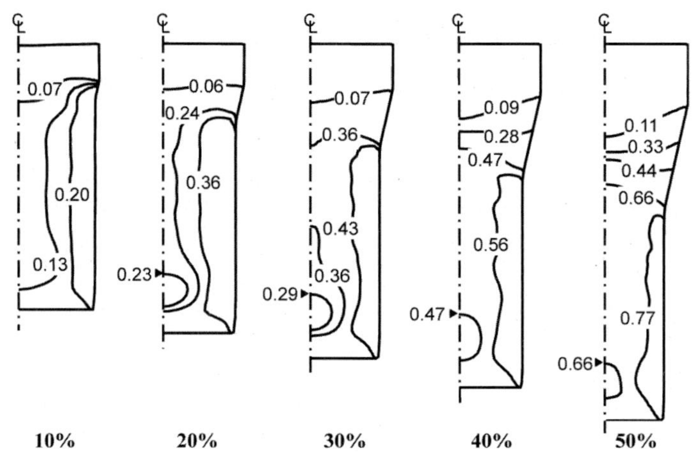

그림 5.9 단면감소율에 따른 유효변형률

그림 5.10(a)에서 보는 바와 같이, SCM435의 경우, 바우싱거효과에 의한 유동응력의 감소(그림 5.10(b))가 근본적으로 인장에 의한 변형경화를 극복할 수가 없다. 다시말해, 인발된 어떤 소재를 사용할 경우라도 동일한 조건 하의 압축하중은 변형경화 때문에 증가한다. 그리고 인장 변형에 의하여 변형경화가 발생한 소재에 압축변형을 가했을 때 인장 변형의 정도에 따라 유동응력의 형태가 크게 영향을 받는다는 점을 알 수 있다. 이것은 등방성의 가정에 바탕을 둔 대부분의 소성역학 이론과 응용 관점에서 시사하는 바가 크다. 그림 5.10(b)로부터, SCM435의 경우, 현재의 축적된 유효변형률의 관점에서 볼 때, 인발된 소재의 압축 유동응력은 동일한 압축변형을 받은 초기무변형 시편의 압축 유동응

력에 비하여 바우싱거효과 때문에 다소 작게 나타났으며, 초기항복 직후에 완전소성 특성을 일정 구간에서 보이는 경향이 있었다.

한편, 변형경화를 무시할 수 있는 소재의 경우, 즉 ESW105의 경우, 유동응력의 특성이 전술한 SCM435와 정반대가 되는 경향이 있다. 가령, 인발가공된 ESW105의 시편을 압축시험하면, 일정구간의 범위 내에서 변형경화의 성질을 보이며, 바우싱거효과로 압축하중이 감소하는 경향이 있다. 이에 관한 상세내용은 참고문헌[5.3]으로 대신한다.

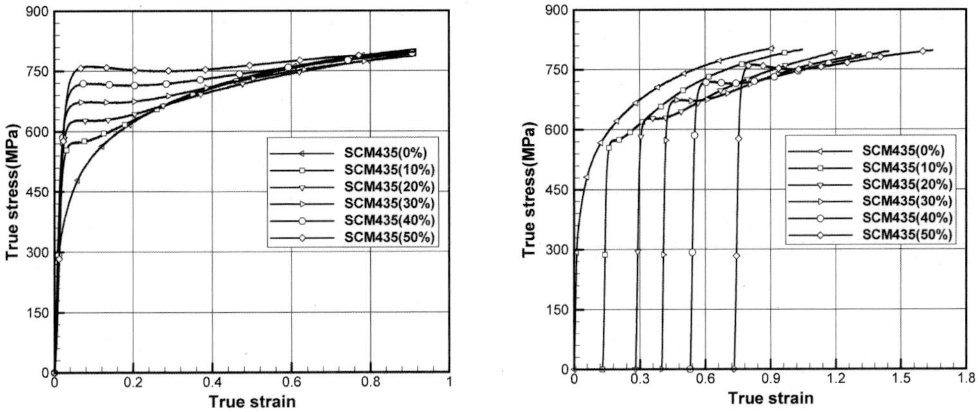

(a) 초기변형률 미고려 (b) 초기변형률 고려

그림 5.10 압축시험으로 획득한 진응력-진변형률 곡선

(5) 상온에서 유동응력의 속도의존성

냉간단조에서 소재의 소성유동은 속도에 크게 영향을 받지 않는다. 그러나 공정에 따라 그 정도의 차이는 있으나, 분명한 것은 어느 정도의 영향이 있다는 사실이다. 실제 고속으로 생산되는 자동다단냉간단조 관련 기술자의 경험에 따르면, 속도의 영향이 다소 있다는 사실을 무시할 수 없다. 그러나 초고속 생산과 같은 특별한 공정이 아니라면, 속도의 영향을 무시하고 예측한 후, 속도의 영향을 경험적으로 반영하는 것이 현실적인 방안일 것이다. 물론 실험적으로 속도의 영향을 정량화한 경우에는 식 (1.128) 또는 유사 유동응력 수식모델을 사용하여 그 영향을 고려하는 것은 어려운 일이 아니다.

(6) 재료계수와 성형하중

냉간에서의 강도계수 (식 (1.124)의 K)와 열간에서의 고온강도계수 (식 (1.129)의 C)가 상수일 경우, 이들은 변형 형상에 영향을 미치지 않으며, 대신 성형하중의 크기에 선형적으로 영향을 미친다. 예를들면, 두 개의 서로 다른 재료가 식 (1.124) (또는 식 (1.129))의 유동응력식을 따르며, n (또는 m)이 동일할 경우, 하나의 재료의 K (또는 C)가 다른 재료의 K (또는 C)에 비하여 50% 크면, 그 재료를 성형하는 데는 50%의 성형하중이 더 필요하다. 일반적으로 고온에서 온도가 높을수록 변형률속도 의존도가 상대적으로 커진다. 반면 고온강도계수는 작아진다.

5.3 마찰의 영향

마찰응력은 그 크기와 방향으로 정의된다. 마찰은 두 물체의 운동을 저지하는 방향으로 작용한다. 마찰응력의 크기는 두 접촉면이 상대운동을 할 때 접촉면에 작용하는 법선응력과 함수관계에 있다. 그림 5.11에서 보는 바와 같이, 일반적으로 법선응력이 일정한 값 이하에서는 마찰응력은 법선응력에 비례하며, 그 일정값 이상이 되면, 법선응력에 대

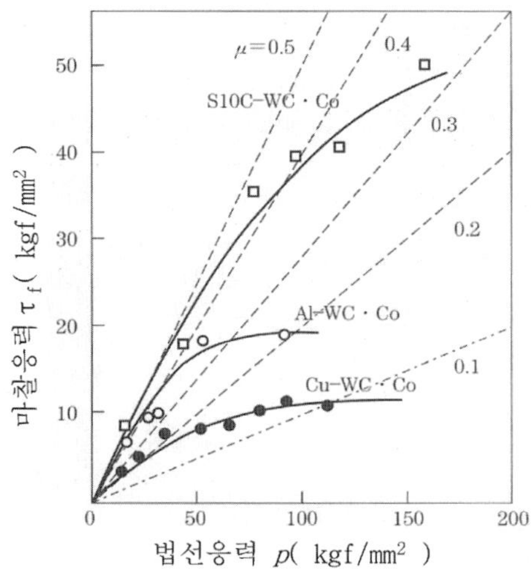

그림 5.11 법선응력과 마찰응력[2.1]

한 마찰응력의 의존성이 떨어지는 것으로 알려져 있다. 물론 법선응력이 매우 커지면 사실상 접착 상태에 이르거나 마찰응력에 의하여 소성변형이 발생하기 때문에 매우 큰 법선응력 하에서 마찰의 크기를 논하는 것은 다소 논란의 소지가 따른다.

마찰은 소성가공에서 소성유동을 결정짓는 주요 인자이다[5.4]. 압연에 있어 마찰은 필수적이다. 마찰이 없으면 롤이 소재를 미는 힘과 균형을 이루는데 필요한 힘을 부과할 방법이 없다. 그러나 압연중 과도한 마찰은 압하력을 증가시키고 롤의 마모를 촉진시킨다. 단조에서도 마찰은 소성유동과 마모와 직결되어 있다. 과도한 마찰은 부정적인 영향을 미치므로 이를 줄이기 위하여 다양한 종류의 윤활제를 사용하고 있다. 마찰에 영향을 미치는 주요 인자는 접촉면의 법선응력, 윤활제, 상대속도, 온도, 표면거칠기, 금형과 소재의 기계적 특성 등이다. 물론 소성가공 중의 접촉면에서 극한의 압력 및 온도로 인하여 이러한 인자와 마찰 현상과의 관계를 규명하는 것은 쉬운 일이 아니다. 그러므로 소성가공 중에 발생하는 마찰 현상은 아직 많은 학자들의 연구 대상이 되고 있다.

단조 시뮬레이션 목적으로 마찰은 전통적으로 쿨롱마찰법칙과 일정전단마찰법칙에 의하여 취급되어 왔다. 최근에는 이 두 마찰법칙을 보완한 하이브리드마찰법칙 등이 적용되는 경우도 있다. 쿨롱마찰법칙에 따르면, 마찰응력은 법선응력에 비례하는 반면, 일정전단마찰법칙에서는 마찰응력은 접촉지점에서의 소재의 전단항복응력의 일정한 비율과 일치하는 것으로 간주한다. 따라서 일정전단마찰법칙에서는 마찰응력이 법선응력과 무관하게 결정된다. 분명한 것은 마찰응력이 법선응력과 유관함이 틀림없으므로 일정전단마찰법칙에 비하여 쿨롱마찰법칙 또는 이로부터 파생된 마찰법칙이 실제의 현상을 더 잘 반영할 것이다. 하지만, 일정전단마찰법칙이 이론적으로 단순하고 수치적 안정성 등으로 널리 사용되고 있다. 마찰에 민감한 상온 링압축시험에서는 이 두 법칙이 유사한 결과를 예측함은 틀림없다. 그러나 이를 바탕으로 일정전단마찰법칙을 정당화하고자 할 경우, 링압축시험에서는 마찰면에서의 응력분포의 차이가 일반단조에 비하여 상대적으로 크지 않다는 사실을 명심해야 한다. 압출이나 인발의 경우도 비교적 법선응력의 변화가 크지 않기 때문에 두 마찰법칙은 유사한 결과를 예측한다. 그러나 열간압연이나 형상이 복잡한 열간단조에서는 정반대의 현상이 발생한다.

쿨롱마찰법칙과 일정전단마찰법칙은 각각 다음의 식 (5.1)와 식 (5.2)로 수식화된다.

$$\sigma_t = -\mu \sigma_n g(v_t - \overline{v}_t) \tag{5.1}$$

$$\sigma_t = mk\, g(v_t - \overline{v}_t) \tag{5.2}$$

여기서 μ, m, k는 각각 마찰계수, 마찰상수, 전단항복응력이다. $g(v_t - \overline{v}_t)$는 상대속도 $v_t - \overline{v}_t$가 마찰응력에 미치는 영향을 반영하는 함수이다. 즉,

$$g(v_t - \overline{v}_t) = \begin{cases} -1 & if \quad v_t > \overline{v}_t \\ 1 & if \quad v_t < \overline{v}_t \end{cases} \tag{5.3}$$

이다. 만약 금형-소재 사이에서 미끄러짐이 발생하지 않는다면, 다음의 조건이 쿨롱마찰 법칙에 부과되어야 한다.

$$|\sigma_t| \le k \quad if \quad v_t = \overline{v}_t \tag{5.4}$$

이러한 두 조건을 만족하면서 $|v - \overline{v}_t|$가 매우 작을 때 발생하는 수치계산 상의 문제를 동시에 반영하는 함수로 다음의 함수가 널리 사용된다.

$$g(v_t - \overline{v}_t) = -\frac{2}{\pi}\tan^{-1}\left(\frac{v_t - \overline{v}_t}{a}\right) \tag{5.5}$$

여기서 a는 $|\overline{v}_t|$에 비하여 매우 작은 양의 실수이며, a를 극도로 작게 하면 식 (5.5)는 식 (5.3)에 근접한다.

여기서 강조할 점은 식 (5.5)를 사용하면 쿨롱마찰법칙에서도 마찰응력이 k값을 넘지 않도록 한다는 사실이다. 만약, $|\mu\sigma_n|$ 가 k를 초과하면, 수렴해의 $|v - \overline{v}_t|$가 식 (5.4)의 조건을 만족시키기 위하여 충분히 작아진다. 궁극적으로는 접착조건을 만들어 낸다. 식 (5.5)를 사용하여 정확하게 수렴해를 얻었다면, 쿨롱마찰법칙을 사용하더라도 식 (5.4)의 조건은 자동적으로 만족되는 것이다. 다수의 전문가들이 이 문제에 의문을 품고 일정 전단마찰법칙을 선호하는 것은 타당하지 않다. 물론 전술한 조건을 단조 시뮬레이터가 만족시키는 것은 수렴의 난해함으로 인하여 쉽지는 않지만, 불가능한 것은 아니다.

5.3.1 마찰평가곡선

그림 5.12(a)의 링압축시험은 마찰에 민감하므로 마찰을 평가하는 목적으로 널리 사용되고 있다. 링압축시험에서 압하율에 따른 링의 내경과 외경의 변화는 마찰조건에 크게 좌우된다.

유한요소법, 즉 단조 시뮬레이션 기술을 이용하여 다양한 마찰법칙과 조건에 따른 최소 내경과 압하율 간의 관계곡선을 작성하면, 마찰평가 목적으로 사용될 수가 있다. 이를 마찰평가곡선이라고 한다. 예를들면, 그림 5.12(b)는 유동응력이 $\bar{\sigma} = 50.3(1+\bar{\varepsilon}/0.05)^{0.26}$ 인 소재를 위한 마찰평가곡선이다. 이 곡선을 얻는데 사용된 시편의 내경:외경:높이의 비는 3:6:2이다. 이 곡선을 이용하면, 시험결과로 얻은 실험곡선을 이 마찰평가곡선과 비교함

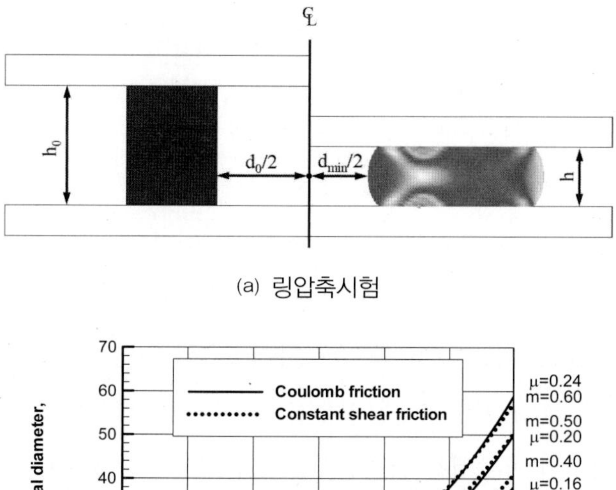

(a) 링압축시험

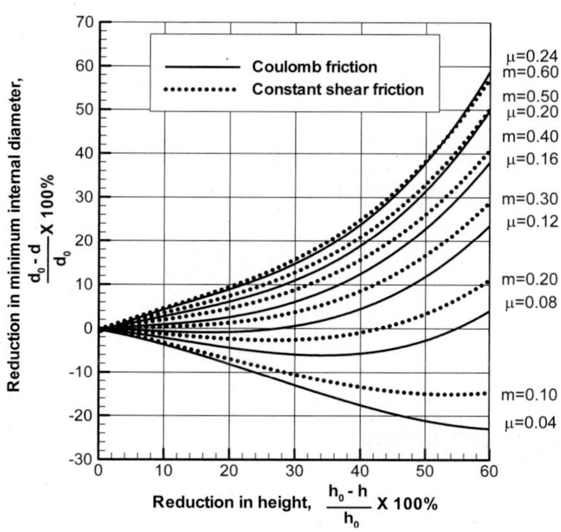

(b) 상온 링압축시험의 해석결과로 획득한 마찰평가곡선

그림 5.12 링압축시험과 상온 마찰평가곡선

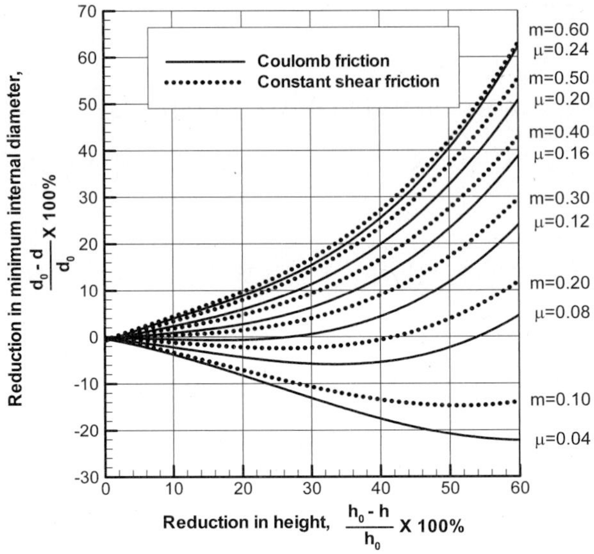

그림 5.13 고온 링압축시험의 해석결과로 획득한 마찰평가곡선

으로써 마찰계수 또는 마찰상수를 결정할 수 있다.

그림 5.12(b)는 상온 마찰평가곡선이고, 그림 5.13은 동일한 소재에 대한 고온 마찰평가곡선이다. 고온에서의 유동응력은 $\bar{\sigma} = 66.0\dot{\bar{\varepsilon}}^{0.195}$ MPa이다. 그림 5.13을 얻기 위하여 링의 외경과 높이를 각각 60mm와 40mm로 하였으며, 속도는 200mm/s로 가정하였다.

그림 5.12(b)와 그림 5.13을 비교하면, 쿨롱마찰법칙과 일정전단마찰법칙이 특히 저압하율과 저마찰일 경우에 유사한 패턴을 보임을 알 수 있다. 그러나 고압하율과 고마찰일 경우에는 두 마찰법칙의 마찰평가곡선의 기울기가 다소 차이를 나타낸다. 물론 이것은 쿨롱마찰법칙에서 법선응력의 영향이 반영된 결과이다.

한편, 그림 5.12(b)와 그림 5.13으로부터 마찰상수는 마찰계수의 약 2배 내외임을 알 수 있다.

5.3.2 마찰법칙과 마찰조건의 영향

이 절에서 공정의 형상비는 소재의 높이/폭의 비율로 정의되고, 접촉면적비는 (소재의 접촉영역의 면적)/(전체 표면의 면적)으로 정의된다.

(1) 저형상비 실린더 압축

그림 5.14는 저형상비 및 저접촉면적비의 실린더 압축공정을 쿨롱마찰법칙과 일정전단마찰법칙으로 동일한 조건 하에서 해석한 해석결과를 나타낸다. 이 해석에 사용된 공정 조건은 그림 5.13의 마찰평가곡선의 획득에 사용된 것과 동일하다. 그림 5.14(a)는 마찰계수 $\mu = 0.2$에 대한 것이고, 그림 5.14(b)는 마찰상수 m=0.48에 대한 것이다. 여기서 사용된 마찰계수와 마찰상수는 그림 5.13에서 보는 바와 같이 서로 상응하는 값이다. 그림 5.14의 금속유동선도에서 보는 바와 같이 저형상비의 문제에 대해서 두 마찰법칙은 매우 유사한 소성유동선도를 예측하고 있음을 알 수 있다. 이것은 그림 5.15에서 보는 바와 같이 성형하중 측면에서도 마찬가지이다.

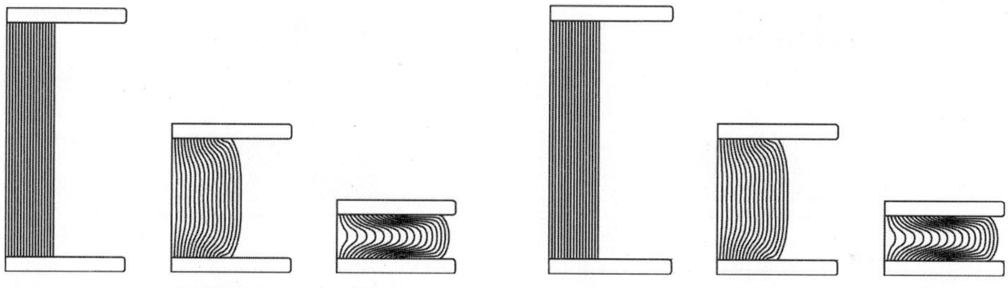

(a) 쿨롱마찰법칙 ($\mu = 0.2$) (b) 일정전단마찰법칙 (m=0.48)

그림 5.14 저형상비와 저접촉면적비의 경우에 대한 링압축 시의 소성유동선도 비교

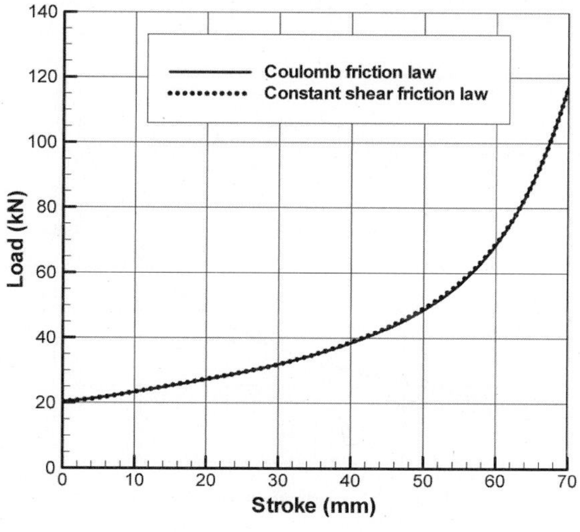

그림 5.15 저형상비와 저접촉면적비의 경우에 대한 링압축 시의 성형하중의 비교

(2) 고형상비 실린더 압축공정

그림 5.16과 그림 5.17은 고형상비 실린더 압축공정의 해석결과를 나타내고 있다. 이를 위하여 그림 5.13의 마찰평가곡선을 획득하기 위하여 사용된 것과 동일한 공정조건을 사용하였다. 그림 5.16(a)는 마찰계수 $\mu=0.2$를 사용한 결과이고 그림 5.16(b)는 마찰상수 $\mu=0.48$을 사용한 결과이다. 그림 5.17은 성형하중의 변화를 나타내고 있다. 이 두 결과에서 동시에 볼 수 있는 것은 처음에는 두 마찰모델이 비슷한 결과를 예측했지만 스트로크가 증가할수록 그 결과의 차이가 확대됨을 알 수 있다. 이 사실은 형상비 또는 접촉면적비가 증가할수록 두 마찰법칙의 차이가 확대됨을 의미하는 것이다.

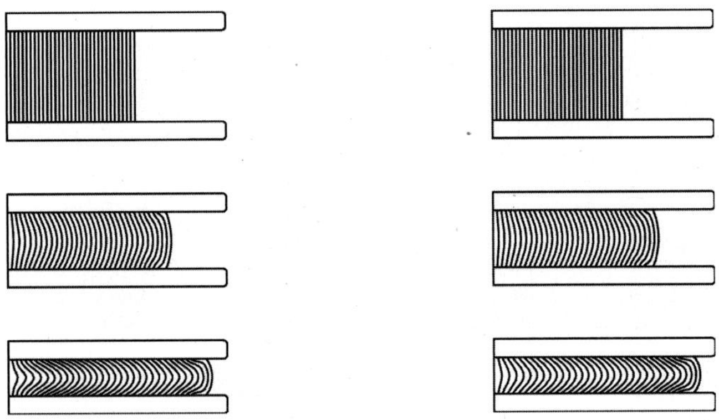

(a) 쿨롱마찰법칙 ($\mu=0.2$) (b) 일정전단마찰법칙(m=0.48)

그림 5.16 고형상비와 고접촉면적비의 경우에 대한 링압축 시의 소성유동선도 비교

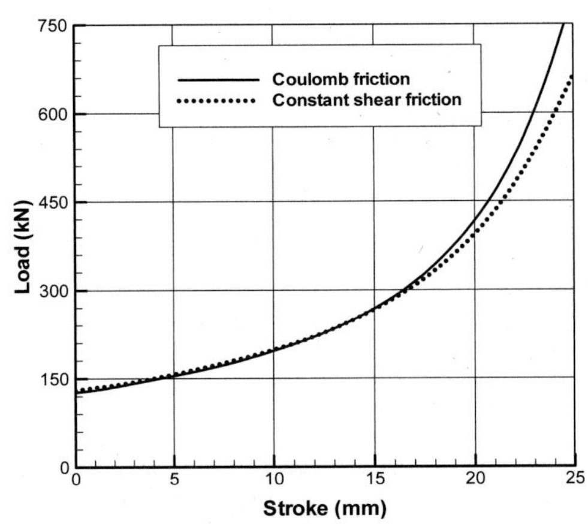

그림 5.17 고형상비와 고접촉면적비의 경우에 대한 링압축 시의 성형하중 비교

(3) 링기어 단조공정

링기어는 상대적으로 큰 형상비와 접촉영역비를 지닌 제품이다. 전형적인 링기어 단조공정에 대한 유한요소해석을 위하여 변형률속도의존지수로 0.195를 사용하였고, 상형이 500 mm/s의 등속으로 하강한다고 가정하였다. 마찰계수로 $\mu=0.1$을 사용하였고, 마찰상수로 $m=0.2$를 사용하였다. 물론 이 두 마찰조건은 그림 5.13에서 보는 바와 같이 서로 상응하는 조건이다. 이 조건은 실제의 열간단조공정의 조건과 다르며, 단지 마찰법칙의 차이를 분석하기 위하여 가정한 것이다.

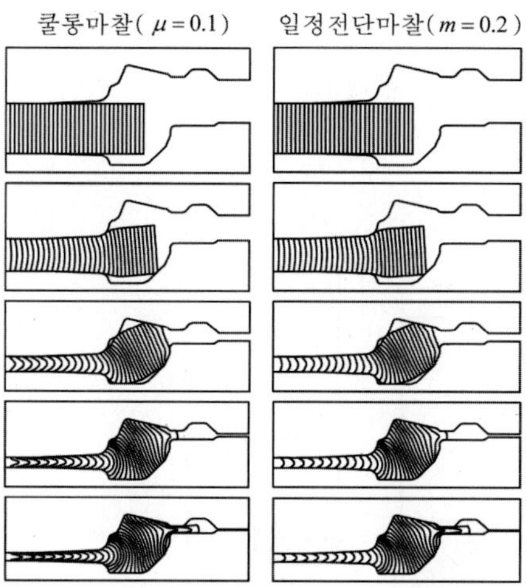

(a) 소성유동선도

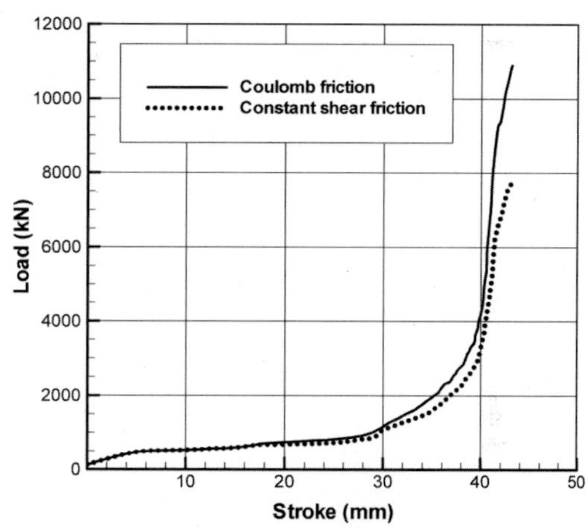

(b) 성형하중

그림 5.18 마찰법칙에 따른 링기어 단조공정의 예측결과의 비교

그림 5.18의 결과로부터 매우 큰 차이가 특히 대칭축 주위에서 존재함을 알 수 있다. 물론 이것은 일정전단마찰법칙이 중앙 부위의 높은 압력 작용 지역에서는 저마찰을 초래하고 자유표면과 인접한 금형-소재 경계지역에서는 고마찰을 야기시키는 것에 연유한 것이다. 그림 5.18(b)의 성형하중의 비교에서는 두 마찰법칙의 상이함을 보다 선명하게 보여주고 있다. 쿨롱마찰법칙은 일정전단마찰법칙에 비하여 약 30% 큰 성형하중을 예측하였다.

(4) 장소재의 냉간압출

비록 형상비는 작지만 접촉영역비가 큰 경우에도 마찰은 쉬운 문제가 아니다. 전형적인 문제를 그림 5.19(a)에서 보는 바와 같은 다단계 압출공정에서 볼 수 있다. 이 해석에 사용된 소재의 유동응력은 $\bar{\sigma} = 50.3(1+\bar{\varepsilon}/0.05)^{0.26}$ MPa이며, 쿨롱마찰법칙을 사용하였고, 마찰계수는 0.1로 가정하였다.

그림 5.19(a)의 해석결과, 즉 유효변형률의 분포는 비록 마찰계수가 매우 큰 값이 아닌데도 불구하고 펀치 부근에서 다소 비정상적인 소성변형이 발생했음을 알 수 있다. 물론 이에 상응하는 일정전단마찰법칙을 사용한다면, 이 문제는 발생하지 않는다. 그러나 컨테이너가 길고 일정전단마찰법칙에서 마찰상수가 비교적 클 경우 비록 비정상적인 소성변형이 펀치 주위에서 발생하지 않더라도 과도한 성형하중을 예측할 수도 있다.

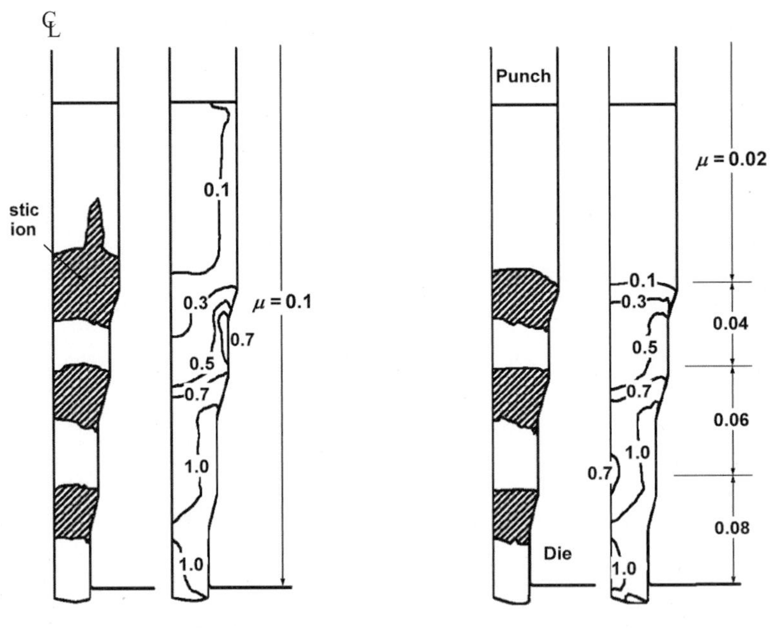

(a) 일정 마찰계수 (b) 가변 마찰계수

그림 5.19 고압출비 및 장 컨테이너 전방압출공정 해석과 쿨롱마찰법칙

그림 5.19(a)에서 비정상적인 소성유동 현상은 쿨롱마찰법칙의 과도한 마찰응력에 기인한다. 물론 이것의 직접적 원인은 출구에서의 마찰조건을 기준으로 전체의 접촉경계

에서 마찰계수가 일정하다고 가정한 것에 있다. 이 문제를 회피하기 위한 하나의 방법은 금형을 여러 조각으로 구분하고 각 부위마다 마찰계수를 압력(법선응력)과 소재의 유효 변형률에 따라 달리 입력하는 것이다. 실제 컨테이너에서는 소재와 금형이 윤활제로 완벽하게 분리되어 있으므로 마찰계수는 작을 수밖에 없다. 그러나 출구에서는 상황이 정반대이다. 소재에 입혀져 있던 윤활제 피막이 크게 손상되고 압력이 크게 증가한다. 이러한 점을 고려하여 그림 5.19(b)에서 보는 바와 같이 마찰계수를 윤활제의 변형을 직관적으로 고려하여 결정한 경우에는 비정상적인 소성유동은 발생하지 않는다.

그런데 이 방법은 사용법 상의 문제로 사용자로부터 주목을 끌지 못할 수도 있다. 이러한 이유로 식 (5.6)의 하이브리드마찰법칙이 유용할 수 있다. 하이브리드마찰법칙은 그림 5.20에서 보는 바와 같이 법선응력이 작을 때는 쿨롱마찰법칙 $\sigma_t = -\mu\sigma_n g(v_t - \bar{v}_t)$ 을 따르고 법선응력이 클 경우에는 일정전단마찰법칙 $\sigma_t = m'k\, g(v_t - \bar{v}_t)$ 을 따른다. 물론 이 경우의 마찰상수 m'을 마찰응력의 상한치를 정의하는 목적으로도 사용할 수 있으며, 마찰계수 μ에 상응하는 마찰상수 m으로 간주할 필요는 없다.

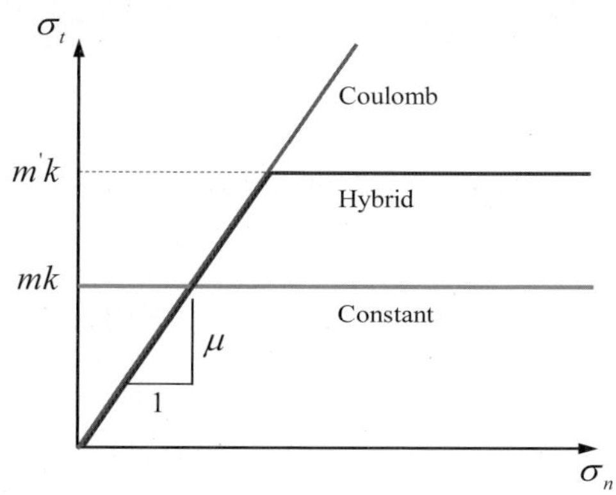

그림 5.20 하이브리드마찰법칙

$$\sigma_t = \begin{cases} -\mu\sigma_n\, g(v_t - \bar{v}_t) & if \quad \sigma_t \le mk' \\ m'k\, g(v_t - \bar{v}_t) & if \quad \sigma_t > mk' \end{cases} \tag{5.6}$$

그림 5.21은 하이브리드마찰법칙을 사용한 경우이다. 3차원 해석의 경우, 특히 그림 5.21과 같이 소재가 얇을 경우, 쿨롱마찰법칙은 하부에 두께 방향으로의 엉성한 요소밀

도로 인하여 과도한 구속을 야기할 수 있고, 일정전단마찰법칙 역시 측벽면에서 과구속의 문제를 발생시킬 가능성이 크다. 이러한 경우에는 하이브리드마찰법칙의 사용을 고려해 볼 필요가 있다. 물론 이 마찰법칙을 사용하기에 앞서 실험결과와의 비교를 통한 경험의 축적이 선행되어야 할 것이다.

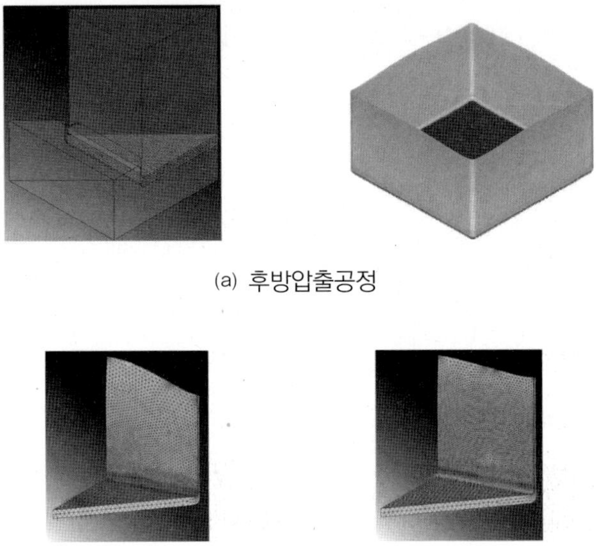

(a) 후방압출공정

(b) 쿨롱마찰

(c) 하이브리드마찰

그림 5.21 하이브리드마찰법칙 적용 사례

냉간의 경우, 윤활 목적으로 소재를 인산염피막 또는 이황화몰리브덴(MoS_2) 피막처리를 실시하고 있다. 그리고 프레스단조의 경우 변형이 심한 경우 풀림 열처리를 실시하며, 이 때마다 피막처리를 다시 실시한다. 그러나 자동다단단조에서는 피막처리된 코일재료를 사용하며, 단조기에서 절단된 단면에는 피막처리가 될 수 없다. 물론 이런 이유로 자동다단단조는 윤활유의 분위기에서 이루어지고 있다. 어떻든 파단면과 측면은 마찰 측면에서 크게 다를 수밖에 없다. 따라서 마찰이 중요한 문제에 대해서는 파면과 측면의 마찰계수를 다르게 입력할 필요가 있다. 그림 5.22에서 보는 바와 같이 서로 다른 마찰계수로 인하여 마찰응력이 위치에 따라 다름을 알 수 있다. 그림에서 수직한 선분의 길이는 마찰응력의 크기를 의미한다.

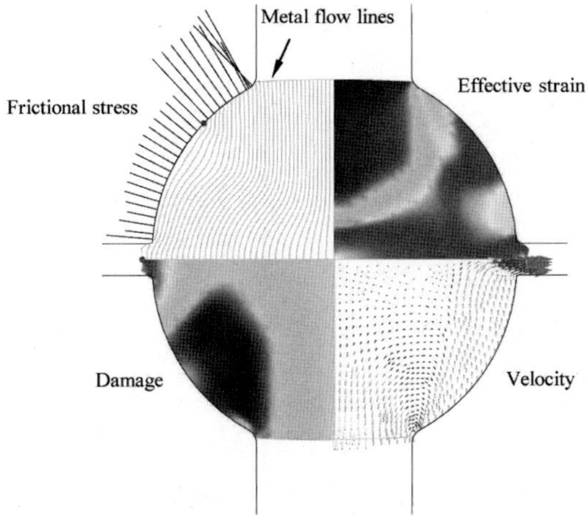

그림 5.22 강구제조공정 - 마찰응력이 위치마다 다른 경우

(5) 장파이프의 동시확관 및 축관공정

그림 5.23의 장박파이프의 동시 확관 및 축관 공정은 마찰법칙에 민감하다. 왜냐하면, 금형-소재 접촉면에서 법선응력은 상대적으로 적은 반면, 접촉영역은 크기 때문이다. 이 공정에서 파이프의 상하 끝은 동시에 성형된다. 상부는 팽창되고, 하부는 축소된다. 만약 마찰이 크다면, 파이프의 중간 부위의 반경은 증가하게 되고 중간 부위에서 소재와 금형의 접촉이 발생할 것이다. 이 때 접촉영역이 크기 때문에 소재의 소성유동은 마찰법칙 및 마찰조건에 크게 영향을 받을 수밖에 없다.

이 공정의 해석에 사용된 유동응력은 $\bar{\sigma}=617.0\bar{\varepsilon}^{0.25}\text{MPa}$ 이다. 공정해석은 두 마찰법칙과 다양한 마찰조건 하에서 이루어졌다. 마찰계수에 상응하는 마찰상수를 그림 5.12로부터 얻었다. 해석조건 중에서 하나를 선택하여 변형된 형상을 그림 5.24에 나타내었다. 두 마찰법칙의 효과를 정량적으로 평가하기 위하여 그림 5.23의 돌출길이 *d*를 조사하였으며, 그 결과를 그림 5.25에 요약하였다. 그림 5.25으로부터 이 예제에 대해서는 두 마찰모델 간에는 유사성이 없다는 결론에 도달한다. 여기서 강조하고자 하는 점은 일정전단 마찰법칙의 경우 역학적으로는 분리되어 있지만 기하학적으로 접촉한 영역에서도 과도한 마찰응력을 부과하므로 실제의 현상과는 비교적 큰 차이를 발생시킬 가능성이 크다는 사실이다.

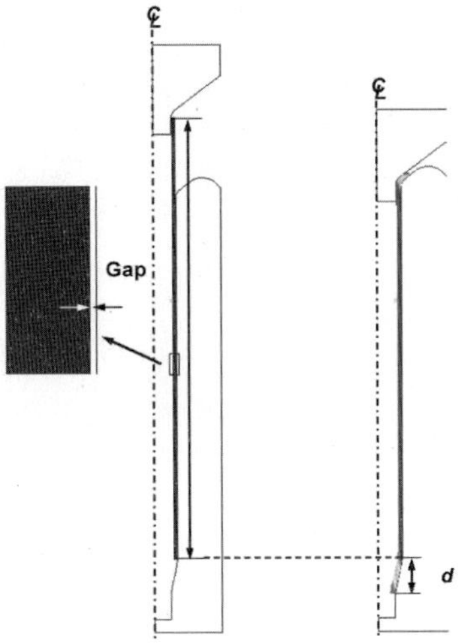

(a) 초기 (b) 최종

그림 5.23 장파이프의 동시 축관/확관 공정

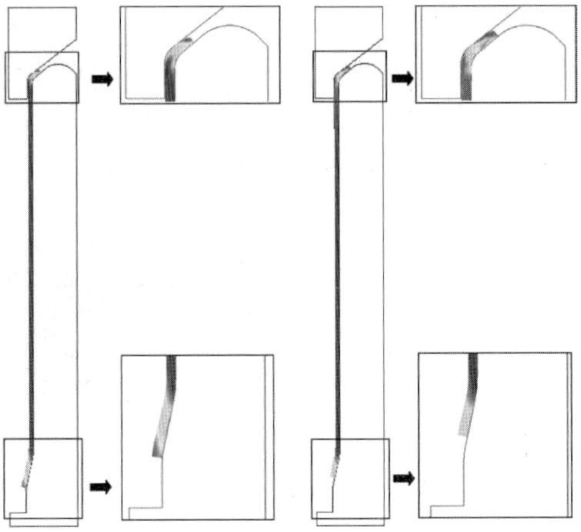

(a) $\mu = 0.05$ (b) $m = 0.096$

그림 5.24 예측결과의 예

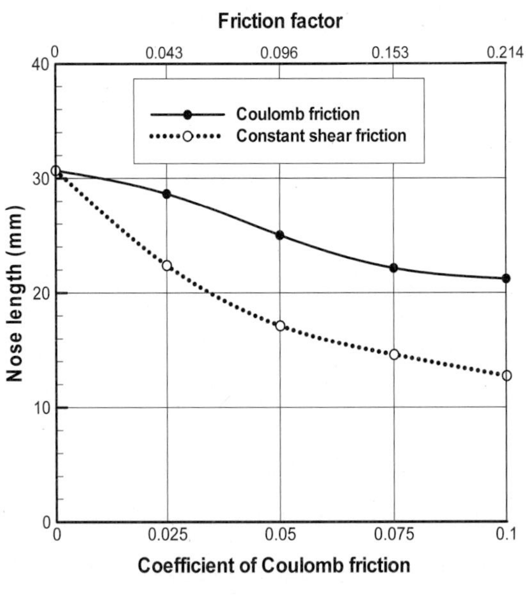

그림 5.25 마찰에 따른 돌출길이 d의 변화

결론적으로 마찰이 비교적 중요하지 않는 공정이거나 법선응력의 변화가 크지 않은 경우에는 쿨롱마찰법칙과 일정전단마찰법칙은 유사하지만, 마찰이 중요한 소성가공공정에서 두 마찰법칙은 유사성이 없다. 따라서 가급적 쿨롱마찰법칙을 사용하고, 경우에 따라서는 하이브리드마찰법칙의 선택적 사용을 추천한다. 특히 3차원 해석의 경우 요소망의 수에 제약이 따르므로 마찰 현상의 예측결과가 요소망에 비교적 큰 영향을 받을 수 있기 때문에 경우에 따라 하이브리드마찰법칙의 사용을 검토해 볼 필요가 있다.

5.4 프레스 및 속도의 영향

프레스는 하중으로 구분되고 있다. 유압프레스에서는 기준치 이상의 힘이 걸리면, 장비가 심하게 떨리거나 정지하게 된다. 일반적으로 유압프레스는 저속이다.

기계식 프레스는 기본적으로 작은 모터 동력으로 큰 동력이 요구되는 속도로 소재에 소성변형을 가해야 하기 때문에 금형-소재 접촉 직전까지 플라이휠에 에너지를 충분히 저장해야 한다. 비록 성형하중은 장비의 정격하중에 비하여 작은데도 불구하고 스트로크가 길거나 처음부터 정격하중 범위 이내이지만 큰 성형하중이 작용할 경우에는 플라이휠에 저장된 에너지보다 많은 에너지가 성형에 필요하므로 장비가 작동 중에 멈추게 된다. 실제 냉간의 경우 종종 이런 일이 발생한다. 이 때는 한 번에 성형가능한 최대 에너지를 확인해 봐야 한다. 그리고 플라이휠에 에너지가 남아 있는 한 성형하중이 정격하중을 초과하더라도 하중한계 스위치가 작동되지 않는 한 프레스의 작동은 지속된다. 문제는 과도한 성형하중은 기계의 파손 또는 손상을 일으키게 된다.

열간소재는 점성(금형속도)의 영향을 비교적 크게 받는다. 편의상 금형의 속도를 평균속도로 일정하게 가정하였다면, 예측하중이 실제보다 약 10~30% 정도 크게 된다. 따라서 하중이 문제가 되는 공정의 해석 시에는 프레스의 조건을 정확하게 반영해야 한다. 밀폐열간단조공정의 예측결과에서 대부분 맨 마지막 순간에 하중이 급격하게 증가한다. 물론 실공정에서 매우 순간적으로 발생하는 하중의 급상승은 하중센서에 감지되지 않을 수도 있다. 실제의 경우에는 해석결과보다 약간 작은 성형하중이 작용할 것이다. 금형이 팽창하고, 프레스가 변형되며, 펀치의 속도가 줄어들 것이기 때문이다. 그렇더라도 경우에 따라서는 성형하중이 정격하중을 순간적으로 크게 넘어갈 수밖에 없다.

실제 열간단조공정 해석에서 정확한 하중을 예측하려면, 훨라이휠의 동역학과 금형 및 프레스의 구조 역학을 동시에 다루어야 하기 때문에 현실적으로 불가능하다. 모든 소프트웨어가 이 문제를 공동으로 안고 있지만, 가까운 시일 이내에 해결되지 않을 것이다.

전술한 바와 같이 예측 하중은 실제 하중보다 다소 클 수밖에 없다. 그리고 마지막 순간의 성형하중 예측치에 어떤 의미를 부여할 것인지에 관한 사용자의 숙고와 경험의 축척이 필요하다는 점을 강조한다.

산업 현장에서는 유압프레스, 기계식프레스, 해머프레스 등이 널리 사용되고 있으며, 기계식프레스로는 슬라이더-크랭크프레스(slider-crank press), 너클프레스(knuckle press), 링크프레스, 서보프레스 등이 사용되고 있다. 여기서는 슬라이더-크랭크프레스, 너클프레스, 해머프레스, 유압프레스 등을 중심으로 속도의 영향과 단조 시뮬레이션에의 응용을 중심으로 소개한다.

5.4.1 너클프레스

너클프레스는 주로 냉간단조 장비에서 금형에 운동과 동력을 부과하는 목적으로 널리 사용되고 있다. 너클프레스는 기구학적 특성상 하사점에서 오래토록 머무르는 특징이 있어 동적특성에 영향을 작게 받기 때문에 정밀단조에 유리하다. 이러한 이유 등으로 상대적으로 온도가 낮고 정교한 단조가 요구되는 비철금속 열간단조 목적으로도 사용되고 있다.

그림 5.26(a)는 너클프레스의 구동 메카니즘을 나타내고 있다. 일반적으로 많은 자료에서 점 *B*와 *D*를 동일시하고 있으나, 실제는 두 점이 분리되어 있는 경우도 있다. 따라서 여기서는 일반성 확보를 위하여 그림 5.26(a)의 기구학적 해석 모델을 사용하였다. 부재 OA는 크랭크이다.

단조 시뮬레이션 관점에서 점 *E* 의 위치와 속도가 주 관심사이며, 이 점의 위치와 속도는 기구학적 해석을 통하여 크랭크의 각도와 각속도의 함수로 각각 표현된다. 수식이 복잡하므로 그 함수 관계의 소개는 생략하는 대신, 제5.4.5절에서 적용 예제를 통하여 너클프레스의 운동 특성을 설명한다.

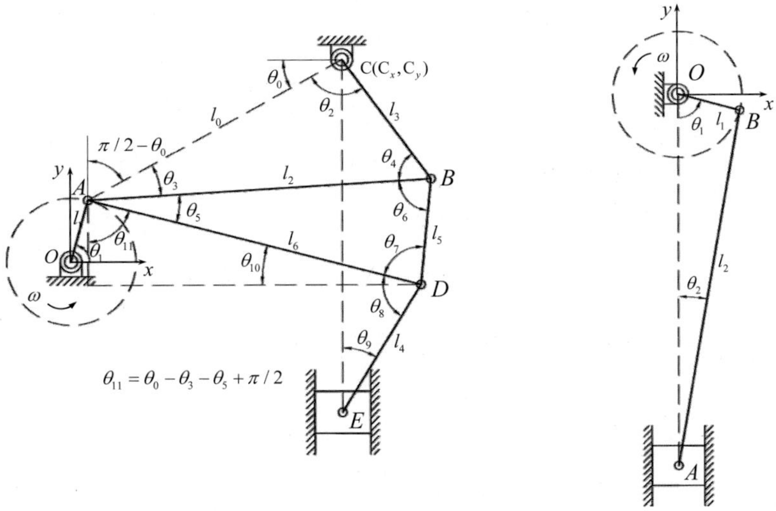

(a) 너클프레스 (b) 슬라이더-크랭크프레스

그림 5.26 주요 단조프레스의 메카니즘

5.4.2 슬라이더-크랭크프레스

일반적으로 기계식프레스는 슬라이더-크랭크프레스를 의미한다. 슬라이드-크랭크프레스는 열간단조 목적으로 널리 사용된다. 이 프레스의 특징은 상형이 하사점에 도달할 때 상대적으로 높은 속도를 유지하는 점이다. 너클프레스와는 달리 열간단조에서 접촉시간이 짧기 때문에 금형의 마모 수명 측면에서는 유리하다. 물론 상대적 고속으로 인하여 마지막 순간에 성형하중의 급격한 증가는 불가피하다.

그림 5.26(b)는 구동 메커니즘을 나타내며, 점 A의 위치 yA와 속도 vyA는 크랭크의 각도와 각속도의 함수로 표현될 수 있다. 속도 및 위치 함수의 표현 그 자체가 사용자 입장에서 중요하지 않으므로, 여기서는 제5.4.5절의 슬라이더-크랭크프레스의 운동 특성에 관한 설명으로 대신한다.

5.4.3 해머프레스

해머단조는 환경적인 문제와 품질적인 문제로 인하여 그 적용이 점진적으로 줄어드는 추세이다. 그러나 대형 제품의 단조에서는 여전히 장점을 지니고 있다.

해머프레스는 기본적으로 공압과 해머의 중량에 기인하는 에너지를 이용하는 단조기이다. 단조 중의 펀치의 속도는 에너지보존법칙에 바탕을 두고 결정된다. 카운터블로해머프레스는 한정된 공간에서 많은 에너지를 해머와 금형에 부과하기 위한 것으로 대형 단조품의 생산 목적으로 사용되고 있다.

해머단조의 에너지 원천은 소재의 초기접촉 시의 해머의 운동에너지와 소재 초기 접촉 이후에 부과되는 에너지, 즉 해머의 자중과 프레스 등에 의하여 가해진 외력에 의하여 발생되는 에너지로 구성되어 있다. 물론 소재의 초기접촉 시의 해머의 운동에너지는 최상단부터 초기접촉에 이르기까지 해머의 자중과 프레스의 압력이 행한 일이다. 소재의 초기접촉 이후의 해머의 행정은 그 이전의 행정, 즉 해머의 운동에너지를 증가시키기 위한 행정에 비하여 짧다. 그러므로 대부분의 에너지를 소재의 초기접촉 시의 해머 운동에너지에 의존하고 있다. 따라서 초기의 속도는 프레스 단조에 비하여 매우 크다.

해머단조 중의 에너지는 소재의 소성변형뿐만 아니라 소음, 구조진동, 마찰 등의 형태로 소산된다. 전체 에너지와 소성변형의 기본 목적으로 사용된 에너지의 비를 에너지 효율 η로 정의한다. 에너지 효율은 주로 접촉면적에 크게 영향을 받으며, 에너지 효율은 접촉면적이 증가함에 따라 거의 직선적으로 감소하고, 해머단조기의 용량에 따라서 에너지 효율이 0이 되는 단조한계 접촉면적 Acr이 존재한다[5.4]. 따라서 접촉면적을 Ac라고 하였을 때, 에너지 효율은 다음 식으로 표현된다.

$$\eta = 1.0 - A_c / A_{cr} \tag{5.2}$$

이제 해머의 속도를 결정해 보자. 해머가 가진 초기 에너지 E_0는

$$E_0 = (H \times \mathrm{mg} + pA)h \tag{5.3}$$

이고, 이것이 모두 운동에너지로 바뀌었다는 조건하에서 초기속도는 다음 식으로부터 구할 수 있다.

$$v_0 = \sqrt{2(H \times \mathrm{mg} + pA)h / m} \tag{5.4}$$

여기서 h는 해머의 행정을 의미하고, m, g, p, A 는 각각 질량, 중력가속도, 실린더 압력, 실린더 면적을 의미한다. 그리고 카운터블로해머단조기의 경우는 H 값은 0이고, 일반 해머단조기에서 H 값은 1이다.

해석 중의 i번째 해석스텝에서의 해머가 가진 에너지 E_i와 속도 v_i는 다음 식으로부터 구해진다.

$$E_i = E_{i-1} - \Delta E_{i-1} / \eta_i \tag{5.5}$$

$$v_i = \sqrt{2E_i / m} \tag{5.6}$$

여기서 ΔE_{i-1}은 i번째 해석스텝 직전의 공정해석에서 소비된 에너지에서 자중과 유공압에 의하여 가해진 에너지를 뺀 양이며, η_i는 i-번째 해석스텝에서의 효율이다.

5.4.4 유압프레스

기계식프레스는 하중한계 장치가 없는 한 프레스에 저장된 에너지가 다 할 때까지 작동을 멈추지 않지만, 유압프레스의 경우, 하중의 한계, 즉 한계성형하중이 명확하게 존재한다. 유압프레스의 성형하중은 실린더 내부압력과 내부 단면적의 곱으로 결정되기 때문이다. 물론 유압프레스도 한 번으로 성형할 수 있는 에너지는 규제된다. 유압프레스에서는 기계식프레스의 플라이휠에 해당하는 어큐뮬레이터(accumulator)가 공회전 시에 에너지를 저장한다. 한 번의 행정으로 이 이상의 에너지 소비는 정상적으로는 불가능하다.

열간단조의 경우, 소재가 속도의존적이기 때문에 저속에서 성형하중이 크게 줄어든다. 만약 유압프레스로 열간단조를 할 경우, 유압프레스의 한계성형하중을 넘어서 작동시키면, 상형의 속도는 희망속도보다 낮아지면서 속도 그 자체가 미지수가 된다. 이 때, 단조 시뮬레이터에서는 사용자의 요구에 따라 하중 한계의 조건을 만족시키는 상형의 속도를 계산할 수 있다. 물론 이 때 동력의 상한치가 문제가 될 경우에는 동력을 고려한 속도 계산도 가능할 수 있다.

5.4.5 속도의 영향

점성 재료는 변형률속도의 영향을 받는다. 금속재료의 온도가 그 용융점의 1/2 이상에 이르면, 점성의 영향이 지배적이 된다.

일반적으로 열간단조공정의 해석 시에 금형의 속도를 일정하다고 가정하는 경우가 많다. 일정한 속도의 경우, 수치적으로 보다 안정적인 면이 있다. 매 해석스텝마다 금형에 부과된 속도가 변한다면, 비선형방정식의 해를 구하는데 그만큼 어려움이 따를 수 있다. 하지만 맨 마지막 순간, 즉 하사점에서의 금형속도는 0이 되어야 하므로 일정한 속도조건은 실제와 큰 차이가 있으며, 그 영향을 변형 형상과 성형하중의 관점에서 상세하게 관찰할 필요가 있다.

이러한 목적으로 너클프레스와 슬라이더-크랭크프레스의 속도 조건을 고려한 예측결과와 그 평균값으로 금형의 속도가 일정하다고 가정하여 실시한 예측결과를 비교한다[5.5]. 그림 5.27의 실험 대상 공정은 축대칭 업셋팅공정이며, 속도의 영향에만 집중하기 위하여 등온해석을 실시하였다. 주요 공정정보는 다음과 같다. 소재의 크기: (직경)90.0, (높이)120.0mm; 소재 및 유동응력: SCr420HB, 그림 5.27(b); 소재 초기온도: 1150℃ ; 소재와 금형의 마찰조건: 쿨롱마찰법칙 (마찰계수, $\mu=0.2$).

그림 5.27(b)의 유동응력 곡선은 압축시험 결과로부터 획득한 것이다.

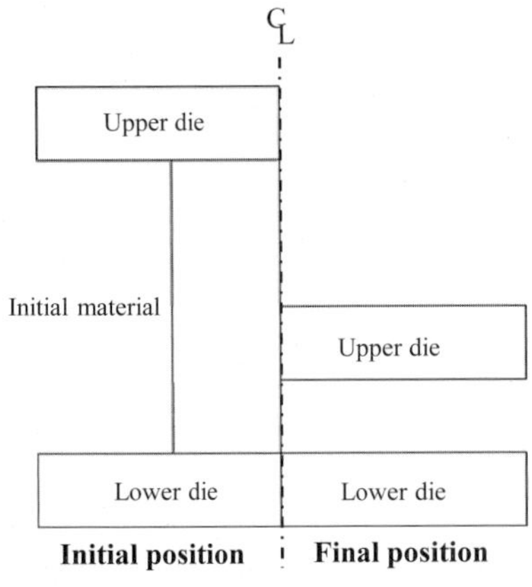

(a) 시험공정

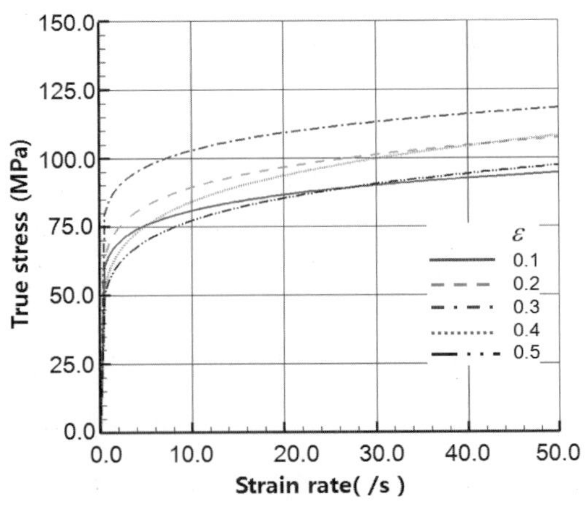

(b) 유동응력

그림 5.27 시험 공정정보

너클프레스의 구동메카니즘을 결정하는 부재의 길이는 l_1=150.0mm, l_2=l_6=800.0mm, l_5=250.0mm, l_3=l_4=350.0mm 이고, 그림 5.26(a)에서 점 C의 위치는 $(C_x, C_y)=(630.0, 475.0)$이다. 슬라이더-크랭크프레스의 조건은 l_1=150.0mm, l_2 = 900.0mm이다. 두 프레스의 최대 속도가 동일하도록 크랭크의 각속도를 결정하였다.

전술한 조건 하에서 스트로크를 고려하여 결정한 최대속도는 그림 5.28에서 보는 바와 같이 500 mm/s 이므로 등속도 조건에서 속도는 250 mm/s 로 가정하였다. 그리고 한계 성형하중이 280톤인 유압프레스를 대상으로 250mm의 초기 등속도 조건 하에서 해석을 수행하였다. 유압프레스의 경우, 등속도 조건은 해석실행 중에 성형하중이 한계성형하중을 초과하면 일정 하중 부과조건으로 자동적으로 변경된다.

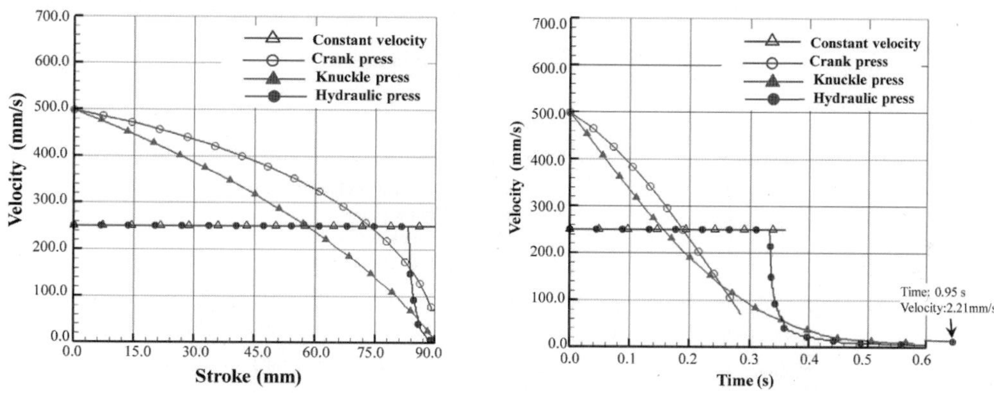

(a) 속도-스트로크 선도 (b) 속도-시간 선도

그림 5.28 속도 선도

그림 5.29는 상형이 하사점에 이르렀을 때의 소성유동선도를 비교하고 있다. 네 가지의 속도 조건에서의 최대반경의 백분율은 0.005% 이다.

그리고 그림 5.30은 성형하중을 비교하고 있다. 일정한 속도 조건하에서는 하중이 지속적으로 증가하는 반면, 너클프레스의 경우에는 하중이 마지막 단계에 이르러 정체하는 것으로 나타났다. 최종적으로는 약 21%의 차이를 보고 있는데 이 차이는 매우 큰 값임에 틀림없다.

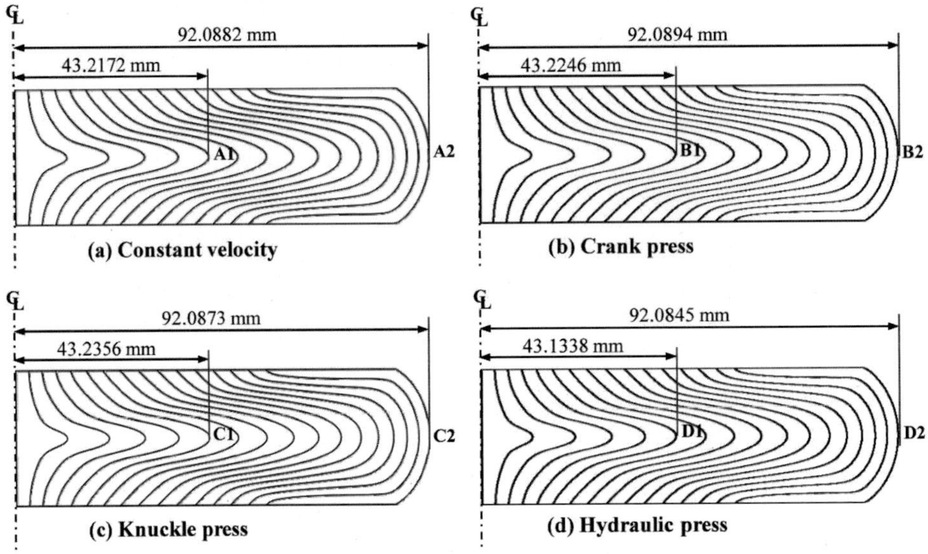

그림 5.29 프레스에 따른 소성유동선의 비교

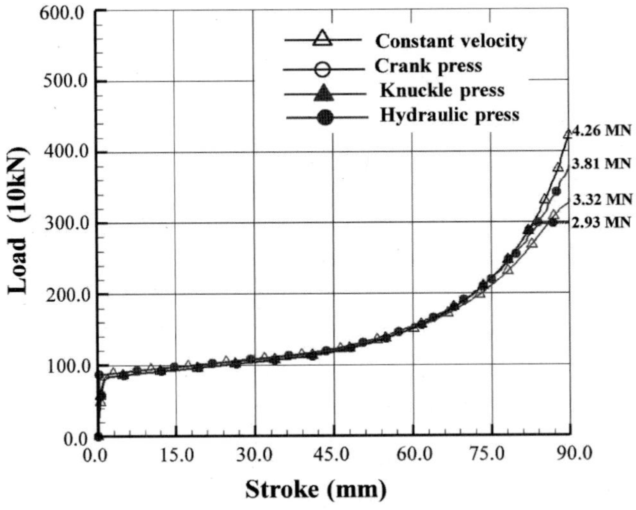

그림 5.30 프레스에 따른 성형하중의 비교

5.5 온도의 취급 방법

5.5.1 등온해석과 비등온해석

해석의 관점에서 소성가공공정은 크게 비등온해석과 등온해석으로 구분된다. 열간단조공정도 온도의 영향을 무시하고 해석할 경우에는 등온해석으로 봐야 한다. 항온단조 및 초소성가공에서는 성형온도를 일정하게 유지한다. 이러한 공정에서도 부분적인 온도 변화를 예측하고자 할 경우에는 비등온해석을 실시해야 한다.

열간단조 또는 온간단조에서 가장 중요한 요소는 온도이다. 단조 중의 소재의 표면에서는 온도가 급격히 하락하고 내부는 소성열로 인하여 온도가 상승한다. 만약 열전도가 발생하지 않는다면, 강의 유동응력이 125.0 MPa이고 변형률이 2.5에 이르는 부위에서는, 다음의 식에 의하여 소성열에 기인하는 국부적인 온도 상승이 $\Delta T = 2.5\times125.0/(0.0052\times1000.0) = 60$℃에 이른다. 물론 열전도가 발생하는 것을 감안하더라도 상당한 양의 온도 상승은 불가피하다[5.6].

$$\Delta T = \frac{\bar{\bar{\sigma}}\,\bar{\varepsilon}}{\rho c} \tag{5.7}$$

여기서 는 $\bar{\bar{\sigma}}$ 평균 유동응력이고, $\bar{\varepsilon}$는 유효변형률이며, ρc는 열용량이다.

표면에서의 온도상승은 소재의 유동응력 증가를 불러일으키기 때문에 표면에서의 소재 유동을 저지하는 역할을 할 것이다. 그러나 이것은 마찰법칙과 연계되어 있어 그 영향을 구분하는 데는 어려움이 따른다. 만약 온도의 영향을 무시한 등온해석으로 열간단조 공정을 해석할 경우, 마찰계수를 실제보다 약간 크게 하면, 유동선도 측면에서 보다 현실적인 결과를 얻을 수 있다.

등온예측 결과와 비등온 예측결과에 관한 비교를 목적으로 그림 5.27(a)의 업셋팅공정(유동응력: 그림 5.27(b))을 해석하여 비교하였다. 공정조건은 제5.4.5절과 동일하며 금형의 초기온도를 150℃로 가정한 상태에서 비등온해석을 실시하였다. 그리고 비등온 해석결과를 바탕으로 구한 부피 기준 평균온도 (1160℃)를 계산하여, 이 온도를 등온조건으로 사용하여 등온해석을 실시하였으며, 그 결과를 그림 5.31에 나타내었다. 이 그림에서 보는 바와 같이 등온해석과 비등온해석의 결과는 하중이나 소재의 변형 측면에서 크게 다르지 않음을 알 수 있다.

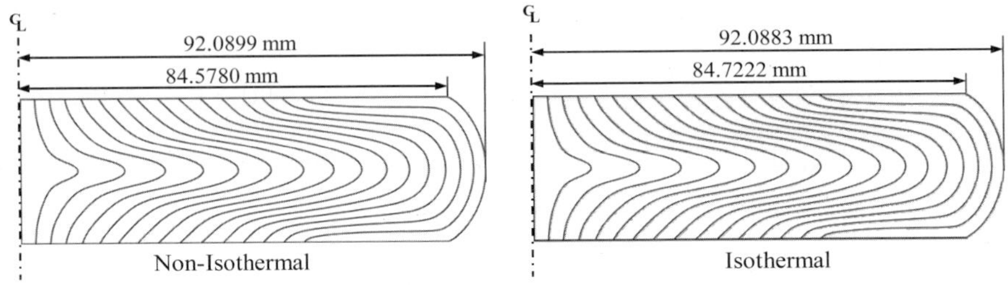

(a) 변형

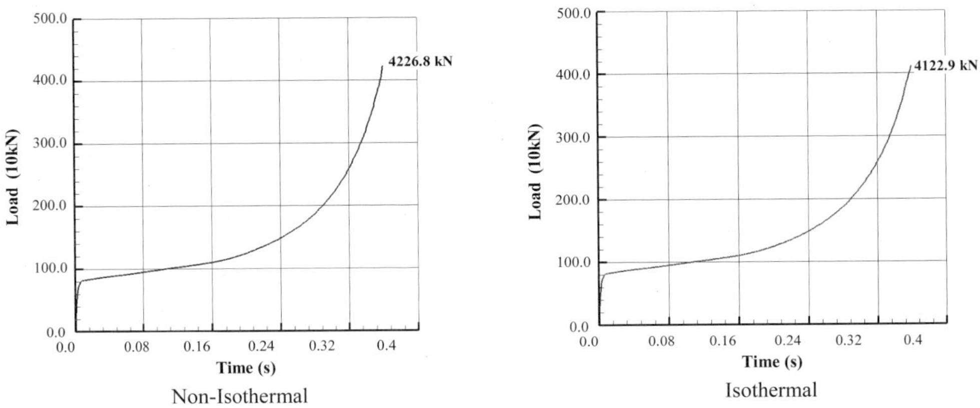

(b) 성형하중

그림 5.31 업셋팅공정의 등온해석과 비등온해석의 비교

그림 5.32는 실공정에 대한 등온예측 결과와 비등온예측 결과를 비교한 것이다[5.6]. 관점에 따라서는 무시할 수 없는 차이가 있음에 틀림 없다. 그러나 비등온해석을 위해서는 열적 경계조건이 필요한데 그 수치가 상황에 따라 크게 다를 수 있으며, 문헌에서 제공하는 데이타도 같은 조건하에서도 큰 차이를 보일 수 있기 때문에 그림 5.31의 등온예측 결과는 하나의 기준을 제공한다는 점에서 주목할만하다.

실제 열간단조공정에서 금형과 소재의 접촉으로 인하여 발생하는 열충격을 정확하게 반영하기 위해서는 금형과 소재의 표면에서 법선방향으로 조밀한 요소망을 사용해야 한다. 압연롤의 경우, 그림 5.33에서 보는 바와 같이 반경의 2% 이하에 해당하는 롤의 표면에서만 온도의 급격한 상승과 냉각이 주기적으로 발생하는데 이 문제를 풀기 위해서는 일반적인 요소망으로는 불가능하다[5.7]. 단조도 그 정도는 약하지만 기본적인 것은 마찬가지이다. 그렇지만, 내부의 소성열에 의한 온도 상승의 예측결과는 신뢰성이 높을 수밖에 없으며, 그림 4.6에서 보는 바와 같이 고온취성에 노출되기 쉬운 소재의 단조에서는 유용한 정보가 될 수 있다.

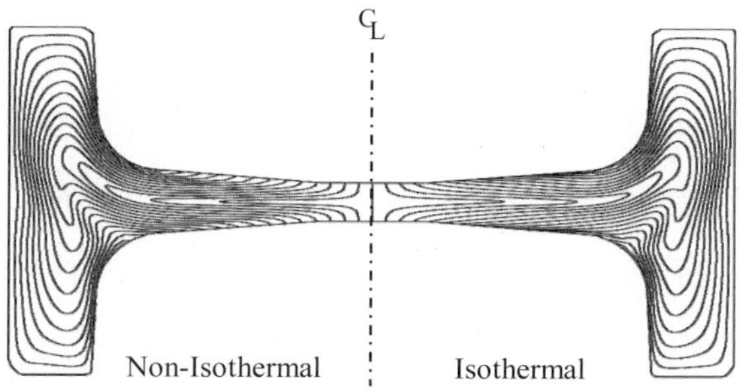

그림 5.32 제1세대 허브베어링 단조공정의 등온해석과 비등온해석의 비교

한편, 그림 5.31와 그림 5.32에서 보는 바와 같이 금형-소재 접촉부에서 비등온해석의 소성유동이 등온해석의 소성유동보다 더 구속됨을 알 수 있다. 이것은 등온해석 시에 마찰계수를 실제보다 약간 크게 함으로써 그 효과를 낼 수 있기 때문에 소성유동선의 예측에 관심이 있다면, 수정된 마찰계수를 이용한 등온해석이 바람직하다.

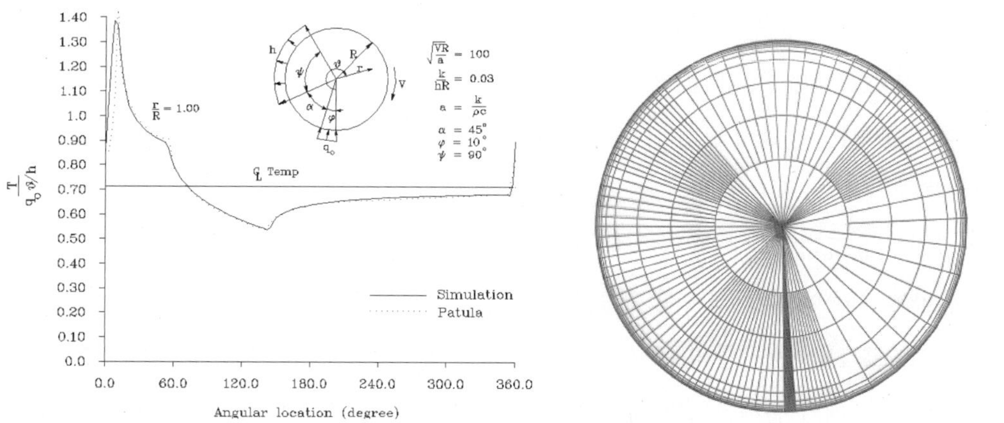

그림 5.33 압연공정의 강열점소성 유한요소해석[5.5]

5.5.2 온도의 근사해법

거시적 관점에서의 단조 시뮬레이션에서 온도의 해석은 중요할 때가 있지만, 경험적으로 볼 때 대부분의 일반 소성가공공정의 유동해석에서 온도는 주요 변수가 아니다. 비록 온도가 중요하더라도 온도 예측결과의 신뢰성을 높이는 데는 많은 제약이 따른다. 첫째, 소성가공에서 소재와 금형의 접촉 시의 열전달 현상은 열충격에 가깝다. 이러한 현상을 수치적 방법으로 정확하게 예측하기 위해서는 앞 절에서 서술한 바와 같이 금형과 소재의 깊이 방향으로 매우 조밀한 요소망이 뒷받침되어야 하지만, 이것은 열전달해석뿐만 아니라 소성유동 계산시간의 급격한 증가를 야기시키기 때문에 현실적이지 않다. 둘째, 비록 방법론적으로 결함이 없다고 하더라도 경계조건을 정확하게 모델링하는 것은 쉬운 일이 아니다. 많은 비용을 투자한다면 보다 나은 정보의 획득이 가능하겠지만, 이를 통하여 얻는 것이 기대 이하이다. 따라서 이러한 열적 정보는 시간을 두고 점진적으로 개선될 것이다.

일반적인 열간단조공정의 경우, 소재가 금형에 접촉한 이후 분리되는 경우가 많지 않다. 그리고 소재가 금형에 접촉한 이후 소재의 표면 온도의 하강과 금형의 표면온도의 상승은 어느 정도는 함수관계에 있다고 가정할 수 있다. 물론 이 함수 관계를 명확하게 알 수 있다면, 소재 관점에서의 비등온해석은 매우 유리하게 될 것이다.

이러한 점을 고려하여 금형에 접촉한 소재의 온도 이력을 고려한 금형 온도의 예측법에 근거한 근사 비등온 소성가공공정 해석기능이 개발되어 있다[5.8].

일반적으로 비등온해석은 두 문제의 수렴, 즉 소재의 온도해석 및 유동해석 문제의 수렴, 소재와 금형의 온도해석 문제의 수렴에 근거하고 있다. 따라서 엄밀한 수렴해를 구하는데 많은 시간이 소요될 수밖에 없다. 물론 공학해의 계산 목적으로 반복 계산 횟수를 제한하기도 한다.

금형의 온도해석을 하지 않는 대신 금형 온도를 추정하는 근사해법, 즉 소재 중심의 비등온해석 기술이 장점을 가질 수 있다. 물론 이 기법에서는 소재의 실제온도는 물론이고 근사적으로 계산된 금형의 온도 정보를 소재의 절점치로 저장한다. 매 해석스텝마다 접촉면에서 소재의 실제온도의 변화 ΔT_m^i를 바탕으로 금형온도 변화의 근사치 ΔT_d^i는 다음과 같이 계산된다.

$$\Delta T_d^i = T_d^i - T_d^{i-1} = -\alpha \Delta T_m^i \tag{5.8}$$

여기서 α는 경험치에 근거한 상수이고, 식 (5.8)에서 '-'는 소재가 냉각되면서 금형의 온도가 상승함을 의미한다. 전술한 기법을 평가하기 위한 목적으로 축대칭 공정에 제안된 기법을 적용하였다. 공정의 주요 정보는 다음과 같다. 소재 종류: SCr420HB; 금형 종류: SKD61; 초기소재 크기: (직경) 8.0, (높이) 12.0mm; 소재 초기온도: 1100 °C; 금형 초기온도: 150 °C; 마찰법칙: 쿨롱마찰법칙(쿨롱마찰계수, μ=0.2).

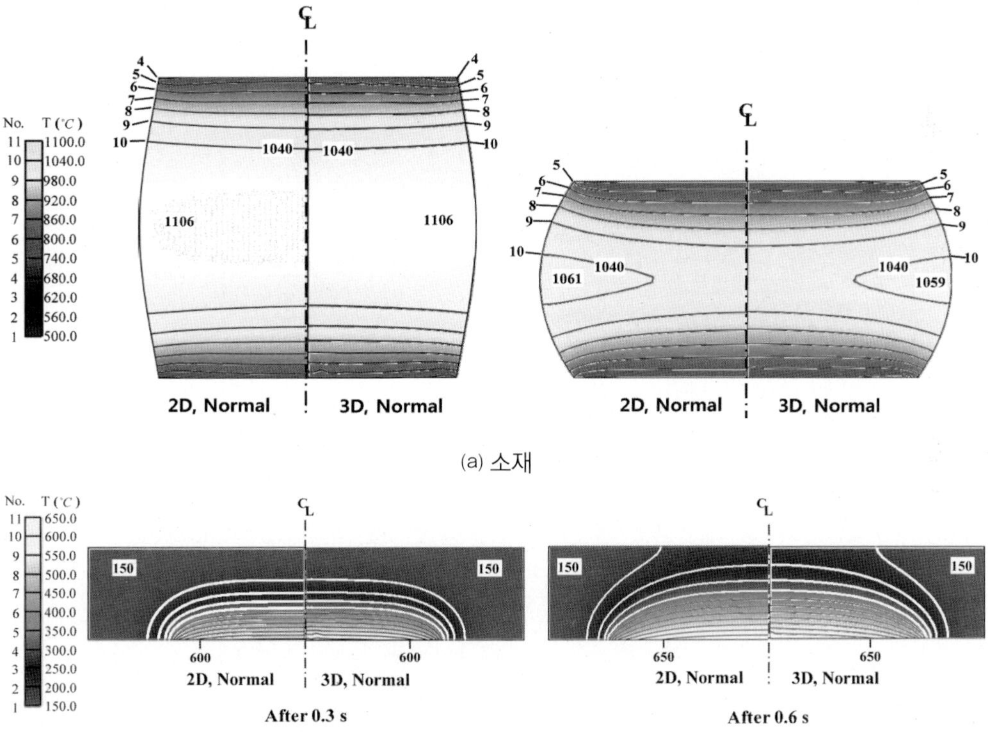

그림 5.34 2차원 및 3차원 비등온 예측결과의 비교. 좌측은 2차원 해석, 우측은 3차원 정상해석

먼저 정상적인 방법으로 구한 그림 5.34(a)의 소재의 온도분포를 고찰해 보자. 2차원 해석결과에서 온도 최대치와 최소치는 각각 1061.0℃와 743.0℃이고, 3차원 해석결과에서 온도 최대치와 최소치는 각각 1059.0℃와 733.0℃이다. 따라서 그 차이는 공학적으로 크지 않으며, 2차원과 3차원의 이론적 배경과 접근방법의 차이와 요소망의 영향 등을 감안하면 무시할 정도이다. 그림 5.34(b)의 금형 온도분포도 마찬가지이다.

그림 5.35는 근사 비등온해석 기법을 적용하여 구한 것으로 α=1.0와α=1.5의 경우 정상적인 해와 큰 차이가 없음을 알 수 있다. 반면 α=0.5와 α=2.0이 예측한 근사해는 정상해와 다소 차이가 있다.

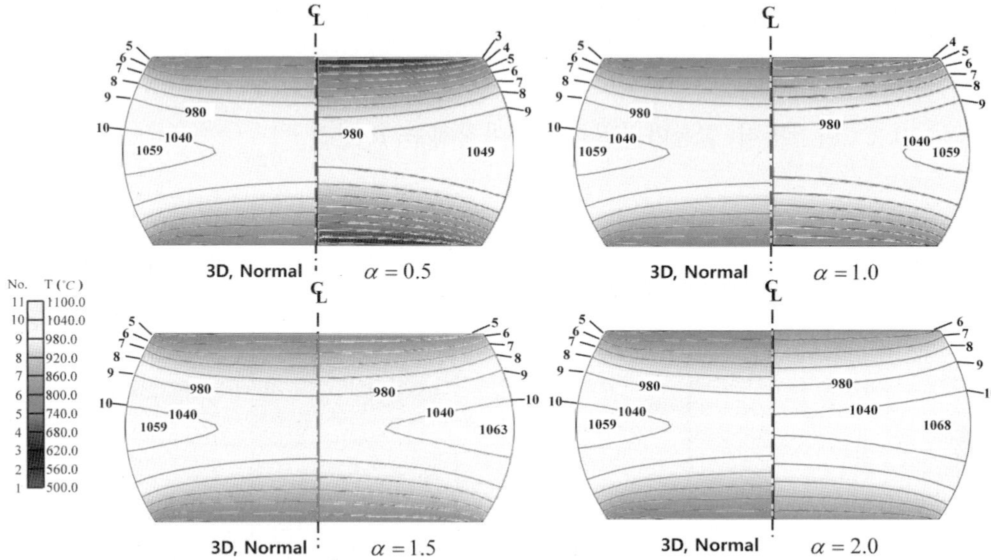

그림 5.35 3차원 근사해석과 정상해석의 비교

5.6 요소 및 요소 수의 영향

유한요소법은 미분방정식의 근사해법에 근거하고 있다(부록 A 참조). 미분방정식의 근사해법은 기지의 함수(기초함수)의 선형조합, 즉 기초함수에 상수를 곱하여 더한 함수를 미지의 시도함수로 두고 최적의 상수를 결정하는 것으로 요약된다. 따라서 사실상 상수를 결정하는 문제로 바꾸어 해를 근사적으로 구한다. 이 때 해의 정확도는 어떤 함수를 기초함수로 사용하느냐에 따라 달라진다.

유한요소법에서는 유한요소보간법에 의하여 해석 대상물체를 일정한 규칙을 만족하는 요소와 절점으로 자르는데 이를 유한요소이산화라고 하고, 각 절점에 하나의 보간함수(일종의 기초함수임)를 정의하는데 이를 유한요소보간이라고 한다. 하나의 절점에 정의된 보간함수는 그 점에서 1의 값을 갖고 나머지 절점에서 0의 값을 갖는 조건이 부과되며, 그 절점에 의해서 정의되는 요소에서만 함수값이 0이 아니다. 이에 관한 기초 지식은 부록 A로 대신하고, 상세한 사항은 참고문헌[1.1]로 대신한다.

유한요소법은 사용된 보간함수로 만들 수 있는 최적의 해를 구해준다. 따라서 요소망의 품질이 해의 정확도를 결정한다. 물론 요소의 수를 많게 하면 절점의 수가 많아질 것이고 일반적으로 해의 정확도는 개선된다. 그러나 3차원 해석의 경우 계산시간이 문제될 수가 있다. 그리고 요소망재구성이 수반되는 소성가공 시뮬레이션에서 요소 수를 증가시키면 일반적으로 요소망재구성의 회수도 증가한다. 전술한 바와 같이 요소망재구성은 해석경계의 인위적 변경과 상태변수의 수치적 변화를 불러일으킨다. 따라서 해석 대상 물체를 적절한 수의 요소로 잘라 주면서 정확도를 높이는 기술이 중요하다. 소성변형이 큰 부위에서는 상대적으로 촘촘하게 잘라야 하고, 반대로 변형이 적은 영역에서는 상대적으로 듬성하게 잘라도 된다. 유한요소보간 오차를 고려한 최적의 요소망생성 기술을 적응요소망생성 (adaptive mesh generation)이라고 하며, 소성가공 시뮬레이션에서 향후의 접촉 조건 등을 고려한 요소망생성 기술을 저자는 지능적 요소망재구성이라고 칭하고 있다.

2차원의 경우, 삼각형요소와 사각형요소가 일반적으로 사용되고 있고, 3차원의 경우 사면체요소와 육면체요소가 널리 사용되고 있다. 경험적으로 보면, 사각형요소와 육면체요소는 소위말하는 수치적 로킹(numerical locking) 문제로부터 자유스럽다. 그러나 2차원에서의 삼각형요소와 3차원에서의 사면체요소는 수치적 로킹 문제에 노출되어 있다. 사면체요소망의 경우 일반적으로 요소의 수가 절점의 수보다 5배 정도 크기 때문에 수치적 로킹 문제가 발생한다. 반면, 육면체요소망에서는 절점의 수가 요소의 수보다 많기 때문에 그렇지 않다. 삼각형요소망 또는 사면체요소망을 사용할 경우, 전술한 수치적 로킹 문제의 해소를 위하여 특별한 방법을 사용해야 하는데, 그 대표적인 방법이 삼각형 MINI-요소 또는 사면체 MINI-요소의 사용이다. 사실 다른 문제만 없다면, 수치적 문제가 없는 사각형요소와 육면체요소가 유리하다. 그런데 육면체요소망의 경우, 자동요소망재구성이 용이하지 않다. 따라서 현실적으로 2차원의 경우 사각형요소를 사용하고 3차원의 경우는 자동요소망재구성이 가능한 사면체요소의 사용하는 것이 하나의 대안이 될 수 있다. 사각형요소망과 사면체요소망의 실례는 그림 3.8-3.11로 대신한다.

물론 대부분의 상용 소프트웨어에서는 요소망밀도의 최적화 기능을 갖추고 있다. 그러나 특별한 문제의 경우 사용자의 개입에 의한 최적 요소망의 생성이 필요할 수도 있다. 이러한 목적으로 생성된 요소망을 그림 3.9와 그림 3.11에서 찾아 볼 수 있다.

요소의 수(사실 그것보다 절점의 수가 더 중요함. 그렇지만 요소의 수와 절점의 수는 비례관계에 있으므로 통상 절점의 수 대신 요소의 수를 사용함)에 따라 예측결과는 다소의 영향을 받는다. 그러나 소재의 표면을 표현하는데 충분한 정도의 요소 수를 사용하면, 전체적인 예측결과는 큰 영향을 받지 않는다. 가령, 그림 5.36은 업셋팅공정의 해석결과로써 얻은 유효변형률분포인데, 그림 5.36(a)의 경우는 500개 내외의 사각형요소를 사용하였고, 그림 5.36(b)의 경우는 5000 개 내외를 사용하였지만, 그 결과가 크게 다르지 않음을 알 수 있다. 비록 요소의 수를 극단적으로 작게 했음에도 불구하고 유효변형률속도의 분포에서 대칭성을 만족하고 있다. 그리고 그림 5.37에서 보는 바와 같이 요소망의 수에 따라 해석결과의 차이가 크지 않음을 확인할 수 있다. 요소 수에 따른 해석결과의 차

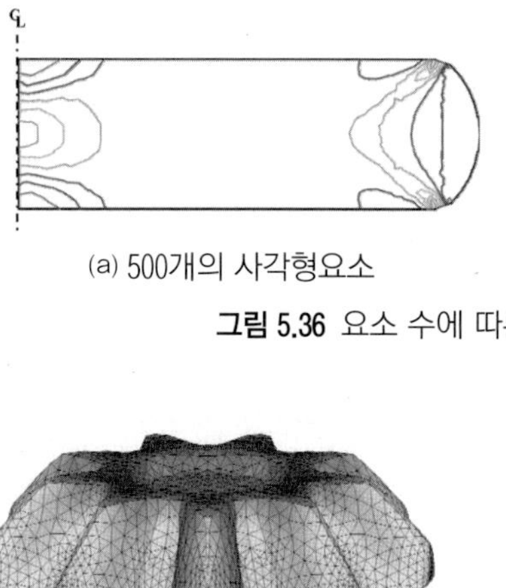

(a) 500개의 사각형요소

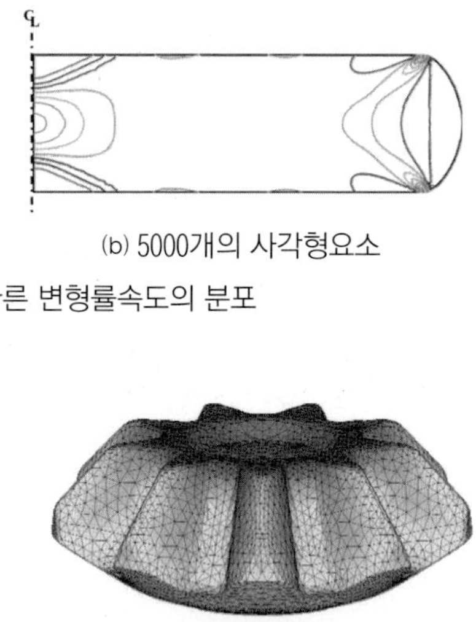

(b) 5000개의 사각형요소

그림 5.36 요소 수에 따른 변형률속도의 분포

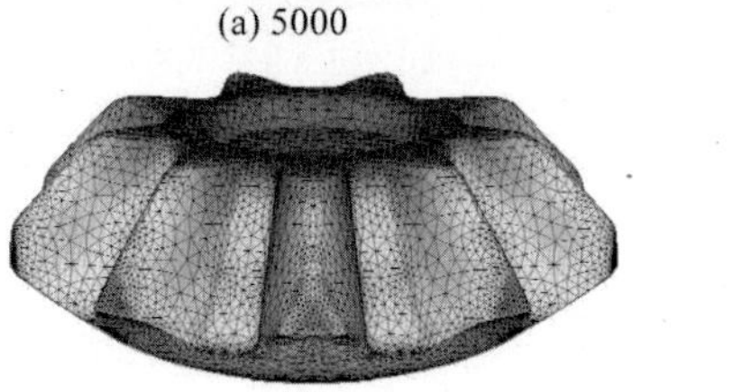

(a) 5000

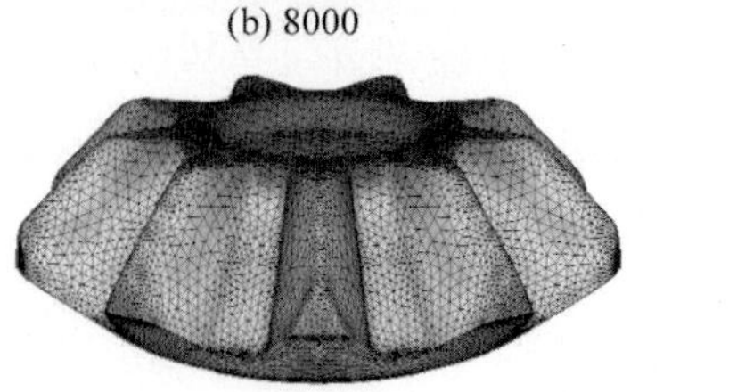

(b) 8000

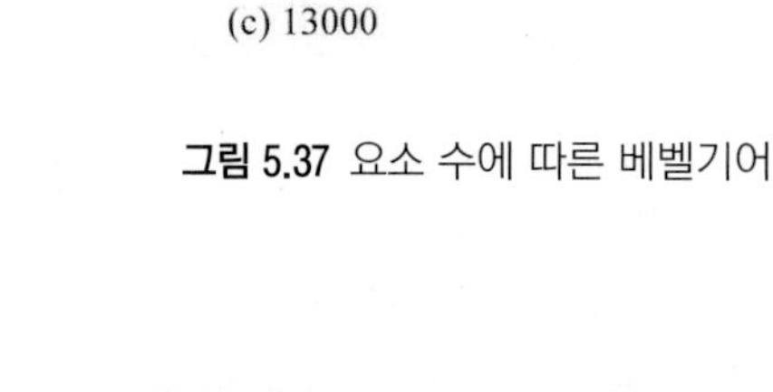

(c) 13000

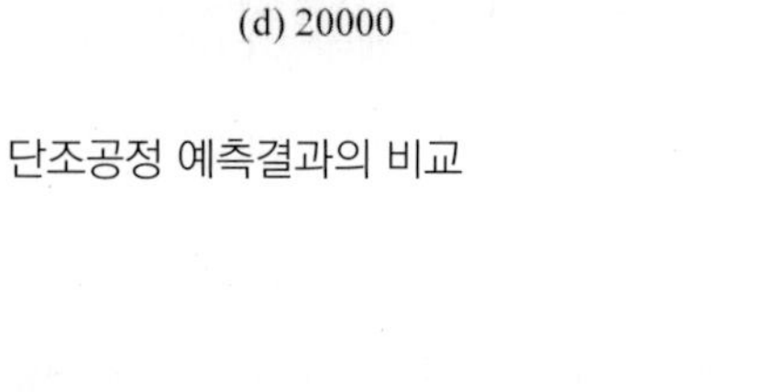

(d) 20000

그림 5.37 요소 수에 따른 베벨기어 단조공정 예측결과의 비교

이가 작을수록 안정적인 소프트웨어라고 할 수 있을 것이다. 따라서 이 점은 소프트웨어의 신뢰성을 평가하는데 있어 중요한 고려 사항이 될 수도 있다.

5.7 요소망재구성으로 인한 상태변수의 순화

대부분의 상용 소프트웨어에서 선형등매개변수 요소(linear isoparamatric element)를 사용하고 있으며, 이 경우 요소망재구성은 심한 상태변수의 순화를 초래한다. 선형등매개변수 요소를 사용할 경우 요소에서 일정하거나 요소 경계에서 불연속적인 응력, 변형률, 변형률속도 등의 상태변수를 갖게 된다. 특히, 변형률, 손상도 등과 같은 이력변수는 요소망재구성으로 값의 변화가 불가피한데, 이를 상태변수의 수치적 순화라고 한다. 이 수치적 순화는 유효변형률 등의 상태변수의 극대치를 낮추고 극소치를 높이는 부정적 역할을 한다[5.9]. 따라서 수치적 순화는 곧 정확도를 떨어뜨리는 직접적인 원인이 되므로 이를 줄이기 위하여 최소자승법 등이 사용되기도 하지만 근본적인 해결책은 아니다.

가급적 요소망재구성을 줄이는 것이 대책이지만, 이 경우 소재의 경계가 금형을 충분히 표현하지 못하는 문제를 유발하며, 요소의 심한 뒤틀림은 수치적분 시의 오차를 증가시키는 요인이 되므로 적절한 요소망재구성은 불가피하다. 이러한 문제를 해결하기 위한 목적으로 국부요소망재구성과 전체요소망재구성의 조화가 필요하다. 국부요소망재구성은 요소망재구성 원인을 제공한 국부의 영역을 대상으로 요소망재구성을 실시하는 방법이다. 반면, 전체요소망재구성은 전체의 해석 영역을 대상으로 요소망재구성을 실시하는 방법이다.

국부요소망재구성은 응용 측면에서는 매우 중요하지만 학술적으로 어렵거나 지속적으로 탐구해야 할 연구 주제에 속하지는 않는다. 이러한 이유로 많은 연구자들의 기여에도 불구하고 응용 측면에서 볼 때 다소 부족한 것이 사실이다. 상용 소프트웨어가 이 기능을 충분히 제공 못하는 것도 문제이지만, 비록 제공된다고 하더라도 보다 신뢰성이 높은 결과를 얻으려는 사용자의 노력도 뒷받침되어야 한다. 따라서 여기서는 수치적 순화 메커니즘을 설명하고 그 중요성을 실례를 통하여 강조한다.

상태변수의 순화를 조사하기 위하여 그림 5.38(a)의 유한요소해석결과를 검토해 보자. 선형등매개요소를 사용할 경우, 변위 또는 속도 구배로부터 구하는 상태변수는 요소의 경계에서 불연속이며, 하나의 요소 내에서 거의 일정한 값을 갖는다. 따라서 유한요소해석결과로 요소 ①의 요소치가 $\phi_{①}$=1.0이고, 요소 ②의 요소치가 $\phi_{②}$=②.0 으로 가정한다. 그리고 y-축 방향으로의 상태변수의 변화는 없다고 가정한다. 이 경우, 상태변수는 그림 5.38(b)에서 보는 바와 같이 계단으로 나타난다.

직관에 의존할 경우, 이 계단을 대표하는 직선은 그림에서 보는 바와 같이 네 개의 빗금친 부분의 면적이 동일한 경우이다. 그러나 수치적으로 유리한 최소자승법을 사용할 경우에는 상황이 달라진다. 절점 1과 4에서 절점치를 ϕ_1이라고 하고, 절점 2와 3에서 절점치를 ϕ_2라고 하고, 절점 5와 6에서 절점치를 ϕ_3이라고 하자. 절점치를 선형보간하면 그림 5.38(b)에서 보는 바와 같이 빗금 친 부분의 오차를 발생시킨다. 이 오차를 제곱하여 구간별로 적분을 실시함으로써 다음의 오차함수를 만들 수 있다.

$$E(\phi_1,\phi_2,\phi_3) = \int_0^1((\phi_2-\phi_1)x+\phi_1-1)^2dx+\int_1^2((\phi_3-\phi_2)x+2\phi_2-\phi_3-2)^2dx$$
$$=\frac{1}{3}(\phi_1^2+2\phi_2^2+\phi_3^2+\phi_1\phi_2+\phi_2\phi_3-3\phi_1-9\phi_2-6\phi_3+15) \quad (5.9)$$

오차함수 $E(\phi_1, \phi_2, \phi_3)$가 최소값을 가질 조건,

$$\frac{\partial E}{\partial \phi_i}=0,\ \ i=1,2,3 \quad (5.10)$$

으로부터

$$2\phi_1+\phi_2-3=0,\ \ \phi_1+4\phi_2+\phi_3-9=0,\ \ \phi_2+2\phi_3-6=0 \quad (5.11)$$

이다. 따라서 ϕ_1 = 0.75, ϕ_2 = 1.50, ϕ_3 = 2.25이며, 그 결과를 그림 5.38(c)에서 (0,0.75)와 (2,2.25)를 잇는 선분으로 도시하였다. 직관적으로 얻은 것과 비교적 큰 차이를 보이고 있다. 반대로 이 결과로부터 요소치를 절점치의 대수평균값으로부터 구하면, $\tilde{\phi}_{①}$ =1.125, $\tilde{\phi}_{②}$=1.875가 된다. 여기서 강조하고자 하는 점은 새로운 요소치(하나의 요소에서 정의되는 값, 예를들면 변형률, 응력 등)가 본래의 값과 다르다는 점이다. 이 점은 요소망재구성을 실시해야 하는 소성가공 등의 문제에서 결과의 정확도를 떨어뜨리는 요인

이 될 수 있다는 점을 암시하고 있다. 그리고 후처리 과정에서 결과치의 진동을 유발하는 원인 중의 하나가 된다. 전술한 현상을 순화라고 하며, 요소망재구성 시에 발생하는 수치적 오차와 직결된다. 이러한 순화로 발생하는 오차를 줄이는 방법은 적절히 많은 수의 요소를 사용하면서 요소망재구성의 수를 줄이는 방법이 있다. 그런데 요소의 수를 증가시키면 요소망재구성의 빈도를 증가시키게 된다. 그리고 요소망재구성을 줄이면, 수치적분 등에서 발생하는 오차가 증가할 수 있으므로 요소망재구성의 원인을 제공한 국부의 영역에 대한 국부요소망재구성을 실시하는 것이 현실적이 대안이다.

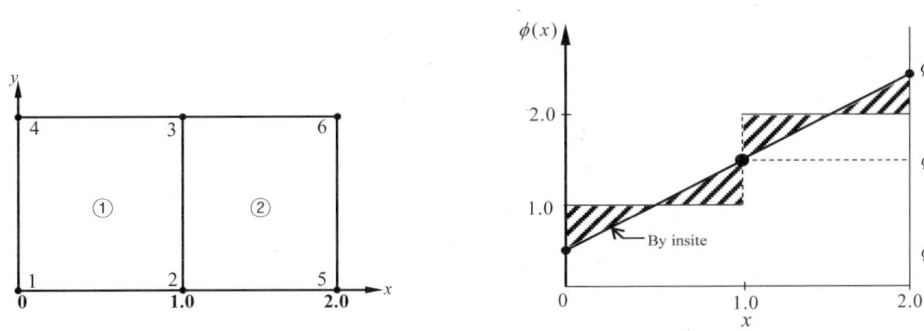

(a) 시험 요소망 (b) 요소치와 오차

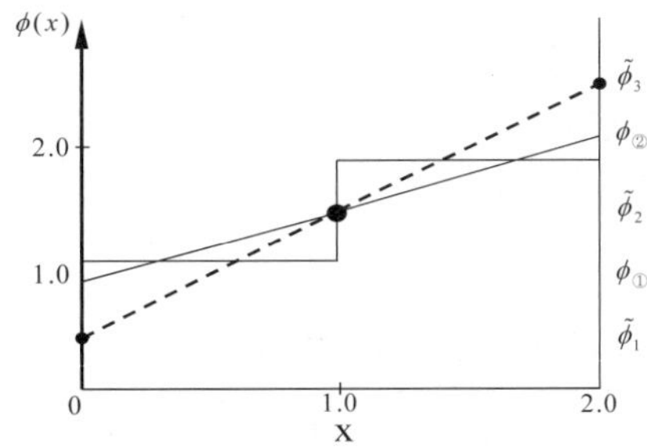

(c) 순화현상

그림 5.38 요소망재구성과 순화현상

경험적으로 볼 때, 국부요소망재구성은 몇 가지의 기법에 의존한다. 첫째, 국부요소망재구성을 실시해야 할 영역이 내부일 경우, 절점최적화기법[3.2], 즉 r-법으로 요소망을 최적화시킨다. 둘째, 경계를 포함하면서 경계절점의 수를 증가시킬 필요가 없을 경우, 경계절점의 위치를 결정한 후 절점최적화기법으로 해결한다. 셋째, 경계 절점의 변경이 불가피한 경우, 이 경계절점을 포함하는 일정한 영역을 새로운 요소망으로 변경한다.

2차원 국부요소망재구성의 효과를 극명하게 보여주는 예제가 절삭가공 공정의 2차원 유한요소해석 문제이며, 제10.22절에 수록되어 있다. 여기서는 2차원 압출문제와 3차원 문제를 통하여 상태변수의 순화를 강조한 적용 사례를 소개한다.

(1) 2차원 문제

일정 이상의 압출비를 갖는 압출공정의 시뮬레이션에서 국부요소망재구성이 특히 효과적일 수 있다. 대부분의 소재가 탄성영역에 속하거나 금형의 출구 주위에 비하여 매우 작은 변형을 받기 때문이다. 즉, 경사진 금형 출구 주위의 요소만 국부적으로 개선시킴으로써 전체적인 해석결과에는 영향을 주지 않으면서 수치적 순화의 문제를 줄일 수가 있다.

축류의 제품은 대부분 압출공정을 동반한다. 볼스타드 냉간단조공정은 이러한 공정의 대표적인 것으로, 중심파괴의 가능성 등을 비교적 높은 정확도로 확인하고자 할 경우 국부요소망재구성이 필수적이다. 여기서는 비교적 형상이 복잡한 볼스타드 단조공정을 적용 대상으로 선택하였으며, 공정설계 및 해석결과를 그림 5.39에 나타내었다. 이 공정설계에서 2단과 4단에서 압출공정을 포함한다. 물론 전체의 공정에 대하여 국부요소망재구성기법과 전체요소망재구성기법이 함께 적용되었으나, 그 효과는 요소망재구성이 잦은 압출공정에서 크게 나타난다. 따라서 여기서는 압출공정 중심으로 설명한다. 요소망재구성의 조건은 다음과 같다.

- 요소의 내각이 5° 보다 작거나 175° 보다 클 때
- 경계선분 길이가 요소망 생성 직후에 비하여 2배 이상 늘어날 때
- 소재가 금형을 1.0mm 이상 침범할 때
- 금형 상에 위치한 소재의 경계선분과 금형 간의 거리가 1.0mm 이상일 때

동일한 조건 하에서 전체요소망재구성기법과 국부요소망재구성기법을 이용하여 공정해석을 수행하였다. 해석 중, 요소의 수가 5000개 내외가 되도록 하였다. 그림 5.40은 국부요소망재구성기법을 이용한 해석 과정에서의 요소망을 나타내었다. 손상도의 예측결

과를 그림 5.41에 비교 목적으로 나타내었으며, 해석 진행중에 요소와 절점 수의 변화를 추적하여 그림 5.42에 나타냈다. 이 그림에서 보는 바와 같이 전체요소망재구성기법을 사용했을 경우, 총42회의 전체요소망재구성을 실시한 반면, 국부요소망재구성기법을 사용했을 경우, 국부요소망재구성 35회와 전체요소망재구성 13회를 포함하여 총 48회의 요소망재구성이 이루어졌다. 그림 5.41에서 보는 바와 같이 전체요소망재구성기법을 사용했을 경우의 최대손상도는 0.29이며, 국부요소망재구성기법을 사용했을 경우의 최대손상도는 0.34로 나타났다.

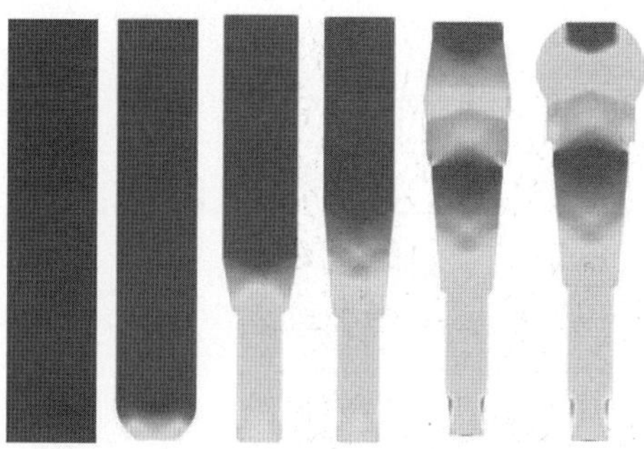

그림 5.39 볼스타드 공정설계 및 해석결과

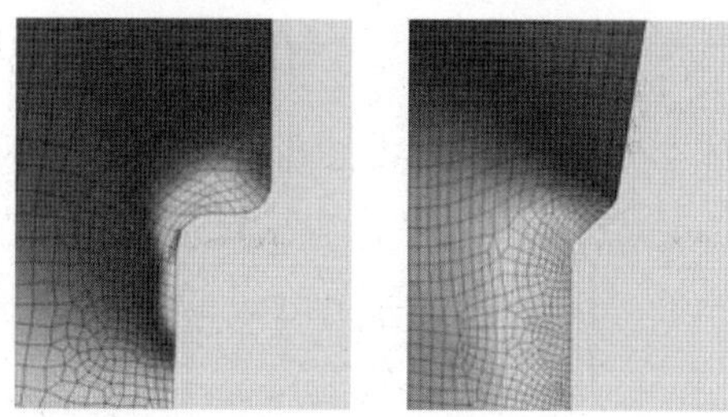

그림 5.40 국부요소망재구성 시의 요소망의 예

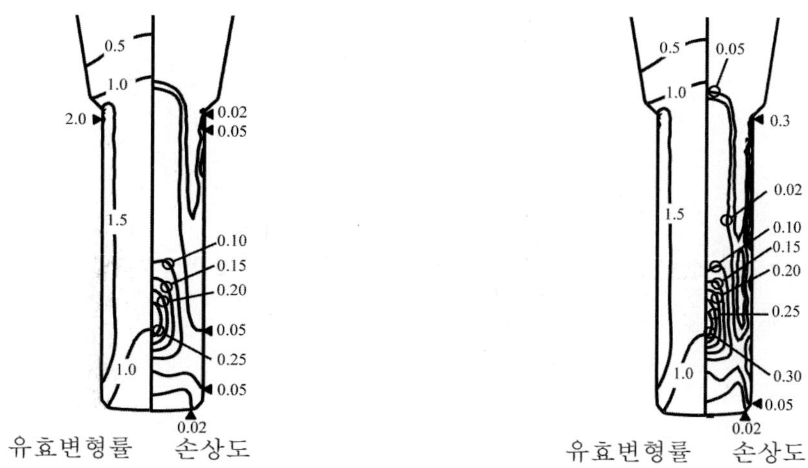

(a) 전체요소망재구성

(b) 국부요소망재구성

그림 5.41 유효변형률과 손상도의 비교

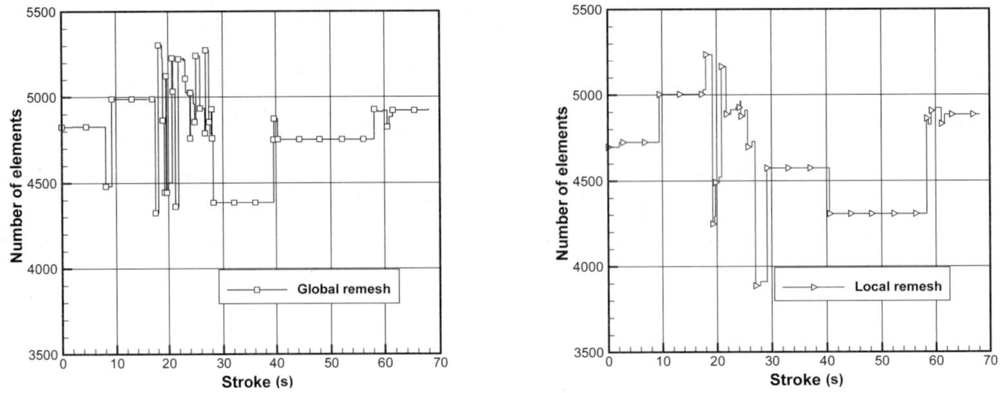

(a) 전체 (b) 국부

그림 5.42 요소망재구성에 따른 요소 수의 변화

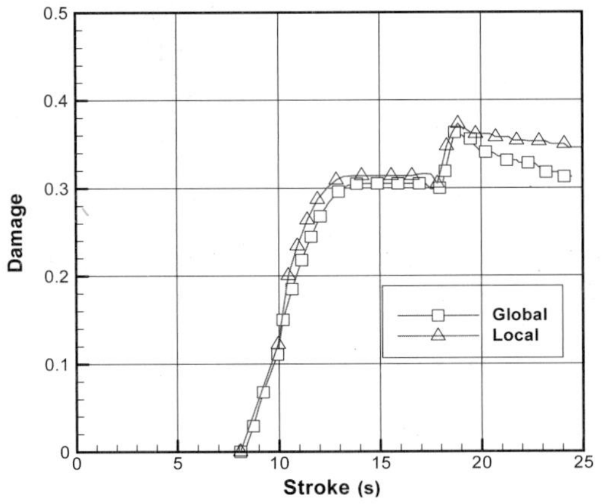

그림 5. 43 스트로크에 따른 손상도의 변화

한편 그림 5.43에서 중심 부의 최대손상도의 변화 추이를 보면, 국부요소망재구성기법의 효과를 한 눈으로 확인할 수 있다. 최대손상도는 어떠한 경우라도 증가해야 하지만, 최소자승법에 근거한 순화 과정은 필연적으로 최대값의 감소를 야기하며, 이 현상은 압출공정에서 특히 명확하게 들어나고 있다. 이러한 현상은 국부요소망재구성을 활용하면 부분적으로 극복이 가능하다. 물론 부분적으로 요소망재구성을 하다 보면, 더 이상의 국부적 요소망재구성이 불가능한 경우가 발생할 수 있다. 이러한 경우와 요소 전체의 품질을 향상시키기 위한 목적으로 전체적인 요소망재구성이 국부요소망재구성기법에서 불가피하다.

(2) 3차원 문제

Wan 등[5.10]은 자체적으로 개발한 국부요소망재구성기법의 성능과 상용 소프트웨어의 전체요소망재구성의 성능에 관한 비교연구를 실시하였으며, 요소망재구성 및 요소망의 품질의 중요성을 강조하였다.

Wan 등의 결과는 국부요소망재구성기법에 바탕을 두고 있으므로 요소망재구성으로 인한 상태변수의 순화 현상이 거의 없다. 반면, 현재 대부분의 상용 소프트웨어에서 채택하고 있는 전체요소망재구성기법에서는 요소망생성 이후에 요소치와 절점치를 계산하는 과정에서 불가피하게 상태변수의 순화 현상이 발생하며, 이는 결과의 신뢰도를 떨어뜨리는 직접적 요인이 될 수도 있다. 따라서 순화 현상에 대한 면밀한 분석이 필요하며, Wan 등의 연구 결과는 이러한 순화 현상을 평가하는 기준이 될 수 있다. 따라서 Wan 등의 결과와 비교하기 위하여 Wan 등의 예제와 유사한 조건하에서 스티어링 링크 단조공정의 해석을 실시하였다. 그림 5.44는 해석에 사용된 금형과 소재의 형상 정보를 나타내고 있다[5.11].

해석에 사용된 공정조건은 다음과 같다. 유동응력: $\bar{\sigma} = 60.76\dot{\bar{\varepsilon}}^{0.18}$ MPa; 마찰상수: $m= 0.3$; 전체 스트로크: 41.7mm.

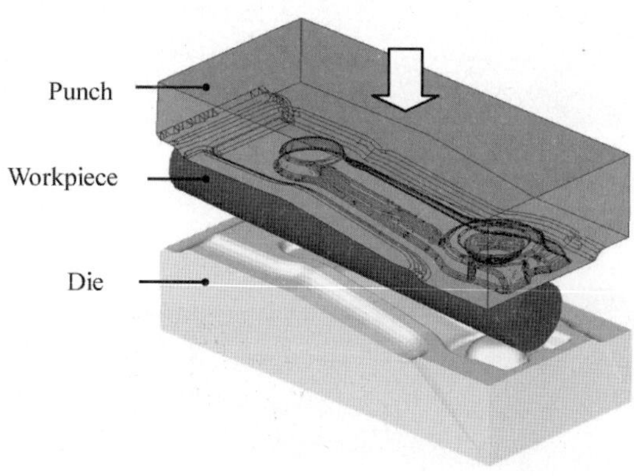

그림 5.44 공정의 기하학적 정보와 초기 조건

해석 종료 시까지 총 27회의 요소망재구성을 실시하였으며, 이는 Wan 등이 실시한 요소망재구성 회수인 24회와 비슷한 수치이다. 예측결과로 얻은 변형형상 및 요소망의 변화 과정을 그림 5.45에 나타내었으며, 그림 5.46에 최종 형상에 대하여 AFDEX 3D의 요

소망과 Wan 등의 요소망을 비교하였다. 그리고 요소망재구성으로 인한 변형률의 순화 현상을 가시화하기 위하여 그림 5.47에서 유효변형률 분포를 비교하였다.

AFDEX 3D는 비록 전체의 해석 영역을 대상으로 요소망재구성을 실시했음에도 불구하고 국부요소망재구성기법을 이용한 Wan 등의 결과와 매우 유사함을 알 수 있다. 즉, AFDEX 3D가 예측한 3.6의 최대 유효변형률은 Wan 등이 예측한 최대의 변형률이 4.1과 매우 유사하다. AFDEX 3D는 전체요소망재구성을 실시한 까닭에 그림 5.47에서 변형률의 분포가 비교적 부드러운 반면, Wan 등은 국부적 요소망재구성을 실시하였으므로 상대적으로 꺼칠꺼칠한 분포를 나타내고 있다. AFDEX 3D가 절점 순화에 효과적으로 대처하는 이유는 요소망재구성기법이 지능화되어 있기 때문이다.

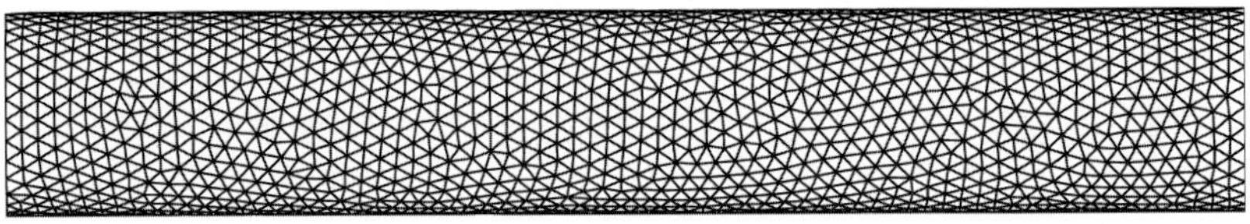

(a) 성형 직전 (절점 수: 9421, 요소 수: 47990)

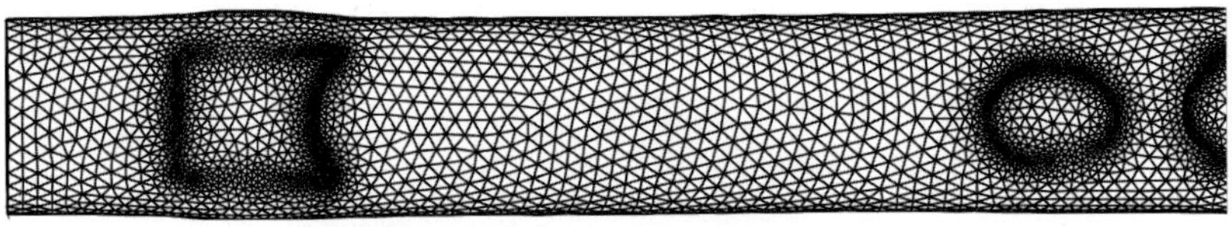

(b) 스트로크 48% (절점 수: 24290, 요소 수: 124401)

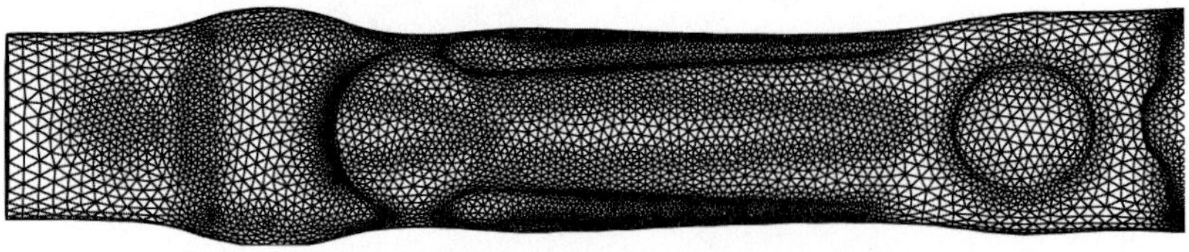

(c) 스트로크 73% (절점 수: 37821, 요소 수: 189339)

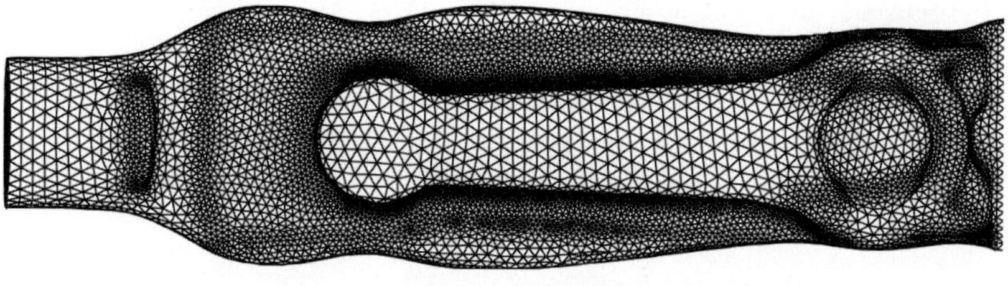

(d) 스트로크 94% (절점 수: 39858, 요소 수: 196413)

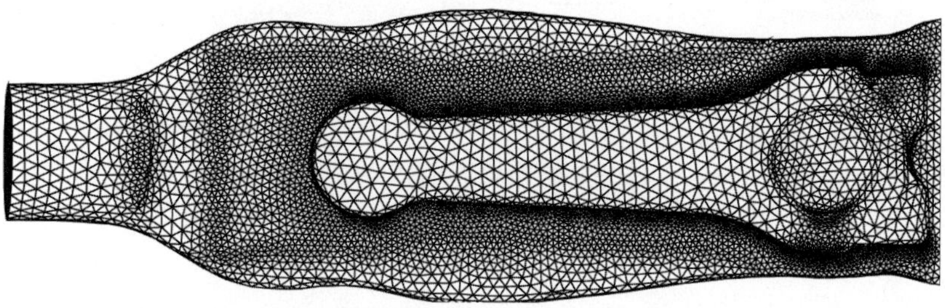

(e) 스트로크 100% (절점 수: 32251, 요소 수: 155703)

그림 5.45 단조공정 중 형상의 변화와 요소망의 변화

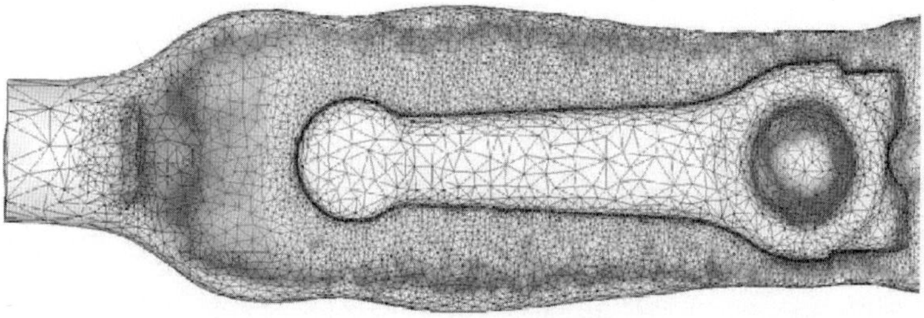

(a) Wan et al.[5.10]

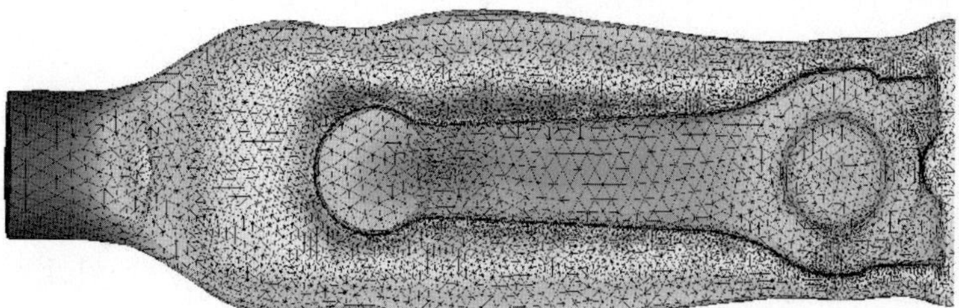

(b) AFDEX 3D

그림 5.46 요소망의 비교

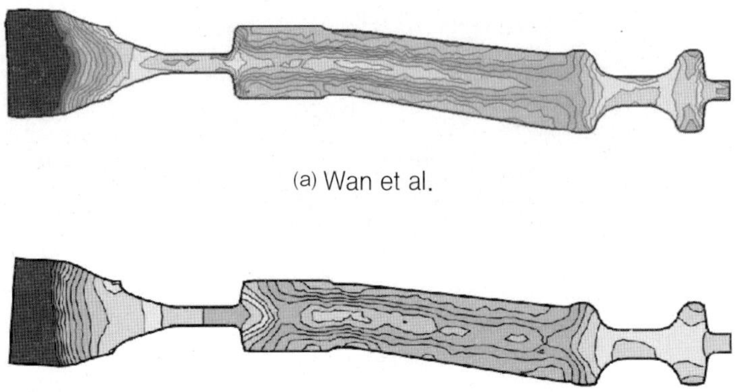

(a) Wan et al.

(b) AFDEX 3D

그림 5.47 유효변형률의 비교

5.8 강소성 이론의 수치적 문제

소성가공 시뮬레이션 기술은 유한요소법에 의하여 주도되어 왔다. 유한체적법에 바탕을 둔 시뮬레이션 기술은 계산시간 측면에서의 장점으로 2000년대 초기에 많은 관심을 끌었던 것이 사실이지만, 이제 컴퓨터와 해석 기술의 발전에 힘입어 상황이 크게 바뀌었다. 유한요소법에서도 강소성 유한요소법이 실용적 측면과 결과의 신뢰성 측면에서 강점을 지니고 있다. 따라서 대부분의 실용적인 단조 시뮬레이션 기술은 강소성 유한요소법에 바탕을 두고 있다. 탄소성 유한요소법도 개발되어 있으나, 이론의 고난이도 및 수치적 다양성, 계산시간, 결과의 신뢰성 등의 측면에서 볼 때, 기업체에서 사용하는데는 선결되어야 할 많은 문제를 내포하고 있다.

강소성 유한요소법은 성형 중에 대부분의 해석 대상 영역이 소성영역에 속하는 문제에서는 별 문제가 되지 않는다. 그러나 일부의 해석 대상 영역만이 소성영역에 속하고, 대부분의 영역이 탄성변형 범위에 속할 때, 수치적 문제가 발생할 수 있다. 이 장에서는 강소성 유한요소법의 이론적 한계와 수치적 문제로부터 발생하는 탄성영역의 인위적 소성변형에 관하여 설명하고 이의 해결 방안을 적용 예제와 함께 설명한다.

소성가공공정의 유동해석 문제는 소재의 속도장 v_i 와 정수압 p 를 구하자는 것이며, 평형방정식, 응력-변형률속도 관계식, 속도-변형률속도 관계식, 비압축성 조건식, 경계조건식 등으로 구성된 경계치 문제로 수식화된다. 상세한 내용은 제1장의 소성역학 이론 또는 제3장의 단조 시뮬레이션 관련 내용을 참고하기 바란다. 강소성 이론에서는 다음과 같은 편차응력(σ'_{ij})-변형률속도($\dot{\varepsilon}_{ij}$) 관계식을 사용한다.

$$\sigma'_{ij} = \frac{2\bar{\sigma}}{3\dot{\bar{\varepsilon}}}\dot{\varepsilon}_{ij} \tag{5.12}$$

여기서 $\dot{\varepsilon}_{ij}$ 는 소성변형에 의한 변형률속도를 의미한다. 즉, 탄성변형은 발생하지 않는다고 가정한다. 그런데 이 가정하에서 탄성변형 영역의 유효변형률속도 $\dot{\bar{\varepsilon}}$ 는 영이 된다. 이로 인하여 수치적 문제가 발생하게 된다.

강소성 유한요소법에서 전술한 수치적 문제를 해결하기 위하여 일반적으로 탄성체 영역 또는 $\dot{\bar{\varepsilon}}$ 가 허용최소유효변형률속도 수치보다 작을 경우에 이 허용최소유효변형률속도 수치로 간주하도록 하고 있다. 다시 말하면, 이 때 탄성영역에서 식 (5.9)의 분모는 상수가 되며, 식 (5.9)의 조건은, 재료의 유동응력이 변형률속도 의존적이지 않을 경우, 비압축성 재료의 후크법칙과 동일하게 된다. 물론 이 후크법칙은 실제의 재료의 성질을 반영하는 것이 아니라 대다수의 공정 해석에서 문제를 발생시키지 않을 정도로 미미한 영향력을 가진 인위적인 후크법칙이다. 문제는 강소성 유한요소법에서 절점의 새로운 위치의 계산 시에 탄성변형의 배제가 불가능하며 이전 해석스텝의 응력정보를 사용하지 않는다는 점이다.

따라서 강소성 유한요소법에서 이론의 한계와 수치적 문제로 인하여 탄성변형 영역에서의 인위적 소성변형은 불가피하다. 대부분의 경우, 이러한 소성변형량은 매우 작은 값으로 공차 범위 이내에 존재하기 때문에 문제가 되지 않지만, 그림 5.49 및 그림 5.51(a)와 같은 장축의 개방 압출공정의 강소성 유한요소해석에서 인위적인 소성변형량이 누적되어 허용 공차를 벗어나게 되는 경우가 존재할 수 있다. 이러한 경우는 실제 공정과 예측결과는 크게 다를 수 있다. 물론 허용최소유효변형률속도 수치를 작게 하면, 그 인위적인 소성변형량을 줄일 수는 있으나, 해의 수렴성이 크게 나빠지고, 해를 얻지 못하게 되는 경우도 발생할 수 있다. 전술한 문제의 전형적인 예를 소개한다.

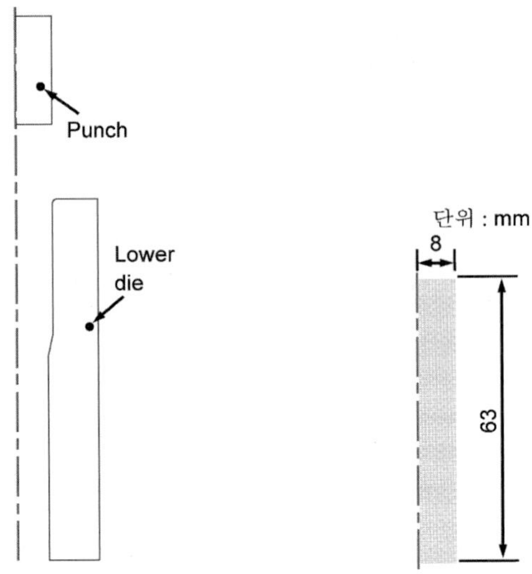

(a) 금형과 펀치 (b) 소재

그림 5.48 시험 압출공정의 정의 (KPF제공)

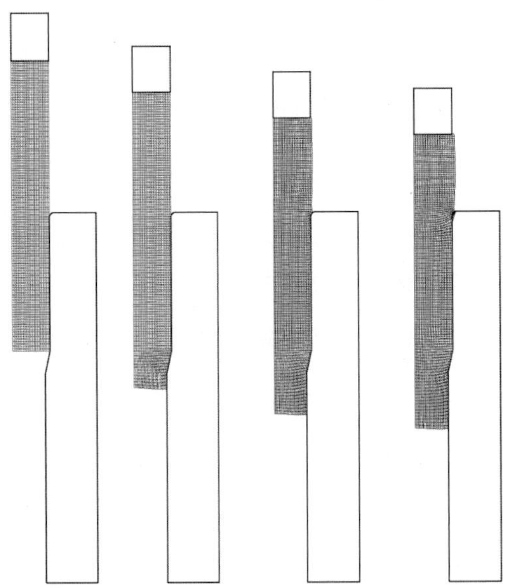

그림 5.49 탄성영역의 인위적 소성변형량을 고려하지 않음

그림 5.48은 시험 공정도이다. 이 공정은 실제로 가능한 공정이지만, 강소성 유한요소법에 근거한 단조 시뮬레이터를 이용하면, 필연적으로 그림 5.49에서 보는 바와 같이 정상적인 압출이 불가능하다는 결과를 얻게 될 수도 있다. 그림 5.49는 일반적인 조건으로 얻

은 해석결과이다. 해석에 사용된 유동응력은 $\bar{\sigma} = 727.0\bar{\varepsilon}^{0.22}$ MPa이며, 마찰계수는 μ=0.05 이다. 펀치의 하강속도를 1.0mm/s로 하였고, 허용최소유효변형률속도 수치는 0.0001로 하였다. 참고로 다른 단조 시뮬레이션 소프트웨어를 사용할 때도 이 문제는 발생하였다.

앞에서 설명한 강소성 유한요소법이 안고 있는 수치적 문제는 그림 5.49 및 그림 5.51 의 예와 같이 비교적 긴 축류의 압출과 인발 시에 주로 발생한다. 경험적으로 볼 때, 재료의 형상비가 5 이하이면, 탄성변형 영역의 인위적 소성변형으로 인하여 문제가 되는 경우가 거의 없다. 5 이상일 경우에도 많은 경우는 문제가 되지 않지만, 탄성영역의 비율이 소성영역에 비하여 현저하게 클 경우에 주의를 기울일 필요가 있다.

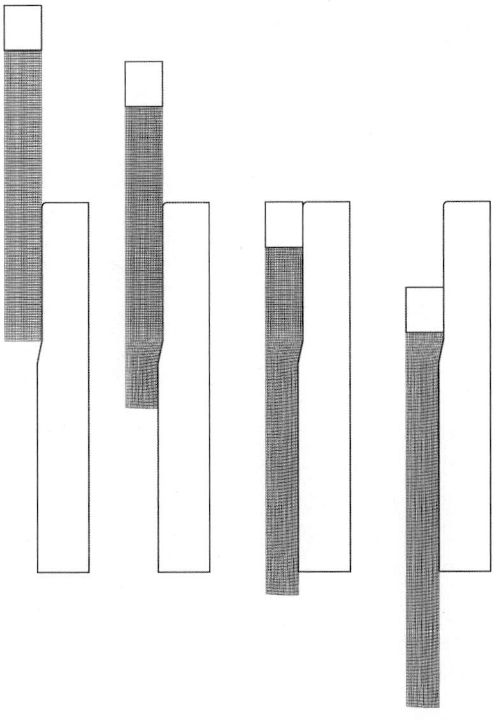

그림 5.50 절점 위치 계산에서 탄성영역의 인위적 소성변형량을 제거한 경우

AFDEX에서는 이러한 문제의 해결을 위하여 형상비가 클 경우, 해석결과로부터 얻은 속도 정보를 바탕으로 절점을 진전시킬 때, 탄성영역에서 소재의 외곽 형상을 변경시키는 요소를 인위적으로 제거하거나 탄성영역 내의 절점의 자유도를 구속하고 있다. 소재의 인위적 제거는 다소의 부피변화를 초래할 수 있다. 이 문제는 부피변화를 사전에 반영

한 재료의 치수 선정이나 해석 이후 부피의 보상 등으로 비교적 용이하게 해결될 수 있다. 물론 탄성영역 내의 절점의 일부 자유도를 구속하는 방법은 인위적 부피변화를 발생시키지 않는다.

그림 5.50은 그림 5.48의 공정에 대한 해석결과이며, 전술한 인위적 탄성변형 문제의 해결 기법이 적용되었다. 그림 5.48의 예제는 실제의 공정에서 발굴한 것으로 실험결과는 그림 5.50의 해석결과에 가깝다.

(1) 장축 12각볼트 제조공정의 유한요소해석

그림 5.51(a)는 장축 12각볼트 제조공정을 나타내고 있다[5.12]. 총 4개의 단으로 이루어져 있으며, 3단까지는 축대칭 공정에 속하며, 마지막 공정에서 12각의 볼트를 성형한다. 재료는 ESW105이며, 해석을 위한 마찰계수로 μ=0.05가 사용되었다.

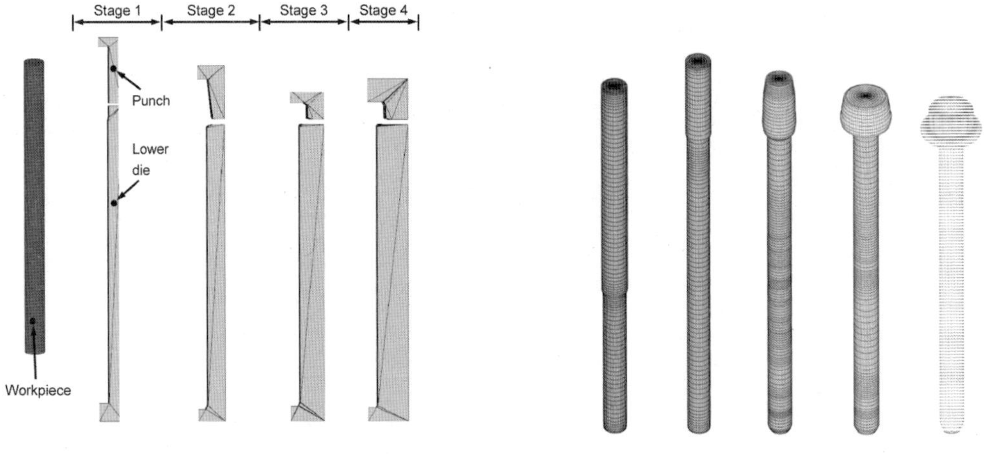

(a) 장축볼트 단조공정 (b) 강소성 유한요소예측결과

그림 5.51 12각 장축볼트 단조공정의 시뮬레이션 결과

그림 5.51(b)에 해석결과를 나타내었다. 제1단의 해석 시에 전술한 AFDEX의 탄성영역의 인위적 소성변형 제거 기법을 사용하였으며, 이 기법으로 인하여 발생한 부피변화 3% 내외를 제2단으로 넘어가기 직전에 길이 방향으로 재료를 늘림으로써 부피변화를 인위적으로 보상하였다. 이 공정은 정상적인 시뮬레이션 기능으로 해석이 불가능하다.

5.9 소재의 크기

단조 시뮬레이터의 사용자가 단조품의 크기와 공정변수를 근거로 크기를 조절해야 하는 입력변수가 있다. 가령, 절점의 금형침투허용깊이, 허용최소유효변형률속도, 재료의 금형침투허용깊이, 속도 비의존 문제의 금형 속도 등이 이에 속한다. 이러한 수치는 단조 시뮬레이터의 사용자가 제품의 크기, 금형속도 등의 공정변수, 예측결과의 정확도 등을 고려하여 경험적으로 결정해야 하는 것이다. 그런데 이러한 수치들에 대한 기준치가 없으므로 인하여 경험을 체계화하는데 어려움을 겪고 있다고 판단된다.

단조 시뮬레이션 결과는 동일한 문제라도 사용자가 선택하는 변수들에 의하여 다소의 영향을 받는다. 대개의 경우, 단조 시뮬레이터 개발자가 추천하는 수치를 사용하거나 이론을 이해하는 상황에서 경험적으로 결정했을 경우는 만족할만한 결과를 얻을 수 있다. 그런데 크기가 50mm인 제품의 단조공정을 주로 설계하던 사용자가 1mm급의 소형 단조품 또는 1000mm의 대형단조품의 단조공정 해석 문제를 접할 경우, 이론 전문가가 아닌 이상 당황하게 되고, 경우에 따라서 다소 정도가 떨어지는 결과를 얻게될 수도 있고, 획득한 결과에 대한 믿음을 못 가질 수도 있다. 이 절에서는 제품의 크기에 따라 문제가 될 수 있는 요소들을 2차원 해석 문제를 대상으로 상술한다.

(1) 절점의 금형침투허용깊이

일반적으로 단조 시뮬레이션 중 속도장 정보를 바탕으로 절점의 위치 결정 시에 절점의 금형 침범을 허용하고 있다. 절점이 금형을 침범하지 못하게 하면, 해석의 전진이 늦어지는 문제가 있다. 물론 침투한 절점의 위치는 인위적으로 가까운 금형 상의 점으로 수정된다. 절점의 금형침투허용깊이는 예측결과의 정확도와 계산시간 등에 비교적 큰 영향을 주고 있다. 경험에 따르면, 원하는 예측결과의 정확도의 50% 이하로 절점의 금형침투허용깊이를 정하는 것이 바람직하다. 가령 0.02mm의 정확도로 해석하고자 할 경우 0.01 이하를 허용하는 것이 바람직하다. 대개의 프로그램들은 사용자의 큰 실수를 방지하기 위하여 기본값(default value)을 정해 두고 있다. 단조 시뮬레이터로 0.001mm의 정확도를 원하는 경우는 일반적으로 흔하지 않기 때문에 세심한 주의를 기울이지 않으면,

마이크로 포밍공정과 같이 치수 자체가 매우 작은 공정의 해석 시에 문제가 될 수가 있다. 프로그램의 지능화가 많이 되어 있을수록 이런 문제는 더욱 심하게 된다.

(2) 소재의 금형침투허용깊이

가장 보편적으로 사용되고 있는 선형요소를 사용할 경우, 소재의 경계는 외곽절점의 연결로 정의된다. 그러므로 단조 시뮬레이션 시에 소재가 금형을 침투하는 것은 불가피하다. 곡선 상에서 인접한 두 절점을 연결하면 소재의 경계는 금형을 벗어나거나 금형과 소재 사이에 빈 공간이 발생하는 것은 불가피하다. 일반적으로 단조 시뮬레이터가 일정 수준 이상 지능화되어 있을 경우, 후자는 단조 시뮬레이션 중에서 잘 나타나지 않는다. 반면, 전자는 매우 흔하게 나타난다. 비록 요소망이 일그러지지 않았지만, 요소망재구성을 실시해야 하는 상황이 발생하는 것이다. 이 때 필요한 것이 소재가 금형을 침투할 수 있는 깊이를 규제하는 일이다. 소재의 금형침투허용깊이는 단조품의 크기에 비교적 큰 영향을 받으며, 어느 정도의 경험적 요소가 이 값을 결정하는데 도움이 될 수 있다.

(3) 허용최소유효변형률속도

식 (5.9)의 분모에는 유효변형률속도 $\dot{\bar{\varepsilon}}$가 존재한다. 이 값은 이론적으로는 탄성영역에서 0.0이며, 이 때 수치적으로 계산이 불가능한 문제에 빠지게 된다. 이러한 문제를 해결하기 위하여 유효변형률속도가 허용최소유효변형률속도 이하가 되면 그 값 대신 이 허용최소유효변형률속도를 사용한다. 이 수치는 해석결과의 정확도와 수렴특성에 매우 큰 영향을 미친다. 만약 이 값을 크게 잡으면, 해는 비교적 쉽게 구해지겠지만, 특성영역의 과도한 수치적 변형을 야기시키므로 대부분 해의 정확도를 떨어뜨리는 부정적 역할을 한다. 반대로 이 값을 매우 작게 잡으면, 해는 보다 이론해에 가깝게 될 가능성은 높지만 해의 수렴특성이 나빠지게 된다. 따라서 이 값을 결정하는 데도 비교적 세심한 주의가 필요하다. 이 수치도 단조품의 크기의 영향을 다소 받을 수밖에 없다. 개발자가 제공하는 수치를 바탕으로 하여 지속적인 경험 축적이 필요하다.

(4) 마이크로 포밍공정의 해석

전술한 문제들은 실제 일반적인 단조공정, 즉 냉간단조에서 제품의 지름이 50.0mm 내외이거나 열간단조에서 제품의 지름이 150.0mm 내외일 경우는 별 문제가 되지 않는다. 그러나 그 크기가 매우 작은 마이크로 포밍공정이나 발전설비에 들어가는 대형단조품의 경우에는 상황이 달라진다. 이 경우, 길이의 단위에 적당한 척도(scale)를 곱하여 길이의 수치를 적절히 변환하여 수치상으로 일반적인 크기의 제품으로 만들어서 문제를 해결하는 것이 바람직할 수 있다. 소프트웨어에서 이러한 기능을 제공하는 단조 시뮬레이터도 있다. 이러한 기능을 제공하지 않을 경우에는 사용자가 단위계를 바꾸어 주면 된다.

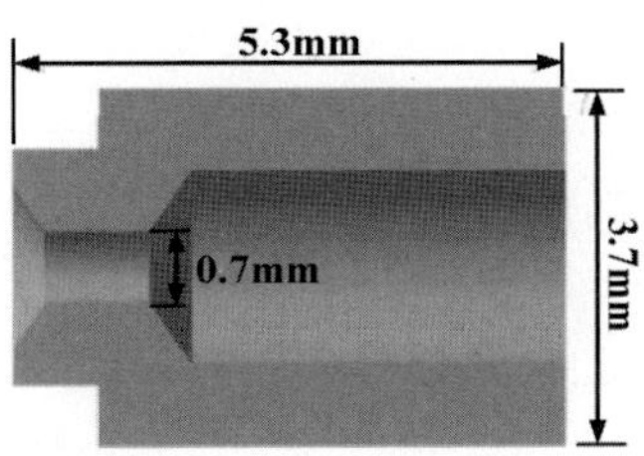

그림 5.52 적용 예제 1의 형상 및 치수

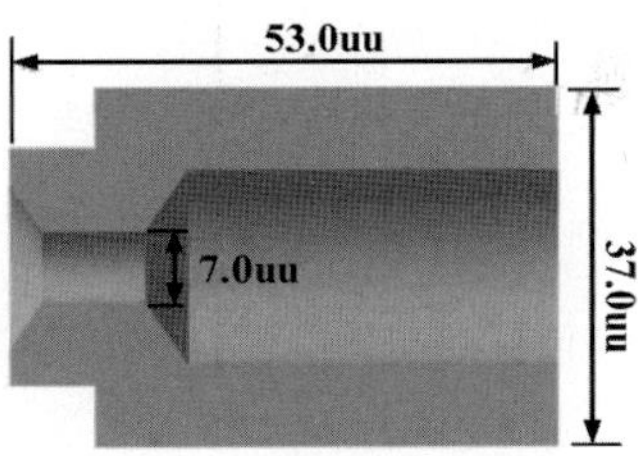

그림 5.53 변경된 치수

단위계의 변환에 관해서 적용 예제를 통하여 설명한다. 그림 5.52에 적용 대상의 단조품 도면을 나타내었다. 이 도면에서 보는 바와 같이 대상 제품의 크기는 매우 작다. 바깥지름은 3.7mm이고 안쪽의 피어싱 부분의 직경은 0.7mm이다. 이 수치대로 단조 시뮬레이션을 실시하면, 단조 시뮬레이션의 지능화의 기능으로 인하여 프로그램 자체적으로 부여된 일부의 수치, 즉 기본값이 이 문제에 적합하지 않을 수 있다. 따라서 mm 대신 사용자가 정한 단위계를 사용하는 것이 바람직하다. 가령, uu의 단위를 다음과 같이 정의하자.

$$S \text{ uu} = 1.0\text{mm} \tag{5.13}$$

여기서 S는 치수 수정 비율이다.

그러면 S=10일 경우 그림 5.52의 도면은 그림 5.53로 변경될 것이다. 그리고 재료의 변형저항식이 다음과 같을 때,

$$\bar{\sigma} = K\bar{\varepsilon}^n \text{ N/mm}^2 \tag{5.14}$$

이를 uu 단위로 나타내면 다음과 같이 된다.

$$\bar{\sigma} = \frac{1}{100} K \bar{\varepsilon}^n \ \mathrm{N/uu^2} \tag{5.15}$$

따라서 앞에서 서술한 다른 입력변수들을 프로그램이 추천하는 수치로 두고 해석을 실시하면, 전술한 단조품의 크기의 영향으로부터 자유로울 수가 있다. 단조 시뮬레이터를 개발한 저자도 사실은 반경이 5000mm가 되는 대형 단조공정을 해석할 경우 전술한 크기에 민감한 입력변수를 어떻게 해야 할지 망설여지는 경우가 허다하다. 이 때는 전술한 방법으로 각자가 기준을 잡은 치수로 바꾸어 문제를 해결하는 것이 바람직하다. 이 때 재료가 속도의존적일 경우에는 반드시 속도도 같이 단위변환을 실시해야 한다는 사실이다.

(a) 실험결과 (성진포머 제공)

(b) 예측결과

그림 5.54 마이크로 포밍공정의 실험결과와 해석결과의 비교

그림 5.54에 실제공정의 결과 중의 일부와 그것에 대응되는 시뮬레이션 결과를 나타내었다[5.13]. 변환된 단위계를 사용하여 구한 해석결과는 실험결과와 잘 일치하고 있다. 변환된 단위계를 사용한 것이 부피변화 등의 측면에서 다소 신뢰성이 높게 나타났다.

(5) 대형 단조품의 업셋팅 해석

냉간과 열간 공정 모두 소성열이 발생한다. 일반적으로 냉간에서의 소성열은 소재와 금형의 온도상승을 야기하나 상승된 온도로 인한 변형저항식의 변화는 매우 작다고 알려져 있다. 따라서 유동해석 문제와 온도해석 문제가 연계되어 있으므로 이를 연계문제

(coupled problem)라고 한다. 연계해석을 위한 열적 데이타는 열전도율, 열용량, 소재-금형 접촉면의 열전달계수, 자연대류 및 강제대류의 열전달계수, Stefan-Boltzmann 상수, 주위 분위기 온도 등이 있다. 등온해석의 경우에는 해석조건이 명쾌하지만 연계해석의 경우에는 열적 데이타에 따라 시뮬레이션 결과가 많이 달라지므로 열적 데이타의 입력에 세심한 주의가 필요하다.

대형 단조품이나 초소형의 단조품을 척도 조정 방식으로 연계해석을 할 경우, 해석결과는 열적 정보에 크게 좌우되므로 위에서 언급한 데이타의 단위 변환에 주의해야 한다. 여기서는 척도를 조정하여 연계해석을 실시한 사례를 소개한다. 적용 대상 문제로 그림 5.55와 같은 일반 크기의 업셋팅공정을 선정하였다. 시뮬레이션은 척도 1:1, 즉 실물 크기와 척도 10:1의 두 가지에 대하여 실시되었다.

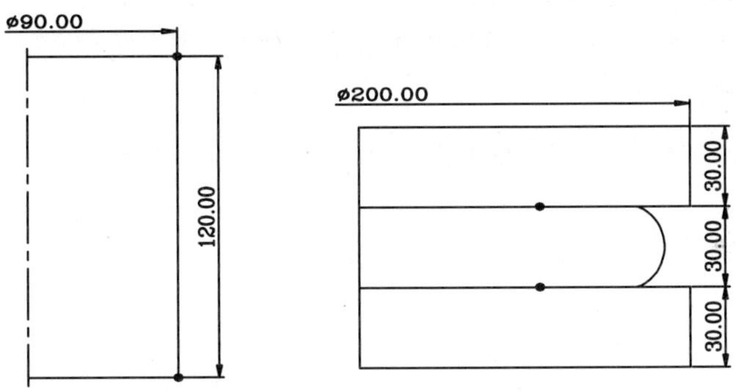

그림 5.55 해석 대상 열간단조공정도

표 5.1 소재의 열적 특성

T(℃)	k(w/nm℃)	ρc(w·c/nm℃)
700	0.255	0.00515
800	0.263	0.00515
900	0.0277	0.00515
1000	0.0291	0.00522
1100	0.0305	0.00522
1200	0.0319	0.00535
1300	0.0333	0.00558

표 5.2 금형의 열적 특성

T(℃)	k(w/nm℃)	ρc(w·c/nm℃)
200	0.255	0.00515
800	0.263	0.00515
900	0.0277	0.00515
1000	0.0291	0.00522
1100	0.0305	0.00522
1200	0.0319	0.00535
1300	0.0333	0.00558

소재와 금형의 열전도율(k)와 열용량(ρc)는 각각 표 5.1과 표 5.2와 같다. 금형-소재 접촉면의 열전달계수는 0.04 W/mm^2℃이며, Stefan-Boltzmann 상수($\sigma\varepsilon$)는 396.83× $10^{-16 W/mm2℃}$이고, 대류열전달 계수(h)는 0.295× $10^{-5 W/mm2℃}$이다. 주위 분위기 온도는 80℃로 설정하였고, 소재의 초기온도는 1200℃이다.

그림 5.56에 최종 해석스텝의 온도분포 예측결과를 나타내었다. 그림에서 보는 바와 같이 실제 크기의 해석결과와 치수를 달리한 해석결과의 온도분포는 거의 차이가 없는 것으로 나타났다. 이는 비등온해석의 경우 대형 제품이나 초소형의 제품일 경우 치수 수정 비율을 곱하여 해석하는 것이 시뮬레이션의 신뢰성과 정확도를 높일 수 있는 방안임을 암시하는 결과이다.

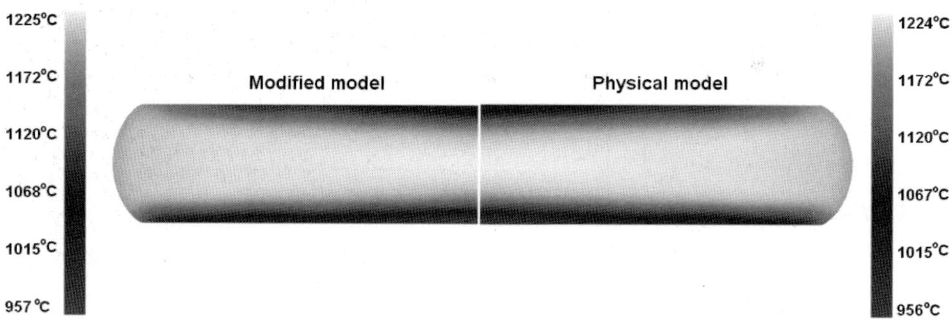

(a) 수정된 치수 (b) 미수정 치수

그림 5.56 열간단조공정의 비등온 예측결과

5.10 기타 변수와 수식모델

5.10.1 부피변화

강소성 유한요소법에서는 소성가공 중 부피의 변화는 없다고 가정한다. 말하자면, 유체역학에서와 같이 비압축성 조건이 따라 붙는다. 그러나 실제의 단조 시뮬레이션은 필연적으로 부피변화를 동반한다. 그 원인은 크게 세 가지로 나누어 볼 수 있다. 첫째는 비압축성 조건의 처리기법으로 이론적인 것에 연유한다. 대개 비압축성 조건은 라그랑지변수법과 벌칙기법으로 처리되는데[1.1], 이 중에서 벌칙기법은 근사적으로 비압축성 조건을 처리하기 때문에 벌칙상수에 따라서는 약간의 부피변화를 초래한다. 뿐만 아니라 매우 큰 값의 벌칙상수로 인하여 부분적인 소성유동의 불확실성을 초래한다. 가령, 2차원 축대칭 문제에서 중심축 주위에서 신뢰성이 떨어지는 결과를 낳을 수도 있다. AFDEX의 경우, 2차원과 3차원 모두 라그랑지변수법에 기초하고 있으며, 2차원의 경우 벌칙기법을 제공하지만 가급적 라그랑지변수법을 사용하는 것이 바람직하다. 물론 라그랑지변수법은 미지수의 증가를 동반한다. 2차원의 사각형요소망의 경우에는 요소 수만큼의 미지수 증가가 발생하고, 3차원의 사면체요소망의 경우에는 절점 수만큼의 미지수 증가가 발생한다. 따라서 동일 요소로 해석했을 경우 라그랑지변수법은 정확도 측면에서 유리하지만 계산시간 측면에서는 불리하다.

두 번째의 부피변화 요인은 속도장의 업데이팅(updating), 즉 속도장과 시간증분의 곱에 의한 절점의 전진에 따른 것으로 단조공정의 해법과 관련된 것이다. 단조를 비롯한 소성가공공정의 해석은 한 순간의 속도장을 구하고 이를 사용자가 입력한 시간증분만큼 전진시키는 과정의 반복이다. 내연적 방법(implicit method)에서는 시간증분의 중간 부분 주위의 한 순간에 대한 속도장을 구한 후 절점을 전진시킴으로써 변형 형상을 단계적으로 계산한다. 반면, 외연적 방법(explicit method)에서는 시간증분의 시작 시점에서의 속도장을 계산한다. 따라서 기본적으로 외연적 방법에서는 많은 변수들이 이미 결정되어 있어 계산시간 및 해의 획득 측면에서는 유리하지만, 외연적 방법에 비하여 정확도 및 부피변화 등의 측면에서는 크게 불리하다. AFDEX가 근거하고 있는 내연적 방법에서는 시간증분을 상대적으로 크게 할 수 있는 이점이 있지만, 이 값을 크게 할수록 부피변화가 커지게 된다는 사실을 기억할 필요가 있다. 이 두 번째 요인에 대한 대책으로 부피보상기능을 사용하지 않은 상태에서 압출공정 및 업셋팅공정을 해석한 후 부피변화율을 체크하는 과정의 반복을 통하여 부피변화에 관한 직간접적 경험을 축척하는 길이 최선이다.

세 번째의 부피변화 요인은 요소망재구성으로 수치적인 것에 그 원인을 두고 있다. 유한요소법에서 소재의 형상은 기본적으로 외곽 또는 표면 상의 절점의 연결로 정의된다. 그러므로 요소망재구성은 필연적으로 부피변화를 동반한다. 특히 3차원의 경우, 금형이 대체적으로 원통 형상이기 때문에 요소 수가 작아지면 부피도 작아지는 경향이 있다. 따라서 부피는 요소망재구성에 민감하게 영향을 받는다고 할 수 있다. 이 문제 역시, 그 해법은 사용자의 경험적 요소와 소프트웨어의 지능화 정도에 달려 있다.

종합적으로 말하자면, 부피변화는 예측결과의 신뢰도와 직결되는 것이며, 사용자가 항상 신경을 써야 할 사항이다. 대부분의 상용 소프트웨어에서 전술한 바와 같이 해석 중에 불가피하게 발생하는 부피변화의 인위적 보상기능을 제공하고 있는데, 이에 무비판적으로 의존하는 것은 적절한 해결책이 아님을 강조한다. 부피변화에 관한 식견과 대처 기술은 사용자가 지녀야 할 핵심적 지식과 기술 중의 하나이다.

5.10.2 손상도모델

재료가 파단에 도달하는 이유는 재료마다 다르다. 따라서 많은 파괴이론이 개발되어 있다. 현재 소성가공의 관점에서 설득력을 가진 이론은 연성파괴 이론이다. 이 이론에서는 재료에 축적된 손상도 수치가 그 재료가 견딜 수 있는 한계치, 즉 임계손상도에 도달했을 때 파단이 발생한다. 따라서 이 이론을 효과적으로 사용하기 위해서는 재료에 적합한 손상도모델의 선택과 그에 적합한 임계손상도의 결정이 전제되어야 한다.

경험적으로 보면, 손상도모델의 선택에 따라 손상도의 예측결과는 크게 달라진다. 물론 손상도와 유동응력을 비연계시킨 경우에는 손상도모델은 타 예측결과에는 영향을 주지 않는다. 반대로 두 변수를 연계시킨 경우에는 전체의 해석결과에 다소의 영향을 미칠 수 있다.

현재까지 파단의 해석 목적으로 연구된 손상도모델에는 에너지 기반 모델(Cockroft and Latham, Freudenthal), 공극 성장 미시역학 기반 손상도모델 (McClintock, Rice and Tracey, Oyane), 다공질 기반 모델 (Tvegaard and Needleman), 연속체 손상 역학 기반 손상도모델 (Lemaitre) 등이 있다. 다음에 주로 많이 사용되는 손상도모델을 정리하였다.

ⓐ **정규화된 Cockroft-Latham 손상도모델**

$$D = \int_0^{\varepsilon_f} \frac{<\sigma_1>}{\bar{\sigma}} d\bar{\varepsilon} \tag{5.16}$$

ⓑ **Cockroft-Latham 손상도모델**

$$D = \int_0^{\varepsilon_f} \sigma_1 d\bar{\varepsilon} \tag{5.17}$$

ⓒ **Brozzo, Deluca, Rendina 손상도모델**

$$D = \frac{2}{3}\int_0^{\varepsilon_f} \frac{\sigma_1}{\sigma_1 + p} d\bar{\varepsilon} \tag{5.18}$$

ⓓ **Freudenthal 손상도모델**

$$D = \int_0^{\varepsilon_f} \bar{\sigma} d\bar{\varepsilon} \tag{5.19}$$

ⓔ **McClintock 손상도모델**

$$D = \frac{1}{2}\int_0^{\varepsilon_f} \left[\frac{2}{\sqrt{3}(1-n)} \sinh\left[\frac{\sqrt{3}}{2}(1-n)\frac{\sigma_1 + \sigma_3}{\bar{\sigma}} \right] - \frac{\sigma_3 - \sigma_1}{\bar{\sigma}} \right] d\bar{\varepsilon} \tag{5.20}$$

ⓕ **Oyane, Okimoto, Shima 손상도모델**

$$D = \int_0^{\varepsilon_f} (1 - \frac{p}{A\bar{\sigma}}) d\bar{\varepsilon} \tag{5.21}$$

ⓖ **Norris, Reaugh, Moran, Quinnones 손상도모델**

$$D = \int_0^{\varepsilon_f} \frac{\bar{\sigma}}{1 + cp} d\bar{\varepsilon} \tag{5.22}$$

ⓗ **Rice-Tracey 손상도모델**

$$D = \int_0^{\varepsilon_f} A \exp\left(\frac{3}{2}\frac{\sigma_m}{\bar{\sigma}} \right) d\bar{\varepsilon} \tag{5.23}$$

위 식에서 $\sigma_1 \geq \sigma_2 \geq \sigma_3$은 주응력(principal stress)이고, $p=-\sigma_m$은 정수압(hydrostatic pressure)이다. 그리고 c, A는 재료상수이며, n은 변형경화지수이다. $\langle x \rangle$는 특이함수이며, x가 음수이면 0의 값을 갖고, 양수이면 x값을 갖는다. McClintock 손상도모델에서 n=1.0인 경우의 손상도는 정규화된 Cockroft-Latham 손상도모델의 손상도와 동일하다.

5.10.3 마모모델

단조 중 마모도 기술자의 주요 관심사 중의 하나이다. 단조 시뮬레이션에서 마모량의 예측을 위하여 마모모델을 사용한다. 마모깊이가 마모량으로 될 수도 있지만, 이 때는 정교한 마모계수가 입력되어야 한다. 실질적으로 마모계수는 공정의 여건에 따라 크게 다르기 때문에 일반적으로 이 값이 알려져 있지 않다. 사용자가 오랜 경험과 실험적 검증을 거쳐서 확보해야 할 노하우이다. 따라서 마모의 예측은 대개 공정 중의 금형에서 상대적 마모깊이의 예측 목적으로 이루어지고 있다.

단조를 비롯한 소성가공 중 발생하는 마모의 예측을 위하여 Archard 모델이 널리 사용되고 있다. 이 모델은 근본적으로 마모는 마찰일에 비례하고 재료의 경도에 반비례한다는 것이다. 이것은 매우 상식적인 것으로, 다른 마모모델도 기본적으로 Archard 모델의 응용 범주에 속한다고 볼 수 있다.

물론 마모의 예측은 전술한 마모모델에 크게 의존할 수밖에 없으며, 그 모델이 요구하는 수치에 따라 그 결과는 직접적인 영향을 받는다.

다음에 주요 마모모델을 나열하였다.

ⓐ 마찰일 마모모델

$$w = \int_0^t \sigma_t \left| v_t - v_t^D \right| dt \tag{5.24}$$

ⓑ Archard 마모모델

$$w = k \int_0^t \frac{\sigma_n \left| v_t - v_t^D \right|}{3H} dt \tag{5.25}$$

- k : 마모계수(wear factor)
- H : 금형의 경도, H는 온도의 함수임, 즉 $H = H(T)$

ⓒ 변형된 Archard 마모모델

$$w = \int_0^t k \frac{\sigma_n \left| v_t - v_t^D \right|}{3H} dt \tag{5.26}$$

- k : 마모계수, k는 마모량 또는 마모깊이 w의 함수임, 즉 $k = k(w)$
- H : 금형의 경도, H는 온도의 함수임, 즉 $H = H(T)$

식 (5.24)~식 (5.26)에서 v_t^D는 금형의 접선 속도 성분을 의미한다.

CHAPTER 06

해석결과 및 검증

해석결과는 소성역학 이론에서 언급된 모든 것을 포함한다. 변형형상, 온도분포, 응력과 유효응력, 정수압, 변형률속도와 유효변형률속도, 유효변형률, 속도장, 마모지수, 손상도지수, 소성유동선도, 성형하중, 응력과 변형률속도의 주방향과 크기 등이 주요 결과에 속한다.

해석결과의 검증 방법으로 가장 적합한 것은 소성유동선도의 비교이다. 소성유동선도는 사용자가 원하는 방향과 크기의 격자를 추적한 결과를 의미한다. 일반적으로 기초 소재는 압연공정 및 인발공정에 의하여 제조되며, 이 과정에서 결정들의 방향성 변형으로 인하여 길이 방향으로의 결이 형성된다. 단조용 소재를 절단하여 연마한 후 부식시키면, 결정경계에서 먼저 부식이 발생하여 길이 방향으로 형성된 결이 가시화된다. 이렇게 얻어진 결, 즉 소성유동선도와 예측된 소성유동선도를 비교함으로써 해석결과의 타당성을 검증할 수 있다.

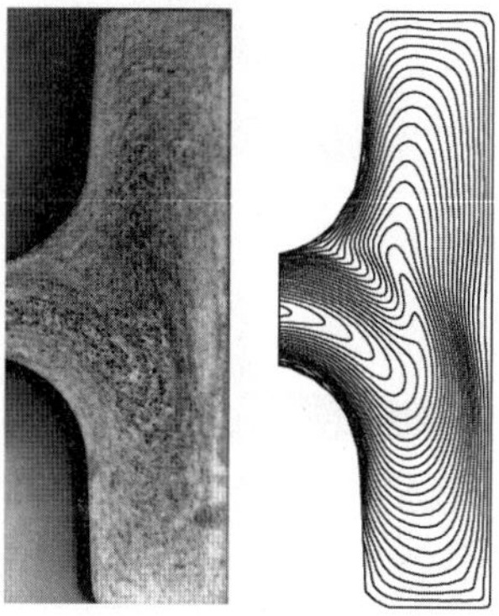

실험　　　예측

6.1 열간단조

그림 6.1의 예제는 겉모양내기는 성공했으나 소성유동선도의 결함, 즉 내부결함 때문에 공정설계에 실패한 경우로 단조공정설계 시 소성유동선도 제어의 중요성을 강조하고 있다[6.1]. 등온해석을 실시하였으며, 사용된 공정조건과 소재의 유동응력은 다음과 같다[6.2]. 금형속도: $\bar{V}_D = 300\,\text{mm/s}$; 쿨롱마찰계수: $\mu = 0.3$; 유동응력: $\bar{\sigma} = 62.0\bar{\varepsilon}^{0.18}$ MPa .

그림 6.1은 금속유동선도의 변화과정을 보여주고 있다. 최종 제품의 내측 하부의 금속유동선도가 깊은 골을 형성하고 있다. 이 부분의 표면은 절삭가공되는데, 이 과정에서 소성유동선도의 단절이 발생하여 표면특성과 강도를 떨어뜨리게 된다. 따라서 이 예제는 겉모양의 성형은 성공했으나, 소성유동선도의 결함으로 실패한 전형적인 예이다.

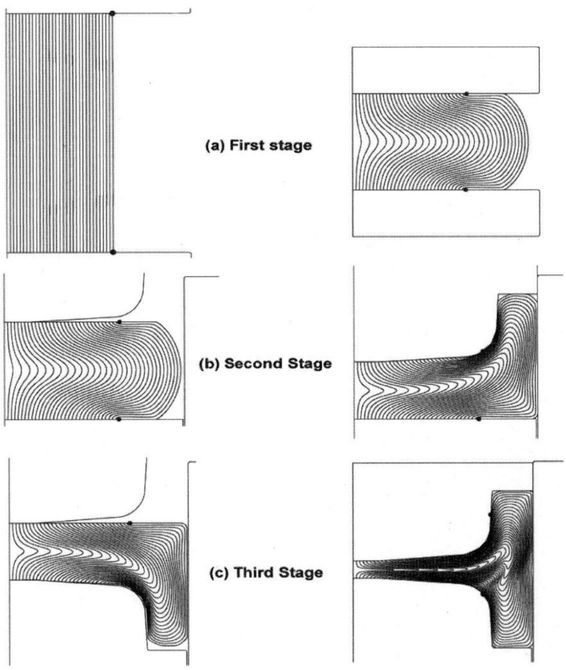

그림 6.1 소성유동선도의 변화와 결함의 예측

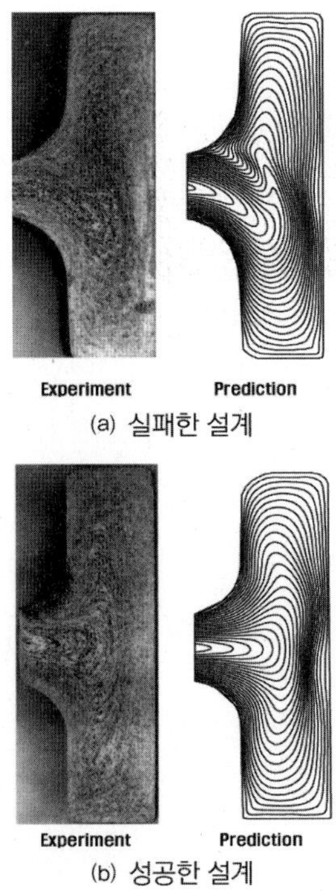

그림 6.2 예측결과와 실험결과의 비교 (셰플러코리아 제공)

그림 6.2(a)는 실험결과와 해석결과를 비교하고 있다. 두 결과가 매우 잘 일치하고 있음을 확인할 수 있다. 그림 6.2(b)는 개선된 공정설계로 얻은 양품에 대한 해석결과와 실험결과를 비교하고 있다. 이 그림은 내부의 금속유동선에 관한 제한이 가해진 공정을 개발하는데 있어 단조 시뮬레이션 기술의 중요성을 강조하고 있다.

그림 6.3은 중형선박의 엔진용 크랭크샤프트의 해머단조의 해석결과를 나타내고 있다. 이 공정에서는 금형의 크기가 매우 크기 때문에 개발비와 개발기간이 크게 소요되어 공정설계 실패에 따른 손실이 문제되는 경우이다. 이 공정의 해석 목적은 외관상의 결함 유무와 함께 단조에 소요되는 시간, 즉 해머프레스의 타수이다. 그림에서 보는 바와 같이 외관의 해석결과는 실험결과와 매우 잘 일치함을 알 수 있으며, 해머의 타수의 예측결과도 실험결과와 유사하게 나왔다[6.3].

그림 6.4에서는 자동차 부품의 축대칭 열간밀폐단조공정의 소성유동선의 예측결과와 실험결과를 비교하고 있다. 그림으로부터 두 예제에 대한 소성유동선의 예측결과는 실험결과를 잘 반영하고 있음을 확인할 수 있다[6.4].

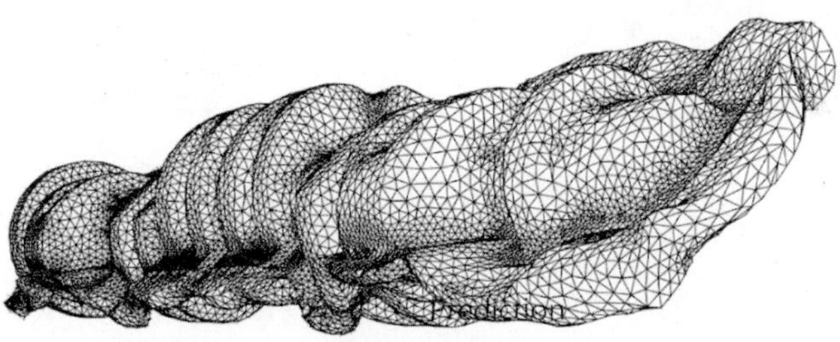

(a) 예측결과

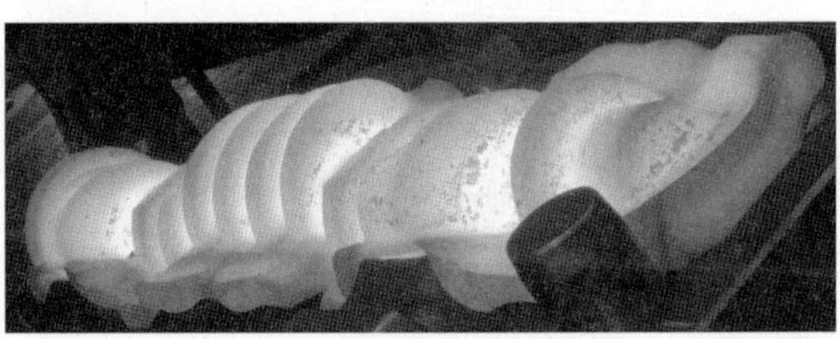

(b) 실험결과

그림 6.3 해머단조공정의 해석결과와 실험결과의 비교 (대창단조 제공)

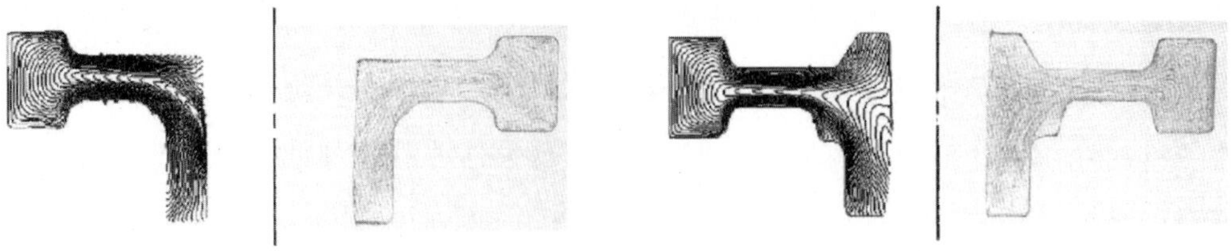

(a) (b)

그림 6.4 기어 블랭크의 열간밀폐단조공정의 해석과 실험 (현대자동차 제공)

6.2 냉간단조

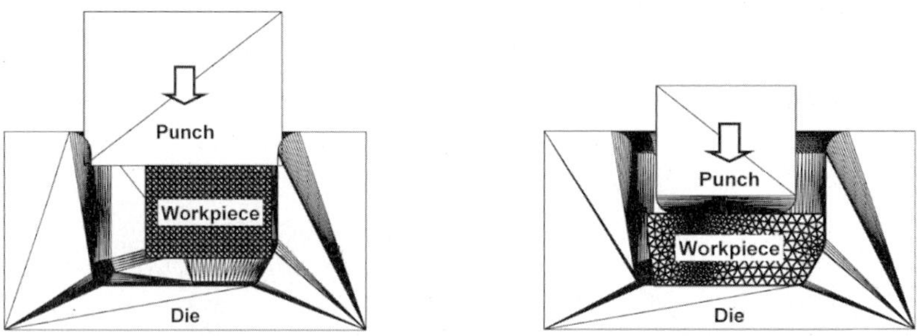

(a) 제1단 (b) 제2단

그림 6.5 Baden-Baden 벤치마크테스트 문제

Baden-Baden 벤치마크 테스트 문제[6.5]는 많은 전문가들에 의하여 연구되었다. 이 문제는 그림 6.5에서 보는 바와 같이 2단 냉간단조공정이며, 외관상으로 보면 단순한 공정이지만, 해석 기술자의 관점에서는 다소 까다로운 문제에 속한다. 제1단에서 하단부의 모서리 부분이 점진적으로 뭉개지고, 제2단의 시작 시에 상부 금형이 소재의 상부에 동시에 접촉하기 때문에 요소망의 품질 통제가 쉽지 않다. 이러한 이유로 대부분의 연구자들에 의한 연구결과가 좌우의 높이가 실험결과와 큰 차이를 보였으며, 내부의 특성경계가 심하게 뭉개지는 결과가 초래되었다.

소재 및 고정정보는 다음과 같다. 유동응력: $\bar{\sigma} = 763.1\bar{\varepsilon}^{0.245}$MPa; 펀치의 속도: 1.0mm/s, 마찰상수: m=0.06; 요소의 수를 15000개 내외.

그림 6.6과 그림 6.7에 예측결과를 나타내었다. 그림 6.6(a)에서 보는 바와 같이 특히 제1단에서 요소밀도가 금형-소재 경계를 매우 잘 반영하고 있음을 알 수 있다. 제2단에서도 금형과 소재의 경계가 요소밀도에 잘 반영되어 있으며, 이는 결과적으로 그림 6.6(b)에서 보는 바와 같이 내부의 상측 경계, 즉 특성경계를 매우 잘 표현하는 효과로 나타났다. 한편, 그림 6.7에서 정의하고 있는 좌우의 길이 비율을 계산해 보면, 약 20.0%가 나온다. 이 수치는 비교적 실험 결과에 근접한 것으로 판단된다[6.5]. 요소 수가 많지 않음에도 불구하고 모서리가 잘 표현된 것을 확인할 수 있다. 이것은 정밀 단조 시뮬레이션에서 필수적이다[3.3].

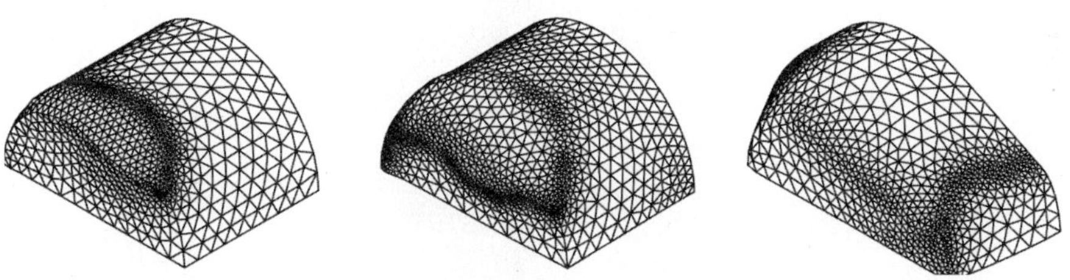

(a) 제1단

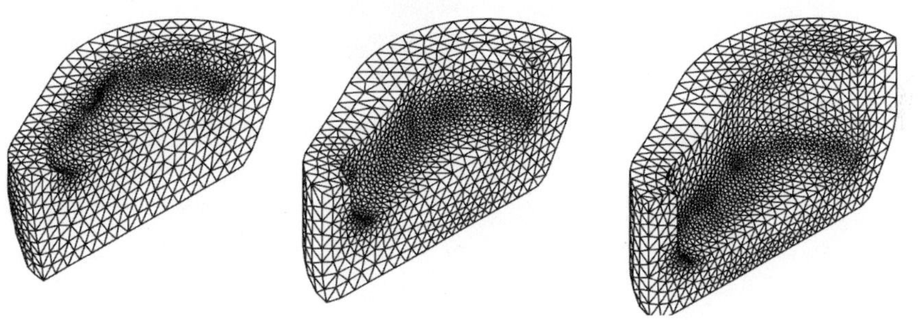

(b) 제 2단

그림 6.6 요소망의 밀도를 강조한 예측결과

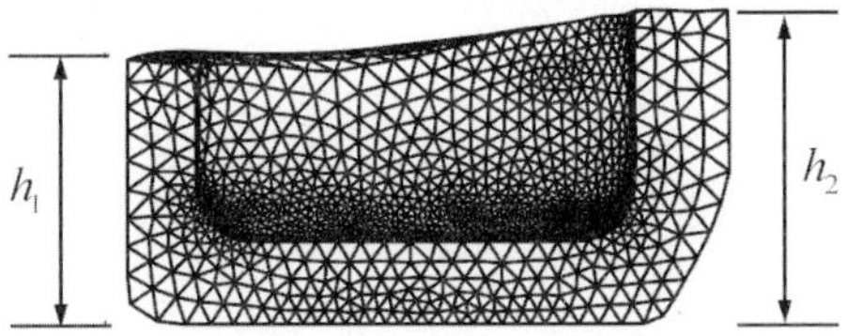

$$Height\ \ ratio = \frac{h_2 - h_1}{h_1} \times 100\% \ = 20\%$$

그림 6.7 좌우 높이의 비교

그림 6.8은 5단 축대칭 냉간단조(자동다단냉간단조)의 해석결과와 실험결과를 비교하고 있다[6.6]. 이 공정의 최종 제품 형상이 비교적 단순하게 보이지만 실질적으로는 매우 복잡한 공정으로 정교한 해석이 요구된다. 이 예제에 관한 내용은 제10.1절에서 다룬다.

그림에서 보는 바와 같이 최종 제품의 형상 측면에서 예측결과와 실험결과는 공학적으로 일치하고 있다.

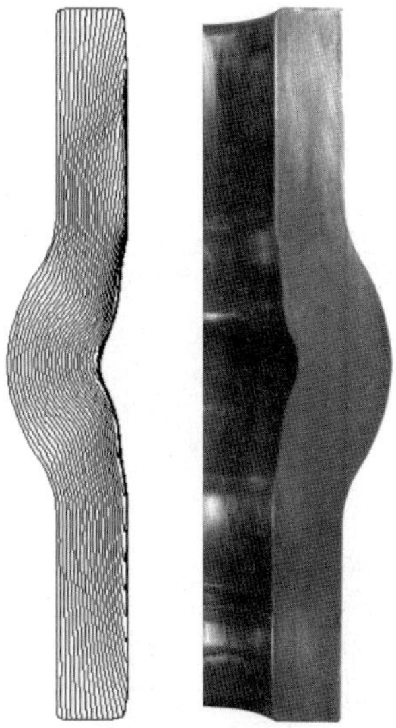

그림 6.8 예측결과와 실험결과의 비교 (성진포머 제공)

CHAPTER 07

2차원 해석과 3차원 해석

단조공정 중에는 축대칭 및 평면변형에 가까운 문제들이 많다. 이러한 문제들을 2차원 문제라고 한다. 흔히 2D 라고 하는 것은 축대칭 문제와 평면변형 문제를 포함한다. 단조 시뮬레이션 관점에서 2차원 해석은 매우 중요하다. 그러나 많은 기술자들이 3차원 해석을 지나치게 선호하는 경향이 있는데, 이는 잘못된 것이다. 2차원 해석결과는 상대적으로 정확할 뿐만 아니라 문제의 경제적 해결을 돕기 때문에 가능한 문제는 2차원 해석 기능으로 해결하는 것이 기술자의 올바른 역할이다.

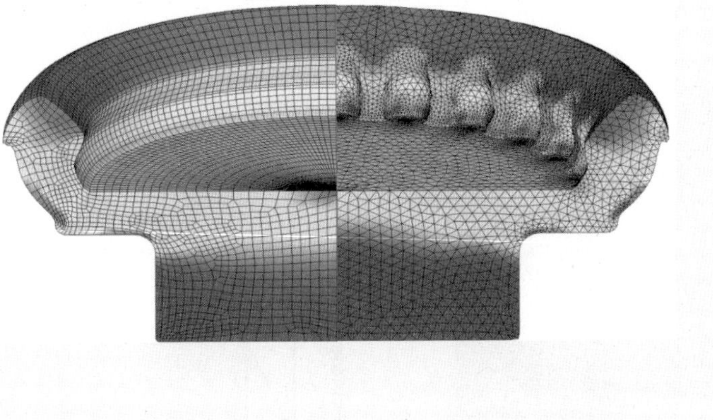

7.1 축대칭 및 평면변형 문제의 2차원 및 3차원 해석

2차원 문제는 크게 축대칭 문제와 평면변형 문제로 구분된다. 물론 2차원 문제를 3차원으로 해석할 수 있다. 실제 이런 시도를 하는 기술자가 많다. 그러나 반드시 다음의 점을 유의해야 한다. 2차원 단조공정을 사각형요소를 사용하여 해석할 경우, 수치적 문제가 개입될 여지가 거의 없으므로 3차원에 비하여 보다 안정적인 답을 경제적으로 얻을 수 있다. 그러나 3차원의 경우 2차원에 비하여 다소 신뢰성이 떨어지는 답을 얻을 수밖에 없다. 다시 말해 동일한 문제를 2차원과 3차원으로 풀었을 때 해가 약간 다르다면, 2차원의 해가 보다 더 정확할 수밖에 없다. 특히 이 책에서 사용한 사각형요소와 사면체요소는 이론적 배경이 다르기 때문에 결과의 차이가 존재할 수밖에 없다는 점을 강조한다. 이 문제는 타 소프트웨어에서도 마찬가지로 존재한다. 만약 삼각형요소와 사면체요소를 사용한 소프트웨어라면 두 결과의 차이는 보다 줄어들겠지만, 근본적으로 그 차이를 무시할 수 있을 정도 이하로 줄이는 것은 불가능하다고 사료된다. 그리고 삼각형요소보다 사각형요소의 해가 상대적으로 안정적이고 동일한 조건하에서는 더 정확할 수밖에 없다는 점을 강조해 둔다.

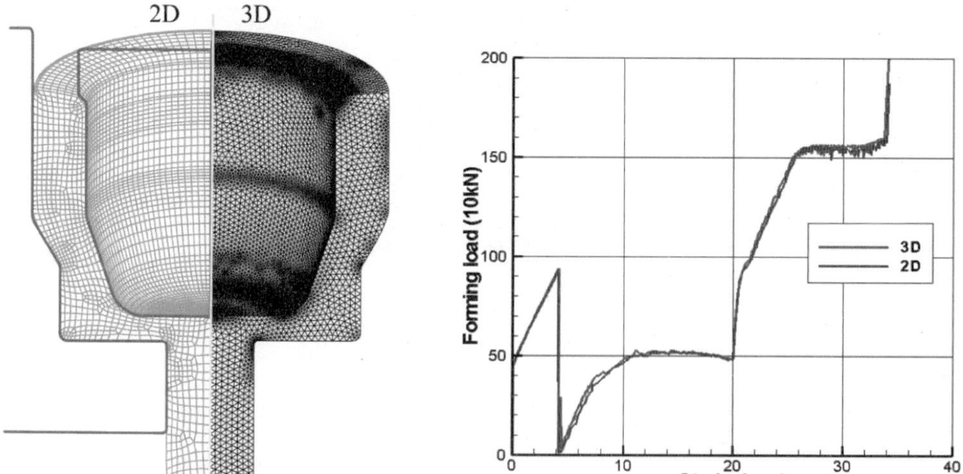

(a) 냉간전후방압출

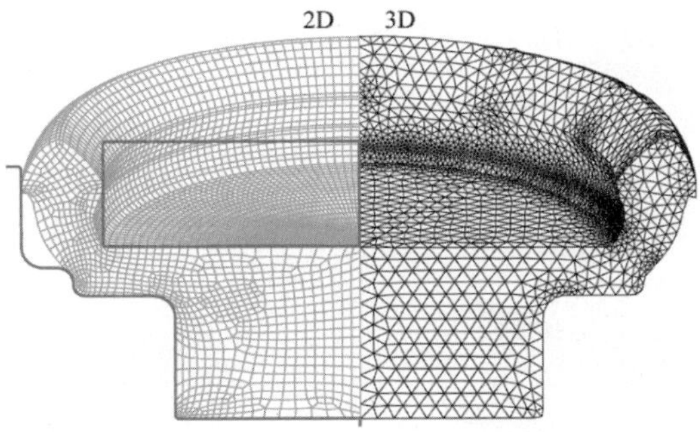

(b) 냉간후방압출

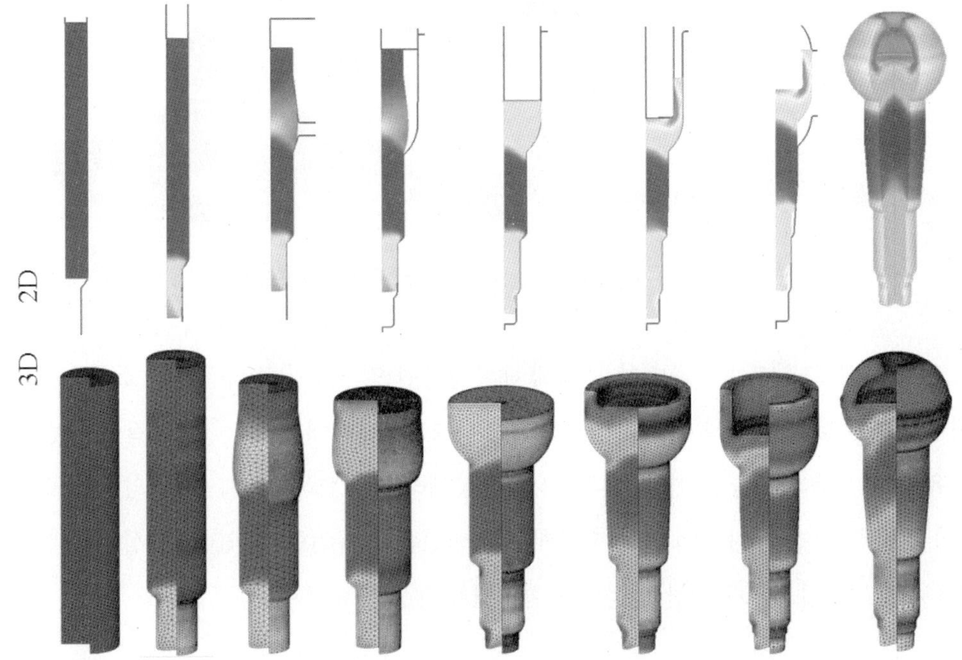

(c) 자동다단냉간단조

그림 7.1 축대칭 공정의 2차원 및 3차원 해석결과의 비교

그림 7.1과 7.2는 각각 축대칭과 평면변형 문제에 대한 2차원 해석결과(사각형요소)와 3차원 해석결과(사면체요소)를 비교하고 있으며, 두 결과가 서로 유사함을 보여주고 있다. 그림 7.1(a)에서 하중을 비교하고 있는데, 맨 마지막을 제외한 모든 구간에서 2차원과 3차원으로 예측한 성형하중이 유사함을 알 수 있다. 맨 마지막 순간의 성형하중은 부피 변화 등에 크게 영향을 받기 때문에 비교 자체가 큰 의미가 없다.

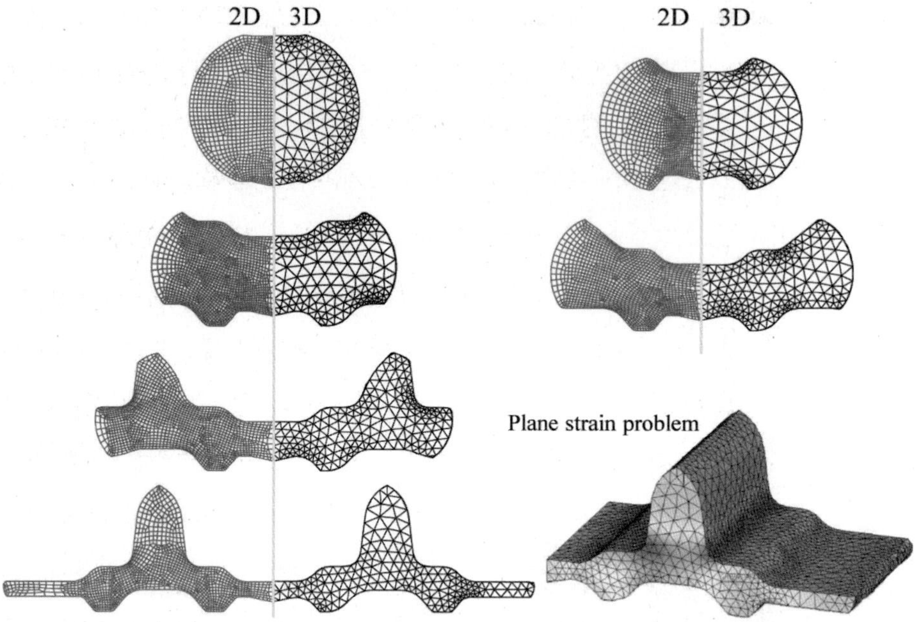

그림 7.2 평면변형 문제의 2차원 및 3차원 해석결과의 비교

그림 7.3과 그림 7.4는 축대칭 문제에 대한 2차원 및 3차원 해석결과를 소성유동선도를 이용하여 보다 상세하게 비교분석하고 있다[7.1]. 그림에서 보는 바와 같이 전반적으로 유사한 변형 패턴을 보이고 있다. 그러나 상세하게 조사해 보면, 3차원의 해석결과는 중심부에서 2차원에 비하여 마찰이 작게 반영되었음을 확인할 수 있다. 중심부에서의 소성유동선도의 기울기가 마찰의 정도와 함수관계에 있기 때문이다.

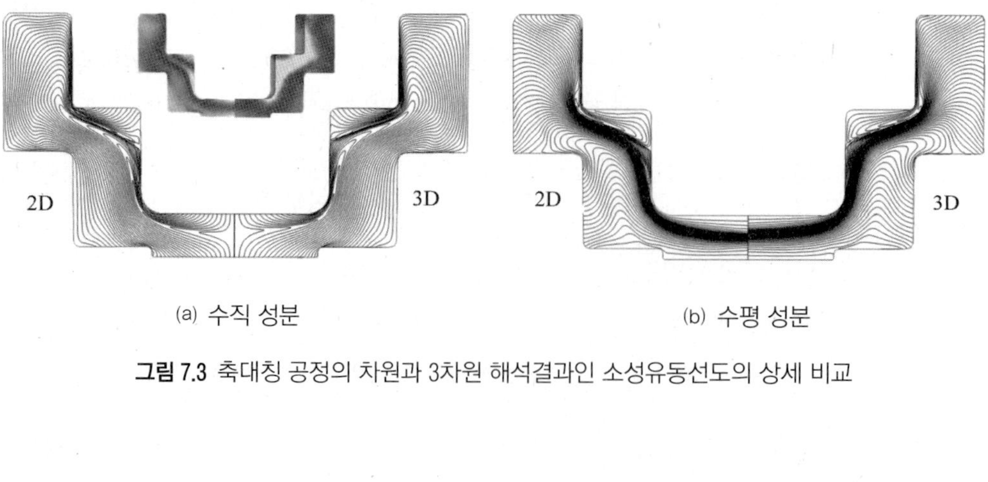

(a) 수직 성분 (b) 수평 성분

그림 7.3 축대칭 공정의 차원과 3차원 해석결과인 소성유동선도의 상세 비교

앞에서도 강조한 바와 같이 이 점은 다소 불가피하다. 물론 3차원 해석 시에 요소 수를 줄이면, 이러한 현상은 더 심해진다. 3차원에서는 요소 수에 대한 제약으로 마찰을 엄격하게 적용하면 과구속 문제가 발생할 수가 있기 때문이다. 다시 말하면, 이 문제에서 중심부에서 높은 압력이 작용하며, 마찰계수 0.3과 높은 압력은 중심부의 표면절점의 접착조건을 만들지만 이를 만족시키면 요소의 수가 많지 않은 중심부의 내부 절점의 소성유동을 과구속할 가능성이 있다. 이는 수렴 해의 획득을 어렵게 만드는 요인이 될 수 있다. 이러한 해석결과의 차이는 정도의 차이는 있으나 다른 상용소프트웨어에서도 나타나고 있다.

그림 7.4에서도 유사한 결과를 나타내고 있다. 즉, 전체적으로는 매우 흡사한 결과를 보이고 있지만, 중심부에서의 소성유동선도는 다소의 차이를 보이고 있다. 그러나 그 차이는 대개 무시 가능한 수준이다. 실제 이 차이는 제5.3절에서 설명한 쿨롱마찰법칙과 일정전단마찰법칙의 차이에 비하면 크지 않다.

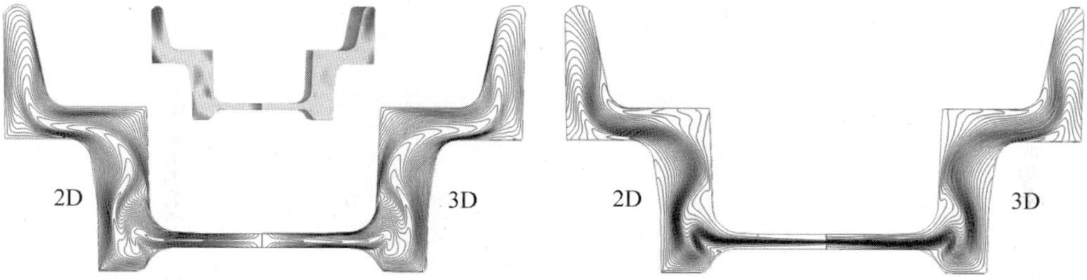

(a) 수직 성분 (b) 수평 성분

그림 7.4 축대칭 공정의 차원과 3차원 해석결과인 소성유동선도의 상세 비교

7.2 좌굴

그림 7.5의 경우는 제7.1절의 예제와 기하학적으로 축대칭이라는 점에서는 동일하지만 역학적 현상 측면에서는 크게 다르다. 3차원 해석에서는 내경에 주름이 예측되었다. 이 문제는 기하학적으로는 축대칭이지만, 좌굴 현상으로 인하여 역학적으로는 비대칭인

문제에 속하는 특별한 문제이다. 즉, 축대칭 공정으로 간주하여 실시한 해석은 실제의 상황을 정확하게 반영할 수 없는 경우이다.

이와 유사한 것으로 그림 7.6에서 보는 바와 같이 긴 소재의 압축성형 시에 발생하는 좌굴 현상은 2차원 해석으로 그 예측이 불가능하다. 좌굴 현상을 예측하기 위해서는 대칭면이 하나이거나 아니면 대칭면이 없도록 해석영역을 잡아야 한다. 그리고 절단면이나 소재의 성질 측면에서 어느 정도의 비축대칭성을 지니고 있으므로 이를 반영하기 위하여 그림 7.6(b)에서 보는 바와 같이 소재의 초기 형상에 비대칭성을 부여하는 것이 바람직할 수 있다.

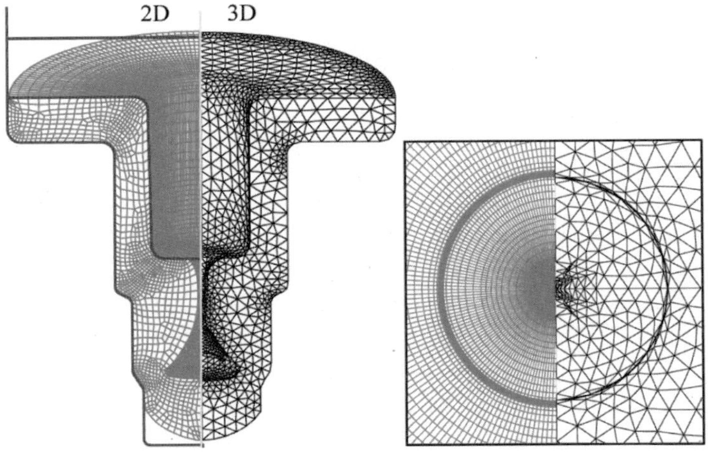

그림 7.5 기하학적으로 2차원이지만 3차원적 변형이 발생하는 예제

(a) 실험

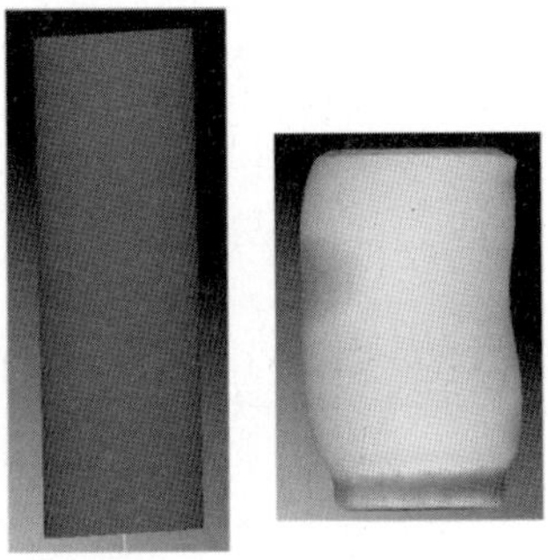

(b) 해석

그림 7.6 중실실린더의 좌굴

7.3 3차원 문제의 2차원 근사해석

일부의 사용자는 무조건 3차원 시뮬레이션에 의존하려는 경향이 있는데, 이는 바람직하지 못하다. 비록 그 공정이 3차원이라고 하더라도 2차원 가정으로 근사해를 구하는 것이 공학적으로 가치가 있는 경우가 허다하다. 그 실례로, 그림 7.7에서 허브 단조고정개발 사례를 나타내고 있다. 이 그림에서 보는 바와 같이 허브의 형상은 3차원이지만, 2차원의 가정 하에서 시뮬레이션에만 의존하여 실패없이 고정개발에 성공한 사례이다. 그림 7.7은 시뮬레이션 기술에 의존하여 10여 차례의 설계 보완 끝에 우리나라에서 시험생산한 첫 번째의 허브베어링 열간밀폐단조품이다[7.2].

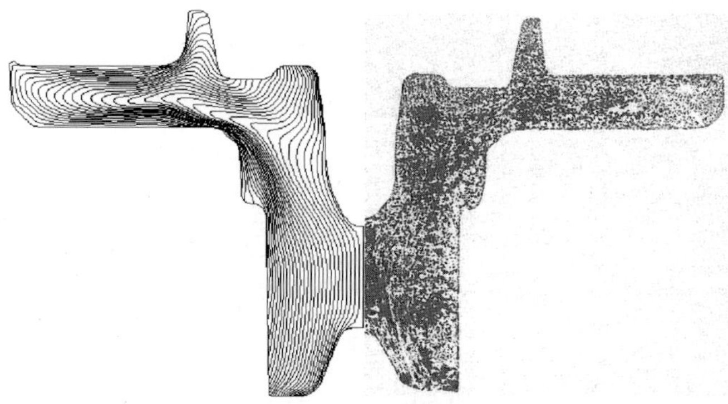

(a) 해석과 실험

(b) (좌)구 제품, (우)한국 최초로 밀폐단조로 제작된 허브베어링 단조품

그림 7.7 허브의 열간밀폐단조공정 (센트랄모텍 제공)

또 다른 예를 들어보자. 그림 7.8(a)의 부품은, 엄밀히 말하면, 3차원 문제에 속하지만, 축대칭 형상에 가깝다. 따라서 이 제품의 단조공정을 축대칭 공정으로 가정하여 해석해도 실제의 소성유동 현상을 충분히 반영할 수 있는 문제의 범주에 속한다. 이 공정의 해석에 사용된 소재의 유동응력은 $\bar{\sigma} = 324.0(1.0 + \bar{\varepsilon} / 0.052)^{0.295}$ MPa이고, 마찰계수는 0.05이다.

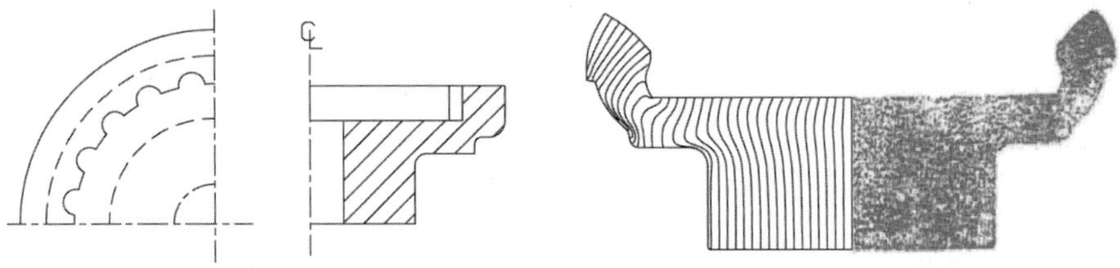

(a) 희망 제품 형상　　　(b) 2차원 예측결과 및 실험결과

그림 7.8 2D 적용 사례 (삼광모터스 제공)

그림 7.8(b)는 실험결과와 해석결과를 비교하고 있다. 실험결과의 소성유동은 목적으로 했던 그림 7.8(a)의 희망 제품 형상과는 큰 차이를 보이고 있다. 그러나 실험결과와 예측결과는 서로 매우 잘 일치하고 있다. 그림 7.9는 금속유동의 변화과정과 결함의 발생구조를 보여주고 있다. 실 공정에서 초기형상(예비형상)은 봉재를 절삭하여 만든 것이므로 초기의 소성유동선도를 그림 7.9의 첫 번째 그림에서 보는 바와 같이 생성시켰다. 소성유동선도 및 외곽형상의 변화과정의 가시화로부터 결함이 발생하는 과정을 상세히 확

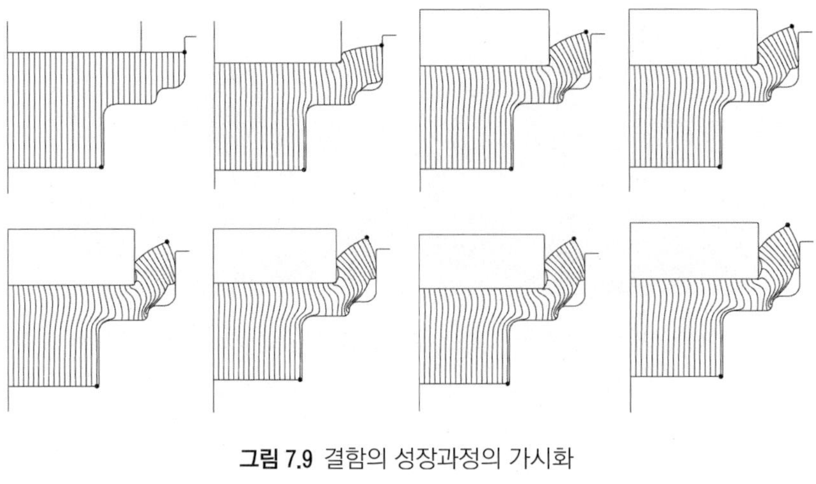

그림 7.9 결함의 성장과정의 가시화

인할 수 있다. 이 결과로부터 부분적 금형 수정을 통한 문제의 해결이 쉽지 않을 것임을 추측할 수 있으며, 설계 방법의 근본적 수정이 필요함을 인식할 수 있다.

한편 그림 7.10에서 보는 바와 같이 3차원 해석결과와 2차원 해석결과의 비교에서 보는 바와 같이 두 결과는 결함의 발생 원인 규명 차원에서는 동일한 의미를 갖고 있음을 확인할 수 있다.

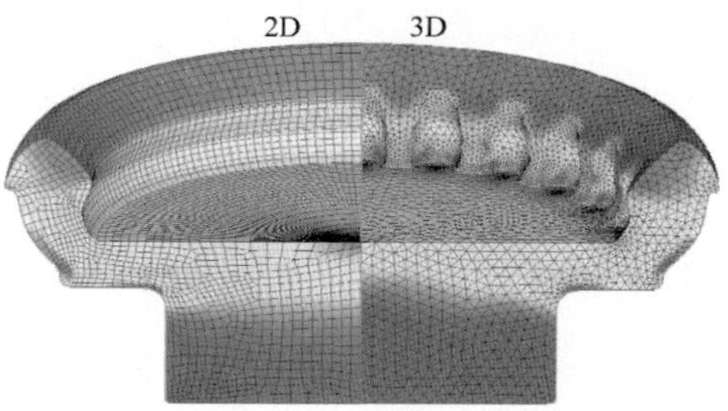

그림 7.10 2차원과 3차원 해석결과의 비교

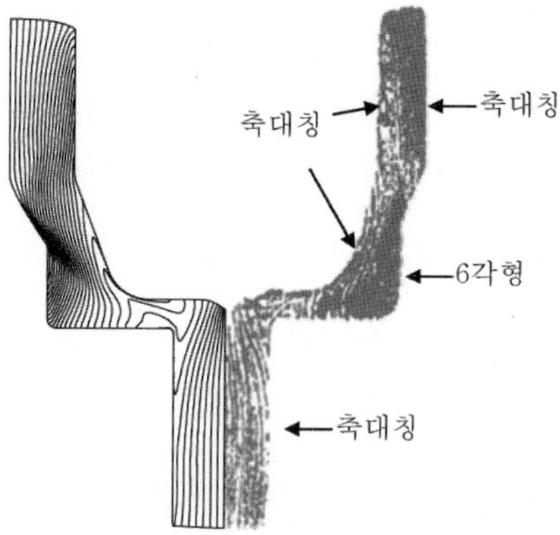

그림 7.11 파이핑 결함의 예측 (대연정공 제공)

그림 7.11은 엄밀하게 말하면 3차원 냉간단조공정 중에서 발생한 파이핑 결함의 원인을 규명하기 위한 목적으로 실시된 시뮬레이션의 예측과 실험결과를 비교하고 있다. 그림 7.11에서 표시된 바와 같이 소재의 중간 부위의 단면의 외곽 형상은 육각형이다. 따라서 엄밀히 말하면 3차원 공정에 속한다. 이 공정설계의 근본적인 문제점을 2차원 해석으로도 충분히 확인할 수 있다. 3차원 해석은 시간과 비용이 상대적으로 많이 사용되는 3차원 CAD 작업을 전제로 하기 때문에 한 번의 설계 개선 작업과 해석에 소요되는 시간적 비용이 상대적으로 매우 크다. 따라서 유능하고 합리적인 기술자가 되려면, 2차원 해석을 중시하는 습관을 기를 필요가 있다.

커넥팅로드와 같은 기다란 단조품의 경우, 2차원 단면을 평면변형의 조건으로 가정하여 해석함으로써 유용한 정보를 경제적으로 획득할 수 있다.

금형의 파괴 원인을 규명하기 위한 금형의 구조해석에서 중요한 것 중의 하나가 응력집중이다. 응력집중은 금형의 오목한 모서리에서 발생한다. 오목한 모서리의 반경이 작을수록 응력집중은 크게 나타난다. 문제는 응력집중의 해석을 위해서는 응력집중이 발생하는 부위를 비교적 조밀하게 유한요소로 분할해야 한다는 것이다. 비교적 복잡한 금형의 경우, 오목한 부분을 응력집중해석에 적합한 정도로 유한요소분할을 한다면 유한요소해를 얻는데 많은 비용과 노력이 소요된다. 따라서 2차원 접근 방법의 접목이 가능하다면, 이를 적극 활용할 필요가 있다. 길이가 비교적 긴 단조품을 측면방향 단조로 생산할 경우, 평면변형의 가정하에서 2차원 단조 시뮬레이션을 실시하더라도 유용한 정보의 획득이 가능하다. 컨넥팅로드 등이 대표적인 예이다.

여기서 프론트로어컨트롤암 단조공정을 대상으로 2차원 평면변형 해석과 3차원 해석의 결과를 비교하고 2차원 금형구조해석의 현실적 타당성을 강조한다.

그림 7.12는 해석 대상으로 하는 프론트로어컨트롤암의 알루미늄 단조공정 중 블록킹 공정(blocking process)에 대한 형상정보를 나타내고 있다. 그림 7.12(a)는 예비성형체이며, 롤단조 이후에 굽힘변형을 실시하여 구한 것이다. 이 공정에서 7.12(c)에 표시된 O′ 부의 살 채움이 어려운 관계로 O 부위에서 재료의 유동을 인위적으로 저지하도록 되어 있다. 따라서 상세한 공정해석과 함께 금형의 구조해석을 실시함으로써 설계의 건전성 여부를 평가할 필요가 있다. 공정해석을 위한 기본 정보는 다음과 같다. 유동응력: $\bar{\sigma} = 30.9\dot{\bar{\varepsilon}}^{0.1209}$MPa ; 마찰계수: 0.2; 상형의 금형속도: 230mm/s.

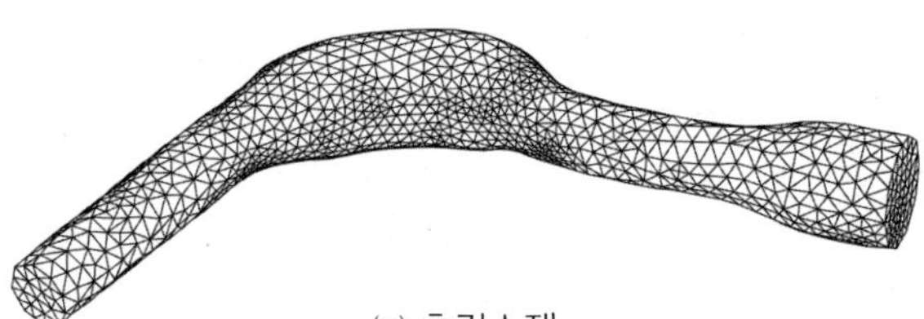

(a) 초기소재

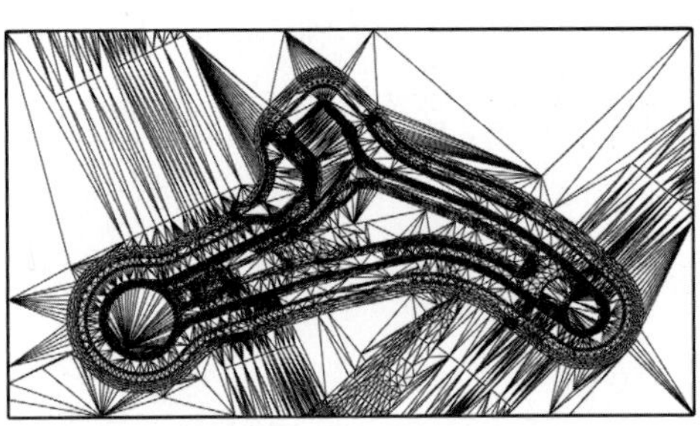

(b) 상형 형상

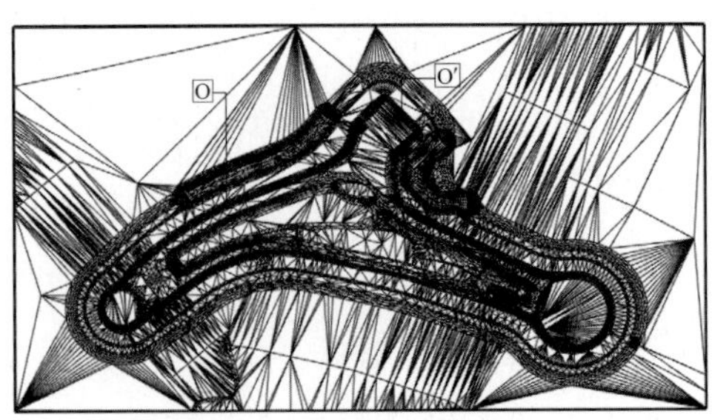

(c) 하형 형상

그림 7.12 프론트로어콘트롤암 단조공정의 기하하적 정보

그림 7.13은 유한요소해석결과이다. 그림 7.13(a)는 블록킹 공정의 최종 예측 형상이며, 그림 7.13(b)는 시뮬레이션 중 속도분포를 나타내고 있다. 그리고 그림 7.14는 종료 시점에서 하형의 금형 구조해석결과이다. 그림에서 보는 바와 같이 응력 분포는 위치에 따라 다소의 진동이 발생하고 있으며, 모서리 부위의 응력집중을 예측하기에는 다소 부족한 면이 있다. 이는 단조 시뮬레이션의 결과와 금형의 이산화에 기인하는 것으로 불가피한 면이 있다. 이런 이유로 현장의 문제의 해결 목적으로 3차원 금형 해석 기술에 지나치게 의존하는 것은 바람직하지 않는 경우가 허다하다.

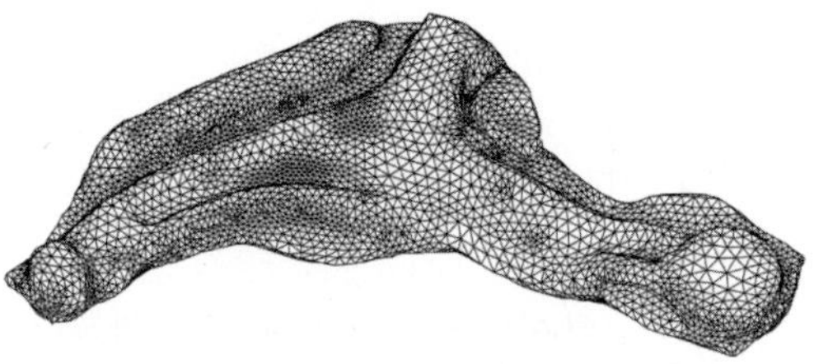

(a) 요소망 및 최종 형상

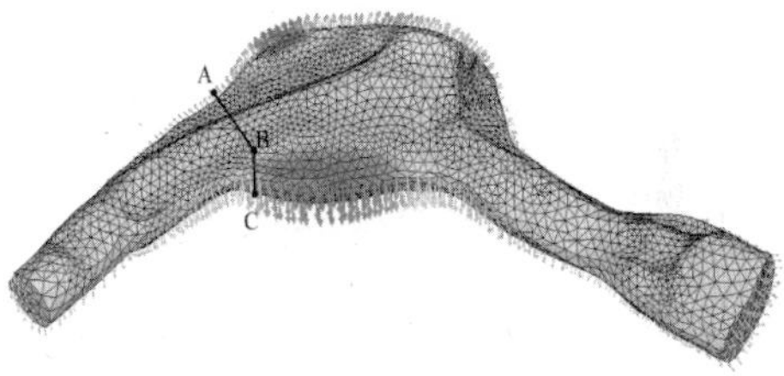

(b) 중간과정에서의 속도분포

그림 7.13 3차원 단조 시뮬레이션 결과

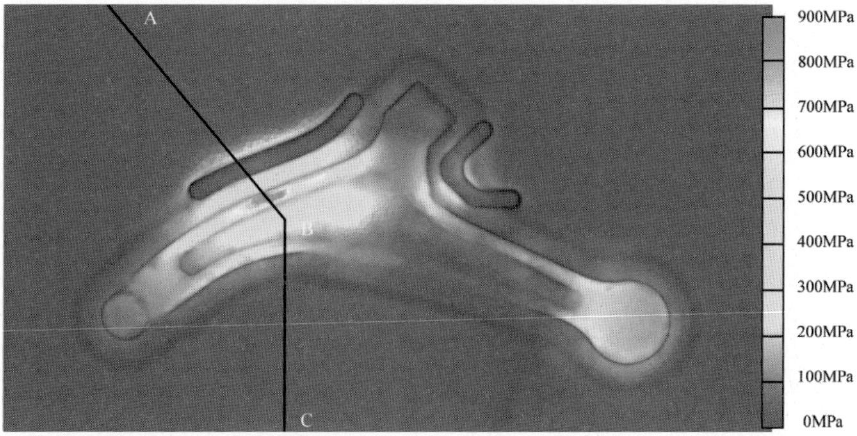

그림 7.14 3차원 금형구조해석결과

길이가 긴 열간단조 제품의 단조 중에 금형에 작용하는 응력을 근사적으로 해석하기 위하여 그림 7.13의 ABC 선에 의하여 정의된 면을 대상으로 평면변형의 가정하에 금형 구조해석을 시도하였다. 그림 7.13(b)에서 보는 바와 같이 이 면에서는 면에 수직한 속도 성분이 상대적으로 매우 작다. 그리고 열간단조이므로 마찰이 비교적 크며, 길이 방향의 소재 유동이 매우 작기 때문에 평면변형의 가정이 적합하다고 사료된다.

그림 7.15(a)는 그림 7.13(b)의 ABC 선를 이용하여 그림 7.13(a)의 블로킹 공정의 최종 형상을 절단한 단면이다. 이 단면의 면적을 계산하여 2차원 평면변형 문제를 만들어 해석한 결과를 그림 7.15(b)에 나타내었다. 이 2차원 해석결과는 소재의 유동 형상이 3차원 결과와 유사하게 나오도록 하기 위하여 초기의 소재 위치를 조절하여 얻은 결과이다. 그림 7.16(a)는 금속유동선도와 면압정보를 나타내고 있고, 그림 7.16(b)는 소재의 온도분포를 나타내고 있다.

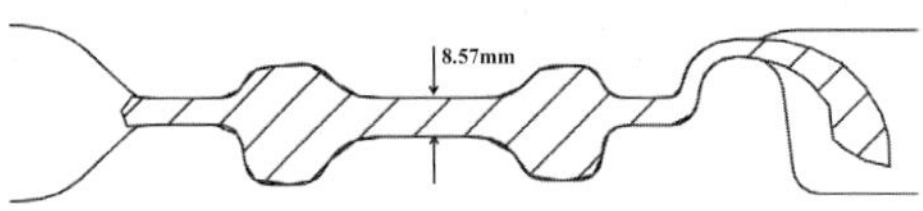

(a) 3차원 해석결과에서 단면 ABC의 형상

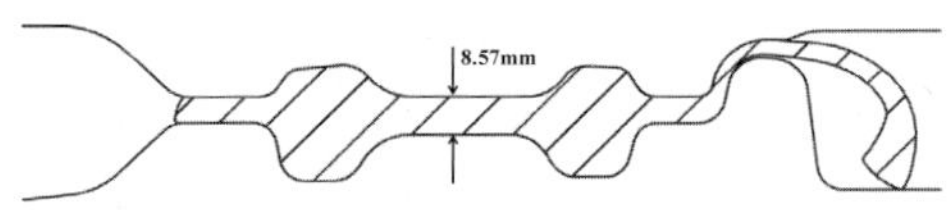

(b) 단면 ABC를 위한 2차원 해석결과

그림 7.15 단면 ABC에 대한 2차원 및 3차원 해석결과의 비교

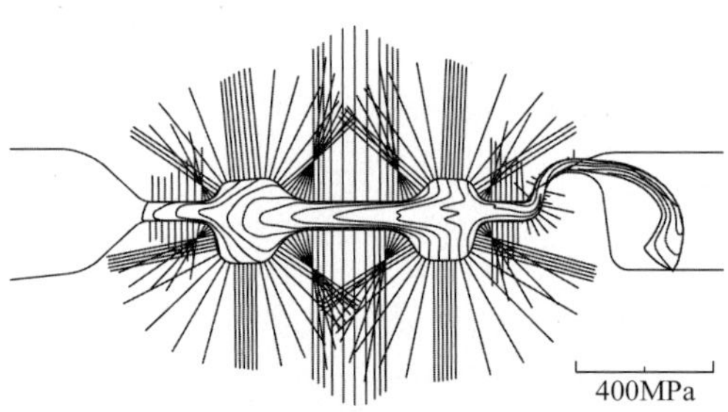

(a) 금속유동선과 응력벡터

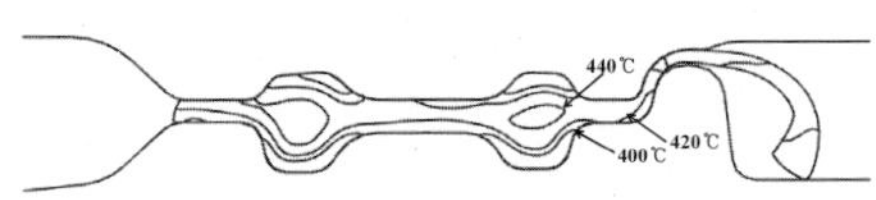

(b) 소재의 온도분포

그림 7.16 단면 ABC에 대한 2차원 해석결과

금형은 기본적으로 모서리를 많이 가지고 있으므로 구조해석 시에 응력집중에 관한 세심한 주의가 필요하다[7.3]. 즉, 구조해석 목적의 유한요소해석모델에서 오목한 모서리의 처리는 매우 중요하다. 그러므로 평면응력 조건하에서 응력집중을 충분히 반영하기 위하여 모든 오목한 모서리를 8개 이상의 절점으로 이산화시켰다.

그림 7.17은 기계적 하중을 이용하여 얻은 금형의 구조해석결과로써 주응력의 분포와 유효응력의 분포를 나타내고 있다. 그림 7.17(a)에서 보는 바와 같이 주응력의 분포는 오

목한 모서리 부위에서 크게 나타나고 있으며, 유효응력은 그림 7.17(b)에서 보는 바와 같이 600MPa~800MPa의 범위에 있고 평균적으로 700MPa 내외이다. 이 결과는 3차원 해석결과와 그 크기 면에서 유사하다. 그러나 3차원 해석결과는 2차원 해석결과에 비하여 정교함이 떨어진다. 만약, 2차원 해석결과가 3차원 해석결과와 유사하다면 3차원 해석결과보다 훨씬 유용하다.

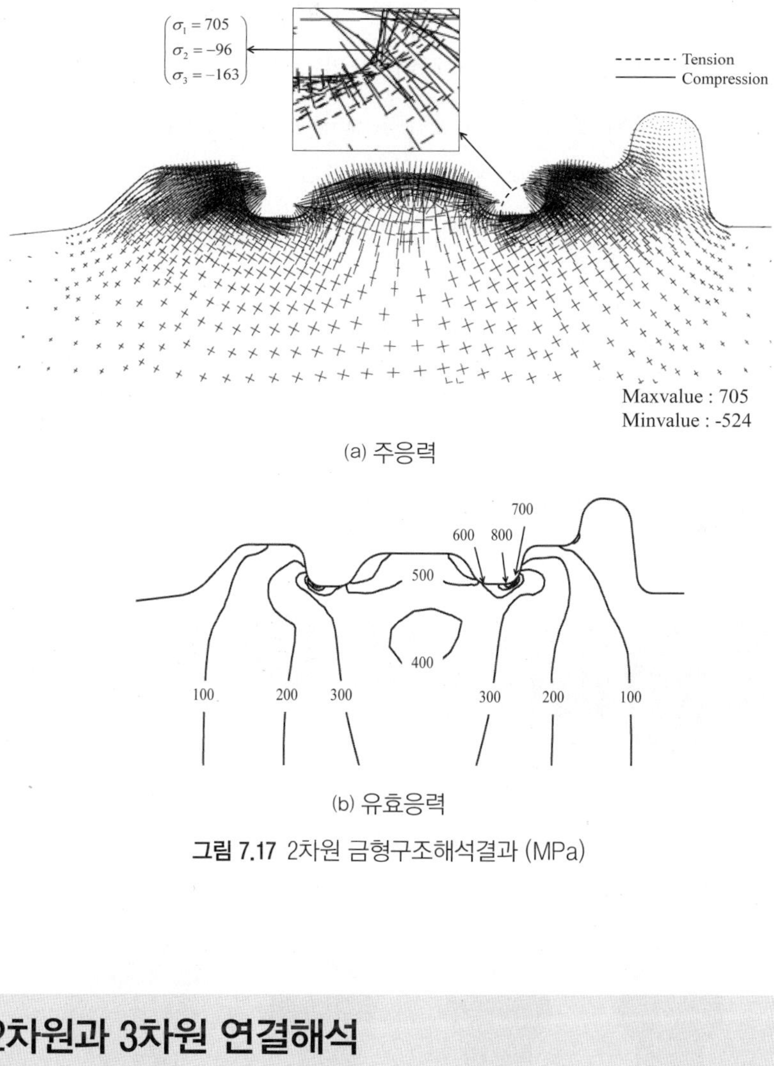

그림 7.17 2차원 금형구조해석결과 (MPa)

7.4 2차원과 3차원 연결해석

앞에서 강조한 바와 같이 가능하면 2차원 해석에 의존하는 것이 바람직하다. 그런데 많은 공정이 전반부는 축대칭이지만, 소수의 마지막 단에서 3차원 공정인 경우가 허다하다. 이 경우에는 전반부의 축대칭 공정에 대해서는 2차원 해석을 실시하고 그 결과를 바로 3차원 해석에 연결하는 기법이 유용하다[7.4].

자동다단단조공정은 단조 시뮬레이션 기술이 절실한 분야이며 공정 간의 높은 연계성으로 인하여 시뮬레이션에 소요되는 노력이 훨씬 많다. 자동다단냉간단조공정은 매우 정교하게 작업되고 자동화가 기본이기 때문에 공정설계가 상대적으로 정교하다. 자동다단 단조품은 볼트 등과 같은 긴 제품이 많으며 대개 4단 이상의 자동단조기에서 고속으로 생산되기 때문에 정교한 해석이 필요하다. 그리고 축대칭 제품이 주류를 이루고 있으며, 볼트와 같이 전반부의 공정은 축대칭이며, 소수의 최종 단에서 3차원 형상을 성형하는 경우가 대부분이다. 따라서 축대칭 공정을 수반하는 비축대칭류의 자동다단단조에서 2차원 해석과 3차원 해석의 연결에 의한 정교한 단조 시뮬레이션 기술이 실용적 관점에서 매우 중요하다.

그림 7.18의 예제에서는 단조 시뮬레이션 관점에서 비교적 난공정에 속하는 피어싱공정(piercing process)과 소재의 접힘(folding)이 발생하는 3차원 공정이 포함된 자동5단 냉간단조공정을 2차원과 3차원 연결해석 기법으로 해석한 결과이다. 제1단에서 제4단까지는 축대칭이고, 제4단에서 피어싱이 이루어진다. 제5단은 비축대칭이며, 성형 중 덧살

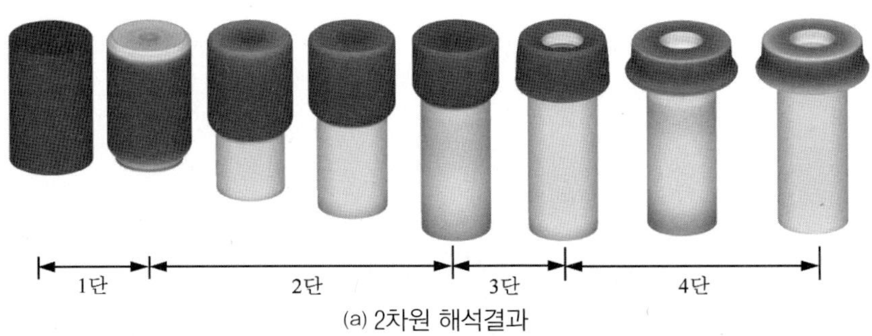

(a) 2차원 해석결과

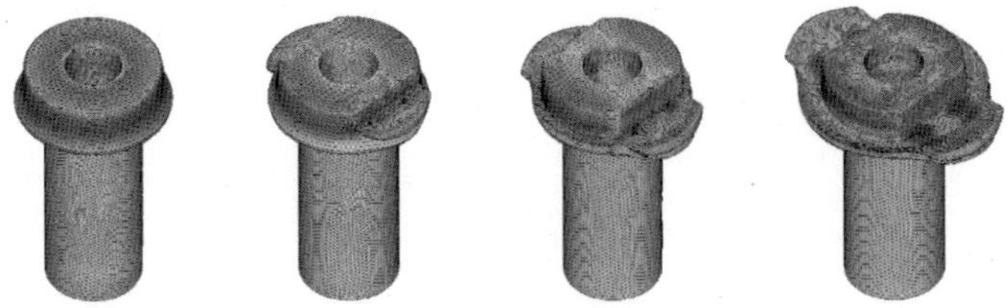

(b) 3차원 해석결과

그림 7.18 2차원/3차원 연결해석결과 (성진포머 제공)

부에서 소재간 겹침이 발생하는 문제이다.

그림 7.18(a)는 2차원으로 제1-4단을 해석한 결과를 3차원적으로 가시화한 것이다. 이 결과를 AFDEX 3D의 입력으로 취하여 연속적으로 해석을 실시함으로써 2차원 및 3차원 연결을 통한 정교한 해석의 실행이 가능하다. 제5단의 3차원 해석결과를 그림 7.18(b)에 나타내었다. 이 기능을 활용하면, 정교한 해석과 경제적 해석이 동시에 가능하다.

해석에 사용된 유동응력은 $\bar{\sigma} = 617.0\ \bar{\varepsilon}^{0.25}$ MPa이고, 마찰상수는 0.1이다. 재료가 비속도의존적이라는 가정하에 상형의 속도를 1.0mm/s로 가정하였다.

실질적으로 2차원/3차원 연결해석이 가장 효과적인 공정으로 나사 제조공정을 들 수 있다. 그림 7.19의 나사제조 공정에서 전조공정을 제외한 단조공정을 대상으로 설명한다. 그림 7.19는 12각플랜지볼트의 제조 공정도를 나타내고 있다. 제4단까지는 자동다단 단조공정에 의하여 생산이 되며, 마지막 단에서 나사전조가 실시된다. 제1단과 제2단은 각각 압출공정과 업셋팅공정으로써 소재의 대략적인 형상을 성형한다. 제3단과 제4단은 각각 헤딩공정과 후방압출공정이며, 이 두 공정은 나사의 머리를 성형하는 역할을 한다.

재료는 ESW105이고, 제4단까지의 단조공정에서의 마찰조건으로 쿨롱마찰법칙과 마찰계수 0.05를 사용하였다. 3단까지는 축대칭이므로 2차원 해석을 수행하였고, 4단에서 나사의 머리 부분이 성형되므로 3차원 해석을 수행하였다. 예측된 소재의 변형 형상과 각 공정의 종료 순간의 유효변형률 분포를 그림 7.20에 나타내었다.

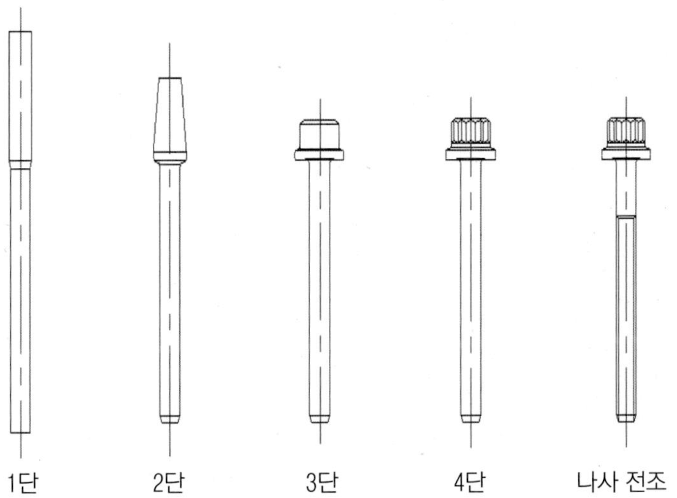

그림 7.19 12각플랜지볼트 제조공정

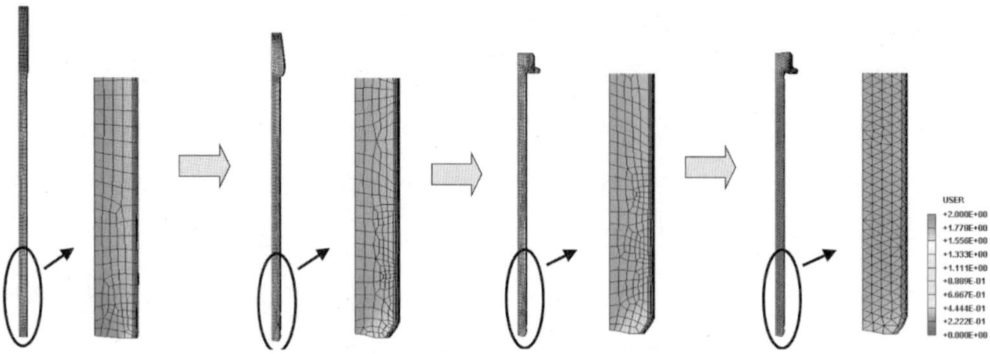

그림 7.20 예측결과 - 유효변형률

이 공정은 2차원/3차원 연결해석의 중요성을 강조하기에 적합한 공정이다. 이 공정은 비교적 스트로크가 길기 때문에 단순한 형상이지만 계산시간이 많이 소요되고 3차원 해석 시에는 수치적 문제가 크게 영향을 끼칠 가능성이 높다. 3차원 해석에서 요소망생성 시에 원주방향의 요소밀도에 따라 부피가 인위적으로 바뀔 수밖에 없기 때문이다. 원의 면적을 표현함에 있어 내접하는 다각형을 고려해 보면 이 문제를 쉽게 이해할 수 있다. 물론 이 문제가 여기에서만 나타나는 것은 아니다. 원통 금형을 사용하는 경우에는 이 문제가 항상 존재할 수밖에 없다. 요소망 관련 옵션의 사용 시에 유의해야 할 사항이다.

CHAPTER 08

단조공정

단조공정은 기본적으로 여러 개의 기본공정의 조합이다. 이것은 공정설계 기술자들을 괴롭히는 근본 원인이면서 동시에 공정설계 기술자의 생존의 원천, 즉 창의의 원천이 된다. 주조가공이나 사출성형과 같이 금형의 주요 형상이 결정되어 있는 문제에 대해서 기술자가 창의력을 발휘하는 데는 한계가 있을 수밖에 없다. 창의는 사고력의 산물이며, 경험과 이론적 식견에 근거한 고부가가치의 결정체이다. 단조의 경쟁력은 창의와 도전의 결과물이다.

이 그림은 참고문헌[2.1]에서 발췌된 것이다.

8.1 서론

그림 2.2에서 보는 바와 같이 단조는 기준에 따라 다양하게 분류되고 있다. 소재의 온도가 분류 기준이 될 때는 냉간단조, 온간단조, 열간단조 등으로 분류되고, 금형의 형태에 따라 자유단조와 형단조로 분류된다. 물론 형단조에서도 덧살의 허용 여부와 소재에 성형하중을 가하는 방법에 따라 개방단조, 밀폐단조, 폐쇄단조, 분류단조 등등으로 구분되고 있다. 그리고 사용하는 장비에 따라 헤머단조, 프레스단조, 자동다단단조(포머단조라고도 함), 업셋터단조 등등으로 분류된다. 물론 특수단조로 소재와 금형의 온도를 동일하게 유지한 상태에서 성형하는 항온단조 등이 있다.

해머단조와 프레스단조는 널리 알려져 있는데 반하여 포머단조와 업셋터단조는 상황이 다르다. 업셋터단조는 흔하게 접할 수 없고 특수한 제품의 성형에 활용되기 때문에 널리 알려져 있지 않으며, 국내 학계로부터 관련 응용연구가 발표된 바가 없다. 반면, 포머단조품이 없으면 우리의 일상생활이 사실상 불가능하다. 안경의 부품인 볼트가 한 예이다. 포머단조는 우리가 흔히 접하는 것으로 포머장비, 즉 자동다단단조기(automatic multi-stage forging machine)를 근간으로 하는 것으로 광의의 프레스단조에 속한다고 볼 수 있다. 그러나 포머단조는 일반 프레스단조와 명확한 차이가 있다. 우선 장비가 자동화되어 있고, 고속생산이 기본이다. 냉간포머단조의 경우 단조 단 사이에서 풀림 등의 열처리가 불가능하며, 절단 부위에서 피막처리가 되지 않는다. 일반 프레스단조가 대체적으로 직경이 30.0mm 이상의 제품을 대상으로 하는 반면, 포머단조는 초소형 제품의 단조에서 비교적 소재의 직경이 큰 제품까지 가능하다. 현재 국내에서도 포머장비로 직경 60.0mm 내외의 냉간단조품과 직경 150.0mm 내외의 열간단조품이 생산되고 있다. 물론 그 이상의 것은 현재로써는 불가능하지만, 그 영역이 점진적으로 상향조정될 것으로 판단된다. 그러나 제품의 크기에는 제한을 받을 수밖에 없다고 사료된다.

냉간포머단조는 특히 대량생산되는 초소형 축대칭 형상의 제품의 제조에 적합하다. 그러한 까닭으로 마이크로 포머단조 분야가 크게 발전하고 있다. 마이크로 포머단조는 일반적으로 제품에서 두 개 이상의 치수가 1.0mm 이하인 경우를 일컫는다.

8.2 온도에 따른 단조의 분류

강은 그림 8.1에서 보는 바와 같이 온도의 상승에 따라 전반적으로 연성이 증가하지만, 300℃ 주위의 청열취성 구간과 800℃ 주위의 동소변태취성 구간이 존재하며, 1300℃ 이상에서는 고온취성으로 연성이 급격하게 떨어진다. 따라서 이러한 주요 취성 영역을 피하여 소성가공을 실시한다. 따라서 강의 경우 소성가공 가능 구간이 상온 영역, 800℃ 이하의 고온 영역, 900℃ 이상의 고온 영역으로 나뉘어진다. 따라서 이 온도를 기준으로 냉간단조(또는 냉간소성가공), 온간단조, 열간단조 등으로 구분된다.

금속 재료의 유동 특성은 온도에 비교적 민감하게 영향을 받는다. 소성변형을 받고 있는 재료의 항복응력 $\bar{\sigma}$ 는 유효변형률 $\bar{\varepsilon}$, 유효변형률속도 $\dot{\bar{\varepsilon}}$, 온도 T, 손상도 D, 결정크기 및 미세구조 등의 함수이며, 재료의 기계적 성질 또는 상태를 반영한다. 이 함수를 유동응력 함수 또는 변형저항식라고 한다.

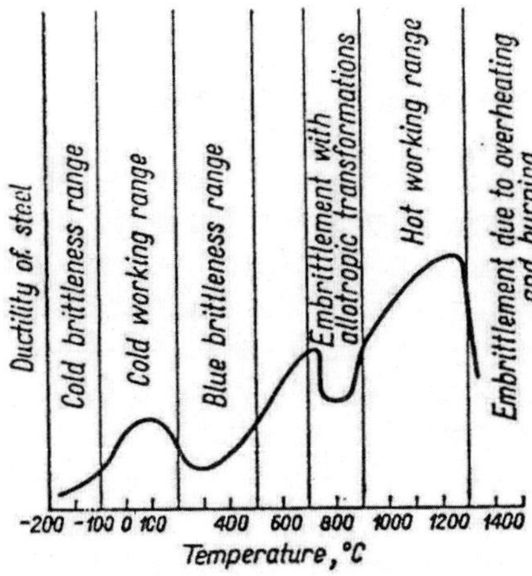

그림 8.1 온도에 따른 강의 연성의 변화[8.1]

그림 8.2는 온도에 따른 유동응력의 분포를 나타내고 있다. 유동응력은 온도의 증가에 따라 크게 감소하는 경향을 일반적으로 보인다. 그러므로 열간단조는 상대적으로 큰 제품에 적합하고 냉간단조는 작은 제품에 적합하다. 그 결과, 대부분의 볼트 등의 체결용

부품은 냉간으로 생산되며, 체결용 부품을 제외한 단조품의 생산량 측면에서 무게 기준으로 열간단조가 차지하는 비중이 그림 5.2에서 보는 바와 같이 절대적이다.

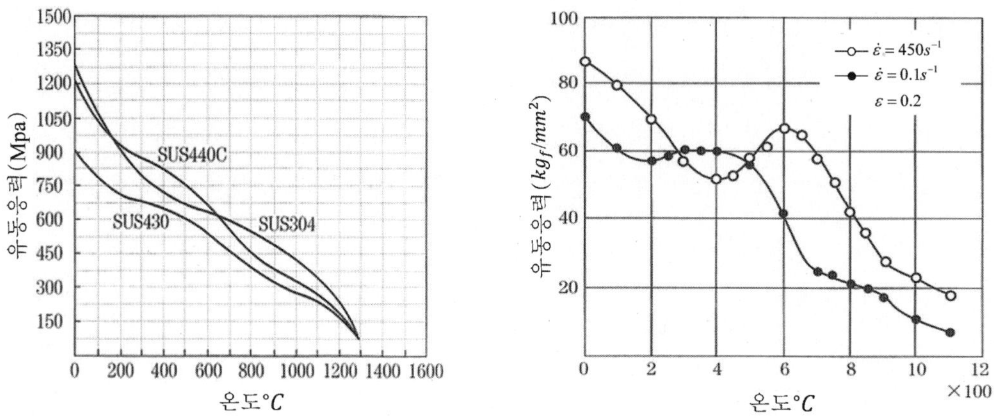

(a) 스테인리스강의 유동응력의 온도 의존성 (유효변형률 = 1.0)

(b) S35C의 유동응력의 온도 의존성

그림 8.2 온도에 따른 유동응력[2.1]

표 8.1 온도에 의한 단조법의 분류와 특징[2.1]

비교 항목			열간단소	온간단소		냉간단조
단조 온도(℃)			1000~1250	750~850	300~500	상온
재료	변형저항		소	중		대
	가공한도			없음	있음	있음
	전처리		불필요	불필요		소둔, 구상화 등
단조	성형방법		덧살 발생 허용방식	• 압출 방식 • 덧살 발생 허용방식 • 밀폐 방식		• 압출 방식 • 덧살 발생 허용방식 • 밀폐 방식
	단조압력		낮음	낮음	조금 높음	높음
제품	형상		복잡	복잡	복잡한 형상 가능	복합한 형상 가능
	조직		조대화	미세화, 급냉 조직		미세화
	탈탄층(mm)		0.3~0.4	0.10~0.25	없음	없음
	치수 정도	금형의 규제(mm)	±0.5~1.0	±0.5~1.5	±0.5~1.5	±0.025~±0.1
		두께(mm)	±1.0~2.0	±1.0~0.25	±1.0~0.25	±1.0~±0.25
		편육(mm)	0.7~1.0	0.10~1.40	0.10~1.40	0.05~1.20

냉간단조와 열간단조는 온도와 유동응력의 차이로 인하여 공정상에서도 큰 차이점이 있다. 냉간단조 금형의 파손 원인으로 금형의 파괴 및 소성변형이 지배적인 반면, 마모파손은 상대적으로 많지 않다. 그러나 열간의 경우 마모파손이 지배적이다. 그 원인은 마모가 금형의 표면경도에 큰 영향을 받고, 경도는 온도 상승에 따라 급격하게 떨어지는 경향이 있기 때문이다. 따라서 냉간의 경우, 치수 정도의 통제를 상대적으로 용이하게 할 수 있다. 냉간단조, 온간단조, 열간단조의 주요 특징을 표 8.1[2.1]에 정리하였다.

8.3 기본 공정

8.3.1 업셋팅공정

단조공정 중에서 가장 기본적인 것이 업셋팅이다. 업셋팅은 소재를 두 개의 상하 금형 사이에 넣고 성형함으로써 높이를 줄이는 공정이다. 그림 8.3은 전형적인 열간업셋팅공정의 해석결과를 나타내고 있다. 공정해석 조건은 다음과 같다. 고온강도계수: C=1MPa, 변형률속도의존지수: $m=0.15$; 마찰계수: 0.2; 상형의 속도: 250mm/s; 초기소재반경: 45mm; 소재 초기 높이: 120mm.

업셋팅공정은 소재 제조회사가 제공한 규격화된 원소재의 직경을 원하는 직경으로 만들거나 절단면의 품질을 개선시키기 위한 목적으로 매우 빈번하게 활용되고 있다.

업셋팅공정에서 금형과 소재 사이의 마찰을 무시한 공정을 특히 균질압축(homogeneous compression)공정이라고 부른다. 이 공정은 실질적으로는 존재하지 않지만, 이론의 전개 등의 목적으로 자주 사용한다. 실린더 균질압축공정에서는 그림 8.3(b)에서 보는 바와 같이, 단면이 항상 직사각형을 유지한다. 즉 배럴링이 발생하지 않는다. 그러므로 부피가 변하지 않는다는 조건을 적용하면 스트로크에 따른 단면의 면적을 계산할 수가 있고, 그 때의 유효변형률 $\bar{\varepsilon}$ 와 유동응력 $\bar{\sigma}$ 등을 계산할 수 있다. 즉,

$$\bar{\varepsilon} = -\ln\frac{l}{l_o} = -\ln\frac{A_o}{A} = 2\ln\frac{r}{r_o} \tag{8.1}$$

$$\bar{\sigma} = 2^n(\ln r/r_o)^n K \tag{8.2}$$

이며, 여기서 l, A, r은 각각 현재 소재의 높이, 단면적, 소재 반경을 의미하며, 하첨자 o는 그 초기치를 의미한다.

따라서 균질압축공정에 대한 이론 해를 손쉽게 구할 수 있으므로 단조 시뮬레이터의 안정성 평가, 해석결과의 타당성 평가, 소성역학 이론의 학습 등의 목적으로 널리 사용된다.

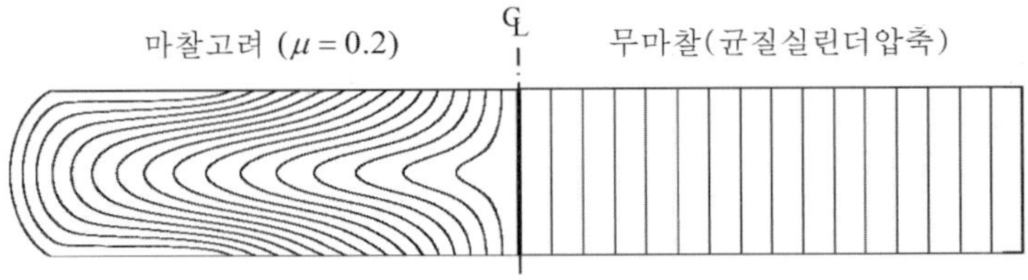

(a) 소성유동선

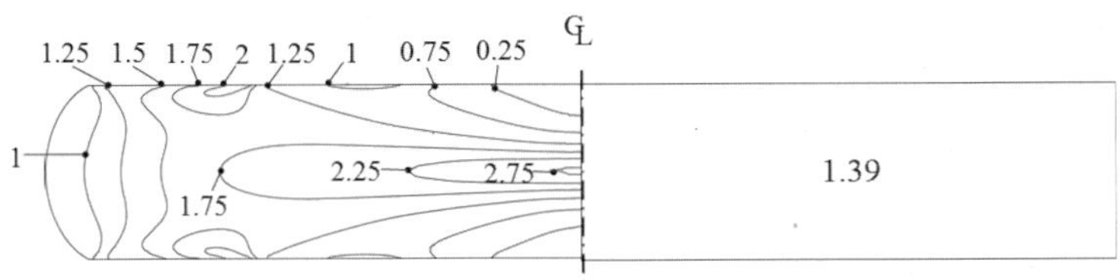

(b) 유효변형률

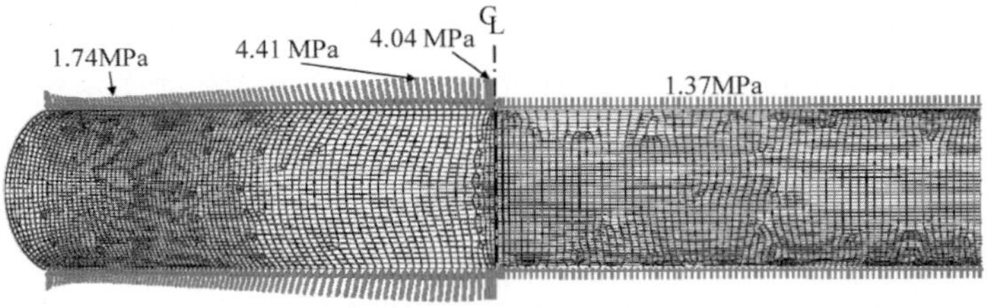

(c) 면압

그림 8.3 업셋팅공정의 해석결과의 예

마찰은 그림 8.3(a)에서 보는 바와 같이 업셋팅 시 배럴링 현상을 야기시킨다. 마찰이 클 경우 데드메탈(dead metal)이라는 강체 영역이 대칭축 주위의 소재-금형 접촉면에서 발생할 수도 있다. 이것은 그림 8.3(a)에서 보는 바와 같이 소재-금형 접촉면에 작용하는 압력이 금형의 중심에 가까워질수록 커지며 궁극적으로는 소재-금형 접촉면에서 역학적으로 발생하는 전단응력이 마찰법칙(식 (3.9), 식 (3.10))에 의하여 계산되는 마찰응력(예를들면, 쿨롱마찰법칙을 따를 경우, 마찰계수x법선응력)에 비하여 작아지기 때문이다.

8.3.2 전방압출공정

전방압출에는 밀폐전방압출공정과 개방전방압출공정이 있다. 그림 8.4는 전형적인 밀폐전방압출공정의 해석결과를 나타내고 있다. 전방압출공정은 압출비, 압출각도, 모서리 반경, 다이랜드(die land), 마찰조건 등이 주요 설계변수이다.

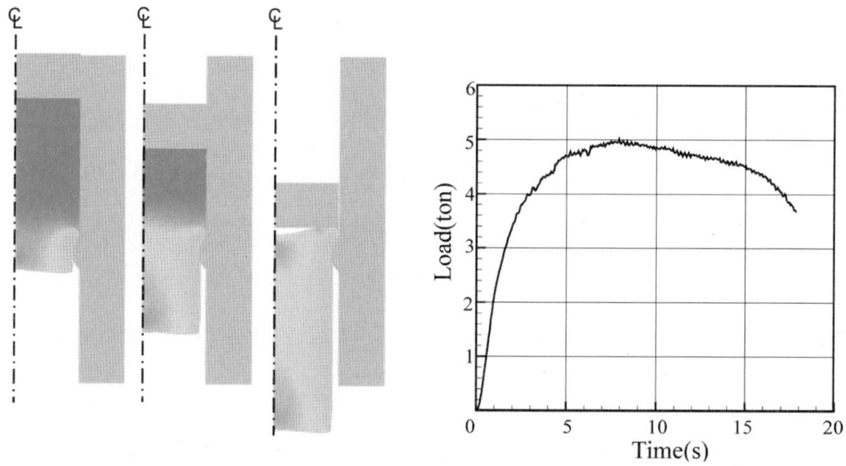

(a) 압출공정 (b) 성형하중

그림 8.4 밀폐전방압출공정 예측결과의 사례

압출공정 자체는 매우 단순하게 보이지만, 해석은 다소 까다로운 편에 속한다. 그 원인은 소성변형이 금형출구에 집중되며, 그 부위에서 소재가 금형으로부터 지속적으로 분리되기 때문이다. 근본적으로 유한요소법은 절점 기준으로 해석을 실시하는 기술이다. 즉, 어떤 한 해석스텝에서 금형에 붙은 경계절점이 그 상태에서의 문제를 결정한다. 압출에서 가장 중요한 공정 인자는 압출비인데, 이 압출비는 금형출구 주위에서 금형에 접촉한 절점 중 그 반경이 가장 작은 절점(최외곽 절점)이 결정한다. 따라서 해석에서의 압출비는 실제의 압출비보다 절대 클 수는 없다. 그리고 최외곽 절점의 위치가 점점 대칭축에 가까워지면서 압출비는 증가하지만, 이 최외곽 절점이 금형으로부터 분리되는 순간, 압출비는 불연속적으로 감소한다. 이러한 현상은 그림 8.4(b)에서 보는 바와 같이 압출하중의 진동을 불가피하게 유발한다. 이러한 수치적 문제를 줄이기 위해서 요소망밀도조절기능 등을 사용하거나 국부요소망재구성기법을 사용하면 다소 개선될 수는 있으나 이 문제를 근본적으로 없앨 수는 없다.

그림 8.4에서 보는 바와 같이, 전방압출에서는 압출공정의 진행과 함께 평균하중이 감소하게 된다. 이것은 마찰력의 영향이 감소되기 때문이다. 압출공정에서 마찰 현상은 매우 까다롭다. 압출공정이 비교적 마찰에 민감한 반면, 국부적인 소성변형의 발생으로 각 부위마다 마찰조건이 크게 다르기 때문이다. 만약 컨테이너의 길이가 길고 압출비가 클 경우에는, 쿨롱마찰법칙을 사용하게 되면, 펀치 부분에서 해석상으로는 소성변형이 발생할 수 있는데(제5.3.2절 참조) 이 결과는 특별한 경우를 제외하면 실제와는 다르다. 흔히 이러한 문제 때문에 일정전단마찰법칙이 더 정확하다고 생각하는 기술자들도 있으나 그 생각은 옳지 않다. 이러한 마찰조건의 변화를 단조 시뮬레이션 과정에서 반영하는 것이 손쉬운 일이 아니므로(그림 5.19 참조) 쿨롱마찰법칙과 일정전단마찰법칙을 동시에 사용하는 하이브리드마찰법칙이 이러한 특수 문제의 해석을 위하여 실용적일 수가 있다.

압출 시의 전단부의 요철 형상은 압출비, 마찰, 압출각 등에도 영향을 받지만, 소재의 변형경화능에 크게 영향을 받는다(그림 5.4 참조). 따라서 전단부의 요철 형상의 변화를 통하여 재료의 상태를 어느 정도는 알 수 있다. 만약 다른 조건이 동일한 상태에서 상대적으로 압출품의 전단부의 중심이 적게 튀어나왔다면, 소재의 풀림처리가 덜되어 중심파괴(그림 9.3 참조)의 가능성이 높게 된다.

대부분의 경우, 밀폐전방압출공정의 해석에서 펀치와 컨테이너 사이의 소재 유동에 관심이 없다. 이 경우에는 두 금형 사이를 닫아주는 기능을 사용하는 것이 편리하다. 그렇지 않으면, 경우에 따라서는 소재의 비정상적 유동을 초래할 수가 있다.

한편, 그림 8.4와는 달리 개방압출공정에서는 소재의 노출된 부위의 형상 변화로 인하여 결과에 심대한 영향을 받게 될 수도 있다. 형상변화의 주 원인은 요소망재구성으로 인한 외곽 형상의 변화와 이론의 한계로 인한 경계의 인위적 변화 등이다. 이러한 인위적 반경의 변화는 압출비의 변화로 연결되기 때문에 결과의 신뢰성에 큰 영향을 미칠 수 있다. 따라서 이러한 문제의 해소를 위하여 제공되는 세장부재 소재 처리 기능을 활용할 필요가 있다(제5.8절 내용 참조).

8.3.3 후방압출공정

후방압출은 매우 흔한 공정 중의 하나이다. 후진하는 재료가 외곽에 있는 경우가 대부분이며, 중심과 외곽 양쪽으로 후진하는 공정, 즉 복합 후방압출공정도 종종 있다. 그림 8.5(a)는 전자의 예이고 그림 8.5(b)는 후자의 예를 나타내고 있다. 그러나 중심에서만 소재가 후진하는 경우는 드물다. 외곽에서의 덧살이 발생하여 공정 관리가 용이하지 않고 전방압출로 대신할 수 있기 때문이다. 그림 8.6은 그림 8.5(b)의 후방압출공정에 대한 소성유동선의 추적결과이다.

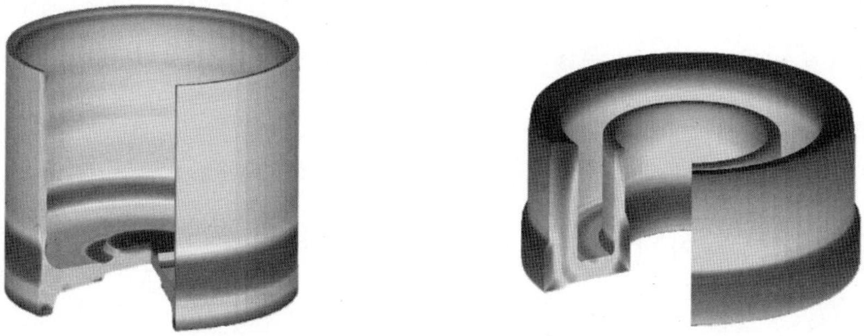

(a) 외곽으로 소성유동 발생

(b) 외곽 및 중심으로 동시에 소성유동 발생

그림 8.5 후방압출의 사례

전방압출과는 달리 후방압출공정에서는 초기의 하중에 비하여 후반부의 하중이 증가한다. 후방압출공정에서도 전방압출공정과 동일한 압출비의 수치적 변화의 문제가 존재하므로 해석 시에 이에 대한 세심한 주의가 필요하다. 특히 펀치의 코너 반경의 입력에 실수가 없어야 하고 소재의 변형경화능(열처리 및 전 공정의 상태)을 비교적 정확하게 해야 후방압출 제품의 끝의 형상을 비교적 정확하게 예측할 수 있다.

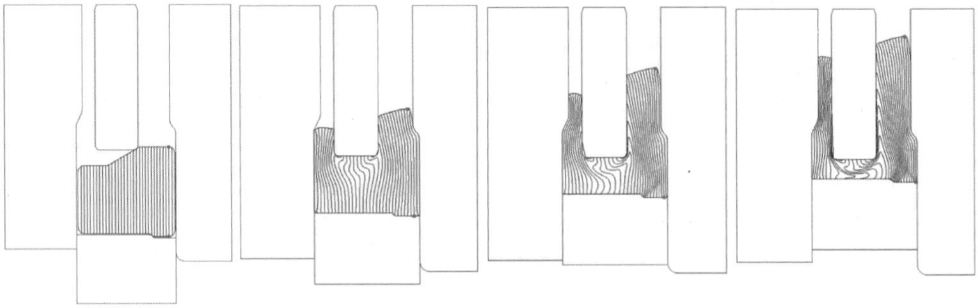

그림 8.6 그림 8.5(b)의 소성유동선 추적결과

후방압출 시에 펀치의 코너 주위의 국부적인 영역에서 재료 유동이 일반적으로 급격하게 변한다. 이러한 현상은 잦은 요소망재구성으로 연결된다. 요소망재구성은 필연적으로 변형률 및 손상도 등의 이력 상태변수의 순화를 동반한다. 즉, 극대값은 작게 하고 극소값을 크게 한다. 물론 국부요소망재구성기법을 통하여 이러한 현상은 다소 개선될 수 있지만, 선형요소를 사용하는 한 근본적인 대책은 없다. 그리고 요소망재구성은 경계절점의 인위적 변경을 통하여 변형형상에도 영향을 미치므로 잦은 요소망재구성은 경계해야 한다.

전술한 점은 후방압출공정에서 발생하는 전형적인 문제이면서 동시에 일반 단조공정의 시뮬레이션 시에 흔히 나타나므로 이에 관한 세심한 주의와 함께 활용 경험을 쌓아가야 한다.

8.3.4 전후방압출공정

전후방압출공정은 매우 흔한 공정이다. 전후방압출공정 중에서도 전방압출하중과 후방압출하중이 비슷한 경우에는 소성변형 영역이 상하에서 번갈아 발생하기 때문에 실제 공정의 관리에도 주의가 필요하지만, 공정해석 측면에서도 세심한 주의가 요구된다. 수렴해를 얻는데 다소 어려움이 따를 수도 있고, 계산시간이 예측보다 다소 많이 소요될 수 있다. 그림 8.7에 이러한 예를 나타내었다. 이 공정에서는 상부와 하부가 번갈아 가면서 소성변형을 일으킨다. 만약 상하부 중의 한쪽의 소성변형을 일으키는데 상대적으로 큰 하중을 필요로 하는 경우에는 전방압출과 후방압출이 연속되거나 소성변형이 단계적으로 일어나는 두 개의 공정으로 인식해도 별 문제는 없을 것이다.

그림 8.7과 같은 압출공정에서는 마찰조건에 따라 전방압출량과 후방압출량의 비가 비교적 큰 영향을 받는다. 마찰현상을 정확하게 표현하는 것은 매우 어려운 일이지만, 이론과 실제 현상을 근거로 판단할 때, 쿨롱마찰법칙이 보다 현실적이다. 많은 기술자들이 일정전단마찰법칙을 무비판적으로 사용하는 경향이 있는데 이것은 바람직하지 않다고 사료된다. 법선응력의 크기와 상관없이 일정한 마찰응력이 작용한다고 가정한 것은 현실적이지 않기 때문이다. 따라서 쿨롱마찰법칙을 토대로 하여 최적의 마찰계수를 경험적으로 결정해 나갈 것을 권장한다. 이러한 노력에 있어 그림 8.7와 같은 전후방압출공정은 매우 좋은 학습자료가 될 것이다.

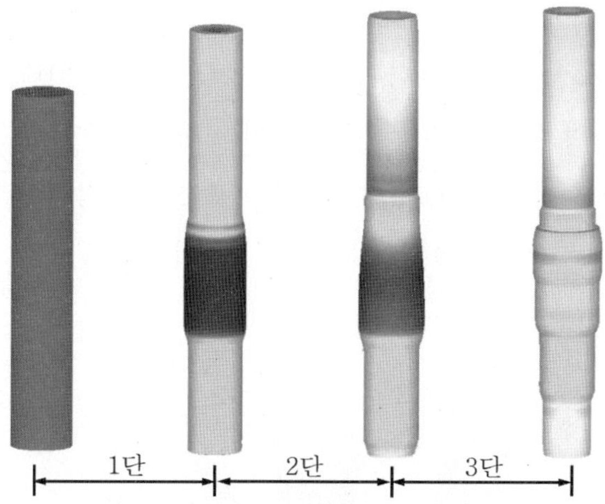

그림 8.7 전후방압출공정

8.3.5 헤딩공정

헤딩(heading)공정은 나사, 리벳, 볼스타드 등을 성형할 때 사용하는 소성가공의 기본공정 중의 하나이다. 그림 8.8에 전형적인 헤딩공정의 해석결과를 나타내고 있다. 헤딩공정은 기본적으로 머리모양을 만드는 압축공정, 즉 업셋팅공정의 응용으로 볼 수도 있다.

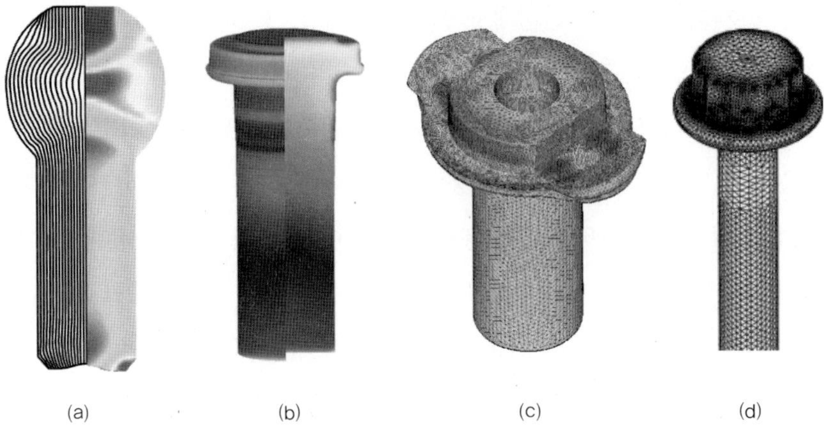

그림 8.8 헤딩공정의 사례

그림 8.9에서 보는 바와 같이 압축변형 영역이 긴 소재의 헤딩공정은 좌굴 현상을 유발하므로 2개의 단으로 변형을 분리하여 실시하는 것이 바람직하다. 이 때, 예비형상의 설계에 따라 후속공정의 성패가 결정되며, 소재의 전처리 상태 또는 변형경화의 정도에 따라 비교적 민감한 영향을 받는다. 그림 8.10에서 보는 바와 같이 변형경화능의 정도 차이가 있는 두 재료, SCM435와 ESW105의 헤딩공정에서 소성유동이 크게 다름을 확인할 수 있다.

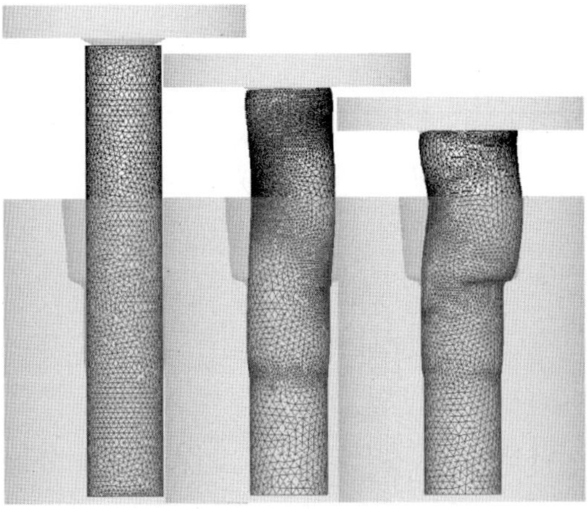

그림 8.9 헤딩공정에서의 좌굴

그림 8.8(d)의 볼트 헤딩공정은 목부의 결함을 야기시키기도 한다. 그리고 고강도 소재의 헤딩공정에서는 변형이 국부적으로 발생하고 그 결과 국부적으로 온도 상승이 발생하

여 결함으로 연결될 수도 있다고 사료된다. 이러한 경우를 피하기 위하여 변형량을 적절하게 분포시키는 설계가 요구된다.

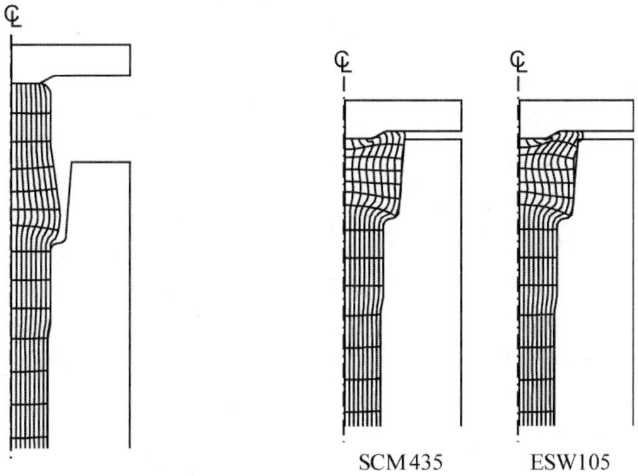

(a) 초기위치 (b) 최종위치

그림 8.10 헤딩공정

8.3.6 트리밍공정 및 피어싱공정

트리밍 및 피어싱은 필수적인 기본단조공정 중의 하나이며, 소재로부터 불필요한 덧살을 제거하거나 소재를 두 개 이상으로 분리하는 목적으로 사용된다. 주로 맨마지막 공정에서 이루어지는 경우가 많지만, 공정 중간에도 흔히 실시되고 있다. 피어싱 및 트리밍의 시점을 어디로 하는냐에 따라 공정의 성패가 좌우되는 경우도 있다. 가령, 피어싱이 이루어져야 할 공정에서 피어싱이 중간의 단에서 이루어진다면, 공정 전체의 하중 부담을 줄일 수 있다.

그림 8.11과 그림 8.12는 각각 트리밍공정과 피어싱공정의 해석결과이다. 피어싱공정이나 트리밍공정은 해석상으로 중요하지 않을 경우가 많다. 즉, 파단면의 상세한 형상보다 근사적으로 덧살을 제거하고자 하는 경우가 대부분이다. 특히 후속된 단의 해석으로 넘어가는 경우, 근사적 파단면의 결정은 불가피하다. 일반적으로 연성파괴 이론에 근거한 파단면은 매우 거칠어 후속 단의 공정해석을 불가능하게 하기 때문이다. 물론 파면을

연성파괴 이론을 이용하여 예측할 수 있다. 그림 8.13이 그 예이다. 이 경우에도 해석을 위한 세심한 주의와 함께 활용 경험 축적 과정이 필수적이다.

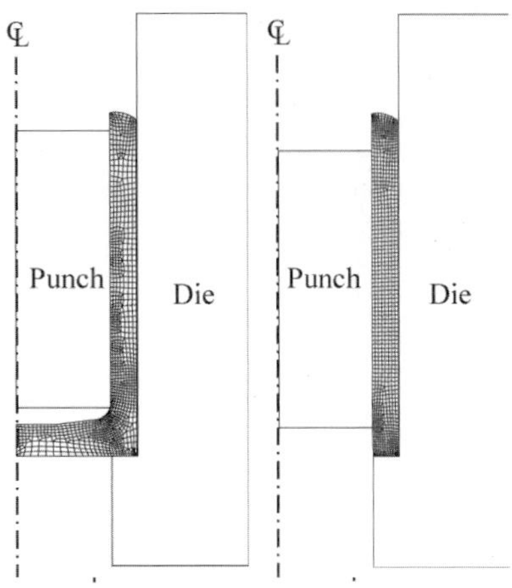

그림 8.11 피어싱공정

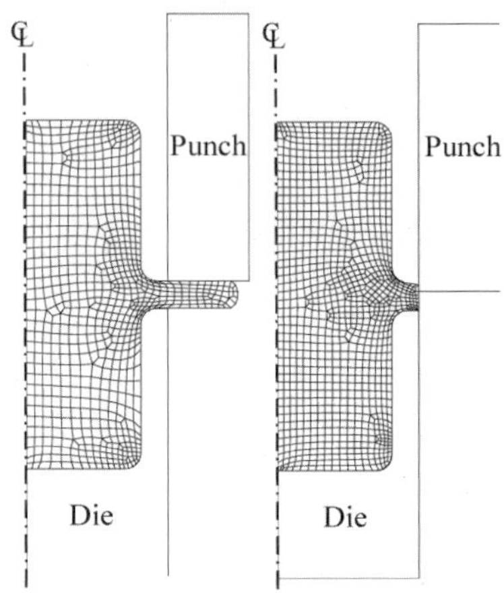

그림 8.12 트리밍공정

때에 따라서는 피어싱공정이나 트리밍공정에 의한 소재의 변형이 중요할 수가 있다. 그림 8.14에서 보는 바와 같이 베어링 레이스 소재의 열간단조 후 피어싱 및 전단 과정에서 소재의 소성변형으로 인한 형상의 변화는 소재 수율과 후속된 기계가공 공수에 큰 영향을 미친다. 이 때는 전단현상 그 자체보다 전단 직전까지의 성형 과정에서 소재의 형상 변화에 더 관심을 기울일 필요가 있다.

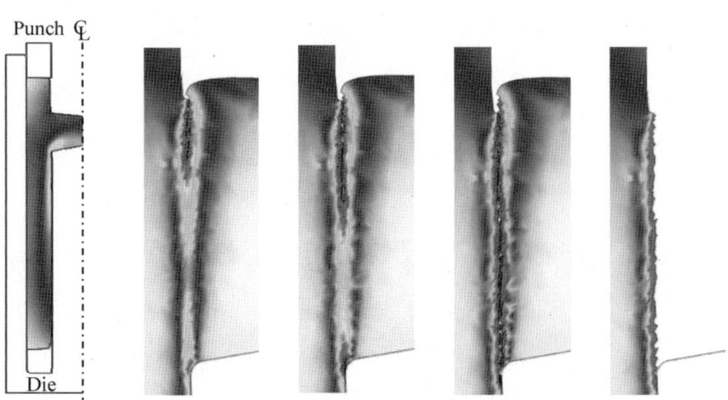

그림 8.13 파단면 예측

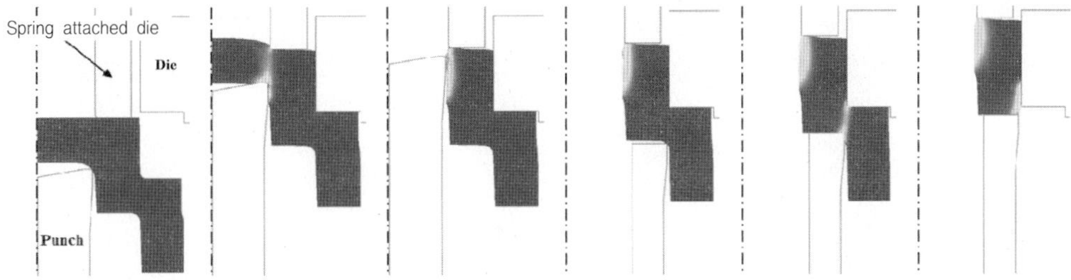

피어싱공정 트리밍공정

그림 8.14 피어싱과 트리밍 동시 공정

8.4 공정도와 공정설계

공정도 또는 공정설계도는 단조공정에서 초기소재와 각 단의 결과로 나온 소재의 형상을 나열한 것을 의미한다. 여기에 금형의 대략적인 형상 및 특징이 작도될 수도 있다. 공정개발은 공정설계와 금형설계로 구성된다. 공정설계는 초기소재의 종류, 열처리와 표면처리, 형상 등을 결정하는 것과 단의 수, 금형의 개념설계, 공정조건 등의 결정을 수반한다. 그림 8.15에 주요 단조공정 및 공정설계도를 소개하였다.

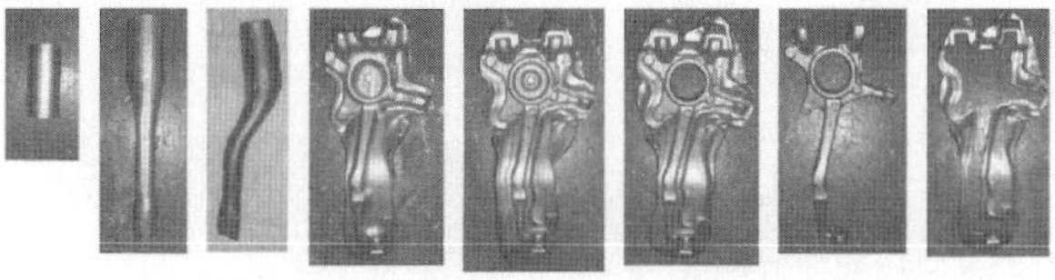

(a) 너클 스티어링 단조공정[2.1]

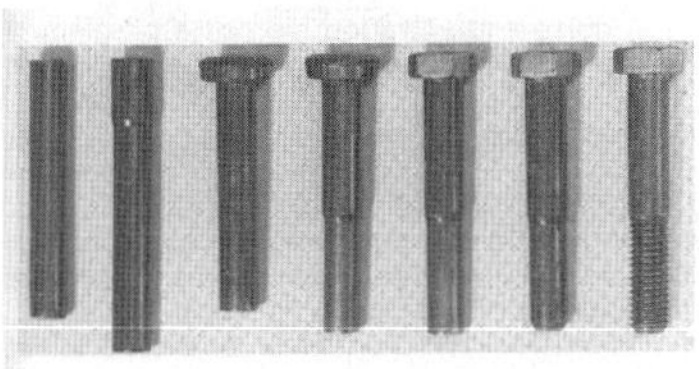

(b) 볼트 단조공정[8.2]

(c) 트랜스퍼 스프라켓 단조공정[2.1]

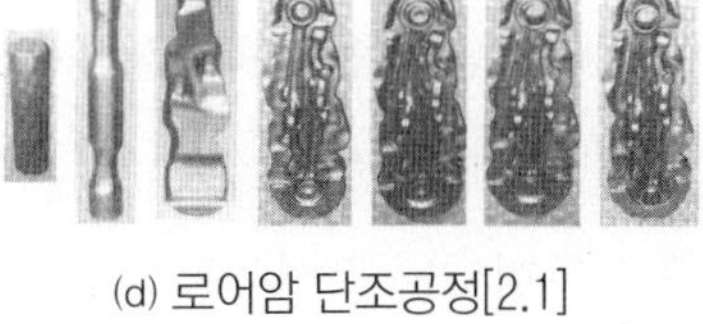

(d) 로어암 단조공정[2.1]

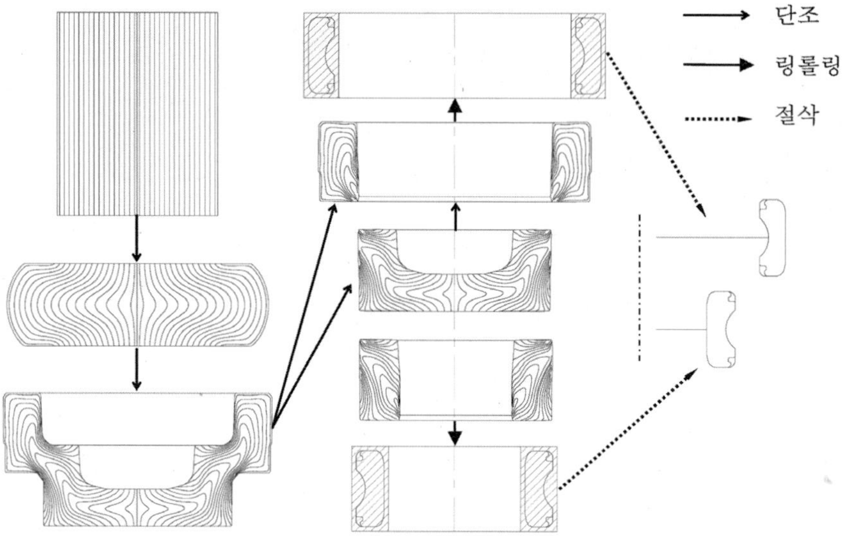

(e) 베어링 내외륜 단조-전조-선삭가공공정도[8.3]

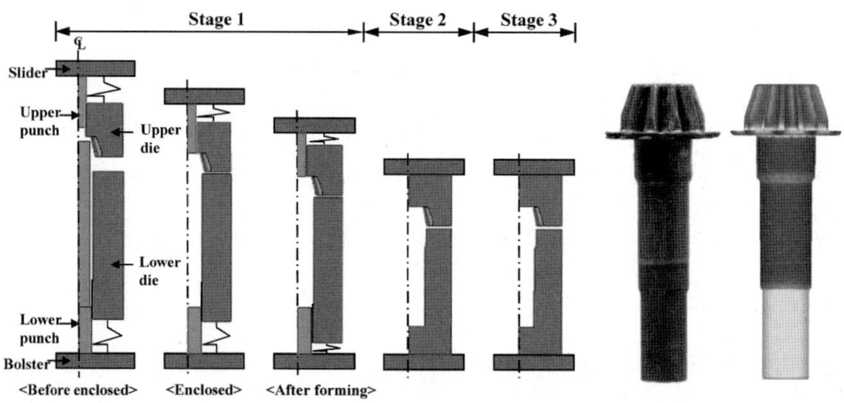

(f) 장축 베벨기어 폐쇄단조공정 (진ENG 제공)

그림 8.15 단조공정설계도의 실례

공정개발에서 개념설계가 실시되고 난 이후 금형의 상세설계가 실시된다. 과거에는 공정개발 단계에서 공정설계는 경험적으로 이루어져 왔으나, 최근에는 단조 시뮬레이션을 통한 공정설계의 검증 및 최적화가 사실상 의무화되고 있다. 단조 시뮬레이션에 있어 주요 관심사는 소성유동선도, 하중, 크랙 발생 가능성, 형상결함 등의 발생 여부이다.

단조 시뮬레이터의 사용은 공정설계에서 필수화되었다. 그림 8.16은 단조공정개발 과정에서 단조 시뮬레이터가 어떻게 활용되는지의 사례와 효과를 소개한다.

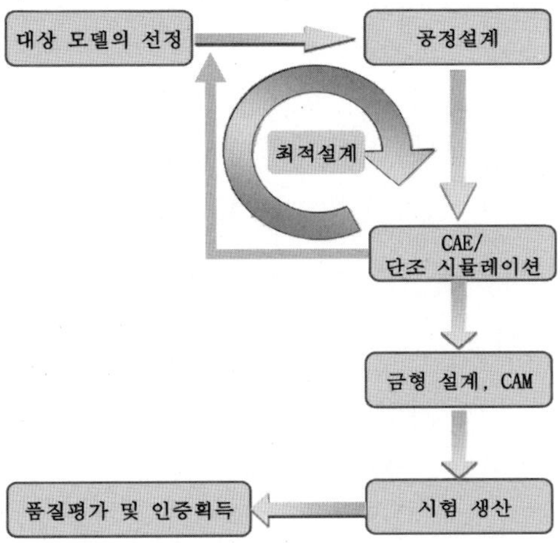

(a) 개략도

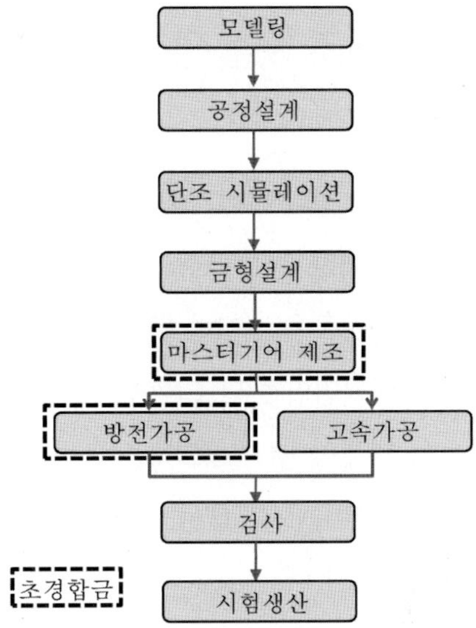

(b) (사)경상대 수송기계부품기술혁신센터 베벨기어 전용 개발 흐름도

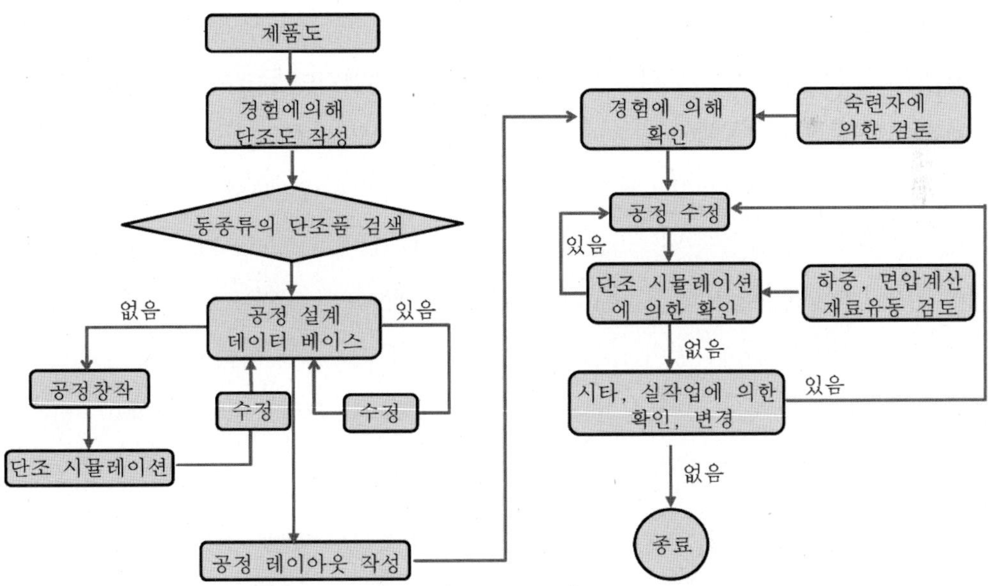

(c) 상세 공정개발 흐름도

그림 8.16 단조 시뮬레이터를 활용한 단조공정개발 과정

8.5 단조 시뮬레이션 기술을 이용한 공정개발 사례

여기서는 정밀 베벨기어 단조공정의 개발 사례를 소개한다.

종래의 베벨기어 제조 공정은 기어 소재를 선삭가공하고 이것을 치형 절삭용 전용기에서 절삭가공을 실시한 후 열처리가공을 실시하는 순서로 이루어져 있다. 그러나 절삭가공된 베벨기어는 단조품에 비해 생산성, 생산비용, 제품강도 등이 나쁘기 때문에 베벨기어의 생산이 냉간단조가공 공법으로 바뀌고 있다. 베벨기어 냉간단조는 1970년경에 시작되었으며, 우리나라는 1980년대 중후반에 시작한 것으로 추정되고 있다.

아직 베벨기어는 정밀폐쇄단조품의 대표적인 사례가 되고 있다. 베벨기어의 폐쇄단조를 위해서 필요한 요소기술은 베벨기어 모델링 기술, 공정해석 기술에 바탕을 둔 공정설계 기술, 제조 및 품질평가기술 등이다. 베벨기어 정밀단조공정의 개발 과정을 도시하면, 그림 8.16(b)에서 보는 바와 같다. 이 절에서는 베벨기어 단조공정개발의 전 과정에 관한 내용을 적용의 관점에서 기술한다.

냉간단조 방식으로 베벨기어를 생산하기 위해서는 베벨기어 금형이 필요하다. 기존에는 베벨기어 금형을 가공하기 위하여 전용기어가공기를 이용한 절삭가공으로 전극을 제작한 후 방전 가공하여 금형을 제작하였다. 그러나 최근 CAD/CAM 시스템과 고속가공기를 이용하여 직접 금형을 제작하는 방향으로 발전하였다. CAD/CAM 기술을 근간으로 한 베벨기어 금형가공은 방전가공에 의한 금형보다 면조도와 정밀도가 우수하고, 시뮬레이션을 통해 사이드와 피니언이 간섭 없이 제대로 맞물리는지를 미리 검증할 수 있으며, 그림 8.17에서 보는 바와 같이 적절한 백래쉬(backlash)와 크라우닝(crowning) 등을 쉽게 부여할 수 있는 이점이 있다.

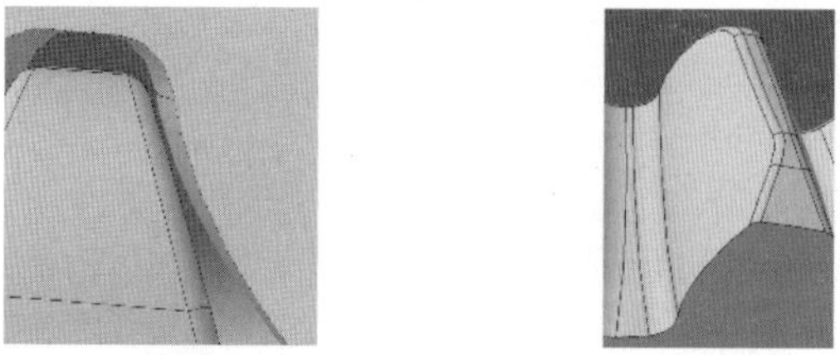

(a) 백래쉬 (b) 크라우닝

그림 8.17 백래쉬와 크라우닝의 모델링

이러한 금형 제작 방법의 변화는 베벨기어의 모델링 기술이 뒷받침되어야 한다. 즉, 전용기어 가공기의 도움을 받지 않기 위해서는 자체적으로 CAD/CAM 데이타를 생성시켜야 하는데 이를 위해서는 베벨기어의 모델링 기술의 확보가 필수적이다. 그림 8.18(a)는 베벨기어 CAD 모델의 한 예이며, 그림 8.18(b)는 이 CAD 모델로부터 생성된 CAM 정보를 이용하여 고속가공기로 제작한 마스터 베벨기어(master bevel gear)이다. 이 마스터 기어는 베벨기어 CAD 모델의 평가 목적으로 활용된다.

(a) 베벨기어 CAD 모델

(b) 마스트 베벨기어

그림 8.18 베벨기어의 CAD 모델과 마스터 베벨기어

베벨기어 모델링 작업은 적절한 CAD 시스템의 능숙한 사용과 베벨기어에 관한 전문지식이 있어야 가능한 고급 기술이다. 다음은 베벨기어 모델링 과정을 정리한 것이다. 아래에서 괄호([ ])내의 단어는 CATIA의 명령어이다.

가. 설계도면의 원추거리, 피치원추각 등을 스케치한다(그림 8.19(a)).

나. 별도의 프로그램을 이용하여 이두께 등의 변수들을 계산하고 인벌류트곡선을 생성하여 요구된 제원에 부합하는 치형을 생성한다.

다. 생성한 치형곡선을 CAD 시스템으로 불러온 후 기어의 이를 스케치한다(그림 8.19(b)).

라. 기어 외형의 단면을 스케치한다(그림 8.19(c)).

마. 앞서 스케치했던 이 부분을 솔리드로 생성한다(그림 8.19(d)).

바. 기어 외형 단면을 [Shaft]를 이용하여 솔리드로 생성한다(그림 8.19(e)).

사. [Shaft]로 생성한 솔리드를 기어 이 부분의 솔리드로 [Remove]하여 그림 8.19(f)와 같이 기어의 이 형상을 생성한다.

아. [Fillet]을 주고 [Mirror]와 [Array]를 이용하여 기어를 생성한다(그림 8.19(g)).

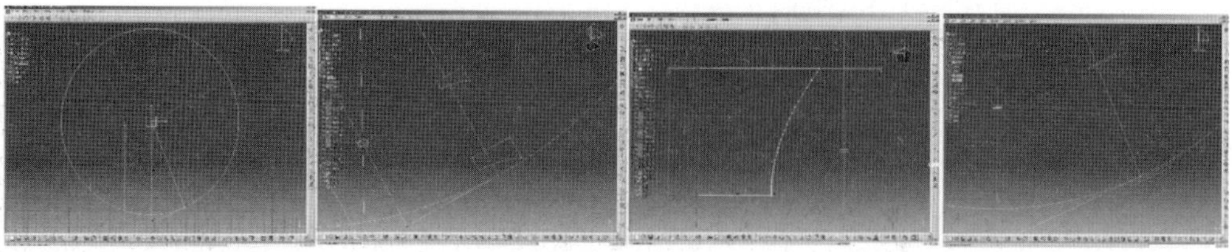

(a) 원추거리, 피치원추각의 스케치　(b) 이의 스케치　(c) 기어 외형의 단면 스케치

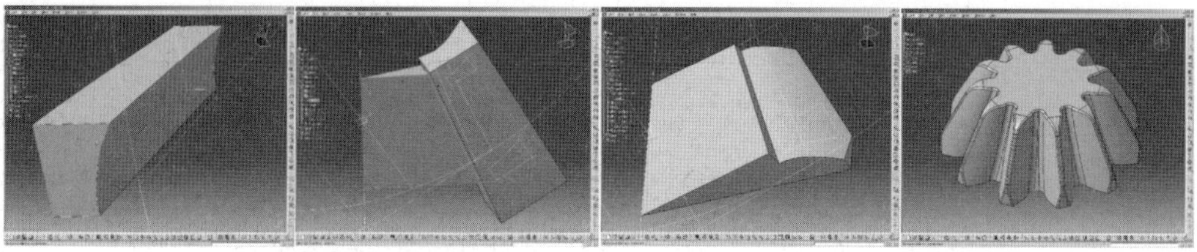

(d) 이의 솔리드 모델　(e) 이의 솔리드 샤프트(shaft)　(f) 기어 이의 생성　(g) 미러와 배열 기능을 이용한 기어의 생성

그림 8.19 베벨기어 모델링 과정

그림 8.20에 모델링된 베벨기어를 예시하였다.

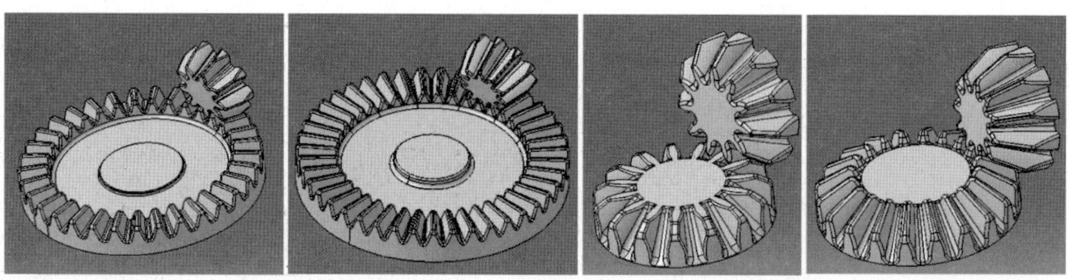

9t & 33t　10t & 43t　11t & 15t　11t & 20t

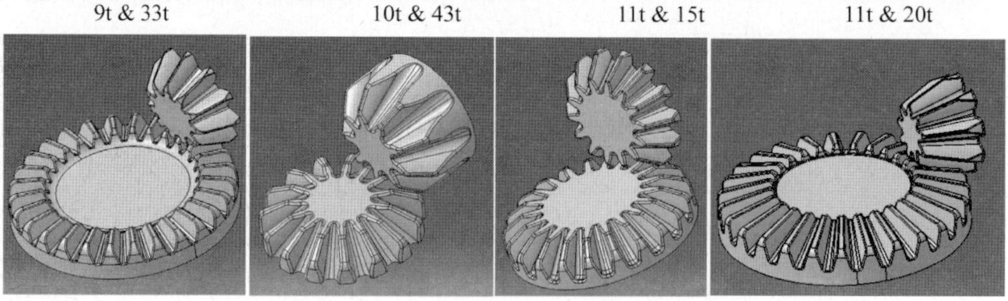

11t & 28t　10t & 15t　14t & 21t　9t & 27t

그림 8.20 모델링된 베벨기어 사례

8.6 차동장치용 베벨기어의 폐쇄단조

소형 베벨기어의 생산을 폐쇄단조 공법으로 실시하면, 품질과 가격 양면에서 유리하다. 이유는 공정이 줄어들고, 원재료가 절감되기 때문이다. 그리고 금형 수명이 길어지는 효과도 있다. 이 절에서는 소형 베벨기어를 대상으로 공정 시뮬레이션 및 공정설계 기술을 포함한 공정개발에 따르는 제반 기술적 내용을 설명한다. 선정된 대상 제품은 차량의 차동장치용 베벨기어(differential gear)이며 그림 8.21에서 보는 바와 같다. 제조공정은 2단의 냉간단조이며, 제1단은 폐쇄단조공정이고 제2단은 사이징공정이다. 여기서는 마지막의 사이징공정(일반 형단조공정임)을 제외한 폐쇄단조공정을 중점적으로 설명한다.

베벨기어의 CAD 모델링은 CAM 작업을 위해서 필수적이며, 공정 시뮬레이션을 위해서도 필수적이다. 그림 8.21은 이 절에서 적용 대상으로 삼고 있는 베벨기어의 금형가공과 공정 시뮬레이션 목적으로 사용된 베벨기어의 CAD 모델을 나타내고 있다.

그림 8.21 적용 대상 베벨기어의 CAD 모델

여기서 적용 대상으로 삼고 있는 그림 8.21의 베벨기어는 상하금형의 폐쇄가 이루어지고 난 직후부터 성형이 시작되는 경우이다. 그림 8.22는 폐쇄단조의 공정도이다. 그림에서 보는 바와 같이 베벨기어의 폐쇄단조공정은 단동식 폐쇄다이세트를 사용하며 두 개의 펀치와 두 개의 금형으로 이루어져 있다. 물론 복동식 폐쇄다이세트는 일부 부품의 조작만으로 단동식으로 사용될 수 있다[8.4].

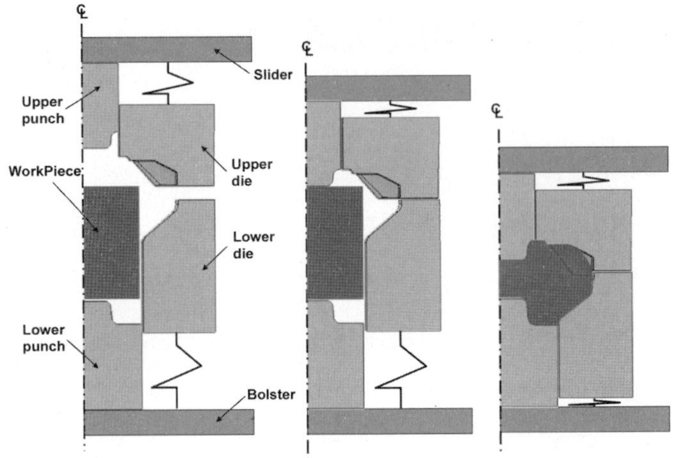

(a) 제1단, 폐쇄단조공정

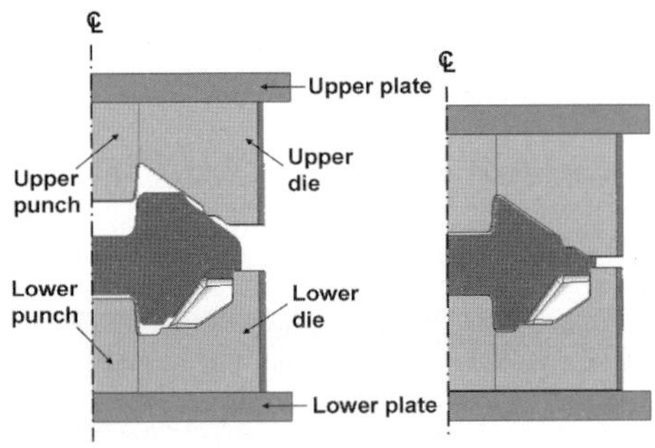

(b) 제2단, 사이징공정

그림 8.22 베벨기어 냉간단조공정의 개념도

경험을 바탕으로 설계된 베벨기어 폐쇄단조공정은 단조 시뮬레이션의 반복을 통하여 최적화될 수 있다. 여기서 소개하는 공정은 최적화의 과정을 거쳐 결정된 최종공정이다. 베벨기어의 재료는 SCM420H이며, 톱으로 절단된 원형 봉재(반경 17.5 mm × 높이 39.0 mm)를 소재의 초기형상으로 사용하였다. 공정의 시뮬레이션에 사용된 공정 및 해석 정보는 다음과 같다. 소재의 변형저항식: $\bar{\sigma} = 750.0\bar{\varepsilon}^{0.2}$MPa ; 금형과 소재의 접촉한계치: 0.05 mm; 요소망: 사면체요소망, 요소수 80,000개 내외; 제1단의 금형속도: 그림 8.23; 제2단의 금형속도: -1.0 mm/s (상형), 0.0 mm/s (하형).

해석에 사용된 마찰조건으로 일정전단응력마찰을 사용하였으며, 치형을 생성시키는 상형의 마찰상수는 0.2이고 나머지의 금형의 마찰상수는 0.1로 가정하였다. 치형이 조각된 금형은 상대적으로 많은 변형을 야기시키므로 다른 금형에 비하여 마찰이 크게 작용할 것으로 판단하였다.

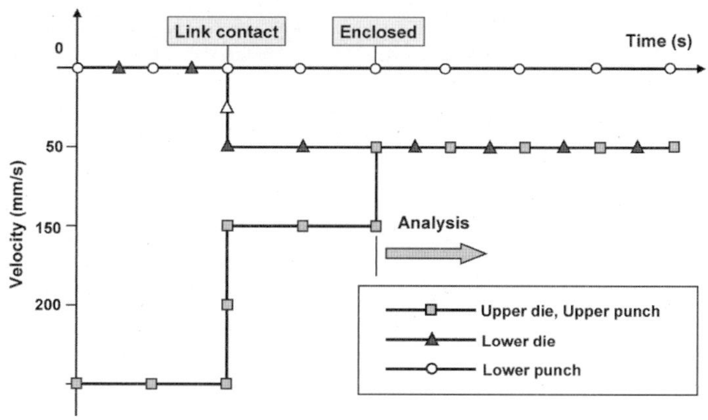

그림 8.23 속도 프로파일

개발된 베벨기어는 14개의 치형과 28개의 대칭면을 가지고 있어서 전체 베벨기어 중 1/28만을 해석영역으로 선택하였다. 초기소재의 직경과 높이는 각각 17.5mm와 39.0mm이다.

그림 8.24는 최적화된 공정의 해석결과이다. 특히 강조할 점은 치형의 정밀한 묘사는 정확한 해석결과를 얻는데 매우 중요하다는 것이다. 그림 8.25에서 보는 바와 같이 많지 않은 사면체요소를 사용하였지만 치형에서 사면체요소망의 표면 삼각형이 잘 묘사되었음을 알 수 있다. 이 점은 해석결과의 신뢰성 차원에서 매우 중요하다.

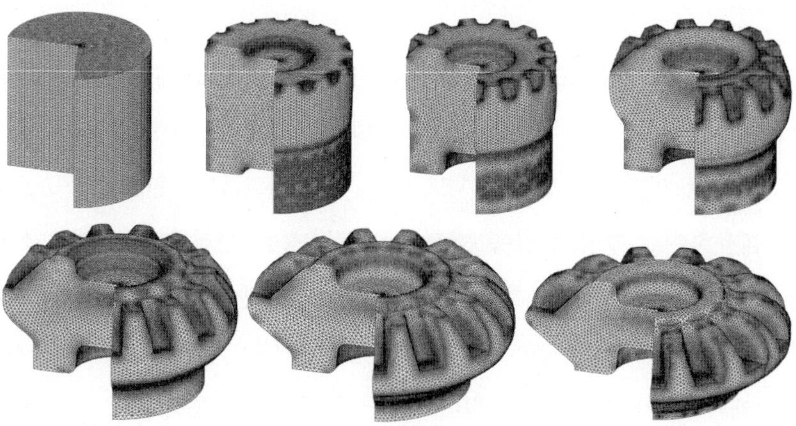

그림 8.24 예측결과

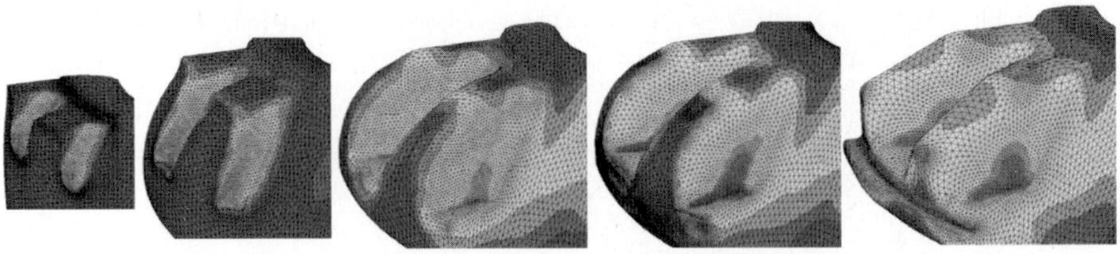

그림 8.25 예측된 치형 형상과 유효변형률의 분포

기존의 베벨기어 금형가공법에서는 대개 방전가공(electric discharge machining) 이후 랩핑(lapping)으로 금형을 완성하였다. 이 공법은 방전면 조도가 좋지 않기 때문에 랩핑 시에 많은 시간이 소요된다. 게다가 정밀도를 검증하기가 어렵다. 여기서는 베벨기어를 직접 모델링한 후에 CAM 정보를 생성하였고, 이를 이용하여 고속가공기로 금형을 직접 제작하였으며, 그림 8.26은 이렇게 제작된 금형과 펀치를 나타내고 있다.

그림 8.26 고속가공기를 이용하여 제작된 금형 부품 (진 ENG 제공)

폐쇄단조에서 소재의 준비도 매우 중요하다. 폐쇄단조 시에 소재의 형상의 변화가 심하기 때문에 소재를 구상화 풀림 처리를 통하여 연화시켜야 한다. 풀림 온도가 절절하지 않을 경우 폐쇄단조품에 크랙이 발생할 수도 있다. 풀림이 완료된 원소재에 쇼트피닝(shot peening)을 적용하여 스케일, 탈탄층, 표면의 이물질 등을 제거한다. 그리고 소재의 표면에 일반적으로 인산염 피막 처리를 실시하여 윤활성을 향상시킨다. 인산염 피막만으로는 마찰계수가 높고 가공에 필요한 미끄럼성도 충분히 부여할 수가 없는 경우가 있다. 그럴 경우 원소재와 금형의 소착이 발생하고 표면이 깨끗하지 못하므로 보다 강력한 윤활 처리가 필요하다. 여기서는 베벨기어 폐쇄단조가 심한 형상변화를 동반하므로 일반 윤활제보다는 윤활성이 뛰어난 이황화몰리브덴(MoS2) 윤활제를 사용하였다. 제1단과 제2단 사이에도 풀림 열처리와 이황화몰리브덴(MoS2) 윤활처리를 실시하였다.

시험생산 목적으로 (사)경상대 TIC의 보유 장비인 그림 8.27(a)의 유압프레스와 그림 8.27(b)의 폐쇄다이세트를 사용하였다. 이 유압프레스는 가압능력 10000 kN, 행정길이 600 mm 등의 사양을 지니고 있다.

(a) 유압프레스

(b) 폐쇄다이세트

그림 8.27 실험에 사용된 유압프레스

그림 8.28 베벨기어 폐쇄단조 실험결과

그림 8.28은 전술한 금형과 장비를 사용하여 시험적으로 실시한 베벨기어의 폐쇄단조의 실험결과이며, 단조공정 중의 소재의 변형이력을 보여주고 있다. 육안검사 결과, 윤활막의 불량, 성형상태의 결육 및 겹침, 크랙, 덧살 등의 결함적 요소가 발생하지 않았다. 그리고 베벨기어 치형 테스터기를 사용하여 단일피치 오차, 인접피치 오차, 누적피치 오차, 이홈의 흔들림 등을 체크한 결과, 3급에서 요구하는 조건을 모두 만족하였다[8.5].

경제성을 가진 베벨기어의 상용 개발에서 품질보증은 매우 중요하다. 동일한 금형의 반복적 제작이 뒷받침되어야 함은 기본이다. 연구실 차원에서 2급 또는 3급 수준의 단조 베벨기어의 개발이 사업화로 연결되지 못하는 이유가 여기에 있다. 정밀단조에서 이러한 문제는 공통애로기술이다.

그림 8.24와 그림 8.28로부터 실험결과와 해석결과가 매우 유사함을 알 수가 있다. 즉, 상·하 펀치의 스트로크 거리에 따라 비교한 결과, 소재가 금형에 차 들어가는 형상과 치형이 생성되는 모습이 매우 유사한 결과를 보이고 있다. 그림 8.29(a)와 그림 8.29(b)의 비교에서도 예측결과와 실험결과는 매우 잘 일치하고 있다.

(a) 폐쇄단조공정

(b) 사이징공정

그림 8.29 예측결과와 실험결과의 비교

CHAPTER 09

단조 결함과 품질개선

그림 9.1은 단조 중 발생하는 거시적 결함을 정리한 것이다. 이러한 거시적 결함의 대부분은 단조 시뮬레이션 기술을 활용하면 손쉽게 해결될 수 있다. 이 장에서는 단조 결함을 단조 시뮬레이션 기술을 활용하여 분석한 사례를 소개한다.

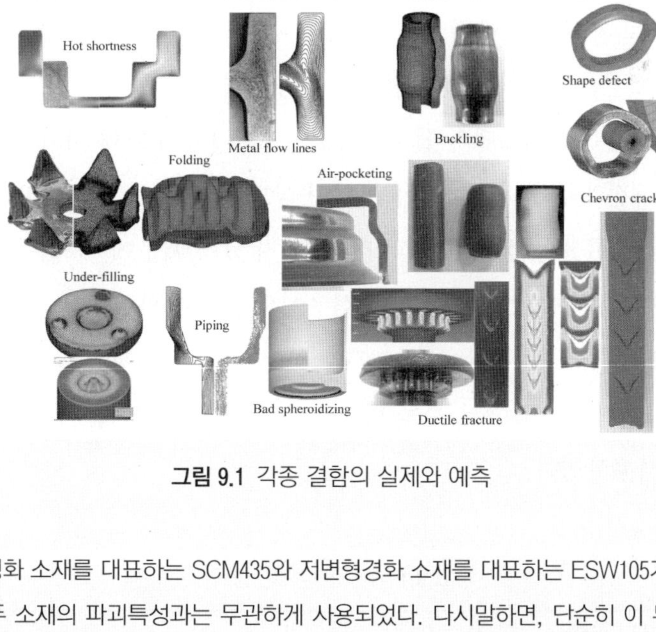

그림 9.1 각종 결함의 실제와 예측

이 장에서 고변형경화 소재를 대표하는 SCM435와 저변형경화 소재를 대표하는 ESW105가 파괴 결함 분석 목적으로 사용되었지만, 두 소재의 파괴특성과는 무관하게 사용되었다. 다시말하면, 단순히 이 두 소재의 유동응력 정보가 파괴 결함 예측 목적의 단조 시뮬레이션에 사용된 것이지 두 재료의 파괴특성이 반영된 것은 아니다. 대부분의 저변형경화 소재가 파괴 특성에서 불리하다는 분석 결과가 나오지만, ESW105 자체는 이러한 단점을 보완한 소재로 파괴 특성이 양호하다[5.1].

9.1 인장시험 중 파단

인장시험 시의 파단은 가장 기초적인 것이다. 소성가공 중 발생하는 실제의 파단은 복합적이면서 매우 복잡하다. 따라서 단조 중에 발생하는 파단을 이해하려면 먼저 인장시험에서 발생하는 파단의 이해가 선행되어야 한다.

여기서 적용할 인장시험은 4.2.1절에서 사용한 것으로 인장시험의 결과는 그림 4.1에서 보는 바와 같다. 이 인장시험에 사용된 재료의 유동응력은 그림 4.2에서 네 번째의 개선 곡선이다. 이 유동응력으로 인장시험을 예측한 결과, 인장하중에 대한 최대 오차가 0.3%로 나타났다.

파괴 현상의 예측 목적으로 대부분의 연구자들이 요소제거기법을 사용하였다. Komori [9.1]는 요소경계분리기법을 제안하였다. 저자의 연구그룹[9.2]은 개선된 요소경계분리기법을 제안하였으며, 여기서도 이 기법을 사용하였다.

연성파괴의 이론에 따르면, 누적된 손상도가 임계손상도에 이르면 파단이 발생한다. 임계손상도는 주로 재료의 화학적 성분, 불순물의 밀도, 제조공정과 열처리 등에 달려 있을 뿐만 아니라 소성변형 이력도 직간접적인 영향을 준다고 사료된다.

이 절에서 사용된 손상도모델과 임계손상도는 표 9.1에서 보는 바와 같다. 임계손상도는 인장시험 해석결과에서 파단 시점에서의 손상도 값을 취한 것이다[9.3]. 여기서의 인장시험 해석은 파단현상의 해석에 초점이 맞추어져 있기 때문에 제2절에서 사용한 1/2의 완전해석모델을 사용하지 않고, 시편의 중심부에서 네킹과 파단이 발생하도록 하기 위해서 그림 9.2(a)에 나타난 것과 같이, 6250과 -6250의 기울기로 경사진 유한요소해석결과를 사용하였다. 그림 9.29(b)에서 보는 바와 같이 정밀파단해석을 위하여 네킹영역에서 조밀한 요소를 사용하였다.

표 9.1 계산된 임계손상도

손상도모델	McClintock (n=1.0)	Rice-Tracey	Cockcroft-Latham	Freudenthal	Brozzo	Oyane
임계 손상도	1.7	3.325	934.5	743.0	1.7	78141.0

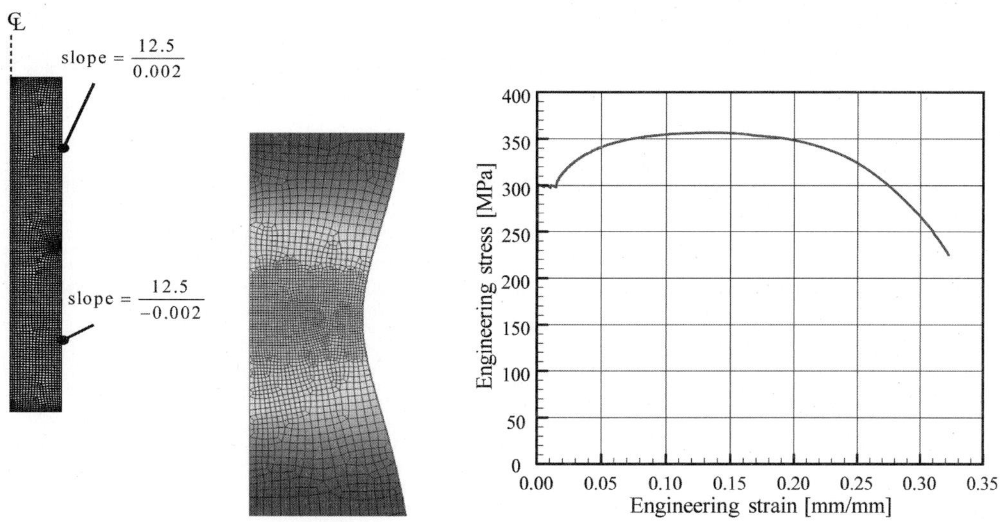

(a) 해석모델 (b) 네킹영역 조밀요소망 (c) 인장시험

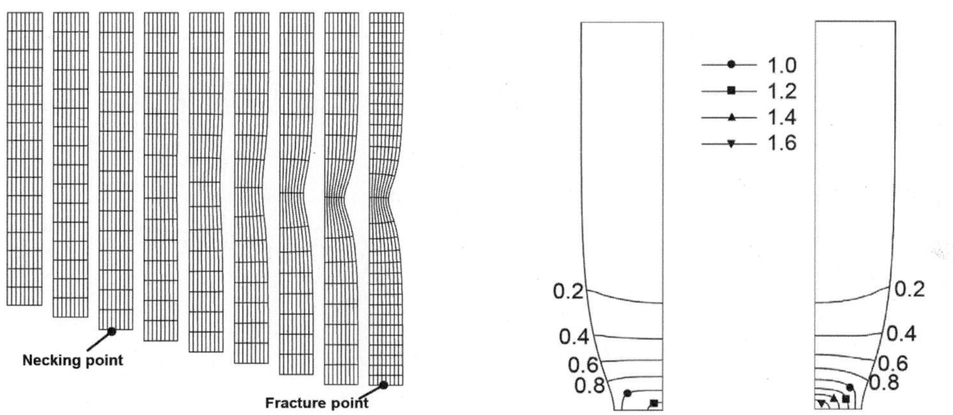

(d) 파단 직전까지의 변형이력 (e) 파단 직전의 유효변형률(좌)과 손상도(우)

그림 9.2 인장시험의 유한요소해석결과 및 파단 직전까지의 인장시험 해석결과

경험적으로 볼 때 파단해석은 수치적 영향을 다소 받기 때문에 그 영향이 무시가능한 4400개의 요소와 4000개의 해석스텝 조건 하에서 인장시험 시의 파단이력을 예측하였다 [9.3]. 그림 9.2(c)와 그림 9.2(d)는 각각 파단 직전까지의 공칭변형률-공칭응력 곡선과 변형이력을 나타낸 것이다. 그림 9.2(e)는 파단직전의 유효변형률과 정규화된 Cockroft-Latham 손상도모델을 기준했을 때의 손상도 분포를 나타내고 있다. 손상도의 최대치가

약 1.7이므로 정규화된 Cockcroft-Latham 손상도에 대한 임계손상도(또는 n=1.0일 때의 McClintock 손상도모델)는 1.7이다. 이러한 방식으로 임계손상도를 구하여 표 9.1에 나타내었다.

그림 9.3에서 각 손상도모델에 대한 파단면의 형상을 비교하였으며, 그림 9.4는 Brozzo 등의 손상도모델이 예측한 파단면의 형성 과정을 나타내었다. 그리고 그림 9.5는 파단에 중점을 둔 인장하중-연신율 곡선이다. 파단 시점부터 완전히 끊어질 때까지 실험결과의 기울기는 -43.4인 반면, 예측결과는 -17.9과 -43.5 사이의 값이다. 그림 9.5에서 보는 바와 같이 전반적으로 정량적 관점에서 비교할 수 있는 수준이다.

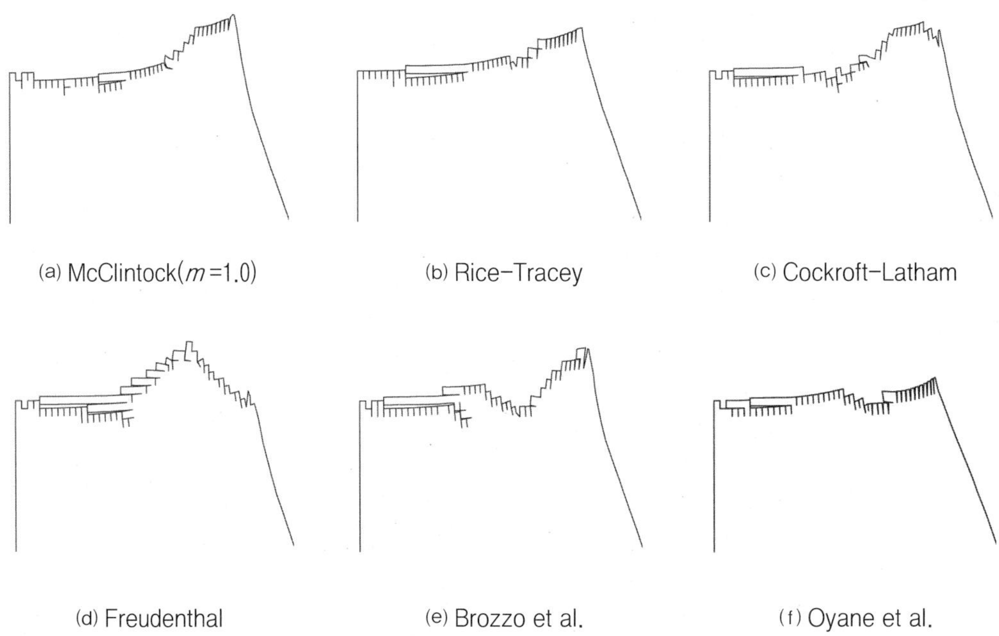

(a) McClintock(m=1.0) (b) Rice-Tracey (c) Cockroft-Latham

(d) Freudenthal (e) Brozzo et al. (f) Oyane et al.

그림 9.3 손상도모델에 따른 인장시험 시의 파단면 비교

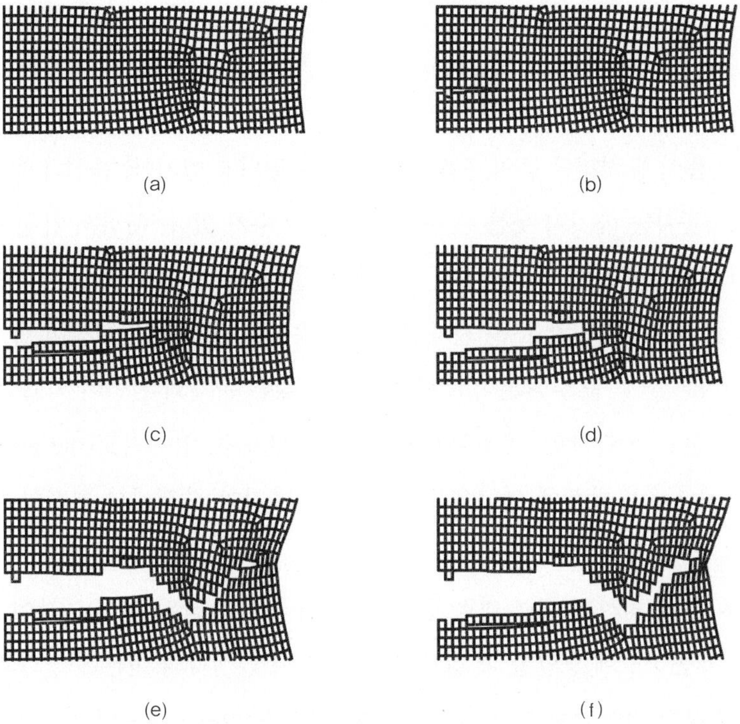

그림 9.4 Brozzo 등의 손상도모델에서 파단면의 형성 과정

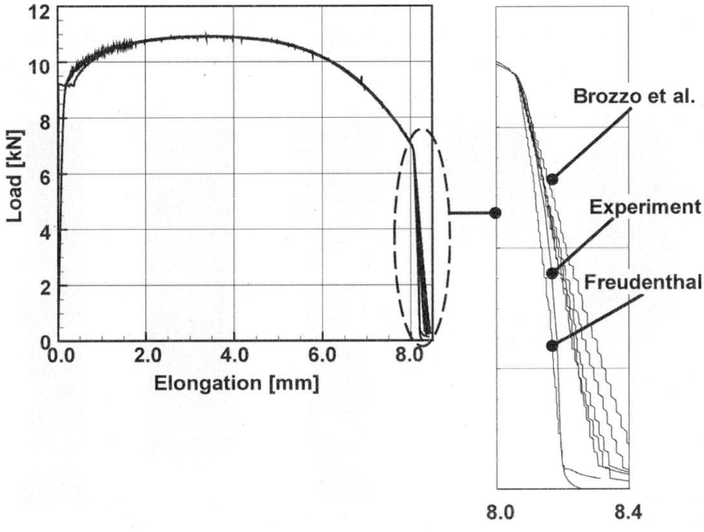

그림 9.5 실험결과와 예측결과의 비교 – 파단을 강조한 연신–인장하중 곡선

9.2 중심파괴

축류의 압출품이 동력전달 등의 주요 부품으로 사용되고 있지만, 중심파괴가 발생한 제품을 사용한 자동차는 예기치 못한 큰 사고로 연결될 수가 있다. 따라서 압출 시에 발생할 수 있는 중심파괴 문제는 산업현장에서 중시하는 설계 시의 고려 사항이면서 동시에 품질관리 대상이 되고 있다. 인발 또는 선재인발의 경우에도 중심파괴 현상이 발생하고 있으며, 이러한 현상은 공정 중은 물론이고 사용 시에도 많은 문제의 원인이 되고 있다.

기존의 연구들을 종합하면, 공정설계변수, 즉 마찰계수, 압출각도(die angle), 단면감소율 등이 중심파괴의 발생에 영향을 미치며, 중심파괴의 관점에서 최적의 설계가 존재한다.

연성파괴 이론에 의하면, 소성변형 중 재료의 파괴는 축적된 손상도 값이 손상도허용한계치, 즉 임계손상도에 도달할 때 발생한다. 따라서 연성파괴 이론에서 파괴 현상은 임계손상도와 축적된 손상도에 의하여 결정된다. 임계손상도는 재료의 성질이며 경험적으로 볼 때 재료의 성분 및 불순물의 개재 정도와 열처리 등에 비교적 큰 영향을 받는다.

이 절에서는 다단인발공정과 압출공정에서 발생하는 중심파괴 현상을 해석하여 그 결과를 비교 검토함으로써 중심파괴 현상의 이해와 원인 규명에 도움이 되고자 한다.

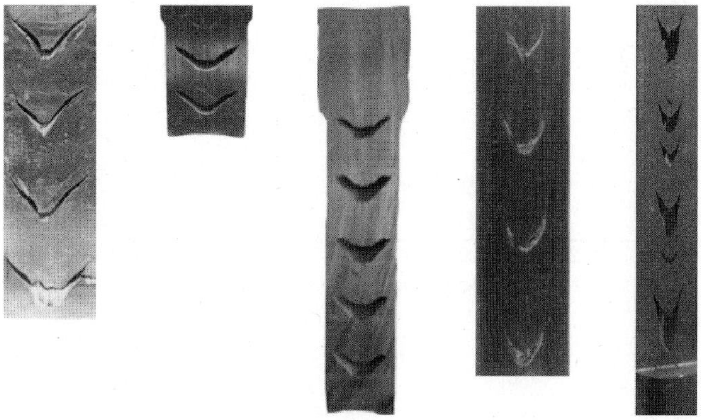

(a) (b) (c) (d) (e)

그림 9.6 문헌[9.4~9.8]에서 찾은 중심파단 사례

그림 9.6은 문헌[9.4~9.8]에서 발굴한 압출공정 또는 다단인발공정 중에서 발생한 중심파괴의 예를 나타내고 있다. 이 연구 결과들은 압출공정 또는 다단인발 시에 발생하는 중심파괴의 시작과 형성 과정을 예측하기 위한 목적으로 사용되었다. 그림 9.6(a)는 Ko [9.4] 등이 연구한 중심파괴 사례로써 알루미늄 냉간압출 시에 발생한 결과이며, 그림 9.6(b)는 Saanouni[9.5]가 연구한 탄소강의 냉간 압출 시에 발생한 중심파괴 사례이다. 그림 9.6(c)는 Soyarslan 등[9.6]이 연구한 베어링강의 냉간압출 시에 발생한 중심파괴 사례이며, 그림 9.6(d)는 Komori[9.7]가 연구한 타프피치 구리(tough-pitch copper)의 다단선재인발 시에 발생한 중심파괴의 사례이다. 그림 9.6(e)는 Norasethasopon 등[9.8]이 연구한 중심파괴 사례이며, 초미세 구리선의 다단선재인발공정에서 발생한 것이다.

그림 9.6으로부터 하나의 단에 의한 압출공정에서 발생하는 중심파괴의 모양과 다단인발공정에서 발생하는 중심파괴의 모양은 크게 다르다는 점을 알 수 있다. 압출공정의 경우, 셰브론크랙이라고 불리우기에 적합한 끝이 약간 구부러진 뾰족한 'V'자 형태를 보이고 있으나, 다단인발공정에서 발생한 중심파괴의 형상은 압출공정에서의 중심파괴 형상과 비교적 큰 차이를 보인다. 즉, 다단인발의 경우 그림 9.6(d)에서 보는 바와 같이 끝이 볼록한 U자 또는 컵의 형태를 나타내고 있다. 그림 9.6(e)의 경우에도 중심파괴의 상부의 볼록한 면은 대체적으로 그림 9.6(d)와 유사하다. 단, 그림 9.6(e)의 경우는 중심파괴가 발생한 이후에도 추가적인 인발이 이루어진 것으로 판단되며, 그 결과, 중심파괴의 하부의 오목한 면은 다소 깊은 V자를 나타내고 있다. 전반적으로 볼 때, 압출공정 중에 발생한 중심파괴의 형상은 비교적 크랙의 폭이 일정하면서 상대적으로 큰 반면, 다단인발공정 중에 발생한 크랙의 폭은 그림 9.6(d)와 그림 9.6(e)에서 보는 바와 같이 상대적으로 좁다는 사실을 알 수 있다.

(1) 압출공정

그림 9.6(a)-(c)에서 보는 바와 같이 중심파괴의 최대 직경을 압출 후의 소재직경으로 나눈 값으로 정의되는 정규최대중심파괴직경의 실험치는 0.78와 0.90 사이에 존재한다. 그러나 대부분의 연구결과에서 정규최대중심파괴직경은 0.54와 0.67 사이에 존재한다 [9.2]. 그리고 대부분의 연구자들이 압출공정을 대상으로 예측한 중심파괴의 형상이 U자 혹은 작은 정규최대중심파괴직경과 큰 정규높이(중심파괴의 높이/압출품의 직경)를 가

진 끝이 뾰족한 V자이다.

전술한 바와 같이 저자의 연구그룹[9.2]은 개선된 요소경계분리기법을 제안하였으며, 적용 결과 중심파괴의 형상과 정규최대중심파괴직경 양면에서 압출공정에서 발생하는 전형적인 셰브론크랙에 근접한 결과를 얻었다. 그림 9.7에 적용 사례를 나타내었다. 이 예제는 SWCH10A 재료(그림 4.2의 5번 그래프 참조)가 중심파괴에 매우 취약하다고 가정한 상태에서 구한 것으로 금형각도에 따른 중심파괴의 변화를 가시화한 것이다. 이 예측결과에서 중심파괴의 형상이 문헌상의 기존연구와 비교적 큰 차이를 보이고 있다.

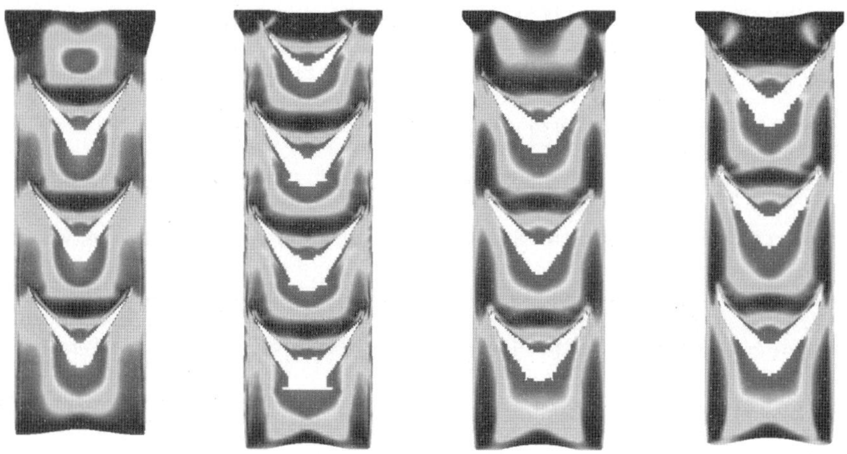

(a) 30° (b) 60° (c) 80° (d) 100°

그림 9.7 금형각도가 중심파괴에 미치는 영향 (R.A.=25%, μ=0.03)

여기서는 표 9.2에 정리된 가상의 6단 인발공정을 중심파괴 해석 대상으로 선정하였다. 다단인발공정에서 사용된 소재의 크기는 반경 7mm와 높이 21mm이며, 초기 요소망으로 한 변의 길이가 0.2mm인 3675개의 사각형 요소를 사용하였다. 원추형 금형을 사용하였으며, 금형의 각도를 $\alpha=10^\circ$로 가정하였고, 마찰계수를 $\mu=0.02$로 가정하였다. 다이랜드(die land)는 1.5mm로 하였고, 모서리 반경은 2.0mm로 하였다. 소재는 SWCH10A를 사용하였고, 초기조건으로 변형률과 손상도는 영으로 간주하였다. 그림 9.8에 인발공정의 초기 해석모델을 나타내었다. 당기는 도구(pulling tool)로 인장력이 작용하여도 소재로부터 분리되지 않은 평판금형을 사용하였다.

표 9.2 6단 인발공정에서 소재의 반경

단	1	2	3	4	5	6
입구	7.0	6.65	6.3	6.0	5.7	5.4
출구	6.65	6.3	6.0	5.7	5.4	5.15

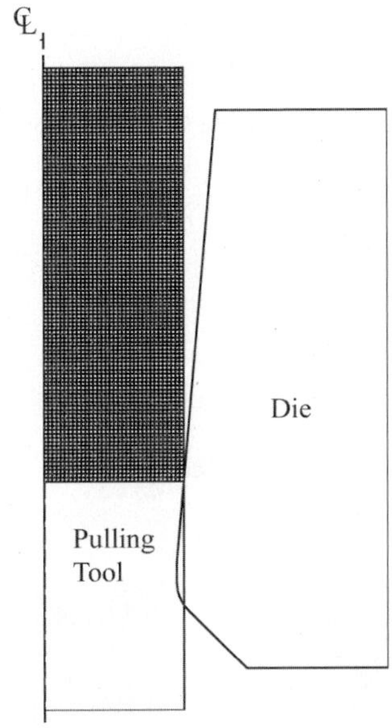

그림 9.8 유한요소해석모델

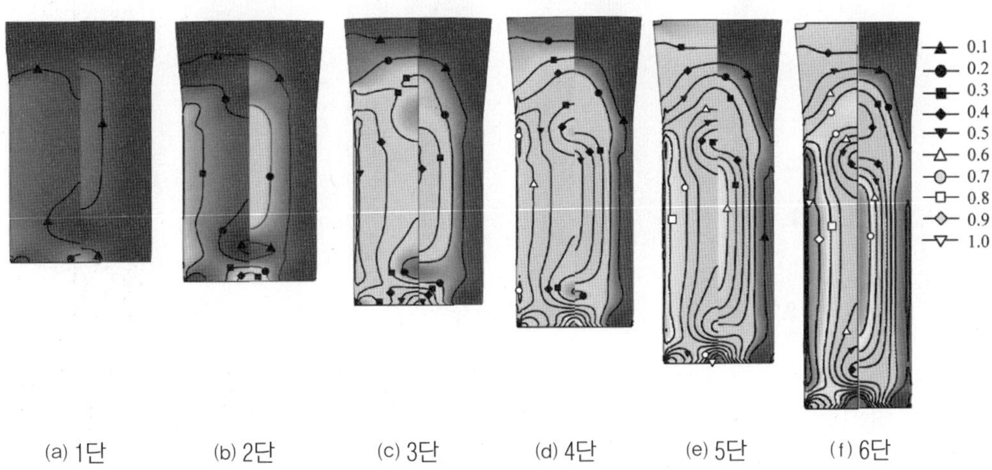

그림 9.9 중심파괴를 고려하지 않은 다단인발 공정의 해석 – 유효변형률(좌)와 손상도(우)

공정 중 중심파괴 예측은 압출공정 중에 발생하는 중심파괴의 예측 목적으로 개발된 개선된 중심파괴 예측 기법을 사용하였고[9.2], 정규화된 Cockcroft-Latham 손상도모델을 사용하였다.

그림 9.9는 중심파괴를 고려하지 않은 상태에서 획득한 6단 인발공정의 해석결과이다. 좌편은 유효변형률을 나타내고, 우편은 손상도를 나타내고 있다. 해석결과로써 5단 종료 시의 최대 손상도는 0.67 이다.

따라서 6단에서 중심파괴를 유도하기 위하여 임계손상도를 0.71로 가정하여 중심파괴 현상을 예측하였다. 해석 중 요소망재구성으로 인한 상태변수의 연화를 방지하기 위하여 요소망재구성을 실시하지 않았다. 중심파괴의 예측결과를 그림 9.10에 나타내었다. 중심파괴의 형상이 그림 9.7의 압출과는 달리 끝이 볼록한 U자의 컵 모양을 하고 있다. 중심파괴의 정규최대직경은 0.36이며, 정규높이는 0.22로 나타났다. 이러한 형상은 전형적인 압출공정에서의 수치와는 크게 다른 것이다.

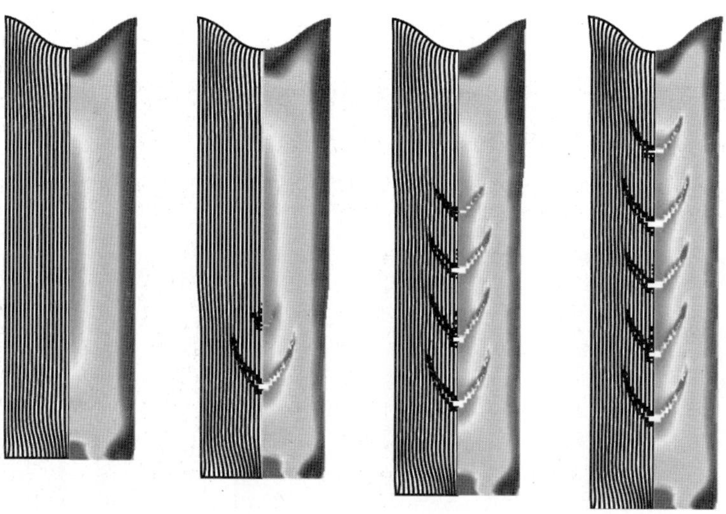

그림 9.10 다단 인발공정에서 발생하는 중심파괴의 예측 – 손상도 분포

전술한 차이를 발생시킨 주요 원인은 공정의 기하학적 특징에서 찾을 수 있다. 그림 9.11에서 보는 바와 같이 중심파괴가 발생하는 압출공정의 단면감소율은 각 인발공정에 비하여 상대적으로 크며, 이로 인하여 구속압출이 일반적이다. 그리고 원추금형의 각도가 상대적으로 크다.

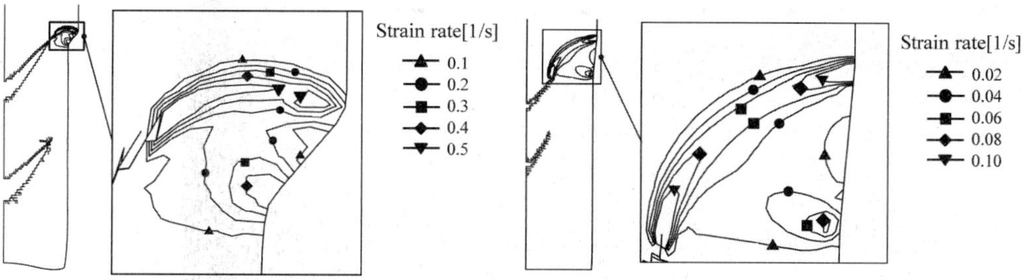

(a) 압출 (b) 인발

그림 9.11 압출공정 및 6단 인발공정의 중심파괴 및 전단띠(shear band)

따라서 재료가 중심파괴에 취약할 경우 한 번의 압출로 중심파괴를 발생시킬 수 있는 변형을 유발시킬 수 있다. 반면, 다단인발공정에서 각 단의 단면감소율과 금형의 각도가 상대적으로 작다. 이러한 특징으로 그림 9.11에서 보는 바와 같이 압출공정에서는 중심파괴의 선단의 y-축 좌표가 원추금형의 시작 지점에 가까우며, 그 결과 주변형 구간이 새가 날아갈 때의 날개 모양이 되는 반면, 인발공정에서는 저단면감소율로 인하여 공정 중 충분한 손상도의 축적을 위하여 중심파괴의 선단의 y-축 좌표가 원추금형의 하부에 위치한 관계로 주변형 구간, 즉 전단 띠(shear band)가 매우 깊은 계곡의 형상을 하고 있다. 물론 인발의 경우 초기에 선공정에서 축적된 손상도도 중심파괴의 형상에 비교적 큰 영향을 미친다. 반경에 따라 다르게 축적된 손상도의 변화가 작을수록 중심파괴의 반경이 증가하는 경향이 있으나, 압출공정에서 발생한 중심파괴와는 달리 그 끝이 오목하게 된다.

실험결과들을 분석한 결과, 압출의 셰브론크랙과는 달리 다단인발에서의 중심파괴의 형상은 끝이 볼록하거나 다소 뾰족한 U자의 모양이다. 그리고 압출 시에 발생하는 중심파괴의 치수는 압출품의 직경에 비하여 반경이 크고 높이가 작은 반면, 다단인발에서는 정반대의 현상을 보이고 있다. 이러한 현상은 해석결과에서도 유사하게 나타났다. 그 원인으로 가장 중요한 것은 공정의 특성상 압출 시에는 상대적으로 원추금형의 길이가 짧고 중심파괴의 선단이 y-축 기준으로 원추금형 시작 지점에 가까운 반면, 다단인발은 정반대의 상태에서 중심파괴가 발생하고 있다는 점이다.

9.3 고온취성 파괴

자동다단열간단조에서 발생한 내부 크랙의 원인 분석을 위하여 소재의 변형 특성을 인장시험과 압축시험을 통하여 실험적으로 밝혔으며, 유동특성과 온도분포를 예측하였다. 소재의 고온 변형 특성은 제 4.2.2절과 제 4.3.2절에서 상술하였다. 여기서는 적용예제에 대한 예측결과 및 분석결과를 소개한다.

그림 9.12는 해석에 사용된 자동다단열간단조공정도이며, 예측결과로 얻은 소성유동선도와 함께 나타내었다. 단조 시뮬레이터를 적극 활용하는 일부의 회사에서 이러한 방식으로 공정도를 정리하고 있다는 점을 참고하기 바란다.

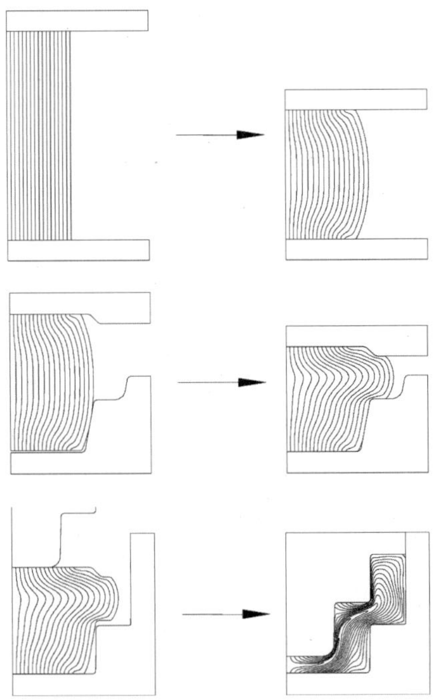

그림 9.12 적용 대상의 공정도

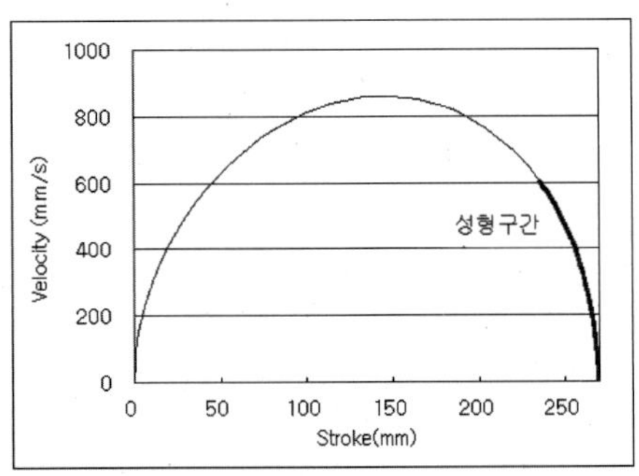

그림 9.13 성형속도

참고문헌과 경험에 근거하여 결정된 공정조건 및 변수는 다음과 같다[5.6]. 소재의 초기온도: 1150℃; 금형의 초기온도: 150℃; 금형속도: 슬라이더-크랭크 프레스(그림 5.2); 회전수: 60rpm; 총 스트로크: 270mm ; 램길이: 810mm; 유동응력: 표 4.4; 쿨롱마찰계수:

$\mu=0.3$; 대류 열전달계수: $h_e=2.95\mathrm{W/(m^2 \cdot C)}$; 소재-금형 사이의 열전달계수: $h_c=30.0\mathrm{kW/(m^2 \cdot C)}$.

열간단조공정 중 소재의 온도분포를 예측하기 위하여 강열점소성 유한요소해석을 실시하였다. 그림 9.14는 시뮬레이션 중의 한 순간에 대한 소재와 금형의 유한요소해석결과를 나타내고 있다. 그림 9.15는 연계해석결과이며, 열간단조공정 중 마지막 성형공정 직후의 재료의 온도분포를 나타내고 있다. 그림 9.16은 마지막 성형공정 직전 재료의 변형률속도 분포를 나타내고 있다.

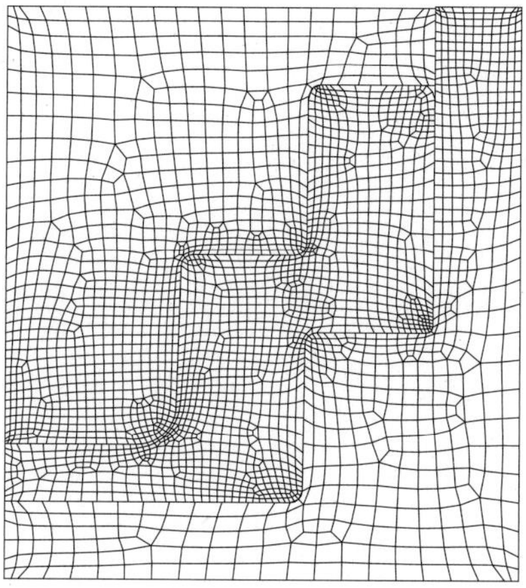

그림 9.14 성형 종료 시점의 요소망

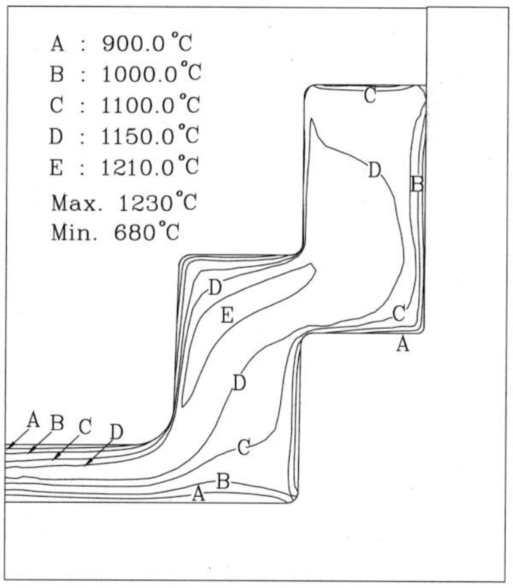

그림 9.15 성형 종료 시점에서 소재의 온도

그림 9.17에서 보는 바와 같이 금속유동선이 특정부분에서 심하게 뒤틀려 있다. 이것은 열간단조공정 중 소재가 심한 국부변형을 받았기 때문이다. 그림 9.15에서 보는 바와 같이 소재에 심한 국부변형이 일어난 부분에서 최대온도를 나타내었다.

연계해석결과 성형 직전 소재 온도는 자연공랭에 의해 10℃ 내외 낮아졌다. 성형 후의 소재 온도는 금형 접촉부위에서 680℃까지 급격하게 내려갔으며, 소재의 내부에서는 소성열에 의하여 최고 1230℃까지 상승하였다. 금형과 접촉이 일어난 영역 중 일부분에서의 온도 하강이 상대적으로 작은 것은 그 주위에서 극심한 소성변형에 의한 소성열과 마찰열의 발생이 상대적으로 컸기 때문으로 판단된다. 해석결과, 열간단조공정 중 STB2 베어링강의 경우 그림 9.15에서 E의 등고선 주위의 영역에서 심한 국부변형에 의해 초기가

열온도보다 최고 80℃까지 상승하였다. 이러한 온도상승이 그림 9.18에서 보는 바와 같이 소재의 내·외부 크랙의 발생 원인으로 판단된다. 왜냐하면, STB2는 1200℃에서 급격하게 연신율이 떨어지는 고온취성의 성질을 보이기 때문이다. 이에 관한 내용은 제 4.2.2절을 참고하기 바란다.

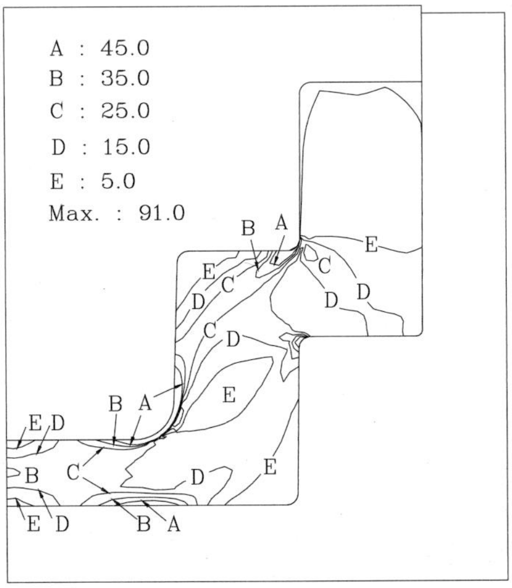

그림 9.16 성형 종료 직전의 한 순간에서 소재의 유효변형률속도

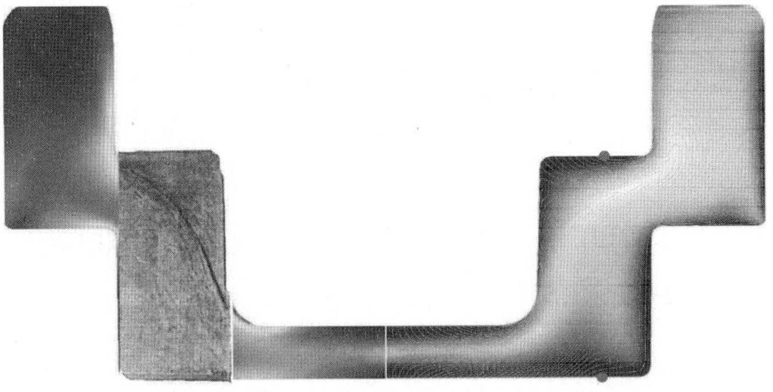

그림 9.17 마지막 성형 순간의 금속유동선도, 온도분포, 크랙

9.4 공기갇힘에 의한 미충진 결함

소성가공 중 발생하는 공기갇힘 문제에 적절하게 대응하지 않으면 표면결함 또는 미충진 결함을 야기시킨다. 이를 방지하기 위한 에어홀은 비용를 증가시키고 금형의 강성을 훼손할 수 있다. 물론 단조 시뮬레이션을 이용하여 공정설계를 최적화함으로써 공기갇힘 자체를 예방할 수도 있지만, 때에 따라서는 적절한 미충진 상태를 유도하거나 미충진 형상의 정도에 따라서 양품이 될 수도 있다. 이런 저런 이유로 단조 시뮬레이션 응용 기술자들은 공기갇힘 현상에 대한 호기심을 갖고 있다. 그림 9.18은 2차원 평면에서의 공기갇힘현상을 개념적으로 보여준다. 공기갇힘은 기본적으로 자유표면과 금형 또는 대칭면으로 구성된 폐공간, 2차원 문제의 경우는 폐회로에서 3차원 문제에서는 갇힌 공간에서 발생한다. 폐회로가 압축변형을 받으면서 부피가 변화하며, 그에 따른 압력이 폐공간에 적용한다. 압력은 폐공간의 부피압축률의 함수이다. 물론 폐공간의 공기 및 기름의 비율 등도 매우 큰 요소이지만, 여기서는 모든 폐공간은 균일한 물질로 채워져 있다고 가정한다. 이 접근방식을 명확하게 하기 위해 여기서는 2차원 문제에 대한 설명으로 한정지었다. 소재의 자유표면의 양쪽 끝이 동일 금형과 접촉할 때 폐회로는 2차원 평면에서 생성된다. 물론 대칭선을 가진 문제의 유한요소해석에서 만약 빈공간이 소재의 자유표면, 대칭선과 금형 형상에 의해 갇혔을 때 빈공간은 폐회로의 한 부분에 속한다. 그들의 주위에서 공기구멍을 가지고 있지 않은 모든 폐회로에 대하여 공기갇힘 현상이 고려되어야 한다.

j번째 해석스텝에서 $\Delta\bar{\varepsilon}_v^j$로 표시된 부피변화율은 다음과 같이 정의된다.

$$\Delta\bar{\varepsilon}_v^j = \int_{V_j}^{V_j+\Delta V_j} \frac{dV}{V} = \ln\left(1+\frac{\Delta V_j}{V_j}\right) \tag{9.1}$$

여기서 V는 j 번째 해석스텝에서의 폐공간의 부피이고 ΔV_j는 그것의 증가량이다. 폐공간에서의 부피압축률은 다음과 같이 계산된다.

$$\bar{\varepsilon}_{vc}^j = \bar{\varepsilon}_{vc}^{j-1} - \Delta\bar{\varepsilon}_v^j \tag{9.2}$$

여기서 $\bar{\varepsilon}_{vc}^j$ 는 j번째 해석스텝에서의 부피압축률이다.

폐공간 내부의 압력은 부피압축률뿐만 아니라 이웃한 접촉 표면의 금형 법선응력에 의존한다. 여기서는 내부압력 p_{air}는 이웃하는 접촉표면의 최대 금형 압력들 중의 최소값보다 더 적을 때 부피압축률에 비례한다고 가정하였다. 즉,

$$p_{air} = B\bar{\varepsilon}_{vc}^{j} \quad \text{when} \quad B\bar{\varepsilon}_{vc}^{j} < p_{mp} \tag{9.3}$$

$$p_{air} = p_{\max} \quad \text{when} \quad B\bar{\varepsilon}_{vc}^{j} \geq p_{mp} \tag{9.4}$$

이며, 여기에서 B 는 체적탄성계수(bulk modulus of elasticity), P_{mp}는 이웃하는 접촉 표면에서 최대 금형 압력들 중에서 최소값이다.

계산된 내부압력이 이웃하는 접촉면의 최대 금형 압력을 초과할 때 부피압축률은 두 개의 값을 동일하게 만들기 위해 강제적으로 조절된다. 사실 내부압력이 증가하여 식 (9.4)의 한계를 초과할 때, 이웃하는 접촉 표면의 금형 법선 압력의 최소값과 내부압력을 동일하게 만들기 위해 공기누출과 그에 상응하는 압력감소가 있어야 한다. 유한요소해석 동안, 모든 공기갇힘의 조건은 위의 요구를 만족시키기 위해 매 해석스텝마다 계산된다. 해석스텝의 크기는 축적된 부피변화율을 계산할 때 발생하는 오류를 최소화할 수 있을 만큼 충분히 작아야 한다.

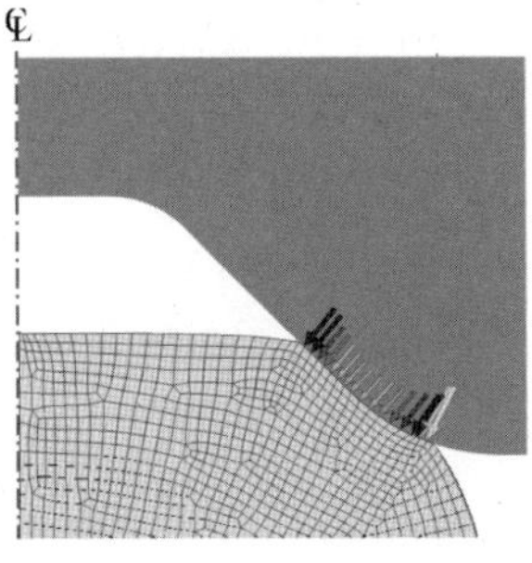

(a)

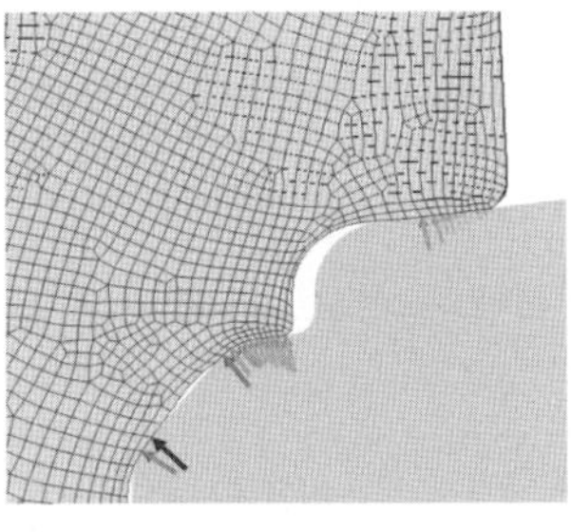

(b)

그림 9.18 공기갇힘의 개념도

(1) 냉간단조

그림 9.19에 적용예제의 공정도를 나타내었으며, 해석을 위한 주요 공정정보는 다음과 같다. 유동응력: $\bar{\sigma} = 580.0(1.0 + \bar{\varepsilon}/0.024)^{0.14}$ MPa; 마찰조건: 쿨롱마찰법칙 ($\mu = 0.05$); 요소수: 2000개.

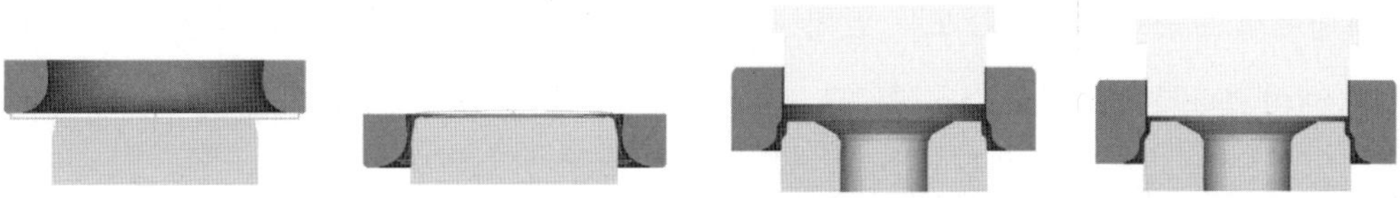

(a) 1단 (2) 2단

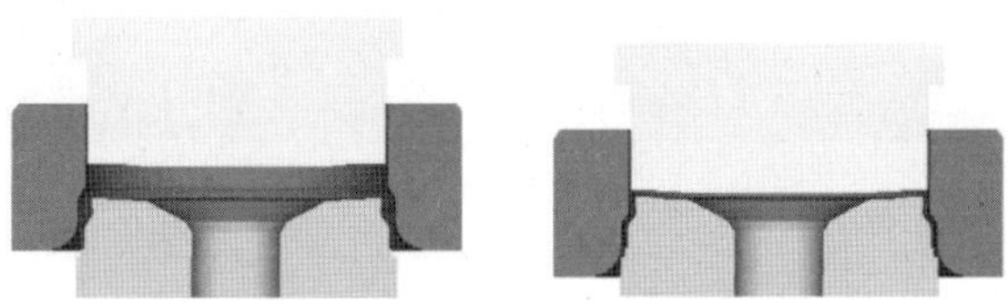

(c) 3단

그림 9.19 적용 대상 공정의 공정도

먼저 공기갇힘 조건을 적용하지 않은 상태에서 유한요소해석을 실시하였으며, 그 결과를 그림 9.20에 나타내었다.

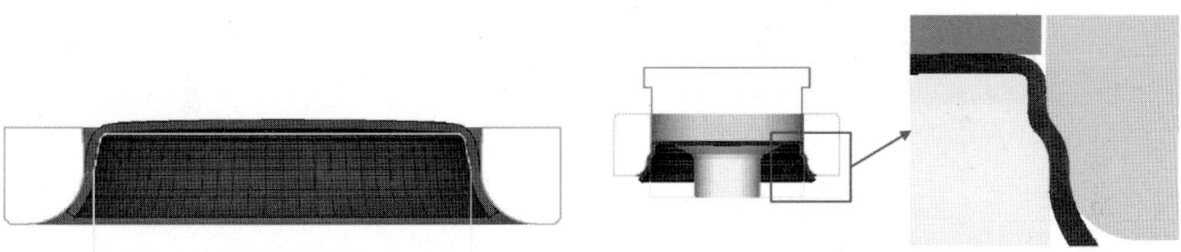

(a) 1단 (2) 2단

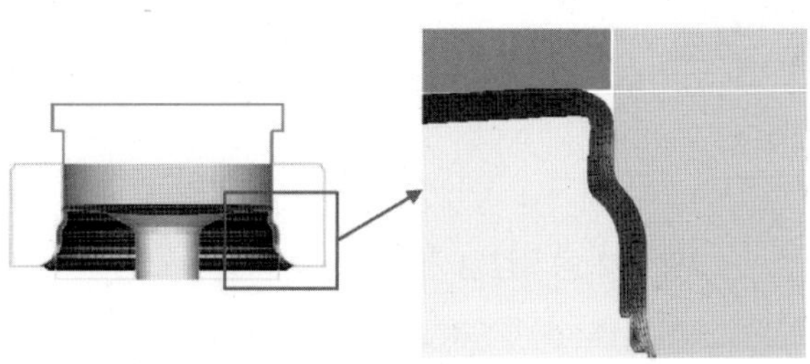

(c) 3단

그림 9.20 공기갇힘 현상을 고려하지 않은 상태의 예측결과

그림에서 보는 바와 같이, 모든 금형 모서리에서 소성유동이 적절하게 발생하고 있다. 공정 해석결과를 바탕으로 판단할 때, 적절한 공기 구멍의 설치가 전제될 경우, 이 공정에서 모서리의 채움은 어려운 일이 아니다.

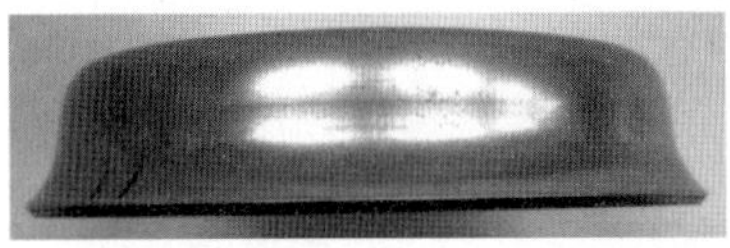

(a) 1단

(2) 2단

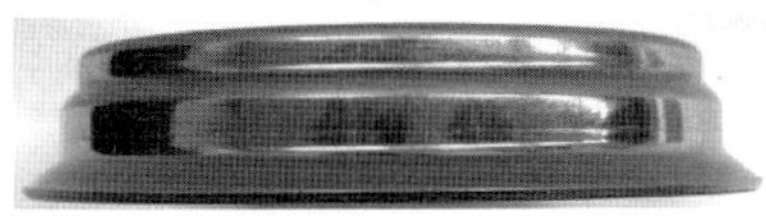

(c) 3단

그림 9.21 적용 대상 예제의 실험결과

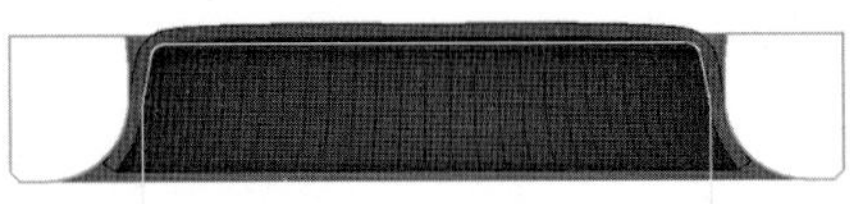

(a) 1단

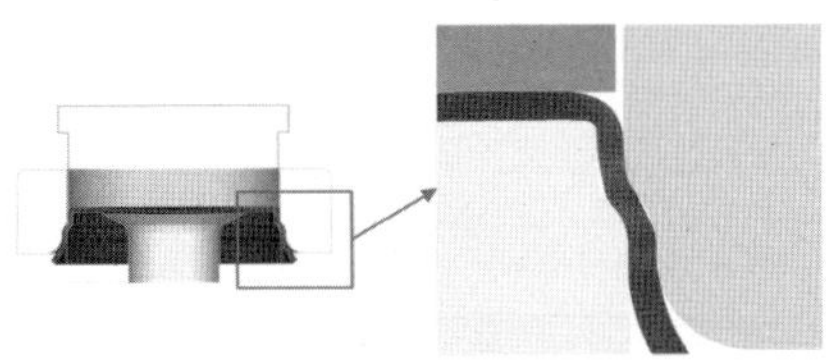

(2) 2단

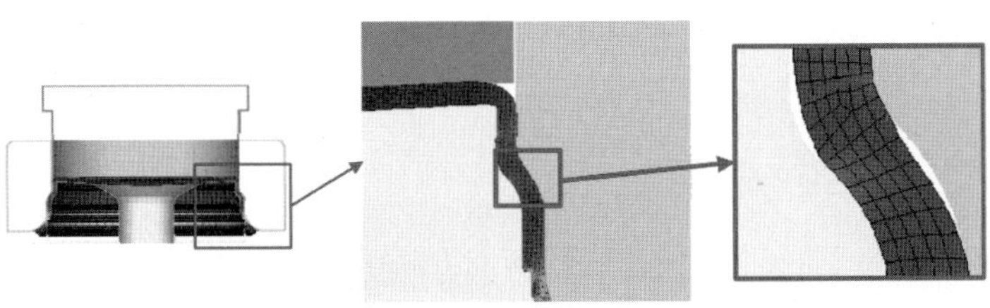

(c) 3단

그림 9.22 공기갇힘 기능 적용 예측결과[부록C]

그러나 이 예측결과는 그림 9.21의 실험결과와 차이를 보이고 있다. 반면, 그림 9.22의 공기갇힘 조건을 고려한 해석에서는 미충진이 발생하였다. 이 해석에서는 폐회로 내에 작용하는 압력은 부피변화율과 선형관계에 있다고 가정하였으며, 체적탄성계수를 500.0 MPa으로 간주하였다.

(2) 열간단조

그림 9.23에 적용예제의 공정도를 나타내었으며, 해석을 위한 주요 공정정보는 다음과 같다. 유동응력: 그림 9.24(그림 5.27(b)는 그림 9.24로부터 1150℃를 분리한 것임) ; 마찰조건: 쿨롱마찰법칙 ($\mu=0.2$); 요소 수: 4000개.

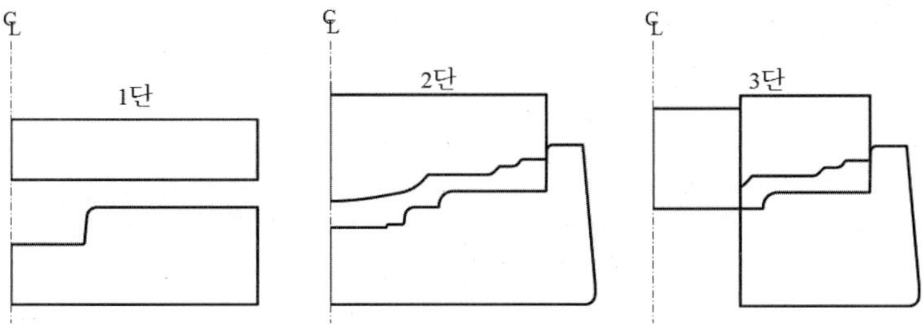

그림 9.23 적용대상 공정의 공정도

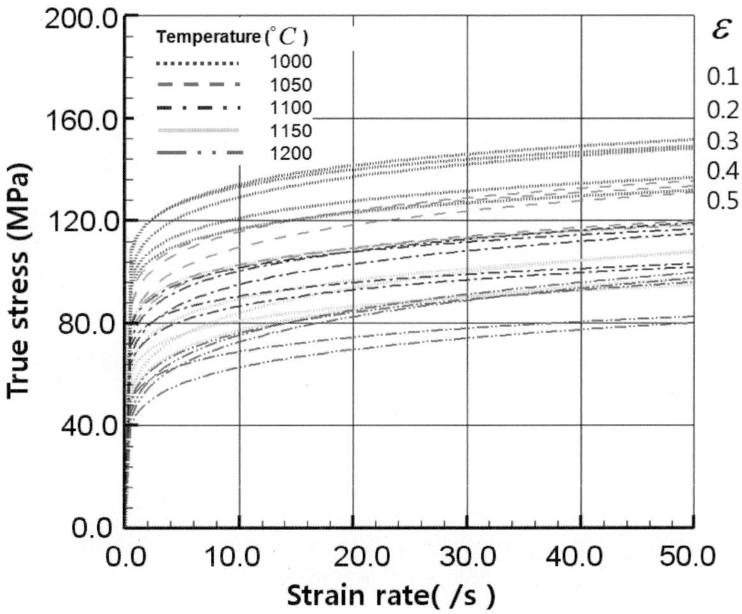

그림 9.24 유동응력

그림 9.25는 공기갇힘 조건을 적용하지 않은 상태에서의 예측결과와 공기갇힘 조건을 적용한 상태에서의 예측결과를 비교하고 있다. 그리고 실험결과의 최종형상 및 금속유동선도를 그림 9.26에 나타내었다.

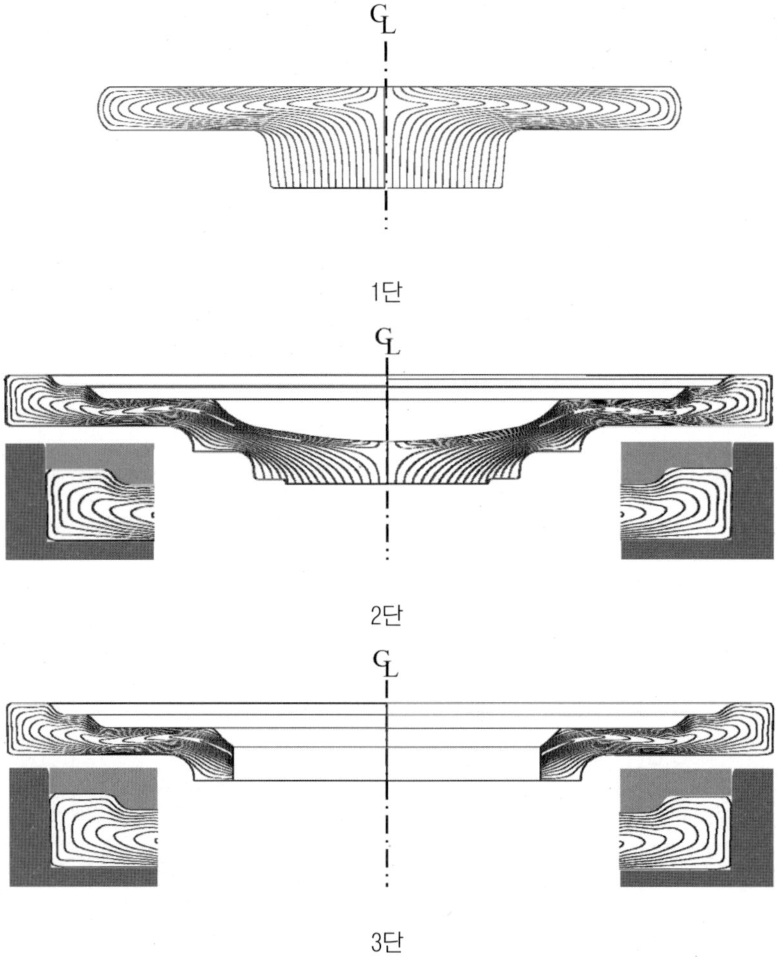

(a) 공기갇힘을 고려하지 않은 경우 (b) 공기갇힘을 고려한 경우

그림 9.25 예측결과의 비교

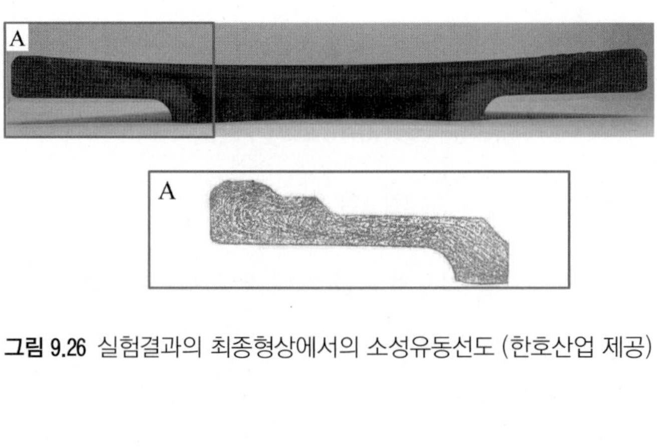

그림 9.26 실험결과의 최종형상에서의 소성유동선도 (한호산업 제공)

그림 9.25(a) 에서 보는 바와 같이, 공기갇힘을 고려하지 않은 경우, 모든 금형 모서리 주위에서의 소성유동선이 건전한 것을 알 수 있다. 그러나 이 예측결과는 그림 9.26의 실험결과와 차이를 보이고 있다.

반면, 그림 9.25(b) 의 공기갇힘 조건을 고려한 해석에서는 미충진결함이 발생하였고, 그림 9.26의 실험결과와 비슷한 결과를 얻었다. 이 해석에서 체적탄성계수를 125.0 MPa로 간주하였다.

9.5 형상결함

냉간단조 중 발생하는 결함은 크게 형상결함과 파괴결함으로 구분될 수 있다. 형상결함은 그림 9.27에서 보는 바와 같이 표면 겹침, 일반 미충진, 공기갇힘 또는 불순물갇힘으로 인한 미충진, 파이핑, 좌굴 등에 주 원인이 있다. 그러나 냉간단조에서는 열간단조에서 자주 발생하는 소성유동선의 겹침 결함은 흔하지 않다.

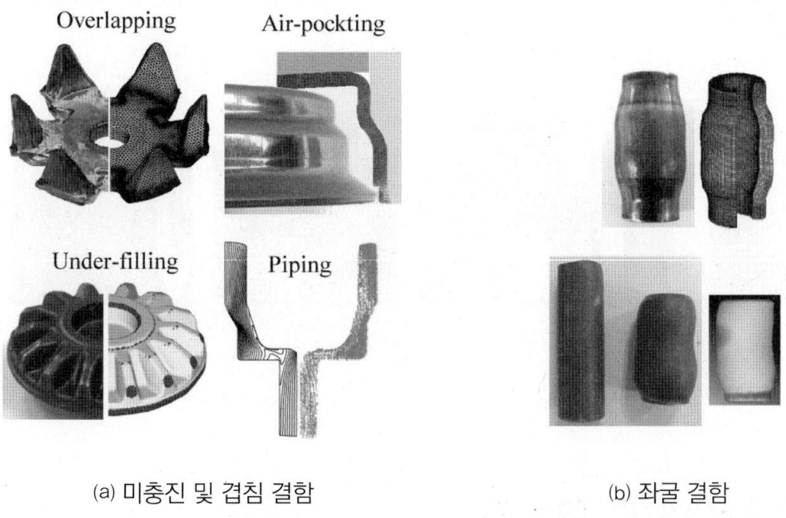

(a) 미충진 및 겹침 결함 (b) 좌굴 결함

그림 9.27 전형적인 형상결함의 예

이 절에서는 산업현장에서 발굴된 형상결함 발생 예제와 문헌에서 발굴된 결함 발생 예제를 대상으로 유한요소해석을 실시하여 결함의 발생 원인을 설명한다. 사용된 재료는 고변형경화 소재와 저변형경화 소재이며, 이 두 재료는 그림 4.4에서 밝힌 바와 같이 변형경화능의 차이가 크므로 각각 고변형경화 소재와 저변형경화 소재를 대표하여 사용된 것이다. 모든 해석에서 마찰계수를 0.05로 가정하였으며, 재료의 속도의존성은 고려하지 않았다.

열간단조와는 달리 냉간단조에서는 예상치 않은 국부 미충진의 사례가 자주 발생한다. 아무리 경험이 많은 전문가도 국부적으로 발생하는 미충진을 예측하지 못하는 경우가 허다하며, 미충진의 사례가 매우 흥미로운 경우가 빈번하다. 여기서 소개하는 사례는 단순한 공정설계의 실수에 의하여 일부 영역이 미충진 상태로 남는 것을 제외한 것으로 상식에 입각해서 판단할 때, 미충진이 발생하지 않을 것으로 생각되는 사례들을 종합한 것이다.

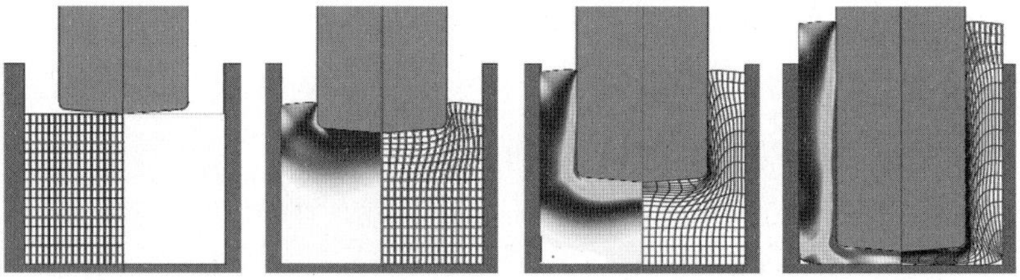

(a) 저변형경화 소재

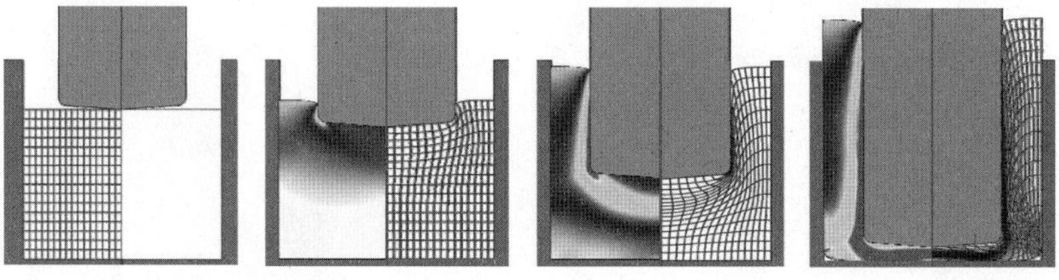

(b) 고변형경화 소재

그림 9.28 후방압출에서 발생하는 미충진결함

(1) 후방압출 시 발생하는 미충진 결함

그림 9.28은 전형적인 후방압출공정 중 발생하는 결함 발생 사례이다. 변형경화능이 매우 작은 소재와 전형적인 변형경화 소재 모두 마지막 단계에 이르렀을 때 비슷한 미충

진 결함을 발생시키고 있다. 이 예제에서 유념할 사항은 상단의 편평도가 재료의 변형경화능에 상당히 큰 영향을 받는다는 점이다. 편평도의 관점에서 보면 저변형경화 소재가 우수한 반면, 주 변형구간에서 다소 소성유동선의 급격한 변화가 예측되었다.

(2) 파이핑결함 사례

그림 9.29는 전후방압출 중 발생한 파이핑결함을 예측한 결과이다. 이 파이핑결함은 그림 9.27에서 보는 바와 같이 실공정 중에 발생한 것이며, 실공정의 재료와 해석에 사용된 재료는 다르다.

파이핑결함의 깊이 관점에서 보았을 때 저변형경화 소재가 다소 깊은 파이핑결함을 예측하였으며, 전방압출부의 길이도 저변형경화 소재가 다소 크게 나타났다. 상단의 면이 향하는 방향의 측면에서 보면 비교적 큰 차이가 나타났으며, 이러한 결과의 차이는 그림 9.24의 결과와 마찬가지로 변형경화능의 차이에 기인하는 것이다.

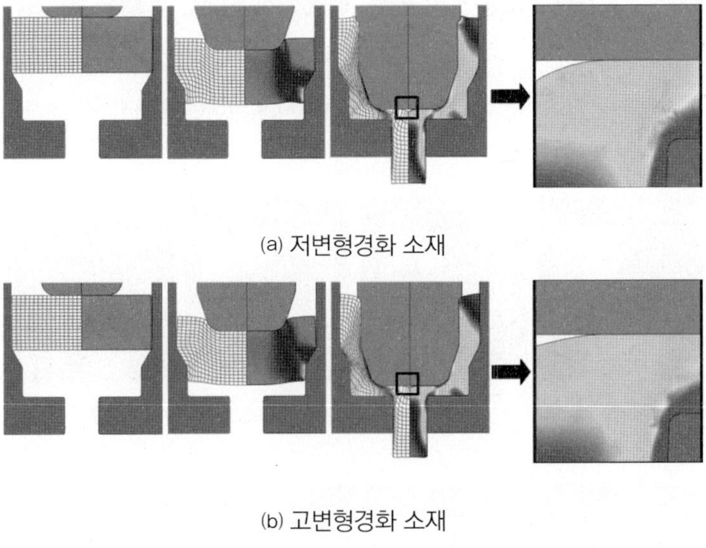

(a) 저변형경화 소재

(b) 고변형경화 소재

그림 9.29 전후방압출에서 발생한 파이핑결함

(3) 전방압출 또는 전후방압출 시 데드메탈에 의한 표면 형상결함

그림 9.30는 평면금형을 사용한 전후방압출에서 플랜지 부위의 형상결함 발생 가능성을 보여주고 있다. 저변형경화 소재의 경우에서는 뚜렷한 데드메탈 구간이 형성되며 이

로 인하여 플랜지의 중간 부분이 함몰될 가능성을 보여주고 있다. 이 결함은 내부의 결함으로 연결될 가능성이 있다. 반면, 고변형경화 소재는 이러한 점에서 보다 안정적인 소성유동을 보여주고 있다. 그림 9.28 및 그림 9.29와 마찬가지로 양단의 모양은 다소 차이를 보이며, 이는 변형경화능에 기인하는 것이다.

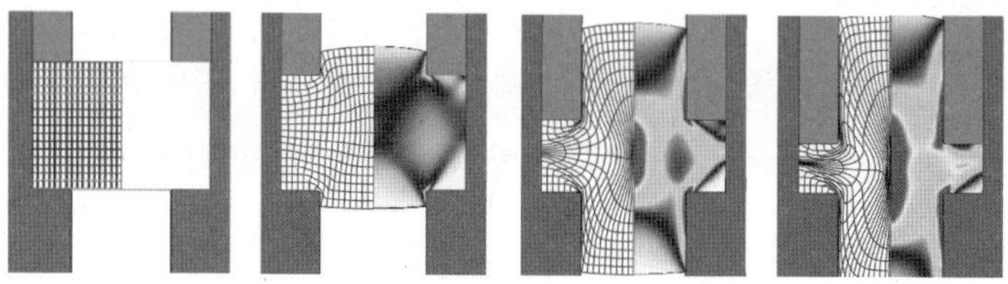

(a) 저변형경화 소재

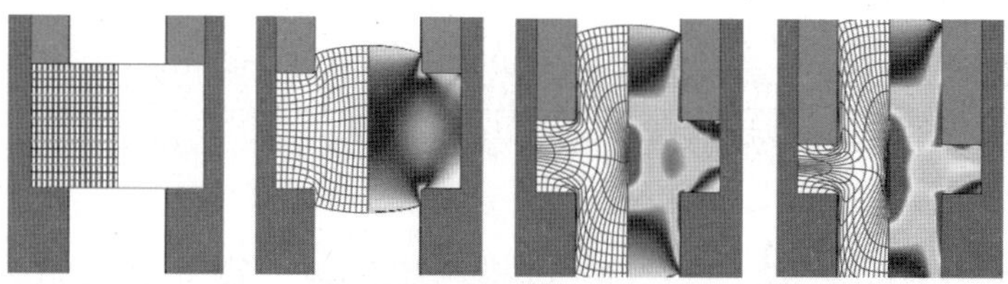

(b) 고변형경화 소재

그림 9.30 평판금형을 이용한 전후방압출공정에서 발생하는 플랜지 부위 유동 결함

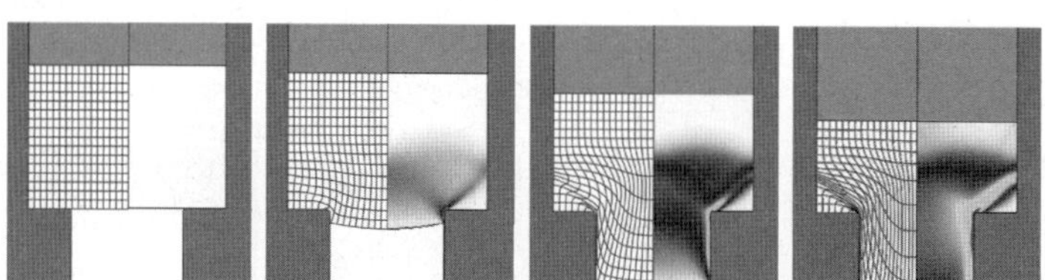

(a) 저변형경화 소재

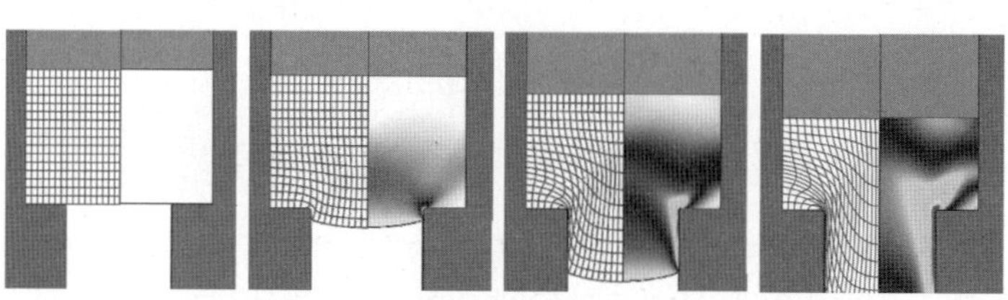

(b) 고변형경화 소재

그림 9.31 평판금형을 이용한 전방압출에서 발생하는 플랜지 부위 유동 결함

그림 9.31은 평면금형을 사용한 전방압출 시에 데드메탈에 의해 발생가능한 표면결함을 나타내고 있다. 그림 9.30의 경우와 마찬가지로 저변형경화 소재의 경우, 뚜렷한 데드메탈 구간의 존재로 유동구간과 비유동구간이 분리됨으로 인하여 표면결함과 내부결함의 야기 가능성을 보여주고 있다.

⑷ 헤딩 시의 모서리 겹침결함

그림 9.32는 헤딩공정 시에 발생 가능성이 높은 목부위의 겹침결함을 나타내고 있다. 그림에서 보는 바와 같이 두 재료 모두 겹침결함을 발생시키며, 특히 변형경화능이 낮은 저변형경화 소재가 더욱 취약할 수 있음을 암시한다.

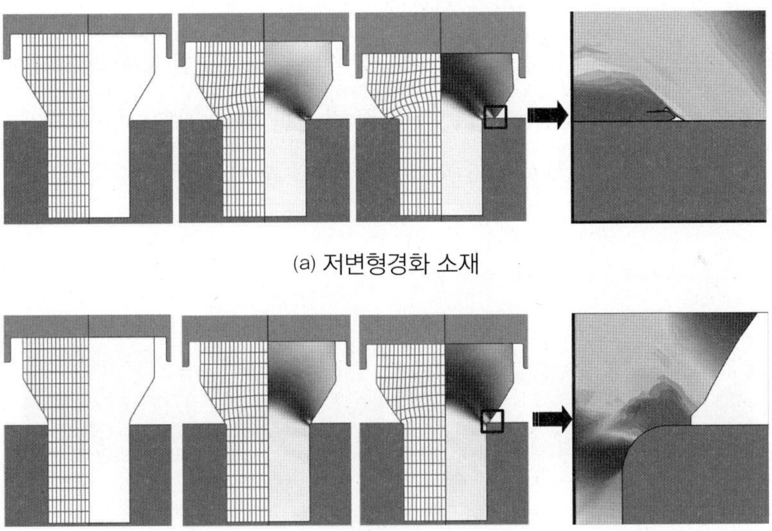

(a) 저변형경화 소재

(b) 고변형경화 소재

그림 9.32 압출 후 헤딩 시 발생하는 겹침결함

⑸ 외경 부분구속 파이프 압축 성형 시의 축대칭 좌굴 결함

그림 9.33은 파이프 소재의 성형 시에 발생한 좌굴 결함을 해석한 것이다. 이 예제는 그림 9.27에서 보는 바와 같이 실험적으로 입증된 것으로, 여기서는 실제와 다른 소재를 사용하여 그 변형특성을 파악하고자 하였다. 그림에서 보는 바와 같이 두 소재 모두에 대하여 좌굴이 발생하였다. 좌굴된 정도는 고변형경화 소재가 다소 심하게 나타났다.

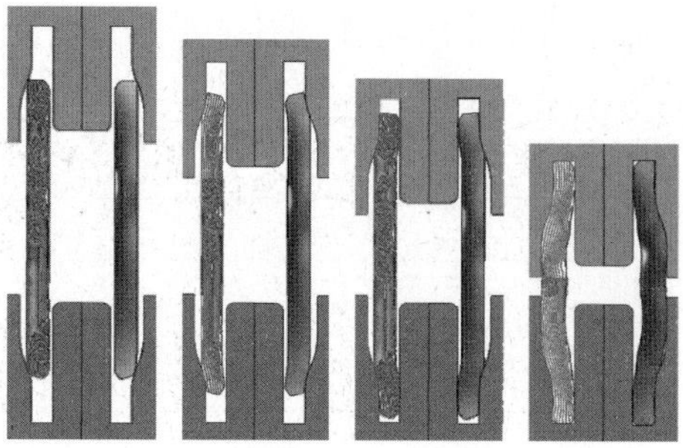

(a) 저변형경화 소재

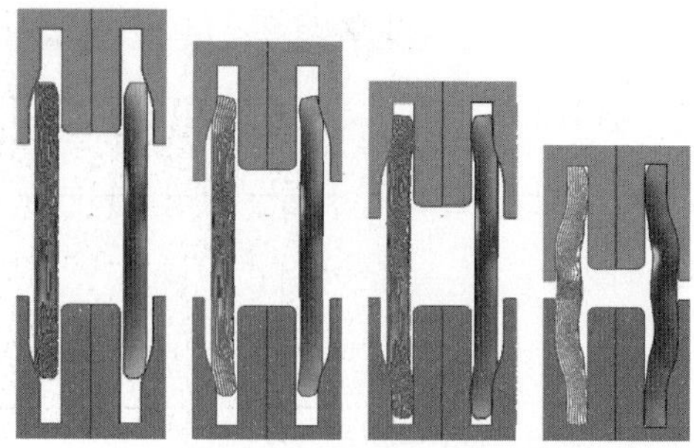

(b) 고변형경화 소재

그림 9.33 외경 부분 구속 파이프 압축성형 시 발생하는 축대칭 좌굴 결함

(6) 기타 결함 사례의 예측결과

그림 9.34와 그림 9.35에 형상결함 사례를 두 재료 고변형경화 소재와 저변형경화 소재에 대하여 나타내었다. 그림 9.34는 원추금형 전방압출 중 발생한 파이핑결함이고, 그림 9.35는 양단과 내경구속 파이프 압축시험 중 발생한 좌굴 결함이다. 전자는 재료 간의 변형 형상 차이가 있지만, 후자의 경우에는 그 차이를 무시할 정도로 작다.

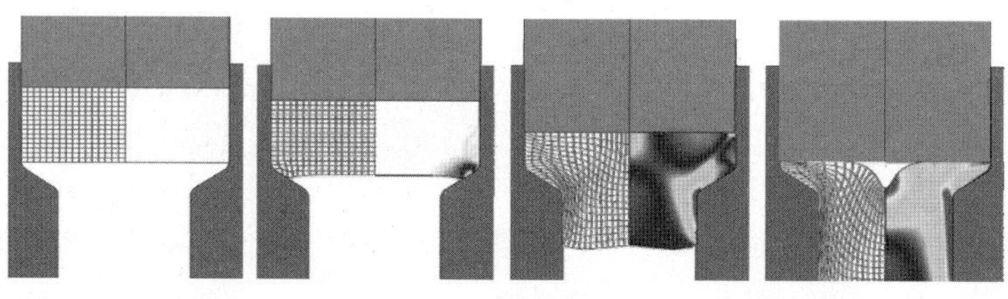

(a) 저변형경화 소재

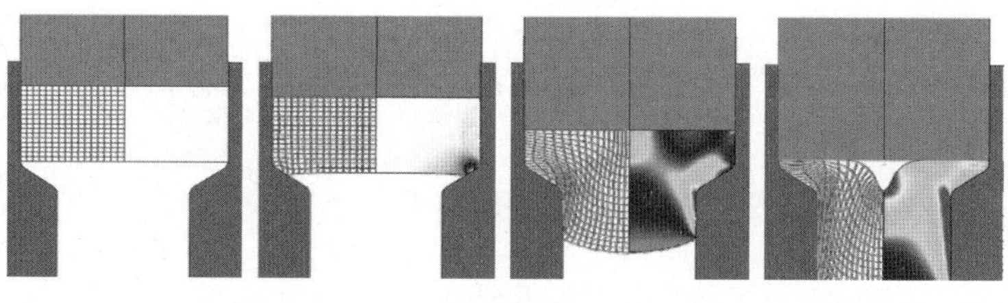

(b) 고변형경화 소재

그림 9.34 경사금형 전방압출공정 중 발생한 파이핑결함

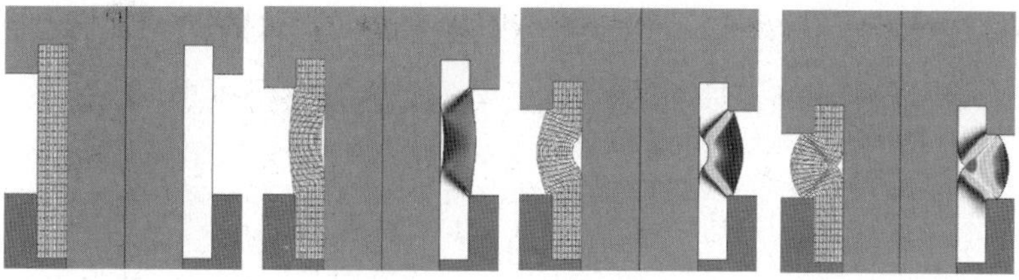

(a) 저변형경화 소재

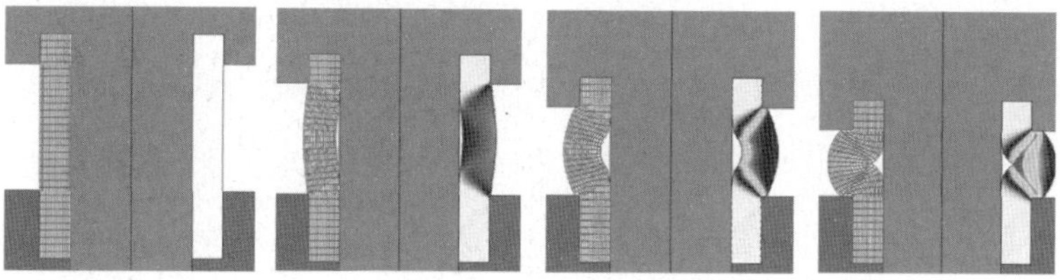

(b) 고변형경화 소재

그림 9.35 내경구속 파이프 압축 시 발생한 축대칭 좌굴 결함

9.6 파괴결함

냉간단조 중 발생하는 결함 중에는 크랙에 기인하는 결함들이 다수 존재한다. 대표적인 것이 중심파괴결함이다. 대개 냉간단조 중 발생하는 재료의 파괴결함은 연성파괴 이론으로 설명되고 있다. 손상도는 모델에 따라 약간씩 차이가 있으나, 공통적으로 정수압, 최대주응력, 변형률 등과 밀접한 연관관계를 가지고 있다. 손상도 이론에 의하면 어느 정도의 손상을 입은 재료에는 기공이 형성되고, 이 기공은 손상도의 축적과 함께 성장하며, 파단직전에는 기공간의 결합이 발생한다. 이 때의 손상도를 임계손상도라고 하며, 재료의 물성치이지만, 불순물의 게재 여부, 열처리 조건, 합금의 조성 등에 민감하게 변하는 특성이 있다. 따라서 파괴결함의 예측에는 매우 신중한 접근이 필요하며, 장기적인 경험과 지속적인 탐구정신이 요구된다.

파괴결함은 내부 크랙 발생에 의한 것과 외부 크랙 발생에 의한 것으로 구분될 수 있다. 이 절에서는 단조 시뮬레이션 기술의 적용 과정에서 발굴되거나 관련 문헌에서 발굴된 소성유동선 파괴결함 발생 예제와 문헌에서 발굴된 결함 발생 예제를 대상으로 유한요소해석을 실시함으로써 결함의 발생 원인을 설명한다. 이를 위하여 정규화된 Cockcroft-Latham 손상도모델을 사용하였으며, 마찰계수를 0.05로 가정하였고, 재료의 속도의존성은 고려하지 않았다.

(1) 스퍼어기어 단조 중 파괴결함 사례

그림 9.36(a)는 스퍼어기어 냉간단조 중 발생한 파괴결함을 나타내고 있으며, 그림 9.36(b)는 파단해석을 실시하여 예측한 결과이다. 그림 9.36(c)는 파괴결함이 발생하는 과정을 가시화한 것이다. 이 해석에 사용된 재료의 유동응력은 $\bar{\sigma} = 355.4(1+\bar{\varepsilon}/0.021)^{0.14}$ MPa이다. 그림 9.36(a)의 실험결과와 그림 9.36(b)의 해석결과는 매우 잘 일치하고 있다.

물론 모든 파단결함을 어느 정도 이상의 정확도로 예측할 수 있는 것은 아니다. 연성파괴 이론을 따르는 연성재료의 파단은 비교적 안정적으로 그 현상을 예측할 수 있지만, 많은 경우가 그렇지 못하다. 많은 경우, 비록 연성재료이지만, 재료의 불량 또는 전처리의 불량, 과도한 소성변형 등으로 취성화가 된 경우에는 취성파괴와 연성파괴가 동시에 발생할 수 있다. 취성파괴는 최대주응력 축의 방향에 수직한 면에서 파단이 발생한다. 분필에 비틀림모멘트를 가하면 45°의 사선방향으로 파단되는 것이 취성파괴의 대표적인 예이다.

(a) 실험결과 (일본의 ASAHI SUNAC사 제공)

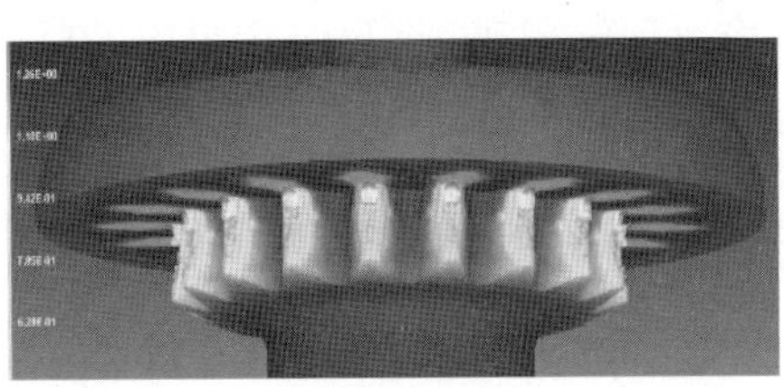

(b) 예측결과

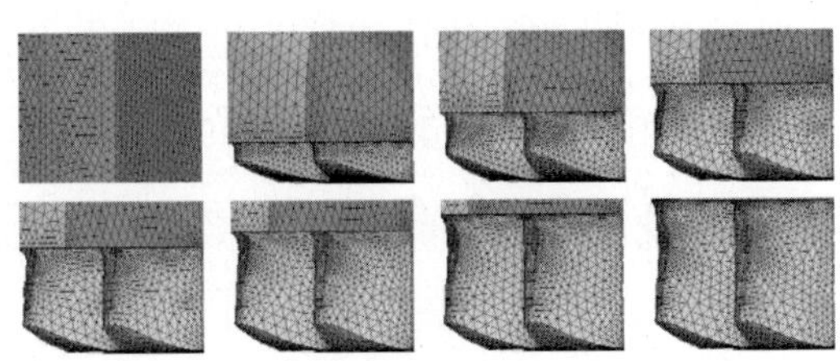

(c) 크랙의 발생과정

그림 9.36 스퍼기어 냉간단조 중 발생한 외부 크랙

(2) 전후방압출 중 발생 가능한 파괴결함

그림 9.37은 전후방압출 시에 발생하기 쉬운 파괴결함 사례를 나타내고 있다. 전후방압출 시에 그림에서 보는 바와 같이 한 쪽이 중공축을 형성할 경우, 중간 부분에서 인장력이 강하게 작용할 수밖에 없다. 하부의 소성유동을 유발시키기 위하여 중간 지점에서의 인장력의 부과가 필수적이기 때문이다. 물론 하부로의 소성유동이 펀치의 하강 속도에 비하여 클 경우는 상황이 다르다. 손상도 비연계의 가정하에(손상도가 유동응력에 미치는 영향을 무시하고) 저변형경화 소재와 고변형경화 소재의 유동응력 정보를 이용하여 해석한 결과를 그림 9.37에 나타내었다. 고변형경화 소재의 해석 시에 임계손상도 값을 1.4으로 간주하였고, 유사한 결함을 예측하기 위하여 저변형경화 소재의 해석 시에는 임계손상도 값을 2.0으로 간주하였다. 이것은 변형경화가 클수록 손상도의 축적이 상대적으로 작게 누적됨을 의미한다.

이 결과에서 눈여겨 보아 두어야 할 점은 하단부의 모양이다. 이러한 모양의 차이는 제5.2절에서 밝힌 바와 같이 변형경화능의 영향에 기인하는 것이다.

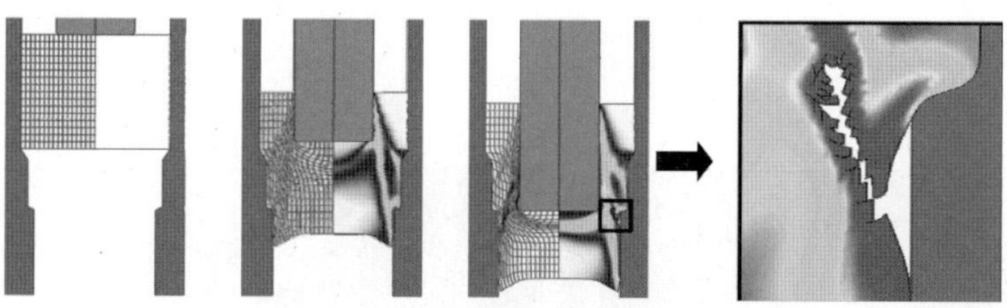

(a) 저변형경화 소재

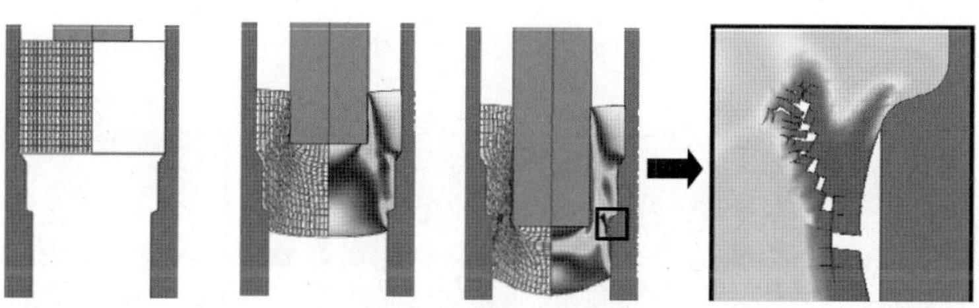

(b) 고변형경화 소재

그림 9.37 전후방압출공정 중 발생한 파괴 결함

(3) 표면파괴 결함

그림 9.38은 후방압출 시의 표면파괴결함의 해석결과이다. 이 예제는 표면결함발생 가능 사례로 소개된 것이다. 이 결과는 비교적 파손이 쉽게 발생하는 재료의 컵 후방압출 시 컵 바닥이 과도하게 압착 성형될 경우 표면결함을 발생시킬 수 있음을 암시하는 것이다.

해석 시에 강제적으로 내부 크랙이 발생하도록 유도하기 위하여 고변형경화 소재의 경우에는 임계손상도를 0.15로 하였고 유사한 내부 크랙이 발생하도록 하기 위하여 저변형경화 소재의 경우에는 임계손상도를 0.2로 간주하였다. 이 수치는 비교적 작은 값이므로, 실제 파괴가 발생하였다면, 그리고 재료의 임계손상도가 이 수치보다 훨씬 클 경우, 연성파괴 이론만으로 이 파괴를 논할 수는 없을 것이다. 그림의 오른쪽의 변형률 분포에서 보는 바와 같이 파괴발생 부위에서 높은 변형률은 재료를 취성화시키며, 이런 이유로 낮은 손상도 값에서도 파단이 발생할 가능성이 있기 때문이다.

이 결과도 변형경화능이 클수록 손상도의 누적 측면에서 유리하다는 것을 암시한다. 물론 실공정에서 크랙 발생 여부는 그 소재의 실제 임계손상도에 의존한다는 점을 강조해 둔다.

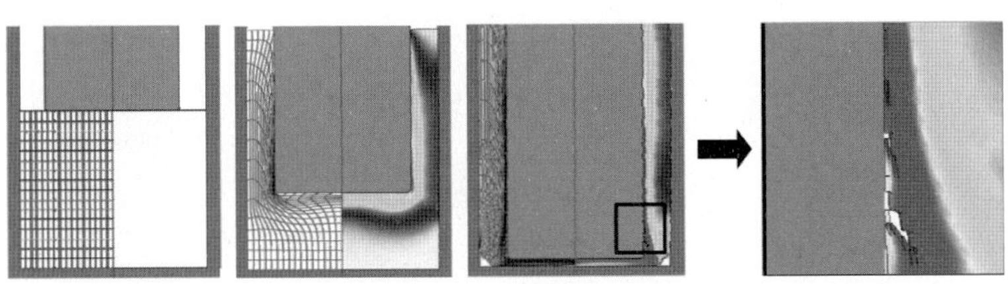

(a) 저변형경화 소재

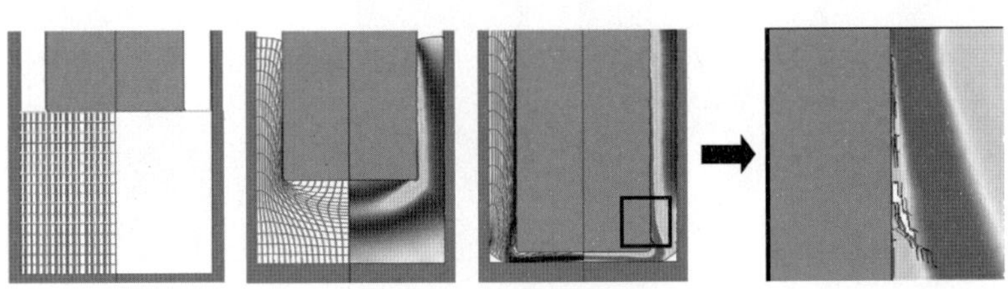

(b) 고변형경화 소재

그림 9.38 후방압출 시 발생한 내면 파단 결함

(4) 압출 및 인발 중 중심파괴 결함

압출 및 인발공정 중에 발생하는 중심파괴 현상은 소성유동선 파괴 결함의 대표적인 것으로 제9.2절에서 별도로 상술하였다.

(5) 데드메탈로 인한 소성유동선 파괴 결함

냉간단조에서는 열간단조에 비하여 소성유동선의 변형이 크지 않다. 따라서 소성유동선이 접히는 결함은 거의 나타나지 않는다. 그러나 인접 소성유동선과의 분리가 자주 발생한다. 가령, 컵 형상의 후방압출 시 컵의 하단과 상단의 단차가 진 부분에서 급격한 소성유동선의 변화가 발생한다. 이 부분에서 사실상 소성유동선의 단절이 발생한다고 보아야 한다. 소성유동선이 단절되는 사례는 데드메탈이 존재하는 부위에서도 나타날 수 있다. 경험적으로 볼 때, 소성유동선 단절 그 자체는 문제가 되지 않는 경우가 대부분이다. 후속 열처리 등에서 대부분의 결함적 요소는 제거된다. 그러나 경우에 따라서는 소성유동선 단절 부위에 불순물이 개입되는 사례도 있을 수 있다.

전형적인 소성유동선 파괴결함 사례로 그림 9.30(a)와 그림 9.31(a)를 들 수 있다. 이 두 경우는 데드메탈에 의하여 발생한 것으로 변형경화능이 작을수록 이 문제에 쉽게 노출될

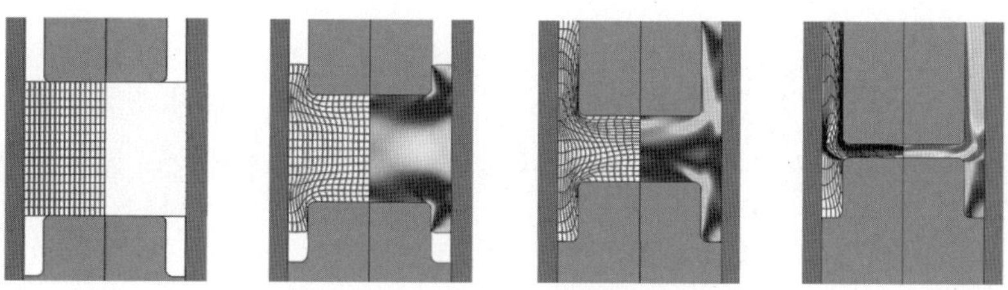

(a) 저변형경화 소재

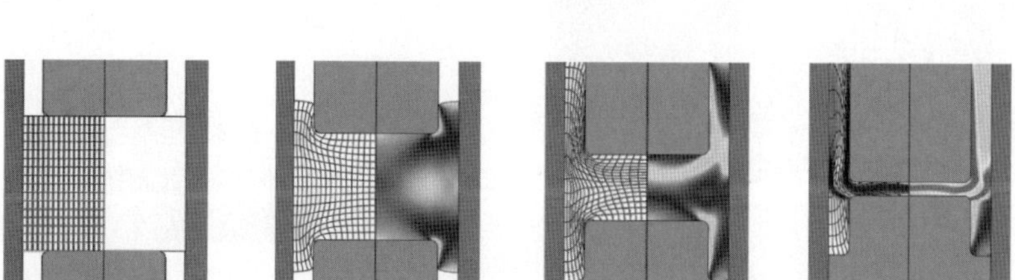

(b) 고변형경화 소재

그림 9.39 전후방압출 중 데드메탈로 인하여 발생한 외면 파단 결함

수 있다는 것을 암시한다.

그림 9.39의 사례는 데드메탈에 의하여 소성유동선의 단절이 발생하고 이로 인하여 측면에서 크랙이 발생할 가능성이 큰 공정이다.

9.7 기타 결함 사례

(1) 스프링 부착금형의 오작동에 의한 겹침 결함 사례

그림 9.40은 스프링부착 금형의 오작동으로 발생한 소재 겹침 결함을 해석한 사례이다. 이 제품은 자동다단냉간단조공정에 의하여 생산된다. 자동다단단조의 특징은 정교한 설계를 요하며, 문제의 발생 시, 대처하는데 어려움이 따른다는 점이다.

이 소재 겹침 결함은 주기적으로 나타난 것이 특징이다. 즉, 이 결함은 일정량의 생산이 이루어지고 난 이후에 발생하였고 장비를 일정 시간 멈춘 후에 작동시키면 결함이 발생하지 않았다. 이런 이유로 이 결함이 금형의 온도 상승 및 금형 치수 정밀도 등에 기인한다고 간주하여 오랫동안 금형의 열팽창과 연계하여 이 문제를 해결하고자 했기 때문에 문제의 해결에 오랜 시간이 소요되었다.

이 결함은 스프링부착 금형의 오작동에 기인하였다. 이 오작동의 원인을 찾는데 많은 시간이 소요되었으나, 단조 시뮬레이터의 사용과 함께 즉시에 해결된 사례이다. 스프링

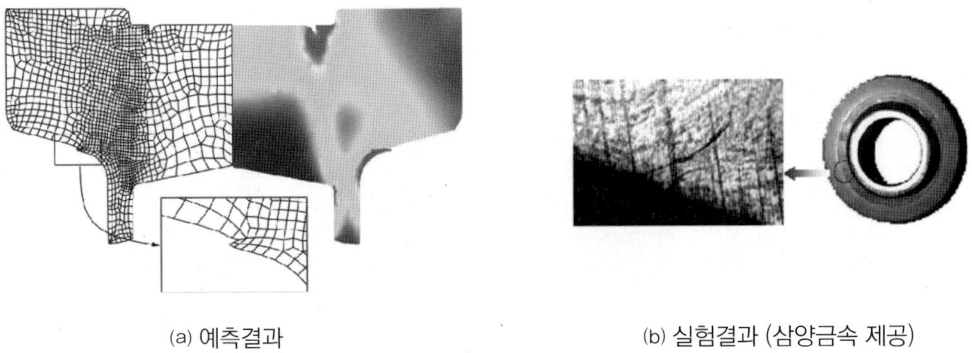

(a) 예측결과 (b) 실험결과 (삼양금속 제공)

그림 9.40 겹침 결함의 예측결과와 실험결과

부착 금형이 정상적으로 작동한다는 가정하에서 소성유동을 관찰해 보면, 그림과 같은 겹침 결함이 발생할 수가 없다는 결론에 도달하게 된다. 이 경우에는 금형의 운동을 조사함으로써 결함의 원인을 찾을 수 있다.

이 예제는 단조 시뮬레이터의 효과를 강조하기에 충분하다.

9.8 소성유동선도 제어를 통한 품질개선

소성유동선은 구조강도 및 내구성과 깊은 연관이 있다. 대부분의 경우 최적화된 소성유동선은 과학적 증거가 아닌, 전문가들의 통찰력에 의해 결정되고 있다. 대부분의 전문가들은 일그러진 소성유동선보다 부드러운 소성유동선을 선호하며 불연속한 소성유동선은 바람직하지 않다고 경험적으로 생각한다. 사실 많은 공정설계 엔지니어와 기계 부품 설계 엔지니어들에게 최적화된 소성유동선에 대한 근거자료가 부족하다. 따라서 실험과 해석을 바탕으로 소성유동선을 최적화할 수 있는 보다 체계적인 접근이 필요하다. 물론 소성가공 시뮬레이션 기술은 소성유동선을 세부적으로 예측하는데 매우 효과적이다.

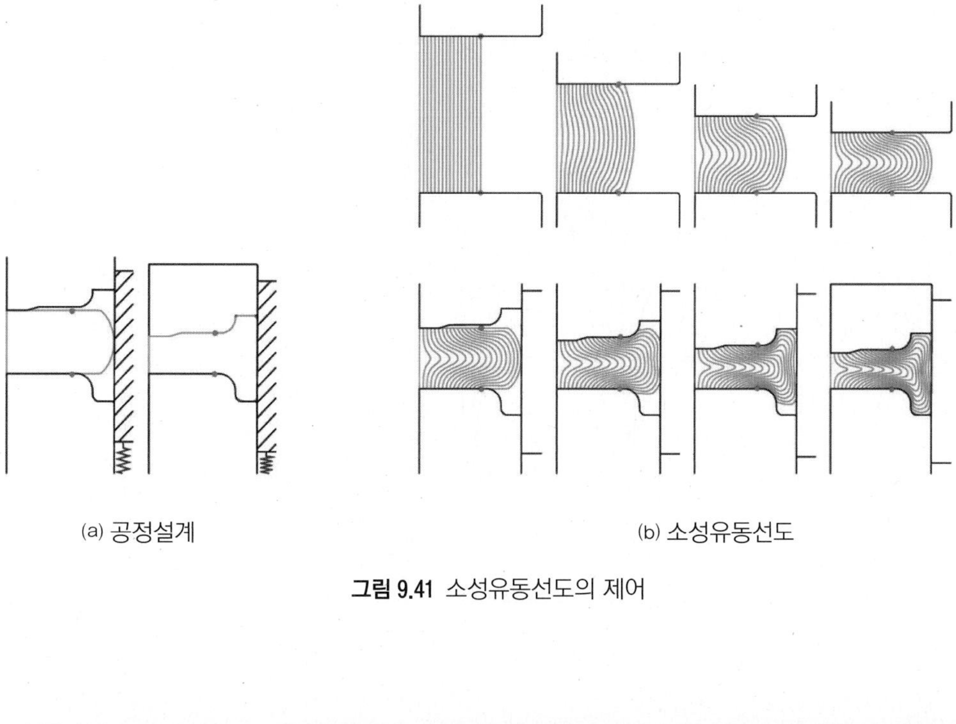

(a) 공정설계 (b) 소성유동선도

그림 9.41 소성유동선도의 제어

소성유동선도의 변경은 공정설계의 근본적 변경을 전제로 한다. 그림 9.41은 소성유동선도의 통제를 위하여 사용된 스프링부착 금형의 적용 사례를 나타내고 있다. 이 공정은 경험적으로 볼 때, 상하 대칭적인 소성유동선도를 얻기가 매우 어렵다. 그 이유는 마찰 때문이다. 마찰은 열간에서 소성유동선도에 영향을 미치는 매우 큰 인자이다. 그러나 일반적인 방법으로 마찰을 제어하기는 쉽지 않기 때문에 스프링부착 금형이 마찰을 통제함으로써 소성유동선을 통제하는 데 좋은 해법이 될 수 있다.

그림 9.42와 같이 CV조인트에 대한 서로 다른 두 개의 축대칭 3단 열간단조공정은 매우 다른 소성유동선을 형성했다. 소성유동선의 차이는 그림 9.43과 같이 다소 다른 유효변형률분포를 발생시켰으며, 이는 두 번째 단계의 금형 형상의 차이로 인해 발생하였다.

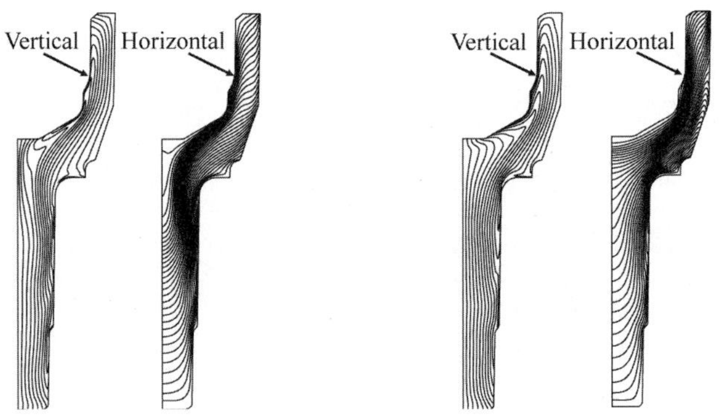

(a) 상대적 불건전 (b) 상대적 건전

그림 9.42 두 가지 다른 공정에 의한 요소유동선도의 차이

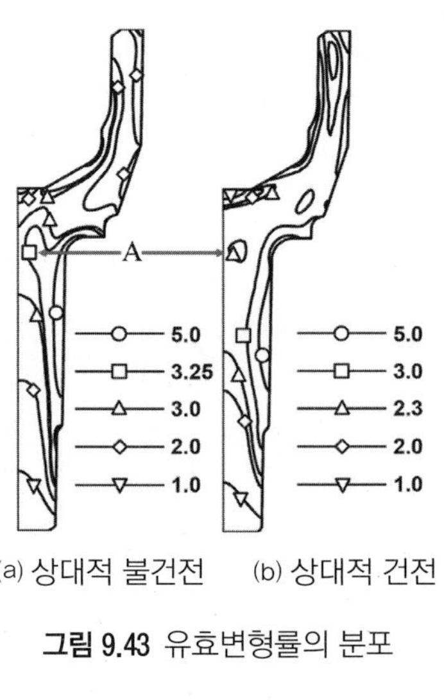

(a) 상대적 불건전 (b) 상대적 건전

그림 9.43 유효변형률의 분포

소성유동선도가 건전한 제품이 일반적으로 기계적 강도 측면에서 다소 유리하다. 그 이유는 복잡하다. 물론 소성유동선 자체는 구조강도에 직접적인 영향을 미칠 수 있다. 구조강도가 허약한 영역에서의 뒤틀린 소성유동선은 그림 9.43에서 보는 바와 같이 그 부위에 심한 변형을 야기시키며 이로 인한 소성열은 결과적으로 고온취성으로 인한 구조강도의 저하를 초래할 수 있다.

어떤 부품은 기하학적 및 역학적 대칭면을 모두 갖고 있다. 이 경우, 그 최적설계는 기계적 특성에 관한 대칭 요구사항을 충족해야 한다. 특히 대칭부분이 마멸에 노출되어 있을 때 소성유동선은 대칭이어야 하며 비대칭일 경우 강한 쪽이 정상상태를 유지를 하더라도 약한 쪽에서 조기 파열이나 마모가 발생할 수 있다. 전형적인 예는 허브베어링 제조업체에서 발견되었다.

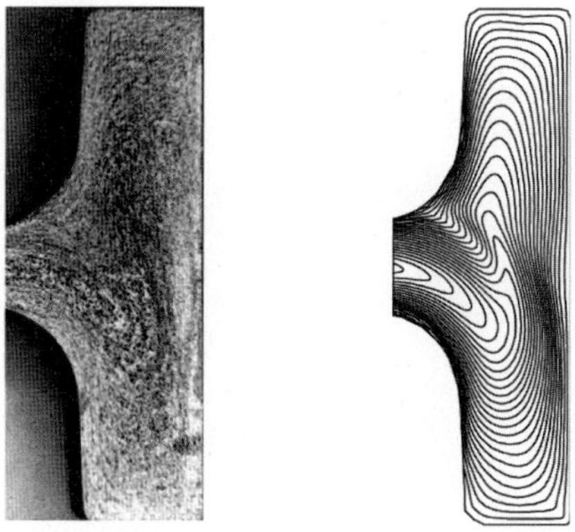

(a) 실험 (b) 예측

그림 9.44 소성유동선 실패 사례

그림 9.44는 베어링 부품에 대한 2차원 열간단조공정 해석결과와 실험결과의 소성유동선을 비교하였다. 이 예제는 단조품의 표면 결함이 없음에도 불구하고 비대칭 및 부적합한 소성유동선으로 인해 실패한 공정설계를 보여주는 전형적인 예이며, 특히 소성가공 시뮬레이션의 중요성을 강조하고 있다.

그림 9.45(a)에서는 과거에 경험적으로 개발된 자동차 부품 단조공정의 실험결과와 해석결과를 비교하였고, 그림 9.45(b)에서는 최적화된 단조공정에 의하여 제조된 제품을 나타내었다. 과거의 제품에 비해 새 제품은 최적화된 소성유동선에 의한 구조강도의 증가

로 무게를 약 10% 감소시키는데 기여하였다. 이 예제는 소성유동선을 고려한 최적의 단조공정설계의 중요성을 강조하고 있다. 실제로 소성유동선의 최적화는 강도 증가의 효과가 있으므로 경량화 및 환경보호에 공헌할 수 있다.

(a) 기존 공정 (b) 최적화된 공정

그림 9.45 소성유동선도 최적화를 통한 무게 최소화 설계 사례

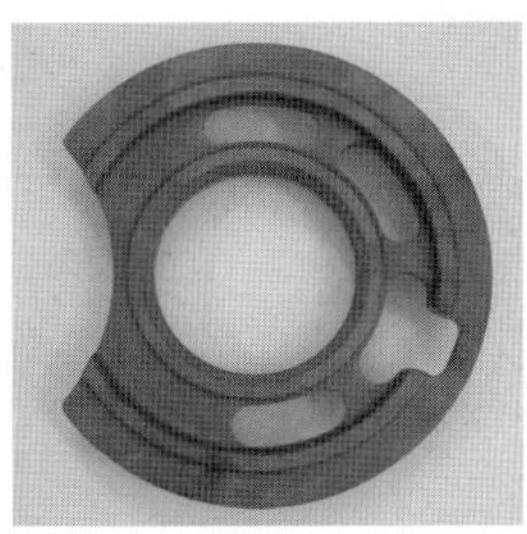

(a) 플랜지붙이 자동차 부품

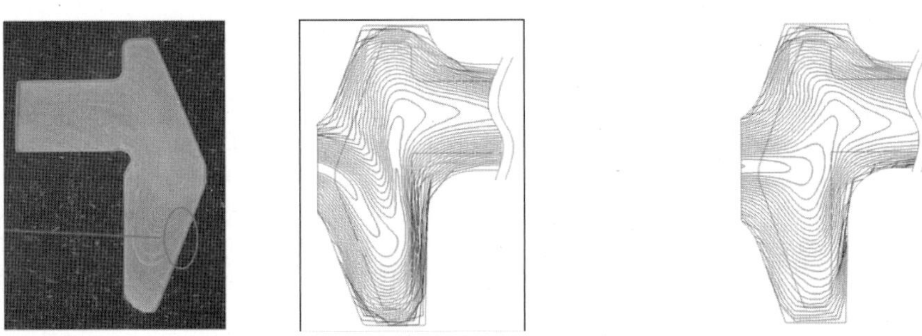

(b) 기존 공정 (c) 최적화 공정

그림 9.46 편석영역의 위치 최적화

주조과정에서 재료의 좋지 않는 특성을 가진 편석대가 형성되며, 이는 강도를 저하시키는 요인이다. 따라서 대부분의 동력 전달 부품에서 편석대는 신중하게 통제되어야 한다. 그림 9.46(a)와 같이 플랜지를 가진 자동차 부품에 대한 실제 응용 사례에서 찾아 볼 수 있다. 그림 9.46(b)의 불량 소성유동선을 가진 부품이 그림 9.46(c)의 최적화된 소성유동선이 얻어지기 이전까지 자동차 부품으로 사용되었다.

그림 9.46(b)는 편석대가 하부에 위치해 있으며 반대쪽의 소성유동선 역시 절단되는 전형적인 불량 소성유동선을 가진 단조품이다. 반면, 그림 9.46(c)는 최적화의 결과로 획득된 최적 소성유동선을 나타낸다.

CHAPTER 10

주요 공정의 해석과 분석

이 장에서는 주요 소성가공공정의 적용사례를 시뮬레이션 기술을 중심으로 소개한다. 여기서 소개되는 내용은 대부분 산학협력의 결과물이며, 학술 논문 형식으로 공식적으로 발표된 것이다.

10.1 축대칭 냉간단조

축대칭 냉간단조품은 매우 많다. 특히 자동다단단조품이 상대적으로 많다. 최근에는 자동다단단조기가 대형화되면서 자동다단단조성이 보장되는 재료의 단조는 점진적으로 자동다단단조로 옮아갈 수밖에 없을 것으로 판단된다. 그림 10.1에 대표적인 축대칭 자동다단냉간단조품의 예를 나타내었다. 흔히 현장에서는 자동다단단조를 포머단조로 칭한다.

그림 10.1 축대칭 단조품 (성진포머 제공)

자동다단냉간단조공정의 설계는 매우 까다롭다. 단의 수가 많고, 모든 단의 작업이 동시에 이루어지므로 공정 간의 연계성이 높을 뿐만 아니라 단조 중 풀림처리나 윤활처리를 할 수 없기 때문에 최적설계가 필수적이다. 그리고 비교적 치수 공차가 엄격하기 때문에 개발 과정에서 많은 시행착오가 불가피하다. 따라서 단조 시뮬레이션 기술의 활용을 통하여 시행착오를 줄일 수 있는 분야이다.

냉간단조공정의 해석 시에 유의할 점은 소재의 초기상태와 단과 단 사이의 풀림처리 여부이다. 냉간재료는 변형경화능이 크기 때문에 이에 관한 세심한 유의가 필요하다. 만약 인발공정 이후에 풀림처리를 실시하지 않았다면, 초기 유효변형률을 고려해야 한다. 그리고 자동다단단조에서 단과 단 사이에서 풀림처리를 실시할 수 없는데도 불구하고 유효변형률을 초기화하면, 실제 현상을 반영할 수 없게 된다.

이 절에서는 축대칭 자동다단냉간단조공정에 대한 예측결과와 실험결과를 소개한다. 그림 10.2는 자동다단냉간단조공정의 예측결과이다. 중실 코일 소재로부터 전후방압출을 거친 후 피어싱을 실시하고 마지막 공정에서 원하는 형상의 제품을 성형하는 공법이다.

자동다단단조공정의 해석 시에 사용자 개입 없이 전체의 공정을 자동적으로 해석하는 기능은 매우 중요하다. 이 예제의 해석에 자동해석 기능이 사용되었다. 이 공정에 대하여 자동해석 기능으로 해석을 실시할 때, 피어싱공정의 해석이 피어싱 과정에서 발생하는 변형을 고려하면서 동시에 후속 공정에서 단조 시뮬레이션이 연속적으로 이루어져야 하기 때문에 매우 중요하다. 이 예제에서는 일정 이상의 피어싱이 진행된 이후에 소재가 분리되는 것으로 간주하였다.

자동다단냉간단조공정이 일반단조공정과 다른 점 중의 하나는 단과 단 사이에 풀림처리나 윤활처리를 할 수 없다는 점이다. 풀림처리가 불가능하기 때문에 변형률이 매우 큰 값에 도달하게 되며, 윤활처리가 불가능하기 때문에 윤활처리가 되지 않은 영역(단면과 피어싱으로 기존의 윤활막이 파괴된 영역)과 그 이외 영역에서 마찰 특성이 비교적 큰 차이를 갖게 된다. 따라서 윤활막이 파괴되지 않은 영역(소재의 측면)과 윤활막이 파괴된 영역(소재의 절단면)을 구분하였으며, 각각 마찰계수를 0.05와 0.1로 간주하였다. 인장시험을 통하여 실험적으로 구한 진변형률-유동응력 곡선(그림 4.2의 네 번째 개선된 곡선)을 사용하였다.

(a) 예측결과

(b) 실험결과

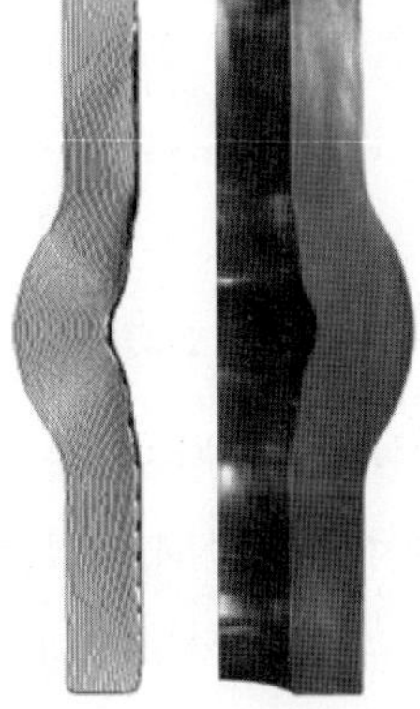

(c) 단면의 상세 비교(좌: 예측결과, 우: 실험결과)

그림 10.2 예측결과와 실험결과의 비교 (성진포머 제공)

그림 10.2(a)와 그림 10.2(b)에서 보는 바와 같이, 단조품의 예측결과와 실험결과의 형상이 일치한다. 그림10.2(c)는 실험결과와 예측결과의 단면 형상을 비교하고 있다.

그림 10.3에 주요 축대칭 다단자동단조공정에 대한 단조 시뮬레이션 기술의 적용 사례를 나타내었다.

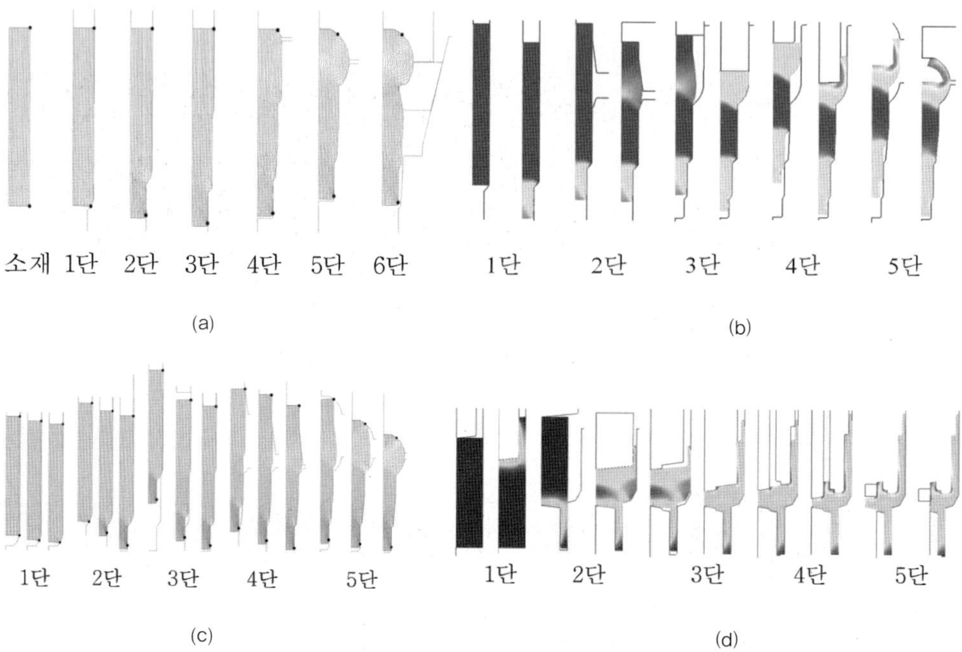

그림 10.3 축대칭 자동다단냉간단조공정의 예측결과 사례

10.2 축대칭 열간단조

축대칭 열간단조품의 대명사는 베어링 내외륜이다. 그 이외에도 기어와 같은 회전체의 상당수는 축대칭 열간단조공정으로 제조되고 있다. 특히 베어링과 같은 대량생산 열간단조품은 자동다단열간단조에 의하여 생산되고 있다.

열간단조공정해석에서 중시해야 할 점은 소재의 열팽창이다. 강의 열팽창계수는 0.000012 내외이므로 1200℃로 가열할 경우, 길이 팽창은 약 1.5%에 육박하며, 이로 인한 체적팽창은 약 4.0%를 넘는다. 이것은 예측결과에 큰 영향을 미치는 수치이다. 그리고 등온해석 시에도 초기온도를 정할 때 각 단마다 소재의 평균온도를 입력하는 것이 바람직하다.

여기서는 축대칭 자동다단열간단조공정의 예측결과와 실험결과를 소개한다. 그림 10.4는 3단 축대칭 자동다단열간단조공정 또는 열간포머단조공정의 예이다. 소재는 절단과 이송 이후에 3단의 자동다단단조공정에 의하여 성형되며, 금형 및 소재는 수냉 및 공냉에 의하여 열적 변화를 겪는다. 포머단조공정의 특징은 그림에서 보는 바와 같이 모든 단조 단의 작업이 동시에 이루어진다는데 있으며, 열간포머단조공정의 특징으로는 직접수냉(water cooling), 간접수냉(water spray cooling)에 의한 냉각, 공냉 등이 공존한다는 점이다. 고속생산에 따른 금형의 과열을 방지하기 위하여 금형에 뿌려진 물의 일부가 소재에 직접 닿게 되고 소재의 일부는 물 입자 분위기에 머무른다. 또한 냉각수로 뿌려진 물의 일부는 금형에 남게 되며, 다음 성형 공정에서 금형과 취출기(ejector)의 틈새를 통하여 빠른 속도로 빠져 나간다. 이로 인하여 이 부분에서 상대적으로 과도한 열전달이 발생하게 된다. 따라서 열전달 조건은 위치마다 심하게 변한다.

그리고 성형 시간은 전체 공정시간에 비하여 매우 짧다. 이 점은 모든 공정들이 열전달 해석을 위하여 고려되어져야 함을 말해 주고 있다. 열전달해석 관점에서 열간포머단조공정은 크게 단조 이전 예비단계와 단조단계로 나눌 수 있다. 단조 이전 예비단계에는 절단 및 이송 공정이 있으며, 각 단조 단계(또는 단)는 수냉·공냉 → 성형 → 정체(dwelling) → 추출(knockout, ejecting) → 수냉·공냉 → 이송 등의 연속공정으로 이루어져 있다.

절단 직후 소재의 온도는 전체적으로 일정하다고 가정한다. 소재 절단 직후의 이송공정에서 소재는 자연공냉되며, 핑거(finger)-소재 접촉부분의 열전달은 무시한다. 단조공정에서 성형 직전의 수냉·공냉 작업은 소재를 정위치에 놓고 성형을 기다리는 공정이며, 이 때 금형을 냉각시키기 위하여 뿌려진 물이 소재의 일부에 와 닿는다. 따라서 온도해석의 관점에서 볼 때, 소재의 표면은 물의 분위기에 노출된 영역과 공기 중에 노출된 영역으로 구성되어 있다. 성형 중에는 소재의 표면은 금형과의 접촉 부위와 공기 등 주위환경에 노출된 부위로 구성된다. 성형 중 소재의 일부는 물과 직접 접촉하며, 성형 중 소재에는 소성열이 발생한다. 정체공정에서 펀치는 소재로부터 분리되고, 소재의 일부는 금형과 접촉하고 있으며, 그 나머지는 공기 또는 주위 분위기에 노출된다. 소재의 취출 시에는 취출핀과 소재의 일부가 접촉하고, 소재의 일부분은 물에 노출되며, 그 이외의 영역은 공기 및 주위분위기에 노출된다. 취출 직후 소재는 핑거에 잡혀 있으며, 소재가 일시적으로 멈

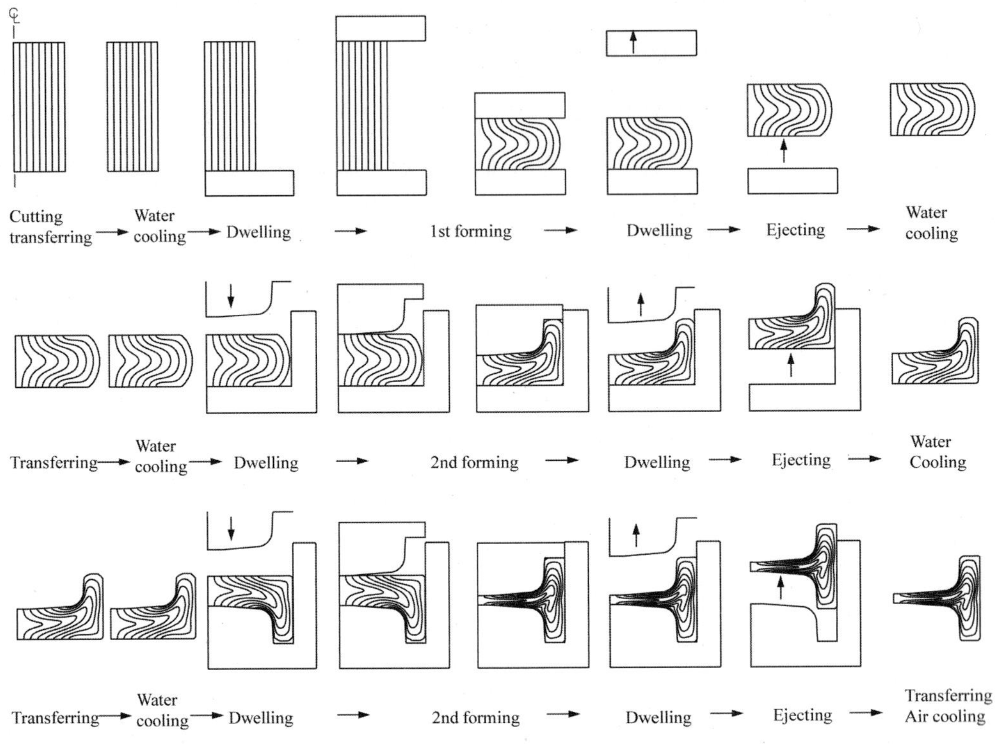

그림 10.4 축대칭 자동3단열간단조공정의 흐름도 및 해석 모델

추는 순간에 금형을 식히기 위하여 뿌려진 물이 소재의 일부에 닿게 된다. 그 나머지 부분은 공기 또는 주위 분위기에 노출된다. 이송공정 중 소재는 자연공냉된다.

적용예제로 선정한 3단 열간포머단조공정의 전체 공정도는 그림 10.4에서 보는 바와 같다. 각 공정의 시간배분, 금형의 속도, 소재 물성치 등은 참고문헌[6.2]으로 대신한다. 해석에 사용된 공정 조건 및 변수는 다음과 같다. 소재의 초기온도: 1100℃; 금형의 초기온도: 150℃; 마찰계수: $\mu=0.3$; 소재-금형 접촉면의 열전달계수: $h_{\text{lub}}=30.0\text{kW/m}^2℃$; 수냉에 의한 열전달계수: hw = 3.0-30.0kW/m^2℃.

그림 10.5에서 공정 전체에 대한 예측결과를 정리하였다. 첫 번째 단과 두 번째 단의 성형직전의 소재 하단과 세 번째 단에서 소재 상단이 간접수냉과 짧은 시간 동안의 소재-금형 접촉에 의하여 냉각되었고, 두 번째 단에서 금형 본체와 추출기 틈새 주위의 소재가 다른 부위에 비하여 많이 냉각되었다. 그리고 마지막 단의 성형이 끝난 직후의 최대 온도 상승이 일반 열간단조의 예측결과에 비하여 비교적 작다. 이러한 현상은 열간포머단조

에서 금형의 과열을 막기 위한 강제냉각에 기인한다. 그림 10.6에서, 두 번째 단과 세 번째 단 사이의 체류공정과 이송공정 동안에 발생하는 열전달 현상을 나타내고 있다. 이러한 결과들로부터 상세 열전달 조건들이 공정해석 시에 충분히 반영되었음을 확인할 수 있다. 그림 10.6은 마지막 체류기간을 종료하고 난 뒤 5초 이후에 소재의 온도분포를 나타내고 있다. 이 결과는 초기에 1100℃였던 소재가 성형 중에 소성열의 유입에도 불구하고 강제냉각에 의하여 1000℃로 냉각되었음을 말해 준다.

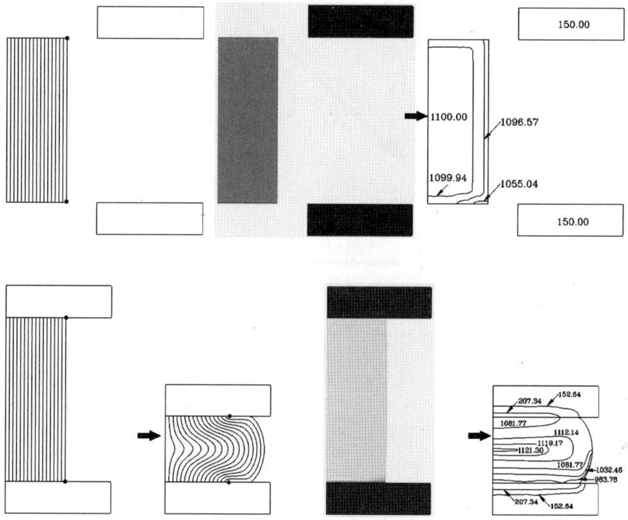

(a) 이송 및 1단

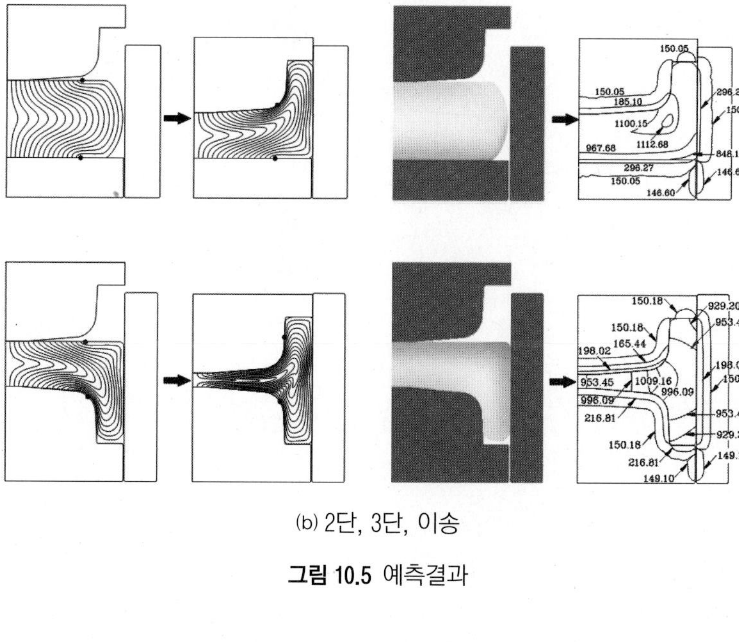

(b) 2단, 3단, 이송

그림 10.5 예측결과

그림 10.8은 대표적인 축대칭 열간단조품 및 관련 공정을 예시한 것이다.

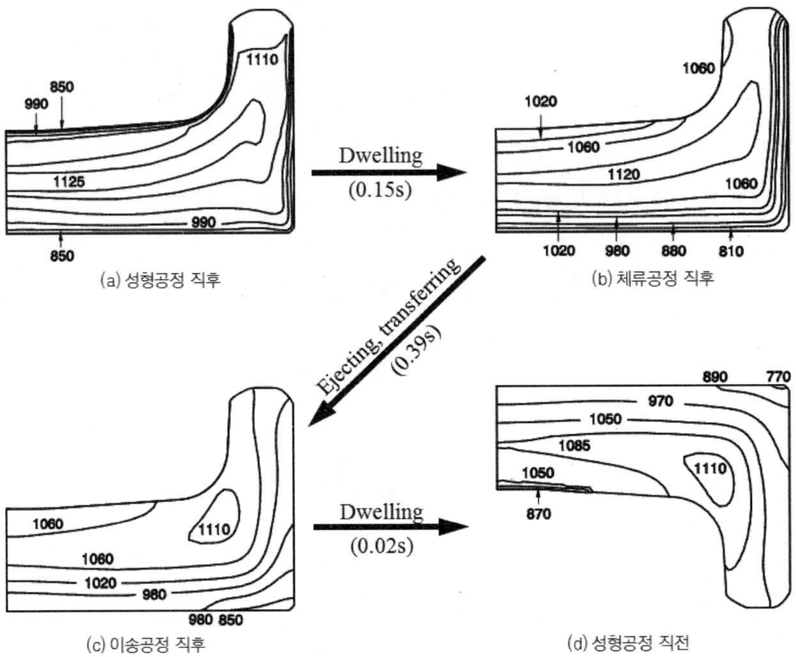

그림 10.6 2단과 3단 사이에서의 열전달

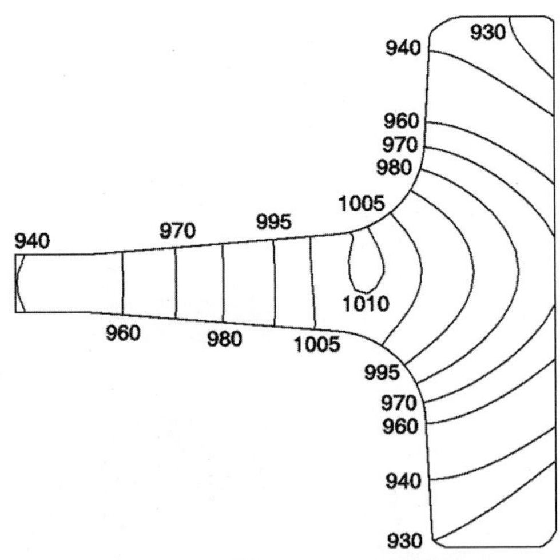

그림 10.7 성형 종료 후의 열전달

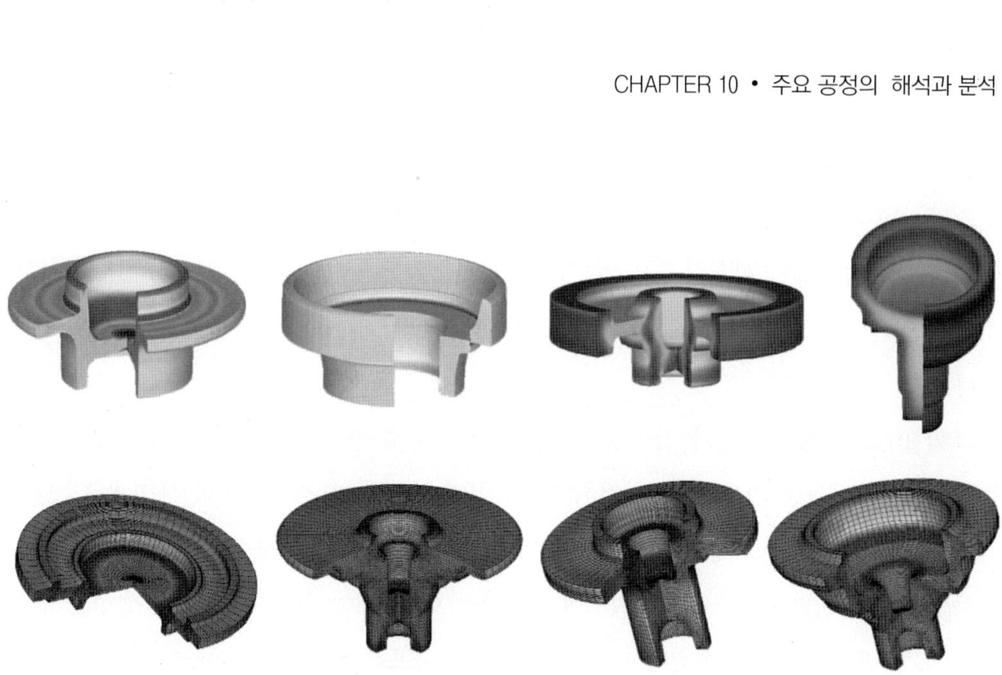

그림 10.8 주요 축대칭 열간단조공정[부록 C]

10.3 3차원 냉간단조

(1) 로터폴 냉간단조공정

그림 10.8은 로터폴(rotor pole)의 제조공정 중 굽힘공정과 사이징공정의 해석을 위한 예비성형체를 나타내고 있다. 예비성형체는 봉재의 온간단조 공법 또는 판재의 블랭킹 공법으로 제작되며, 재질은 AISI 1006이다.

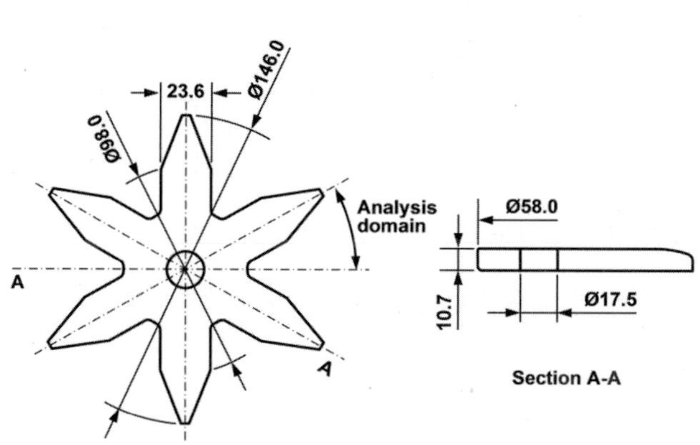

그림 10.9 소재의 초기 형상 및 치수

그림 10.9에서 보는 바와 같이 대칭 조건을 이용하여 로터 폴 전체의 1/12에 대하여 해석을 수행한다. 초기 항복응력은 285.0 MPa이고 유동응력은 $\bar{\sigma} = 613.97\bar{\varepsilon}^{0.31}$ MPa이다. 소재에 인산염 피막 윤활처리를 하기 때문에 소재-금형 접촉면의 마찰상수를 0.1로 간주한다.

그림 10.10에 굽힘공정과 사이징공정에 사용된 금형을 나타내었다. 전술한 공정정보는 실제의 공정을 근거로 작성된 것이다. 이 공정을 동일한 조건하에서 사면체요소망과 육면체요소망 기능을 이용하여 해석하였다. 육면체요소망을 이용한 해석에서는 요소망 자동생성을 실시하지 않았으며, 사면체요소망을 이용한 해석은 자동요소망생성을 실시하였다. 육면체요소망의 절점은 가급적 균등하게 분포하도록 하였으며, 사면체요소망의 절점 수는 육면체요소망의 절점 수와 유사하도록 하였다. 실험결과를 그림 10.11에 나타내었으며, 사면체요소망과 육면체요소망을 이용한 예측결과를 각각 그림 10.12의 우측과 좌측에 나타내었다.

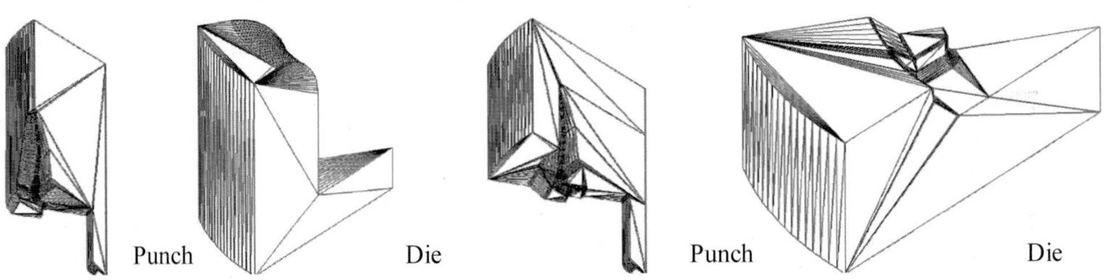

(a) 굽힘공정　　(b) 사이징공정

그림 10.10 금형 형상

그림 10.11의 실험결과와 그림 10.12의 예측결과는 매우 잘 일치하고 있다. 그림 10.13~10.15와 같이 주요 부위의 예측결과를 실험결과와 상세하게 비교한 결과, 매우 유사함을 확인하였다. 이 예제에서 강조하고자 하는 것은 사면체요소망을 사용할 경우, 요소망 밀도의 적절한 제어가 뒷받침되지 않으면, 그림 10.15에서 보는 바와 같은 겹침 결함의 예측은 불가능하다는 점이다.

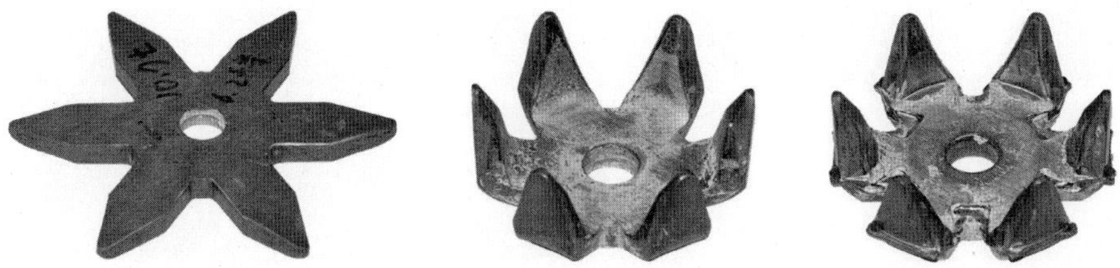

(a) 초기소재 (b) 벤딩공정 이후 (c) 사이징공정 이후

그림 10.11 실험결과

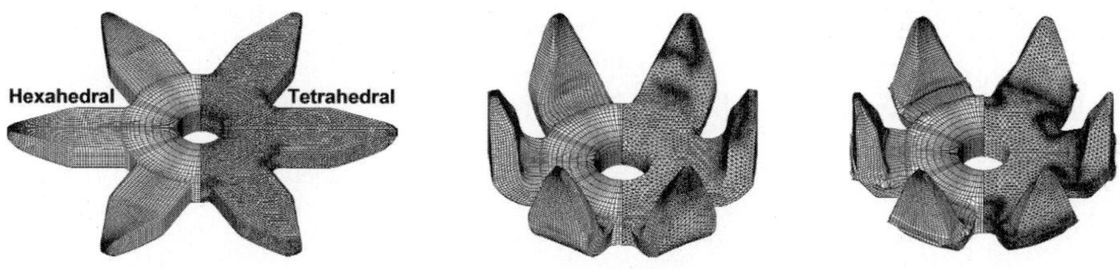

(a) 초기소재 (b) 벤딩공정 이후 (c) 사이징공정 이후

그림 10.12 예측결과(좌측: 육면체요소, 우측: 사면체요소)

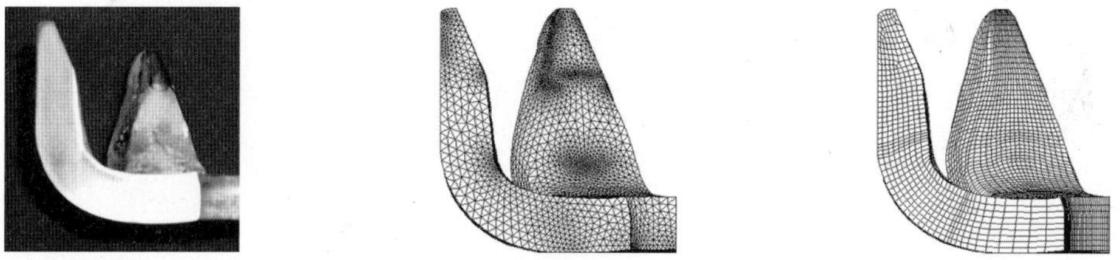

(a) 실험 (b) 사면체요소망 (c) 육면체요소망

그림 10.13 벤딩공정 직후의 실험결과와 예측결과의 비교

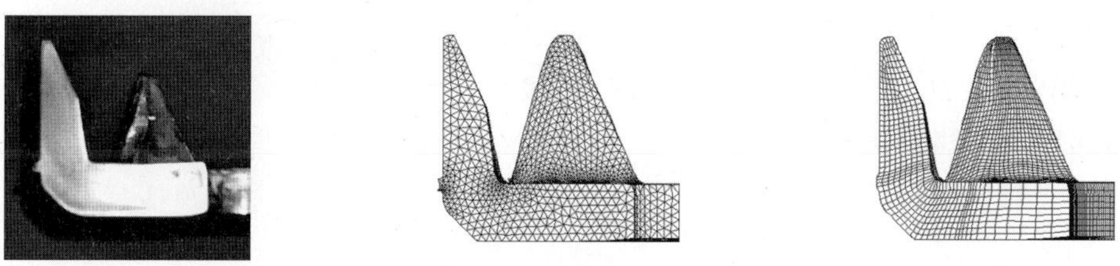

(a) 실험 (b) 사면체요소망 (c) 육면체요소망

그림 10.14 사이징공정 직후의 실험결과와 예측결과의 비교

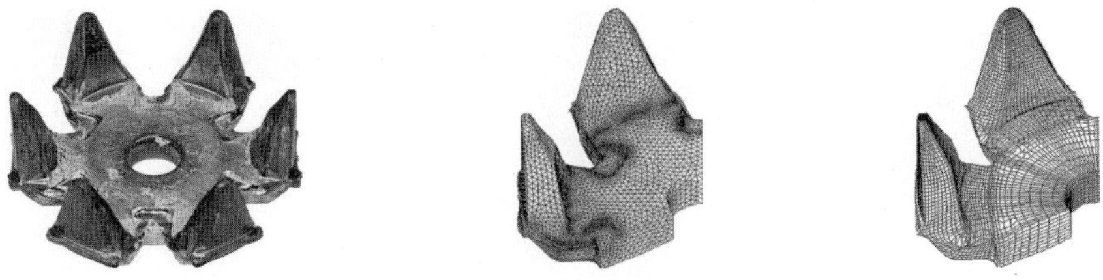

(a) 실험 (b) 사면체요소망 (c) 육면체요소망

그림 10.15 사이징공정 직후의 겹침 결함에 대한 실험결과와 예측결과의 비교

(2) 롤캠 냉간단조공정

그림 10.16은 롤캠(roll cam)의 금형 형상, 초기 및 최종 소재 형상 등을 나타내고 있다. 외부의 하단에는 기어가 있으며, 상부의 내부는 캠이 성형되어 있다.

외부의 기어 관점에서 보면 대칭면이 35개이지만 캠의 관점에서 보았을 때는 대칭면이 없다. 따라서 이 공정은 엄밀히 말하면 대칭면이 없는 공정이다. 그러나 전체 공정을 대상으로 해석하는 것은 계산시간 측면에서 바람직하지 않다. 왜냐하면 하부의 기어로 인하여 요소의 수가 매우 많아지기 때문이다. 이 문제의 경우, 어느 정도 이상의 각도 밖에 있는 요소 간에는 간섭이 없다고 할 수 있으므로 여기서는 전체해석 영역의 1/5을 해석 대상으로 삼았다. 이 문제의 경우 요소밀도 제어를 실시하지 않으면, 기어의 이빨을 표현하는데 어려움이 따른다. 따라서 파이프 타입의 요소밀도 제어함수를 이용하였다[10.1].

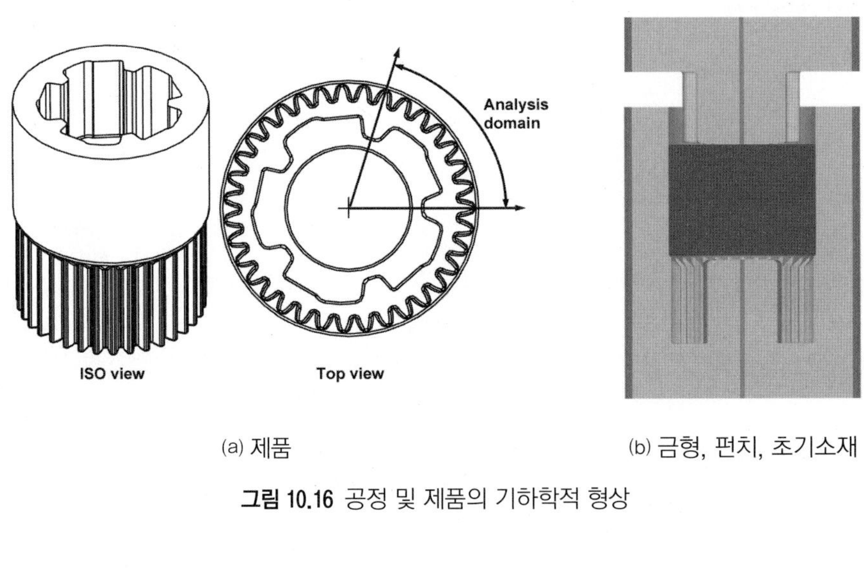

(a) 제품 (b) 금형, 펀치, 초기소재

그림 10.16 공정 및 제품의 기하학적 형상

공정해석 조건은 다음과 같다. 유동응력: $\bar{\sigma} = 617.0\ \bar{\varepsilon}^{0.25}$ MPa; 마찰상수: 0.1; 상형의 속도: 1.0mm/s. 전체의 사면체요소 수는 150000개 내외로 통제되었다. 그림 10.17은 성형공정과 요소의 분포를 보여주고 있다. 치형의 형상은 전체적으로 잘 묘사되었고, 캠 형상 역시 그림 10.18에서 보는 바와 같이 모서리의 형상이 실험결과와 매우 유사하게 예측되었다.

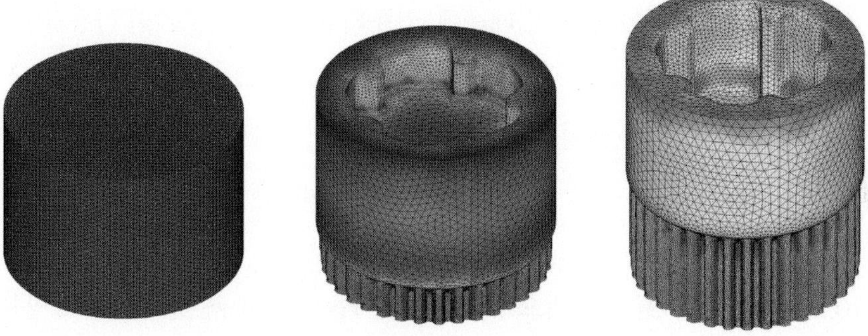

(a) (b) (c)

그림 10.17 예측결과[부록 C]

기어 이빨 부위에서 주목할 점은 그림 10.18(a)와 같이 아래 부분의 이빨이 다소 미성형되었음을 예측하였고, 기어가 끝나는 부위에서 결육 결함이 실제 발생하였음을 그림 10.18(b)의 실험결과로부터 알 수 있다.

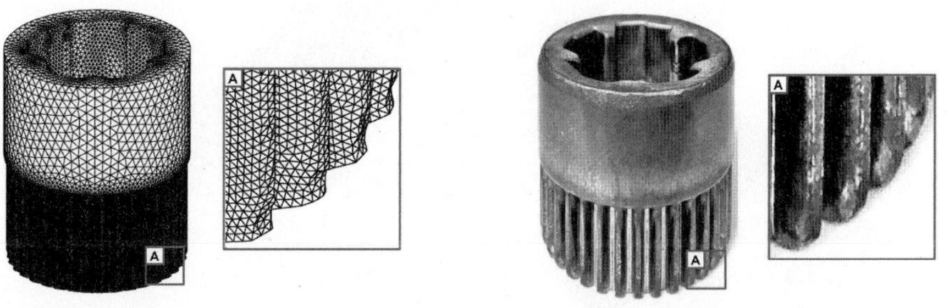

(a) 예측결과 (b) 실험결과

그림 10.18 예측결과와 실험결과의 비교

10.4 3차원 열간단조 및 온간단조

(1) 대형 크랭크샤프트 단조

그림 10.19는 발전기용 대형 크랭크샤프트 단조공정에서 금형의 형상과 소재의 초기 형상을 나타내고 있다. 이 예제에서는 소재의 무게가 약 800kg에 이르는 대형 단조품으로 일반 프레스 단조로는 불가능하기 때문에, 카운터블로헤머단조기의 사용을 전제로 개발이 시도되었다. 그러나 해석의 주 목적이 소성유동에 있으므로 복잡한 헤머 금형의 운동을 등속운동으로 가정하여 해석을 수행하였다.

해석조건은 다음과 같다. 유동응력: $\bar{\sigma} = 749\bar{\varepsilon}^{0.199}$ MPa; 상형속도: 500mm/s; 마찰상수: 0.4.

그림 10.20은 예측결과를 나타내고 있다. 이 결과를 얻는데 총 50회의 요소망재구성이 이루어졌다. 그림 10.21은 실험결과와 예측결과를 비교하고 있다. 비록 등속운동의 조건하에서 해석을 수행했지만, 예측결과가 실험결과와 비교적 잘 일치하고 있음을 확인할 수 있다. 실제 많은 사용자들이 헤머단조공정의 해석에서 최대 관심사인 소재의 변형형상과 소성유동선의 예측 목적으로 등속조건을 사용하고 있다. 이는 공학적 차원에서 의미가 있다고 사료된다.

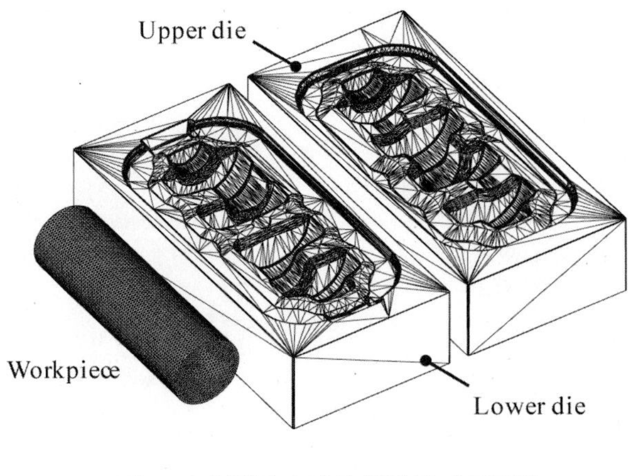

그림 10.19 금형과 소재의 형상 및 초기조건

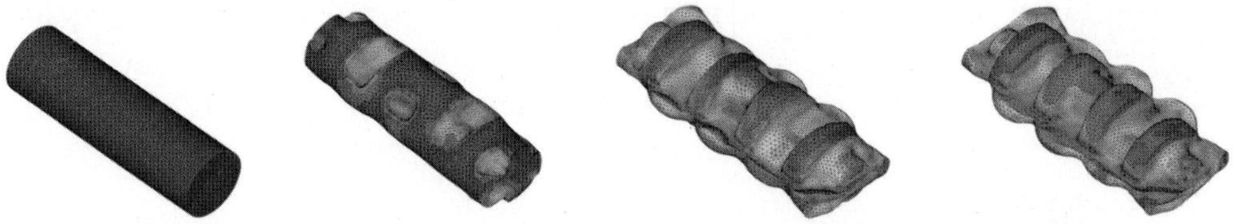

그림 10.20 예측결과 - 변형이력, 유효변형률

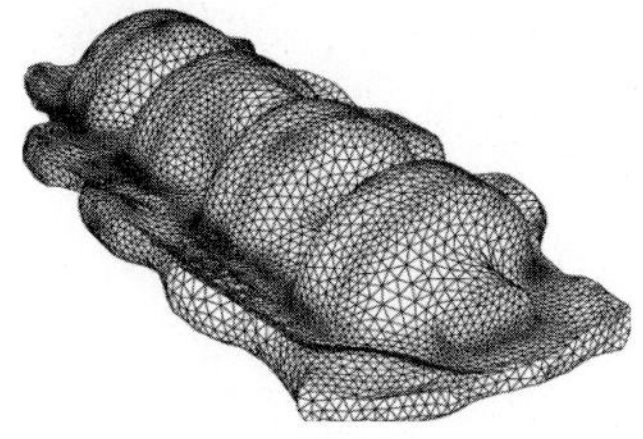

(a) 예측결과

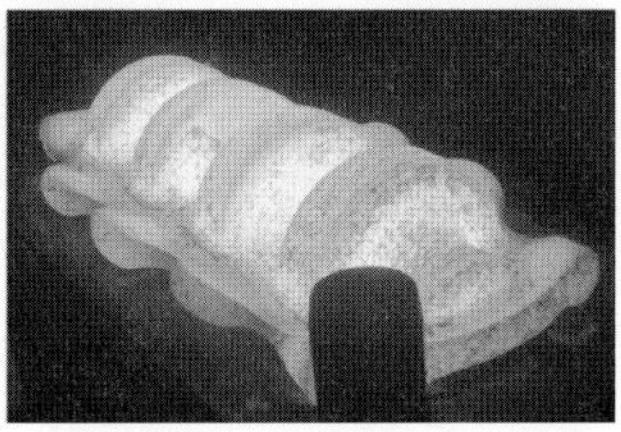

(b) 실험결과

그림 10.21 예측결과와 실험결과의 비교 (대창단조 제공)

(2) 로어암 알루미늄 열간단조

차량의 경량화는 연비의 향상과 직결되어 있다. 이런 이유로 경량화 소재 및 고강도 소재의 적용을 위한 광범위한 시도가 이루어지고 있다. 이런 측면에서 알루미늄은 기존의 강을 대체할 수 있는 현실적인 대안이 되고 있다. 이미 대부분의 자동차의 차체를 알루미늄으로 만든 자동차가 등장한 일이 오래 전의 일이다. 그리고 로어암, 너클, 서브프레임 등의 자동차용 주요 부품에 알루미늄 소재가 적용되고 있고, 가까운 장래에 다수 부품의 소재도 강에서 알루미늄으로 대체될 전망이다. 알루미늄 샤시부품용 소재는 주로 Al6061과 Al6082가 사용되고 있다. 그러나 알루미늄의 성형에서 필수적인 엄격한 가열온도의 관리 문제와 소성변형량이 큰 부위에서 발생하는 재결정 조직의 입자성장 등의 문제가 있다. 즉, 기존의 철계 소성가공품에 비하여 개발과 품질 등의 측면에서 알루미늄은 다소 까다롭다.

그림 10.22는 로어암 알루미늄 열간단조고정정보를 나타내고 있다. 공정은 총 7단으로 구성되며, 4단의 롤단조공정, 벤딩공정, 2단의 단조공정으로 이루어져 있다. 여기서는 벤딩공정과 단조공정의 예측결과를 소개한다.

단조 시뮬레이션을 위하여 금형의 초기온도는 200℃로 균일하다고 가정하고, 금형과 소재의 접촉면은 쿨롱마찰법칙을 따르며, 마찰계수는 $\mu = 0.3$으로 일정하다고 가정한다. 단조 시뮬레이션 중 금형의 온도변화는 무시한다.

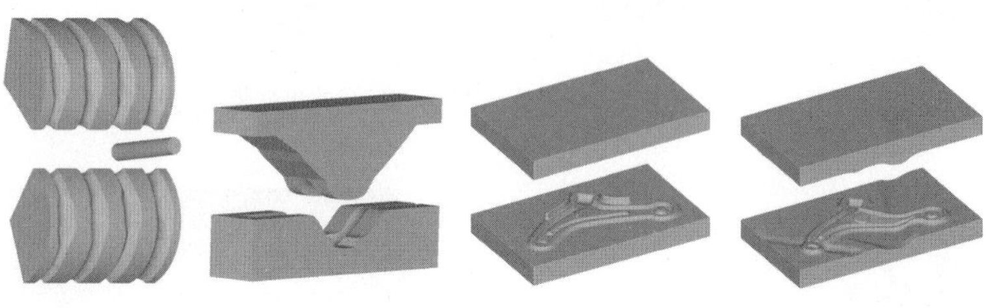

(a) 롤단조 (b) 벤딩 (c) 블로커 (d) 피니셔

그림 10.22 알루미늄 로어암 제조공정

그림 10.23은 예측결과와 실험결과를 비교하고 있다. 그림에서 보는 바와 같이 예측결과는 실험결과와 대체적으로 유사함을 알 수 있다. 그림 10.24에서는 굽힘공정과 단조공정에 대한 해석결과를 나타내었다.

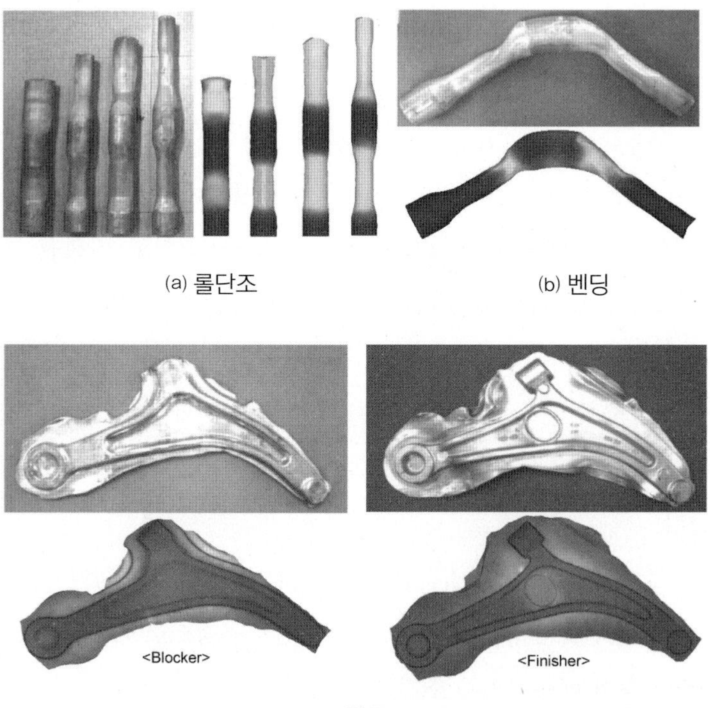

(a) 롤단조 (b) 벤딩

(c) 단조

그림 10.23 전체 제조공정에 대한 예측결과와 실험결과의 비교 (센트랄모텍 제공)[부록 C]

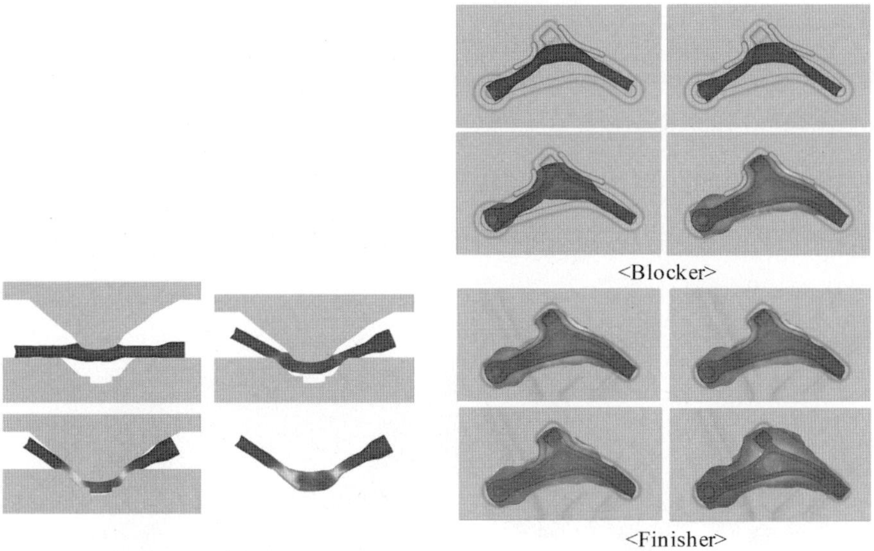

(a) 벤딩공정 (b) 단조공정

그림 10.24 벤딩공정 및 단조공정의 예측결과

(3) 온간판단조

일반적으로 판재는 냉간 상태에서 성형되는 경우가 대부분이다. 그러나 고강도 재료의 성형이나 복잡한 형상의 제품을 경제적으로 생산하는 목적으로 온간 또는 열간 판재 성형 기술이 활용되고 있다. 온간 또는 열간 후판단조 또는 판단조는 두께가 일정한 제품의 제조 관점에서 높은 경쟁력을 지니고 있으며, 두께 변화가 작고 생산량이 비교적 많은 기존의 주강품을 대체해 왔다. 주강품에 비하여 온간 또는 열간 후판단조품은 강도면에서 유리하며, 이에 따라 자동차회사에서 초미의 관심사인 경량화의 측면과 원가절감의 측면에서 온간 또는 열간 후판단조는 경쟁력을 갖추고 있다.

상용차용 액슬하우징(axle housing)은 생산량과 형상의 측면에서 후판단조에 적합한 대표적인 예이다. 온간 및 열간 후판단조 공법은 많은 장점을 지니고 있으나, 굽힘 변형이 발생한 모서리 부분에서 두께가 얇아지는 것이 고질적인 문제로 남아 있다. 이 문제는 구조 강도와 피로수명을 떨어뜨리는 직접적 원인이 되고 있다.

여기서는 액슬하우징의 온간 후판단조 중 모서리 부분에서의 두께 감소 방지를 목적으로 고안된 금형과 관련 장치, 즉 금형 시스템을 소개하고, 그 영향을 2차원 단조 시뮬레이션을 통하여 밝히며, 개발된 금형 시스템을 적용한 예측결과를 소개한다.

그림 10.25는 상용차용 액슬하우징을 나타내며, 그림에서 원으로 표시된 곳은 특히 후판단조품의 경우 구조적으로 취약한 것으로 조사되고 있다. 피로시험 결과, 대부분의 파괴는 이 부분에서 비롯되는 것으로 보고되고 있다. 그 직접적인 원인은 종래의 일반 후판단조 과정에서 피할 수 없는 모서리 부분에서의 두께 감소에 있다. 물론 모서리 부분의 형상으로 인한 구조적 취약함도 하나의 원인이 되고 있다. 따라서 모서리 부분의 강도 향상이 해결해야 할 과제이다.

(a) 액슬

(b) 취약 부위

그림 10.25 기존의 액슬하우징 제조 공법의 약점

그림 10.26은 액슬하우징의 성형공정에서 모서리의 두께 감소에 가장 취약한 부분의 단면과 공정의 핵심적 요소를 반영한 것이며, 평면변형의 가정 하에서 기존의 일반 단조공정에 대하여 2차원 단조 시뮬레이션을 실시하여 모서리 부분에서 두께가 감소하는 원인을 규명한 것이다. 액슬하우징은 폭에 비하여 매우 긴 제품이고 부품에 비하여 접촉면이 크며 금형과 소재 사이가 고온 상태이므로 고마찰이 작용하기 때문에 평면변형의 가정은 타당하다고 사료된다. 성형해석에 사용된 조건은 다음과 같다. 재료의 유동응력: $\bar{\sigma} = 227\dot{\bar{\varepsilon}}^{0.076}$MPa; 마찰계수: 0.3 (쿨롱마찰법칙).

그림 10.26(a)의 결과에 의하면, 모서리의 두께 변화는 초기에 소재가 굽혀질 때 발생한 것으로 마지막 단계에서 발생하는 후판의 측면 압축에 의하여 큰 개선이 이루어지지 않고 있다. 결과적으로 두께 감소율이 약 10%에 이르며, 기존의 일반적인 공법에서는 근본적으로 두께 감소 현상을 방지할 방법이 없다.

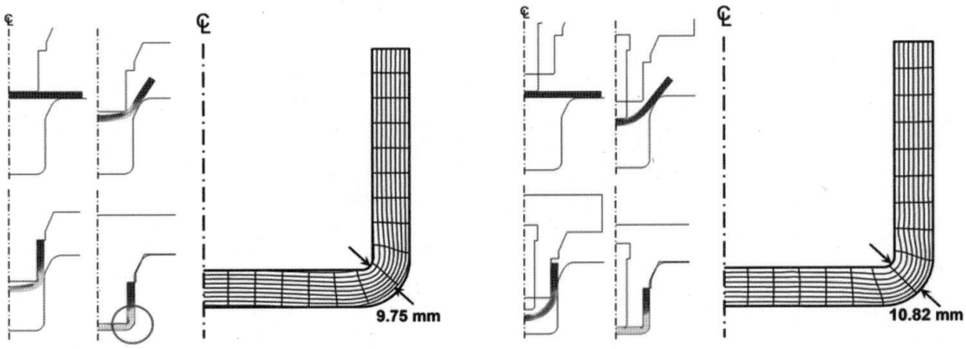

(a) 기존공법 (b) 신공법

그림 10.26 기존 공법의 문제점과 신공법

전술한 문제의 해결 방안은 두 가지로 요약된다. 즉, 그 해결책은 성형 초반에 평면상태의 소재와 금형의 모서리가 접촉하면서 발생하는 소재의 굽힘을 줄이는 것과 후반의 측면 압축 시에 모서리 부분으로 재료의 유입을 유도하는 것이다.

그림 10.26(b)는 전술한 두 가지의 해결책을 동시에 고려하여 모서리 두께의 감소를 방지하기 위하여 고안된 장치[10.2]의 메카니즘을 가시화한 것이다. 기본 원리는 성형초기에 보조핀을 사용하여 소재의 완만한 굽힘을 유도함으로써 펀치의 모서리 부위에서 발생하던 모서리의 과도한 굽힘을 방지함과 동시에 재료를 미리 금형의 공간 사이에 많이 분포시킴으로써 성형 마지막 단계에서 평탄부의 압축 성형 시에 모서리 부분으로의 재료의 유동을 유도하는 것, 즉 폭방향으로의 압축변형의 발생을 유도하는 것으로 요약된다. 그림 10.27(a)에 고안된 금형 시스템의 3차원 형상을 나타내었다. 하형은 기존의 금형과 동일하며, 상형에는 다수의 보조핀이 설치되어 있다.

그림 10.27(b)는 3차원 후판온간단조공정의 예측결과를 나타내고 있고, 그림 10.28은 변형이력을 가시화한 것이다. 그림 10.27(b)에서 보는 바와 같이 기존의 모서리 부분에서의 두께 감소가 발생하지 않고 재료가 금형 모서리까지 유입되었음을 알 수 있다. 이 결과는 그림 10.28의 변형이력과 함께 2차원 해석결과와 매우 유사하다.

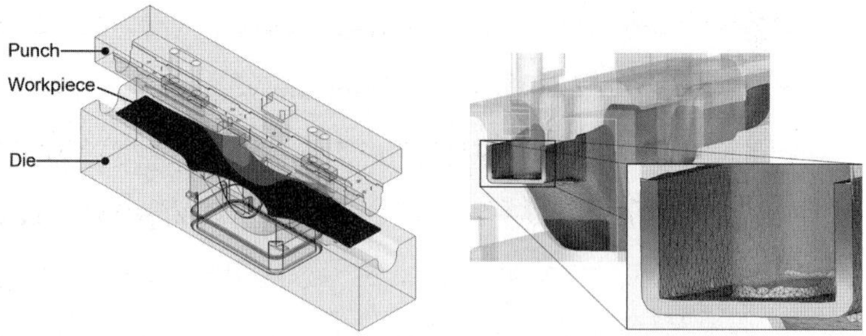

(a) 장치 (b) 예측결과

그림 10.27 고안된 장치의 메카니즘 및 3차원 예측결과

(a) 0% stroke

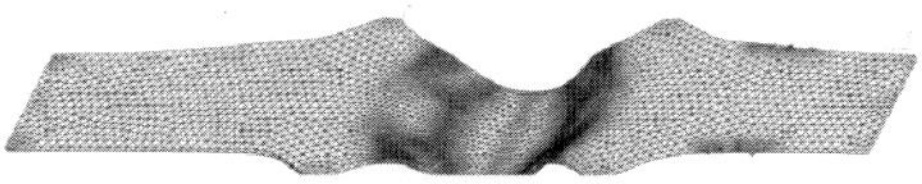

(b) 25% stroke

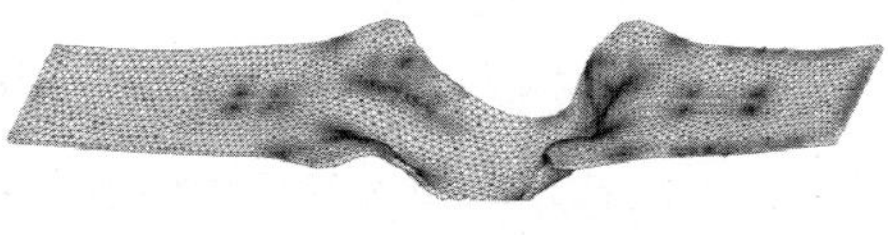

(c) 50% stroke

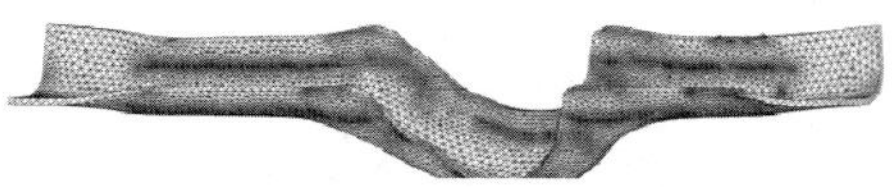

(d) 75% stroke

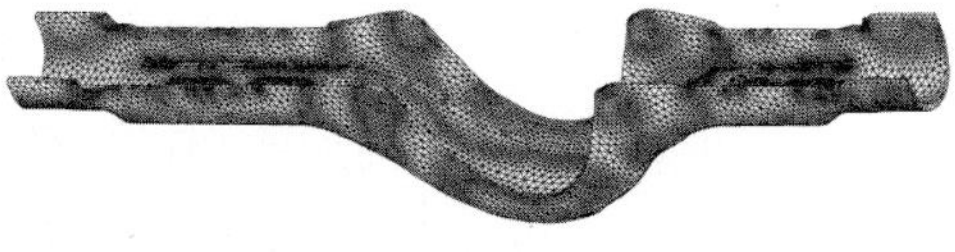

(d) 100% stroke

그림 10.28 3차원 예측결과 - 변형이력

10.5 복합단조

10.5.1 베어링 레이스

열간단조와 냉간단조의 복합단조공정이 널리 활용되고 있다. 최근들어 열간단조품의 치수 정밀도가 크게 향상되면서 열간단조 이후 냉간 사이징을 실시하는 경향이 크게 증

가하였다. 물론 온간단조 이후 냉간단조를 실시하는 경우도 증가하였다. 그리고 열간단조 이후 온간성형을 실시하는 경우도 자주 나타나고 있다.

복합단조공정의 해석에서 주의할 점은 초기소재의 가열에 따른 팽창과 단조 중에 발생하는 냉각에 의한 소재의 수축 및 변형률의 초기화를 고려해야 한다는 점이다.

그림 10.29는 베어링 레이스 단조공정으로 열간냉간 복합단조공정의 대표적인 예이다. 총 6단의 단조공정에서 전반부 3단은 열간단조공정에 의존하여 냉간용 예비성형체를 성형하고 나머지 3단은 냉간에 의존하여 베어링의 내외륜을 동시에 생산하는 공법이다.

그림 10.29의 예측결과는 소성유동에 초점을 두고 실시한 등온해석의 결과이다. 주요 고정정보 및 해석 정보는 다음과 같다. 문제의 유형 : 등온해석, 열간/냉간 복합단조공정, 6단(1~3단은 열간, 4~6단은 냉간), 축대칭; 소재의 크기 : (반경) 20.0mm, (높이) 25.0mm; 소재의 초기온도 : (열간) 1200℃, (냉간) 20℃ ; 마찰조건 : (열간) 마찰계수

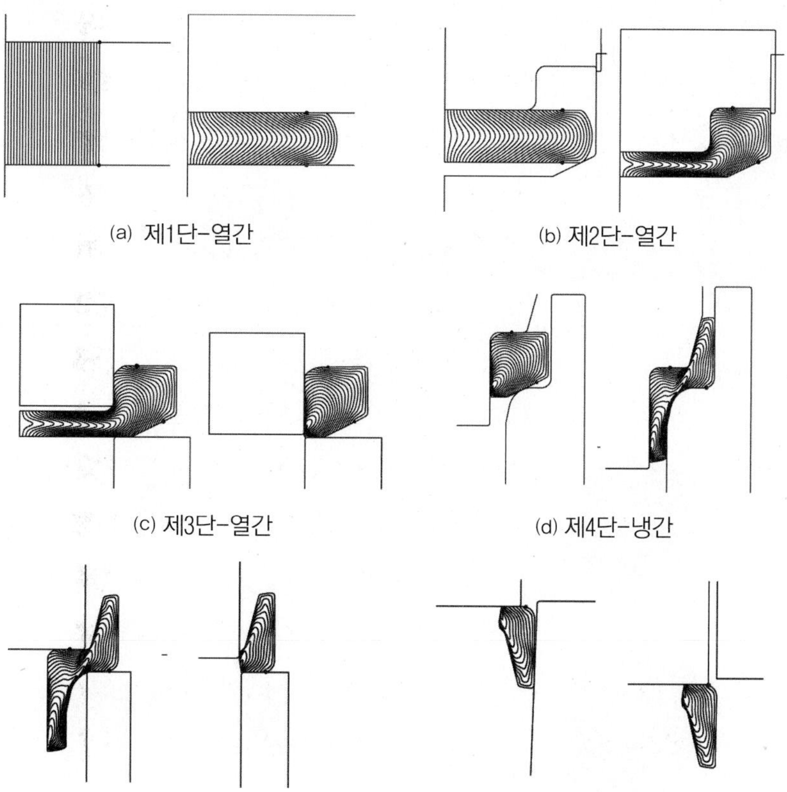

(a) 제1단-열간 (b) 제2단-열간

(c) 제3단-열간 (d) 제4단-냉간

(d) 제5단-냉간 (e) 제6단-냉간

그림 10.29 베어링 레이스 복합단조공정

$\mu = 0.3$, (냉간) 마찰계수 $\mu = 0.05$; 금형속도 : (열간) 200.0mm/s, (냉간) 1.0mm/s; 소재의 유동응력 : (1~3단) $\bar{\sigma} = 62.0\dot{\bar{\varepsilon}}^{0.18}$MPa (4단, 5단) $\bar{\sigma} = 350.0(1+\bar{\varepsilon}/0.14)^{0.20}$MPa (6단) $\bar{\sigma} = 350.0(1+\bar{\varepsilon}/0.14)^{0.20} \times f(D)$MPa. 여기서 D는 손상도이며, $f(D)$는 손상도에 따른 소재의 연화를 반영하는 함수이다.

10.5.2 소형풀리

복합단조의 기본 목적은 고수율과 고품질에 있다. 그리고 가격 경쟁력의 확보를 위해서 절삭량의 최소화와 금형 수명이 보장되어야 한다. 풀리의 단조품은 그림10.30(a)에서 보는 바와 같이 단면이 H자의 형태이다. 이러한 단조품의 절삭가공 최소화 목적의 정밀단조는 많은 어려움이 따른다. 특히 대량생산의 경우, 열간단조의 정도에 따른 영향을 최소화시키기 위한 대책이 냉간단조에서 마련되어야 한다. 즉, 냉간단조공정의 설계 시에 열간단조품의 큰 공차를 감안해야 한다.

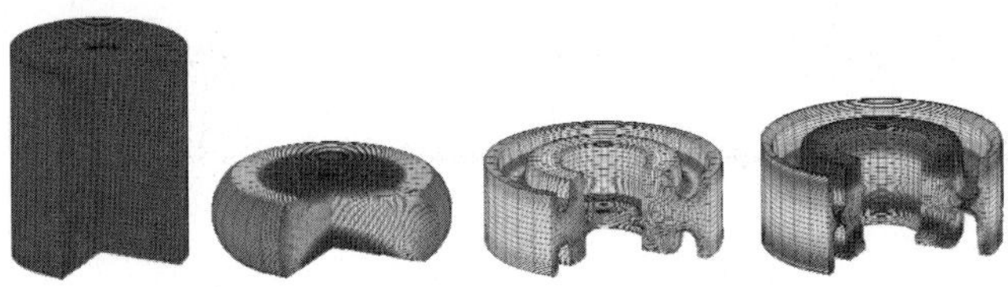

(a) 공정도 - 유효변형률

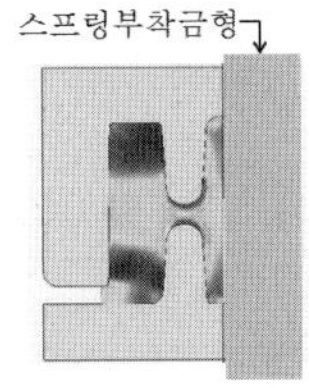

(b) 3단의상세보기

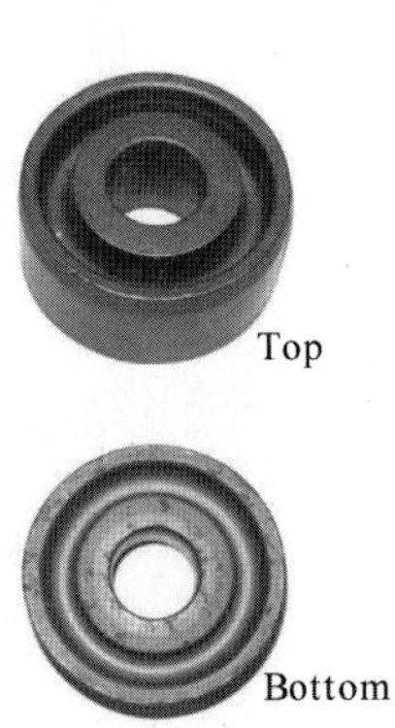

(c) 제품

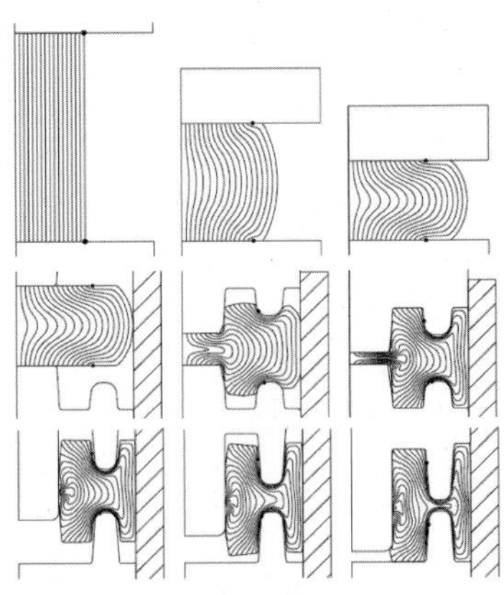

(c) 해석결과

그림 10.30 풀리 복합단조 (삼광 모터스 제공)

그림 10.30(c)는 시행착오 끝에 개발된 단조품이다[10.3]. 전술한 바와 같이 열간단조품의 공차 문제와 종료 시점에서 프레스 하중의 급상승으로 다수의 공정들이 해석상으로는 성공했지만, 품질과 금형 수명 측면에서 실패하였다. 이 공정의 특징은 열간단조로 생산된 예비형상의 공차를 흡수하는 냉간단조의 설계와 하중을 줄이면서 모서리 부의 소성유동을 유도하는 스프링부착 금형(그림 10.30(b)의 우측금형)의 활용 등으로 요약된다. 그림 10.30(d)는 요소유동선의 이력을 나타내었다.

10.6 폐쇄단조

이미 8.6절에서 단동 폐쇄단조가 소개되었다. 여기서는 3지 스파이더 폐쇄단조를 위한 복동 폐쇄단조와 난성형 제품인 장축 베벨기어 폐쇄단조공정을 소개한다.

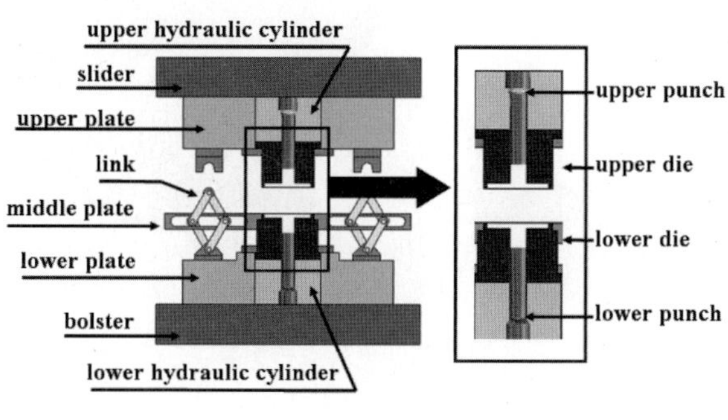

(a) 구조

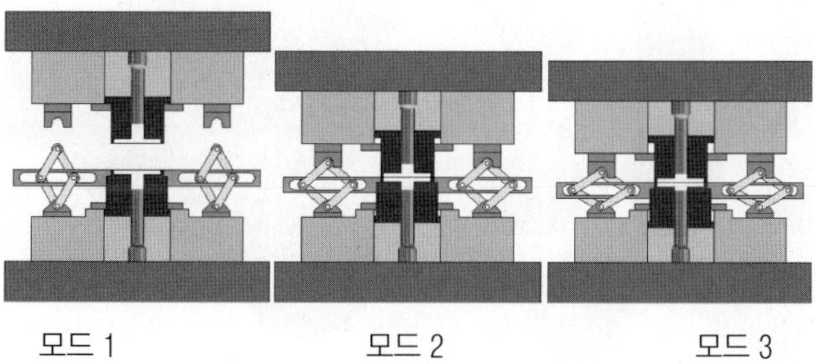

(b) 운동 모드

그림 10.31 폐쇄금형세트

그림 10.31은 링크 타입 폐쇄단조 금형세트를 나타낸 것이다. 폐쇄금형세트는 일반 금형세트에 비하여 중간판이 있다는 점에서 차이가 있다. 이 중간판은 링크에 의하여 운동과 힘을 전달한다. 링크 길이가 상하 동일할 경우, 중간판 속도는 상판 속도의 절반이다.

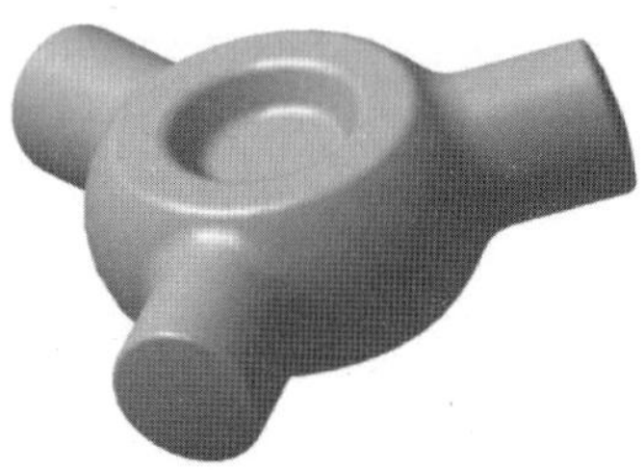

(a) 제품 설계

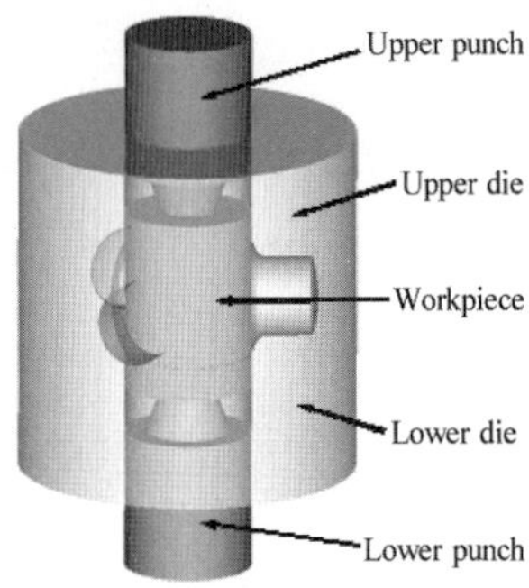

(b) 금형, 펀치, 초기소재 설계

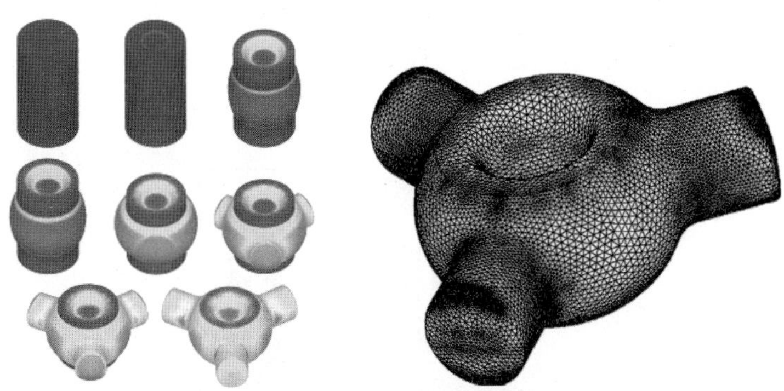

(c) 예측결과 – 유효변형률

(d) 실험결과

그림 10.32 3지 스파이더 폐쇄단조

기본적으로 폐쇄단조는 그림 10.31(b)에서 보는 바와 같이 3개의 모드로 구분된다. 실제 폐쇄단조는 모드 3에서 이루어진다. 복동폐쇄단조는 상하의 금형이 닫힌 상태에서 상하의 펀치가 소재에 힘을 가해 금형으로 이루어진 공간을 채우는 공법이다. 반면, 단동식은 하나의 펀치만 작동하도록 한 것이다.

그림 10.32(a)는 등속조인트 부품인 스파이더(spider)로 사용될 폐쇄단조품의 CAD 모델을 나타내며, 그림 10.32(b)는 폐쇄단조공정 해석에 필요한 금형과 초기소재의 모양을 나타내고 있다. 그림 10.32(b)에서 보는 바와 같이 소재는 상·하 금형이 닫힌 상태에서 상·하 펀치에 의해 폐쇄된 금형 내의 공간으로 채워진다.

대칭면이 세 개이므로 전체 해석 영역의 1/6을 대상으로 해석을 실시하였다. 그러나 수평대칭면은 고려하지 않았다. 단조 시뮬레이션에 사용된 정보는 다음과 같다. 초기소재의 크기: (직경) 30.0mm, (높이) 58.0mm; 마찰상수: 0.1; 상형과 하형의 금형속도: 1.0mm/s; 유동응력: $\bar{\sigma} = 757.0\bar{\varepsilon}^{0.20}$ MPa. 공정해석에 사용된 사면체의 수는 100000개 내외이다.

예측결과는 그림 10.32(c)에서 보는 바와 같고, 그림 10.32(d)는 시험생산 결과이다. 두 결과가 비교적 잘 일치함을 알 수 있다.

10.7 배압단조

10.7.1 배압부과 피어싱 및 중공축 압출

이 절에서는 후방가압식(배압부과) 피어싱 및 중공축 압출 공법에 의한 난성형 재료의 중공장축의 단조를 통하여 배압단조에 관하여 소개한다.

중공축은 길이, 크기, 생산량 등에 따라 제조 방법이 다양하게 개발되어 있다. 중공 봉재를 절단하여 사용하기도 하고, 중실 봉재를 절단한 후 드릴링 작업으로 구멍을 뚫어 원하는 길이의 중공 봉재를 제조하기도 한다. 그리고 전후방압출 후 피어싱공정을 거치는 냉간단조 또는 열간단조 공법이 개발되어 있다. 냉간단조 공법은 후속된 단조공정과 연계가 가능하고 원소재 및 절단 비용을 절감시킬 수 있으므로 일정 규모 범위의 생산량에서 매우 유리하지만, 항상 타 공법에 비하여 유리한 것은 아니다. 제조 공법의 유불리함은 재료의 가격, 생산량, 제품의 요구성능, 장비의 자동화 정도 등의 직접적인 요인뿐만 아니라 노동 기피 등의 간접적 요인 등에 의하여 종합적으로 결정된다. 이러한 요인으로 인하여 어떤 부품은 모든 공법의 유불리가 공존하는 경우도 있다.

그림 10.33에서 보는 바와 같이 중장비 무한궤도 부품 중에서 부싱은 이러한 범주에 속하는 대표적인 것이다. 부싱의 형상이 단순하지만 직경에 비해 길이가 길고 극한 상황에서 연결고리 역할을 수행하기 때문에 고강도, 고내마모성을 요하며, 소재분야의 요소기술을 총체적으로 요구하는 부품이다. 최근들어 소재비의 증가와 생산량의 증가로 부싱의 제조 공정 혁신을 위한 다각도의 방안이 모색되고 있다. 이 절에서는 부싱의 단조공법으로 응용이 가능한 SCr440B의 중공축의 배압부과 냉간단조 공법을 소개한다.

그림 10.33 부싱

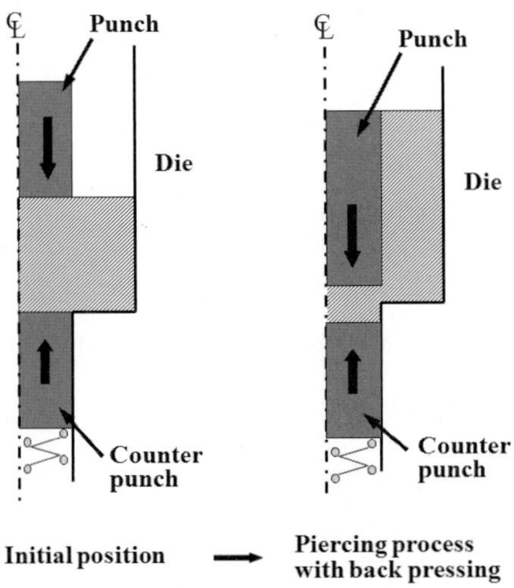

(a) 후방가압식 피어싱 (b) 중공축의 압출

그림 10.34 배압부과 피어싱과 중공축 압출공정

SCr440B는 냉간 단조성이 불량하여 일반적인 후방압출로는 장축의 성형이 불가능하다. 따라서 원재료의 어닐링처리, 윤활, 금형의 재질 선정 등도 중요하지만 후방압출 시의 흔들림으로 인한 펀치의 파손을 방지하는 것이 무엇보다 중요하다. 그뿐만 아니라 장비의 에너지도 과다하게 소요되므로 대형장비를 필요로 한다.

이러한 문제점을 해결하기 위하여 그림 10.34에서 보는 바와 같이 배압부과 피어싱과 중공축 압출공법이 개발되었다. 이 공법은 총 2 단의 냉간단조공정으로 이루어져 있으며, 제1단은 후방압출과 피어싱 동시 공정으로 배압이 스프링 또는 유압에 의하여 부과된다. 제2단은 전방압출공정으로써 비교적 길이가 긴 중공축을 성형한다.

그림 10.34(a)에 배압부과 피어싱공정의 개념도와 그림 10.35에 배압부과 피어싱공정의 상세도를 나타내었다. 배압부과 피어싱공정은 이 그림들에서 보는 바와 같이 전반부에는 소재의 외경부를 구속시킴으로써 후방압출을 실시하다가 후반부에는 피어싱공정으로 전환되는 후방압출과 피어싱의 복합공정이다. 이 때 배압을 작용시킴으로써 소재의 손실을 최소화시킨다. 배압은 카운터 펀치에 스프링을 설치하여 부과되거나 유압에 의하여 부과될 수 있는데 여기서는 스프링을 사용하였다.

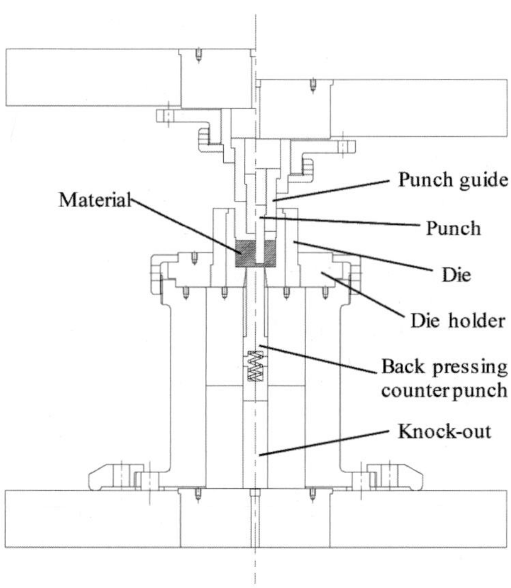

그림 10.35 배압부과 피어싱공정의 상세도

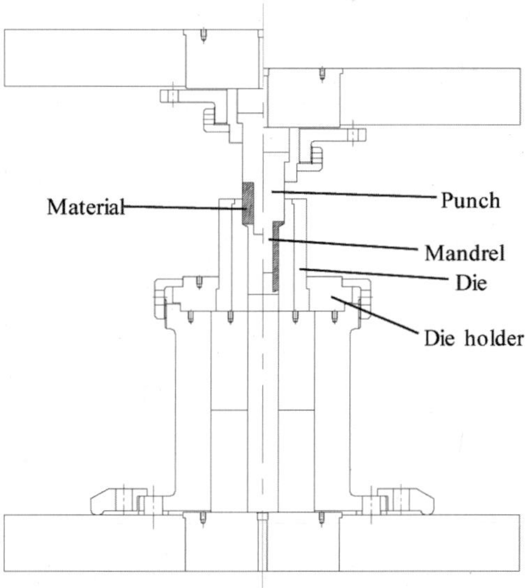

그림 10.36 중공축 압출공정의 상세도

그림 10.35에서 보는 바와 같이 소재는 금형에 구속되어 있고 카운터 펀치는 스프링과 함께 조립되어 있다. 그리고 피어싱 시 동심도를 만족시키기 위하여 성형 전 가이드가 될 수 있도록 펀치, 가이드, 금형 등을 설계하였다. 펀치와 금형의 재질로 SKH51을 채택하였으며, 펀치에 TiN코팅처리를 실시함으로써 눌어붙음을 방지하였고 내마모성을 향상시켰다.

이 공정에서 주요 고려 사항은 제품의 동심도이다. 동심도가 확보되지 않으면, 이 공정 자체로서도 문제가 되지만, 후속된 제2단의 전방압출이 실패할 가능성이 크게 되기 때문에 제1단인 후방가압 피어싱공정에서 제품의 동심도는 매우 중요하다. 따라서 일반적인 피어싱공정과는 달리 금형 내부에 소재를 구속시키고 펀치와 금형 사이에 펀치 가이드를 설치하였다. 이렇게 함으로써 성형직전 펀치와 금형의 동심도가 만족되도록 하였다.

중공축 전방압출공정의 개념도를 그림 10.34(b)에 나타내었으며, 상세 조립도를 그림 10.36에 나타내었다. 중공축 전방압축 공정은 제1단에서 피어싱된 소재를 전방압출함으로써 중공축을 성형하는 공정이다. 이 공정에서는 소재가 금형에 삽입되고 프레스가 작동되면 상부에 부착된 맨드렐이 소재에 먼저 삽입된 후 접촉되고 펀치가 금형에 의해 안내되면서 소재가 전방으로 압출된다.

중공축 압출 시 동심도를 만족시키기 위하여 성형 전 가이드가 될 수 있도록 멘드렐, 가이드, 금형 등의 설계에 세심한 주의가 요구된다. 멘드렐과 금형의 재질로 SKH51을 사용하였다. 멘드렐의 눌러 붙음 방지 및 내마모성 향상을 위하여 TiN 코팅 처리를 실시하였다.

중장비 트랙체인용 부싱 재료는 SCr440B이며, 냉간 단조성이 나쁘기 때문에 일반적인 후방압출 공법으로는 장축의 성형이 불가능하고, 배압부과 피어싱공정으로 성형된 소재를 이용하여 중공축 전방압출공정으로 생산하는 것이 유리하다. 중공축 전방압출 시, 전 공정의 피어싱 동심도가 매우 중요하고 열처리와 윤활도 심도있게 고려되어야 할 사항이다. 특히 금형과 멘드렐의 눌어붙음 방지를 위한 재질 선정 및 금형 제작 기술이 필요하다.

일반적으로 전방압출공정을 개발할 때는 단면감소율, 변형속도 비, 윤활상태, 원소재의 풀림처리 상태, 정밀도 등을 고려해야 하고, 특히 중공축일 경우 직경대비 길이 비를 고려해야 한다. 그림 10.34(b)와 그림 10.36에서 보는 바와 같이 펀치부에 멘드렐이 부착되어 있다. 힘을 크게 받는 부위는 아니지만 제품 성형 후 상형의 상승 시 제품이 멘드렐에 붙어서 올라가는 현상이 발생할 수 있다. 이러한 문제는 멘드렐의 형상설계와 마찰 저항 감소를 위한 TiN 코팅 처리 등을 통하여 해결가능하다.

이 절에서는 전술한 특수공법을 부싱 제품의 상당 부분을 차지하는 120mm 급에 적용하였다. 이 제품을 위하여 개발된 후방가압식 피어싱공정과 중공축 전방압출공정의 상세공정도는 그림 10.37에서 보는 바와 같다. 소재는 SCr440B이며, 구상화처리를 실시하였다. 소재의 표면은 윤활처리되었으며, 초기 성형 시의 펀치 파손 및 마모를 줄이기 위하여 이황화몰리브덴을 펀치 선단면에 도포하였다.

그림 10.37의 공정에 대하여 공정 최적화의 목적으로 단조 시뮬레이션을 실시하였다. 공정해석에 사용된 조건은 다음과 같다. 유동응력: $\bar{\sigma} = 1035.0\bar{\varepsilon}^{0.11}$MPa; 쿨롱마찰계수: 0.05.

그림 10.38에 예측결과, 즉 소성유동선과 유효변형률의 분포를 나타내었다. 그림 10.39에 시험생산된 제품을 나타내었다. 이 제품은 그림 10.38의 예측결과와 형상 측면에서 잘 일치하고 있다.

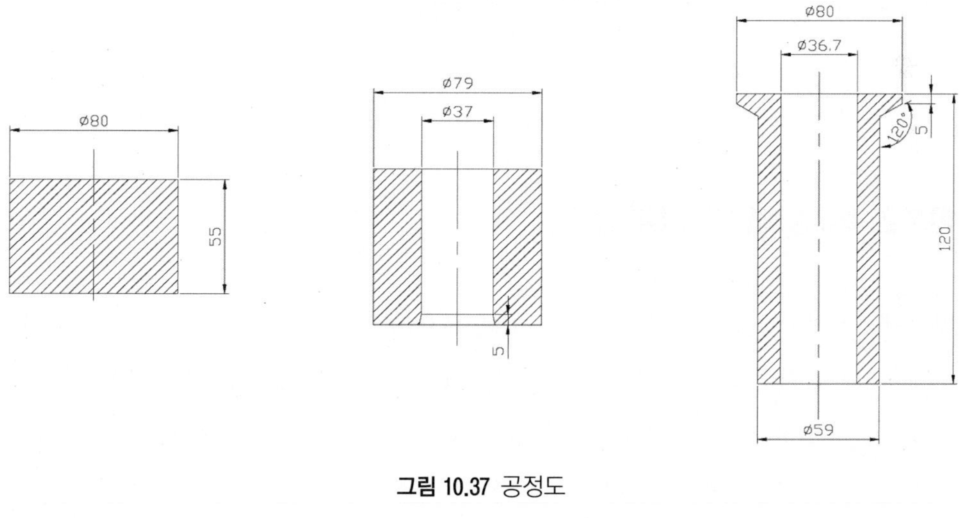

그림 10.37 공정도

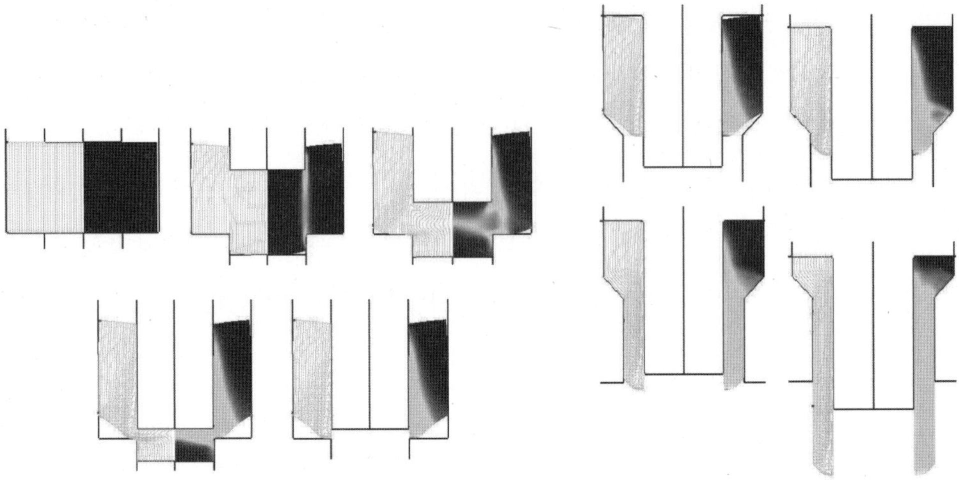

(a) 제1단　　(b) 제2단

그림 10.38 유효변형률(우)과 소성유동선도(좌)

그림 10.39 실험결과 (진ENG 제공)

10.7.2 축대칭 배압부과 전후방압출

배압단조공정이 일반단조공정과 다른 점은 금형의 기구학적 운동이 미리 결정되어 있지 않고 대신 기지의 하중이 가해진다는 점이다. 즉, 금형 또는 공구의 속도가 미지수가 된다는 점이 다르며, 이는 문제의 난이도를 크게 증가시키는 요소가 된다.

여기서는 금형에 작용하는 배압하중의 크기를 보다 유연하게 하기 위하여 즉, 유압 등에 의한 임의 가변 배압하중을 취급할 수 있도록 하기 위하여 스프링이 부착된 금형의 기준속도의 개념을 도입한다. 해석 시에 부과된 하중의 계산에 필요한 스프링의 수축량은 금형의 실제속도와 기준속도의 차이에 의하여 계산된다.

전후방압출공정은 공정해석 중 수치적 요인에 기인하는 압출비의 변화로 인하여 성형하중의 진동이 불가피하고, 주요 소성영역의 상하 진동이 극심하므로 정교한 해석이 필수적인 배압단조공정의 해석 측면에서 어려운 문제에 속한다.

그림 10.40은 축대칭 전후방압출공정으로써 그림에서 보는 바와 같이 금형③의 하단에 스프링이 부착되어 있는 배압단조공정을 나타내고 있다. 스프링상수는 0.0N/mm이고(일정한 하중이 작용함), 124.0kN의 예압하중이 작용하고 있으며, 최대 허용 행정이 10.0mm이다. 소재의 유동응력은 $\bar{\sigma}=976.0\bar{\varepsilon}^{0.11}$ MPa이고, 마찰계수는 0.05로 간주하였다. 스프링 부착 금형의 기준속도는 0.0mm/s이다.

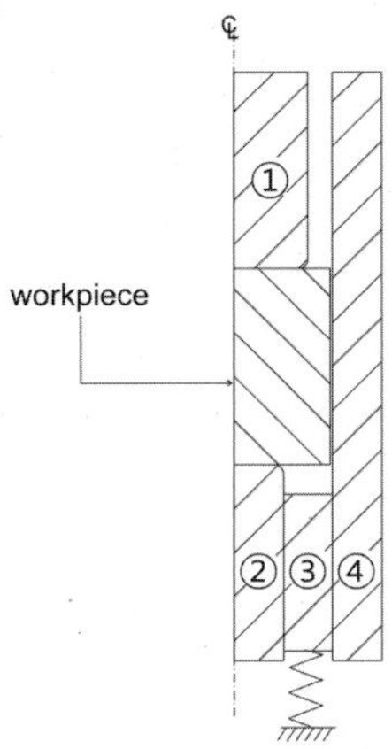

그림 10.40 축대칭 배압부가 단조공정

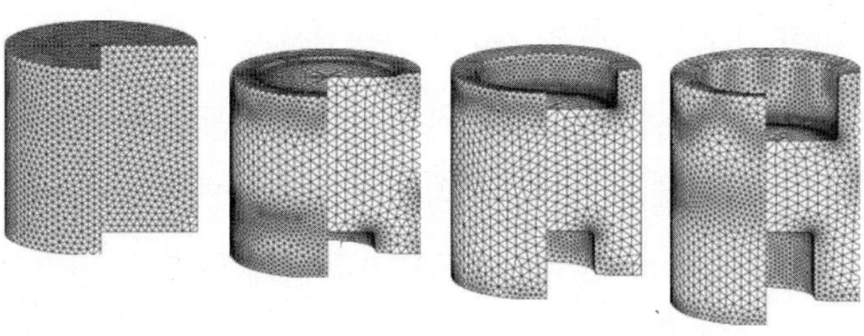

(a) Initial (b) 30% (c) 60% (d) 100%

그림 10.41 변형이력

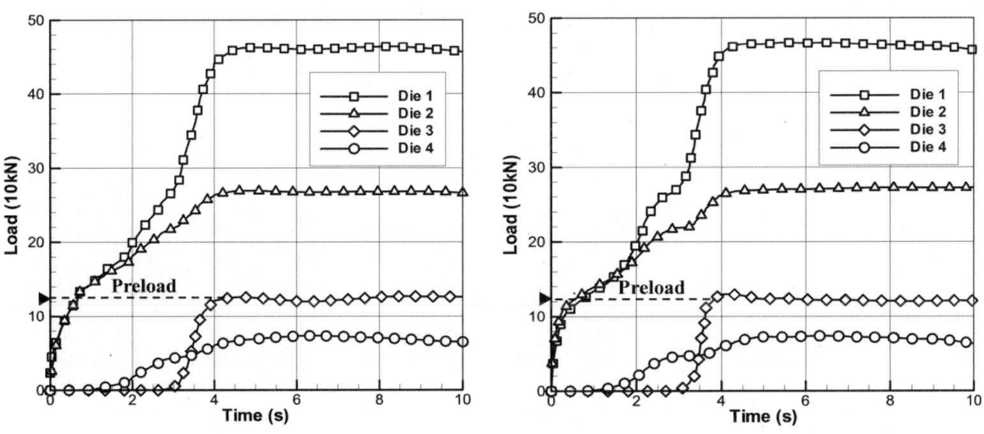

(a) 2차원 (b) 3차원

그림 10.42 스트로크 – 성형하중 곡선의 비교

이 문제는 축대칭 문제이기 때문에 2차원 해석이 가능하지만, 여기서는 비교를 목적으로 2차원 해석과 3차원 해석을 동시에 실시하였다. 그림 10.41은 소재의 변형형상에 관한 3차원 해석결과이다. 그림 10.42의 성형하중-스트로크 곡선에서는 2차원 해석과 3차원 해석을 비교하고 있다. 두 결과가 매우 유사함을 알 수 있다. 해석결과, 하중의 최대 오차는 약 2.2%이었다.

10.7.3 3차원 배압부과 전후방압출

그림 10.43은 가상의 3차원 배압부과 전후방압출공정이다. 이 공정에서 펀치에 소매금형(sleeve die)이 스프링으로 연결되어 있다. 스프링에는 예압하중이 작용하고 있고, 스프링의 최대 허용 압축 길이가 규제되어 있다. 따라서 스프링의 예압하중 이하의 하중이 소매금형에 작용할 경우 펀치와 동일한 속도로 움직이고, 그 이상의 하중이 작용하게 되면 힘의 균형을 유지하기 위하여 펀치와 소매금형 간에는 상대운동이 발생한다. 소매금형의 기준속도를 펀치의 속도와 동일하게 하였다. 따라서 소매금형과 펀치의 상대속도에 의한 스프링의 압축량에 따라 소매금형에 작용하는 하중이 선형적으로 변화한다.

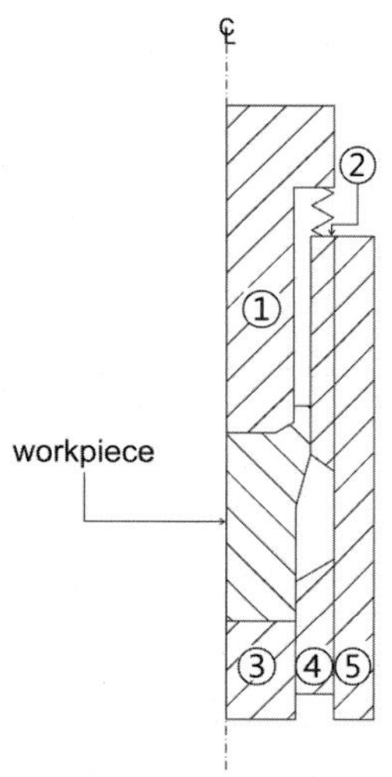

그림 10.43 공정도

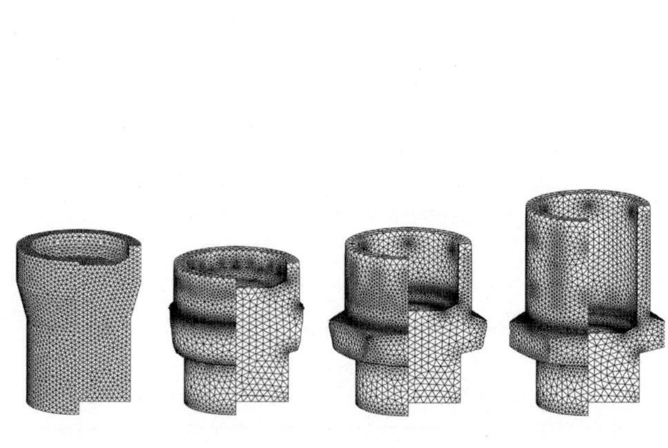

(a) Initial (b) 30% (c) 60% (d) 100%

그림 10.44 예측결과-변형이력

예측결과로 얻은 변형의 이력을 그림 10.44에 나타내었고, 성형하중과 스트로크의 관계를 그림 10.45에 나타내었으며, 소매금형의 속도 변화를 그림 10.46에 나타내었다. 그림 10.45와 그림 10.46으로부터 소매금형의 성형하중이 예압하중에 도달하는 순간까지는 소매금형은 기준속도로 움직이며 하중이 작아서 스프링의 압축이 발생하지 않았으므로 성형하중도 스프링과 무관하게 결정되었음을 알 수 있다. 그 이후에는 펀치와 소매금형 사이의 상대운동이 발생하면서 스프링을 압축시키므로 요구된 스프링 상수에 비례하여 하중이 증가하고 있음을 그림 10.46의 금형② 의 속도에서 보는 바와 같이 확인할 수 있다.

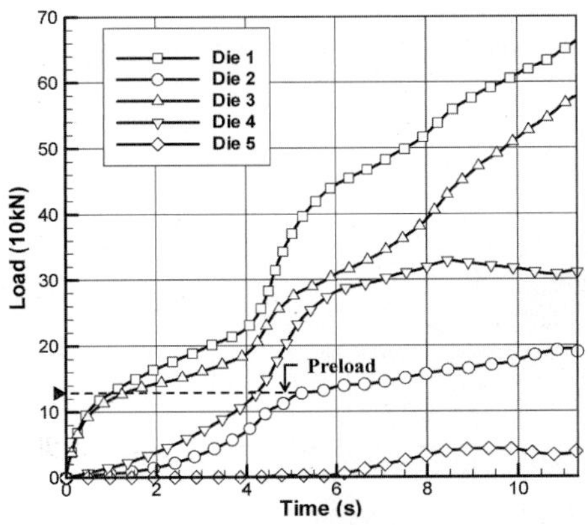

그림 10.45 시간-성형하중 곡선

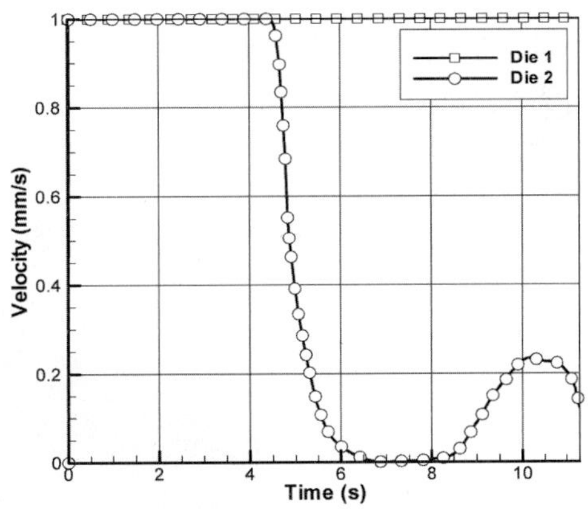

그림 10.46 소매금형의 시간-속도 곡선

10.8 대형 크랭크샤프트의 헤머단조

이 절에서는 헤머단조공정의 해석 사례로 대형선박의 발전기용 크랭크샤프트의 카운터블로우헤머단조(counterblow hammer forging)의 해석결과를 소개한다. 이 예제의 형단조품은 약 1000kg에 달하며, 형단조의 극한에 해당하는 것으로 그 이상 크기의 형단조는 장비 용량의 한계로 현실적으로 용이하지 않다. 그림 10.47은 대형 크랭크샤프트의 공정도를 나타내고 있다. 카운터블로우해머단조기는 기본적으로 두 개의 상 · 하 금형의 동시 운동에 의하여 많은 에너지를 소재에 가하도록 한 장치이다. 이 카운터블로우해머단조기의 에너지원은 공압이다. 즉, 공압으로 접촉 초기의 속도를 부여하며, 금형과 소재의 접촉 이후에도 지속적으로 공압을 실린더에 가하여 성형 에너지를 금형에 부여한다.

한편, 두 개의 움직이는 금형으로 소재를 성형하는 것은 해석상의 관점에서 볼 때 해의 수렴성 측면에서 다소 불리하다. 즉, 축차적인 수치해석 과정에서 속도의 진동을 야기시킬 수 있다. 가속도 영향을 무시할 경우, 금형 중 하형을 고정시키고 대신 상형의 속도를 그만큼 증가시켜 상대속도를 동일하게 함으로써 유사한 결과를 얻을 수 있다. 그러므로 여기서는 식 (5.4)로부터 계산한 속도를 해머, 즉 상형의 속도로 부과하는 대신 하형의 속도는 0으로 간주하였다. 따라서 해머금형, 즉 상형의 속도를 7350mm/s로 가정하고, 실린더 압력은 0.59MPa로 가정하였다. 상형의 중량, 하중, 단조한계 접촉면적 등이 입력 변수 중의 하나이다.

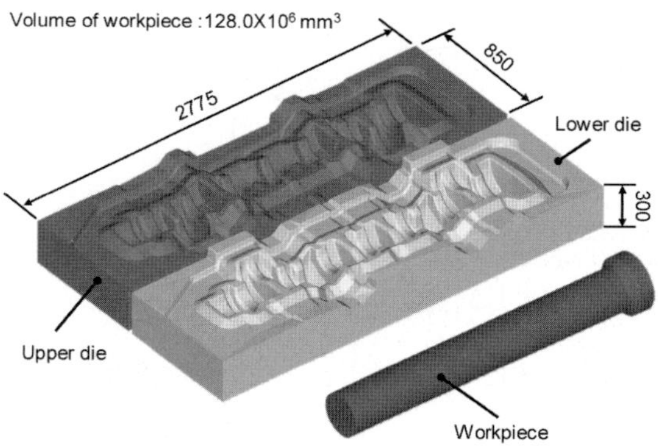

그림 10.47 단조공정정보

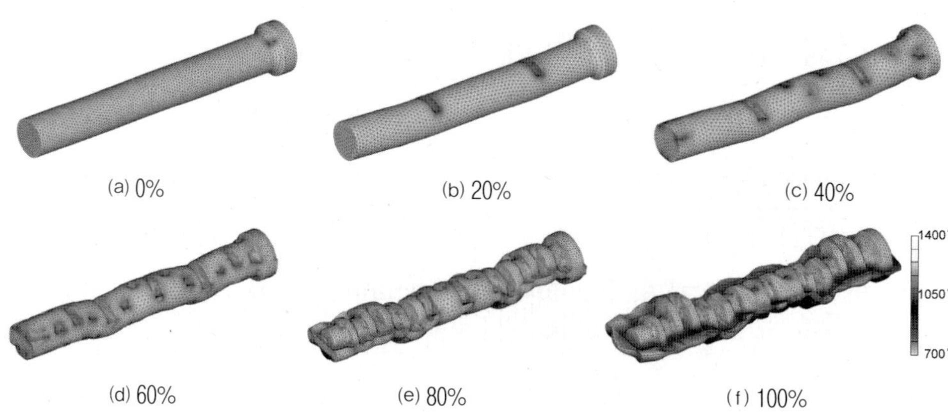

그림 10.48 예측결과 – 변형이력과 온도분포

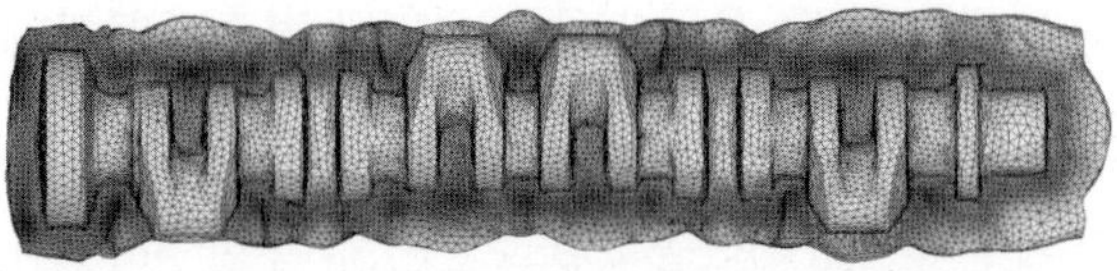

(a) 상형 접촉부

(b) 하형 접촉부

그림 10.49 종료 시점에서의 소재의 온도 분포[부록 C]

해석결과로 얻은 온도의 분포를 그림 10.48에 나타내었다. 종료 시점에서 요소망의 수는 230000개이다. 성형한 타격 회수는 한계면적을 이 문제에 관한 실험에 바탕에 두고 결정하였으므로 60타로써 실제 타격 횟수(58~65)에 가깝다. 온도의 분포는 최소 840℃에서 최대 1268℃이며, 이 결과는 매 타격 후 1초 동안의 열전달을 고려한 결과이다.

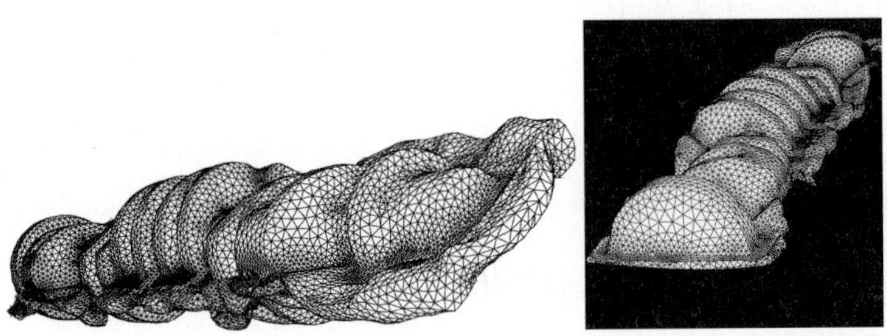

(a) 예측결과

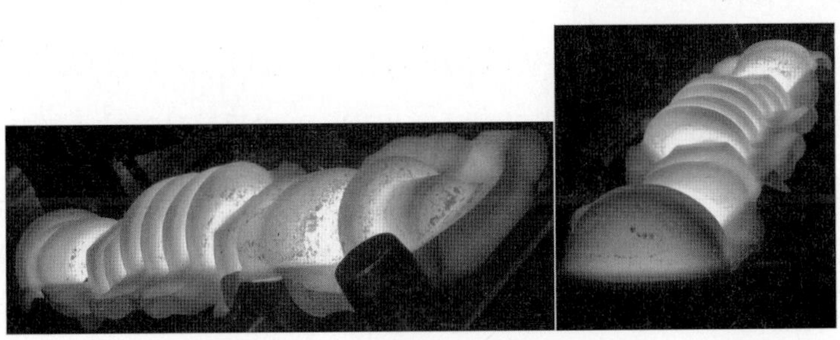

(b) 실험결과

그림 10.50 종료 시점에서 변형형상의 예측결과와 실험결과의 비교 (대창단조 제공)

그림 10.49에서 보는 바와 같이 낮은 온도 분포는 하형과 접촉된 부분에서 주로 나타났으며, 고온의 온도분포는 상형과 접촉하는 부분에서 주로 나타났다. 해석 시, 해머의 타격이 이루어지기 전과 단조 종료 이후의 이송시간을 25초로 가정하여 반영하였다. 즉, 금형과의 접촉에 의한 온도의 하강과 이송 중 온도변화, 소성열에 의한 온도의 상승 등을 반영하였다.

그림 10.50은 단조 종료 직후의 단조품을 해석결과와 비교해서 나타내고 있다. 실험결과와 해석결과의 외부형상이 거의 일치함을 확인할 수 있다. 이 해석에서 온도예측은 근사 비등온해석기법을 이용하여 이루어졌다.

10.9 판재성형 및 판단조

최근의 판재성형해석 프로그램들은 재료의 탄소성 물성을 고려할 수 있으며 금형의 복잡한 형상, 장치의 기능, 다양한 성형 조건의 변화, 연속 공정 등에 대해서도 만족할만한 결과를 제공한다. 현재 하이드로포밍과 열간 판재성형공정을 포함하는 혁신적인 판재성형 혹은 판단조공정의 해석에 관한 연구가 계속되고 있다.

스프링백 분석은 공정설계 기술자에게 금형과 장치를 향상시키고 제품의 오차를 줄이는데 매우 가치 있는 정보를 제공한다. 그러나 수치의 단순화와 계산의 효율성을 높여주는 쉘요소들은 두께 방향으로 소성변형이 적용될 때 제한을 받는다. 설상가상으로, 작은 모서리 반경을 가진 두꺼운 판재성형이나 판단조공정을 해석할 때 기존의 쉘 요소들은 매우 취약하다. 이러한 이유로, 쉘 요소들은 두께 방향에서 소성변형의 정밀한 예측값을 얻기 위한 판재성형 혹은 판단조공정 해석에 적합하지 않다. 현재 단조 기술에 의하여 급격한 두께 변화를 목적으로 고안된 판재단조공정들은 자동차산업이나 전자산업에서 구조강도와 경량화를 동시에 만족시키기 위한 목적으로 적용되고 있다. 그러므로 모서리 부위에서 소성변형에 대한 상세 정보는 공정설계 기술자에게 중요한 관심의 대상이 될 수밖에 없다. 전술한 바와 같이, 기존의 판재성형공정해석 기술들은 이 관심사들을 만족시키기에 부적합하다.

반면, 입방체요소들은 이 문제를 개선하는데 사용될 수 있다. 다시 말해, 두께 방향이나 모서리 부근에서의 소성변형을 보다 정확하게 설명하기 위해서는 입방체요소가 해결책이 될 수 있다. 이 분야에 대한 다양한 연구와 적용이 이루어지고 있으나, 아직 초창기 수준에 머무르고 있다. 여기에서 판재단조공정의 해석을 위한 선행연구 결과를 소개한다.

10.9.1 사각컵 딥드로잉

그림 10.51은 해석 대상의 판재성형공정을 나타낸다. 그것은 NUMISHEET 93에서 실시한 국제 벤치마크와 관련된 사각컵 딥드로잉공정이다(square-cup deep drawing process)[10.4, 10.5]. 소재는 150×150× 0.78mm의 정사각형 판재이다. 사용된 강의 유동응력식은 $\bar{\sigma}=566(0.007+\bar{\varepsilon})^{0.259}$ MPa이고 항복강도는 167.0 MPa이다. 바인더 하중은 19.6 kN이고, 소재 사이의 마찰계수는 0.1이다. 펀치속도는 해에 영향을 주지 않으므로 1 mm/s로 간주한다.

바인더의 하중은 바인더 하중부과기법으로 처리한다. 즉, 바인더는 매우 작은 값의 일정 거리만큼 소재를 침투하도록 허용하며, 침투된 영역에 침투한 부피의 함수로 인위적 표면력을 부과하였다. 물론 전체의 바인더 부과 하중을 주어진 값과 일치하도록 하기 위하여 매 해석스텝마다 인위적 표면력의 크기를 조절한다. 이 예제에서는 침투허용깊이를 0.1 mm로 가정한다.

그림 10.52는 판재의 변형형상을 측정하기 위한 거리 DX, DD, DY를 정의하고 있다. 이 수치는 상용 소프트웨어인 MTLFRM, LSDYNA3D, PAM-STAMP를 이용하여 예측한 결과와 문헌에서 찾은 실험결과와 비교하기 위한 목적으로 사용된다.

적절한 금형모델을 얻기 위해, 그림 10.51(b)에서 보는 바와 같이 금형의 오차에 대한 요구를 고려하여 바인더, 펀치, 금형 등은 각각 20, 736, 872 개의 삼각형 조각으로 표현되었다.

그림 10.53은 사용된 요소망을 나타내고 있다. 이 공정은 대칭성 때문에 1/4 공정만 해석 영역으로 간주될 수 있다. 단층 요소망에서 사면체요소와 절점의 수는 각각 11751과 4073이다. 2층 요소망은 단층 요소망을 이용하여 만들어졌다. 해석을 실시하는 동안 요소망재구성을 실시하지 않음으로써 상태변수와 도형 치수의 수치적 순화를 방지하였다. 해를 얻는데 필요한 해석스텝의 수는 1000 내외가 되도록 하였다.

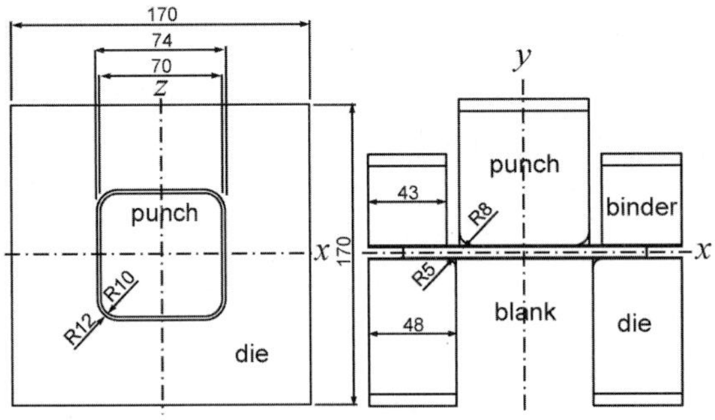

(a) 공정정보

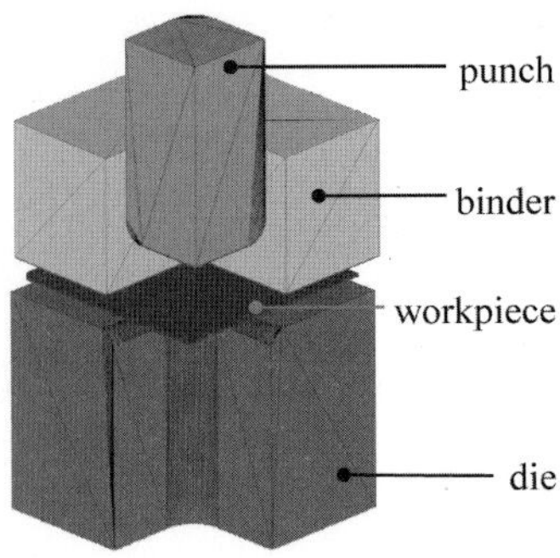

(b) 모델링된 공정

그림 10.51 사각컵 딥드로잉공정의 정의

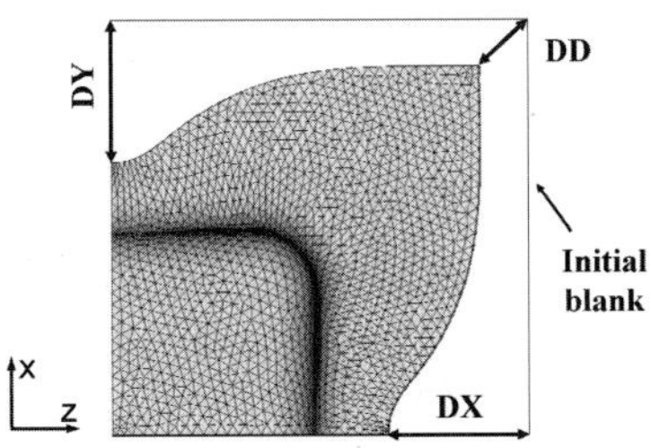

그림 10.52 측정 길이의 정의

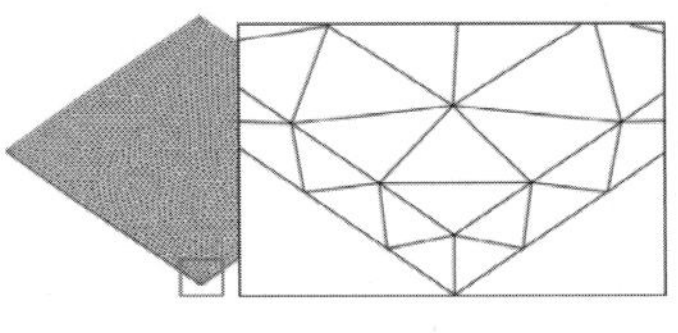

(a) 단층 요소망

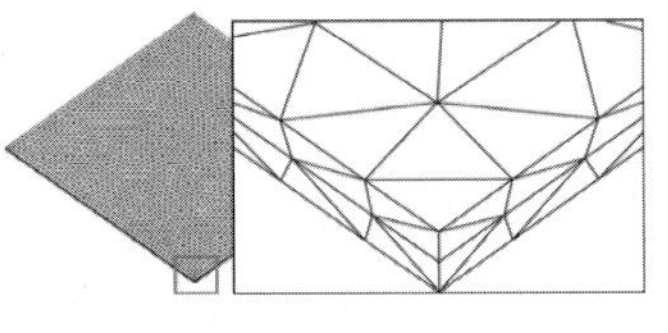

(b) 2층 요소망

그림 10.53 요소망

그림 10.54는 예측된 변형이력을 나타내고 있으며, 그림 10.55는 예측된 최종 변형형상과 유효변형률을 나타낸다. 이 결과를 얻는데 발생한 수치적 부피 손실은 각각 0.256 % (단층 요소망)와 0.483 %(2층 요소망) 이었다. 이 수치는 접촉 처리 기법이나 소재가 금형으로 침투하는 것과 금형이 소재로 침투하는 것과 관련된 수치적 불확실성이 적절히 통제되었음을 의미한다(이러한 수치적 불확실성은 판재성형공정해석에서 입방체요소의 좋지 않은 특성 중 하나이다).

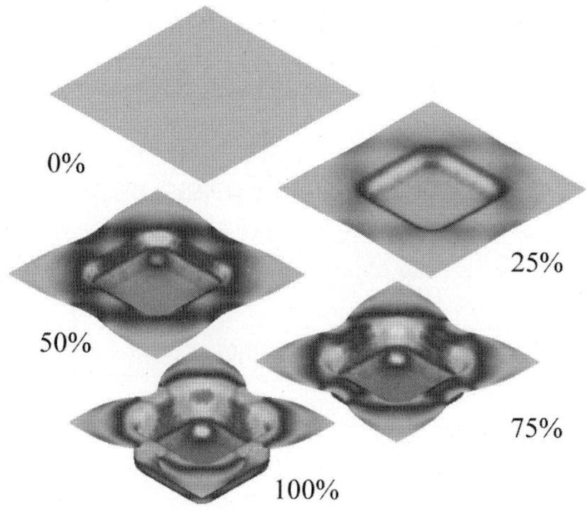

그림 10.54 단층 요소망을 이용한 예측결과 - 변형이력[부록 C]

그림 10.56은 바인더의 초기위치를 기준으로 그 위치변화를 펀치 행정의 함수(또는 경과시간)로 나타낸 것이다. 이 결과에 따르면 성형 중 바인더가 움직이며, 딥드로잉이 발생하여 소재가 굽힘변형을 받으면서 안쪽에서 위로 튀어나온 부분이 존재하며, 바인더 하중은 주로 이 부분에 작용함을 의미한다.

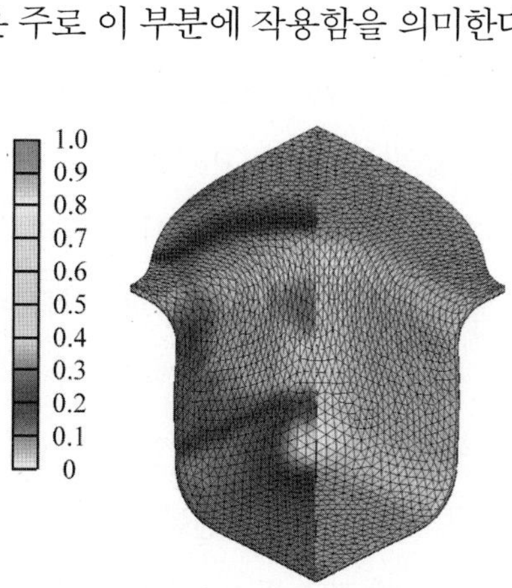

그림 10.55 최종 형상 및 유효변형률 분포

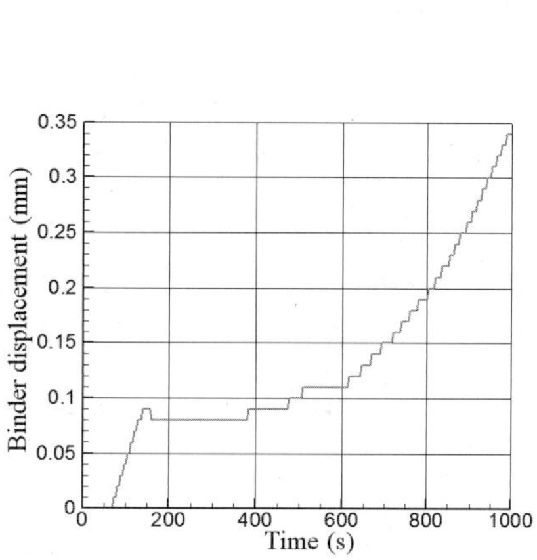

그림 10.56 바인더 변위의 변화

표 10.1은 타 방법으로 예측한 결과를 비교하고 있다[10.5]. 대체적으로 유사한 결과가 예측되었다. 비록 탄성변형의 영향을 무시한데도 불구하고 공학적으로 유의미한 결과가 얻어졌다. 그러나 2층 요소망이 단층 요소망에 비하여 실험결과에서 다소 떨어져 있는 점에 대해서는 추가적인 연구가 필요하다. 2층 요소망의 경우, 요소망재구성이 불가피하

였고 부피변화가 상대적으로 많이 발생하였으며, 두께 방향으로의 요소밀도의 증가에 따라 요소망의 형상비가 나빠진 것도 부정적인 원인이 될 수 있다고 본다.

표 10.1 실험결과 및 타 예측결과와의 비교[10.5]

비교	DX, DY(mm)	DD(mm)
Experiment results	27.95	15.36
Tetrahedral-Binder, Single	27.07	15.28
Tetrahedral-Binder, Double	25.58	14.46
Solid-shell (Xu et al.)	27.17	14.79
MTLFRM (shell)	28.90	16.20
LS-DYNA3D (shell)	30.03	16.43
PAM-STAMP (shell)	28.43	15.46

10.9.2 후판단조

그림 10.57은 상용 자동차에 사용되는 케이스용 부품의 판재성형공정 또는 판단조공정이다. 이 부품은 비교적 두께(7.5 mm)가 크고 소재의 면적(550.0×550.0 mm)도 크기 때문에 종료 시점에서 성형하중이 비교적 크다. 따라서 성형의 관점에서 성형하중을 낮추기 위한 공정 최적화가 필수적이다. 그리고 부분적으로 두께 감소가 발생하므로 이에 관한 예측도 관심사이다. 즉, 이 부품의 품질평가 시의 주안점은 곡률이 큰 부위에서의 두께이다. 모서리 부분에서 굽힘변형, 측면압축력, 판재에 작용하는 인장력 등에 의한 두께의 급격한 변화가 설계의 성패를 좌우하기 때문이다. 이 문제는 전통적인 판재성형공정으로 간주하여 해석할 수도 있으나, 국부적인 판의 두께 감소 등의 예측 측면에서 그리고 초기소재의 판의 두께가 7.5 mm로 박판으로 간주하기에는 다소 크기 때문에 체적소성가공 시뮬레이션 기법을 적용하는 것이 바람직하다.

해석에 사용된 판재의 치수는 550.0×550.0×7.5 mm이다. 재료의 유동응력은 Hollomon의 유동응력식으로 수식화되었으며, 해석에 사용된 강도계수는 730 MPa, 변형경화지수는 0.22이다. 금형과 소재 사이의 마찰은 쿨롱마찰법칙을 따르는 것으로 간주하며,

마찰계수는 0.05로 가정한다.

판재도 엄밀한 의미에서 덩어리 소재이다. 판재를 덩어리 소재로 간주하여 판재성형 공정을 체적소성가공공정 해석 기술로 해를 구할 수 있다면, 유리한 점이 많다. 두께의 영향을 반영하기 위한 쉘 또는 판 이론(shell or plate theory)의 한계를 극복할 수 있기 때문이다. 그러나 이러한 이점을 얻기 위해서는 극복해야 할 문제가 아직 다수 남아 있다. 우선 해석을 시작하기 위해서는 요소망생성 기술과 요소망재구성 기술의 지원이 필수적이다. 판재성형공정 해석에 비하여 체적소성가공공정 해석은 요소망재구성 의존도가 높다.

판재를 사면체 등으로 이산화시켜서 성형 해석을 실시할 경우, 국부적인 압축변형이나 굽힘변형에 의하여 요소망재구성이 불가피할 가능성이 상대적으로 높다. 판재성형에 비하여 요소의 수에 대한 한계가 있을 수 밖에 없으므로 초기에 많은 요소를 분포시킴으로써 끝까지 요소망재구성을 실시하지 않도록 하는데도 한계가 있다. 특히 절점이 금형에 빈번히 접촉하는 문제, 즉 다접촉분리 문제 등으로 인하여 인위적인 요소망재구성의 필요성이 발생할 가능성도 배제할 수가 없다. 그러나 형상적 특징으로 인하여 적절한 요소 수를 유지하면서 요소망재구성을 성공적으로 실시하는데는 많은 어려움이 따른다. 이런 이유로 체적소성가공공정 해석 기술이 판재성형공정 해석에 접목이 늦어지고 있다고 사료된다.

뿐만 아니라 전술한 다접촉분리 문제로 인하여 공정해석 중 금형으로부터의 소재의 분리 판단 기준이 최적화되어야 한다. 해석 중 한 절점을 금형에 접촉시킨 상태에서 해석한 결과, 그 절점을 금형으로부터 분리하려는 힘, 즉 인장력이 작용한다면, 그 절점을 분리한 상태에서 재해석을 실시해야 하며, 이 때 어느 정도의 인장력을 허용해야만 다접촉분리 문제로부터 안전할 수 있다. 그러나 과도한 인장력의 허용은 국부적인 두께의 변화를 초래할 수 있다. 그러므로 이에 관한 안정화된 기법의 개발이 필요하다. 물론 수치적 진동을 줄이기 위해서 요소망재구성 시에 경계조건 등을 반영한 요소망 품질 개선에도 신경을 써야 한다.

그리고 해석스텝의 증분의 결정도 매우 중요하다. 엄밀한 방법을 적용하지 않으면, 과도한 인위적 두께 변화로 인하여 해석결과의 신뢰도를 다소 떨어뜨릴 수 있다. 일반적으로 단조 등과 같은 체적소성가공공정의 해석 시에 금형이 사용자가 정한 일정한 시간증분씩 이동하고 있으나, 이럴 경우 금형의 과도한 소재침투가 불가피하며, 판재성형공정 해석에서는 치명적이다. 따라서 금형이 소재를 파고들 수 있는 양이 규제되어야 한다.

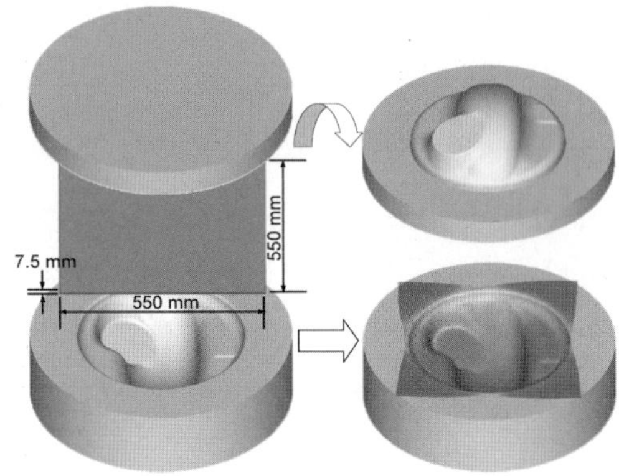

그림 10.57 공정의 정의

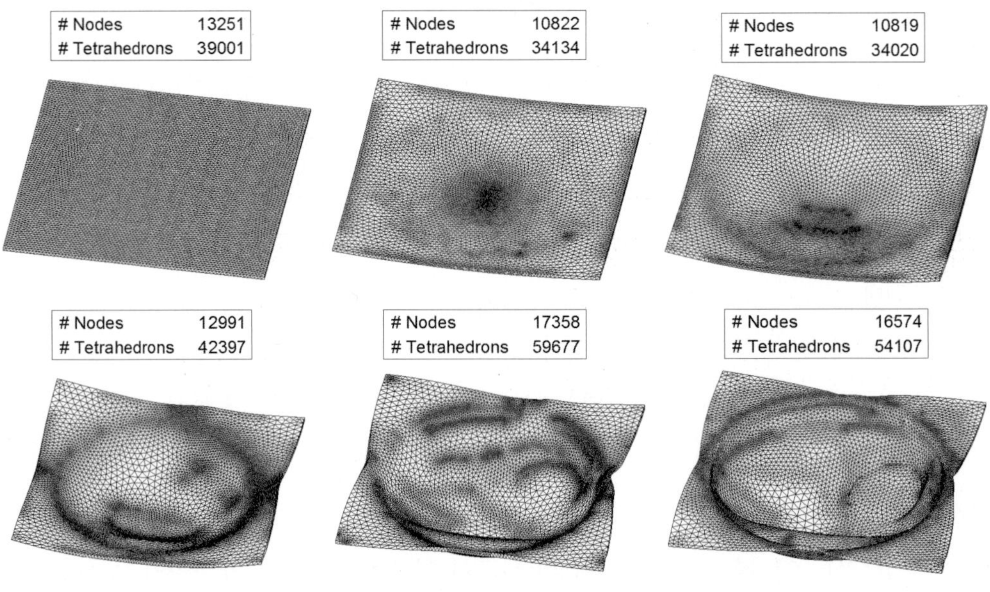

그림 10.58 예측결과 – 변형이력

그림 10.58은 해석결과를 나타내고 있다. 국부적인 곡률 변화를 반영하기 위하여 요소망재구성을 실시하였다. 총 39001개(초기) ~ 54107개(최종)의 사면체요소망을 사용하였다. 해석 중 부피의 변화는 0.95% 정도 발생하였다. 따라서 다접촉분리 문제와 소재의 금형 침투의 문제가 적절히 통제되었음을 알 수 있다. 그림 10.59는 유효변형률 분포를

나타내고 있으며, 그림 10.60은 두께의 변화를 나타내고 있다. 두께는 최고 11.33 mm에서 최저 5.33 mm까지 분포하고 있다.

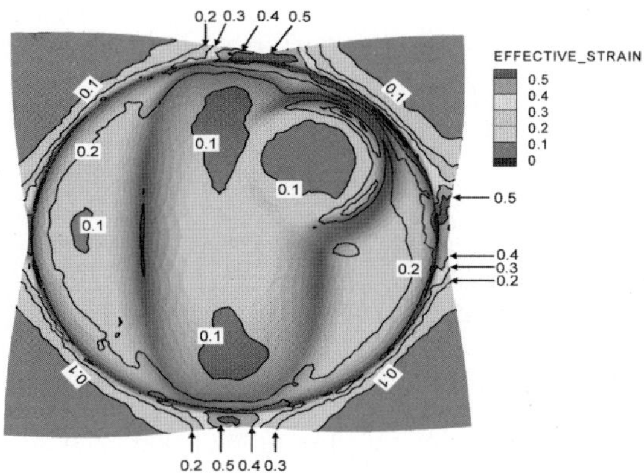

그림 10.59 유효변형률

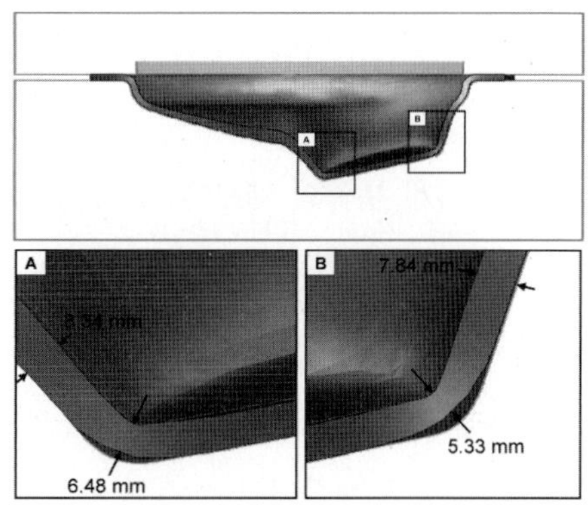

그림 10.60 대칭면에서의 두께 변화 - 분포

그림에서 보는 바와 같이 제품의 두께 변화는 부드럽게 나타나고 있으며, 이산화에 의한 수치적 두께 변화 가능성을 크게 낮추어 주는 결과라고 판단된다. 그러나 문제는 고형상비로 인하여 일반 조건하에서 생성한 요소망에서 두께 방향으로 대부분 하나의 요소가 분포한다는 점이다. 이 점은 중심점의 양면에서 인장과 압축에 의한 소성변형이 동시에 일어날 경우에는 결과의 정확도에 다소 영향을 미칠 것으로 판단되며, 다겹쌓기 등의 기법을 적용함으로써 해결이 가능하다고 판단된다.

10.10 롤단조

지구 온난화의 주범 중에 하나가 자동차에 의한 에너지의 소비이다. 많은 인구를 보유한 후발개도국의 산업화로 인한 자동차 보급의 급속적인 증가는 지구 환경의 급격한 파괴로 연결될 수밖에 없다. 이러한 문제의 해결을 위하여 다양한 노력들이 행해지고 있다. 전세계적으로는 이산화탄소 배출의 규제를 제도화하고 있으며, 고연비 자동차의 사용과 개발을 장려하고 있다.

자동차의 연비는 자동차의 무게와 직결되어 있다. 물론 자동차의 무게는 승차감의 향상과도 관련이 있어, 자동차 및 관련 부품산업에서 경량화가 대세가 된 것은 이미 오래 전의 일이다. 경량화는 부품의 형상최적설계와 저밀도 및 고강도 소재의 사용에 의하여 이루어진다. 알루미늄은 이러한 관점에서 많은 주목을 받아 왔으며, 이미 주요 부품에 응용되고 있다.

한편, 기계 부품의 제조 과정에서 소요되는 에너지 사용과 환경오염 유발은 심각한 문제가 되고 있다. 특히 기초소재의 제조 과정에서 대부분의 에너지가 소비되고 있다. 한 일례로 우리나라에서 POSCO가 사용하는 산업용 에너지가 단일기업체로서는 절대적인 비중을 차지하고 있다. 금속 소재는 에너지의 덩어리라고 해도 과언이 아니다. 따라서 기계부품의 제조 과정에서 소재 수율을 제고시키는 것은 제조원가는 물론이고 지구환경 보존을 위하여 필수적이다. 이런 이유로 소성가공은 매우 유리한 고지를 점하고 있다.

그러나 형상이 복잡한 단조공정의 경우, 소재 수율이 50% 에 이르지 못하는 것도 있기 때문에 수율면에서만 보면 그 유리함을 살리지 못하는 경우가 허다하다. 이러한 공정에서 예비형상의 효율적인 획득은 공정의 경쟁력을 좌우하는 주요 요소이다. 예비형상의 제조 목적으로 다양한 연구 개발이 시도되고 있다. 그 대표적인 예가 형상봉재 연속주조이며, 기계적 성질 확보가 관건이 되고 있다. 반면, 롤단조(roll forging)는 고정개발이 용이하지 않다는 문제를 안고 있으나 기계적 성질의 개선과 수율 증대를 동시에 얻을 수 있다는 점에서 주목받고 있다.

롤단조는 일종의 압연에 속하는 것으로 길이방향으로 형상이 균일하지 않는 봉재 형상의 제품 또는 예비성형체를 제조하는 목적으로 사용되고 있다. 롤단조공정은 원주방향으로 단면이 일정하지 않는 역방향으로 회전하는 두 개의 롤 사이로 봉재 형상의 소재를 통과시킴으로써 행해진다. 롤단조는 완성품 제작에도 사용되고 있으나, 주로 건전한 금속유동선도와 소재의 수율 향상을 목적으로 하는 예비성형체의 생산에 사용되고 있다. 크랭크샤프트, 터빈블레이드 등이 대표적인 적용 예이다. 롤단조는 성형하중이 작게 소요되고 장비의 크기가 작기 때문에 대형 단조품의 경제적 생산에 유리한 면이 있다.

여기서는 알루미늄 로어암 단조공정의 예비성형체 제작을 목적으로 하는 롤단조공정을 해석하고 실험결과와 비교한다. 그림 10.61(a)은 4 단으로 이루어진 롤단조공정도를 나타낸다. 그림 10.61(b)에 각 단별 금형의 대략적인 형상을 나타내었다. 소재의 물성치는 제10.4절에서 요약되어 있다. 롤과 소재 사이의 마찰계수를 $\mu = 0.3$으로 간주하였다. 롤의 회전속도는 50rpm이다.

공정해석은 사용자의 개입이 없는 자동모드에 의하여 이루어졌으며, 요소의 수는 70000개 내외가 되도록 하였다. 그림 10.62에 각 패스별 최종형상의 실험결과와 예측결과를 정리하였다. 이 비교에서 알 수 있는 바와 같이 주요한 부위의 형상 측면에서 예측결과는 실험결과를 비교적 잘 반영하고 있다.

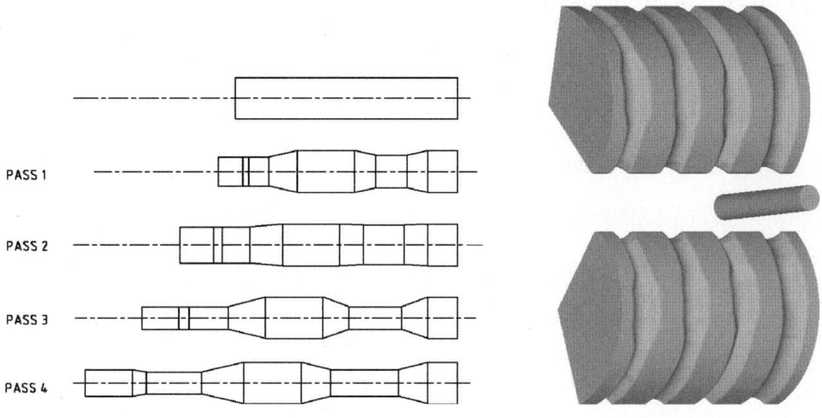

(a) 공정설계 (b) 금형설계

그림 10.61 롤단조 공정설계 및 금형설계

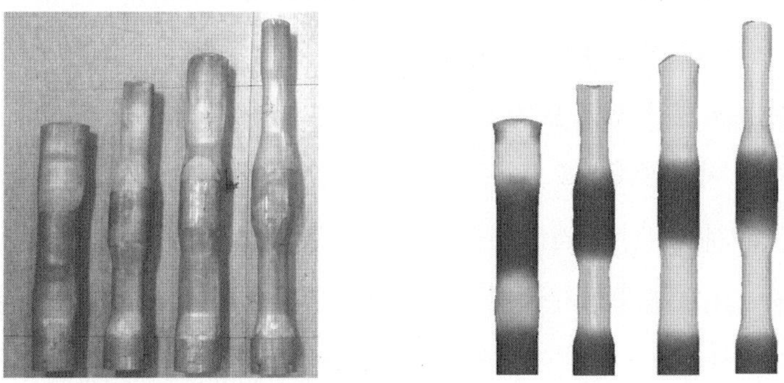

(a) 실험결과 (센트랄모텍 제공) (b) 예측결과

그림 10.62 실험결과와 예측결과의 비교

10.11 나사전조

수나사를 생산하는 대표적인 공법으로 절삭과 전조가 있다. 절삭공법은 생산성과 품질 양면에서 불리하기 때문에 비규격품 또는 대형 나사의 생산에 주로 활용되고 있다. 반면, 전조는 소재 수율, 양호한 제품의 표면, 고생산성, 고강도 등의 장점이 있기 때문에 대부분의 규격 나사의 생산 목적에 이용되고 있다. 전조공법에서는 축류의 소재를 상대 운동하는 전조금형 사이에 넣고 접촉압을 가함으로써 소재에 전조금형에 새겨진 나사 산을 점진적으로 성형시킨다. 나사전조용 금형에는 평금형과 롤금형 등이 있다.

나사 제조공정의 성패는 정확도를 포함한 품질과 금형 수명에 달려 있다. 따라서 난성형 소재 및 신소재의 나사전조를 위한 역학해석의 필요성이 대두되고 있다. 나사전조는 역학적으로 비교적 복잡한 문제에 속한다. 따라서 해석적 방법의 적용에는 많은 한계를 내포할 수 밖에 없다. 역학적 및 수치해석적 관점에서 볼 때, 평금형에 의한 나사의 전조는 공정 해석의 관점에서 크로스웨지롤링과 유사하다. 일반적으로 나사전조공정 해석 문제는 타 소성가공공정보다 더 악조건인 경우가 대부분이다. 따라서 수치적 접근 방법에도 많은 한계점을 안고 있다. 즉, 점진성형 공법이 가지고 있는 공통적인 문제인 과다한 해석스텝으로 인하여 발생하는 계산효율의 문제를 안고 있다. 이러한 문제는 컴퓨터 하드웨어 및 병렬처리 기술의 발전과 더불어 다소 개선되었고, 앞으로도 지속적인 개선이 이루어질 것이다. 나사전조공정의 특징은 형상이 규칙적으로 변하지만 공정 중 형상은 매우 복잡하여 이를 효율적으로 표현하는데 한계가 있으며 전체 모델을 대상으로 해석을 실시할 경우 계산시간 측면에서 문제가 매우 많다는 점이다. 이러한 이유로 타 분야에서 널리 사용되고 있는 소성가공 시뮬레이션 기술의 접목 속도가 비교적 늦다.

이 절에서는 나사전조공정에 초점을 맞추되 나사피치/유효경이 작은 12각플랜지볼트의 전체 제조공정을 대상으로 성형해석을 실시한다. 그림 10.63은 12각플랜지볼트의 제조 공정도이다. 제4단까지는 자동다단냉간단조공정에 의하여 제조되며, 마지막 단에서 나사전조가 실시된다. 단조공정에 관한 상세한 내용은 제8.1절에 수록하였다. 단조가공이 완료된 소재는 열처리 등의 후처리를 거치지 않고 전조공정으로 이송되어 나사산 가공으로 연결된다. 재료는 선조질강인 ESW105이다. 전조공정의 해석에서는 접촉절점의

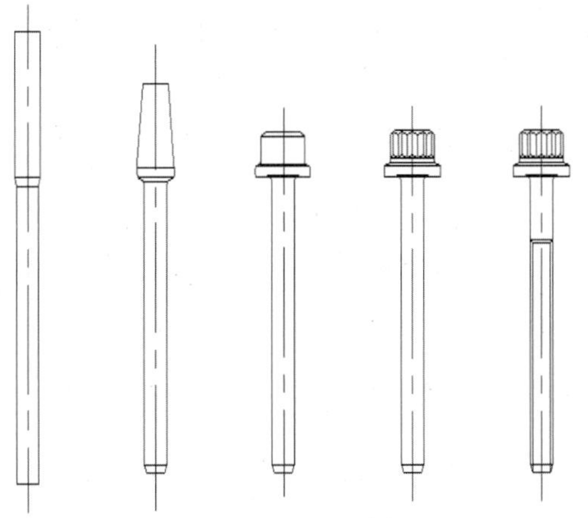

그림 10.63 나사 제조 공정도

수가 매우 작은 관계로 소재와 금형 사이에 접착조건을 사용하였다.

그림 10.64(a)에서 보는 바와 같이 전조금형은 두 개의 평금형으로 이루어져 있다. 그림 10.64(b)에서 보는 바와 같이, 나사전조공정에서 하나의 평금형은 고정되어 있고, 다른 하나는 고정된 평금형에 평행하게 상대운동을 한다. 전조공정 초기에 그립퍼(gripper)가 단조가공이 완료된 나사 머리를 잡아 고정 평금형 위에서 일정한 힘을 가하여 균형을 유지시켜 주고 난 이후 구동 평금형이 소재를 물고 들어가면서 나사전조가 이루어진다. 일단 소재가 그립퍼를 떠나면, 두 금형에 새겨진 나사산에 의하여 소재의 균형을 유지하면서 전조가 실시된다.

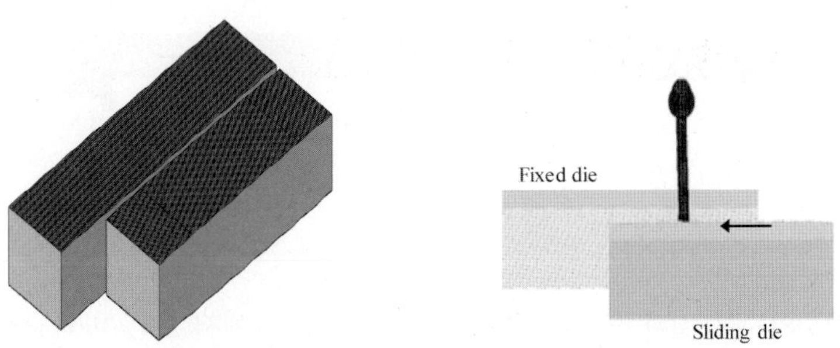

(a) 평금형 (b) 나사전조공정

그림 10.64 평금형과 나사전조공정

그림 10.65에 나사전조공정의 예측결과를 나타내었다. 총 3000개의 해석스텝이 요구되었으며, 종료 시점에서의 사면체요소 수는 80000 개이다. 전체적으로 소재의 길이는 약 0.02% 증가하였으므로 길이변화는 무시 가능하다. 5 개의 시편에 대하여 나사 전조 전후의 길이를 측정하여 비교해 본 결과, 단조 직후의 103mm 길이의 볼트 소재가 약 0.04mm 늘어난 것으로 나타났다. 따라서 실험결과와 해석결과는 늘어난 길이 측면에서는 유사하다.

나사 형상의 특징상, 나사 전체를 해석 대상 영역으로 삼았을 경우, 유한요소해석 과정에서 절점의 수를 늘리는데 한계가 있을 수밖에 없다. 반면, 나사 산을 정확하게 표현하고 금형과 소재의 접촉상태를 적절하게 표현하기 위해서는 요소의 수를 크게 증가시켜야 한다. 나사전조 중 소재의 국부적인 변형이 심하여 요소망재구성의 필요성도 빈번히 발생한다. 이 점은 나사전조공정 해석의 한계이다.

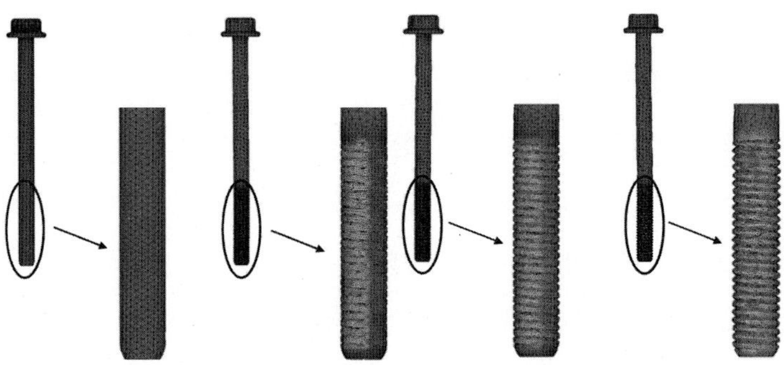

(a) 전체보기

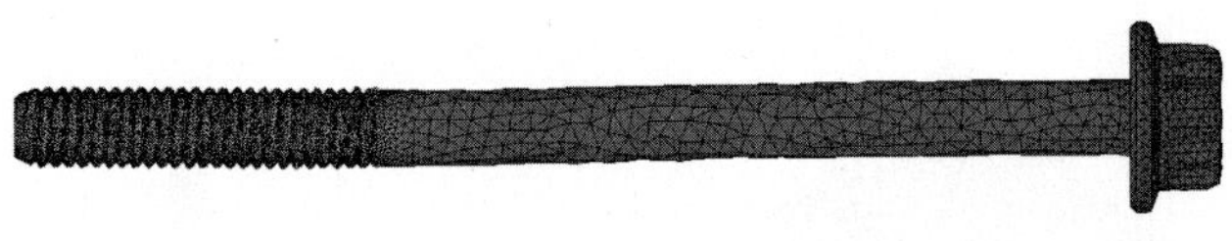

(b) 상세보기

그림 10.65 나사전조공정의 예측결과 – 유효변형률[부록 C]

그림 10.65(a)의 예측결과를 얻기 위하여 그림 10.65(b)에서 보는 바와 같이 나사가 성형되는 지점의 요소망의 밀도를 크게 하여 해석의 정도를 높이려고 노력하였으나, 해석 중 하나의 금형에 접촉하는 절점의 수는 상대적으로 많지 않다. 요소의 수를 증가시키는 것도 한계가 있을 수밖에 없다. 사면체요소의 변의 길이를 평균적으로 반으로 줄였을 경

우, 그 효과는 기대 이하인 반면, 요소의 수는 약 8 배 증가하고 계산시간은 그보다 훨씬 증가하기 때문에 현실적인 해결 방법은 아니다.

따라서 나사산의 정확한 표현을 실현하기 위해서 전체의 소재를 해석하는 것은 공학적으로는 타당하지 않다. 특히 체결용 볼트는 다중 나사산과 유효경에 비하여 작은 나사산의 높이와 간격으로 특정지워 진다. 이러한 볼트의 제조공정 중 전조공정의 유한요소 해석에서는 형상의 복잡함과 역학적 난해함으로 인하여 전체 공정을 대상으로 하는 해석에는 많은 제약이 따른다. 전술한 바와 같이 기본적으로 나사전조는 성형이 발생하는 주위에서 나사의 축방향 변위는 크게 구속되므로 대칭조건을 둔 두 개의 평판 사이에 들어와 있는 소재만을 해석 대상 영역으로 선정하여 상세해석을 실시하는 것이 바람직할 것으로 사료된다.

그림 10.66에 나사전조공정 중 나사산의 성형을 강조한 해석모델을 나타내었다. 이 해석모델은 금형, 재료의 적절한 토막, 양면에서의 인위적인 대칭면 등으로 구성된다. 물론 두 개의 대칭면은 무마찰과 인장력이 작용하더라도 분리되지 않는 일종의 특수 금형과도 같은 것이다.

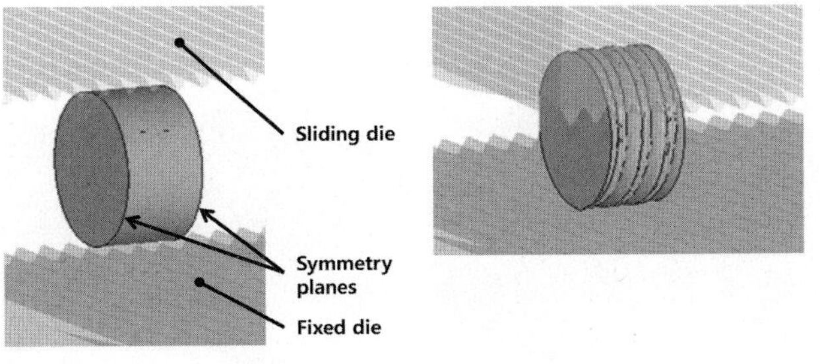

그림 10.66 나사산 성형해석 강조 해석모델

이 해석모델은 단순하고 특별한 것이 없지만, 실제 문제에 적용하는데는 많은 문제를 안고 있다. 볼트와 같이 다중 나사산과 작은 나사피치/유효경의 경우에는 기하학적 복잡성으로 인하여 요소망재구성에 큰 어려움이 따른다. 물론 나사전조공정의 해석에서는 단조공정 등에 비하여 훨씬 많은 요소망재구성을 동반한다. 이러한 문제를 극복하는데는 지능적 요소망재구성 기법의 접목이 불가피하다.

제안된 해석모델을 이용하여 변형경화가 무시 가능한 ESW 105의 소재를 대상으로 전조공정 해석을 실시하였다. 그림 10.67은 그림 10.63의 공정에 대하여 예측한 나사전조 공정 중 나사산의 성형 예측결과이다. 제안된 해석모델에서도 접촉면적이 상대적으로 작은 관계로 접촉면에서의 마찰을 충분히 고려하기에는 한계가 있다. 따라서 나사전조 방향으로는 접착조건을 따르고, 나머지의 방향으로는 쿨롱마찰법칙을 따르는 것으로 간주하였다. 마찰면에서 충분한 윤활막이 형성되지 않는다는 가정하에 마찰계수를 0.1로 간주하였다.

그림 10.67의 결과를 얻는데는 총 450번의 요소망재구성이 이루어졌다. 단조공정의 해석에 비하여 매우 많은 수의 요소망재구성은 상태변수의 순화를 필연적으로 발생시킨다. 이 절에서 취급한 소재는 변형경화능이 매우 작기 때문에 예측된 형상에 유효변형률이 영향을 거의 미치지 않는다고 할 수 있지만, 나사전조공정의 해석에서 상태변수의 순화 문제는 개선되어야 할 점이다.

그림 10.67에서 요소망의 불균일한 점은 나사전조 공정해석에서 불가피한 소재의 분리 시에 발생한 형상 및 상태변수의 불연속에 기인하는 것이다. 그림 10.67(b)에서 실험결과와 해석결과를 비교하고 있는데, 실험조건이 매우 복잡하기 때문에 정량적으로 평가하는 데는 다소 무리가 따르지만, 정성적으로는 유의미한 결과를 보이고 있다.

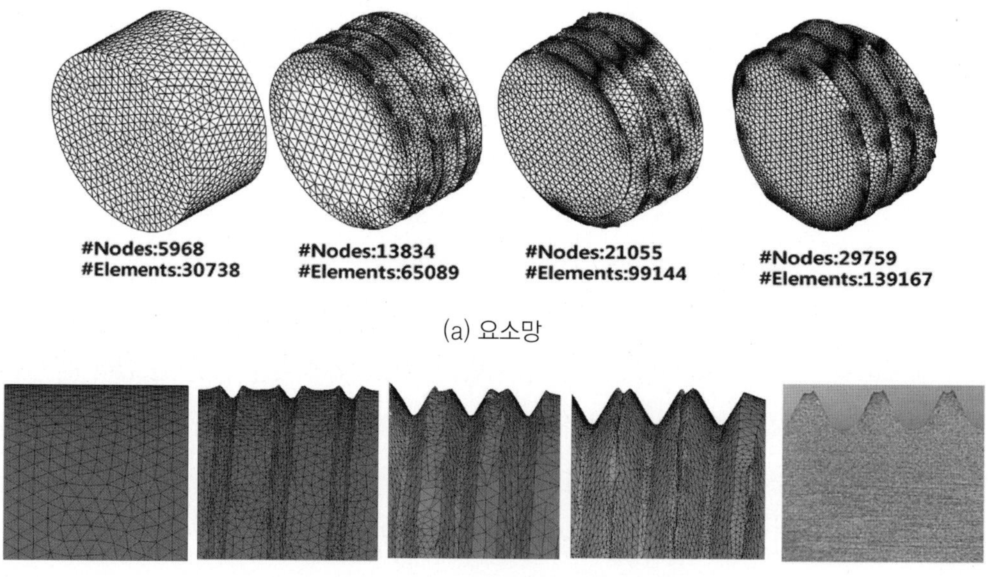

(a) 요소망

(b) 해석결과와 실험결과 (영신금속 제공)

그림 10.67 나사산 성형과정의 정밀해석

10.12 플로우포밍

대량생산 목적의 부품제조 기술의 흐름은 청정생산, 저 제조원가 및 고품질로 요약된다. 이러한 흐름으로 인하여 특수 소성가공공정들의 적용이 증가하고 있다. 플로우포밍은 주목받는 특수 공정 중의 하나이다. 플로우포밍 공법은 칩리스포밍공정 중의 하나로 초기소재로부터 최종제품에 이르는 전 공정에서 발생하는 칩의 양을 극도로 최소화시킨 것으로 소성가공 단계에서 절삭가공이 불가피한 일부 영역을 제외한 영역에서 정형 생산이 가능하다.

플로우포밍공정은 경험적으로 발전해 왔다. 최근들어 이 공정에 대한 유한요소해석 기술의 접목이 이루어지고 있다. 그러나 전체 영역을 대상으로 해석하는 것은 비현실적이다. 만약 전체공정을 대상으로 요소망재구성을 실시할 경우, 잦은 요소망재구성으로 인한 경계의 수치적 변화와 상태변수의 수치적 순화 문제는 해석결과를 크게 떨어뜨리는 요인이 되므로 계산시간보다 더 심각한 문제가 된다.

여기서는 가상의 2 개의 대칭면으로 정의되는 해석영역을 해석모델로 선정하여 대칭면과 두 대칭면의 중앙면에서의 변형형상을 비교함으로써 제안된 해석모델의 유용성을 검증하고자 한다.

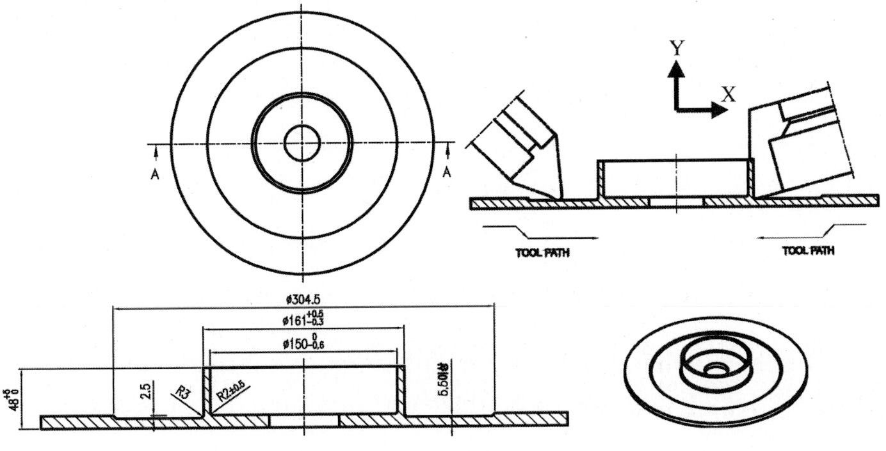

그림 10.68 플로우포밍공정의 개념도

그림 10.68은 대상 플로우포밍공정을 개념적으로 도시한 것이다. 그림의 플로우포밍 공정은 중심 부위를 가압하여 소재를 회전하는 원판에 고정시켜 회전시키되, 회전하는 두 개의 롤 형상의 공구가 x-y 평면상을 움직이면서 소성가공과 절삭가공을 동시에 활용하여 재료를 부분적으로 분리시켜 형상을 제작하는 공법이다.

해석 관점에서 이 공정의 특징은 소성변형 영역이 일부 영역에 국한된다는 점이다. 따라서 전체영역을 대상으로 해석을 실시하는 것은 계산시간 측면에서 바람직하지 않다. 요소 수를 줄여서 해석하는데도 한계가 있다. 따라서 공학적인 해를 얻기 위하여 그림 10.69에서 보는 바와 같은 가상의 두 개의 대칭면을 활용한 해석모델, 즉 플로우포밍공정의 근사해석모델의 사용이 바람직할 수 있다. 이 해석모델에서는 두 개의 대칭면을 사용하고 있다는 것이 특징이다. 따라서 해석 영역을 줄이고, 소성영역에 대하여 조밀한 요소망을 사용하고 있다. 대칭면에서는 실제의 대칭면 조건이 부과된다. 즉, 대칭면의 수직한 방향으로 속도가 0으로 구속되고, 접선방향의 응력성분을 0으로 둔다.

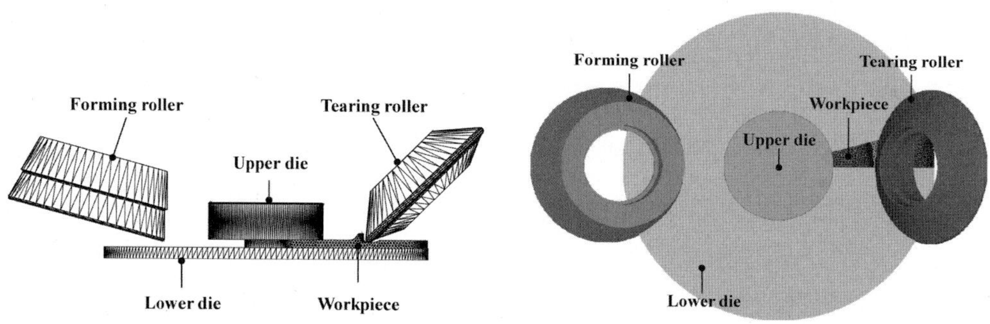

(a) 측면도 (b) 평면도

그림 10.69 플로우포밍공정의 해석모델

해석 대상 공정은 그림 10.68에서 보는 바와 같다. 기초 소재의 반경과 높이는 각각 210.0mm와 10.5mm이며, 작업롤의 회전속도는 400.0rpm이다. 사용된 소재의 유동응력은 $\bar{\sigma} = 520.0(1.0 + \bar{\varepsilon}/0.001)^{0.135}$ MPa이다. 사면체요소의 수를 25000개 내외가 되도록 하였고, 소성변형 구간에서 요소밀도가 조밀하도록 하였다.

그림 10.70은 1/24 모델에 대한 예측결과를 나타내고 있다. 즉, 이 그림은 변형이력을 요소망정보와 함께 나타내고 있다. 그림에서 보는 바와 같이 대칭면에서 소재의 변형형상과 중간에서의 변형형상은 비교적 큰 차이를 보이고 있다. 그러나 중앙면 주위의 비교

적 넓은 구간에서 변형형상의 변화가 적다. 이 점은 대칭축의 설정에 따른 해석결과의 영향이 해석모델의 중심으로 갈수록 작아짐을 의미한다. 그림 10.71(a)는 중앙면의 변형이력에 관한 예측결과를 나타내고 있으며, 그림 10.71(b)는 실험결과를 나타내고 있다. 예측결과와 실험결과를 비교하면, 매우 유사함을 확인할 수 있다. 따라서 두 개의 대칭면을 활용한 제안된 해석모델로써 공정의 주요 정보를 획득할 수 있다는 결론에 이른다.

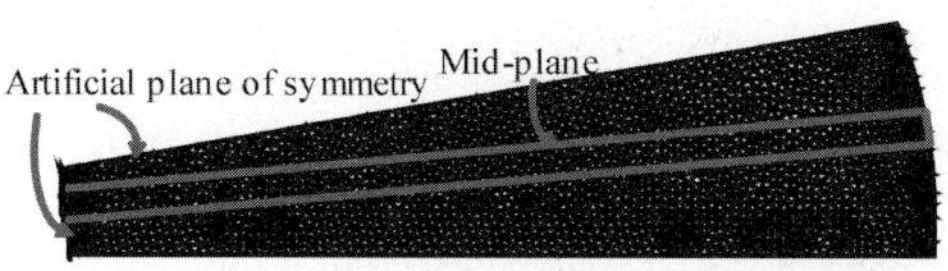

(a) 초기소재

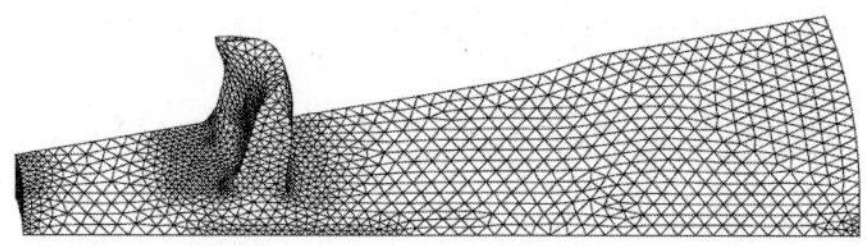

(b) 13.5s

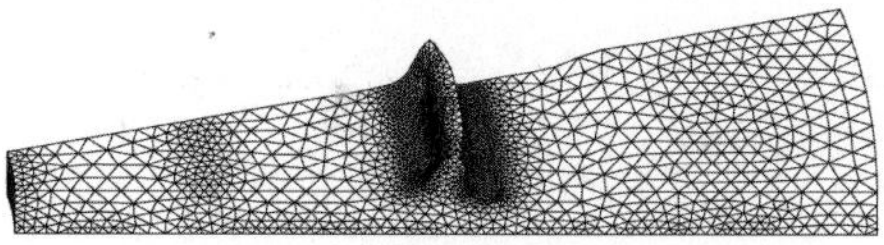

(b) 7.2s

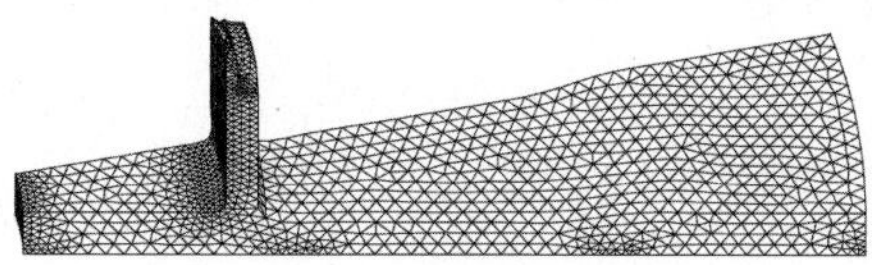

(e) 최종 제품

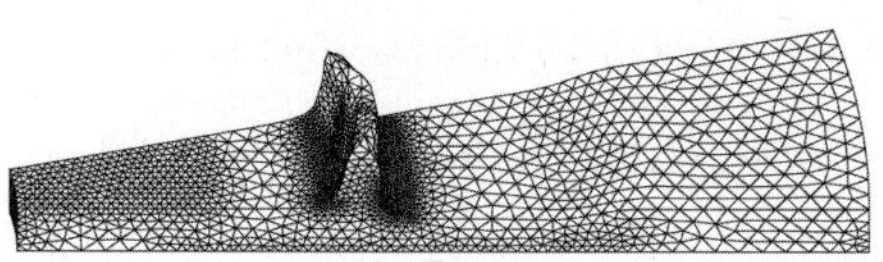

(c) 10.0s

그림 10.70 예측결과 - 변형이력

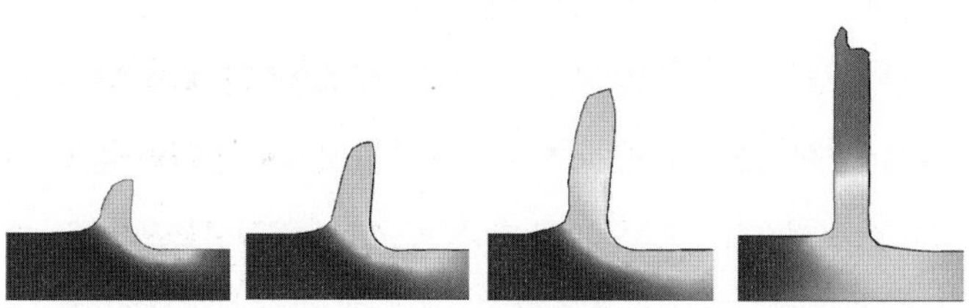

(a) 예측결과

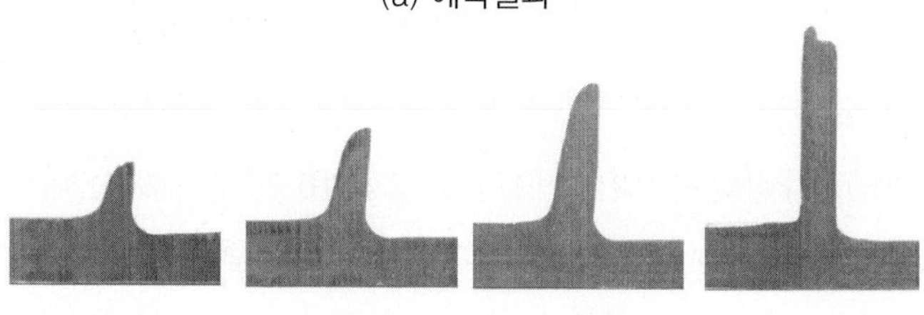

(b) 실험결과 (로프트(ROFT) 제공)

그림 10.71 실험결과와 예측결과의 비교

10.13 회전단조

허브베어링 조립체의 조립을 위하여 회전단조에 의한 소성가공 체결 방법이 적용되고 있다. 이 방법은 체결하는데 비교적 장시간이 소요되는 단점은 있지만, 단조에 비하여 상대적으로 작은 하중으로 성형이 가능하기 때문에 비교적 정교한 체결이 가능한 장점이 있다.

체결 공정은 여러가지의 인자의 영향을 받는다. 회전단조의 주요 인자들이 체결 공정에 큰 영향을 미친다. 특히 금형의 형상 및 이송조건뿐만 아니라 초기의 소재 형상이 체결 공정을 좌우한다. 따라서 최적의 형상 설계 및 공정 조건을 확립하기 위한 과학적인 접근방법이 요구되고 있다.

소성가공 시뮬레이션 기술은 이러한 난공정설계에 적합하다. 그러나 허브베어링 조립체와 같은 특수 소성가공공정을 해석하는 데 장시간의 컴퓨터 계산시간이 소요된다. 단조에 비하면 행정이 매우 길기 때문이다. 따라서 앞절에서 소개하는 플로우포밍공정 해석과 같이 인위적인 대칭조건을 이용한 일부의 해석 영역을 대상으로 해석을 수행하는 방법이 현실적이다.

그림 10.72(a)는 허브베어링 조립체를 나타내고 있다. 이 조립체는 단조 이후에 절삭가공을 거쳐 제작된 허브베어링 단조품, 즉 예비성형체(그림 10.72(c))에 베어링을 장착한 후 그림 10.72(b)의 회전단조 공법으로 체결된다. 조립 과정에서 베어링에 일정 이상의 하중이 부과되면 베어링에 손상이 발생하므로 하중 통제는 매우 중요하다. 그리고 조립 과정에서 최외곽의 소재가 파단되는 경우가 자주 발생한다. 그러므로 최종 조립품에서 베어링과 장치 부위의 접촉 상태가 중요하기 때문에 예비성형체의 형상 및 공정설계의 최적화는 필수적이다.

그런데 국부적인 접촉에 의하여 성형이 이루어지며, 이 접촉 부위에서 멀어지면 그 영향이 무시 가능하다고 가정할 수 있다. 따라서 그림 10.73에서 보는 바와 같이 인위적인 대칭면을 고려한 국부 해석모델을 사용하는 것이 바람직하다. 이와 유사한 해석모델은 제10.12절에서 플로우포밍공정의 해석 목적으로 적용된 바 있다. 물론 인위적인 대칭면 주위에서의 해석결과는 실제의 현상과 다소 차이가 날 수밖에 없다.

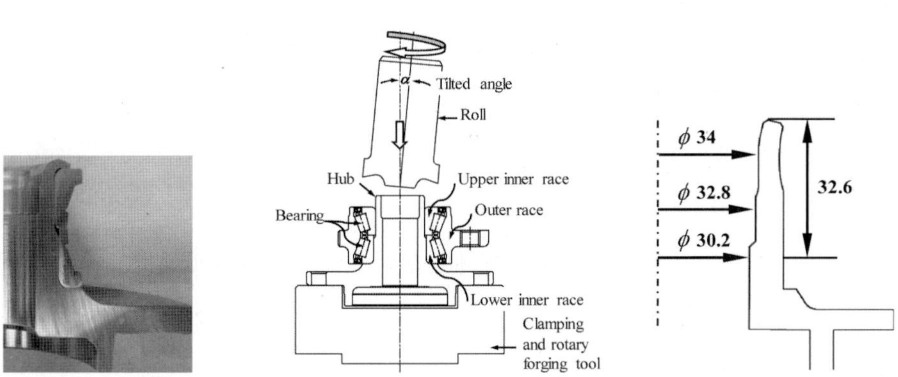

(a) 조립체 단면 (FAG한화베어링 제공) (b) 공정 (c) 예비성형체

그림 10.72 허브베어링 조립공정

예비성형체의 모양과 치수는 그림 10.72(c)에서 보는 바와 같다. 해석 중 예비성형체의 하부는 소성변형이 발생하지 않기 때문에 자유도를 구속시켰다. 소재의 유동응력은 $\bar{\sigma} = 520.0(1.0 + \bar{\varepsilon}/0.001)^{0.135}$MPa이며, 상부금형은 무동력으로 자전하므로 상부금형과 소재 사이의 마찰은 무시하였다. 마찰을 고려하면 자전 속도가 미지수가 되므로 계산시간이 크게 증가하는 반면, 해석결과에는 크지 않은 영향을 미칠 것으로 판단된다.

그림 10.73은 60° 해석모델을 나타내고 있다. 해석모델은 가상의 두 개의 대칭면과 구속박스(constraint box)와 본래의 금형으로 이루어져 있다. 구속박스 내부의 모든 절점의 자유도를 구속하였다.

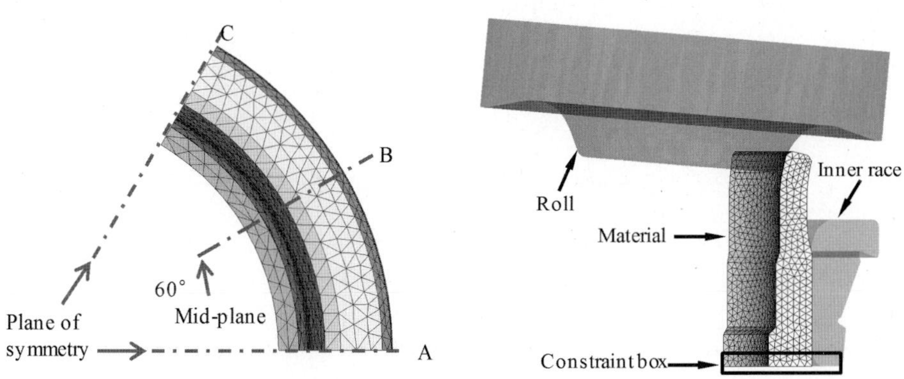

(a) 평면도 (b) 정면도

그림 10.73 유한요소해석모델 (60° 해석모델)

대칭면의 영향을 조사하기 위하여 30°, 60°, 90°의 해석영역에 대하여 해석을 실시하였다. 먼저 그림 10.74에서 60°의 해석모델을 10°만큼 7개의 단면으로 구분하여 변형을 관찰하였다. 그림에서 보는 바와 같이 대칭면 주위에서 예측결과는 각도의 변화에 따라 비교적 큰 차이를 보이는 반면, 중간면 부위로 갈수록 결과의 변화는 크지 않음을 알 수 있다. 그리고 그림 10.75에서는 60°의 해석모델에서 단면 A와 B의 해석결과를 시간에 대한 변형이력으로 나타내었다. 대칭면 A 단면과 중간면 B 단면 간의 변형이력이 전체적으로는 유사하지만, 최종 형상에서 다소 차이가 남을 알 수 있다.

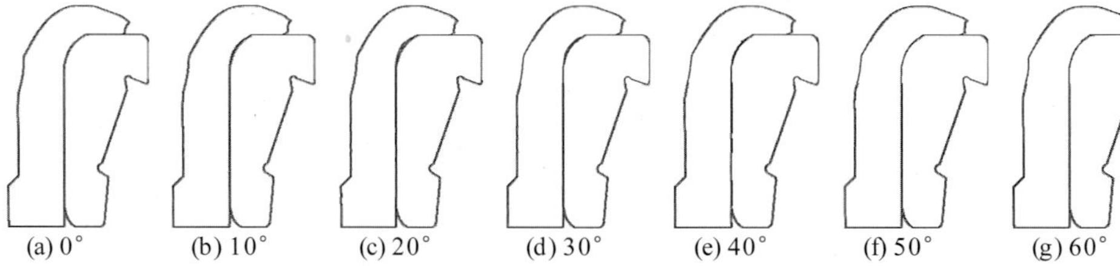

그림 10.74 단면의 각도에 따른 예측결과의 변화 (60° 해석모델)

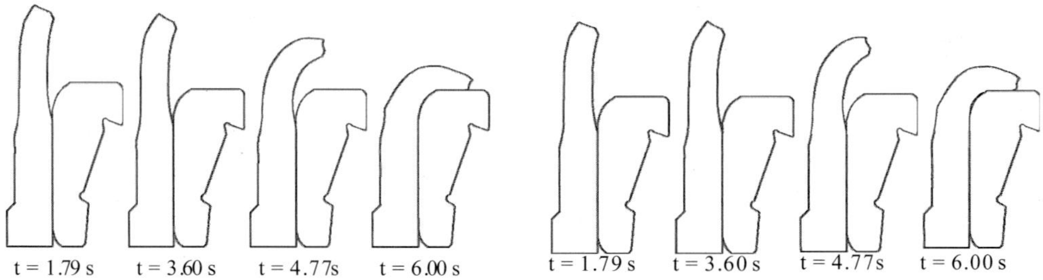

(a) 단면 A (b) 단면 B

그림 10.75 단면의 변화 (60° 해석모델)

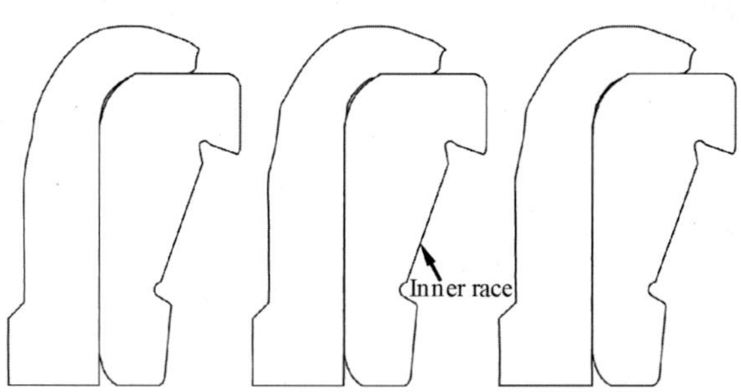

(a) 30° 해석모델 (b) 60° 해석모델 (c) 90° 해석모델

그림 10.76 해석모델에 따른 중간면의 최종단면 형상의 비교

그림 10.76은 각 해석모델에 대한 예측결과에서 두 개의 대칭면의 중간 부위에서 체결된 형상을 나타내고 있다. 이 결과를 비교해 보면, 큰 차이가 없음을 알 수 있다. 그리고 10.A(a)의 실험결과와 비교해 보면, 해석결과는 실험결과와 매우 흡사함을 알 수 있다. 따라서 전술한 해석모델은 예비성형체의 형상최적화 및 공정변수 최적화 목적에 적합하다. 이러한 점을 고려할 때, 30°의 해석모델 또는 60°의 해석모델이 적용을 위한 공학해석 목적에 적합하다고 사료된다.

10.14 하중부과금형을 이용한 파인블랭킹

10.14.1 서론

강소성 유한요소법은 탄성회복의 영향을 무시할 수 있는 공정에 대한 여러가지 장점을 가지고 있지만, 하중이 부과된 경계 처리에 많은 문제를 안고 있다. 예를들면, 배압단조공정 해석 시의 카운터 펀치나 판재소성가공공정 해석 시의 바인더의 처리에 어려움이 따르며, 이로 인하여 적용성에 제한을 받게 된다. 파인블랭킹공정에서 금형에 의해 주어지는 고정수압은 필수적이며, 고정수압을 부과하기 위한 하중경계조건은 유한요소법에 근거한 해석을 어렵게 하는 요인이 되고 있다. 탄소성 유한요소법의 경우, 벌칙기법과 라그랑지변수법을 사용하여 이러한 문제들을 성공적으로 해결하였다. 하중이 부과된 금형에 가해지는 힘은 양해법의 시간 적분값과 소재의 접촉면에 가해지는 힘과 대략적으로 동등하다. 그러나 양해법의 시간 적분을 반복하는 것은 많은 해석스텝이 소요될 경우 적절한 값 이하의 하중오차를 줄이기에는 부적합하다.

강소성 유한요소법에서 발생하는 이러한 하중경계조건의 처리를 위하여 저자의 연구그룹[6.1]에서는 스프링부착금형의 축차적 접근방법을 제안하였다. 이 방법에서는 적절한 속도를 가정하고 해석을 실시한 후 그 결과를 바탕으로 금형 속도를 추정하였으며, 복잡한 문제이거나 스프링부착금형의 속도의 부호가 변하는 문제의 경우 정확도와 계산시간의 문제가 발생하였다.

여기서는 침투 깊이를 고려한 압력과 마찰응력 또는 법선력과 전단력을 부가하는 방법을 제시하여 전술한 문제를 해결하고자 한다.

10.14.2 금형을 이용한 하중경계처리기법 및 적용 사례

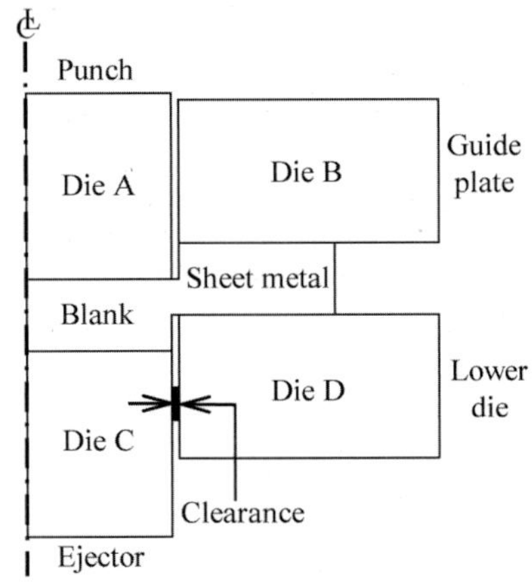

그림 10.77 적용 대상의 파인블랭킹 공정의 정의

그림 10.77은 파인블랭킹 공정의 예를 나타낸 것이며, 이 절에서의 이론 전개와 공정 적용 목적으로 사용된다. 이 공정에서 금형 A와 금형 D의 속도가 결정되어 있지만, 금형 B와 금형 C는 정해진 하중을 부과한다. 강소성 유한요소법에서는 이러한 문제를 해결하는데 많은 어려움이 따른다. 일반적으로 강소성 유한요소법에서 금형의 속도와 하중은 시간의 함수로 취급된다. 성형하중은 금형에 부여된 속도조건을 만족시키기 위하여 작용된 힘의 평형관계로부터 계산된다. 따라서 금형의 속도를 미지수로 하고 하중 조건을 만족시키게 함으로써 금형의 운동을 예측할 수 있다. 그러나 이 방법은 성형하중의 진동을 동반하거나 계산시간이 많이 소요되는 문제를 안고 있다.

한편, 하중이 부과된 금형의 목적은 형상 자체의 성형보다 소재의 변형 통제 목적으로 널리 사용되고 있다. 이러한 금형의 대부분은 평평하며, 해석의 목적이 성형된 제품의 형상보다 정수압 등의 상태변수의 변화 등에 관심이 많기 때문에 정밀한 하중부과 경계조건이 적용되어야 한다. 따라서 기존의 금형 속도를 예측하기 위한 접근 방법을 반복하는 것은 파인블랭킹과 같이 정밀 공정 시뮬레이션이 필요한 경우에는 부적절하다. 판단조나 판재성형공정을 해석하기 위해서 하중부과조건을 취급하기 위한 적절한 기법은 필수적이다. 이러한 목적으로 다음의 하중부과 경계조건 처리기법을 제안한다.

그림 10.78에서 보는 바와 같이 하중을 부과하는 금형은 매 해석스텝 직전에 사용자가 부여한 침투허용최대깊이만큼 침투하도록 위치를 정한다. 따라서 금형의 위치는 소재의 변형형상에 따라 수동적으로 결정된다. 그리고 각 절점의 금형 침투 깊이를 계산하여 그 값의 함수로 절점에 부과될 응력을 결정한다. 이 때, 법선응력에 의한 하중의 크기는 금형에 부과된 하중과 동일해야 한다. 그리고 마찰법칙을 고려하여 접선방향으로 마찰력을 부과한다.

여기서 Zhao 등[10.6]의 연구를 참고하여 V-링이 없는 평평한 바인더를 사용한 파인블랭킹 공정에 대하여 유한요소해석을 실시하였으며, 해석 조건은 다음과 같다. 유동응력 : $\bar{\sigma}=1019.7(1+\bar{\varepsilon}/0.01)^{0.11}$ MPa; 마찰법칙 : 쿨롱마찰 (쿨롱마찰계수 $\mu=0.17$).

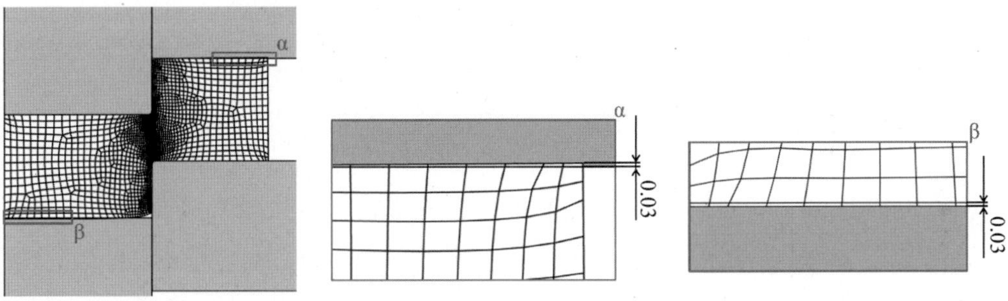

(a) 전체보기 (b) 상세보기

그림 10.78 하중부과금형의 초기위치

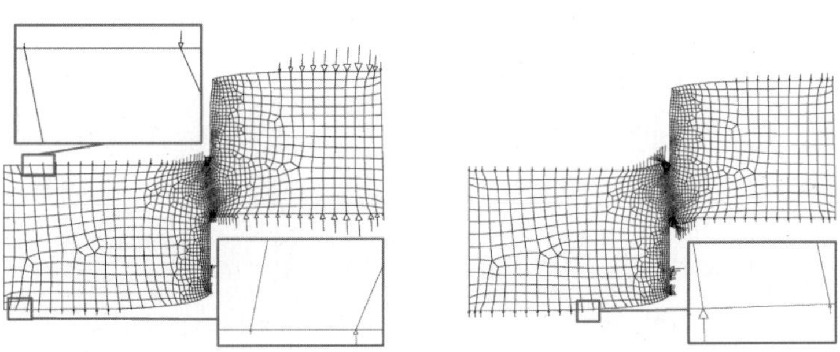

(a) 절점력 (b) 접촉면의 응력

그림 10.79 하중부과금형과 소재의 접촉면에서의 절점력과 접촉면의 응력

그림 10.79(a)는 전술한 방법을 적용하여 침투한 절점에 부과된 마찰응력을 포함한 응력을 바탕으로 구한 절점력을 나타내고 있다. 물론 이 절점력을 합산하면, y-축 성분이 금형에 의하여 소재에 부과하고자 하는 하중과 동일하게 된다. 이 해석에서 법선응력은 침투 깊이에 대한 선형 함수로 고려되었으며, 소재 표면에 가해지는 힘은 금형에 침투한 소재의 체적에 비례한다.

그림 10.77은 적용 대상의 파인블랭킹 공정이다. 금형 B와 C는 각각 10톤과 2톤의 일정한 하중을 부과하는 목적의 금형이다. 금형 B와 금형 C에 대하여 제안한 기법을 선택적으로 적용하였으며, 표 10.2에 경우의 수를 정리하였다. 제안된 기법이 적용되지 않은 금형에는 스프링부착금형기법을 적용하였으며, 그림 10.80은 예측결과로 획득한 소재의 변형이력을 나타내었다.

표 10.2 하중부과금형의 적용 여부

경우	금형 B	금형 C
1	비적용	적용
2	적용	적용

그림 10.81은 표 10.2에 나타낸 두 경우에 대한 변형된 소재의 최종 외곽 형상을 비교하고 있으며, 최종 형상의 차이는 공학적으로 무시할 수 있는 것으로 여겨진다. 그림 10.82는 표 10.2의 두 경우에 대한 하중-시간 그래프이며 그래프를 통해 차이점을 확인할 수 있다. 이 그림에서 보는 것처럼 기존 방법은 본질적으로 수치 진동에 노출되어 있지만, 소재침투반발기법은 기존의 방식보다 이러한 수치적 문제에 견고함을 알 수 있다.

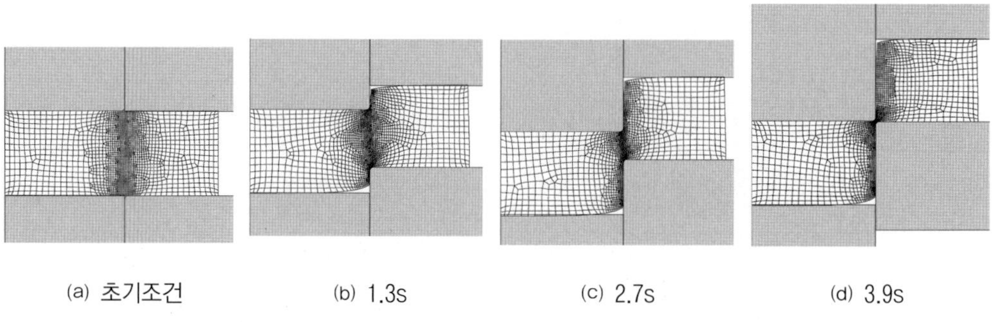

(a) 초기조건 (b) 1.3s (c) 2.7s (d) 3.9s

그림 10.80 경우 1의 소재의 변형이력과 금형의 운동

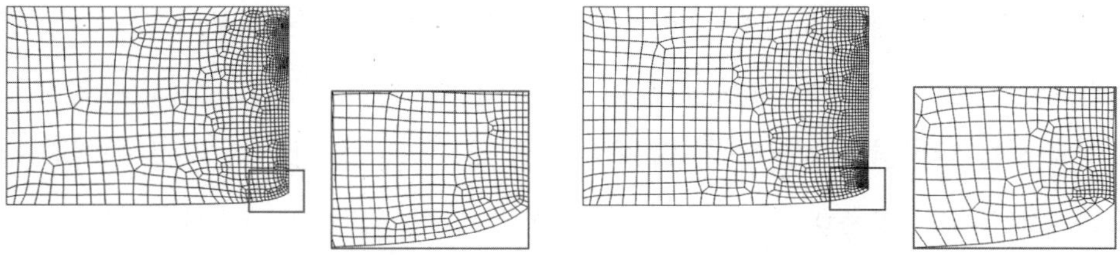

(a) 경우 1 (b) 경우 2

그림 10.81 최종 시점에서의 소재 형상 비교

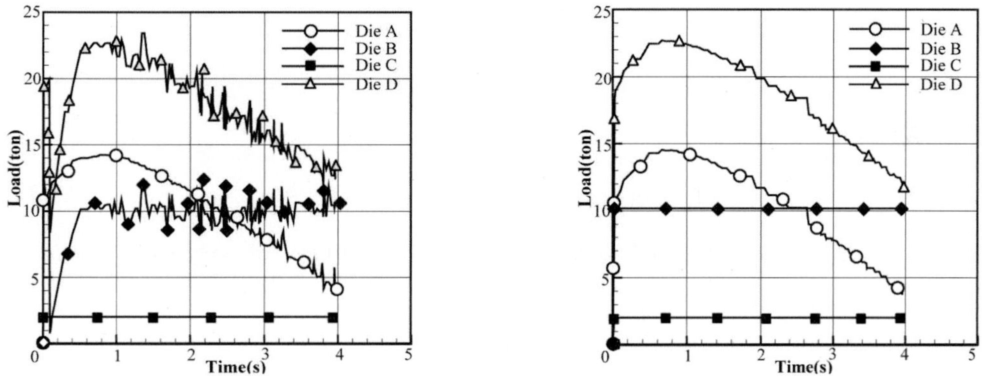

(a) 경우 1 (b) 경우 2

그림 10.82 시간-성형하중 비교

10.15 다물체 공정 시뮬레이션

10.15.1 다층 판재의 파인블랭킹

소성가공에서 다물체 공정은 흔히 나타난다. 비록 소재는 다르지만 소재 사이가 접합되어 있어 미끄러짐이 발생하지 않는다면, 실제적으로는 하나의 물체로 간주된다. 물론 요소망을 생성할 때, 그 경계를 따라 요소망의 경계가 형성되도록 해야 하는 제약은 있지만, 유동응력을 두 개 이상 지닌 하나의 물체로 간주해도 무방하다. 다물체 공정은 물체 간의 미끄러짐이 발생하는 것을 의미한다. 대표적인 예가 셀프리벳팅(self-riveting) 공

정, 밀어내기 단조공정, 복합재료 압출공정, 이형재료 함침공정 등이 있다.

일반적인 소성가공공정에서 금형과 소재는 해석영역 V와 경계영역 S로 나누어지며, 경계영역 S는 표면력이 $t_i^{(n)} = \overline{t}_i^{(n)}$ 로 주어진 경계 S_{t_i}, 속도가 $v_i = \overline{v}_i$ 로 주어진 경계 S_{v_i}, 금형과 소재의 접촉면을 표현하는 경계 S_c 등으로 세분화될 수 있다. 금형-소재 접촉면에서 압축력이 작용하면, 금형과 소재의 법선속도는 동일하다. 즉, S_c 에서 $v_n = \overline{v}_n$ 이다. 만약 소재와 소재가 접촉할 경우, 그 접촉면 S_m 에서는 압축응력이 작용한다면 소재의 법선속도는 동일해야 하고 접선방향으로는 마찰응력이 작용한다. 즉, $v^1{}_n = v^2{}_n$ 이고 $\sigma_t = \mu' \sigma_n g(v_t)$ 이다. 여기서 상첨자 1과 2는 소재의 접촉면을 구분하는 숫자이다. 그리고 하첨자 n과 t는 각각 법선성분과 접선성분을 의미한다. μ'은 소재와 소재 접촉면에서의 마찰계수이다.

소재는 비압축성, 강소성, 등방성 경화 등의 성질을 가지고 있고, von Mises 항복이론과 관련 유동법칙을 따르며, 접촉면에서 쿨롱마찰법칙을 따른다고 가정한다. 그리고 자중 및 가속도의 영향은 무시할 정도로 작다고 가정한다.

소성가공공정의 유동해석 문제는 소재의 속도장 vi를 구하자는 것이며, 벌칙기법을 이용하여 비압축성 조건을 처리하면, 다음의 약형으로 수식화된다.

$$\int_V \sigma'_{ij}\omega'_{ij} dV + \int_V K\dot{\varepsilon}_{ii}\omega_{jj} dV - \sum \int_{S_{t_i}} \overline{t}_i^{(\mathbf{n})}\omega_i dS + \int_{S_c} \mu\sigma_n g(v_t)\omega_t dS + \int_{S_m} \mu'\sigma_n g(v_t)\omega_t dS$$
$$+ \int_{S_m} \beta(v_n^1 - v_n^2)(\omega_n^1 - \omega_n^2) dS = 0 \qquad (10.1)$$

여기서 가중함수 ω_i는 경계 Svi에서 영의 값을 갖고 Sc에서 $\omega_n = 0$의 조건을 만족하는 임의의 함수이다. K와 β는 벌칙상수이며, 매우 큰 값의 양수이다. 한편 접촉면에서의 마찰조건은 식 (10.1)의 다섯 번째 항으로 취급될 수 있다. 즉, 쿨롱마찰법칙으로 취급된다. 식 (10.1)에서 σ_n은 금형-소재 접촉면에서의 법선응력이며, μ은 마찰계수이다. 함수 $g(vt)$는 접촉면에서 상대속도의 영향을 반영하는 함수이며, 접촉면에서 미끄럼이 발생하면 그 절대값이 1이 되고, 미끄럼이 발생하지 않으면 그 절대값이 1보다 작게 된다. 즉, 함수 $g(vt)$는 상대속도가 마찰에 미치는 영향을 고려하는 역할, 수치적 문제점을 완화시키는 역할, 고착상태($v_t = \overline{v}_t$)를 만들어 줌으로써 전단응력이 이론적 한계를 못 넘게 하는 역할 등을 수행하는 함수이다.

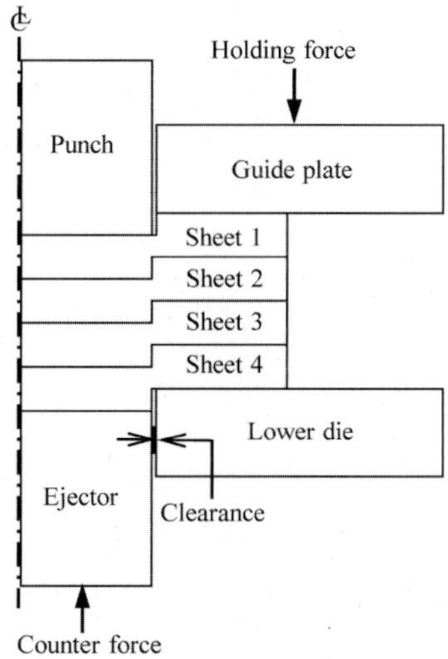

그림 10.83 다층 판재 파인블랭킹공정

접근방법을 시험하기 위하여 그림 10.83의 가상 공정에 대하여 전술한 접근방법을 적용하였다. 판재의 유동응력은 $\bar{\sigma} = Y_0(1.0 + \bar{\varepsilon}/b)^n$ 의 수식모델로 표현되었으며, 해석에 사용된 재료상수는 표 10.3에서 보는 바와 같다. 소재와 소재 사이의 마찰면에서의 마찰계수는 0.1로 가정하고, 소재와 금형 간의 마찰계수는 0.17로 가정한다. 바인더에는 100kN의 힘이 일정하게 작용하며, 이젝터(ejector)에는 20kN의 힘이 일정하게 작용한다. 그리고 소재의 특정 부위가 얇아져 그 두께가 일정한 값 이하가 되면 소재가 인위적으로 분리되도록 하였다.

표 10.3 유동응력의 정의에 필요한 재료상수

sheet	Y_o	n	b
1	1220	0.11	0.01
2	1220	0.11	0.01
3	1420	0.11	0.01
4	1420	0.11	0.01

그림 10.84는 해석결과로 획득한 소재의 변형이력을 요소망과 함께 나타내며, 그림 10.85는 마지막 단계에서의 유효변형률 분포를 나타낸다. 바인더의 하중과 이젝터의 하중은 소재침투반발기법에 의하여 취급되었다.

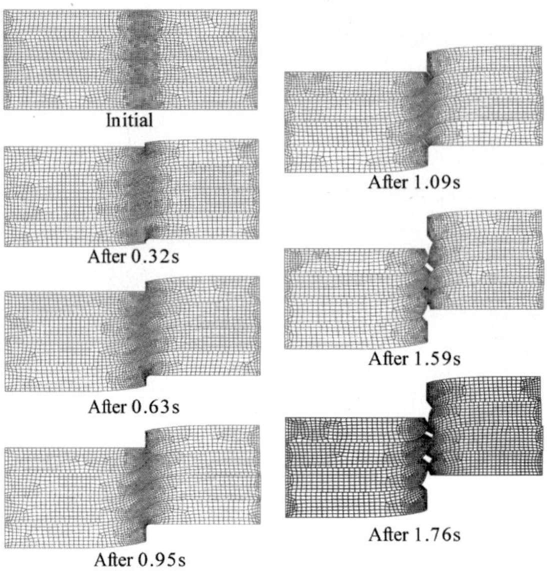

그림 10.84 예측결과 - 변형이력

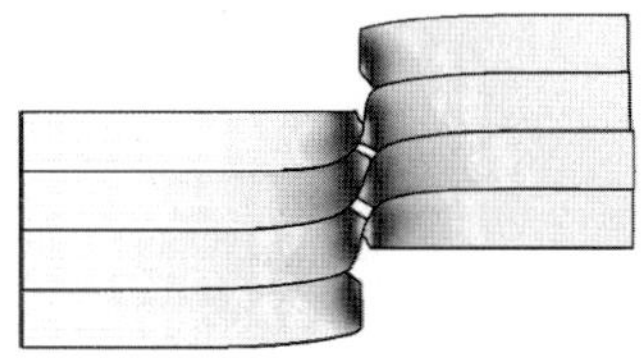

그림 10.85 종료 시점에서 유효변형률분포

10.15.2 자력천공리벳팅

그림 10.86의 가상 자력천공리벳팅공정에 관하여 유한요소해석을 실시하였다. 두 개의 판재와 리벳트의 유동응력은 $\bar{\sigma} = Y_0(1.0 + \bar{\varepsilon}/b)^n$ 의 수식모델로 표현되었으며, 해석에 사용된 재료상수는 표 10.4에서 보는 바와 같다.

표 10.4 유동응력 정보

	Y_b	n	b
리벳	1400	0.12	0.01
판 1	400	0.12	0.01
판 2	400	0.12	0.01

소재와 소재 사이의 마찰면에서의 마찰계수와 소재와 금형 간의 마찰계수를 모두 0.1로 가정하였다. 바인더에는 50kN의 힘이 일정하게 작용하도록 하였다. 경험적으로 보았을 때, 리벳트와 판재 사이에 초기접촉이 발생할 때 수치적으로 리벳트 바이트의 형상이

비교적 크게 바뀌는 경향이 있으므로 이를 방지하기 위하여 조밀요소망 부여 기능을 사용하였다. 그 이후로는 안정적인 접촉이 이루어졌으므로 일반 요소망재구성 기능에 의존하였다.

판재에 구멍이 뚫리는 메커니즘은 매우 복잡하며, 여기서는 주요 관심사가 아니므로 소재의 특정 부위가 얇아져 그 두께가 일정한 값 이하가 되면 소재가 인위적으로 분리되도록 하였다.

바인더의 하중은 소재침투반발기법에 의하여 취급되었다. 이 기법에서는 금형이 크지 않는 양만큼 소재를 침투하도록 허용하며, 침투 부피에 비례하는 하중을 인근의 절점에 표면력의 형태로 부과한다. 이 기법은 수치적 관점에서 안정적으로 바인더 하중을 소재에 부과하는 효과를 낸다.

전체의 해석과정이 자동적으로 이루어졌다. 그림 10.87은 해석결과로 획득한 소재의 변형이력을 요소망과 함께 나타내며, 그림 10.88은 마지막 단계에서의 유효변형률 분포를 나타내고 있다.

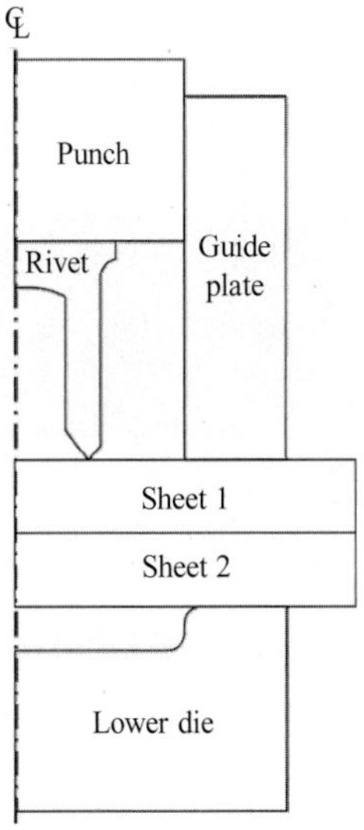

그림 10.86 자력천공리벳팅공정의 정의

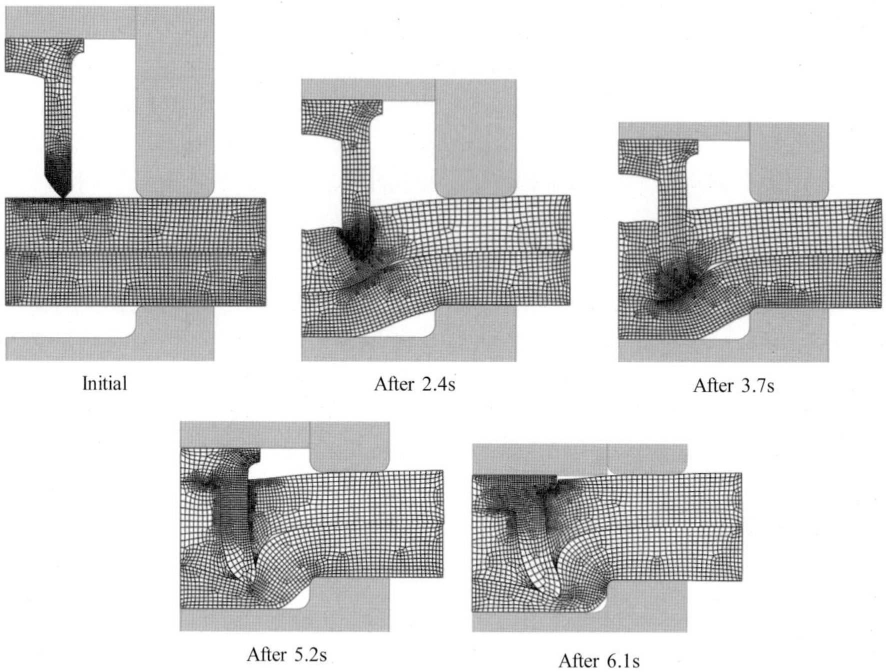

그림 10.87 예측결과 – 변형이력

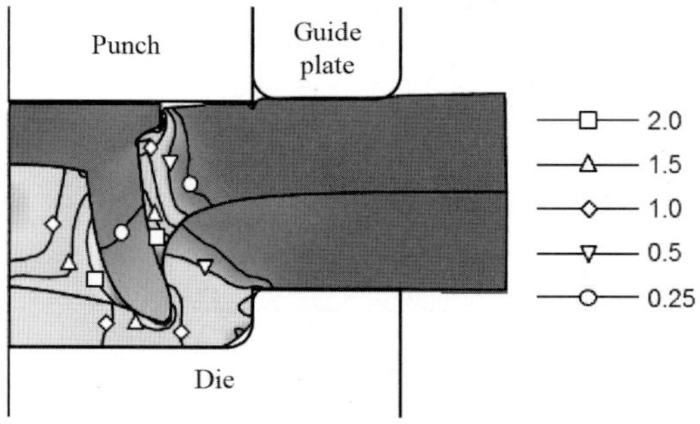

그림 10.88 마지막 순간의 유효변형률 분포

10.15.3 기타 다물체 소성가공

그림 10.89~그림 10.91에 가상의 다물체 소성가공공정에 관한 해석결과를 나타내었다. 이 절의 공정은 실제 공정이 아니며, 예측결과는 다물체 공정의 개념을 소개하는데 목적이 있으므로 상세한 설명은 생략하였다.

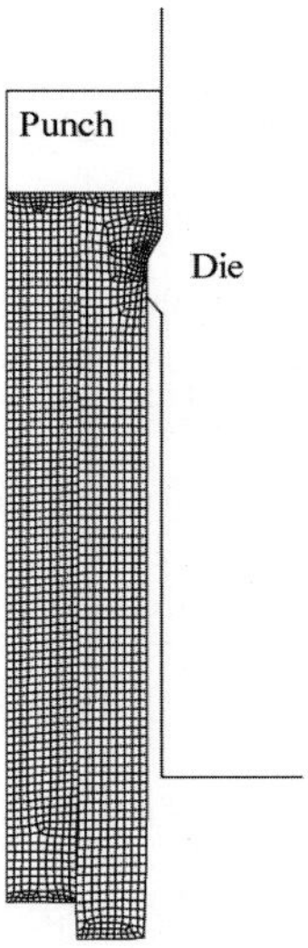

그림 10.89 복합재료 압출

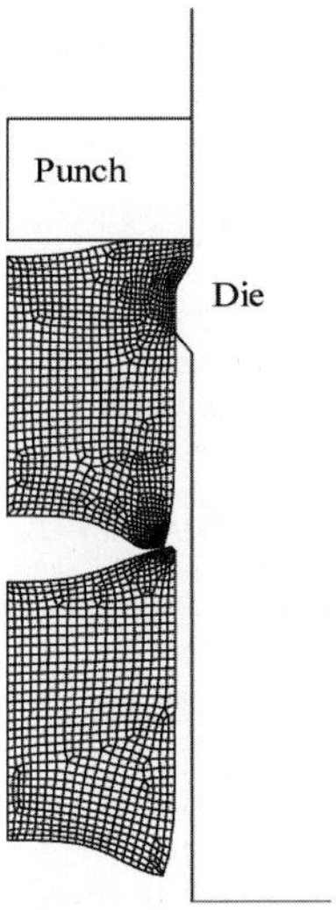

그림10.90 다층재료 압출

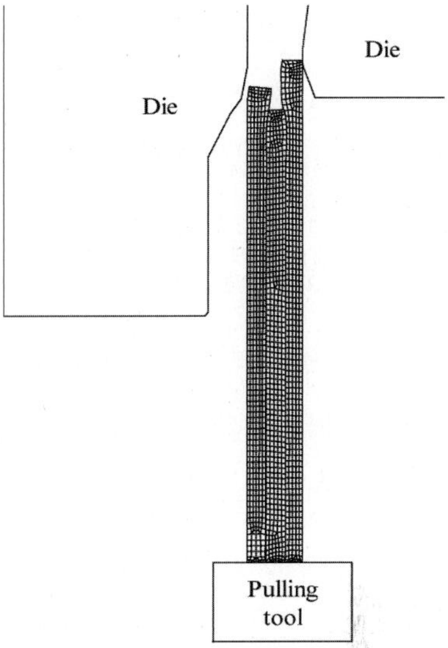

그림 10.91 복합재료 파이프 인발

10.16 스웨이징

스웨이징(swaging) 공정은 봉재, 튜브, 와이어 등의 단면 형상을 변화시켜서 여러가지 형태의 제품을 생산하는 비절삭 소성가공공정으로써 다음과 같은 장점을 지니고 있다. (1) 원형, 사각형, 테이퍼 등의 형상을 갖는 제품의 대량생산에 유리하다. (2) 장비가격이 저렴하고 구조가 간단하기 때문에 미숙련자에게도 작업이 용이하다. (3) 칩 발생이 거의 없으므로 소재절감 효과가 크고 비철금속 등의 재질에도 적용이 가능하며, 냉간은 물론 열간 성형이 가능하다. (4) 성형된 제품의 금속조직이 섬유조직의 형태를 갖기 때문에 원소재보다 기계적 성질(표면경도, 탄성한계, 인장강도, 압축강도, 굽힘강도 등)이 향상되는 특징이 있다. (5) 금형의 가공정도에 따라 절삭가공에서 얻을 수 없는 치수정밀도와 표면조도를 얻을 수 있다.

스웨이징공정은 금형 및 소재 운동의 복잡성과 점진성형으로 인한 계산시간 상의 문제점이 있으므로 적절한 해석모델의 개발이 선행되어야 한다. 여기는 스웨이징공정의 해석을 위한 해석모델을 소개하고 이를 원형-원형 스웨이징공정(round-to-round swaging process) 해석에 적용한 사례를 다룬다.

그림 10.92(a)에 해석용 스웨이징공정의 개념도를 나타내었다. 스웨이징공정은 내륜스핀들, 외륜스핀들, 롤러, 금형 등으로 구성되지만, 해석모델에서는 10.92(b)에서 보는 바와 같이 스트로크 정보가 시간 함수로 부과된 금형과 소재의 이송을 제어하기 위한 후미금형, 즉 밀어주는 목적의 금형(pusher)으로 구성된다. 실제의 공정에서는 금형은 회전하면서 동시에 반경방향으로의 왕복운동을 할 수 있지만, 해석모델에서는 금형의 회전운동을 소재의 회전운동으로 대신하도록 하였다. 즉, 회전하는 금형을 기준으로 삼아서 그 이외의 구성 요소들의 상대 운동이 동일하도록 하였다. 그리고 소재를 적절한 길이만큼 자르되, 소재의 후미에 소재의 길이방향으로의 운동 제어 목적의 후미금형을 위치시켰다. 후미금형은 소재를 미는 역할을 하거나 금형에 의한 소재의 소성변형 시에 발생하는 소재의 후진을 적절한 하중을 가함으로써 통제하는 역할을 담당한다.

후미금형은 금형이 소재와 닿지 않을 때는 소재를 스웨이징 방향으로 이송시키는 역할과 함께 성형 중에는 소재를 잡아주거나 반발하중을 부여하는 역할을 담당한다. 펀치가 비교적 크게 경사져 있는 경우, 소재에 미는 힘이 부과되지 않으면 역학적으로 성형이 불가능하다. 이러한 경우에 후미금형에 하중이 부과되어야 하며, 그 하중의 크기는 후진한 소재의 거리의 함수에 의하여 조절되도록 하였다. 미는 금형에 부과된 하중은 가상 체적력으로 처리하였다. 이 기능은 금형의 타격으로 인한 소재의 후진을 반영하는 목적으로도 사용된다.

그림 10.92(b)는 원형-원형 스웨이징공정의 해석모델을 나타내고 있다. 이 공정은 초기에 소재가 펀치의 경사면에 접촉하는 순간부터 일정 구간까지 후미금형이 없으면 해석이 역학적으로 불가능하다. 실 공정에서도 소재와 금형 사이의 마찰이 크지 않을 경우 후미에서 소재에 어떤 종류의 구속을 가하지 않으면 미끄러지기 때문에 성형이 불가능하다. 따라서 초기에는 후미금형에 의한 역학적 균형 유지가 필요하다.

해석에 사용된 재료의 물성치와 주요 공정 변수는 다음과 같다. 재료의 유동응력: $\bar{\sigma} = 712.8962\bar{\varepsilon}^{0.22}$ MPa; 금형의 반경방향 속도(v_r^D): 그림 10.93; 소재의 길이방향 속도 (v_l^M): 그림 10.93; 소재의 각속도(ω^M): 그림 10.93; 주기: 1.108 s; 미는 금형에 작용하는 반력: 그림 10.94; 마찰계수: 0.05.

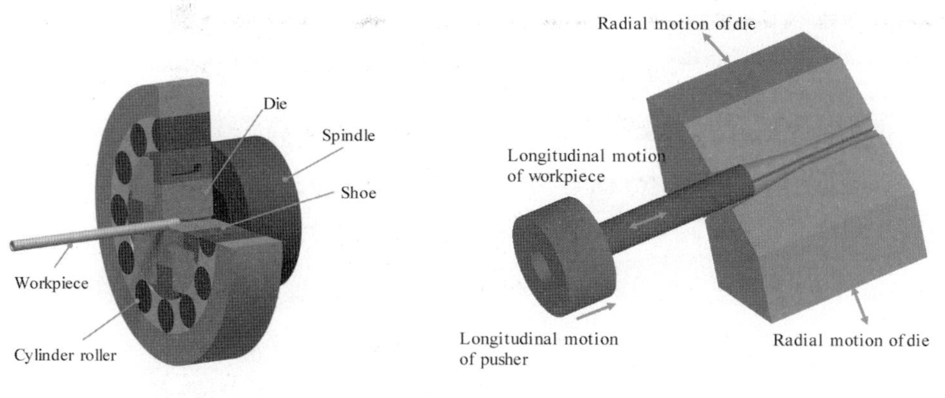

(a) 개념도 (b) 해석모델

그림 10.92 스웨이징공정

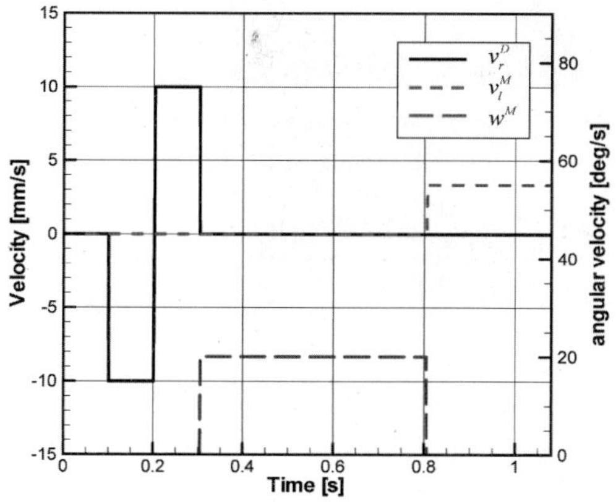

그림 10.93 소재와 금형의 운동

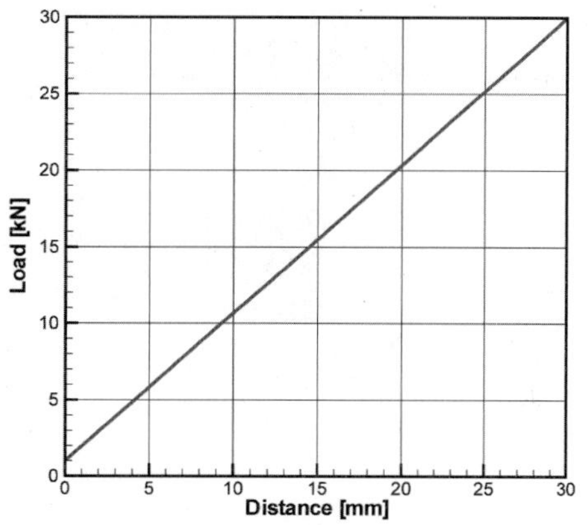

그림 10.94 후미금형의 후진 거리와 후방가압력

그림 10.95는 예측된 변형이력을 나타내고 있다. 단면을 살펴보면, 초기의 내경은 경사져 있지만 이 경사진 구간을 지나면, 반경의 변화가 매우 작은 구간이 나타난다. 그림 10.96에서 보는 바와 같이 단면의 변화가 발생하지 않는 구간에서 예측된 튜브의 두께는 3.66~3.84mm 사이에 존재하였으며, 이 수치는 실험결과인 3.75mm에 근접한 값으로 볼 수 있다. 그리고 해석결과의 내경에 주름이 형성된 것을 확인할 수 있는데, 이 역시 실험에서 나타난 것이다. 결론적으로 해석결과는 실험결과를 비교적 잘 반영하는 것으로 판단된다.

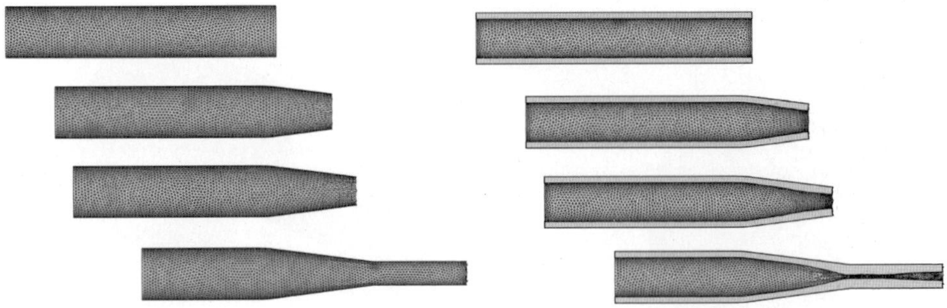

(a) 외부　　　　(b) 내부

그림 10.95 예측결과 – 변형이력

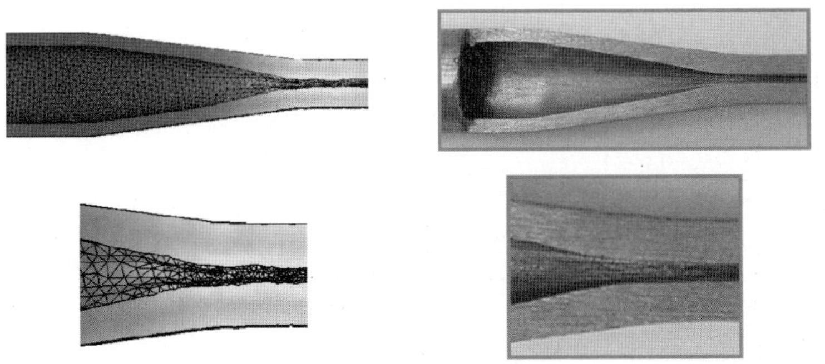

(a) 예측결과　　　　(b) 실험결과 (한국생산기술연구원 제공)

그림 10.96 예측결과와 실험결과의 비교

10.17 반경단조

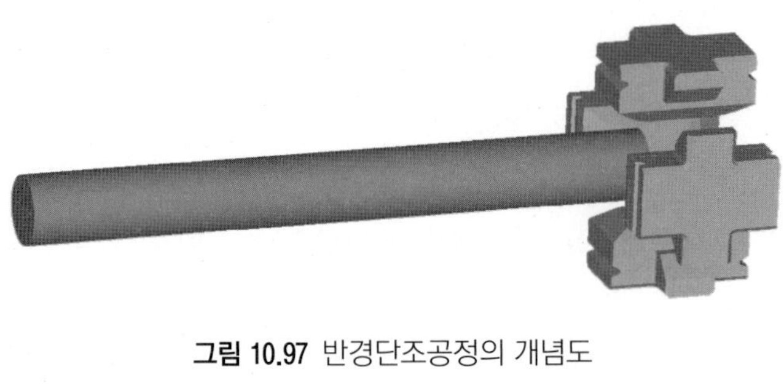

그림 10.97 반경단조공정의 개념도

그림 10.97은 전형적인 반경단조공정을 나타내고 있다. 해석의 관점에서 보면, 반경단조는 10.16절의 스웨이징과 크게 다르지 않다. 반경단조는 자유단조의 일종으로 일반 자유단조에 비하여 다소 지능화된 축류 제품 제조 방법이다. 따라서 여기서는 자유단조의 코깅(cogging)공정을 대표하여 반경단조공정에 관한 해석결과를 소개한다.

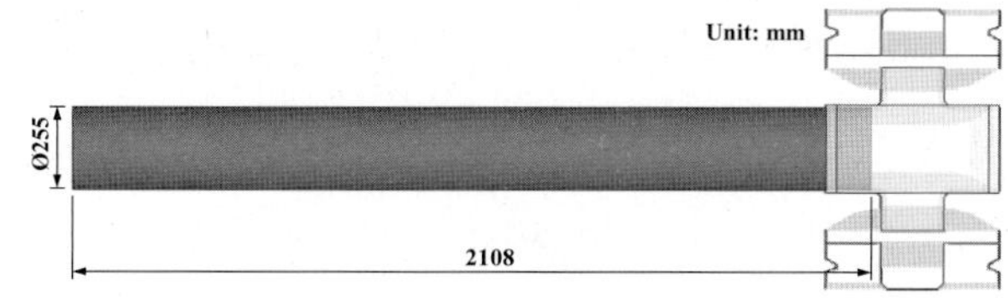

(a) 초기소재와 성형용 금형

(b) 희망제품 단면 형상

(c) 실험결과 (용현BM 제공)

그림 10.98 반경단조의 공정정보 및 실험결과

자유단조나 스웨이징에서는 금형이 소재를 타격할 때 소재를 잡고 있는 장치에 의하여 소재에 힘이 가해진다는 것이 특징이다. 특히 금형이나 소재에 경사진 부분이 있다면 그 영향이 더욱 뚜렷할 것이다. 여기서는 이 장치를 미는 금형으로 모델링하였다. 이 미는 금형은 스웨이징공정의 해석에서 이미 사용된 것으로 후미금형으로 칭한다. 후미금형은 소재가 성형 목적의 금형과 접촉하지 않으면 소재와 접촉을 유지하고 소재와 함께

움직인다. 따라서 소재의 움직임을 통제한다. 만약 소재와 성형 목적의 금형이 접촉상태를 유지하면 이 후미금형은 소재에 힘을 부과하는 목적으로 사용된다. 즉, 프레스의 성형하중부과에 따른 그립의 반발력을 반영하기 위함이다. 따라서 일종의 스프링에 부착된 금형과 유사하다. 후미금형이 소재에 가하는 축방향의 하중은 일정한 예압하중과 스프링의 압축(소재가 후미금형을 파고든 양으로 계산함)에 따른 하중의 합으로 계산된다.

그림 10.98(a)는 성형용 금형과 소재의 초기형상을 나타내고 있고, 그림 10.98(b)는 요구된 형상의 단면도이다. 그림 10.98(c)는 해석에 사용된 공정스케줄에 의하여 제조된 계단봉재를 나타내고 있다. 공정스케줄은 복잡하고 길기 때문에 소개하지 않는다. 주요 공정 변수는 다음과 같다. 초기 봉재 지름과 길이는 각각 255mm와 2108mm이다. 첫 번째 패스에서 봉재는 지름이 245mm인 봉재로 제작되었으며, 세 개의 패스를 통하여 줄어든 반경 영역을 성형하였다. 첫 번째 패스에서는 245mm를 205mm로 직경을 축소시켰으며, 두 번째 패스에서는 205mm를 180mm로 축소시켰고, 마지막 패스에서 180mm를 170mm로 축소시켰다. 그림 10.98(c)는 실험결과를 나타낸다.

해석 중에 사면체요소의 수를 50000개 내외로 통제하였고, 해석은 총 50000여 해석스텝만에 종료되었다. 그림 10.99는 예측된 변형이력을 나타낸다. 그림 10.100은 실험결과와 예측결과를 비교하고 있다.

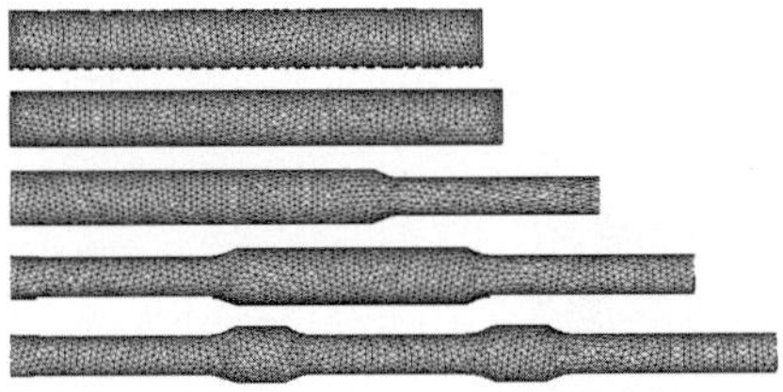
(a) 외부

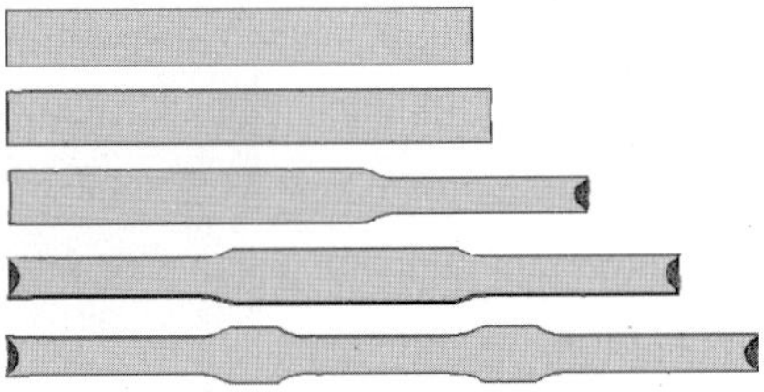
(b) 내부

그림 10.99 예측결과 – 변형이력

(a) 해석결과

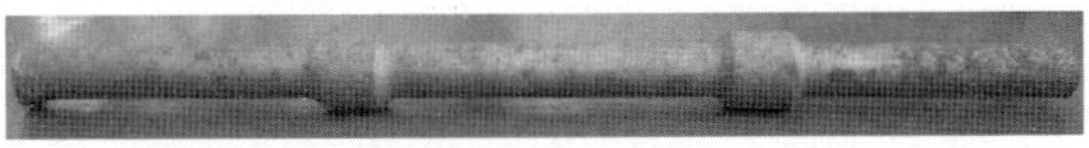
(b) 실험결과

그림 10.100 해석결과와 실험결과의 비교

10.18 서론

10.18.1 업셋팅 공정

선박용 엔진 부품이나 풍력발전용 대형 부품은 자유단조에 의하여 생산되고 있으며, 단강품으로 분류되고 있다. 단강품은 자유단조의 기본요소인 업셋팅공정과 코깅공정을 통하여 주조로 제작된 소재를 반복적으로 타격함으로써 원하는 형상으로 제조되고 있다. 자유단조의 목적에는 소재를 절약하는 것도 있지만, 품질의 개선도 매우 중요한 목적 중의 하나이다. 일반적으로 대형 인고트 내부, 특히 중심 부근의 편석대에 수많은 기공과 결함이 존재하기 때문이다. 따라서 자유단조 중 기공의 압착이 기술자들의 주요 관심사가 되어 왔다. 물론 실험적인 방법과 해석적 방법 모두 한계가 있다. 그러므로 단조 시뮬레이션 기술이 특히 이 분야에서 주목을 받아 왔다. 단조 시뮬레이션 기술도 있는 그대로 활용할 수는 없다. 적절한 해석모델의 개발이 필수적이다.

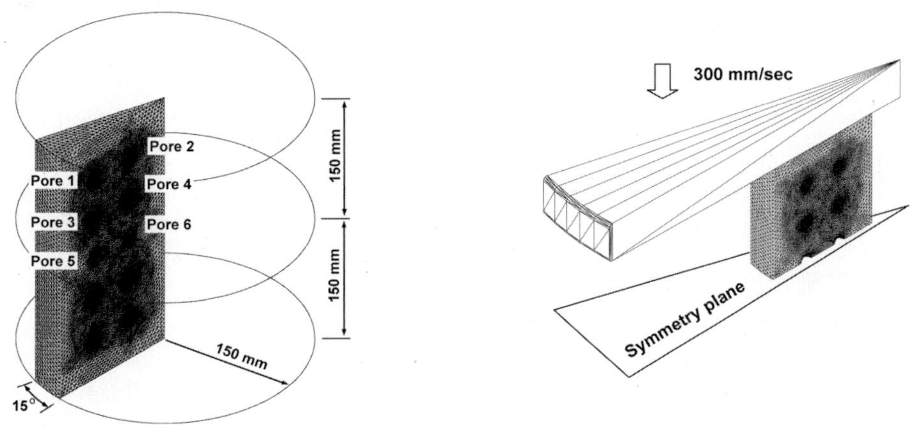

(a) 초기소재 (b) 해석모델

그림 10.101 업셋팅공정 중 발생한 기공압착 해석을 위한 해석모델

그림 10.101은 업셋팅공정 중 발생하는 기공압착 해석을 위한 해석모델을 나타낸다. 그림 10.101(a)에서 보는 바와 같이 해석 대상의 원소재는 실린더 형상이며, 직경이 300mm이고 높이가 300mm이다. 기공은 그림 10.101 (b)에서 보는 바와 같이 상하의 대칭면을

포함한 단면에 총 10개를 위치시켰으며, 원주방향으로 매 30° 마다 동일한 기공이 존재하는 것으로 간주하였다. 이 공정의 해석상 특징은 상하 대칭면을 활용했다는 점이다. 따라서 대칭성을 이용하여 전체 해석대상의 실린더의 1/48을 해석 대상 영역으로 선택하였다. 기공의 형상은 구이며, 다양한 크기의 구의 직경(2.5mm-15.0mm)에 관한 해석이 이루어졌으며, 여기서는 방법론에 관심이 있으므로 5.0mm와 15.0mm의 두 가지의 결과를 중점적으로 소개한다.

업셋팅공정 중 온도의 변화는 크지 않다는 가정하에 등온해석을 실시하였으며, 시뮬레이션에 사용된 유동응력, 마찰조건, 금형의 속도는 다음과 같다. 유동응력: $\bar{\sigma} = 64.4\dot{\bar{\varepsilon}}^{0.2}$ MPa ; 마찰상수: 0.6 ; 금형의 속도: 300mm/s.

해석 중에 요소의 수는 40000개 이내로 통제되었다. 관찰의 용이함을 위하여 대칭면에 기공을 위치시켰으며, 그 반대면에는 기공을 삽입하지 않았다. 요소망재구성 시에 소재 표면의 곡률 등을 요소밀도 계산 과정에서 고려함으로써 기공의 적절한 표현에 문제가 없도록 하였다. 즉, 자유표면상의 점이 반대 편의 소재를 침투하면 압착이 발생한 것으로 간주하였다. 그리고 일반적으로 구 형상의 압착이 접히는 부분에서 발생하므로 서로 접히는 부분을 요소망재구성 시에 압착된 것으로 간주하였다.

그림 10.102에 두 가지 기공의 크기(5mm, 15mm)에 따른 기공의 압착 및 소멸 과정을 나타내었다. 그림 10.103은 기공압착 과정을 자세하게 나타낸 것이다. 그림에서 보는 바와 같이 기공 주위의 요소망 밀도가 높게 나타나고 있으며, 매우 작은 크기의 기공일지라도 요소망재구성 과정에서 사라지지 않았다. 그림 10.102의 해석결과를 얻는데 평균 65번의 요소망재구성이 실시되었다.

그림 10.104에 기공의 크기가 15.0 mm인 경우에 대하여 기공이 위치한 지점에서의 정수압과 유효변형률의 변화 과정을 각각 나타내었고, 그림 10.105는 각 기공들의 사라지는 압하율을 나타내었다. 그림 10.104(a)로부터 기공이 사라지는 지점에서 정수압이 음수에서 양수로 급격하게 변하고 있음을 알 수 있다. 압착이 발생하기 이전의 한 순간, 즉 어떤 압하율에서 기공의 위치에 따른 정수압이 압착이 발생한 이후의 어떤 압하율에 대한 정수압에 비하여 그 분포가 약 50% 좁게 나타남을 알 수 있다. 그리고 압착이 발생하는 구간에서의 압하율이 비교적 넓게 분포하고 있음을 알 수 있다. 즉, 정수압이 0인 영역이 압하율 31%~49%에 걸쳐 있음을 알 수 있다. 이 점은 그림 10.105의 압착되는 시점

기준에서의 압하율, 즉 33%~51%에서도 확인할 수 있다.

그림 10.104(b)의 기공에서 변형률의 변화 곡선과 그림 10.105의 15.0 mm 기공의 압착 순간의 압하량에서 보는 바와 같이 변형률과 기공 압착은 가장 밀접한 연관 관계를 맺고 있다. 그림 10.104에 표시되어 있는 바와 같이 위치에 상관없이 즉, 정수압 등과는 크게 상관없이 0.4~0.6 사이의 변형률에서 기공이 압착되는 것으로 나타났다.

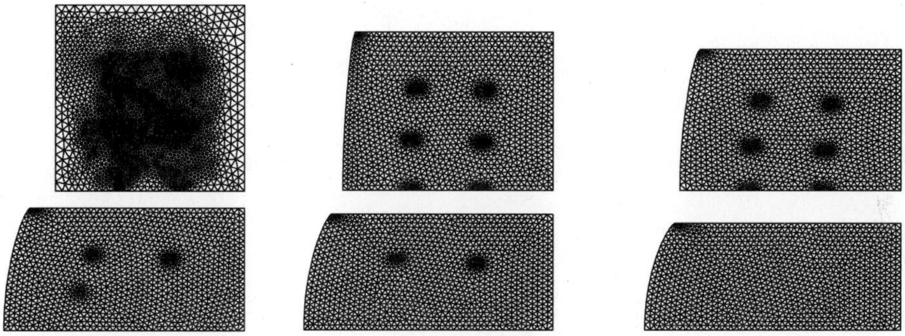

(a) ϕ = 5.0 mm

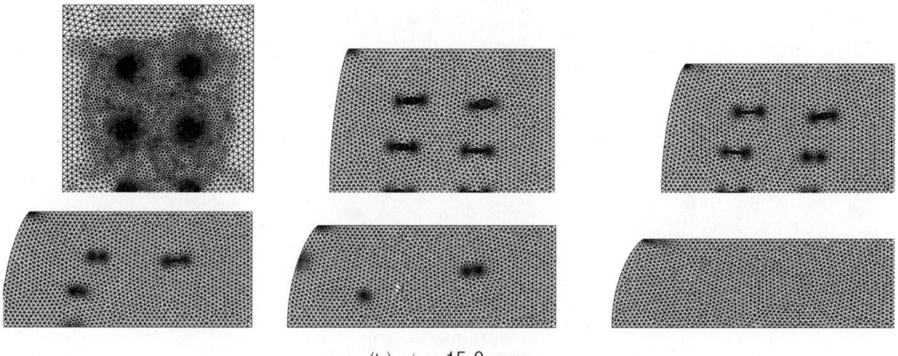

(b) ϕ = 15.0 mm

그림 10.102 업셋팅공정 중 발생한 기공압착 예측결과

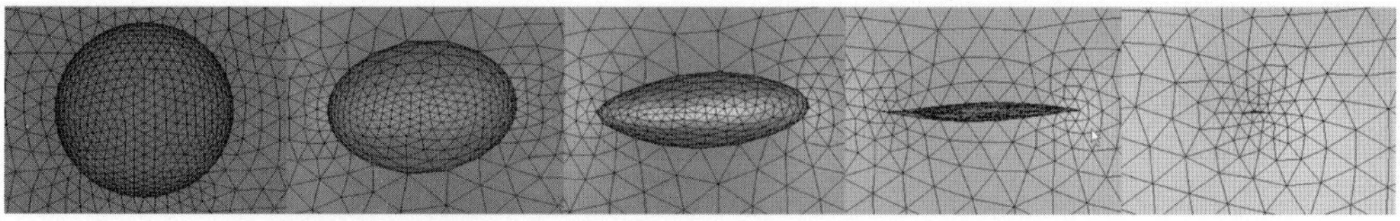

그림 10.103 기공압착의 상세 과정 (ϕ = 15.0 mm)[부록 C]

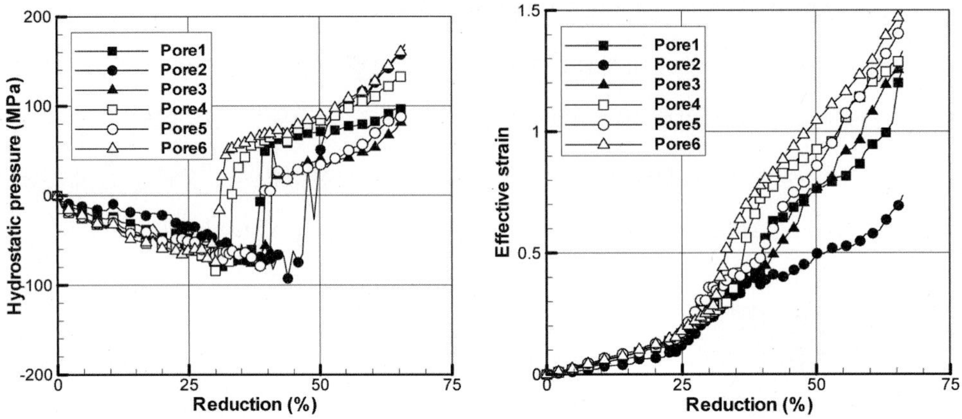

(a) 정수압 (b) 유효변형률

그림 10.104 상태변수의 변화 (ϕ= 15.0 mm)

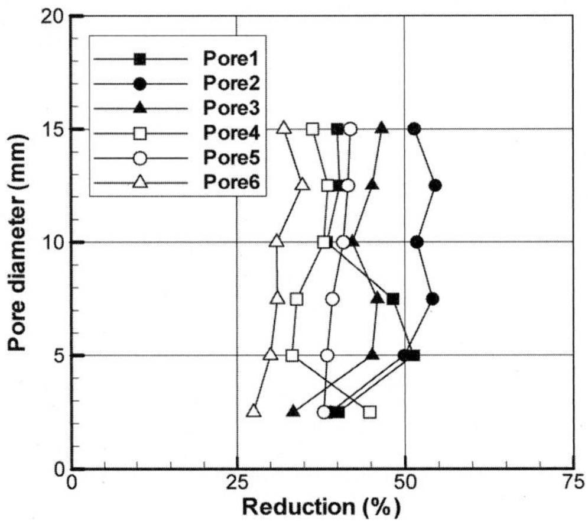

그림 10.105 각 기공의 압착 시점 (ϕ = 15.0 mm)

10.18.2 자유단조 및 반경단조

여기서는 대형 축의 제조 목적으로 활용되고 있는 축의 자유단조에서 기공의 압착 과정에 관하여 해석을 실시하며, 축의 자유단조 시의 기공 압착 관점에서 일반자유단조 프레스와 반경단조기를 비교한다.

축의 자유단조공정의 해석 목적으로 기공을 초기에 소재의 내부에 위치시키는 것은 어려운 작업이 아니지만, 압착 과정에서 불가피한 요소망재구성은 용이하지 않다. 해석결과의 정보화 측면에서도 효과적이지 않다. 따라서 실 공정에 가까우면서도 실용성이 있어야 한다. 그림 10.106에서 보는 바와 같이 축의 길이 방향에 수직한 대칭면을 가진 해석모델을 사용하면 많은 현상의 파악이 가능하다. 대칭면에 기공을 적절한 위치에 분포시켜 이를 추적함으로써 기공의 소멸 과정을 효과적으로 해석하고 관찰할 수 있다.

그런데 대칭조건으로부터 문제가 발생한다. 펀치가 대칭면을 벗어나면 소재가 대칭면 방향으로 유동하는 문제가 그것이다. 이것은 기공의 관점에서 볼 때 큰 영향을 미치지만 실제 현상과는 다소 차이가 나기 때문이다. 그리고 기공의 소멸 과정은 필연적으로 요소망재구성이 수반된다. 요소망재구성은 이산화된 형상을 재이산화하는 과정이므로 인위적인 형상변화를 동반한다. 이것은 기공 소멸 과정의 해석 측면에서는 매우 치명적인 것이다. 따라서 최종적인 성형 형상은 대칭면 전후에서는 성형해석에 의하여 인위적으로 단이 발생하도록 하고 최대로 성형된 단과 비성형된 단 사이는 적절하게 기울기가 발생하게 하는 것이 바람직하다.

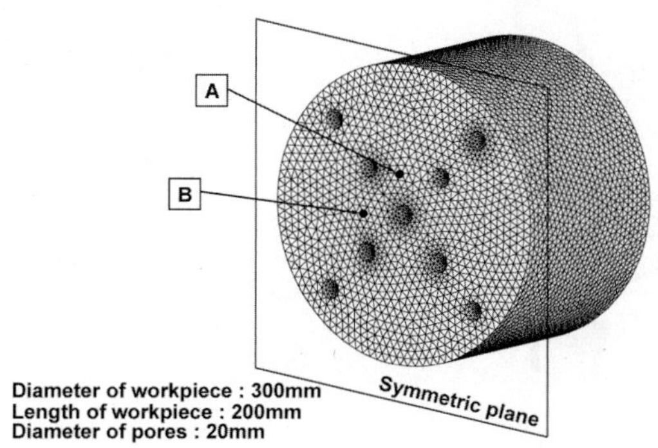

그림 10.106 코깅공정 중 기공압착 해석을 위한 해석모델

이러한 점을 고려하여 해석모델에서 펀치의 폭을 실제보다 크게 하였으며, 단의 증가와 함께 금형을 이동시켜 실제 소재와 펀치가 닫는 부위의 폭은 점진적으로 감소하도록 하였다. 소재의 초기 길이는 해석결과를 바탕으로 대칭면 주위의 소성유동에 영향을 받지 않는 최소의 길이로 결정하였다.

그림 10.107(a)와 그림 10.107(b)는 실제 기공 소멸 과정의 예측에 사용된 소재 및 금형의 형상을 나타내고 있다. 소재의 길이는 200mm(대칭 조건 고려 시 400mm)이고, 직경

은 300mm이다. 소재의 유동응력은 $\bar{\sigma} = 74.1\dot{\varepsilon}^{0.19}$ MPa 으로 간주하였다. 공정해석 중 등온조건의 재료가 사용되었으므로 기공 소멸 과정에서 온도의 영향을 고려하지 않았다.

초기 기공은 총 9개이며, 예측결과의 신뢰성 측면에서 대칭이 되도록 위치시켰다. 기공의 반경은 10mm로 하였다. 공정해석 중에 요소의 수를 200000개 내외로 통제하였다. 그림 10.107(c)는 일반자유단조공정의 해석을 위한 공정도를 나타내고 있다.

요소망재구성으로 인한 상태변수의 순화와 기공 형상의 변화를 최소화시키기 위하여 해석 중 요소망재구성을 최소화시켰다. 일반자유단조공정과 반경단조공정을 해석하는 동안 각각 17회와 26회의 요소망재구성이 이루어졌다. 요소망재구성은 필연적으로 소재의 외곽형상 변화를 초래하며, 경우에 따라서 부적절한 요소망재구성으로 신뢰할 수 없는 결과를 얻을 수도 있다. 특히 기공압착 해석의 경우, 요소망생성 전후의 상황을 점검할 필요가 있다.

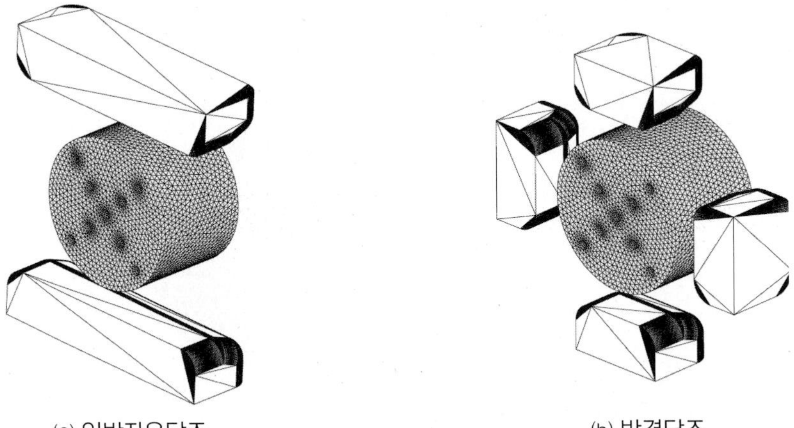

(a) 일반자유단조 (b) 반경단조

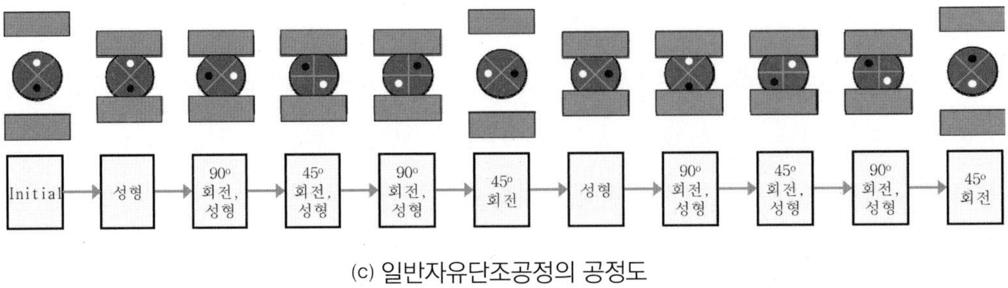

(c) 일반자유단조공정의 공정도

그림 10.107 기공압착 해석을 위한 공정

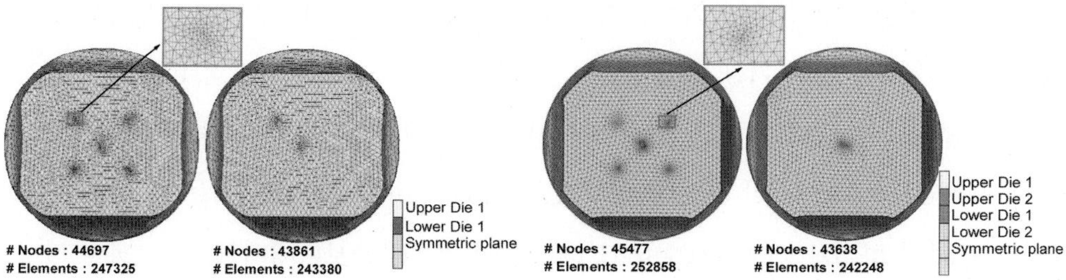

(a) 일반자유단조 (b) 반경단조

그림 10.108 요소망재구성 이전 및 이후의 요소망

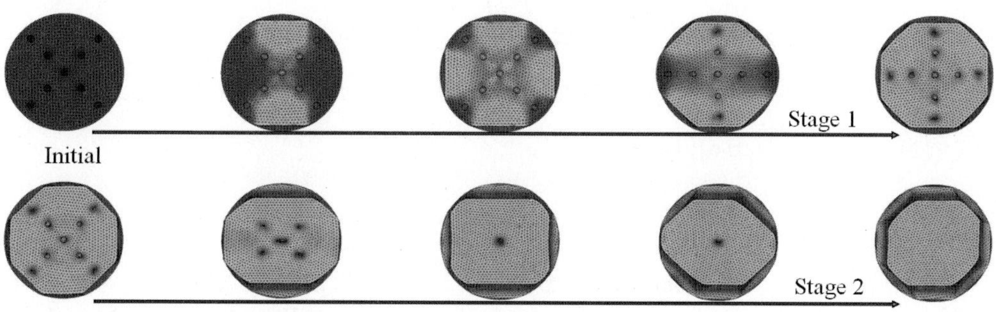

(a) 일반자유단조

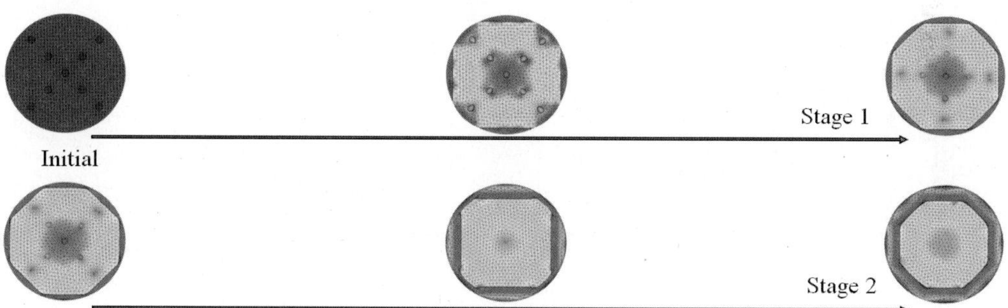

(b) 반경단조

그림 10.109 기공소멸 과정의 비교[부록 C]

그림 10.108은 요소망재구성 전후의 절점의 대칭면 접촉여부를 나타내고 있다. 기공이 사라지는 순간에는 모든 절점이 대칭면에 접촉하는 것을 확인하였다. 따라서 획득된 결과는 매우 신뢰할만한 수준이다. 결과에 대한 신뢰성은 반경단조공정에서 대칭면 상의 기공이 거의 동시에 사라지는 결과로부터도 확인할 수 있다.

그림 10.109는 예측결과로 획득한 일반자유단조공정(그림 10.109(a))과 반경단조공정(그림 10.109(b))에 대한 기공 소멸 과정을 나타내고 있다. 그리고 그림 10.106에 표시된 점 A와 점 B에서 정수압을 그림 10.110(a)에 나타내었고, 유효변형률의 변화를 그림 10.110(b)에 나타내었다. 이 두 그림에서 보는 바와 같이 반경단조에서는 조사된 두 위치에서 정수압의 차이가 거의 없으며, 그 값이 일반자유단조보다 2배 정도 크게 나타나고 있다. 물론 기공 소멸 시점에서의 단면감소율 관점에서도 반경단조가 유리하다. 그러나 일반자유단조에서 유효변형률이 동일 단면감소율의 조건하에서 약 2배 크게 나타나고 있다. 하지만 일반자유단조의 경우에는 변형이 상대적으로 불균일하거나 방향성을 달리하는 변형이 반복되기 때문에 기공 소멸 과정을 근거로 판단할 때 그 효용성은 떨어지는 것으로 판단된다. 즉, 이 결과는 줄곧 압축상태에서 변형되는 실린더 압축공정, 즉 업셋팅공정의 결과와 다소 차이가 있다.

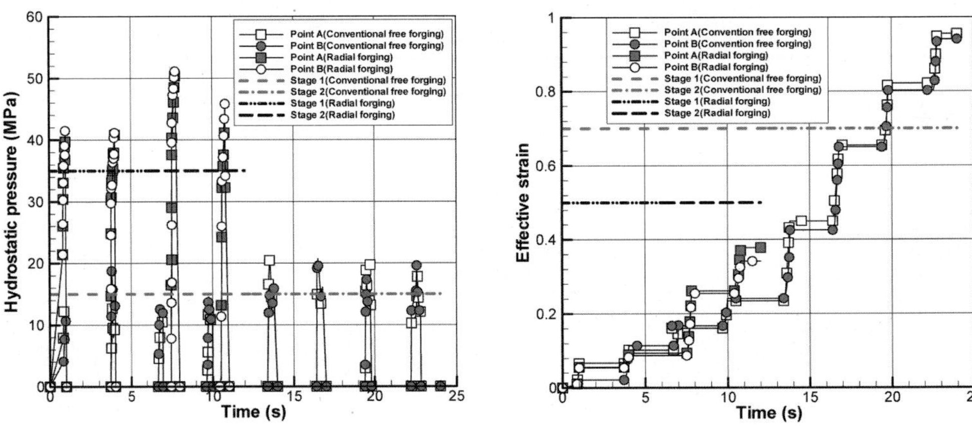

(a) 정수압 (b) 유효변형률

그림 10.110 기공압착 관점에서 일반자유단조와 반경단조의 비교

10.19 자유단조

10.19.1 일반자유단조

자유단조는 단순한 금형의 주기적 타격과 메뉴플레이터에 의한 소재의 주기적 회전 및 이송 운동을 이용하여 목적으로 하는 형상을 성형하는 공법이다. 자유단조는 대형 제품의 성형 목적으로 널리 활용되고 있다.

자유단조품의 형태에는 제약이 많지 않지만, 산업적 관점에서 자유단조품은 덩어리 모양의 제품과 축류 제품으로 나누어진다. 축류의 제품은 주로 코깅(cogging)공정에 의존하며, 덩어리 형태의 제품은 업셋팅공정에 의하여 완성된다.

선박엔진 및 발전설비 부품과 함께 풍력발전기용 부품은 중후장대 기계부품의 대명사이다. 풍력발전용 부품은 통상 주조된 인곳을 단조 및 링롤링한 후 기계가공을 거쳐서 만들어진다. 그림 10.111에 주요 풍력발전기용 및 중대형선박엔진용 단조품을 정리하였다. 회전 운동을 통한 동력 전달 목적의 축류와 링 형태의 제품이 대부분을 차지하고 있다.

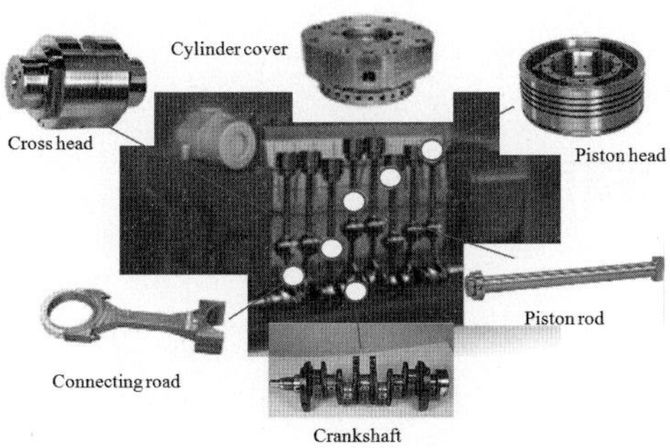

(a) 선박엔진

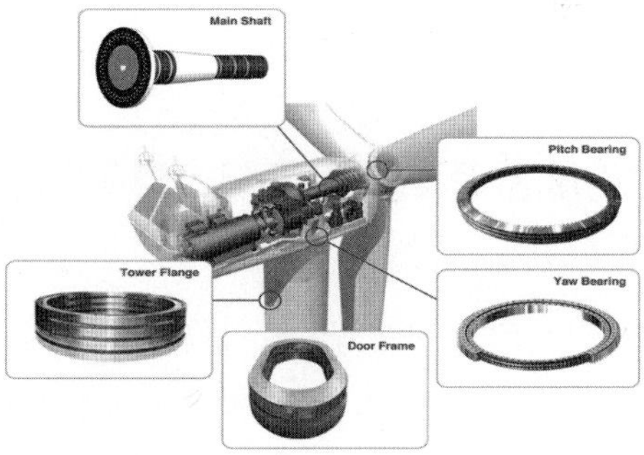

(b) 풍력발전

그림 10.111 대형 단조품 사례

여기서는 업셋팅공정에 의존한 덩어리 형태의 자유단조품 제조공정을 단조 시뮬레이션을 통하여 소개한다. 그림 10.112에서 상부 좌측의 형상은 스라브 형태의 원소재이고, 하부 우측의 형상은 풍력발전기용 베어링의 외륜용 링의 예비형상이다. 이 공정은 기본적으로 업셋팅공정을 통하여 스라브를 덩어리로 만들고 이를 원통으로 만든 후 실린더 업셋팅공정(그림 10.112(b))과 피어싱공정(그림 10.112(c))을 거쳐 예비형상을 성형하는 것으로 이루어져 있으며, 주요 시점에서의 소재의 형상과 위치 및 방향을 그림 10.112에 정리하였다.

이 공정의 해석조건은 다음과 같다. 소재의 종류: SCM440; 마찰조건: 쿨롱마찰 (마찰계수 = 0.3).

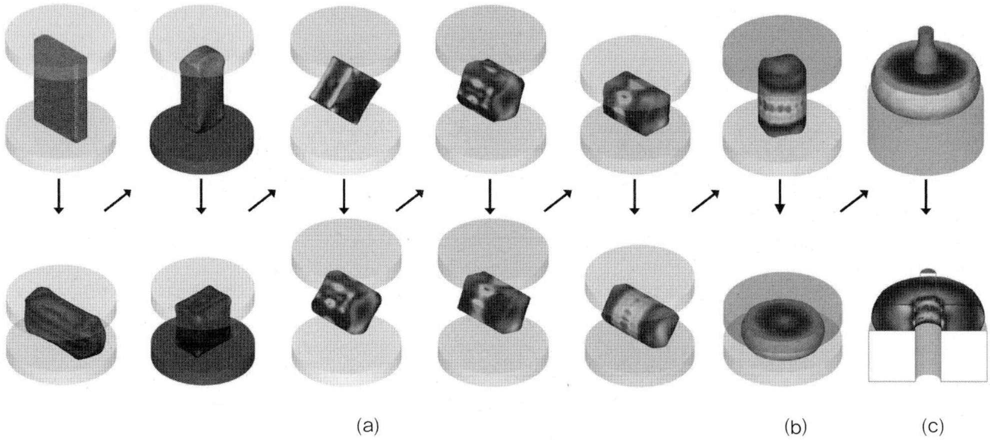

그림 10.112 공정도 및 예측결과 (용현BM 제공)[부록 C]

10.19.2 풍력발전용 기어 소재 자유단조 및 링롤링

여기서는 피치베어링용 링의 제조공정의 해석을 통하여 관련 공법에 대한 이해를 돕고자 한다. 기본적으로 자유단조의 특성상 수많은 공정설계가 가능하다. 이것은 장비와 소재의 형태, 생산량 등에 따라 달라진다. 그림 10.113은 수많은 가능한 공정설계 중의 하나이다. 원소재는 그림 10.113(a)에서 보는 바와 같이 주조된 인곳이다. 그림 10.114(b)의 피치베어링용 링 소성가공공정은 업셋팅, 코깅 또는 반경단조, 절단, 업셋팅, 피어싱, 링롤링으로 구성되어 있다.

소재는 SCM440이고, 해석 중 마찰계수를 0.3으로 가정하였다. 그림 10.114에 주요해석결과를 정리하였다. 이 결과는 1:1 척도를 만족하지 않는다.

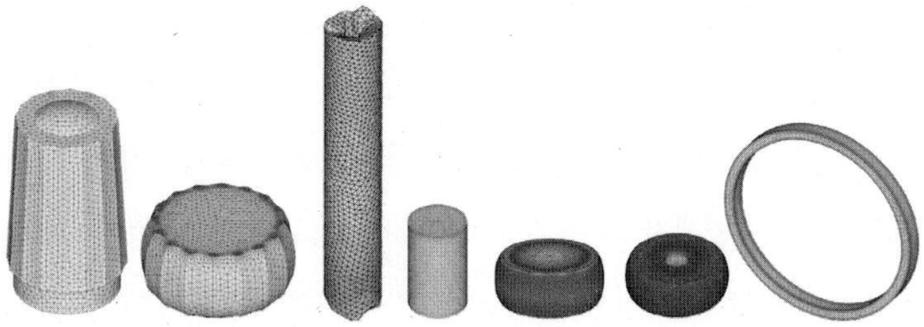

그림 10.113 예비형상 제조 공정

(a) 인곳의 업세팅공정

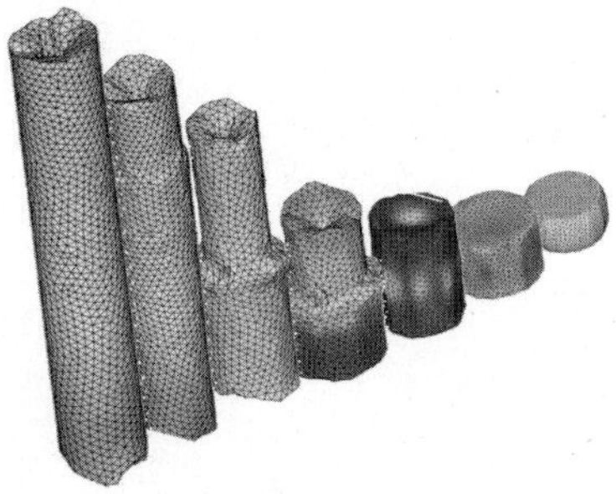

(b) 코깅공정

(c) 실린더 업셋팅공정 및 피어싱공정

그림 10.114 풍력발전기용 베어링 외륜의 링롤링용 예비형상 제조공정 (용현BM 제공)

10.20 롤피어싱

상업용 금속 파이프에는 용접파이프(welded pipes)와 무용접파이프(seamless pipes) 두 종류가 있다. 용접파이프는 박판 또는 후판재를 굽혀서 기본적인 형상을 성형하고 연결부위를 따라 용접하여 만든다. 반면에 무용접파이프는 Mannesmann 효과를 이용하여 봉재를 길이방향으로 천공하여 만든다. 용접파이프는 제조원가가 적고 제조가 용이하기 때문에 광범위하게 사용되고 있다. 그러나 용접파이프는 무용접파이프에 비하여 신뢰성이 떨어지고 강도가 낮은 문제가 있다. Mannesmann 효과는 압축 성형 시에 발생하는 인장응력 상태에서 발생하는 일종의 결함적 요소이지만 롤피어싱에서는 구멍의 생성을 유도하며, 그 구멍이 원하는 형상으로 성형되는 과정에서 파이프의 금속 조직을 미세화하며 균일화하므로 무용접파이프의 품질은 향상된다. 이런 이유로 고압 및 고신뢰성이 요구되는 목적으로 무용접파이프가 주로 사용되고 있다. 무용접파이프의 최대 수요처는 석유가스산업과 해양플랜트 등이다.

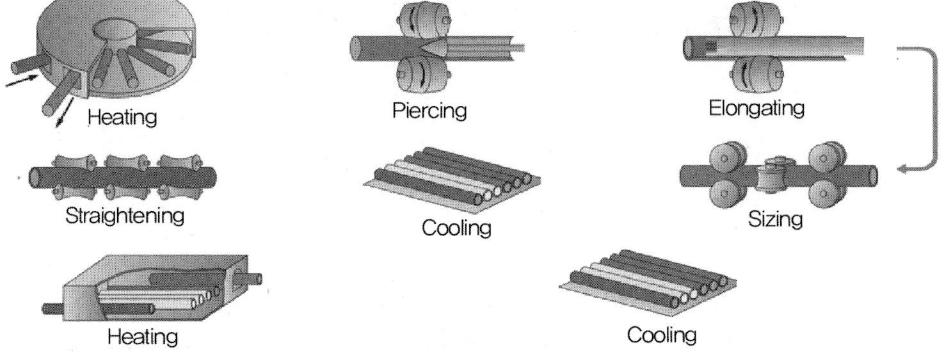

그림 10.115 무용접파이프 제조 공정도

그림 10.115에서 보는 바와 같이 일반적으로 무용접파이프의 제조공정은 롤피어싱 또는 천공롤링(pierce rolling)과 후속공정으로 이루어진다. 후속공정에는 신장롤링(elongating rolling), 사이징롤링(sizing rolling), 직선화롤링(straightening rolling)이 포함된다. 롤피어싱은 봉재로부터 두꺼운 파이프를 제조하는 공정이며, 신장롤링은 두꺼운 파이프로부터 얇은 파이프를 제조하는 공정이고, 사이징 및 직선화롤링은 최종적인 제품을 제조하는 공정이다. 무용접파이프의 제조공정에서 롤피어싱공정은 후속공정에 지대한 영향을 미치므로 산업계의 주요 관심사는 롤피어싱공정이다.

대표적인 천공기술로는 크게 세 가지 종류가 있다. 즉, 프레스롤피어싱(press roll piercing), 바렐형회전피어싱(barrel-type rotary piercing), 콘 타입형회전피어싱(corn-type rotary piercing)이 그것이다. 바렐회전피어싱은 Mannesmann 피어싱으로 널리 알려져 있으며, 이 공정에서 롤의 형상은 바렐 형상을 하고 있다. Mannesmann 피어싱은 Mannesmann 효과, 즉 소재의 중심부에서 발생하는 인장응력과 관련이 크다.

Mannesmann 피어싱공정은 사용하는 롤의 수와 소재를 지지하는 방식에 따라 다소의 차이가 있다. 롤을 세 개 사용할 경우, 지지하는 장치가 불필요한 반면, 롤이 두 개일 경우 소재를 압연 축과 일치시키기 위한 지지장치가 필요하다. 지지장치로는 롤, 슈(Shoe), 디스크 등의 세 종류가 있다. 여기서는 Pater 등[10.7]이 연구한 것과 동일한 공정을 대상으로 디스크 방식과 슈 방식의 해석결과를 소개한다.

(1) 디스크 지지 Mannesmann 롤피어싱공정

그림 10.116(a)과 그림 10.116(b)는 각각 디스크 방식과 슈 방식의 개략도를 나타내고 있다. 그림에서 보는 바와 같이 근본적으로 Mannesmann 롤피어싱공정은 원형 중실 소재, 두 개의 드럼 형상의 작업롤(work roll), 두 개의 디스크 형상의 지지롤 또는 평판 지지대, 피어싱 목적의 맨드렐로 구성된다. 소재의 초기 길이를 적절하게 작게 하되, 뒷부분의 요동을 막기 위한 장치 또는 조건이 필요하다. 여기서는 초기에 후미에서 소재를 밀어 안착을 유도하고 흔들림을 방지하기 위한 목적으로 파이프 형태의 미는 금형(pusher), 즉 후미금형을 사용한다.

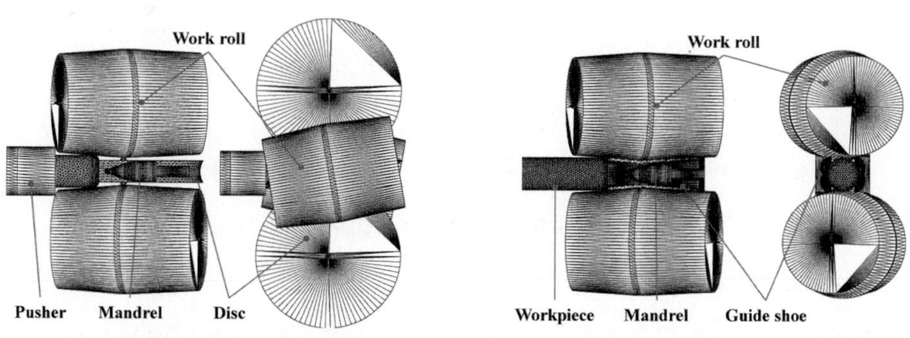

(a) 지지롤 타입 (b) 지지슈 티입

그림 10.116 롤피어싱공정의 개념도

작업롤과 소재 사이에는 미끄럼이 발생하지 않는다고 가정한다. 디스크 형상의 지지롤과 소재 사이의 마찰은 일정전단마찰이 작용하는 것으로 가정하며, 마찰상수를 0.4으로 가정한다. 맨드렐이 힘의 평형에 의하여 자전하기 때문에 맨드렐과 소재 사이는 무마찰로 간주한다. 주요 공정변수는 다음과 같다. 소재 종류 : SUJ2(그림 10.117); 초기소재의 직경 : 60mm; 롤 회전속도 : 60.0rpm; 가이드 롤 회전속도 : 6.8rpm; 소재 초기온도 : 1180℃; 맨드렐 초기온도 : 300℃; 작업롤과 가이드롤의 초기온도 : 100℃.

사면체요소의 수를 50000개 내외가 되도록 하였고, 그림 10.118과 그림 10.119에서 보는 바와 같이 소성변형 구간에서 요소밀도가 조밀하도록 하였다. 예측결과에서 부피의 변화는 두 경우 모두 0.1% 이내로 통제되었다.

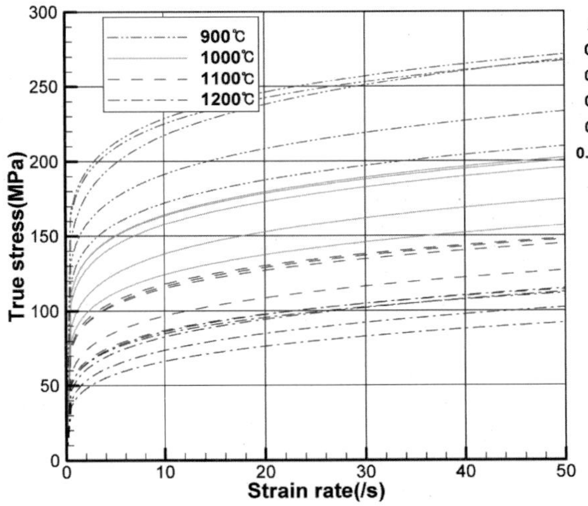

그림 10.117 유동응력

그림 10.118은 슈 방식을 이용한 롤피어싱공정의 해석결과이며, 요소망 정보와 함께 변형이력을 나타낸다. 그리고 그림 10.119는 두 방식의 결과를 비교하고 있다.

두 방식 모두 그림 10.118에서 보는 바와 같이, 초기소재는 작업롤을 통과하는 순간 단면이 감소하지만, 소재가 작업롤을 통과하면서 다소 반경이 증가함을 알 수 있다. 그리고 작업롤 사이에서 소재의 단면은 원형을 유지하지 못하고 일그러진 형상이 되며, 소재가 맨드렐을 벗어나면서 점점 원형 단면에 가깝게 됨을 알 수 있다. 소재의 타원율을 구해본 결과, 맨드렐의 플러그 중간부분에서 디스크 방식의 경우 타원율이 1.057이고, 슈 방식 경우의 타원율은 1.186 이며, 두 방식 모두 소재가 완전히 빠져나왔을 때 소재의 단면은 원형에 가깝다.

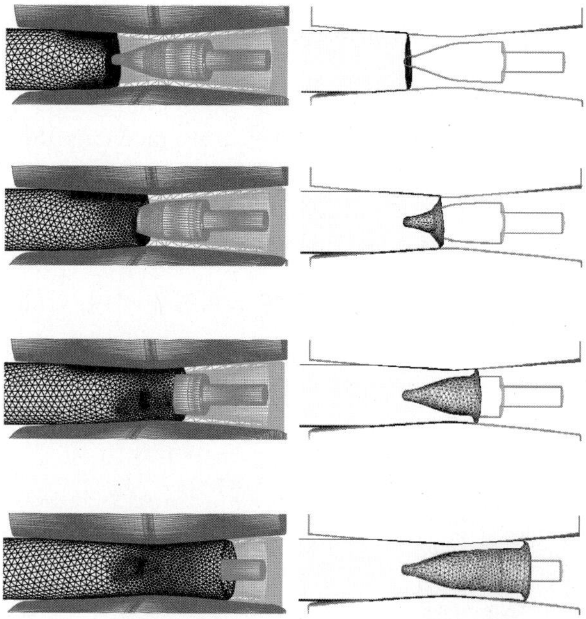

(a) 외부 (b) 내부

그림 10.118 지지슈 타입의 예측결과

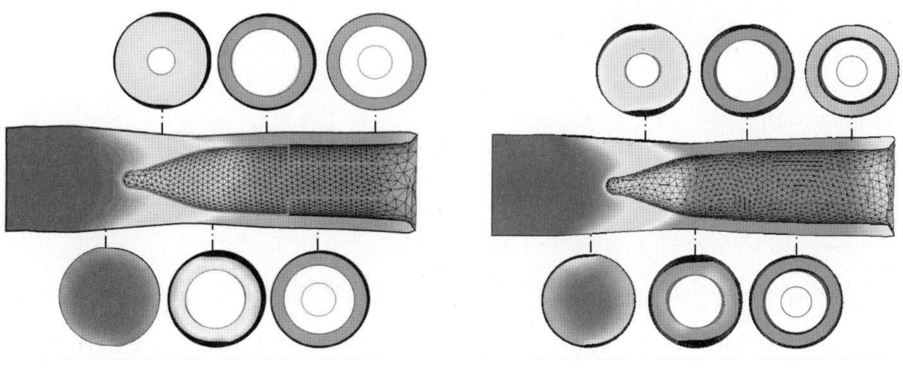

(a) 디스크 타입 (b) 슈 타입

그림 10.119 변형형상 및 유효변형률 비교[부록 C]

10.21 링롤링

10.21.1 등속조인트 인너레이스 케이지 링롤링

그림 10.120은 등속조인트 인너레이스 케이지(inner race cage)의 링롤링공정을 나타내고 있다. 해석을 위한 공정은 기본적으로 소재 또는 예비형상, 작업 롤, 멘드렐 등으로 구성되어 있다. 작업 롤은 압하력을 지탱하면서 성형에 필요한 동력을 전달하는 역할을 수행하며, 멘드렐 방향으로 이송된다. 멘드렐은 공회전을 하며, 압하력을 지탱하는 역할을 담당한다. 즉, 작업 롤은 이송과 함께 회전하며, 이에 따라 압하력과 마찰에 의한 구동력을 소재에 부과한다.

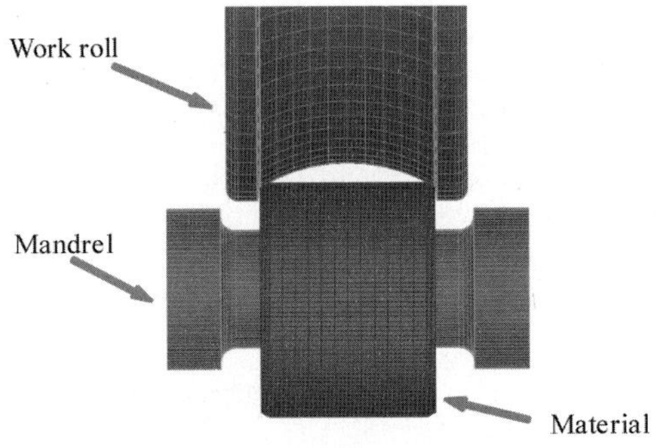

그림 10.120 인너레이스 케이지의 링롤링

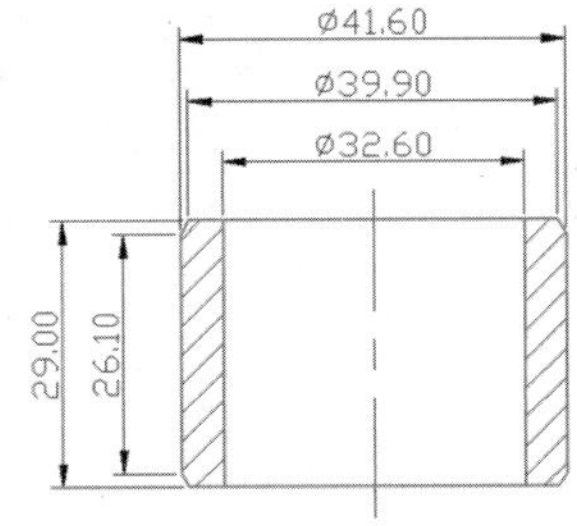

그림 10.121 소재의 초기형상과 치수

일반적으로 냉간 링롤링은 윤활유의 분위기에서 실시된다. 따라서 멘드렐은 무마찰이라고 가정한다. 이 가정이 없으면, 멘드렐의 회전속도가 미지수가 되므로 문제의 난이도가 크게 증가하게 된다. 한편, 압연이 이루어지기 위하여 작업 롤은 소재와 어떤 영역에서 동일한 원주속도로 운동해야 한다. 문제는 그 영역, 즉 일종의 중립점을 구하기가 쉽지 않다는데 있다. 그 이유는 소재의 전체 표면의 크기에 비하여 접촉영역이 매우 작고 이로 인하여 접촉면에서 요소의 수를 크게 하는데 한계가 따르며, 경험적으로 볼 때 압연공정에서 중립점의 위치를 수치적으로 정확하게 구하는 것은 용이한 일이 아니다. 따라서 여기서는 압축응력이 최대인 지점에서 중립점이 발생하는 것으로 간주한다. 따라서 전술한 방식으로 하나의 절점을 중립점으로 결정한 후 이 절점과 그에 대응하는 작업롤 상의 점의 원주방향의 속도를 일치시키고, 다른 절점에서는 일정전단마찰법칙을 적용하여 마찰응력을 고려한다. 링롤링은 수십 번의 회전 이후에 공정이 종료된다. 따라서 단조에 비하면 스트로크가 수십 배에서 수백 배까지 큰 문제이다. 그러므로 해석스텝 수가 매우 많기 때문에 계산시간이 그만큼 많이 소요된다.

해석조건은 다음과 같다. 초기소재의 형상과 치수: 그림 10.121; 유동응력: $\bar{\sigma} = 350.0(1+\bar{\varepsilon}/0.14)^{0.2}$ MPa; 소재-작업롤 간의 마찰상수: $m = 0.1$; 소재-멘드렐 간의 마찰상수: $m = 0.0$; 작업롤의 회전속도: $No = 200\ rpm$; 멘드렐의 이송속도: 그림 10.122.

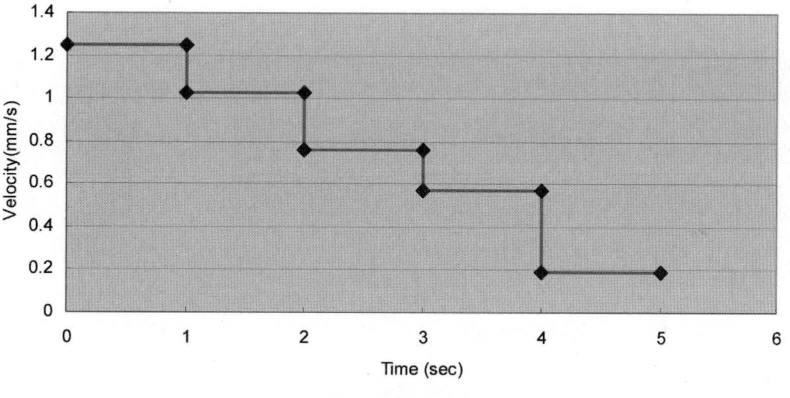

그림 10.122 멘드렐의 이송속도

총 35800번의 해석스텝의 계산으로 그림 10.123의 예측결과를 얻었다. 일반 단조공정 해석이 300 내외의 해석스텝으로 예측결과를 얻는 것에 비하면 링롤링의 해석스텝의 수가 약 100 배 많으며, 계산시간은 그에 비례한다는 점이 링롤링공정의 해석 시에 고려해야 할 특징 중의 하나이다.

그림 10.123(a)는 초기 요소망을 나타내고 있으며, 그림 10.123(f)에 최종 해석결과를 나타내었다. 그림에서 색깔의 분포는 유효변형률의 분포를 나타내고 있다.

그림 10.124에서 보는 바와 같이 초기의 소재는 폭변화를 거의 발생시키지 않다가 대칭면이 작업 롤에 접촉되면서 폭이 줄고 바깥 부분이 작업 롤로부터 분리되는 현상을 보

이고 있다. 그 결과, 그림 10.124(b)에서 보는 바와 같이 가장자리에 흔적을 남기게 된다. 그리고 예측된 프로파일과 실험으로 구한 프로파일은 0.2% 차이를 보였다. 그림 10.125의 주요치수의 예측결과와 실험결과의 비교에서 보는 바와 같이 두 결과는 잘 일치하고 있다.

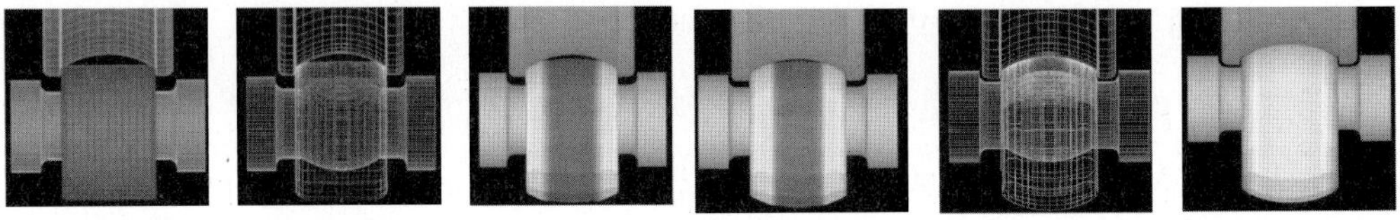

(a) 5000 (b) 10000 (c) 15000 (d) 20000 (e) 30000 (f) 35768

그림 10.123 예측결과

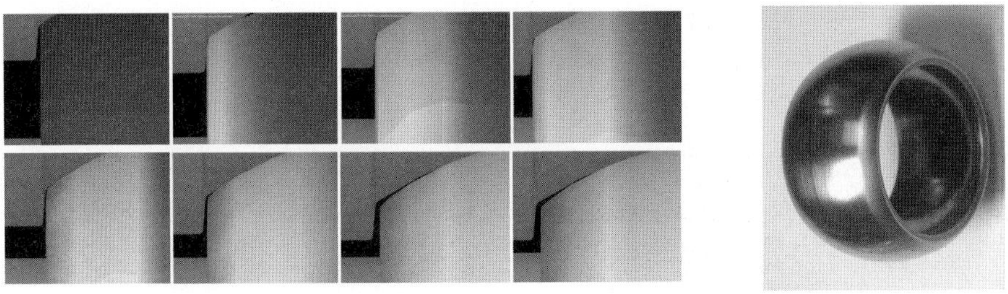

(a) 예측결과 (b) 실험결과

그림 10.124 실험결과와 예측결과의 비교

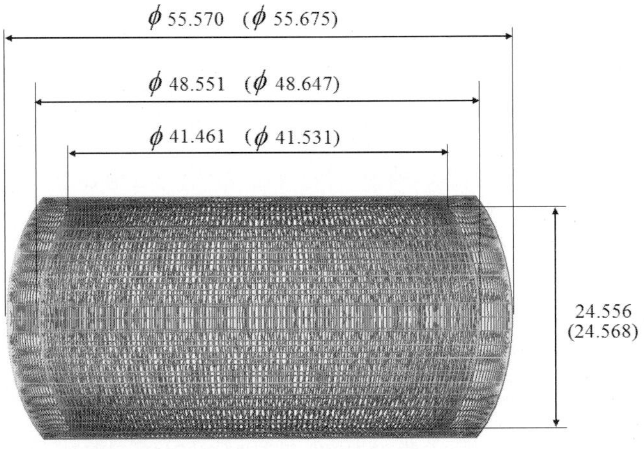

그림 10.125 주요 치수에 대한 실험치와 예측치의 비교

10.21.2 열간링롤링 중 발생한 다각형 형상결함의 예측

여기서는 열간링롤링에서 발생하는 다각형 형상 결함을 예측한다. 소재는 베어링강 SAE 52100이며, 성형 중 소재의 온도는 일정하다고 가정한다. 사용된 소재 치수, 맨드렐 및 가공롤 치수, 적용된 공정조건은 표 10.5와 같다. 그림 10.126은 이 해석에 적용된 전형적인 열간 링롤링공정의 가공롤 성형속도선도를 나타낸 것으로 성형에 필요한 가공시간을 줄이기 위해 초기 절입속도를 크게 두었으며, 이후 일정한 직경변화율을 갖도록 속도를 유지한 후 최종적으로 소재의 진원형상을 향상시키기 위해 가공롤의 속도를 일정하게 둔 것이다.

표 10.1 재료의 성질과 공정조건

초기소재 내경×외경×높이(mm)	45.0×87.3×21.0
멘드렐의 직경(mm)	40.0
작업롤의 직경(mm)	434.0
초기온도(℃)	1100
작업롤의 회전속도(rpm)	50
작업롤의 이송속도	그림 10.126
마찰상수	0.3
유동응력	$\bar{\sigma}=68.0\dot{\bar{\varepsilon}}^{0.18}$ MPa

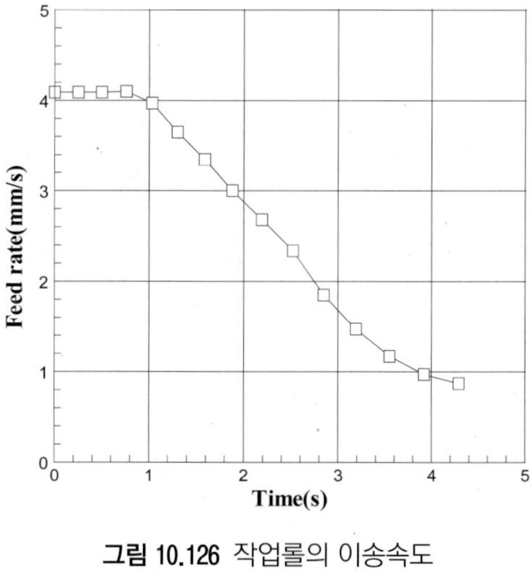

그림 10.126 작업롤의 이송속도

그림 10.127(a)에 소재의 초기조건, 맨드렐과 워크롤의 형상을 나타내었다. 그림 10.127(b)에 5각형의 결함이 발생하는 과정을 나타내었으며, 그림 10.127(c)에 실험결과를 나타내었다.

기본적으로 다각형 형상의 발생은 링롤링공정의 특징인 링의 쏠림현상으로 인하여 한쪽으로 치우친 링이 힘의 불균형으로 순간적으로 위치변경이 발생하는 현상에 기인하며, 한 번의 이러한 불균형 운동은 링의 쏠림현상과 순간 운동이 반복적으로 발생하기에 적합한 환경을 조성하게 되며, 그 결과 다각형을 형성하게 된다. 실험결과에 의하면, 다각형의 각 수는 이송속도에 큰 영향을 받는다.

이 다각형 결함은 작업롤의 이송속도와 관련이 있는 것으로 조사되었다. 즉, 이송속도를 어떤 값 이하로 낮추고 가이드롤의 하중을 적절한 수준 이상으로 유지할 때, 그림 10.128에서 보는 바와 같이 다각형 형상이 발생하지 않았다.

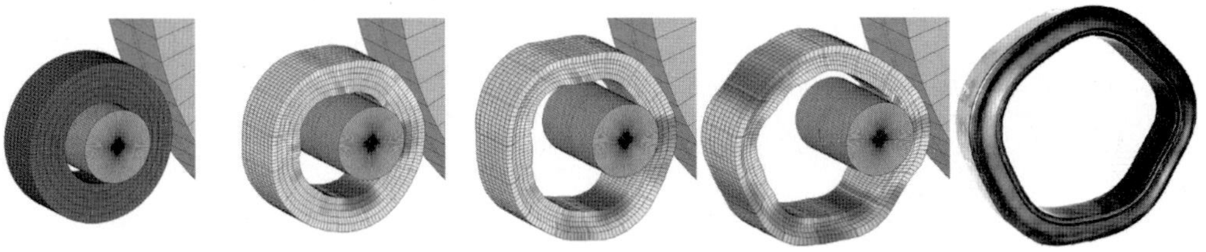

(a) 초기 형상　(b) 예측결과　(c) 실험결과

그림 10.127 5각형 형상 결함의 예측결과와 실험결과

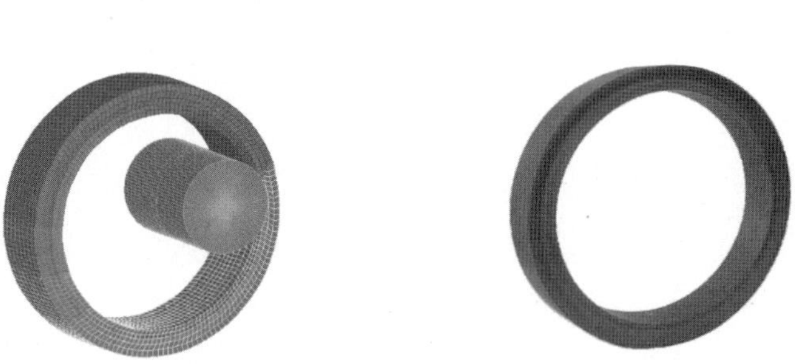

(a) 예측결과　(b) 실험결과

그림 10.128 성공적인 링롤링공정

10.21.3 비대칭 베어링 레이스의 링롤링

그림 10.129(a)는 테이퍼롤러 베어링의 외륜의 제조공정 해석을 위한 소재의 형상, 작업 롤과 맨드렐의 형상, 지지판의 형상 등을 나타내고 있다. 해석 대상으로 선택한 소재의 단면 형상은 그림 10.129(b)에 보는 바와 같이 두 가지이다.

링롤링공정은 역학적으로 기구학적으로 매우 복잡하기 때문에 이에 적합한 해석모델의 설정이 필수적이다. 여기서는 제10.21.2절에서 사용한 해석모델을 사용하였다.

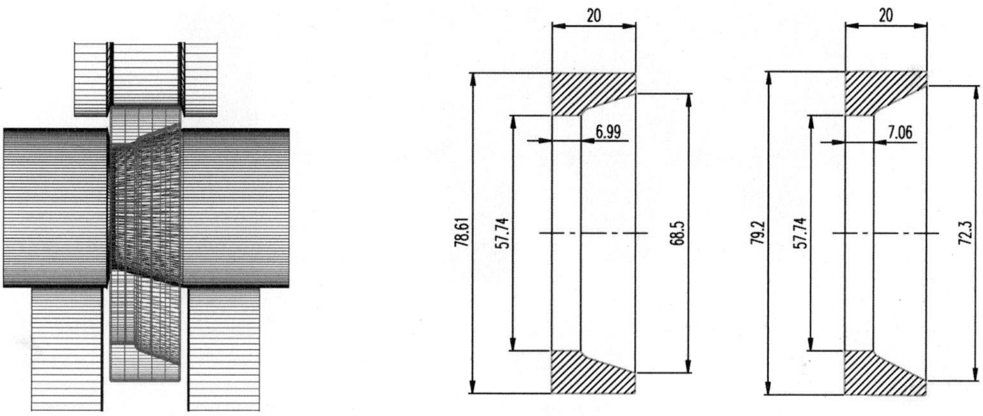

(a) 해석모델　(b) 예비성형체 1　(c) 예비성형체 2

그림 10.129 비대칭 링롤링공정

외륜의 생산을 위한 비대칭 링롤링공정의 해석조건은 다음과 같다. 소재의 초기형상: 그림 10.129(b)와 그림10.129(c); 소재의 유동응력: $\bar{\sigma} = 350.0(1.0 + \bar{\varepsilon}/0.14)^{0.2}$; 작업 롤과 소재 사이의 마찰상수: $m = 0.1$; 멘드렐과 소재 사이의 마찰상수; $m = 0.0$; 작업 롤의 회전속도: $N_0 = 200$rpm; 멘드렐의 이송속도: 1.5mm/s.

그림 10.130(a)와 그림 10.131(a)는 예측결과를 나타내고 있다. 그림에서 색깔의 분포는 유효변형률의 분포를 나타낸다. 그림 10.130(a)의 예측결과에서 보는 바와 같이 초기 소재는 처음에는 오른쪽의 공회전 판과 접촉하다가 마지막에는 좌편의 공회전 판과 접촉한다. 그 결과, 과도한 외경 경사를 초래하며, 실험결과인 그림 10.130(b)에서도 과도한 외경 경사가 나타났다. 예측결과는 약 2°의 외경 경사를 예측하였고, 실험결과는 약 3°의

외경 경사를 나타내었다. 한편, 그림 10.131에서 보는 바와 같이 그림 10.129(c)의 예비성형체에 대한 예측결과는 그림 10.129(b)의 예비성형체에 대한 예측결과인 그림 10.130(a)와 다소 다른 양상을 보이고 있다. 초기에 소재는 오른쪽 공회전 판에 접촉한 이후 마지막 순간 직전까지 접촉을 유지하다 종료 시점에 이르러 오른쪽 공회전 판과 분리되었다. 따라서 왼쪽 공회전 판에는 접촉이 발생하지 않았다. 결과적으로 그림 10.131(a)의 맨 마지막 그림에서 보는 바와 같이 오른쪽 부위에서 미충진 결함이 발생하였다. 이 결과는 그림 10.131(b)의 실험결과와 유사한 것이다.

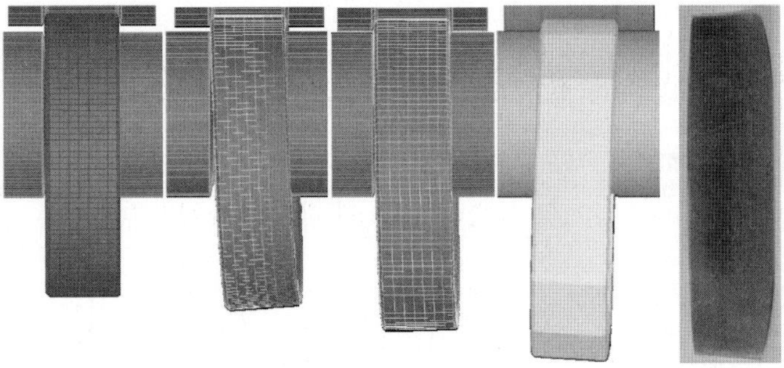

(a) 예측결과 (b) 실험결과

그림 10.130 예비성형체 1에 대한 예측결과와 실험결과의 비교

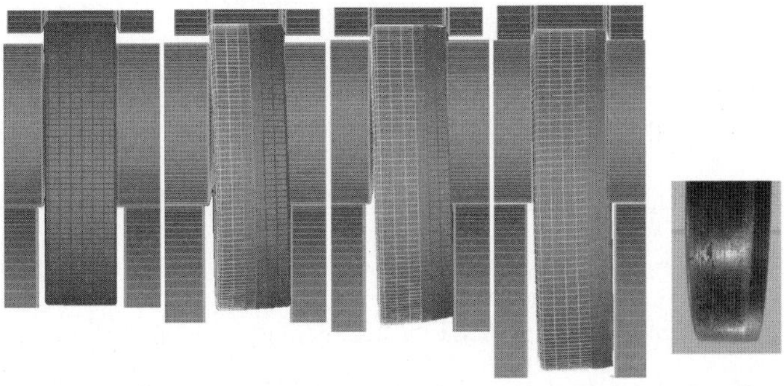

(a) 예측결과 (b) 실험결과

그림 10.131 예비성형체 2에 대한 예측결과와 실험결과의 비교

10.21.4 대형 링의 링롤링

풍력발전부품용 등의 대형링의 링롤링공정의 해석을 위해서는 해석 중 요소망재구성이 필수적이다.

링롤링공정은 점진성형 공법으로 소재와 금형간의 상대 운동량이 매우 크기 때문에 해석 시간이 많이 소요되는 문제를 안고 있다. 이러한 문제의 해결을 위하여 상업용 목적으로 개발된 시뮬레이터에서 성형 구간을 상대적으로 조밀하게 이산화시키는 방법, 즉 2중요소망방법(dual mesh approach)이 일반적으로 채택되고 있다. 그리고 구조요소(structured mesh)의 채택이 일반적이다. 즉, 사각형요소망으로 이루어져 있는 단면을 연결한 육면체요소망을 널리 사용하고 있다. 소재는 각도 기준으로 등간격의 토막으로 구성되고 각 토막은 조밀요소 구간과 조대요소 구간으로 구분된다. 작업롤 주위와 엑시얼롤(axial roll) 주위에서는 조밀요소로 이산화되고, 그 이외의 영역에서는 조대요소로 이산화된다. 기본적으로 토막 내의 요소는 토막의 경계에서 생성된 동일한 사각형요소망을 연결하여 만들어진다. 전술한 성형구간 조밀 구조요소 방식에서는 형상 링롤링 중 소재의 형상이 단조 중의 소재의 형상에 비하여 상대적으로 단순한데도 불구하고 요소망재구성이 큰 난제로 남아 있다.

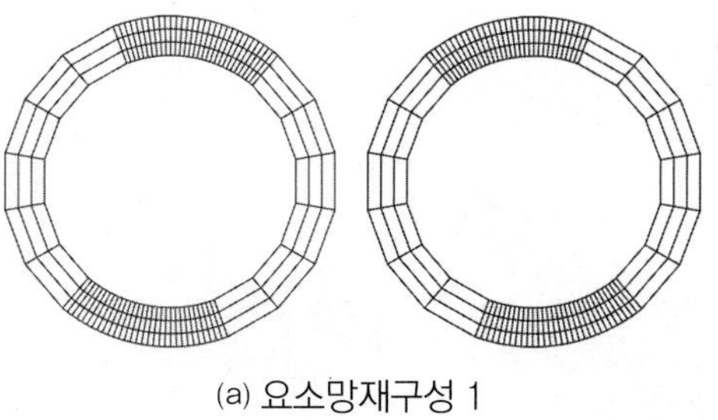
(a) 요소망재구성 1

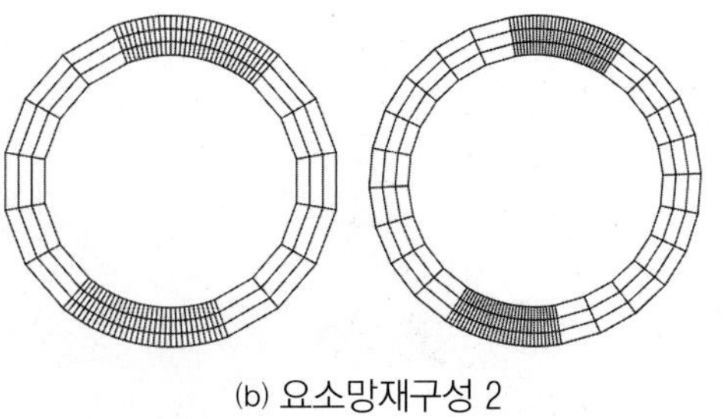
(b) 요소망재구성 2

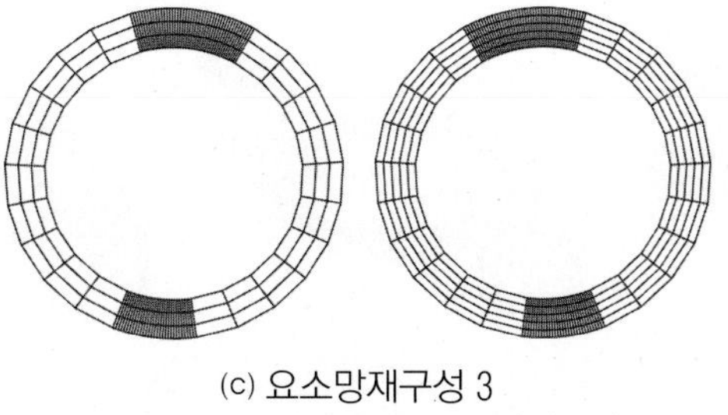
(c) 요소망재구성 3

그림 10.132 링롤링 중 요소망재구성

2중요소망기법에서 요소망재구성은 크게 세 가지의 목적으로 이루어진다. 첫째, 조밀 요소망구간이 작업롤과 멘드렐 사이의 주 성형 구간을 벗어날 때 실시하며, 이는 사용자의 개입이 불필요한 필수 요소망재구성에 해당한다. 이에 관한 설명을 그림 10.132(a)로 대신한다. 둘째, 성형 해석 중에 절점의 접촉 등을 고려하여 토막의 수를 늘리거나 조밀 요소의 토막의 세부 분할의 수를 변경할 필요가 있다. 이 경우는 토막 경계의 사각형요소망의 연결정보를 변경시킬 필요가 없는 경우이다. 두 번째에 대한 설명을 그림 10.132(b)에 나타내었다. 셋째, 토막의 단면에서의 사각형 요소망정보를 변경할 필요가 있는 경우이다. 특히, 형상 링롤링공정에서 형상의 표현 문제와 요소망의 찌그러짐 문제를 해소하기 위하여 불가피하게 각 단면에서의 사각형 요소망 정보의 변경이 필요한 경우가 있다. 이 경우에 대한 예제를 그림 10.132(c)에 나타내었다.

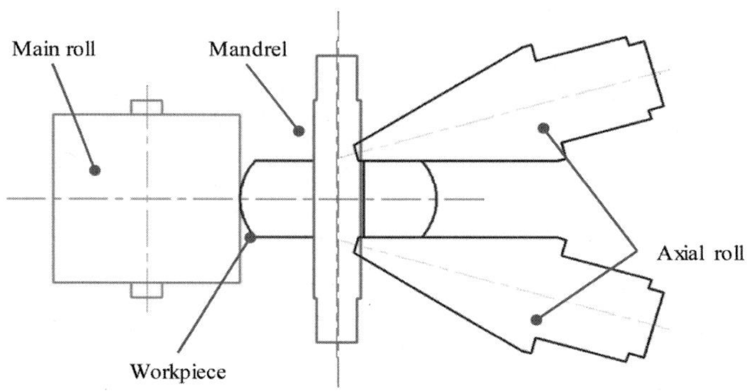

(a) 공정도

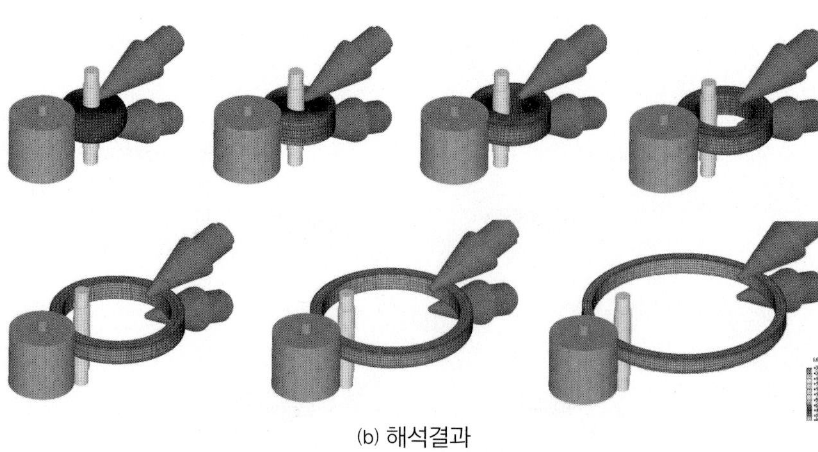

(b) 해석결과

그림 10.133 해상풍력발전기용 피치베어링 소재의 링롤링공정[부록 C]

적용 예제로 풍력발전기용 피치베어링 환상 소재의 링롤링공정에 대한 해석을 실시하였다. 기초 소재는 제10.13.2절에서 설명한 자유단조공정에 의하여 제작되었다. 링롤링 공정도는 그림 10.133(a)에서 보는 바와 같다.

그림 10.133(b)는 해석결과를 나타내고 있다. 이 해석을 위하여 전술한 요소망재구성 기법들이 사용되었다.

10.22 평면변형 절삭가공

대부분의 상용 소프트웨어에서 선형등매개변수 요소를 사용하고 있으며, 이 경우 요소망재구성은 심한 상태변수의 순화를 초래한다. 선형등매개변수 요소를 사용할 경우 요소에서 일정하거나 요소 경계에서 불연속적인 응력, 변형률, 변형률속도 등의 상태변수를 갖게 된다. 특히, 변형률, 손상도 등과 같은 이력변수는 요소망재구성으로 값의 변화가 불가피한데, 이를 상태변수의 수치적 순화라고 한다. 이 수치적 순화는 곧 정확도를 떨어뜨리는 직접적인 원인이 된다.

가급적 요소망재구성을 줄이는 것이 대책이지만, 이 경우 소재의 경계가 금형을 충분히 표현하지 못하는 문제를 유발하며, 요소의 심한 뒤틀림은 수치적분 시의 오차를 증가시키는 요인이 되므로 적절한 요소망재구성은 불가피하다. 이러한 문제를 해결하기 위한 목적으로 국부요소망재구성과 전체요소망재구성의 조화가 필요하다.

절삭가공은 소성가공의 특수형태로 볼 수 있다. 소재와 공구가 국부적으로 접촉하며, 매 순간 소재가 소성변형을 받으면서 소재 간에 분리가 연속적으로 발생한다. 이러한 현상을 이해하는 것은 절삭공정설계에 매우 중요하다. 절삭력, 공구진동, 공구마모, 표면정도, 칩의 생성 등과 절삭공정 중의 소성변형은 밀접한 연계를 맺고 있기 때문이다.

절삭가공에서 발생하는 역학적 현상의 규명을 위하여 주로 실험적 방법이나 해석적 방법이 활용되어 왔다. 반면, 소성가공공정의 해석에 사용되는 수치적 해법의 적용은 매우 제한적이다. 그 이유로 소성변형을 고려한 역학적 해석이 난해한 점과 얻을 수 있는 결과가 단편적이라는 점에서 찾을 수 있다. 그리고 실험장치가 구비되어 있을 경우, 추가적인 실험에 따른 추가경비가 소성가공 등에 비하여 상대적으로 크지 않은 것도 직간접적인 이유이다. 절삭가공 공정의 수치해석의 목적은 절삭력의 예측, 공구온도의 예측, 절삭면에서의 변형률 분포, 절삭칩의 형성, 공구의 마모 예측 등을 목적으로 한다. 그러나 이 중에서 절삭력을 제외한 대부분의 관심사는 쉽사리 해결되지 않는다. 수치적 관점에서는 요소망재구성 문제로 인한 상태변수의 순화 문제가 존재한다. 온도 및 마모 등의 예측에서도 수치해석 상의 주의가 요구되거나 현상에 대한 보다 정확한 이해가 선행되어야 한다.

절삭가공 공정에서 소재의 분리기법은 매우 중요하다. 요소경계분리기법 등은 미리 분리선을 정해 두고 공구와 분리선 상의 절점 간의 기하학적 조건으로부터 분리 시점을 결정한다. 이 기법은 많은 연구자들에 의하여 응용되었다. 이 기법은 장단점을 지니고 있다. 장점은 쉽다는 것이다. 그러나 공구 끝에서의 소재의 거동을 자세하게 분석할 수 없는 점이 단점이다. 실제 공구의 끝에서 연속적으로 파단이 발생하지만 그 크기가 요소의 크기보다 훨씬 작기 때문에 크랙을 고려한 절삭가공공정의 해석은 쉽지 않다.

따라서 일반 소성가공공정의 해석과 마찬가지로 연속체의 가정하에서 해석을 수행하는 것이 현실적인 방안이다. 이 때 절삭공구의 팁 주위에서 소재가 매우 크게 늘어나는 문제가 있다. 즉, 인근의 요소가 매우 길어져서 소재가 공구를 침범하는 문제가 있을 수 있다. 이 문제는 요소망재구성을 통하여 해결이 가능하다. 그러나 요소망재구성으로도 변형경화로 인한 유동응력의 상승은 막을 수 없다. 따라서 파단과 연계된 손상도를 고려한 소재의 연화를 반영해 주어야 한다.

여기서는 소재를 연속체로 간주하고 요소망재구성으로 야기되는 상태변수의 순화를 최소화하기 위하여 국부요소망재구성 기법을 사용하여 2차원 평면변형 조건하에서 절삭가공공정의 유한요소해석을 실시한다.

그림 10.134는 적용대상으로 삼은 절삭가공 공정을 개념적으로 나타낸 것이다. 평면변형의 가정을 적용한다. 바이트 크기에 비하여 소재의 크기를 충분히 크게 함으로써 소재의 국부적인 소성변형만을 야기시키도록 한다.

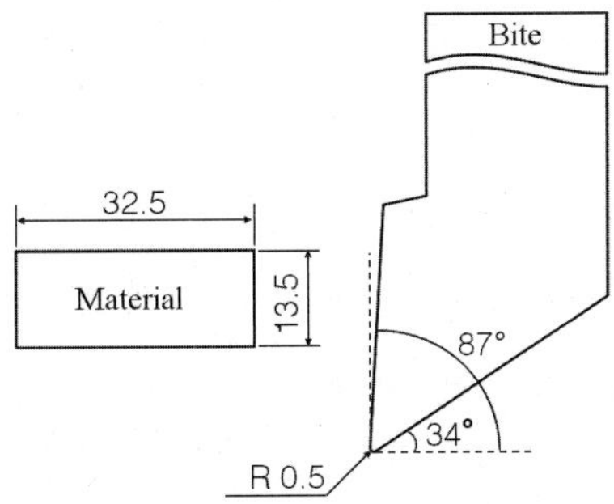

그림 10.134 고정정보 및 치수

여기서는 칩의 영향이 없는 구간까지, 즉 칩과 소재가 접촉하기 이전까지의 절삭가공 중의 절삭력, 표면에 집중된 유효변형률, 금속유동선의 변형 등에 관심을 두고 있다.

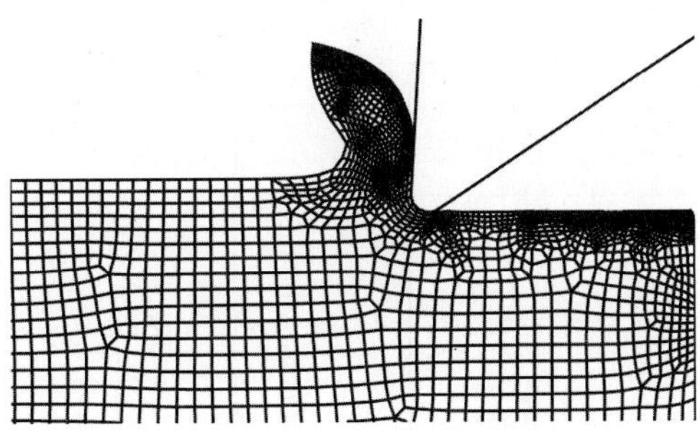

그림 10.135 국부요소망재구성

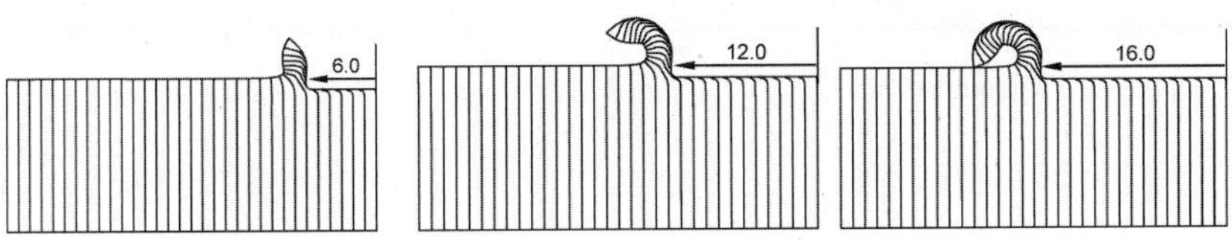

(a) 6.0mm 이송

(b) 12.0mm 이송

(c) 접촉 직전

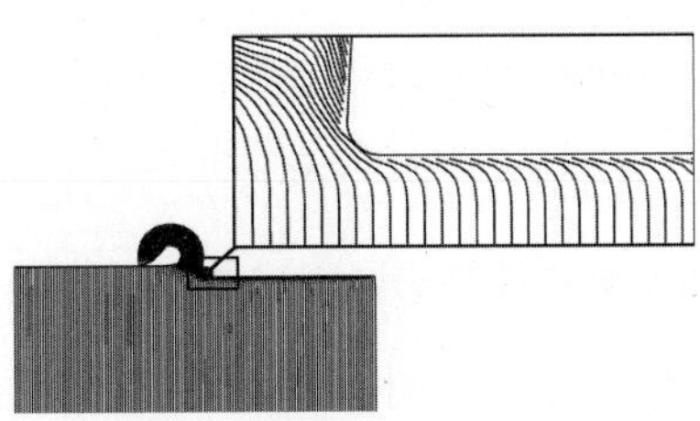

(d) 접촉 직전의 상세 소성유동선

그림 10.136 칩의 형성과 소성유동선

그림 10.135는 국부요소망재구성의 결과를 나타내고 있으며, 공구 팁 주위의 소재가 공구를 충분히 표현할 수 있도록 요소망을 조밀하게 하였다. 그림 10.136은 칩이 소재에 닿기 직전까지의 변형이력을 소성유동선도와 함께 나타내었다. 전체요소망재구성의 결과와 국부요소망재구성의 결과가 유사했으므로 구분하여 표시하지 않았다. 그러나 표면에서의 변형률의 분포 예측결과는 상황이 정반대이다.

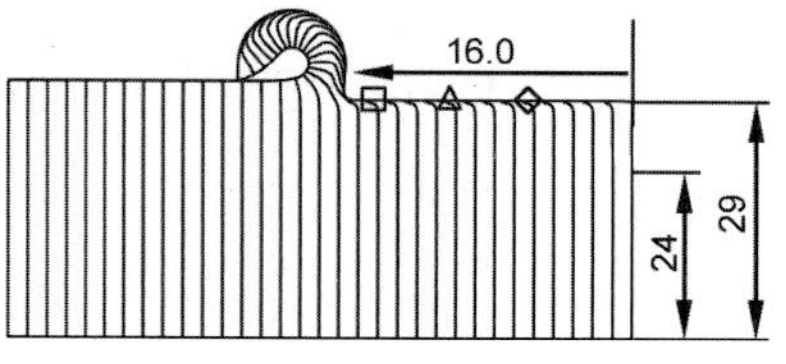

(a) 측정 점

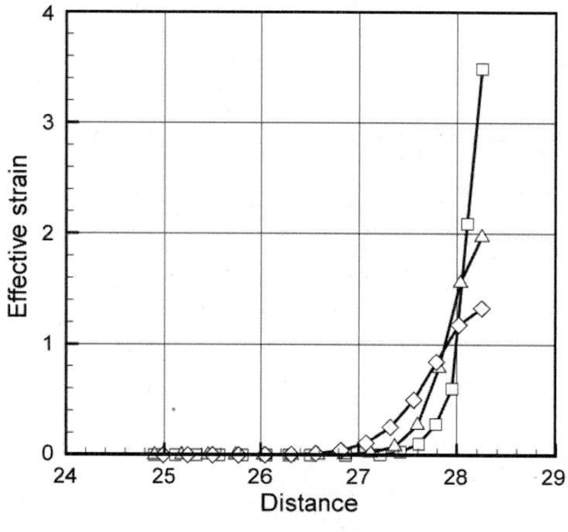

(b) 전체요소망재구성

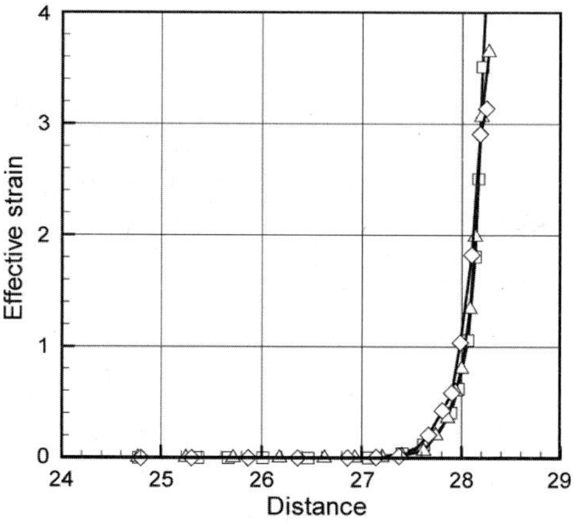

(c) 국부요소망재구성

그림 10.137 유효변형률 예측결과의 비교

이 두 방법의 영향을 보다 상세히 분석하기 위하여 가공면에 수직한 선을 따라 분포하는 변형률을 그림 10.137에서 비교하였다. 그림 10.137(a)는 측정 지점을 표시하고 있고, 그림 10.137(b)와 그림 10.137(c)는 각각 전체요소망재구성과 국부요소망재구성 기법의 예측결과이다. 이 그림에서 보는 바와 같이 국부요소망재구성에 비하여 전체요소망재구성의 결과에서 측정 지점에 따라 유효변형률의 분포 차이가 크게 나타남을 알 수 있다.

물론 이 문제는 요소망의 수를 증가시킴으로써 다소 개선되지만, 요소의 크기가 작아지면 그만큼 요소망재구성의 빈도가 높아지기 때문에 궁극적인 해결책은 못된다. 그리고 고차의 보간함수를 사용하는 것도 한 가지 방법이지만, 여전히 접근 방법상의 어려움이 상존한다. 현실적인 관점에서 볼 때, 국부요소망재구성 기법의 적용으로 공학적인 해를 구하는 것이 이 문제의 대안이다.

10.23 인장 및 압축부과

10.23.1 서론

인발공정은 전통적인 체적소성가공공정의 한 종류이며, 단면이 일정한 선재, 봉재, 튜브뿐만 아니라, 단면 형상이 다른 장축의 부품 제조 목적으로도 널리 활용되고 있다. 그리고 단조공정, 특히 자동다단단조공정에서 필요로 하는 초기소재의 직경을 얻는 목적으로도 행하여지고 있다. 선재인발공정은 일반적으로 다단으로 이루어져 있고, 흔히 각 단과 단 사이에 인장력이 작용하도록 한다. 경우에 따라서는 압축력을 부과하기도 한다. 튜브 공정도 마찬가지이다. 내경의 정밀도를 얻기 위하여 맨드럴이나 플러그(flug)를 사용하며, 플러그는 고정될 수도 있고 그렇지 않고 가해진 힘에 의하여 평형상태를 유지토록 하는 경우도 있다.

축대칭 인발공정은 기하학적으로 비교적 단순하기 때문에 이러한 주요 인자의 영향 분석을 위한 해석적 접근이 가능하며, 최근에는 유한요소법의 응용이 대세를 이루고 있다.

인발공정의 특징은 출구에서 탄성상태의 소재에 가해진 인장력과 입구에서 탄성상태의 소재에 가해진 인장력 또는 압축력에 의하여 금형과 소재의 접촉면에 압축력을 발생시키며 이 압축력과 탄성상태의 소재에 가해진 인장력에 의하여 소성변형이 발생한다는 점이다. 비구속 압출 문제를 제외한 대부분의 소성가공 방식은 직접 금형으로 재료에 소성변형을 야기시킨다는 점에서 인발가공 방식과 근본적으로 다르다.

이러한 문제는 공정해석 측면에서 매우 큰 차이를 발생시킨다. 인발공정과 비구속 압출공정 문제를 제외한 대부분의 공정해석에서 발생하는 수치적 소성변형은 공학적 관점에서 문제가 되지 않을 정도로 작고, 중요한 것은 그 변형이 공정의 주요 거동특성에 영향을 주지 않는다는 점이다. 그러나 인발공정과 같이 탄성영역의 변형이 재료의 거동특성, 즉 인발공정에서 인발비를 좌우하는 경우에는 상황이 달라진다. 대부분의 경쟁력을 갖춘 인발공정에서 탄성영역에는 소성영역 직전의 한계응력이 작용한다. 이것은 공정수, 즉 제조원가와 직결되기 때문이다.

따라서 인발공정에서 상대적으로 수치적 변형량이 많을 수 밖에 없다. 이 문제는 제8.3절에서 소개한 개방압출에서도 마찬가지로 발생한다.

인발공정의 주요 변수는 소재의 유동특성, 단면감소율, 마찰조건 및 금형의 각도, 후방압축력 또는 인장력 등이다. 인발공정의 해석 관점에서 볼 때, 이러한 요소들은 해석결과에 직접적으로 영향을 미친다. 타 공정에 비하여 이러한 변수에 가장 민감하게 변하는 것이 인발공정과 개방압출공정이다. 따라서 이러한 인자에 대한 상세한 고찰이 선행되어야 할 필요가 있다. 특히 강소성 유한요소법을 사용할 경우, 문제에 따라서는 이론의 한계 범위 이내에 존재할 수 있기 때문에 철저한 분석이 선행되어야 한다.

인발공정은 기본적으로 재료에 작용하는 인장력에 의존하는 공정이므로 재료의 물성치를 인장시험에 의하여 획득하는 것이 바람직하다. 그러나 대부분 압축시험에 의하여 획득된 Hollomon의 유동응력식을 사용하고 있다. 제4.2.1절에서 밝힌 바와 같이 Hollomon의 유동응력식은 실제의 유동응력을 표현하는데 한계가 있을 수밖에 없으며, 특히 인발공정과 같이 성형하중이 재료를 통하여 소성변형 영역에 전달되는 공정의 정밀해석에는 부적합하다. 따라서 여기서는 인장시험을 통하여 획득한 SCM435 소재의 유동응력 함수(그림 4.8 참조)를 사용한다.

제8.3절에서 설명한 바와 같이 장축의 소재를 개방압출할 때 탄성체의 인위적 변형으로 인하여 정상적인 공정의 해석이 불가능하는 경우가 발생한다. 이 문제는 인발공정에서도 필연적으로 발생한다. 이 문제를 피하기 위하여 탄소성역학을 이용하는 것이 하나의 해결책이지만, 실용적 측면에서 해의 효율적 및 안정적 확보가 가능한 강소성 유한요소법을 사용하되 탄성영역에서 발생하는 수치적 소성변형 문제를 인위적으로 고려하는 접근방법이 대안이 될 수 있다. 강소성 유한요소법을 이용하여 인발공정을 해석할 때는 전술한 문제에 대한 이해가 선행되어야 한다.

마찰은 개방압출과 인발공정에서 매우 중요하다. 한계 단면감소율의 인발공정에서 마찰조건에 따라 실험결과와 해석결과는 크게 달라질 수 있다. 마찰 현상은 불확실성이 다소 있지만, 대체적으로 저면압에서는 쿨롱마찰법칙이 효과적이라고 알려져 있다. 인발공정이나 개방압출공정 문제에서 일정전단마찰법칙은 실제의 현상과 다소 다른 결과를 낳을 수 있다는 점을 강조해 두고자 한다. 물론 인발 중 소재-금형 접촉면에 작용하는 법선응력은 비교적 균일하기 때문에 마찰모델에 따라 큰 결과 차이가 나지 않지만, 전술한 바와 같이 인발공정의 해석 시에는 소재의 유동응력 및 마찰에 관한 정교한 정보가 사용되어야 한다.

10.23.2 가상체적력 기법

흔히 인발공정에서 후방에 인장력을 가하거나 압축력을 가한다. 세선인발공정에서 후방 인장력은 공정의 안정성을 향상시키면서 금형의 마모를 줄여 준다. 그리고 경우에 따라서는 인발공정에서 후방 압축은 단면감소율 또는 튜브의 외경 감소율의 증가로 연결된다. 따라서 후방 압축 및 인장은 인발공정에서 매우 중요하다.

만약 후방에 가해진 하중을 고려하기 위하여 후방에서 금형을 일정한 속도로 밀거나 당길 경우, 인발 금형 입구에 들어가지 않은 소재가 소성변형을 받게 될 것이다. 그 양이 미미할지라도 후미의 소성변형은 인발공정에서 주요 변수인 단면감소율의 변화를 야기시킨다. 물론 후미에 압력 경계를 부과할 수 있지만, 단조 시뮬레이터의 관점에서는 범용성과 활용성을 떨어뜨리게 된다. 특히 요소망재구성이 필요한 경우에는 사용자의 개입이 요구될 수도 있다.

이러한 문제의 해결을 위하여 가상의 체적력을 인발 소재의 후미에 가함으로써 범용성과 정확성을 동시에 만족하도록 하는 가상체적력 기법을 저자의 연구그룹[10.8]이 개발하였다. 그림 10.138은 가상체적력 기법의 개념을 가시화한 것이다. 이 기법에서는 소재의 초기조건을 설정할 때 소재 후미의 일부에 가상으로 온도 등을 설정하고, 가상온도에 따라 체적력을 다르게 입력하는 방식을 사용하고 있다. 따라서 기존 프로그램의 변화를 최소화하여 후방 인발력 또는 압축력이 가해진 인발공정의 해석이 가능하게 함으로써 사용의 편리성과 프로그램의 범용성을 동시에 도모할 수 있도록 하였다.

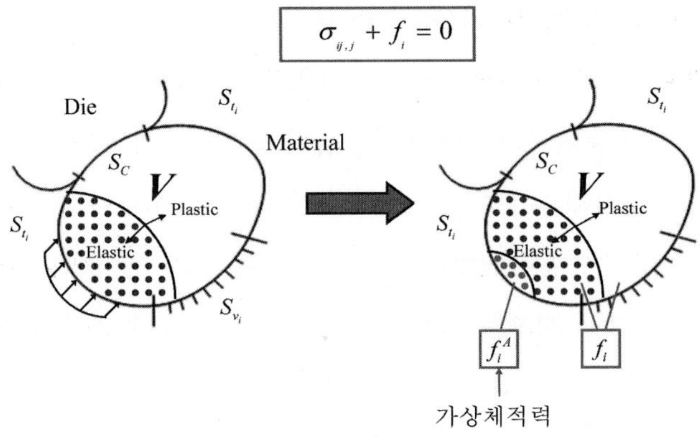

그림 10.138 가상체적력 기법

(1) 선재인발공정

그림 10.139는 시험목적으로 선정한 가상의 선재인발공정의 공정도이다. 소재의 길이 30.0mm중에서 후미의 5.0mm에는 후방 인장력을 가하기 위한 목적으로 체적력 9.89N/mm^{3}가 인발가공의 방향과 반대로 가해지고 있다. 이 체적력은 금형 입구에 진입하는 소재에 평균적으로 50MPa의 인장응력을 가한다. 마찰계수는 μ=0.05로 하였다.

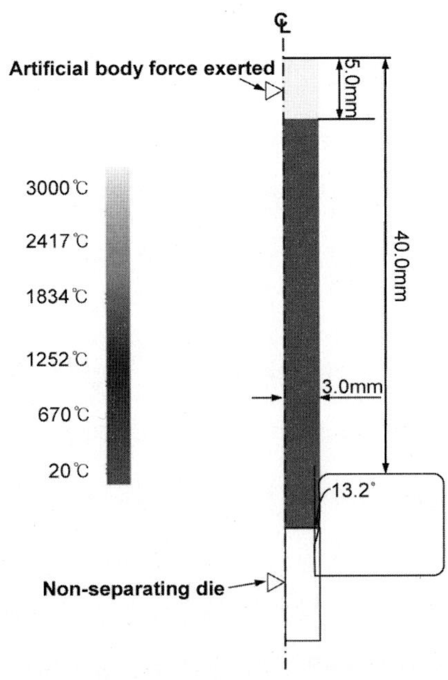

그림 10.139 시험 공정의 정의(색깔은 가상상태변수를 의미함)[부록 C]

그림 10.140(a)에는 인발가공에 따른 변형이력 및 소성유동선도의 변화를 나타내었고, 그림 10.140(b)에는 인발공정 중 소재에 가해진 유효응력과 유효변형률의 분포를 나타내었다. 유효응력의 분포에서 보다시피 소재가 금형 입구에 진입하기까지 소재는 50MPa의 인장상태를 유지하고 있으며, 이에 따라 그림 10.141에서 보는 바와 같이 인발금형과 잡아당기는 도구 사이에는 1422N의 성형하중 차이를 발생시키고 있다. 이 성형하중 차이는 전 공정해석 기간 동안에 걸쳐 동일하다. 그리고 그림 10.140(a)에서 보는 바와 같이 소재의 전후방에 인장력이 가해지고 있지만 탄성영역에 속하므로 수치적 치수 변화는 발생하지 않고 있다.

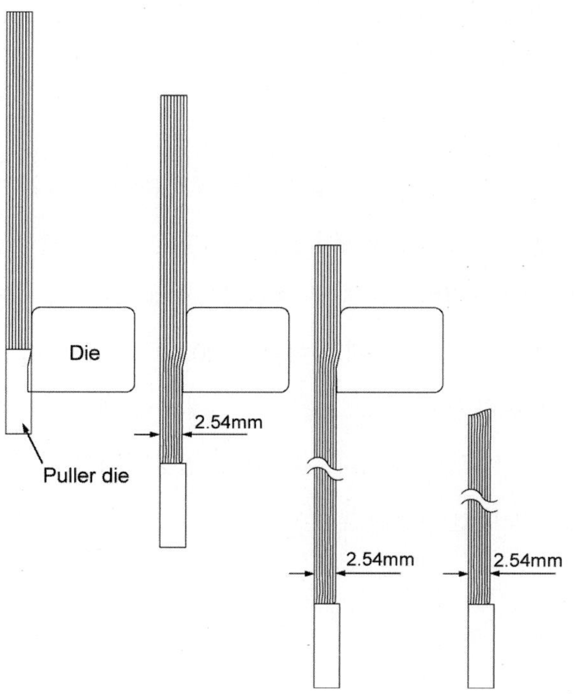

(a) 변형이력

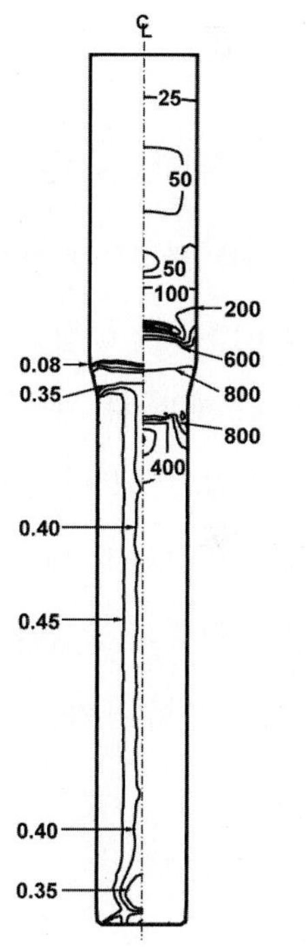

(b) 유효변형률(좌) 및 유효응력(우,MPa)

그림 10.140 해석결과

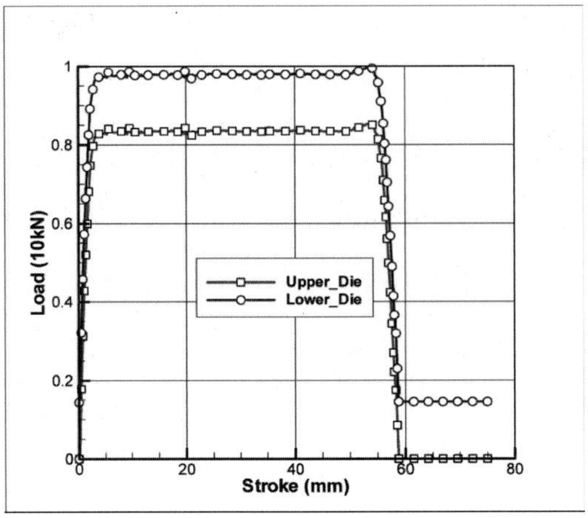

그림 10.141 성형하중-스트로크 곡선

(2) 튜브인발공정

적용 예제로 3단의 예비성형체 제조를 위한 개방압출공정 및 인발공정을 해석한다. 그림 10.142는 공정도를 나타내고 있다. 총 3단으로 구성되어 있고, 제1단은 개방압출공정이며, 제2단과 제3단은 인발공정이다. 인발공정에서는 모두 후방압축력 17300N이 작용하고 있고, 제3단에서는 고정식 플러그가 사용된다. 소재 길이는 총 200.0mm이며, 이 중에서 후미의 10.0mm를 후방압축력을 부여하는 목적으로 사용한다. 따라서 체적력의 방향은 가공의 방향과 일치하며, 그 크기는 5.0N/mm^{3}이다. 최적의 윤활상태에서 가공이 이루어진다는 가정하에 마찰계수는 $\mu = 0.02$ 로 간주한다.

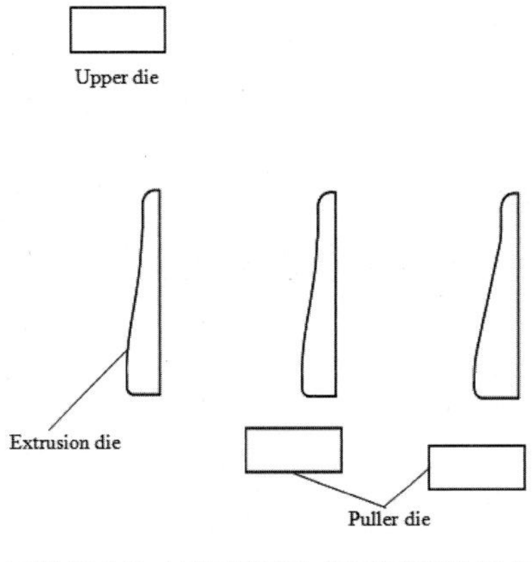

그림 10.142 시험 파이프 인발공정의 정의

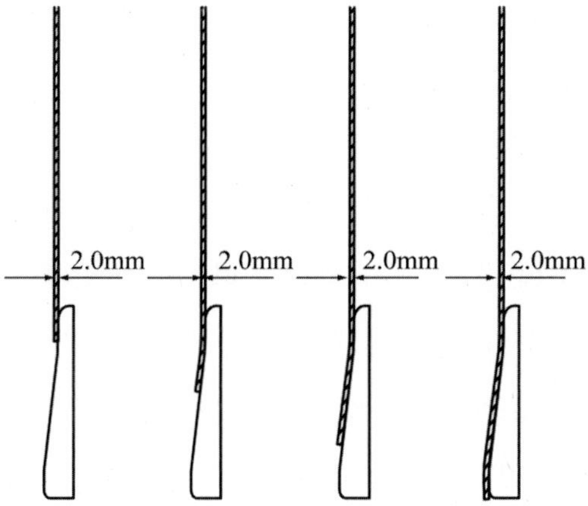

(a) 제1단-후방가압개방압출공정

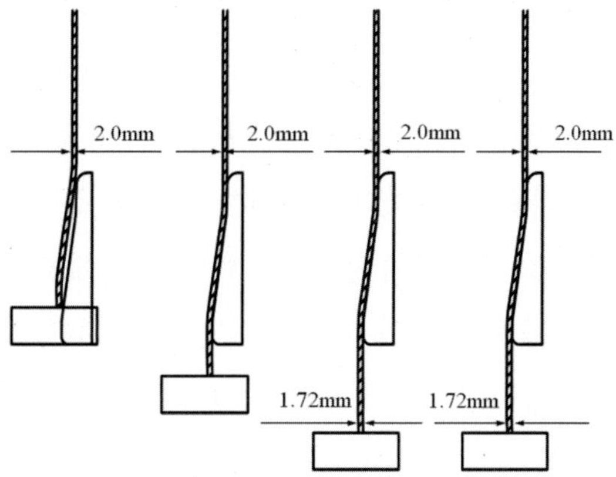

(b) 제2단-후방가압 단순 파이프 인발공정

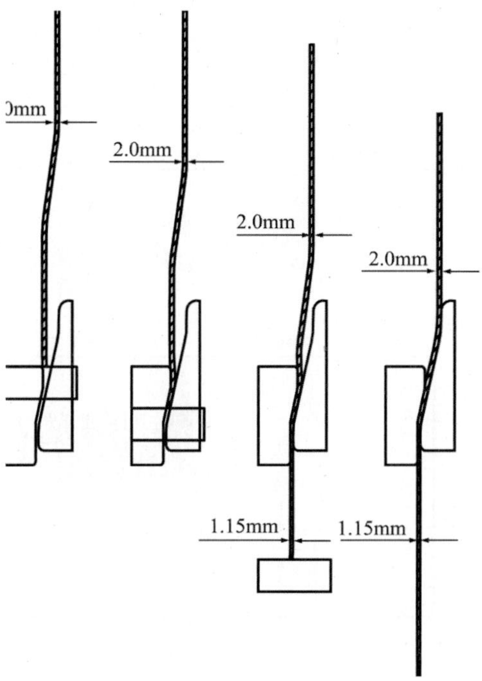

(c) 제3단-후방가압 플러그 사용 파이프 인발공정

그림 10.143 후방가압 압출/인발 복합공정의 해석결과 - 변형이력

그림 10.143은 공정 중 소재의 변형이력을 나타낸 것이다. 여기서 강조하고자 하는 것은 탄성영역에서 발생하는 수치적 소성변형 문제를 인위적으로 제거하는 기법을 사용하였기 때문에 입구의 소재에 압축력이 작용하고 있음에도 불구하고 소재의 외경변화가 거의 발생하지 않았다는 점이다. 그리고 출구쪽에서도 출구를 빠져나온 소재의 두께 변화가 거의 발생하지 않았다. 그림 10.144에 성형하중의 변화를 나타내고 있다. 제1단과 제2단에서는 성형하중이 매우 안정적이지만, 제3단에서는 다소의 진동이 발생하고 있다. 이는 플러그와 인발 금형 사이에 소재가 진입할 때 절점의 접촉 상태에 따라 수치적으로 단면감소율이 수시로 변하기 때문에 발생한 것으로 인발공정 또는 압출공정의 비정상상태 해석에서는 정도의 차이는 있으나 불가피한 것이다. 이에 관한 것은 제8.3.2절에서 상술하였다. 그림 10.144는 후방에 가한 압축력이 정확하게 반영된 결과이다. 왜냐하면, 매 순간 일정하게 17300 N의 후방압축력이 작용하고 있기 때문이다. 제3단에서도 후방압축력이 정확하게 반영되었음을 확인하였다.

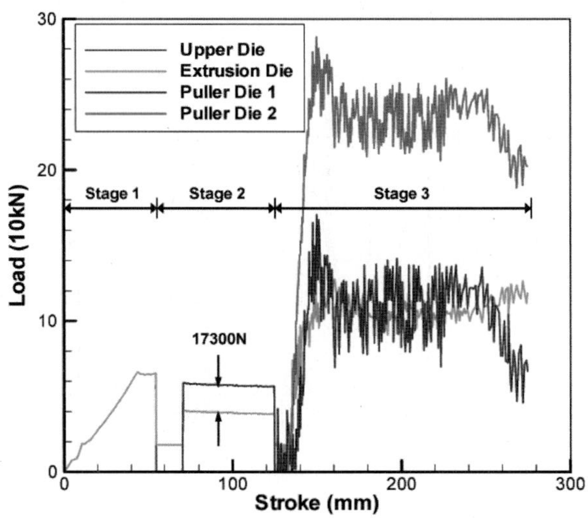

그림 10.144 스트로크 – 성형하중 곡선

10.24 알루미늄 포트홀 금형 압출

알루미늄과 같이 성형성과 용접성이 뛰어난 재료의 중공축 제조 공법으로 포트홀(porthole) 압출이 광범위하게 실시되고 있다. 이 공법은 컨테이너 속의 소재가 평면 금형(flat-faced die)에 나 있는 포트홀를 지나면서 찢어졌다가 챔버(chamber) 내에서 재접합되어 금형의 출구와 평면금형에 붙어 있는 멘드렐 사이를 통과함으로써 중공축을 생산한다. 이러한 중공축은 기계 및 자동차부품은 물론이고, 건설 구조용 봉재, 방열파이프, 조선기자재 등에 다용도로 사용되고 있다. 그리고 원자재 가격의 지속적 상승과 에너지 효율 제고 및 환경 보존의 세계적 흐름 속에서 중량 감소가 시대적 정신이므로 그 응용이 점증하는 추세이다.

중공축 압출 제품은 일반적으로 용접부에 결함이 내포되어 있을 가능성이 많다. 이러한 용접부의 결함을 줄이기 위해서는 챔버 내의 일정 이상의 압력 유지가 중시되고 있다. 문제는 실험적 방법으로 쳄버 내의 상황을 파악하는 것이 불가능하다. 이러한 이유로 유한요소법을 이용한 중공축 압출공정의 해석이 실용적으로 중요하다.

이 절에서는 방열 파이프의 제조공정의 해석을 통하여 알루미늄의 중공축 압출을 위한 포트홀 압출공정에 관한 개념을 소개한다.

공정해석 대상 공정의 개념도는 그림 10.145에서 보는 바와 같다. 공정은 총 4개의 금형 구성품으로 이루어져 있다. 포트홀의 입구는 반경 13.0mm로 곡면처리되어 있다. 램과 컨테이너 및 분리된 소재가 접합되는 쳄버와 포트홀이 있는 금형은 약간 겹치게 모델링함으로써 경계에서 발생할 수 있는 수치적 문제를 배제시켰다. 컨테이너와 포트홀이 있는 평면금형(flat-faced die)은 해석의 관점에서 일체형으로 모델링하였다.

이 공정에서는 4개의 포트홀이 대칭적으로 배열되어 있기 때문에 1/8 즉, 45°의 영역에 대한 해석을 수행하였다. 그리고 압출과정에서 소재의 온도변화는 크지 않다는 가정하에 등온해석을 수행하였다. 공정해석에 사용된 소재의 유동응력, 마찰조건, 램의 속도 등은 다음과 같다. 유동응력: $\bar{\sigma} = 24.71\dot{\bar{\varepsilon}}^{0.1619}$ MPa; 마찰상수: 0.3; 램의 속도: 5.0mm/s.

해석 중에 요소망의 수를 30000개 내외로 통제하였다. 그리고 포트홀 주위와 켐버 내에서의 요소밀도를 크게 함으로써 경제적인 해석이 가능하도록 하였다. 그림 10.146은 초기소재의 요소망과 금형의 요소망을 나타내고 있으며, 해석결과를 그림 10.147과 그림 10.148에 걸쳐서 나타내었다. 그림 10.147은 성형공정 해석 중의 요소망을 나타내고 있으며, 첨버 내에서 일어나는 접합 현상을 강조하고 있다. 그림 10.148은 최종 소재의 바닥면과 단면을 나타내고 있다.

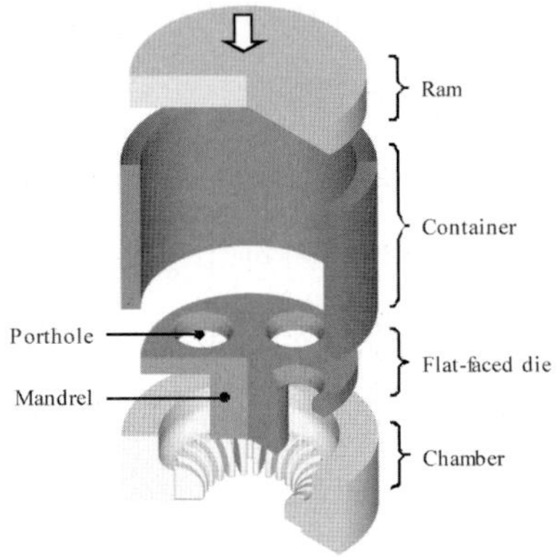

그림 10.145 포트홀 금형 압출용 금형 부품

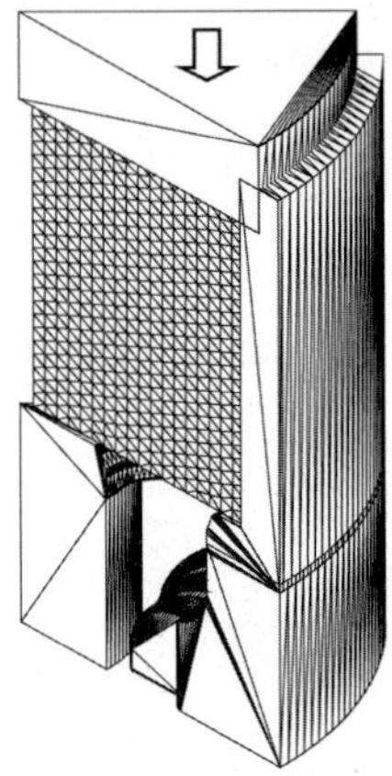

그림 10.146 초기요소망과 해석모델

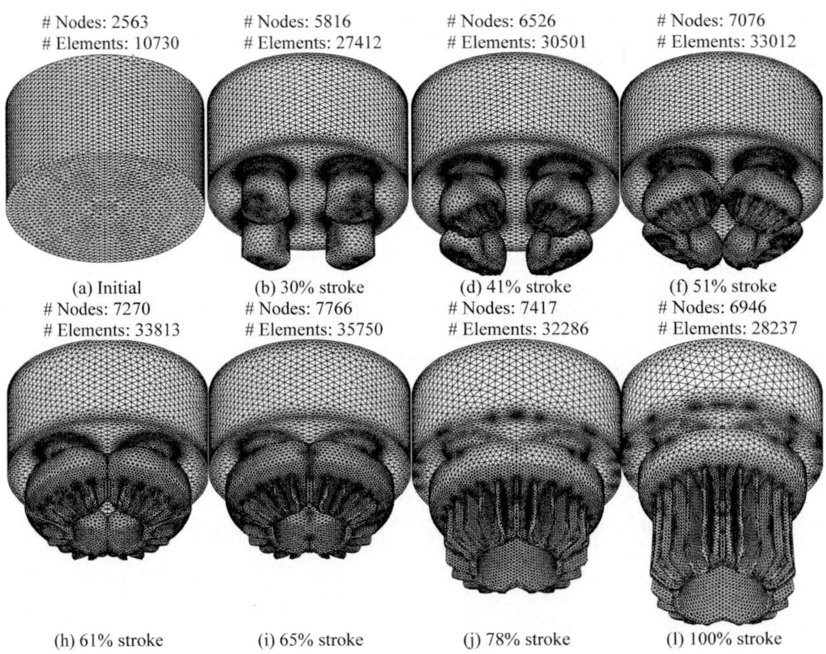

그림 10.147 예측결과 – 변형이력

접합은 소재가 대칭면에 접촉하였을 때 발생한 것으로 간주되었으며, 그 결과는 요소망재구성 기술에 민감할 수밖에 없다. 따라서 대칭면을 지닌 포트홀 압출공정의 해석에서 요소망재구성 기술은 요소망 밀도제어 기술과 함께 매우 중요하다. 이 공정해석에서 사용된 AFDEX 3D는 최적 요소망생성 기술에 바탕을 두고 있으므로 그림 10.147과 그림 10.148에서 보는 바와 같이 비교적 작은 수의 요소를 이용하여 매우 정교한 해석결과를 예측하고 있다. 이러한 섬세하고 지능적인 해석을 위하여 변형률, 변형률속도 등의 상태변수는 물론이고, 곡률, 금형-소재 접촉경계 등의 형상변수도 고려해야 한다. 그리고 압출의 경우, 컨테이너 내에 위치한 소재의 변형이 상대적으로 매우 작기 때문에 사용자 지정의 요소망 밀도제어 기능의 사용이 불가피하다.

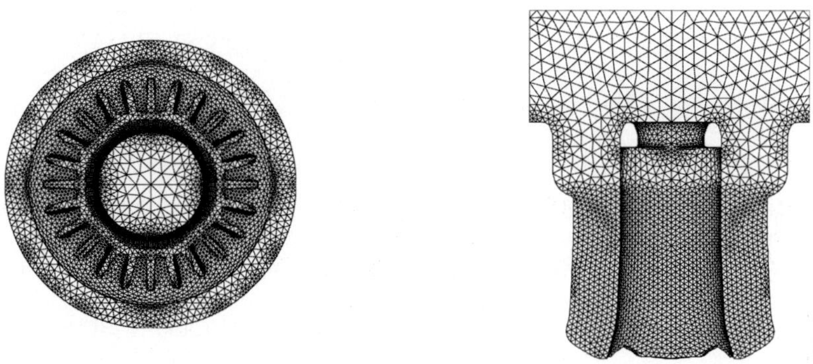

(a) 아래에서 본 모양 (b) 단면

그림 10.148 소재의 변형형상

10.25 전기업셋팅

10.25.1 서론

전기업셋팅(electric upsetting)공정은 전기저항을 이용하여 부분적으로 가열된 봉재에 압축력을 가하여 양파와 같이 국부적으로 소재가 집중된 형상을 제작하는 특수 제조 기술이다. 이 기술로 제작되는 대표적인 부품이 NIMONIC 80A의 소재를 사용한 선박용 엔진 밸브이다. 물론 자동차의 엔진밸브 생산목적으로도 전기업셋팅공정이 활용되고 있다. 전기업셋팅공정은 전류, 업셋팅 하중 및 속도, 하형의 이송 속도 등의 영향을 받으며, 이러한 공정변수들이 일반적으로 시간의 함수이고 변형거동 특성에 민감하게 영향을 주기 때문에 최적공정설계의 난이도가 매우 높다. NIMONIC 80A의 경우, 소재의 가격이 고가이므로 시행착오적인 방법에 의존하여 공정변수를 최적화하는데는 많은 비용이 소요되므로 이에 적절히 대응할 수 있는 해석 기술이 불가피하다. 특히, 엔진 밸브는 내구성이 요구되는 주요 부품이므로 성형 중에 형성된 재료의 미시구조도 중요하며, 이와 직결되어 있는 성형 중 온도분포가 중요하므로 이에 관한 해석 기술이 유용하다.

그림 10.149는 전기업셋팅공정을 개념적으로 나타내고 있다. 이 공정은 소재, 상전극 또는 클램프 전극(clamp electrode), 업셋팅 실린더(upsetting cylinder)에 의하여 구동되는 상형(upper die), 하전극(또는 앤빌, anvil)이 부착된 하형으로 구성되어 있다. 하형은 전극의 역할을 동시에 수행하며, 강제 냉각 장치를 이용하여 전극의 온도를 적절한 범위 이내에 머물도록 제어한다. 상전극과 하전극 사이에는 전류의 흐름에 의하여 재료가 지닌 전기적 저항 특성으로 발열이 일어나며, 이로 인하여 상하 전극 사이의 소재의 유동응력이 급격히 감소하게 되고, 상하 금형의 상대속도 차이에 의하여 소재의 끝이 양파 형태로 변형된다. 하전극은 하형과 함께 후퇴실린더(escape cylinder)에 의하여 후진하도록 되어 있다.

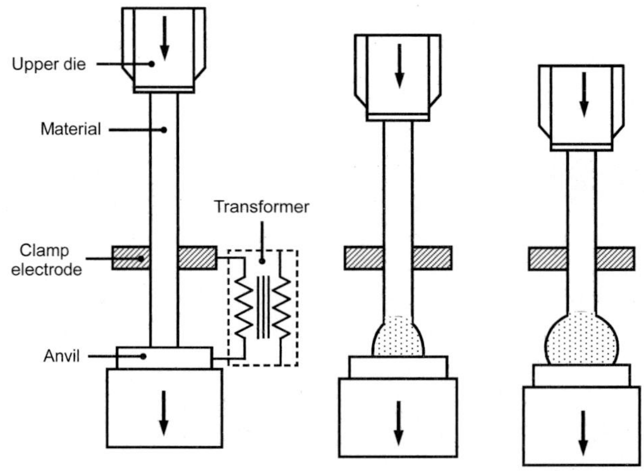

그림 10.149 전기업셋팅의 개념도

이 절에서는 전기업셋팅공정의 소개를 위하여 가상의 전기업셋팅공정에 대한 유한요소해석결과를 소개하였다. 이 공정은 소재유동응력을 비롯한 많은 정보들의 가정 하에 해석되었다는 점을 강조해 둔다.

10.25.2 이론적 배경

교류전원을 사용할 경우, 표면효과(skin effect[10.9])로 인하여 단면의 중심과 바깥쪽의 전류의 밀도 차이가 발생한다. 반경 R이 표면깊이(skin depth) d보다 작은 봉재 또는 선재의 경우, 전류밀도(current density) $J(r)$ 은 다음과 같다.

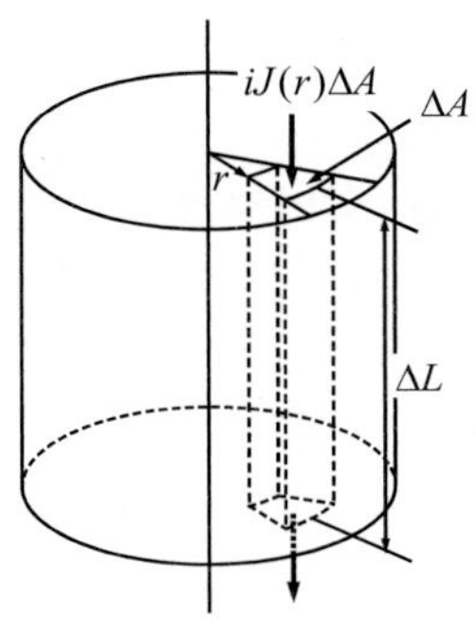

그림 10.150 소재에 흐르는 전류

$$J(r) = J_s \frac{J_o(\sqrt{-2j}r/d)}{J_o(\sqrt{-2j}R/d)} \tag{10.2}$$

여기서 J_s 는 표면에서의 전류밀도이고, 함수 J_o 는 제1종 0차 Bessel 함수(zeroth order Bessel function of the first kind)이다. 그리고 표면깊이는 다음 식으로 정의된다.

$$d = \sqrt{\frac{2\rho}{\omega\mu}} \tag{10.3}$$

여기서 ρ는 도체의 비저항(resistivity)이며 온도의 함수이다. ω는 전류의 각 진동수(angular frequency of current)이고, μ는 도체의 절대투자율(absolute magnetic permeability of conductor)이다.

한편, 전류밀도가 균일한 경우, 그림 10.150의 봉재에서 발생하는 전기적 동력 P는 다음과 같다.

$$P=\rho\frac{\Delta L}{\Delta A}(J(r)i\Delta A)^2=\rho J(r)^2 i^2 \Delta L \Delta A \tag{10.4}$$

여기서 i는 전류이며, 일반성을 고려하여 전류 i를 시간의 함수로 간주한다. 따라서 단위 부피당 발생하는 전기적 동력 q_e는 다음 식으로 정리된다.

$$q_e = \rho J(r)^2 i^2 \tag{10.5}$$

그러므로 전기적 저항에 의하여 발생하는 발열을 고려한 열전도방정식은 다음과 같다.

$$(kT_{,i})_{,i}+(\mathrm{Q}+q_e)=\rho c\frac{\partial T}{\partial t} \tag{10.6}$$

여기서 Q는 응력동력에 의한 것이다. 따라서 일반적인 연계해석 문제와 차이점은 전기적 동력을 고려한다는 것밖에 없다.

10.25.3 가상의 전기업셋팅

여기서는 가상의 선박용 저속엔진의 배기밸브 제조공정에 대한 유한요소해석을 실시하였다.

그림 10.151은 전기업셋팅공정의 초기 상태를 나타내고 있다. 전기업셋팅공정의 관찰에 의하면, 통전과 함께 저항에 의하여 소재의 온도가 상승하며, 특히 초기에 소재와 하형 사이의 접촉 저항에 의한 발열이 크게 발생하며, 그로 인하여 끝 부분이 국부적으로 가열되는 현상이 나타난다. 그런데 접촉면에서의 발열현상을 정확하게 해석하는 것은 용이하지 않으므로 여기서는 그림 10.151에서 보는 바와 같이 직관적으로 초기온도 분포를 설정하였다.

상형과 하형의 속도는 그림 10.152에서 보는 바와 같고, 상전극의 위치는 고정되어 있으며, 하전극은 하형과 동일하다. 실제 상형의 운동은 하중부과경계조건에 의하여 발생시킬 수도 있다. 이 경우, 전술한 하중부과경계처리기법을 사용하여 해결 가능하다.

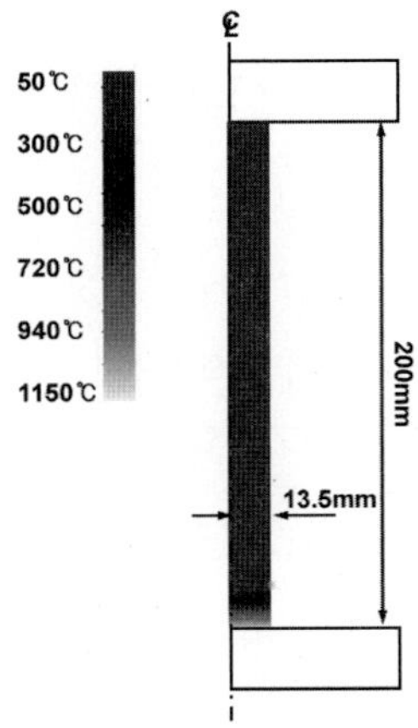

그림 10.151 초기온도 분포

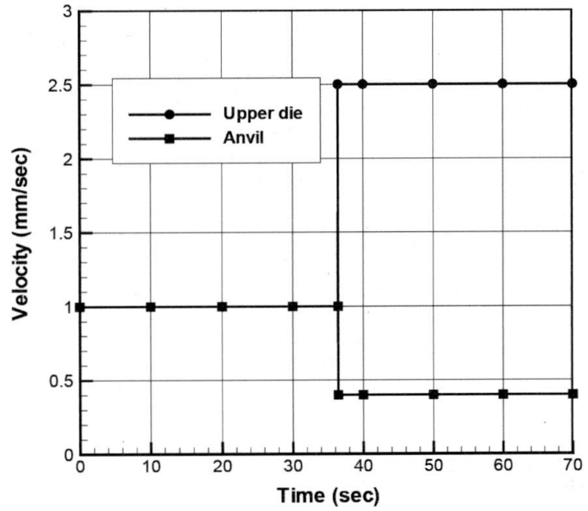

그림 10.152 가정된 금형속도

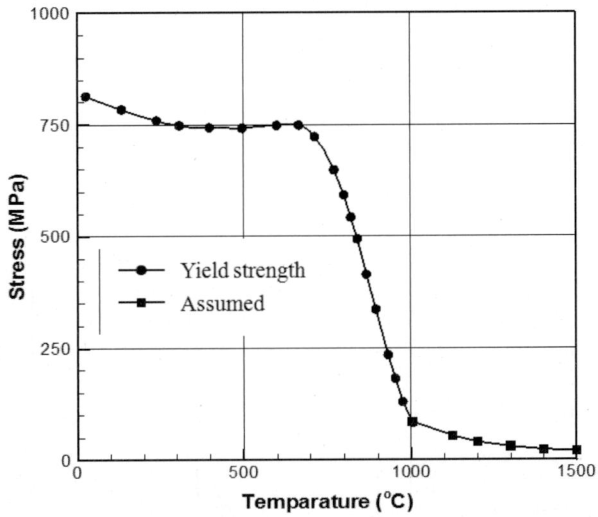

그림 10.153 NIMONIC 80A의 유동응력

소재의 열전도계수 및 열용량, 고유저항은 표 10.6[10.10]과 같으며, 하형의 열전도계수와 열용량은 표 10.7[10.11] 과 같다. 재료의 기계적 성질은 그림 10.153에서 보는 바와 같다[10.10]. 재료와 금형 사이의 열전달계수는 0.008로 하였다[10.12]. 그림10.15에서 1000℃ 이상에서의 정보는 추정치이다.

한편, 실공정에서 하형에는 강제냉각이 이루어지고 있으므로 하형의 열전도계수는 금형 소재의 열전도계수보다 10배 크게 하였으며, 하형과 주위분위기 간의 열전달계수는 다른 부위에 비하여 100배 크게 하였다. 소재에 흐르는 전류량은 6000A 이고, 나머지 공정조건은 참고문헌[10.12]를 참고하였다.

표 10.6 소재의 열적 특성

T (℃)	k (W/mm℃)	ρc (Ws/mm℃)	ρ (Ωmm)
20	0.0112	0.00365	1.000
100	0.0116	0.00384	1.008
200	0.0114	0.00405	1.023
300	0.0161	0.00425	1.040
400	0.0178	0.00449	1.064
500	0.0194	0.00469	1.073
700	0.0223	0.00514	1.064
800	0.0245	0.00535	1.057
900	0.0265	0.00555	1.032
1000	0.0284	0.00576	1.017

표 10.7 금형의 열적 특성

T (℃)	k (W/mm℃)	ρc (Ws/mm℃)
200	0.0255	0.00524
800	0.0263	0.00525
900	0.0277	0.00526
1000	0.0291	0.00522
1100	0.0305	0.00522
1200	0.0319	0.00535
1300	0.0333	0.00558

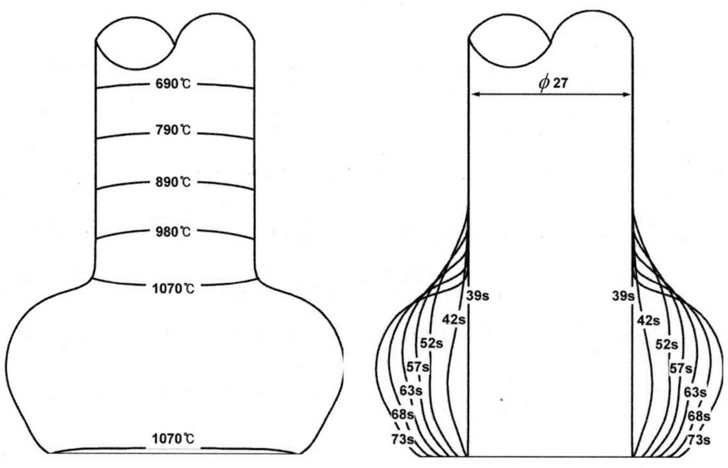

(a) 종료 시점에서의 온도분포 (b) 변형이력

그림 10.154 전기업셋팅공정의 예측결과

그림 10.154는 해석결과를 나타낸다. 최종 온도는 1170℃이고 최종 직경은 처음 직경의 2.12배로 나타났다. 그러나 이 결과는 검증되지 않았으며, 전기업셋팅공정을 개념적으로 소개하는 의미밖에 없다.

10.26 사면체요소를 이용한 초소성 판재소성가공

10.26.1 서론

초소성은 일부의 금속이 특수한 조건에서 갖는 극도로 큰 연성을 의미한다. 초소성 성형은 초소성 재료의 저유동응력과 소성유동의 높은 균질성을 이용하여 복잡한 형상의 제품을 성형하는 공법이다. 초소성은 일부의 재료에서 특수한 재료학적 조건(극히 작은 결정으로 이루어짐)과 고온과 저변형률속도에서 나타나는 현상이다. 예를들면, Ti-6Al-4V 합금의 경우 초소성 성형온도는 927℃ 전후이며, 최적화된 변형률속도는 0.001~0.00001 s^{-1} 사이의 값이다[10.13].

초소성 재료의 유동응력은 변형률속도 의존도가 매우 높다. 결정의 크기와 변형률 등도 다소의 영향을 미치지만, 대부분의 연구자들이 유동응력은 식 (1.129), 즉 $\bar{\sigma} = C\dot{\bar{\varepsilon}}^m$ 의 고전적인 소재모델을 사용하였다. 초소성 상태에서 m값은 일반 상태에 비하여 크다. 대개 0.4~0.8 사이의 값[10.14]이다. 초소성 성형에서 m값이 증가하면, 변형의 균질성이 향상되는 경향이 있으므로 큰 m값을 가진 소재가 일반적으로 유리한 면이 있다. 연신율이 2000%가 넘는 경우에는 대개 m값이 0.6을 상회한다[10.15].

초소성은 체적소성가공에도 가끔 이용되지만 대부분은 판재소성가공에 이용되고 있다. 초소성 성형의 장점은 복잡한 형상을 성형할 수 있다는 점이며, 가장 큰 단점은 변형률속도의 구속을 받기 때문에 생산성이 매우 떨어진다는 점이다. 따라서 성형한계와 생산성을 고려한 최적의 변형률속도에서 성형이 이루어지게 하기 위하여 최적의 압력을 결정해야 한다. 제품의 형상이 복잡할 경우, 해석적 방법의 적용이 불가능하므로 유한요소법 등의 수치적 접근방법이 불가피하다.

초소성 판재소성가공 문제의 유한요소법에 관련 문헌을 조사해 보면, 대부분의 연구자들이 비교적 단순한 형상을 대상으로 연구를 실시하였으며, 체적요소의 경우에는 2차원 적용에 머무르고 있고, 3차원 문제의 해결에는 쉘요소 또는 박막요소를 사용하고 있다.

초소성 판재소성가공공정의 유한요소해석의 특징은 문제의 수식화 방식, 이산화 방식과 사용 요소, 요소의 지능적 생성 및 재구성 기능, 구성방정식의 다양성, 마찰모델, 최적화된 압력 사이클의 계산 기능, 적용 제품 형상의 복잡함의 정도, 상용화 여부 등에 의해서 결정된다.

3차원 해석 문제를 요소의 관점에서 볼 때, 쉘요소 또는 박막요소는 계산시간 및 요소생성 등의 측면에서 장점이 있지만, 절점의 각도에 대한 인위적 자유도의 부과를 통하여 두께의 영향을 반영하거나 두께 방향의 굽힘 변형에 대한 판재의 저항 능력을 무시하는 것으로부터 연유하는 많은 한계점에 노출되어 있다. 반면, 솔리드요소는 요소망생성과 계산시간 측면에서 불리한 면이 있으나 이 문제는 최근 들어 크게 문제가 되지 않고 있다. 따라서 솔리드요소를 사용한 초소성 판재소성가공공정 해석 기술은 이 분야에서 하나의 큰 흐름으로 발전할 것으로 사료된다.

10.26.2 초소성 판재소성가공

초소성 판재소성가공 문제를 체적소성가공공정의 유한요소해석 관점에서 볼 때 특별한 점은 금형과 소재에 의하여 형성된 폐공간에 압력을 가하여 성형을 실시한다는 점이다. 초소성 판재소성가공에서는 대개 온도의 제어를 통하여 등온 조건을 유지하므로 연계해석의 중요성도 일반 체적소성가공에 비하여 중요한 요소가 아니다. 소재는 변형률속도의존성이 커지는 특징이 있으나, 이는 대부분의 연구자들이 채택한 바와 같이 변형률속도에 대한 지수모델로 수식화될 수 있다.

즉, 기존의 점소성 유한요소법으로 해결이 가능한 것이다. 물론 일부의 연구자들에 의하여 시도된 결정립의 크기나 변형률 의존성도 기존의 체적소성가공 시뮬레이터가 흡수할 수 있다.

따라서 기존의 금형에다 소재와의 접촉에 의하여 폐공간을 형성할 경우 입력된 압력이 작용하도록 하면, 기존의 체적소성가공 시뮬레이터를 이용한 초소성 판재소성가공공정의 해석이 가능하다.

한편, 소재의 초소성 특성의 유지를 위하여 변형률속도의 제어가 필요할 수 있다. 대개 실공정에서는 초소성 특성의 유지와 생산성을 고려하여 최적 변형률속도를 정하고 그에 맞도록 압력을 부과하고 있다. 따라서 사용자의 요구에 따라 성형 압력이 해석의 결과로 계산될 수 있다.

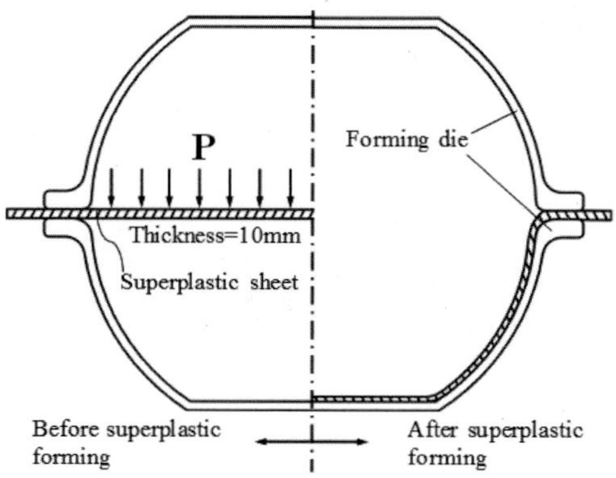

그림 10.155 적용 예제 1의 공정도

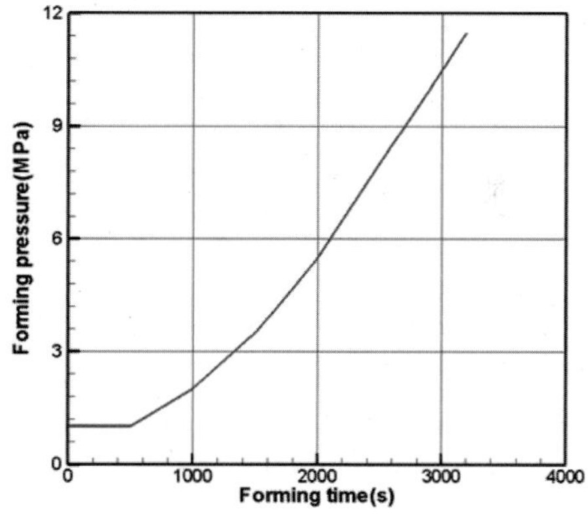

그림 10.156 시간-압력곡선

10.26.3 반구형 형상 축대칭 제품

첫 번째 적용예제로써, 그림 10.155은 반구 형상의 축대칭 제품을 성형하기 위한 공정의 개략도이다. 이 공정의 해석 조건은 다음과 같다. 소재의 유동응력: $\bar{\sigma} = 70.7\dot{\bar{\varepsilon}}^{0.22}$ MPa ; 쿨롱마찰계수: 0.2; 압력-시간 곡선: 그림 10.156 참조.

접촉유지를 위하여 상형은 인위적으로 0.00001mm/s의 속도로 하강하도록 하였다. 소재는 약 35000개의 사면체요소로 이산화되었다. 금형은 강체로 가정하였고 770개의 삼각형요소로 이산화되었다.

그림 10.157(a)에 변형의 이력을 나타내었으며, 그림 10.157(b)에 최종 형상에서 두께의 분포를 나타내고 있다.

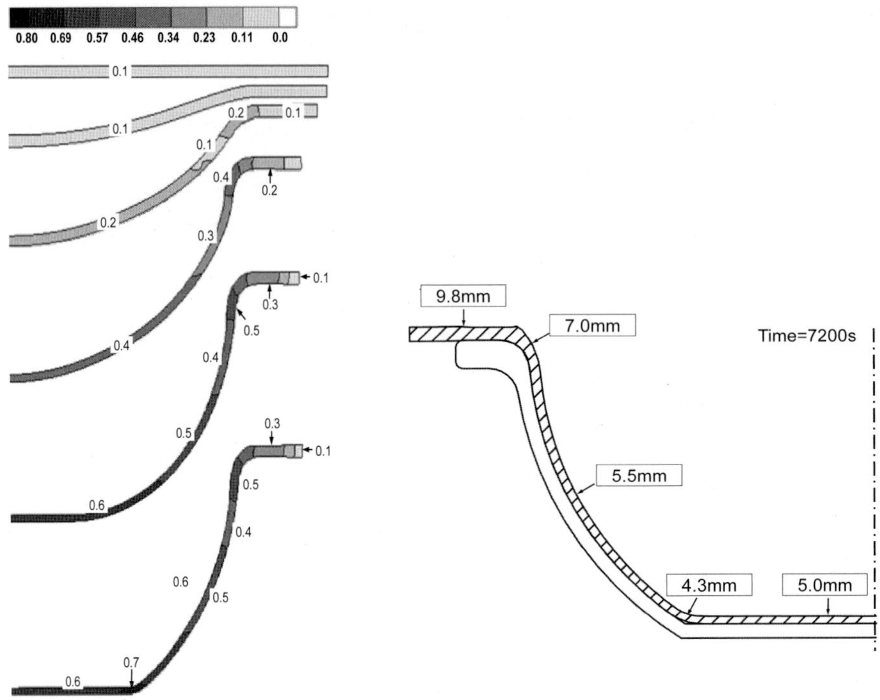

(a) 변형이력 및 변형률 (b) 두께

그림 10.157 예측결과

10.26.4 직사각형 박스 제품

그림 10.158은 평면도가 직사각형인 사각 형상 받침통, 즉 박스 형태의 제품 제조를 위한 초소성 판재성형공정의 개략도이다. 앞 절의 예제와 동일한 조건하에서 구한 해석결과를 그림 10.159에 나타내었다.

그림 10.158에서 보는 바와 같이 전체의 1/4 영역만 해석하였으며 소재의 초기두께는 1.27mm이다. 그리고 그림 10.159에서 보는 바와 같이 유효변형률은 0.1에서 0.9까지 분포하였다.

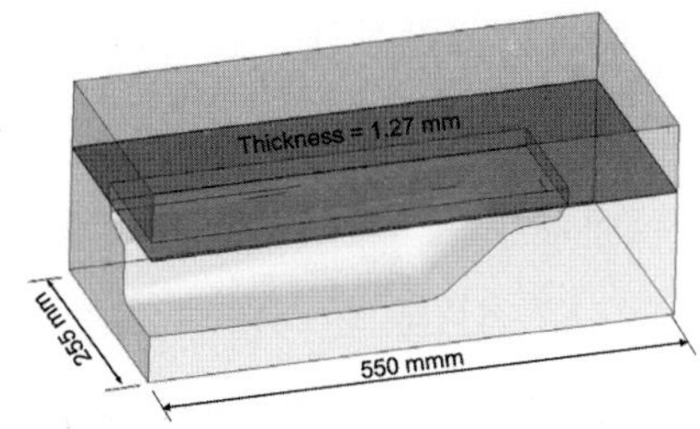

그림 10.158 공정도

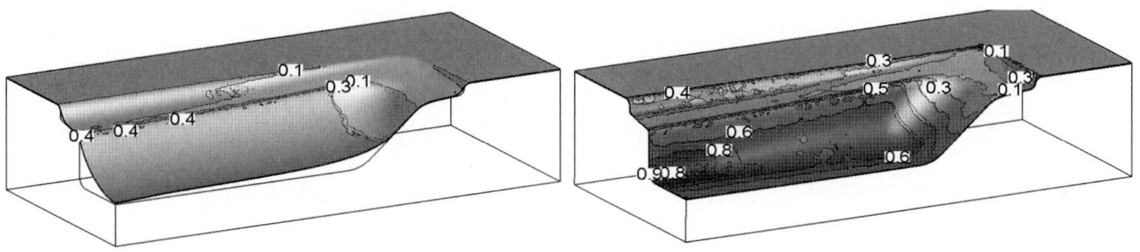

(a) 성형중 (b) 성형 종료 시점

그림 10.159 예측결과 – 유효변형률

10.27 항공기용 스트링거 롤포밍

롤포밍은 박판을 연속된 롤스텐드를 통과시킴으로써 균일한 단면을 지닌 박판 제품을 성형하는 대량생산 기술이다. 롤포밍 제품은 직선인 경우가 대부분이지만 곡선 롤포밍 제품도 가능하다. 롤포밍공정의 공정설계도는 각 롤스탠드를 통과한 소재의 형상을 겹쳐서 표현한 플라워패턴(flower pattern)으로 특징지워진다. 롤포밍공정 중에는 부분적으로 두께를 제어하는 전통적인 압연공정이 중간에 들어가는 경우도 있지만, 기본적으로 박판재를 연속적으로 굽히는 일종의 연속된 굽힘공정으로 이루어져 있다.

만약 롤스탠드의 롤바이트(roll bite)에서 모든 성형이 이루어진다고 가정하면, 롤스텐드 간의 굽힘공정은 평면변형 문제로 볼 수 있다. 이 때 롤바이트의 프로파일을 2차원 금형으로 간주하여 2차원 해석이 가능하다. 이 접근 방법은 롤포밍공정의 개념설계에 유용할 수가 있다.

솔리드요소를 이용한 3차원 해석은 근본적인 수치적 문제에 노출되어 있다. 소재가 금형에 접촉하고 분리될 때 불가피하게 발생하는 수치적 절삭 문제(소재 표면을 갉아먹는 현상)로 인하여 수치적인 두께변화가 발생하여 결과에 좋지 않은 영향을 미치게 된다. 따라서 전체적인 3차원 해석은 공학적으로 큰 의미가 없을 수 있다. 그리고 탄성변형이 심하기 때문에 이론적 접근보다 2차원 및 부분적 3차원 해석을 통한 공학적 접근이 필요하며, 최종형상을 통제하기 위하여 최종 몇 롤스탠드의 유연한 설계가 필요하다고 사료된다.

이 절에서는 항공기용 스트링거의 제조공정의 해석을 통하여 롤포밍 기술을 소개한다 [10.16]. 그림 10.160은 해석 대상 롤포밍공정의 최종제품인 스트링거의 단면 형상이다. 스트링거는 직선으로 되어 있고 대칭성을 가지고 있다. 이 예제에서 대상으로 하는 직선형 스트링거는 10개의 롤 스텐드로 구성된 롤 포밍기로 생산된다. 롤 포밍기의 롤 스텐드는 그림 10.161과 같으며, 각각의 롤 스텐드는 2개의 롤로 구성되어 있다. 소재가 변형률 속도의 영향을 받지 않기 때문에 대칭면에 있는 표면상의 절점의 길이방향 속도는 1mm/s로 하였고, 각 롤의 각속도는 대칭면에서 롤의 원주 속도가 1mm/s가 되도록 결정하였다. 마찰법칙으로 일정전단마찰법칙을 적용하였고, 윤활유의 분위기에서 작업이 이루어지는 것을 감안하여 마찰상수를 0.05로 간주하였다. 소재는 Al6061-T6이며 유동응력은 $\bar{\sigma} = 348.35\bar{\varepsilon}^{0.196}$ MPa이다.

먼저 2차원 평면변형 해석을 위하여 롤스텐드의 상하형을 이용한 10단 평면변형 단조 공정도를 그림 10.162에 나타내었다. 이 공정을 자동해석 기능을 이용하여 해석한 결과를 플라워패턴으로 그림 10.163 에 정리하였다.

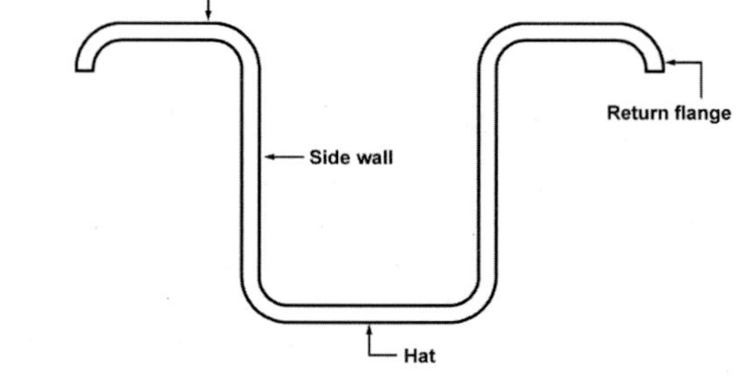

그림 10.160 스트링거의 단면 형상

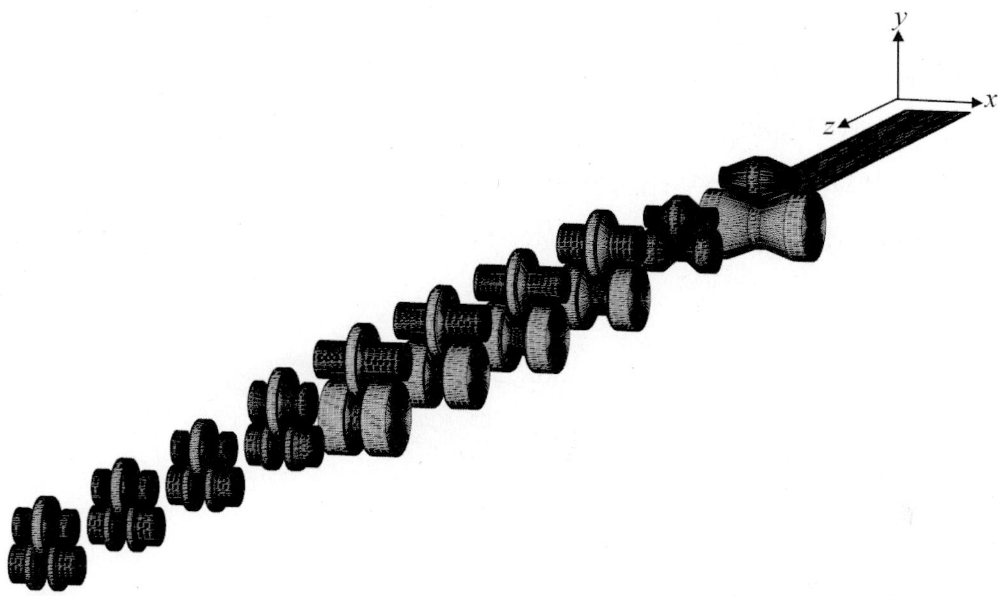

그림 10.161 유한요소해석모델

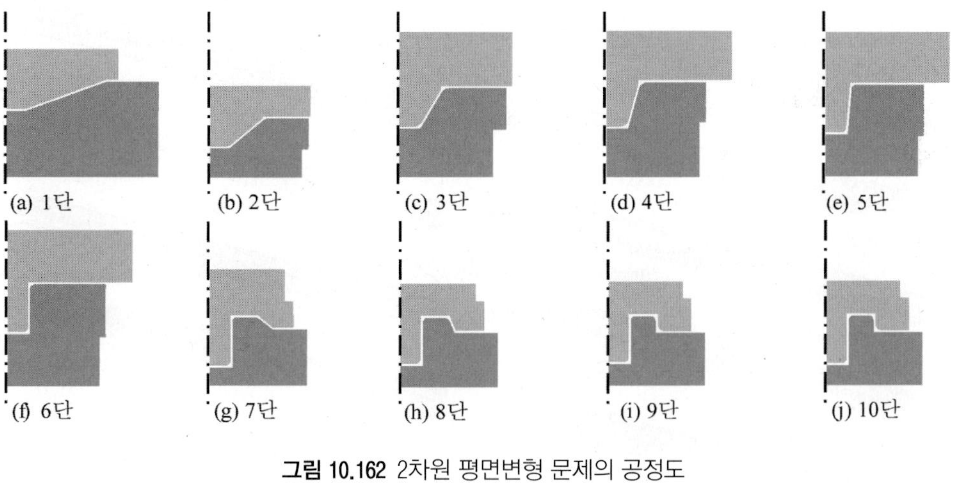

그림 10.162 2차원 평면변형 문제의 공정도

그림 10.163 2차원 해석을 통하여 획득한 플라워패턴[부록 C]

그림 10.164는 3차원 해석을 위한 소재의 유한요소격자이다. 유한요소격자는 2604개의 절점과 1620개의 육면체요소로 이루어져 있다. 소재의 두께는 1.803mm이다. 소재가 롤 스탠드에 무리없이 진입하게 하기 위하여 실공정과 마찬가지로 입구측 소재의 모따기를 실시하였고 유한요소격자에도 이를 반영하였다. 그림 10.165는 스트링거 롤포밍공정의 예측결과를 보여주고 있다.

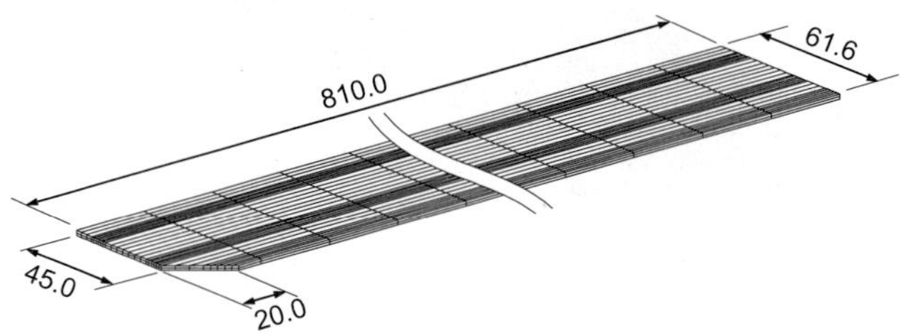

그림 10.164 초기소재의 요소망

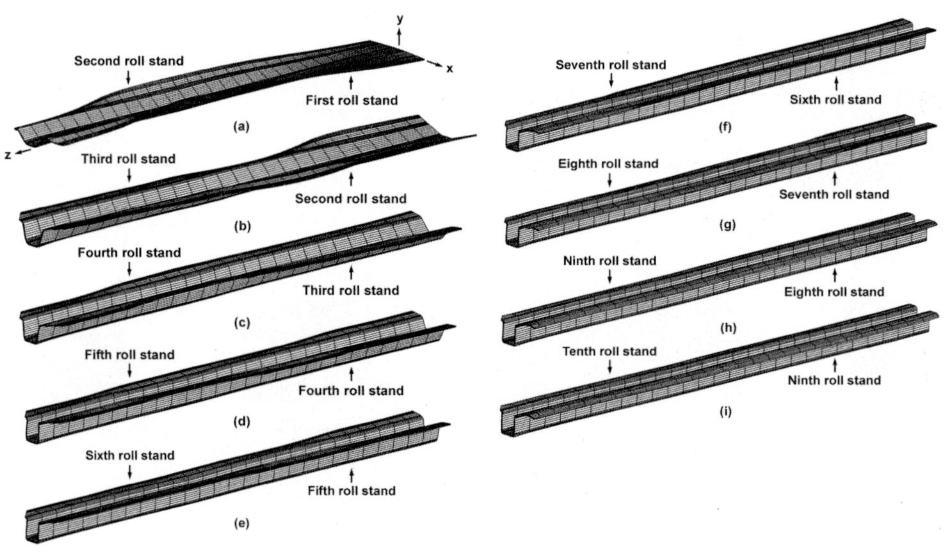

그림 10.165 스트링거 롤포밍공정의 3차원 예측결과

CHAPTER 11

금형의 구조해석

금형구조설계는 단조산업에서도 매우 중요하다. 역학적 관점에서 금형구조설계를 돕는 것이 금형구조해석이다. 엄밀하게 말하면 소성유동해석 문제와 금형구조해석 문제는 상호 연계되어 있지만, 그 연계성을 살렸을 때, 오히려 그 결과에 대한 신뢰성이 떨어질 가능성이 있다. 그 이유는 소성유동 해석결과의 정도에 비해서 금형구조해석 결과의 정도가 떨어질 수밖에 없기 때문이다.

따라서 금형을 강체로 가정하고 소성유동해석결과를 획득한 후, 그 결과로 얻어진 하중정보를 이용하여 금형구조해석을 실시함으로써 대략적인 금형의 변형과 응력의 분포를 구하는 것이 현실적인 방안이다.

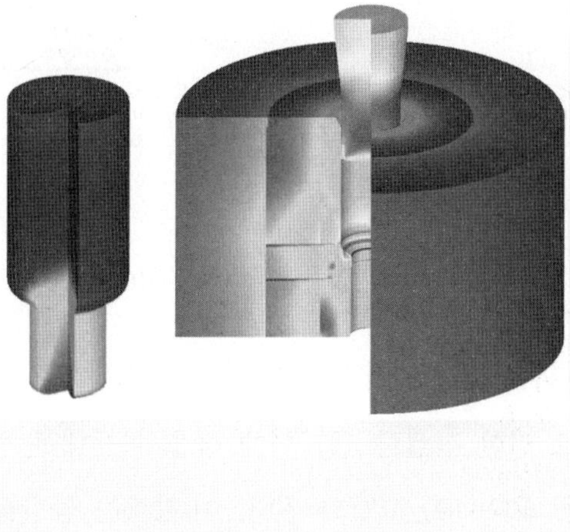

11.1 결과의 검증

해석결과의 검증을 위하여 Takshashi와 Brebbia[11.1]의 논문에 수록된 문제를 동일한 조건에서 접촉탄성유한요소해석을 실시하였다. 그림 11.1(a)에서 보는 바와 같이 동일한 소재의 두 실린더가 열수축체결되어 있고, 내부 실린더에는 내압이 5000MPa로 작용하고 있다. 두 실린더의 열박음 간섭량은 δ=0.3mm이다. 접촉면에서의 마찰계수는 μ= 0.0이고, 소재의 포아송 비 v, 탄성계수 E, 열팽창계수 α는 각각 v = 0.3, E = 210GPa, α = 0.000012[/℃]이다.

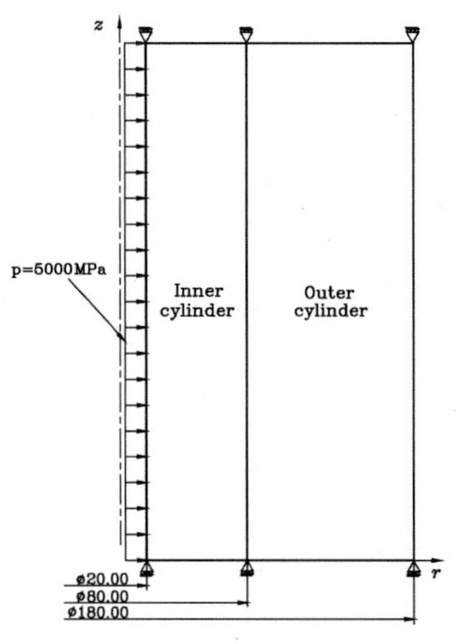

(a) 문제의 정의

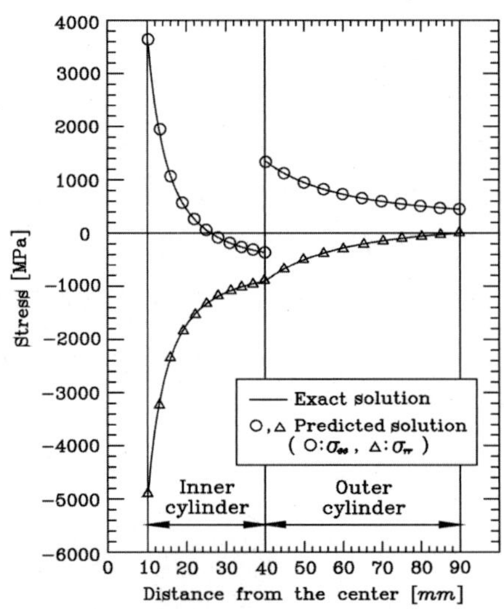

(b) 예측결과와 정해의 비교

그림 11.1 유한요소해석결과의 검증[11.2]

그림 11.1은 무한히 긴 관의 일부이며, 길이방향의 변형이 구속된 조건하에서 해석을 실시하였다. 열박음으로 인한 간섭량 δ를 이에 상응하는 내부 실린더와 외부 실린더의 온도차 ΔT로 환산하면, ΔT=480.77℃가 된다. 이 값에는 등방성 열수축과 양단의 고정 경계조건으로부터 발생하는 외부 실린더의 변형이 고려되어 있다. 그림 11.1(b)는 제시한 접촉탄성유한요소법에 의해 얻어진 반경방향과 원주방향의 응력분포를 나타내며, 정해와 비교하고 있다. 그림으로부터 해석결과가 정해와 잘 일치한다는 것을 확인할 수 있다.

11.2 볼스타드 냉간자동단조에서 발생한 금형의 파괴 원인 분석

냉간금형의 수명은 파괴, 마모, 소성변형 등에 의하여 좌우된다. 그 중에서도 파괴에 의하여 금형의 수명을 다하는 사례가 가장 많다. 단조 중 금형의 파손은 생산성과 불량품의 양산으로 이어짐은 물론이고, 인명 사고로 연결될 수 있다는 점에서 산업현장에서는 이 문제를 중시하고 있다.

금형의 파괴 문제는 금형재료, 단조공정설계, 제작과정, 운용 이력 등이 매우 복잡하게 얽혀 있기 때문에 정량적인 접근이 용이하지 않다. 단조공정 및 금형설계에 기인하는 문제의 원인은 금형 구조해석 기법을 이용하여 규명이 가능하지만, 역학 문제 자체가 복잡하고 이에 적합한 도구가 없기 때문에 많은 연구자들의 노력에도 불구하고 공정 및 금형설계 기술자들의 요구를 충족시키지는 못하고 있다.

저자의 연구그룹[11.3]은 금형의 구조해석을 위하여 가변벌칙기법(varying penalty method)을 제안하였으며, 이를 바탕으로 단조 시뮬레이터와 연계한 금형구조해석 프로그램 AFDEX/DIE를 개발하였다. 이 방법은 수치적 안정성과 결과의 정확도가 확보되어 있다.

이 절에서는 고강도 재료의 볼스타드 냉간단조공정 중에서 발생한 금형의 파괴 원인을 기 개발된 금형 구조해석 기법을 이용하여 규명한다.

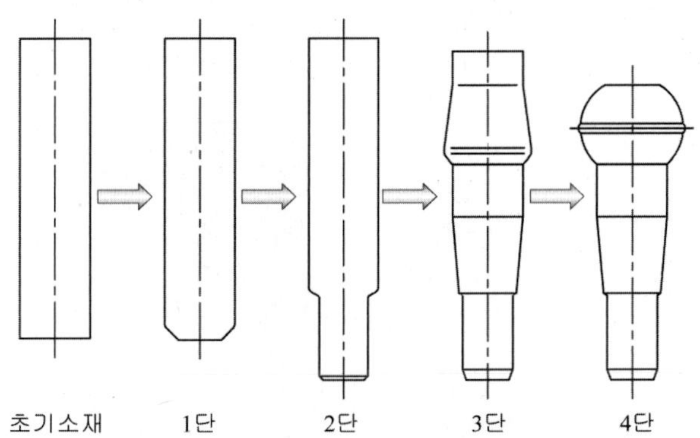

그림 11.2 볼스타드의 냉간단조 공정도

그림 11.2는 자동4단냉간단조공정에 의하여 볼스타드가 제조되는 과정을 나타내고 있다. 이 공정은 소재가 SCM435일 경우, 금형이 비정상적으로 파괴된 사례가 없었다. 그러나 고강도 신소재인 ESW105 재료를 사용할 경우 수백 개의 제품을 생산한 이후에 파손되었다. 파손된 금형의 사진과 제품에 새겨진 크랙 자국을 그림 11.3에 나타내었다.

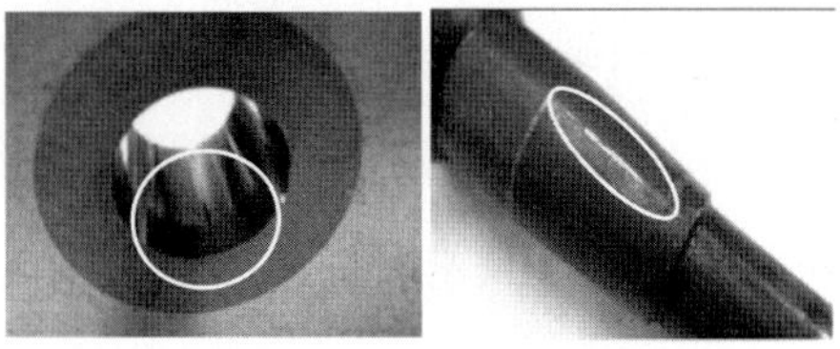

(a) 파괴된 금형 (b) 긁힌 자국

그림 11.3 파괴된 금형과 관련 제품 (태양금속 제공)

금형에 작용하는 하중과 그 분포를 구하기 위하여 실시한 단조 시뮬레이션에서 금형-소재 접촉면은 쿨롱마찰법칙을 따른다고 간주하였고, 마찰계수는 0.05로 가정하였다. 해석결과는 금형의 구조해석 목적으로 사용되었다.

그림 11.4(a)는 금형 파괴가 발생한 볼스타드 단조공정의 제4단의 하형의 설계도이다. 금형은 3층으로 분리되어 있고, 외곽의 체결용 실린더에 의하여 체결된다. 각 층의 금형 부품은 다이인서트와 두 개의 열박음용 링으로 구성되어 있다. 그림 11.4(a)에서 ①, ⑤, ⑧로 표시된 다이인서트의 재료는 모두 초경합금(WC)이고, 열박음 링의 재료는 SKD61이다.

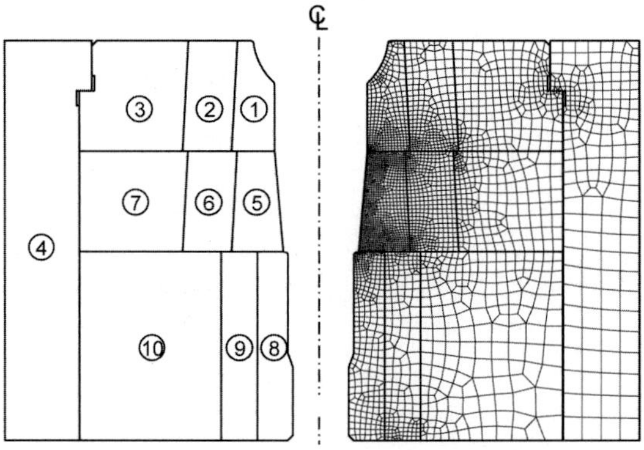

(a) 하형 (b) 유한요소해석결과

그림 11.4 금형의 설계와 유한요소해석결과

금형 재료의 물성치는 표 11.1에 정리하였으며, 다이인서트-열박음 링의 접촉면에서 마찰계수는 0.1로 가정하였다.

표 11.1 금형 재료의 물성치

재료	탄성계수(GPa)	포아송비
WC	696	0.24
SKD11	210	0.30
SKD61	200	0.28

파괴가 발생한 시점을 파악하기 위하여 펀치의 스트로크의 증가에 따른 유효응력과 원주방향의 응력 성분의 변화를 추적하였다. 응력 변화의 추적을 통하여 금형 파괴가 발생할 가능성이 높은 지점을 선택하였다. 그림 11.5에서 보는 바와 같이 공정의 마지막 순간뿐만 아니라 스트로크가 2mm와 16mm일 때 응력과 원주방향의 응력 성분이 모두 극대치를 나타내고 있다. 따라서 이 두 경우에 대한 금형구조해석결과의 상세 분석이 필요하다. 여기서는 스트로크가 16mm인 경우를 상술한다.

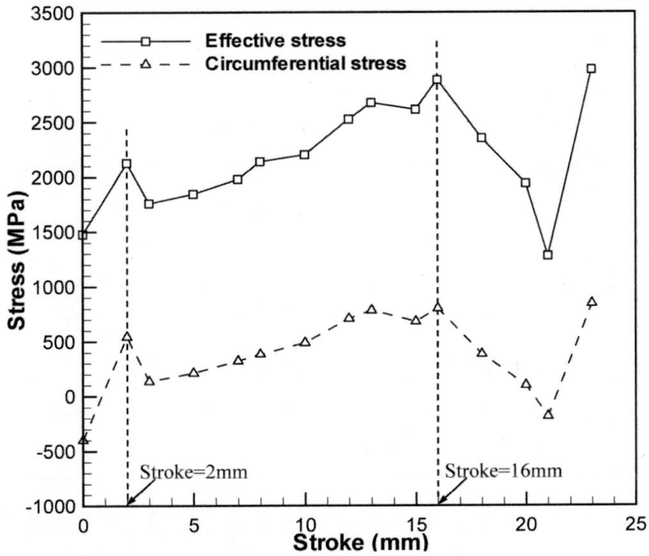

그림 11.5 스트로크의 변화에 따른 유효응력과 원주방향 응력 성분의 변화

그림 11.6에서 보는 바와 같이 스트로크가 16mm일 때, 금형이 파괴된 지점에서 소재의 유효변형률은 약 0.15 내외이므로 그림 4.4(b)로부터 ESW105의 유동응력이 SCM435의 1.9배이다. 그리고 그림 11.6로부터 금형-소재 경계상에서 ESW105의 면압이 SCM435의 약 1.3배이다.

스트로크가 16mm일 때 금형에 작용하는 유효응력의 분포와 원주방향의 응력성분을 그림 11.7에서 나타내었다. 그림에서 보는 바와 같이 금형이 파괴된 지점에서 유효응력의 절대치는 ESW105가 2850MPa인 반면, SCM435는 779MPa이다. 특히 ESW105의 경우, 원주방향의 주응력이 인장상태이며, 그 크기가 871MPa에 이르고 있다. 이에 반해서 SCM435는 원주방향의 주응력이 대부분 압축상태에 머물고 있다. 공정 완료 시점에서 분석 결과도 그림 11.7의 결과와 매우 유사하였다.

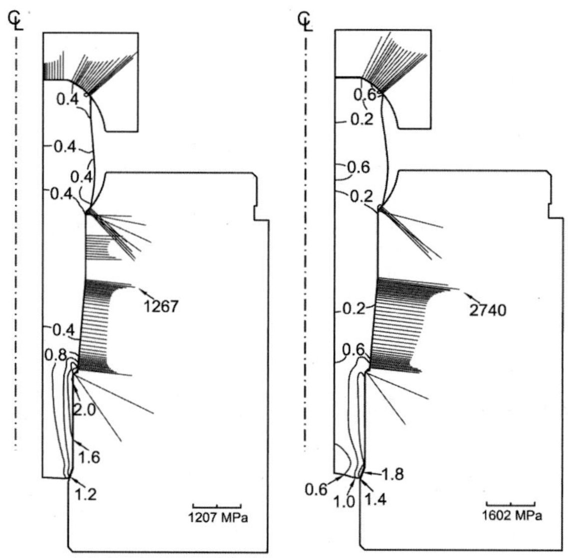

(a) SCM435 (b) ESW105

그림 11.6 스트로크 16mm 지점에서 유효변형률과 접촉응력

다이인서트로 사용된 초경합금은 인장강도가 압축강도에 비하여 매우 작다. 일례로 초경합금의 압축강도가 2683MPa인 반면, 인장강도는 압축강도의 13%에 지나지 않는 344MPa이라는 자료도 있다. 이러한 초경 재료의 일반적 특성을 근거로 판단할 때, 그림 11.3의 금형파괴 원인은 SCM435의 성형에 적합하도록 설정된 예압력이 ESW105에서는

다소 작았기 때문이라고 판단된다. 즉, ESW105가 고강도 소재이므로 성형하중과 면압의 증가로 인한 금형의 원주방향 응력성분이 증가한 것이 금형파괴의 직접적 원인이라고 판단된다. 따라서 ESW105의 재료 변형특성을 고려한 금형설계가 불가피하다.

신소재의 적용 시, 기술자들이 기존의 공정설계를 그대로 사용하려는 경향이 있는 것이 사실이다. 고강도 소재의 경우, 이러한 시도는 실패로 끝날 가능성이 매우 높음을 이 예제는 강조하고 있다.

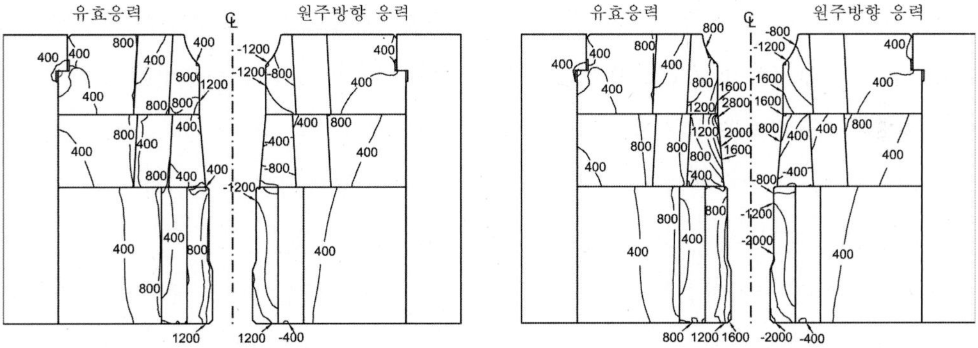

(a) SCM435 (b) ESW105

그림 11.7 금형 파괴가 발생한 것으로 판단되는 시점에서 유효응력과 원주방향 응력 성분[부록 C]

11.3 원주방향 분할 및 반경방향 예압 금형의 3차원 구조해석

11.3.1 서론

금형의 분할은 대개 분할면이 축대칭적인 경우가 일반적이다. 따라서 분할면은 수평면을 이루거나 원통형을 이룬다. 즉, r-θ-z 좌표에서 r-면과 z-면이 일반적인 분할면이다. 그러나 금형의 파단면이 원주방향에 수직할 경우 금형 인서트를 원주방향으로 분리하고 외곽의 예압링으로 원주방향의 압축응력을 부과하는 경우가 종종 있다. 6각머리볼트의 제조공정중 6각머리에 해당하는 금형의 모서리 부위에서 금형의 파손이 잦을 경우 이러한 방식의 금형 예압이 대책이 될 수도 있을 것이다.

11.3.2 단조공정의 시뮬레이션

그림 11.8은 분석 대상의 단조공정도를 나타내고 있다. 이 공정은 총 3단으로 이루어져 있고, 초기 1단은 축대칭 공정이며, 후기 2단은 3차원 공정에 속한다. 따라서 전반부는 축대칭 공정으로 해석하였고, 나머지 두 단에 대해서는 1/6 모델을 이용한 3차원 단조 시뮬레이션을 실시하였다.

사용된 볼트 ESW105는 초기항복응력이 1000MPa인 고강도 소재로 변형경화능이 극히 작은 특성을 지니고 있다. 비록 변형경화능이 작아 후미로 갈수록 상대적으로 작은 하중과 면압이 기대되지만, 근본적으로 초기항복응력이 매우 크기 때문에 기존의 공정으로 제조하는 것은 불가능하다. 그림 11.8은 재료의 고변형저항을 고려하여 고안된 설계 중의 하나이다. 이 설계의 검증 및 최적화를 위한 단조 시뮬레이션을 실시하였다. 재료의 유동응력 정보는 그림 4.4(b)와 같고, 마찰계수를 0.05로 하였다.

2차원 해석에서 사각형요소의 수를 1500개 내외로 통제하였으며, 3차원 해석에서 사면체요소의 수를 50000개로 통제하였다. 그림 11.9에 소성변형이력을 나타내었고, 그림 11.10와 그림 11.11에 각각 하중정보와 마지막 단에서의 면압정보를 나타내었다. 그림 11.9의 소성변형이력을 살펴보면, 대체적으로 소성유동이 원만하게 일어나고 있음을 알 수 있다. 그러나 그림 11.10에서 ESW105의 3단 최대하중은 587kN이며, 이 수치는 SCM435 재료를 사용했을 경우에 비하여 약 23% 크다. 그림 11.11의 면압, 즉 법선응력의 분포도 그 정도 크게 나타나고 있다. 물론 이것의 근본 원인은 높은 유동응력에 있다.

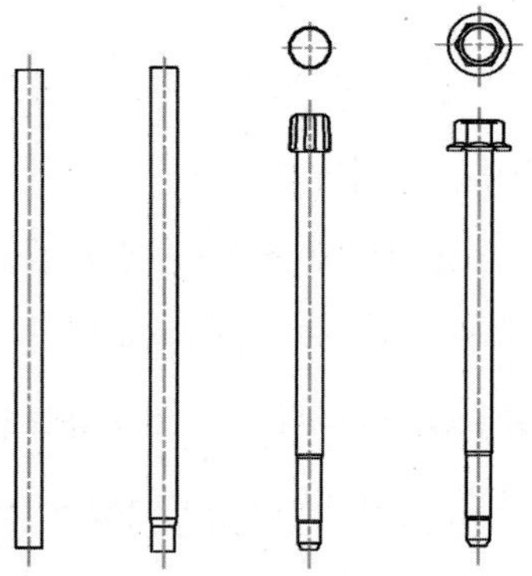

그림 11.8 공정설계도 (영신금속 제공)

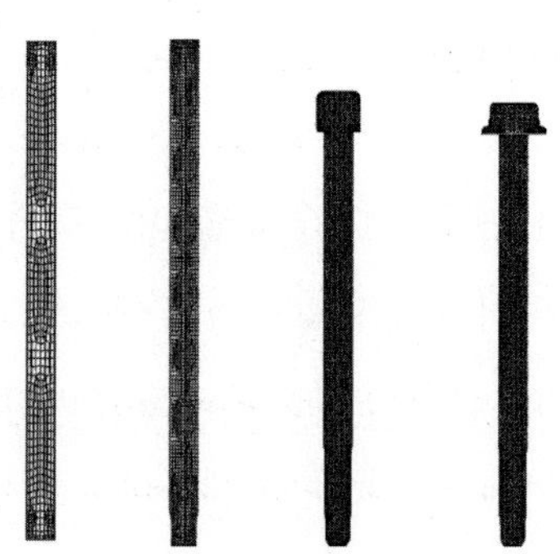

그림 11.9 예측결과 - 변형이력

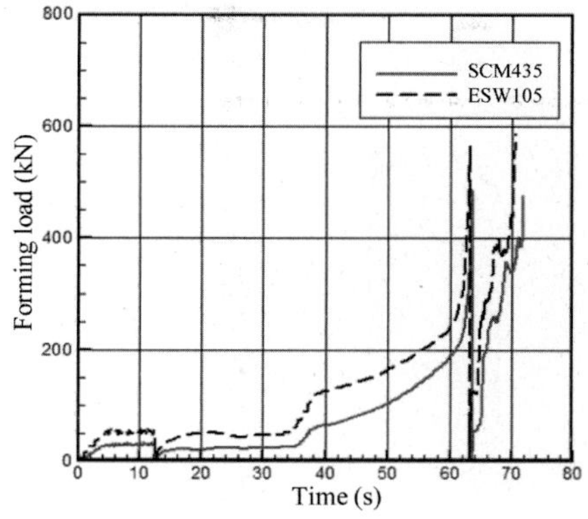

그림 11.10 시간-성형하중 곡선

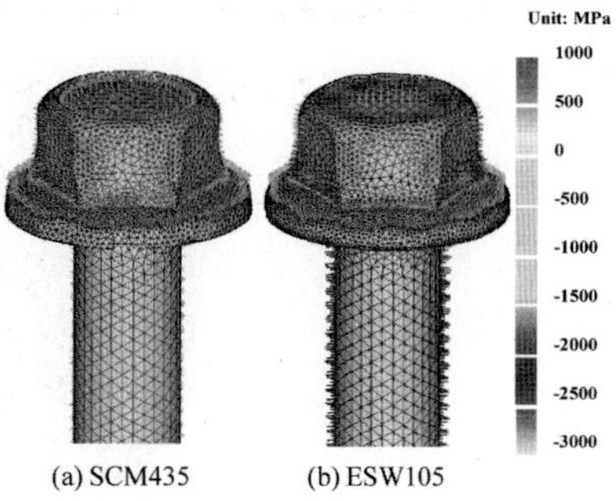

그림 11.11 금형 법선응력 분포[부록 C]

11.3.3 원주방향 분할 및 반경방향 예압 금형의 구조해석

앞 절에서 지적된 고강도 재료의 단조 시의 높은 성형하중과 이와 연계된 고면압을 극복하기 위한 노력의 일환으로 그림 11.12에서 보는 바와 같은 원주방향 분할 및 반경방향 예압 금형을 고안하였다. 이러한 방식의 금형설계는 흔하지는 않지만 현장에서는 가끔씩 적용이 되고 있다. 원주방향 분리의 조건은 그 방향으로의 인장력이 작용할 수 없다는 점이다. 따라서 구조해석 중에 이 조건을 반영해야 한다.

금형의 구조해석에서 다이인서트의 재질은 WC-G7이며, 예압링은 SKD61이다. 금형 재료의 기계적 성질은 표 11. 2에서 보는 바와 같다.

표 11.2 금형 부품의 재료물성치

재료	탄성계수	포아송비
WC-G7	540	0.23
SKD61	210	0.30

금형의 구조해석은 두 가지 조건하에서 실시되었다. 먼저 기존의 일체형 다이인서트를 사용한 경우에 대하여 구조해석을 실시하였고, 그 다음으로 분리된 금형에 대하여 구조해석을 실시하였다.

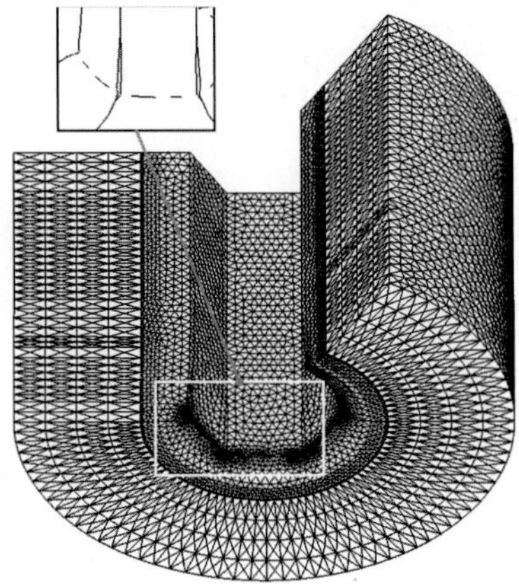

그림 11.12 해석결과 – 분리된 금형

그림 11.13(a)과 그림 11.13(b)에 금형에 작용하는 유효응력을 나타내었다. 예제에서 부과된 예압량(ΔT=600℃ 또는 약 0.6%의 예압) 조건하에서는 그림 11.13(b)에서 보는 바와 같이 분리면이 단조 중 떨어지고 있으며, 떨어지는 면의 위치는 단조 진행과 함께 변하였다. 그리고 분리면 주위에서 국부적인 응력 상승이 발생하였으며, 그림 11.13(a)의 비분리금형에 비하여 유효응력이 크게 나타났다.

이 결과는 원주방향 분리금형의 예압설계의 최적화 필요성을 강조하고 있다. 이 해석결과는 고강도 볼트 단조고정개발 중 획득된 것으로 그림 11.13에서 보는 바와 같이 유효응력이 다소 크다. 응력은 속도구배로부터 구해지므로 결과의 정확도가 다소 떨어질 수 있으므로 절대치보다 상대치에 보다 큰 의미를 둘 필요가 있다.

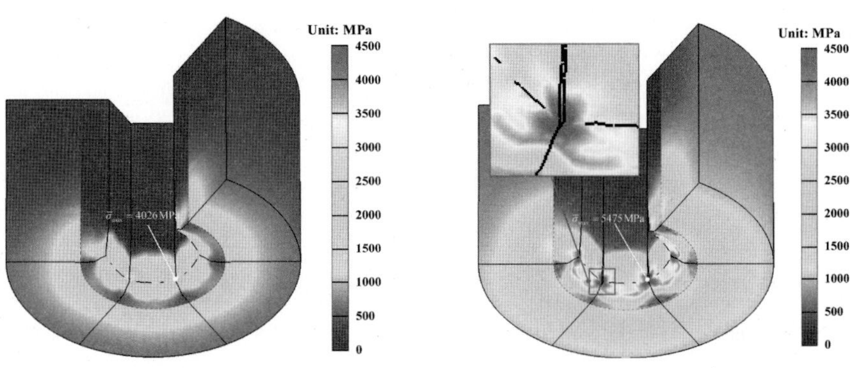

(a) 비분리 (b) 분리금형

그림 11.13 금형구조해석결과[부록 C]

부록

부록 A 유한요소법의 기본개념

부록 B 본문 이외의 주요 해석 예제

부록 C 분문 중 그림의 컬러 그림

부록 A. 유한요소법의 기본개념

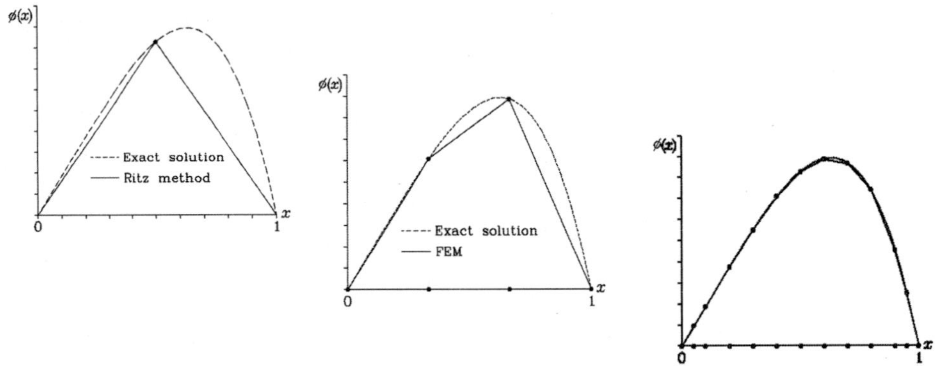

유한요소법의 이해는 역학과 수학의 이해를 전제로 한다. 따라서 기초 소양이 갖추어지지 않으면, 난해한 분야이다. 유한요소의 기교보다 그 뿌리를 이해하는 것이 사용자에게 유용하다는 판단하에 여기서는 사용자로서 갖추어야 할 기본 지식을 상미분방정식을 통하여 소개한다. 여기서 소개하는 내용의 이해를 바탕으로 점진적으로 사용자가 갖추어야 할 전문지식을 정복하기 바란다. 이 때, 유한요소 프로그램 개발자들에게 필요한 유한요소 기교에 관한 내용은 적절히 뛰어넘어 가면서 즐거운 마음으로 공부하기 바란다.

A.1 미분방정식의 근사해법과 유한요소법

⊙ 경계치 문제(미분방정식 + 경계조건(필수경계조건+자연경계조건))의 근사해법

○ 변분원리 – Ritz 법

○ 가중오차법(Weighted residual approach) – 대표적인 방법: Galerkin 법

-변분원리와 가중오차법 자체는 그에 상응하는 경계치 문제와 동일함

-가중오차법에는 다양한 종류가 있으나, Galerkin 법이 대표적임

-근사해법에서는 구하고자 하는 해를 기지의 기초함수의 선형조합(시도함수라고 함, 필수경계조건을 만족해야 함)으로 가정함

-문제점: 변분원리는 적용 가능한 문제가 한정되어 있음. 두 방법 모두 필수경계조건을 만족하는 시도함수를 찾는데 어려움이 따름. 2차원 및 3차원 적용이 사실상 불가능함

⊙ 유한요소법

○ 변분법적 유한요소법 – 경계치 문제의 근사해법인 Ritz 법에 근거

○ Galerkin 유한요소법 – 경계치 문제의 근사해법인 Galerkin 법에 근거

-일종의 경계치 문제의 근사해법

-Ritz법과 Galerkin법이 안고 있는 문제(필수경계조건을 만족하는 시도함수를 찾는 문제)의 해결책으로 유한요소기교, 즉 유한요소이산화 및 유한요소보간법을 사용함

A.2 예제를 통한 Ritz법에 의한 미분방정식의 근사해법

⊙ 예제

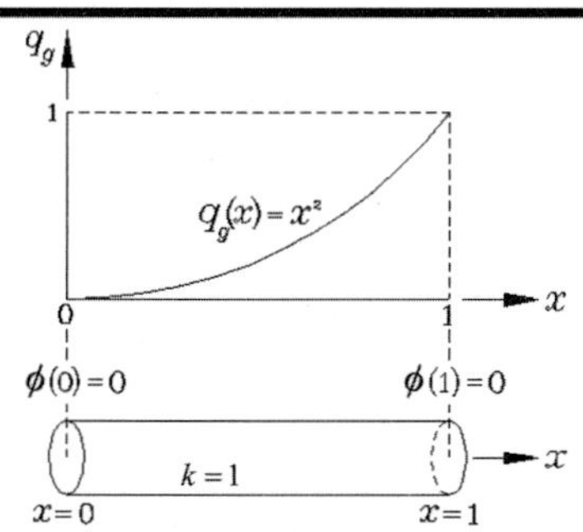

○ 경계치 문제:

$$-\frac{d^2\phi}{dx^2} = x^2, \ 0 < x < 1$$

문제 1

$$\phi(0) = 0, \ \phi(1) = 0$$

* 정해 : $\phi^*(x) = -\frac{1}{12}\left(x^4 - x\right)$

$$\phi''(x) = -x^2 \ \Rightarrow \phi(x) = -\frac{1}{12}x^4 + C_1x + C_2$$

- 문제설명: 길이가 1인 선(예, 전선)의 양 끝단의 온도가 0으로 유지되고 있으며, 시간에 따른 온도변화가 없다. 열전달이 선의 길이방향으로 발생하도록 단열되어 있다. 단위길이당 발열률은 x^2이며, 선의 열전도율 k는 1이다. 즉, 1차원 정상상태 열전도 문제임.

○ 변분원리: $Extremize \ F(\phi) = \frac{1}{2}\int_0^1\left[\left(\frac{d\phi}{dx}\right)^2 - 2x^2\phi(x)\right]dx$

$$subject\ to \ \ \phi(0) = 0, \ \phi(1) = 0$$

문제 2

⊙ 미분방정식이 $2p$차일 경우, 범함수내의 최고미분 차수는 p임 = 근사해 구하기에 좋은 환경

A.2.1 Euler-Lagrange 방정식 - [문제1]과 [문제2]의 동일성 증명

○ $\phi^*(x)$: 필수경계조건을 만족하면서 범함수 $F(\phi)$를 최소화시키는 함수

○ $\tilde{\phi}(x)$: 필수경계조건을 만족하는 임의의 함수

○ $\tilde{\phi}(x) = \phi^*(x) + \varepsilon\eta(x)$

- ε: 임의의 상수
- $\eta(x)$: $\eta(0) = \eta(1) = 0$, 임의의 함수
- 예를 들면, $x(1-x)$, $x^2(1-x)$ 등등
- 결과적으로 필수경계조건을 만족하는 임의의 함수임

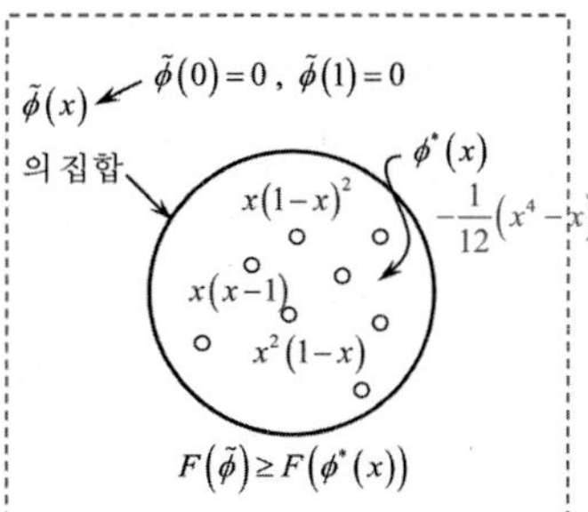

$Extremize \ F(\phi) = \frac{1}{2}\int_0^1\left[\left(\frac{d\phi}{dx}\right)^2 - 2x^2\phi(x)\right]dx \ \ subject\ to \ \ \phi(0) = 0, \phi(1) = 0$

○ $F(\tilde{\phi}) - F(\phi^*) = \varepsilon\int_0^1\left(\phi^{*\prime}\eta' - x^2\eta\right)dx + \frac{1}{2}\varepsilon^2\int_0^1 \eta'^2 dx$

○ If $\int_0^1\left(\phi^{*\prime}\eta' - x^2\eta\right)dx = 0 \ \ \Rightarrow \ \ F(\tilde{\phi}) - F(\phi^*) \geq 0$ for all $\tilde{\phi}(x)$

○ 부분적분으로부터 $\int_0^1\left(-\phi^{*\prime\prime} - x^2\right)\eta(x)dx + \phi^{*\prime}(1)\eta(1) - \phi^{*\prime}(0)\eta(0) = 0$

○ Euler-Lagrange equation: $-\frac{d^2\phi^*}{dx^2} = x^2 \ \ \Leftrightarrow \ \ F(\tilde{\phi}) \geq F(\phi^*)$

A.2.2 Ritz 법의 예제 1 - 1차원 정상상태 열전달 문제[문제1]

$$\text{Extremize } F(\phi)=\frac{1}{2}\int_0^1\left[\left(\frac{d\phi}{dx}\right)^2-2x^2\phi(x)\right]dx$$

$$\text{subject to } \phi(0)=0,\ \phi(1)=0$$

⊙ **Ritz** 법의 적용

○ $\tilde{\phi}(x)=C_1x(1-x)+C_2x^2(1-x)$ ← 시도함수

○ 변환: 함수장 문제 ⇒ 유한차원 벡터장 문제

$$F(\tilde{\phi})=\frac{1}{2}\int_0^1\left[\left\{C_1(1-2x)+C_2(2x-3x^2)\right\}^2-2C_1x^3(1-x)-2C_2x^4(1-x)\right]dx$$

$$=\frac{1}{2}\int_0^1(1-2x)^2dx\cdot C_1^2+\frac{1}{2}\int_0^1(2x-3x^2)^2dx\cdot C_2^2$$

$$+\int_0^1(1-2x)(2x-3x^2)dx\cdot C_1C_2-\int_0^1x^3(1-x)\ dx\ C_1-\int_0^1x^4(1-x)\ dx\ C_2$$

정적분 : $\int_0^1 xdx=\frac{1}{2}$

부정적분 : $\int xdx=\frac{x^2}{2}$

○ 범함수가 함수로 변환됨: $\tilde{F}(C_1,C_2)\equiv F(\tilde{\phi})=\frac{1}{6}C_1^2+\frac{1}{15}C_2^2+\frac{1}{6}C_1C_2-\frac{1}{20}C_1-\frac{1}{30}C_2$

○ $\tilde{F}(C_1,C_2)$가 극값을 가질 필요 조건: $\frac{\partial\tilde{F}}{\partial C_1}=0,\ \frac{\partial\tilde{F}}{\partial C_2}=0$

○ 선형연립방정식: $\frac{1}{30}\begin{bmatrix}10&5\\5&4\end{bmatrix}\begin{bmatrix}C_1\\C_2\end{bmatrix}=\frac{1}{60}\begin{bmatrix}3\\2\end{bmatrix}\ \Rightarrow\ C_1=\frac{1}{15},\ C_2=\frac{1}{6}$

○ 근사해: $\tilde{\phi}(x)=\frac{1}{30}\left(2x+3x^2-5x^3\right)$ ⟵ 정해 $\phi^*(x)=-\frac{1}{12}\left(x^4-x\right)$

A.2.3 Ritz 법의 예제 1 - 근사해와 정해의 비교

⊙ 근사해와 정해의 비교

○ $\phi^*(x_{max})=0.029165,\ \tilde{\phi}(x_{max})=0.029799$ ⇒ 오차 2.2% ⟵ 미지함수 오차 적음

○ $\phi^{*\prime}(0)=\frac{1}{12},\ \tilde{\phi}'(0)=\frac{1}{15},\quad \phi^{*\prime}(1)=-\frac{1}{4},\ \tilde{\phi}'(1)=-\frac{7}{30}$ ⇒ 오차 20% ⟵ 도함수 오차 상당히 큼

○ $\tilde{\phi}(x)=\sum_i C_i\zeta_i(x)$: 시도함수는 기초함수 $\zeta_i(x)$ 의 선형조합

⊙ 기초함수 $\zeta_i(x)$ 의 부과조건

○ 선형독립적이여야 함

○ $\zeta_i(x)\in H^p(\Omega)$ 또는 $\zeta_i(x)\in C^{p-1}(\Omega)$

($H^p(\Omega)$: P차 도함수를 제곱하여 적분가능한 함수의 집합(P차 Sovoler space))

($C^{p-1}(\Omega)$: P-1차 도함수가 연속인 함수의 집합)

⊙ 해의 수렴특성

○ 정확도 $(\sum_{i=1}^{n}C_i\zeta_i(x))$ < 정확도 $(\sum_{i=1}^{n+1}C_i\zeta_i(x))$

○ $\tilde{\phi}(x)=\lim_{n\to\infty}\sum_{i=1}^{n}C_i\zeta_i(x)\ \Rightarrow\ \phi^*(x)$

○ $H^P(\Omega)$: P차~

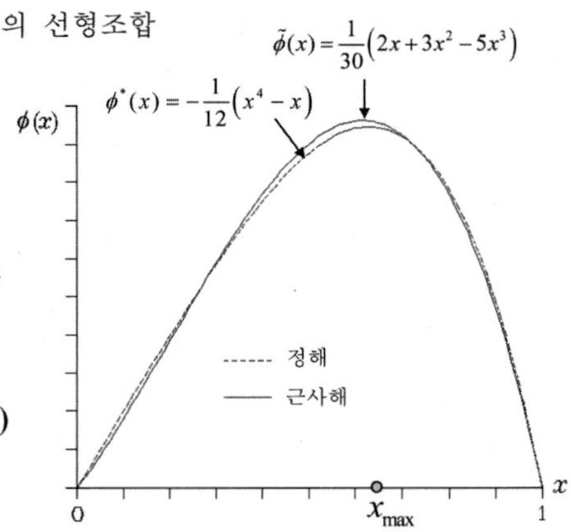

<근사해와 정해의 비교>

A.2.4 Ritz법의 예제 2 – 보의 처짐

⊙ 문제의 정의

$$EIv''(x) = M_b(x)\ ,\ v'(0)=0,\ v(L)=0$$

$EI=1,\ w_0=2,\ L=1$

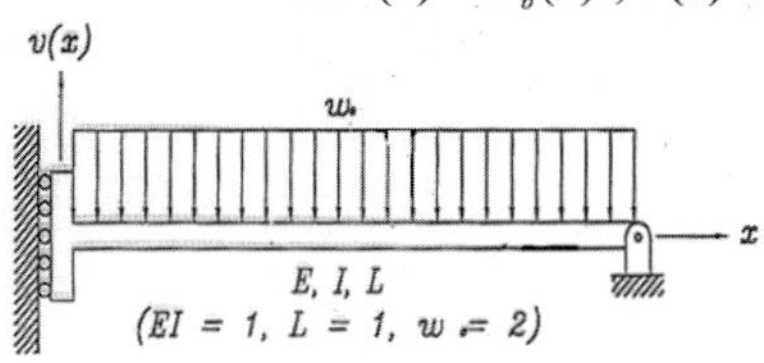

○ 공학보 이론에 의한 경계치 문제:

$$\frac{d^2v}{dx^2} = 1-x^2,\ \ 0<x<1$$

$$v'(0)=0,\ \ v(1)=0$$

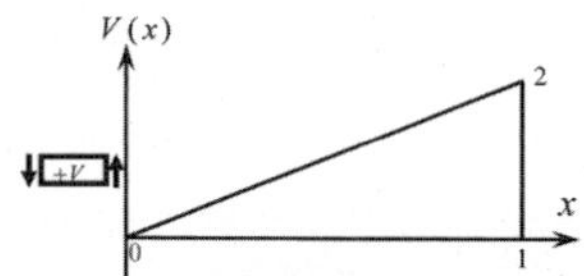

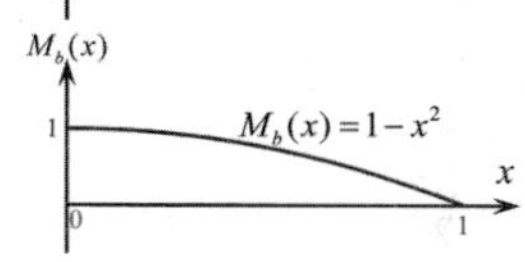

⊙ Ritz 법: $Extremize\ \ F(v) = \int_0^1 \left[\left(\frac{dv}{dx}\right)^2 - 2(x^2-1)v(x)\right]dx$

$subject\ to\ \ v(1)=0$

⊙ 시도함수(trial function)

○ 필수경계조건 $v(1)=0$ 을 만족해야 함

○ [예제 2.1] $\tilde{v}(x) = C_1(1-x)$

○ [예제 2.2] $\tilde{v}(x) = C_1(1-x^2) + C_2(1-x)$

○ [예제 2.3] $\tilde{v}(x) = C_1x^2(1-x) + C_2(1-x^2)$

○ 정해: $v^*(x) = -\frac{x^4}{12} + \frac{x^2}{2} - \frac{5}{12}$

Ritz법의 예제 2 - 보의 처짐

⊙ [예제 2.3] 풀이: $\tilde{v}(x) = C_1x^2(1-x) + C_2(1-x^2)$

$$\tilde{F}(\tilde{v}) = \int_0^1 \left[\{C_1(2x-3x^2)+C_2(-2x)\}^2 - 2(x^2-1)\{C_1(x^2-x^3)+C_2(1-x^2)\}\right]dx$$

$$= \frac{5}{12}C_1^2 + \frac{4}{3}C_2^2 + \frac{1}{3}C_1C_2 + \frac{1}{10}C_1 + \frac{16}{15}C_2 = F(C_1, C_2)$$

$$\begin{bmatrix} \frac{4}{15} & \frac{1}{3} \\ \frac{1}{3} & \frac{8}{3} \end{bmatrix} \begin{bmatrix} C_1 \\ C_2 \end{bmatrix} = \begin{bmatrix} -\frac{1}{10} \\ -\frac{16}{15} \end{bmatrix}$$

$$\Rightarrow\ \tilde{v}(x) = -\frac{4}{27}x^3 - \frac{153}{270}x - \frac{113}{270}$$

정해: $v^*(x) = -\frac{x^4}{12} + \frac{x^2}{2} - \frac{5}{12}$

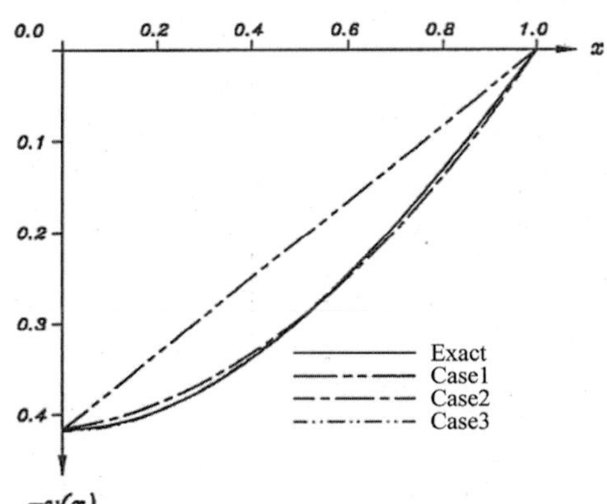

근사처짐곡선의 비교

A.3 예제를 통한 Galerkin법에 의한 미분방정식의 근사해법

⊙ 가중오차법 (weighted residual method)

가중함수 (weighting function)

문제 1

$$\frac{d^2\phi}{dx^2}+x^2=0,\quad 0<x<1$$

$$\phi(0)=0,\ \phi(1)=0$$

Only if $\omega(x)$ is arbitrary

문제 3

$$\int_0^1 \omega(x)\left[\frac{d^2\phi}{dx^2}+x^2\right]dx=0$$

$$\phi(0)=\phi(1)=0$$

$$\int_a^b u'v = uv\Big|_a^b - \int_a^b uv'$$

$$\phi'(x)\omega(x)\Big|_0^1-\int_0^1\left[\phi'(x)\omega'(x)-x^2\omega(x)\right]dx=0$$

$$\phi(0)=\phi(1)=0$$

Assume $\omega(0)=\omega(1)=0$

약형(Weak form)

$$\int_0^1[\phi'(x)\omega'(x)-x^2\omega(x)]dx=0$$

$$\phi(0)=0,\ \phi(1)=0$$

where $\omega(x)$ is arbitrary except that $\omega(0)=0$ and $\omega(1)=0$

함수의 집합

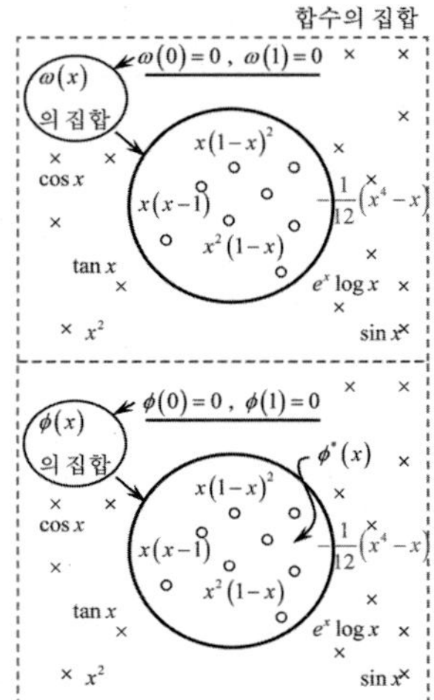

⊙ Galerkin 법

-미지수와 가중함수의 근사화에 동일한 기초함수를 사용함

○ $\tilde{\phi}(x)=\sum C_i\varsigma_i(x)\qquad \omega(x)=\sum W_i\varsigma_i(x)$ ← 기초함수

○ Ritz 법이 존재한다면, 동일한 결과가 얻어짐

A.3.1 Galerkin법의 예제 1 – 1차원 정상상태 열전달 문제[문제1]

⊙ 미지의 함수 ($\phi(x)$)와 가중함수($\omega(x)$)의 근사화

기초함수

$$\begin{pmatrix}\varsigma_1(x)=x(1-x)\\ \varsigma_2(x)=x^2(1-x)\end{pmatrix}$$

○ $\tilde{\phi}(x)=C_1x(1-x)+C_2x^2(1-x)$; C_1 and C_2 are unknown (시도함수)

○ $\omega(x)=W_1x(1-x)+W_2x^2(1-x)$; W_1 and W_2 are arbitrary (근사화된 가중함수)

○ $\int_0^1\left[\{C_1(1-2x)+C_2(2x-3x^2)\}\{W_1(1-2x)+W_2(2x-3x^2)\}dx-W_1x^3(1-x)-W_2x^4(1-x)\right]dx=0$

○ $W_1\left[\int_0^1(1-2x)(1-2x)dx\,C_1+\int_0^1(1-2x)(2x-3x^2)dx\,C_2-\int_0^1x^3(1-x)dx\right]$ $\equiv\Phi_1$

$+W_2\left[\int_0^1(2x-3x^2)(1-2x)dx\,C_1+\int_0^1(2x-3x^2)(2x-3x^2)dx\,C_2-\int_0^1x^4(1-x)dx\right]=0$ $\equiv\Phi_2$

$$\int_0^1 x^5dx=\frac{1}{6},\ \int_0^1 x^4dx=\frac{1}{5},\ \text{etc.}$$

$$W_1\Phi_1+W_2\Phi_2=0$$

← W_1과 W_2에 관한 항등식

⊙ 선형연립방정식

○ $\Phi_1=0\rightarrow$

○ $\Phi_2=0\rightarrow$

$$\frac{1}{30}\begin{bmatrix}10 & 5\\ 5 & 4\end{bmatrix}\begin{bmatrix}C_1\\ C_2\end{bmatrix}=\frac{1}{60}\begin{bmatrix}3\\ 2\end{bmatrix}\ \Rightarrow\ C_1=\frac{1}{15},\ C_2=\frac{1}{6}$$

⊙ 근사해:

○ $\tilde{\phi}(x)=\frac{1}{30}\left(2x+3x^2-5x^3\right)$ ← Ritz 법의 결과와 동일함

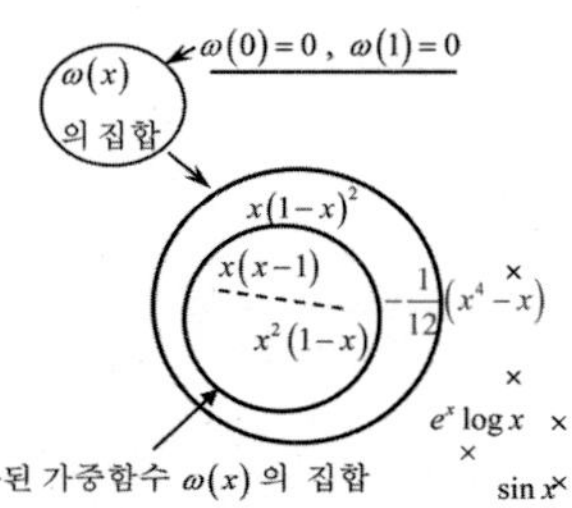

근사화된 가중함수 ω(x)의 집합

A.3.2 Galerkin법의 예제 2 – 보의 처짐

○ 공학보 이론: $\dfrac{d^2v}{dx^2} = 1 - x^2,\ 0 < x < 1,$

$v'(0) = 0,\ v(1) = 0$

⊙ 가중오차법: Weighted residual method

$$\int_0^1 \omega(x)(v'' - 1 + x^2)dx + \bar{\omega}(0)v'(0) = 0$$

$v(1) = 0$, $v(x)$ and $\bar{v}(0)$ are arbitrary

$$\Downarrow \leftarrow \int_0^1 \omega(x)v''(x)dx = -\int_0^1 \omega'(x)v'(x)dx + \omega(1)v'(1) - \omega(0)v'(0)$$

$$-\int_0^1 [\omega'(x)v'(x) + \omega(x) - x^2\omega(x)]dx + \omega(1)v'(1) - \omega(0)v'(0) + \bar{\omega}(0)v'(0) = 0$$

$\Downarrow \leftarrow$ Assume $\bar{\omega}(0) = \omega(0),\ \omega(1) = 0$

Weak form

$$\int_0^1 [\omega'(x)v'(x) + \omega(x) - x^2\omega(x)]dx = 0$$

($\omega(x)$ is arbitrary but $\omega(1)=0$
$v(1)=0$

Galerkin법의 예제 2 – 보의 처짐

⊙ [예제 2.2] 풀이: 시도함수(trial function) $\tilde{v}(x) = C_1(1 - x^2) + C_2(1 - x)$

가중함수(weighting funtion) $\tilde{\omega}(x) = W_1(1 - x^2) + W_2(1 - x)$

W_1 and W_2 are arbitrary

$$\int_0^1 [(-2xW_1 - W_2)(-2xC_1 - C_2) - W_1(1 - x^2) + W_2(1 - x)$$
$$- W_1(x^2 - x^4) - W_2(x^2 - x^3)]dx = 0$$

$$W_1(\frac{4}{3}C_1 + C_2 + \frac{3}{12}) + W_2(C_1 + C_2 + \frac{5}{12}) = 0$$

$$\begin{bmatrix} \frac{4}{3} & 1 \\ 1 & 1 \end{bmatrix} \begin{bmatrix} C_1 \\ C_2 \end{bmatrix} = \begin{bmatrix} -\frac{3}{12} \\ -\frac{5}{12} \end{bmatrix}$$

$$C_1 = -\frac{9}{20},\ C_2 = -\frac{1}{15}$$

$$\tilde{v}(x) = \frac{1}{60}(21x^2 + 4x - 25)$$

Weak form

$$\int_0^1 [\omega'(x)v'(x) + \omega(x) - x^2\omega(x)]dx = 0$$

($\omega(x)$ is arbitrary but $\omega(1)=0$
$v(1)=0$

A.4 변분원리 [문제 2]의 근사해법과 유한요소법의 징검다리

⊙ 시도함수: $\tilde{\phi}(x) = C_1\left(1-2\left|x-\frac{1}{2}\right|\right) = \begin{cases} 2C_1x & \text{for} \quad 0 \le x \le \frac{1}{2} \\ 2C_1x(1-x) & \text{for} \quad \frac{1}{2} \le x \le 1 \end{cases}$

⊙ 근사해 : $\tilde{\phi}(x) = \frac{7}{192} - \frac{7}{96}\left|x-\frac{1}{2}\right|$

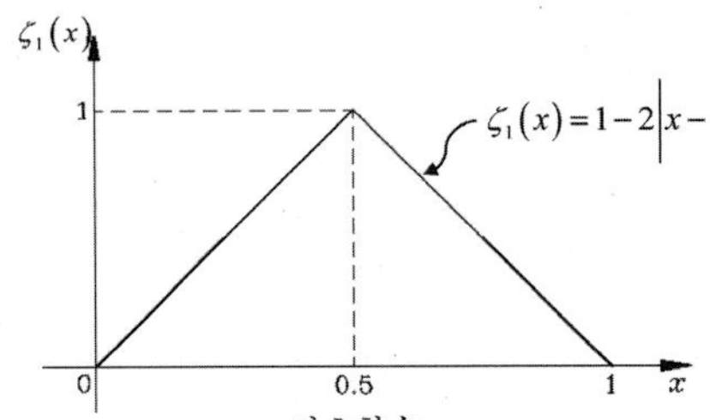

<기초함수>

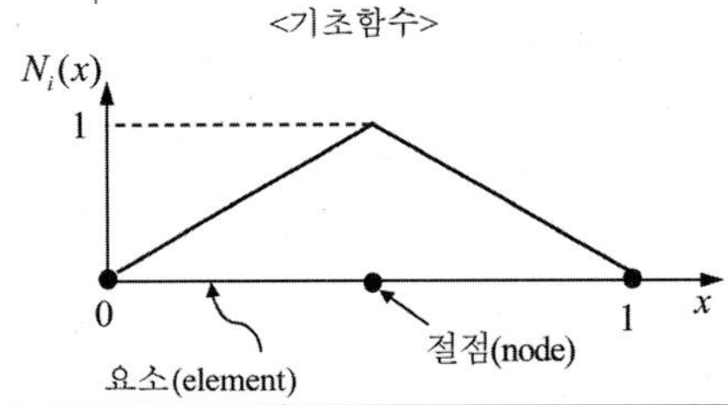

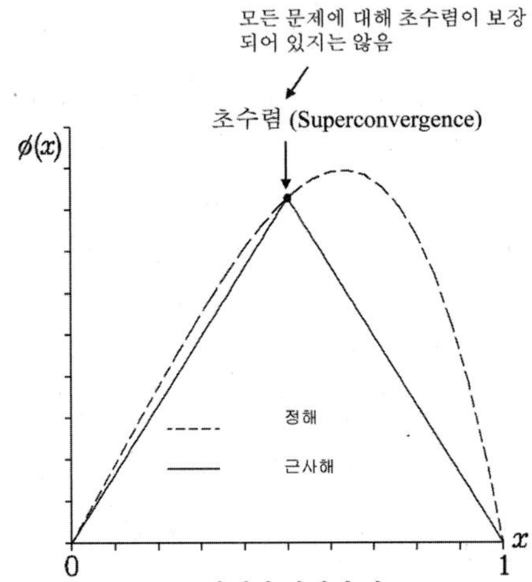

<근사해와 정해의 비교>

A.5 [문제 2]의 수계산에 의한 4절점3요소 해석모델의 유한요소해석

⊙ 유한요소법 = 경계치 문제의 근사해법(Ritz, Galerkin] + 유한요소이산화 및 유한요소보간 기술

↑ 기초함수(=보간함수)를 만드는 기술

⊙ 유한요소이산화와 유한요소보간

-유한요소이산화: 유한요소보간함수의 정의를 위하여 요소와 절점으로 해석영역을 짜름

-유한요소보간: 보간함수로 미지의 함수를 근사화시킴

⊙ 보간함수 $N_I(x)$

▷1차원 해석영역에서 절점 I 에서 정의된 보간함수

▷절점 I 에서 1을, 다른 절점에서 0의 값을 갖는 구간선형함수

▷절점 I 와 무관한 요소에서 0의 값을 가짐

○ 미지함수의 근사화 : $\tilde{\phi}(x) = \sum_{I=1}^{n} \phi_I N_I(x)$ ⟵ $\tilde{\phi}(x) = \sum_{i=1}^{n} C_i \zeta_i(x)$ in Ritz/Galerkin method

○ 정의구역을 요소 ⓙ로 하는 $N_I(x)$: $N_I^{ⓙ}(x)$

○ $\tilde{\phi}(x_I) = \sum_{J=1}^{N} \phi_J N_J(x_I) = \sum_{J=1}^{N} \phi_J \delta_{IJ} = \phi_I$

절점치 = 절점 I 에서 미지수

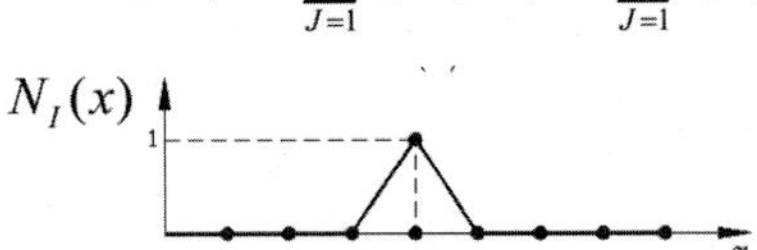

! 필수경계조건으로부터 자유로움 ! ⟵ ϕ_I가 절점치이므로

유한요소이산화 및 해석모델

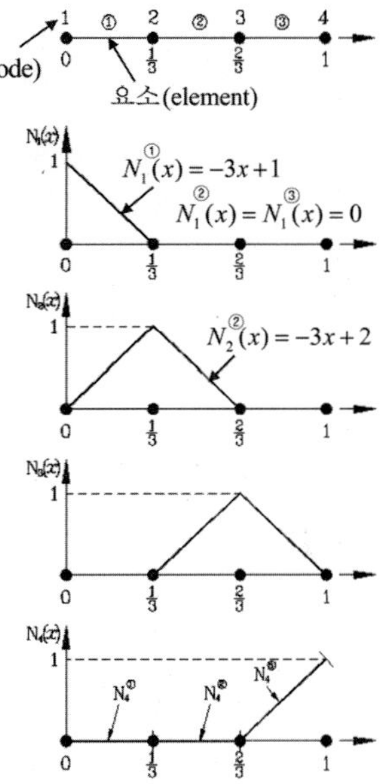

유한요소이산화 및 보간함수

⊙ 시도함수: $\tilde{\phi}(x) = \phi_1 N_1(x) + \phi_2 N_2(x) + \phi_3 N_3(x) + \phi_4 N_4(x)$

○ $N_1^{①}(x) = -3x+1, \quad N_1^{②}(x) = N_1^{③}(x) = 0$

$N_2^{①}(x) = 3x, \quad N_2^{②}(x) = -3x+2, \quad N_2^{③}(x) = 0$

$N_3^{①}(x) = 0, \quad N_3^{②}(x) = 3x-1, \quad N_3^{③}(x) = -3x+3$

$N_4^{①}(x) = N_4^{②}(x) = 0, \quad N_4^{③}(x) = 3x-2$

○ $\tilde{\phi}'(x) = \phi_1 N_1'(x) + \phi_2 N_2'(x) + \phi_3 N_3'(x) + \phi_4 N_4'(x)$

⊙ 경계조건 $\phi(0) = \phi(1) = 0$

○ $\phi_1 = \overline{\phi}_1 = 0, \quad \phi_4 = \overline{\phi}_4 = 0$

○ 유한요소방정식의 유도 이후에 대입함

유한요소방정식의 유도

문제 2

Extremize $F(\phi) = \frac{1}{2}\int_0^1 \left[\left(\frac{d\phi}{dx}\right)^2 - 2x^2\phi(x)\right] dx$

subject to $\phi(0) = 0, \phi(1) = 0$

⊙ 범함수에 시도함수의 대입

$$F(\tilde{\phi}) = \frac{1}{2}\int_0^1 (\tilde{\phi}'^2 - 2x^2\tilde{\phi})\,dx$$

$$= \frac{1}{2}\int_0^{\frac{1}{3}} (\tilde{\phi}'^2 - 2x^2\tilde{\phi})\,dx + \frac{1}{2}\int_{\frac{1}{3}}^{\frac{2}{3}} (\tilde{\phi}'^2 - 2x^2\tilde{\phi})\,dx + \frac{1}{2}\int_{\frac{2}{3}}^{1} (\tilde{\phi}'^2 - 2x^2\tilde{\phi})\,dx$$

$$\tilde{F}(\phi_1, \phi_2, \phi_3, \phi_4) \equiv F(\tilde{\phi}) = \frac{1}{2}\int_0^{\frac{1}{3}} [(\phi_1 N_1' + \phi_2 N_2')^2 - 2x^2(\phi_1 N_1 + \phi_2 N_2)]\,dx$$

$$+\frac{1}{2}\int_{\frac{1}{3}}^{\frac{2}{3}} [(\phi_2 N_2' + \phi_3 N_3')^2 - 2x^2(\phi_2 N_2 + \phi_3 N_3)]\,dx$$

$$+\frac{1}{2}\int_{\frac{2}{3}}^{1} [(\phi_3 N_3' + \phi_4 N_4')^2 - 2x^2(\phi_3 N_3 + \phi_4 N_4)]\,dx$$

⊙ 함수 $\tilde{F} = \tilde{F}(\phi_1, \phi_2, \phi_3, \phi_4)$가 극값을 가질 조건: $\dfrac{\partial \tilde{F}}{\partial \phi_I} = 0, \quad I = 1, 2, 3, 4$

유한요소방정식의 유도 – 경계조건 부여 이전의 유한요소방정식

$$\begin{bmatrix} \int_0^{\frac{1}{3}} N_1'N_1'dx & \int_0^{\frac{1}{3}} N_1'N_2'dx & 0 & 0 \\ \int_0^{\frac{1}{3}} N_2'N_1'dx & \int_0^{\frac{1}{3}} N_2'N_2'dx + \int_{\frac{1}{3}}^{\frac{2}{3}} N_2'N_2'dx & \int_0^{\frac{1}{3}} N_2'N_3'dx & 0 \\ 0 & \int_{\frac{1}{3}}^{\frac{2}{3}} N_3'N_2'dx & \int_{\frac{1}{3}}^{\frac{2}{3}} N_3'N_3'dx + \int_{\frac{2}{3}}^{1} N_3'N_3'dx & \int_{\frac{2}{3}}^{1} N_3'N_4'dx \\ 0 & 0 & \int_{\frac{2}{3}}^{1} N_4'N_3'dx & \int_{\frac{2}{3}}^{1} N_4'N_4'dx \end{bmatrix} \begin{bmatrix} \phi_1 \\ \phi_2 \\ \phi_3 \\ \phi_4 \end{bmatrix}$$

$$= \begin{bmatrix} \int_0^{\frac{1}{3}} x^2 N_1 dx \\ \int_0^{\frac{1}{3}} x^2 N_2 dx + \int_{\frac{1}{3}}^{\frac{2}{3}} x^2 N_2 dx \\ \int_{\frac{1}{3}}^{\frac{2}{3}} x^2 N_3 dx + \int_{\frac{2}{3}}^{1} x^2 N_3 dx \\ \int_{\frac{2}{3}}^{1} x^2 N_4 dx \end{bmatrix}$$

⊙ 유한요소방정식: $\sum_{J=1}^{4} K_{IJ}\phi_J = F_I, \quad I = 1,2,3,4 \qquad \mathbf{K\Phi = F}$

유한요소방정식의 유도 – 유한요소방정식의 요소별 표현

$$\begin{bmatrix} \int_0^{\frac{1}{3}} N_1'N_1'dx & \int_0^{\frac{1}{3}} N_1'N_2'dx & 0 & 0 \\ \int_0^{\frac{1}{3}} N_2'N_1'dx & \int_0^{\frac{1}{3}} N_2'N_2'dx & 0 & 0 \\ 0 & 0 & 0 & 0 \\ 0 & 0 & 0 & 0 \end{bmatrix} \begin{bmatrix} \phi_1 \\ \phi_2 \\ \phi_3 \\ \phi_4 \end{bmatrix} - \begin{bmatrix} \int_0^{\frac{1}{3}} x^2 N_1 dx \\ \int_0^{\frac{1}{3}} x^2 N_2 dx \\ 0 \\ 0 \end{bmatrix}$$

$$+ \begin{bmatrix} 0 & 0 & 0 & 0 \\ 0 & \int_{\frac{1}{3}}^{\frac{2}{3}} N_2'N_2'dx & \int_{\frac{1}{3}}^{\frac{2}{3}} N_2'N_3'dx & 0 \\ 0 & \int_{\frac{1}{3}}^{\frac{2}{3}} N_3'N_2'dx & \int_{\frac{1}{3}}^{\frac{1}{3}} N_3'N_3'dx & 0 \\ 0 & 0 & 0 & 0 \end{bmatrix} \begin{bmatrix} \phi_1 \\ \phi_2 \\ \phi_3 \\ \phi_4 \end{bmatrix} - \begin{bmatrix} 0 \\ \int_{\frac{1}{3}}^{\frac{2}{3}} x^2 N_2 dx \\ \int_{\frac{2}{3}}^{\frac{2}{3}} x^2 N_3 dx \\ 0 \end{bmatrix}$$

$$+ \begin{bmatrix} 0 & 0 & 0 & 0 \\ 0 & 0 & 0 & 0 \\ 0 & 0 & \int_{\frac{2}{3}}^{1} N_3'N_3'dx & \int_{\frac{2}{3}}^{1} N_3'N_4'dx \\ 0 & 0 & \int_{\frac{2}{3}}^{1} N_4'N_3'dx & \int_{\frac{2}{3}}^{1} N_4'N_4'dx \end{bmatrix} \begin{bmatrix} \phi_1 \\ \phi_2 \\ \phi_3 \\ \phi_4 \end{bmatrix} - \begin{bmatrix} 0 \\ 0 \\ \int_{\frac{2}{3}}^{1} x^2 N_2 dx \\ \int_{\frac{2}{3}}^{1} x^2 N_3 dx \end{bmatrix} = \begin{bmatrix} 0 \\ 0 \\ 0 \\ 0 \end{bmatrix}$$

⊙ 현재 경계조건은 취급하지 않으며, 유한요소방정식의 풀이 직전에 대입함

유한요소방정식의 유도 – 적분영역의 표준구간[-1,1]으로의 좌표변환

⊙ <기호규약>

○ 전체번호매김(Global numbering); 해석모델 전체를 대상으로 절점번호를 매김
○ 국부번호매김(Local numbering); 하나의 요소를 대상으로 절점번호를 매김

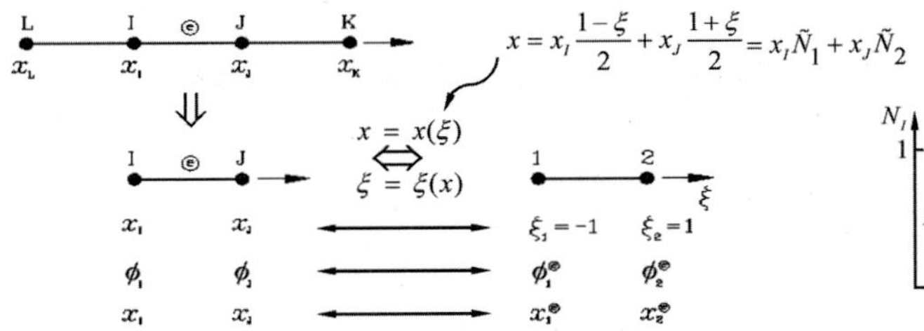

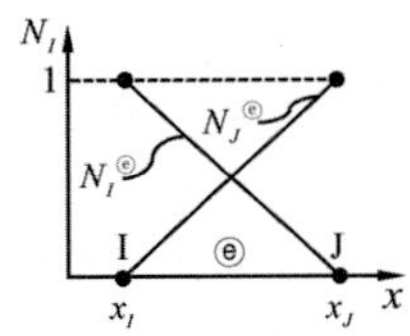

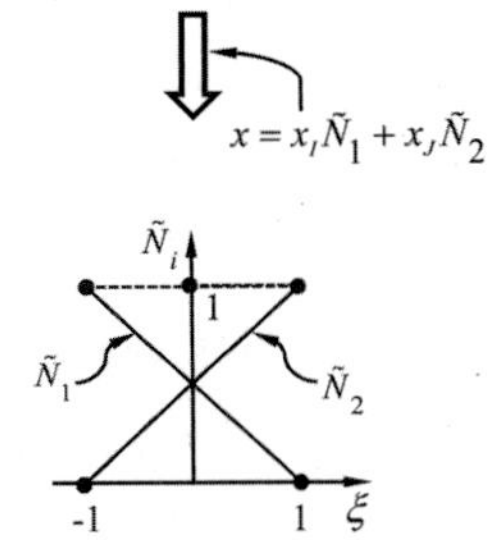

① 전체절점번호: I, J, K, L 등. 국부절점번호: i, j, k, l 등

② ○ 내의 숫자 또는 문자는 요소의 번호를 의미함

③ 상첨자 ⓘ 등을 수반하는 좌표와 절점치(예: $x_2^{③}$, $\phi_1^{②}$)의 하첨자는 해당 요소 ⓘ의 국부절점번호임

④ 상첨자가 없거나 상첨자 ⓘ 등을 수반하는 보간함수 (예: N_4, N_I, N_4)의 하첨자는 전체절점번호임

⑤ (˜) 기호를 수반하는 보간함수(예: $\tilde{N}_1$, $\tilde{N}_2$)의 하첨자는 국부절점 번호임

유한요소방정식의 유도 – 요소 ②의 요소방정식

⊙ 요소 ②의 요소방정식(Element equation)

$$\begin{bmatrix} \int_{\frac{1}{3}}^{\frac{2}{3}} N_2' N_2' dx & \int_{\frac{1}{3}}^{\frac{2}{3}} N_2' N_3' dx \\ \int_{\frac{1}{3}}^{\frac{2}{3}} N_3' N_2' dx & \int_{\frac{1}{3}}^{\frac{2}{3}} N_3' N_3' dx \end{bmatrix} \begin{bmatrix} \phi_2 \\ \phi_3 \end{bmatrix} = \begin{bmatrix} \int_{\frac{1}{3}}^{\frac{2}{3}} x^2 N_2 \, dx \\ \int_{\frac{1}{3}}^{\frac{2}{3}} x^2 N_3 \, dx \end{bmatrix}$$

⊙ 기호규약에 따른 요소 ②의 요소방정식

$$\begin{bmatrix} \int_{x_1^{②}}^{x_2^{②}} N_2^{②\prime} N_2^{②\prime} dx & \int_{x_1^{②}}^{x_2^{②}} N_2^{②\prime} N_3^{②\prime} dx \\ \int_{x_1^{②}}^{x_2^{②}} N_3^{②\prime} N_2^{②\prime} dx & \int_{x_1^{②}}^{x_2^{②}} N_3^{②\prime} N_3^{②\prime} dx \end{bmatrix} \begin{bmatrix} \phi_1^{②} \\ \phi_2^{②} \end{bmatrix} = \begin{bmatrix} \int_{x_1^{②}}^{x_2^{②}} x^2 N_2^{②} dx \\ \int_{x_1^{②}}^{x_2^{②}} x^2 N_3^{②} dx \end{bmatrix}$$

예제 2.3 $\int_1^2 x^2 \, dx$의 표준형으로의: 적분구간 [-1, 1] 변환

☞ $x = 1 \times \frac{1-\xi}{2} + 2 \times \frac{1+\xi}{2} = \frac{3+\xi}{2}, \quad dx = \frac{d\xi}{2}$

○ $\int_1^2 x^2 dx = \int_{-1}^{1} \left(\frac{3+\xi}{2} \right)^2 \frac{d\xi}{2} = \frac{1}{8} \int_{-1}^{1} (\xi^2 + 6\xi + 9) \, d\xi$

유한요소방정식의 유도 – 요소 ②의 요소방정식

⊙ 요소 ②의 요소방정식의 표준형(Standard form)을 위한 좌표변환

○ $x = x(\xi) = x_1^{②}\left(\frac{1-\xi}{2}\right) + x_2^{②}\left(\frac{1+\xi}{2}\right) = x_1^{②}\tilde{N}_1 + x_2^{②}\tilde{N}_2$

○ $x = \frac{1}{3}\left(\frac{1-\xi}{2}\right) + \frac{2}{3}\left(\frac{1+\xi}{2}\right) = \frac{3+\xi}{6}$, ξ : 자연좌표(Natural coordinate)

○ 보간함수: $\tilde{N}_1 = \frac{1-\xi}{2}$, $\tilde{N}_2 = \frac{1+\xi}{2}$

○ $N_2^{②}(x) = -3x+2 = \frac{1-\xi}{2} = \tilde{N}_1$, $N_3^{②}(x) = 3x-1 = \frac{1+\xi}{2} = \tilde{N}_2$

○ $N_1^{①}(x) = \tilde{N}_1$, $\tilde{N}_2^{①}(x) = \tilde{N}_2$, $\tilde{N}_3^{③}(x) = \tilde{N}_1$, $\tilde{N}_4^{③}(x) = \tilde{N}_2$

○ $dx = \frac{dx}{d\xi}d\xi = \frac{x_2^{②} - x_1^{②}}{2}d\xi = J^{②}d\xi$,

○ 자코비안(**Jacobian**): $J^{②} = \frac{x_2^{②} - x_1^{②}}{2}$, $J^{②} = \frac{1}{6}$

○ 보간함수의 미분: $\frac{dN_2^{②}}{dx} = \frac{d\tilde{N}_1(\xi(x))}{dx} = \frac{d\tilde{N}_1}{d\xi}\frac{d\xi}{dx} = \frac{1}{J^{②}}\frac{d\tilde{N}_1}{d\xi}$

$$\frac{dN_3^{②}}{dx} = \frac{d\tilde{N}_2(\xi(x))}{dx} = \frac{d\tilde{N}_2}{d\xi}\frac{d\xi}{dx} = \frac{1}{J^{②}}\frac{d\tilde{N}_2}{d\xi}$$

유한요소방정식의 유도 – 일반형

⊙ 요소 ②의 요소방정식의 일반형

$$\begin{bmatrix} \int_{-1}^{1}\frac{1}{J^{②}}\frac{d\tilde{N}_1}{d\xi}\frac{1}{J^{②}}\frac{d\tilde{N}_1}{d\xi}J^{②}d\xi & \int_{-1}^{1}\frac{1}{J^{②}}\frac{d\tilde{N}_1}{d\xi}\frac{1}{J^{②}}\frac{d\tilde{N}_2}{d\xi}J^{②}d\xi \\ \int_{-1}^{1}\frac{1}{J^{②}}\frac{d\tilde{N}_2}{d\xi}\frac{1}{J^{②}}\frac{d\tilde{N}_1}{d\xi}J^{②}d\xi & \int_{-1}^{1}\frac{1}{J^{②}}\frac{d\tilde{N}_2}{d\xi}\frac{1}{J^{②}}\frac{d\tilde{N}_2}{d\xi}J^{②}d\xi \end{bmatrix}\begin{bmatrix}\phi_1^{②} \\ \phi_2^{②}\end{bmatrix} = \begin{bmatrix}\int_{-1}^{1}(x_1^{②}\tilde{N}_1 + x_2^{②}\tilde{N}_2)^2\tilde{N}_1 J^{②}d\xi \\ \int_{-1}^{1}(x_1^{②}\tilde{N}_1 + x_2^{②}\tilde{N}_2)^2\tilde{N}_2 J^{②}d\xi\end{bmatrix}$$

○ $\phi_1^{②} \equiv \phi_2$, $\phi_2^{②} \equiv \phi_3$, $x_1^{②} = \frac{1}{3}$, $x_2^{②} = \frac{2}{3}$

○ 요소 ②와 관련된 것은 모두 ②를 수반함

$\frac{d\tilde{N}_1}{d\xi} = -\frac{1}{2}$, $\frac{d\tilde{N}_2}{d\xi} = \frac{1}{2}$, $J^{ⓔ} = \frac{dx}{d\xi} = \frac{1}{6}$

수치적분법: Gauss quadrature

$$\begin{bmatrix}3 & -3 \\ -3 & 3\end{bmatrix}\begin{bmatrix}\phi_1^{②} \\ \phi_2^{②}\end{bmatrix} = \frac{1}{4\times3^4}\begin{bmatrix}11 \\ 17\end{bmatrix}$$

⊙ 요소방정식의 일반형

$$\sum_{j=1}^{2}k_{ij}^{ⓔ}\phi_j^{ⓔ} = f_i^{ⓔ}, \quad i = 1,2$$

○ $k_{ij}^{ⓔ}$: 요소강성행렬, $k_{ij}^{ⓔ} = k_{ji}^{ⓔ} = \int_{-1}^{1}\frac{1}{J^{ⓔ}}\frac{d\tilde{N}_i}{d\xi}\frac{1}{J^{ⓔ}}\frac{d\tilde{N}_j}{d\xi}J^{ⓔ}\,d\xi$

○ $f_i^{ⓔ}$: 요소하중벡터, $f_i^{ⓔ} = \int_{-1}^{1}(x_1^{ⓔ}\tilde{N}_1 + x_2^{ⓔ}\tilde{N}_2)^2\tilde{N}_i J^{ⓔ}\,d\xi$

유한요소방정식의 조합

⊙ 요소방정식을 전체방정식에 조합하기

○ 조합의 원칙: $\phi_1^{ⓔ} = \phi_I$, $\phi_2^{ⓔ} = \phi_J$ 일 때

$$K_{II} \leftarrow K_{II} + k_{11}^{ⓔ},\ K_{IJ} \leftarrow K_{IJ} + k_{12}^{ⓔ},\ K_{JI} \leftarrow K_{JI} + k_{21}^{ⓔ},\ K_{JJ} \leftarrow K_{JJ} + k_{22}^{ⓔ}$$

(각 열: 요소1 요소2 요소3)

○ $$\begin{bmatrix} 1+0+0 & -1+0+0 & 0+0+0 & 0+0+0 \\ -1+0+0 & 1+1+0 & 0-1+0 & 0+0+0 \\ 0+0+0 & 0-1+0 & 0+1+1 & 0+0-1 \\ 0+0+0 & 0+0+0 & 0+0-1 & 0+0+1 \end{bmatrix} \begin{bmatrix} \phi_1 \\ \phi_2 \\ \phi_3 \\ \phi_4 \end{bmatrix} = \frac{1}{4\times 3^4} \begin{bmatrix} 1+0+0 \\ 3+11+0 \\ 0+17+33 \\ 0+0+43 \end{bmatrix}$$

○ $$\begin{bmatrix} 1 & -1 & 0 & 0 \\ -1 & 2 & -1 & 0 \\ 0 & -1 & 2 & -1 \\ 0 & 0 & -1 & 1 \end{bmatrix} \begin{bmatrix} \phi_1 \\ \phi_2 \\ \phi_3 \\ \phi_4 \end{bmatrix} = \frac{1}{4\times 3^5} \begin{bmatrix} 1 \\ 14 \\ 50 \\ 43 \end{bmatrix} \Rightarrow \mathbf{KU} = \mathbf{F}$$

밴드폭 / 스카이라인 내의 요소

$\mathbf{K}$: 강성행렬, $\mathbf{F}$: 하중벡터

열전달문제이지만 강성행렬 및 하중행렬이라고 함

○ 밴드폭 = 2, 스카이라인 내의 행렬요소 수 = 7개

○ 강성행렬: 대칭, 상삼각행렬(Upper triangular matrix)에서 0의 행렬 요소는 총 3개

○ $$|\mathbf{K}| = \begin{vmatrix} 1 & -1 & 0 & 0 \\ -1 & 2 & -1 & 0 \\ 0 & -1 & 2 & -1 \\ 0 & 0 & -1 & 1 \end{vmatrix} = 0$$

$\mathbf{KU} = \mathbf{F}$ 불능 ∵경계조건 미대입

경계조건의 부과, 유한요소방정식, 유한요소해

⊙ 경계조건 $(\phi_1 = \overline{\phi}_1 = 0,\ \phi_4 = \overline{\phi}_4 = 0)$ 의 대입

○ $$\begin{bmatrix} 1 & 0 & 0 & 0 \\ 0 & 2 & -1 & 0 \\ 0 & -1 & 2 & 0 \\ 0 & 0 & 0 & 1 \end{bmatrix} \begin{bmatrix} \phi_1 \\ \phi_2 \\ \phi_3 \\ \phi_4 \end{bmatrix} = \frac{1}{4\times 3^5} \begin{bmatrix} 4\times 3^5 \times \overline{\phi}_1 \\ 14 \\ 15 \\ 4\times 3^5 \times \overline{\phi}_4 \end{bmatrix} + \begin{bmatrix} 0 \\ \overline{\phi}_1 \\ \overline{\phi}_4 \\ 0 \end{bmatrix} = \frac{1}{4\times 3^5} \begin{bmatrix} 0 \\ 14 \\ 50 \\ 0 \end{bmatrix}$$

○ 유한요소방정식: $$\begin{bmatrix} 2 & -1 \\ -1 & 2 \end{bmatrix} \begin{bmatrix} \phi_2 \\ \phi_3 \end{bmatrix} = \frac{1}{4\times 3^5} \begin{bmatrix} 14 \\ 50 \end{bmatrix}$$

⊙ 유한요소해

○ $\phi_1 = 0,\ \phi_2 = \dfrac{175}{486},\ \phi_3 = \dfrac{343}{486},\ \phi_4 = 1,$

$\phi_2 = \phi^*\left(\dfrac{1}{3}\right),\ \phi_3 = \phi^*\left(\dfrac{2}{3}\right)$ 초수렴 특성 보임

○ 전체적으로 정해를 비교적 잘 반영하고 있음
○ 기울기(열유동과 비례)는 비교적 큰 차이를 보임
○ 온도 및 변위 등의 1차 결과치가 비교적 정확하더라도 해석결과를 미분하여 구한 파생 결과치(열유동, 응력)들에는 비교적 큰 오차가 개입될 수 있음(부록 A.2.3 참조)

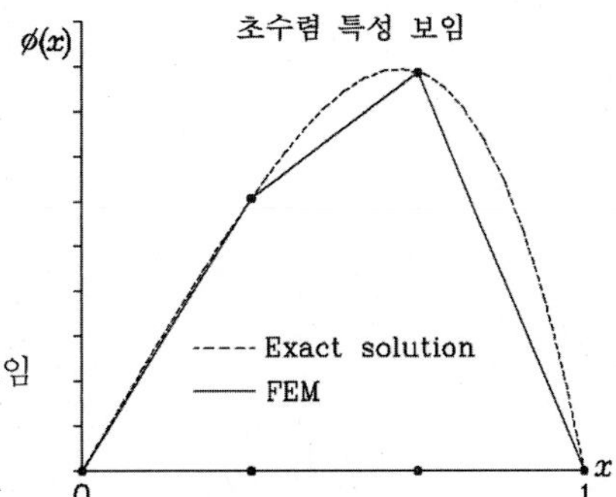

유한요소해의 정해

A.5 개념의 확장

⊙ 유한요소 해석모델

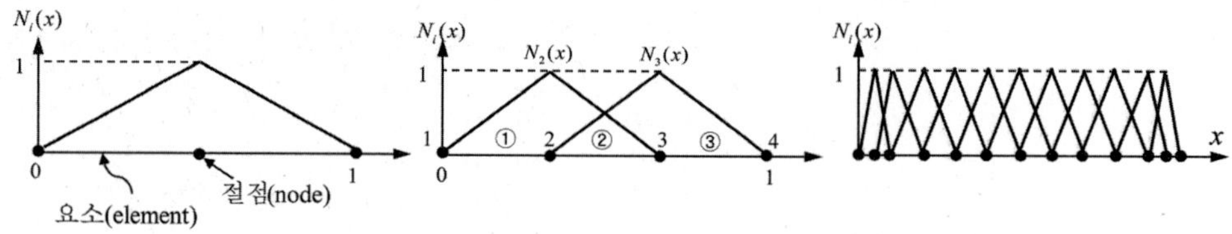

⊙ 유한요소해

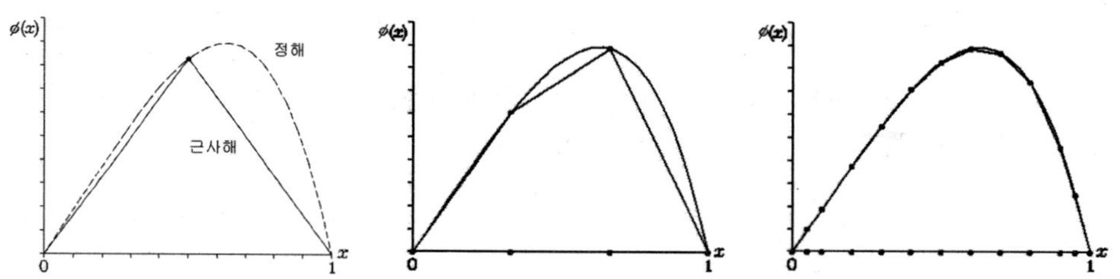

부록 B. 본문 이외의 주요 해석 예제

부록 B의 예제는 실제의 공정도 포함되어 있고, 개발 중에 실패한 공정도 다수 있다. 그리고 문헌으로부터 획득한 공정도 다수 포함되어 있다. 이 예제들은 해석기술의 고도화에 초점을 맞추고 있으므로 대부분 척도가 1:1이 아니다. 특히 실공정에 대해서는 고의적으로 척도를 변경하였다. 따라서 이 예제들은 해석기술의 고도화와 창의력 제고의 목적으로 활용하기 바란다.

B.1 단조

B.1.1 냉간단조

(1) 축대칭

그림 B.1 전후방압출 단조

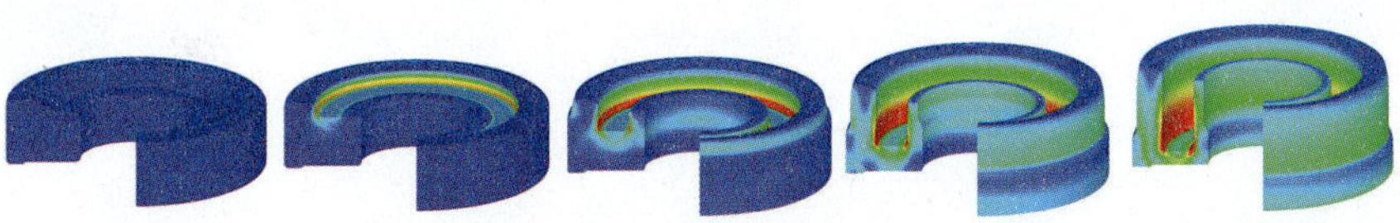

그림 B.2 복합후방압출 단조

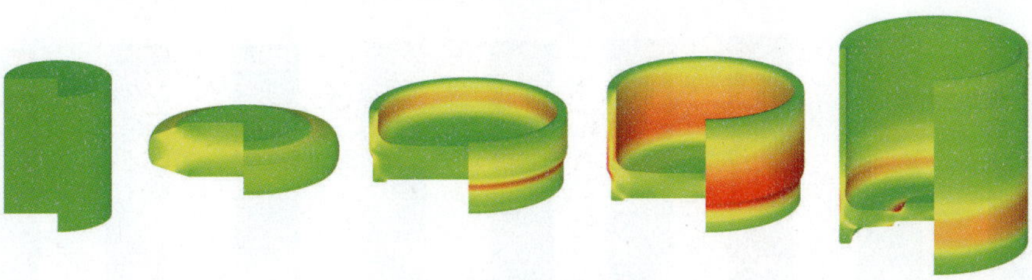

그림 B.3 후방압출 단조

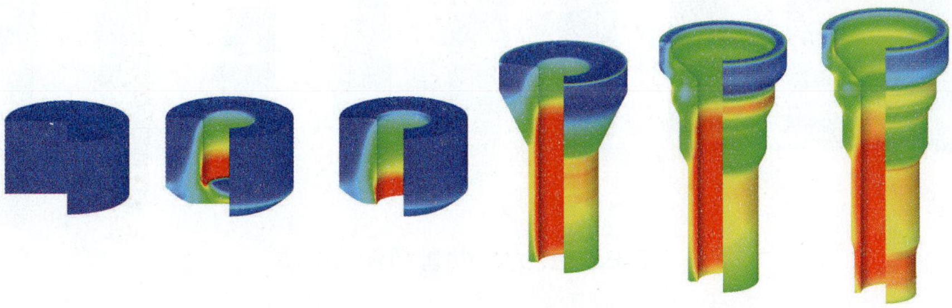

그림 B.4 전방/후방복합 압출 중공축 단조

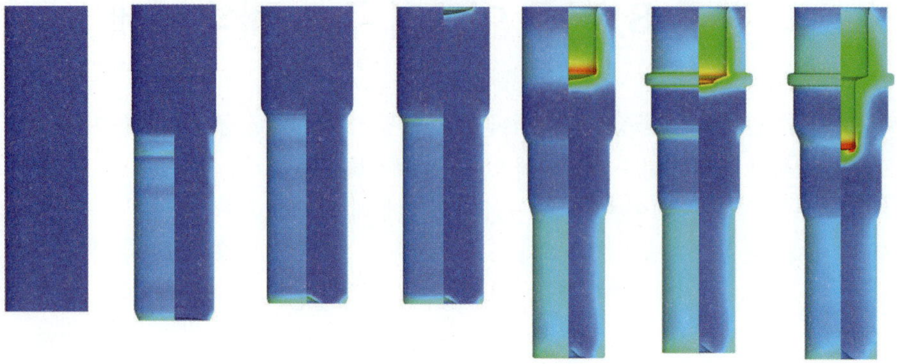

그림 B.5 전방/후방복합 압출 단조

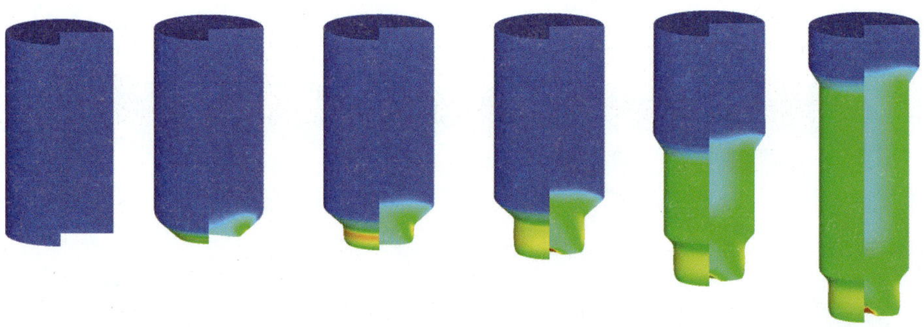

그림 B.6 전방다단압출 단조

그림 B.7 전방/후방복합 압출 축 단조

(2) 2차원/3차원 연결해석

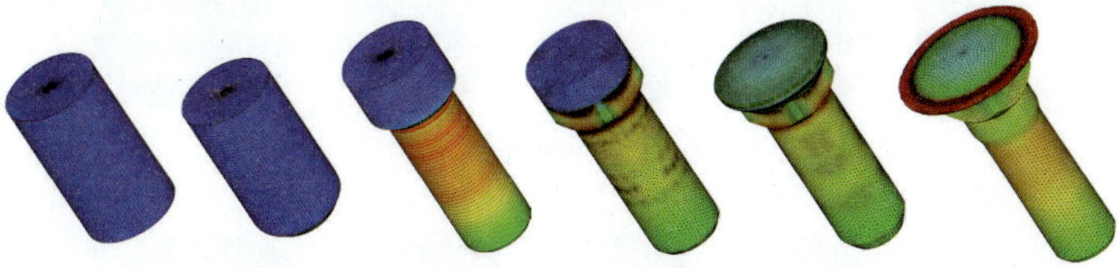

그림 B.8 특수볼트 단조

그림 B.9 장축6각볼트 냉간단조

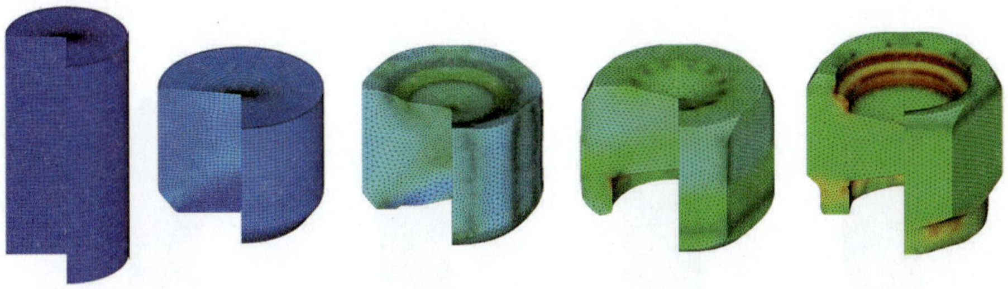

그림 B.10 너트 단조

(3) 3차원

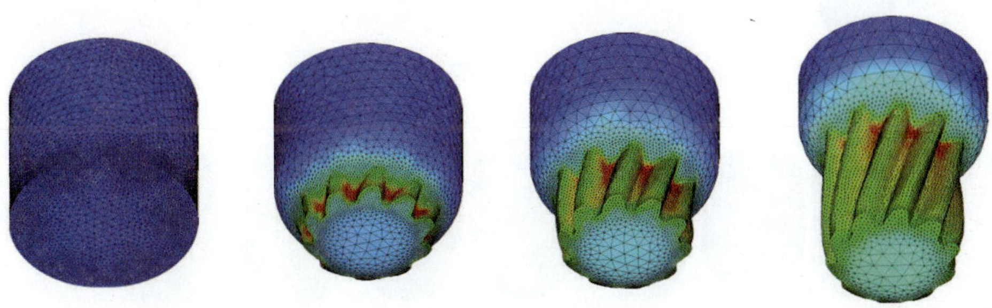

그림 B.11 헬리컬기어 단조

그림 B.12 베벨기어 단조

그림 B.13 스파이럴 베벨기어 단조

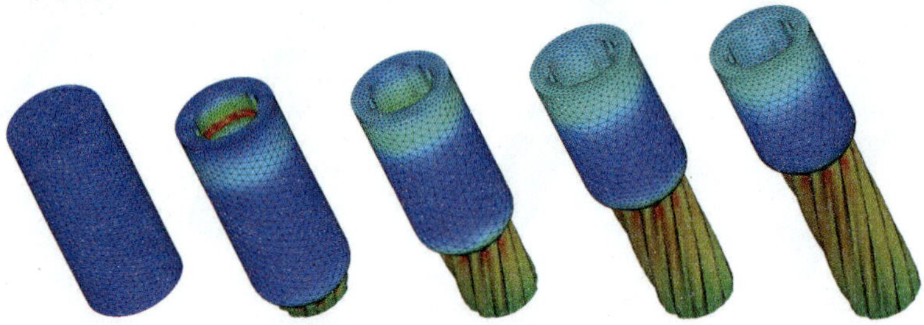

그림 B.14 스티어링 피니언 단조

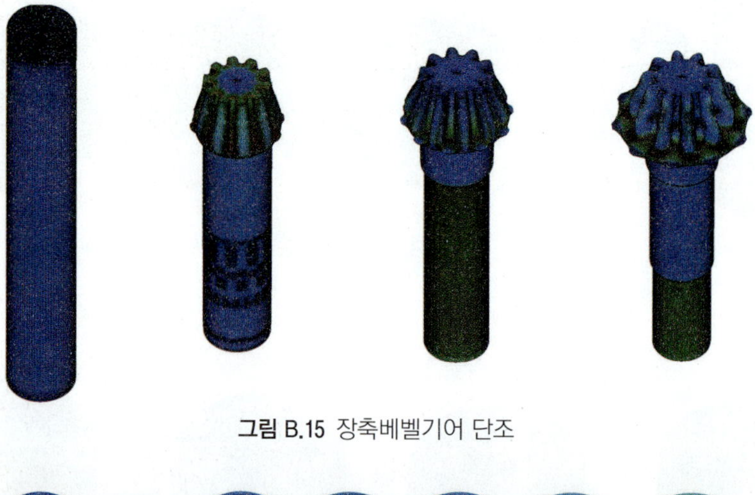

그림 B.15 장축베벨기어 단조

그림 B.16 전후방압출 단조

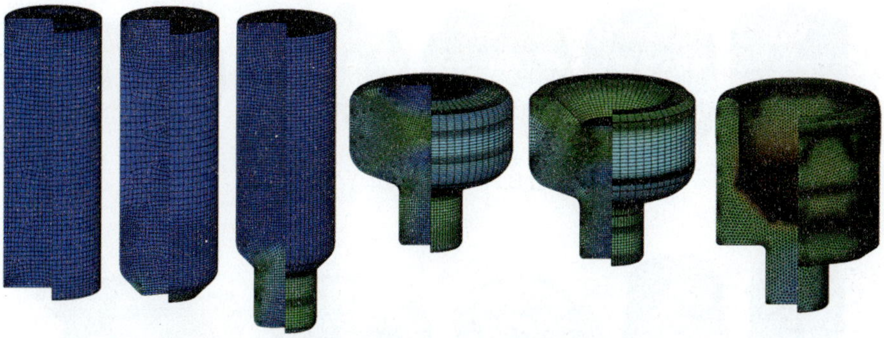

그림 B.17 전방/후방압출/업셋팅 복합 단조

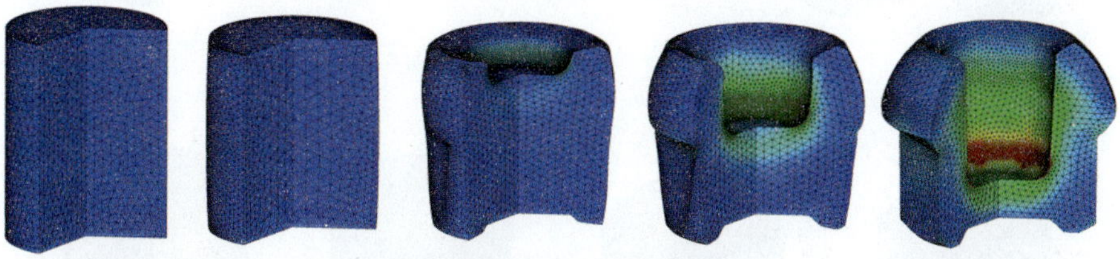

그림 B.18 상부 구 형상 단조

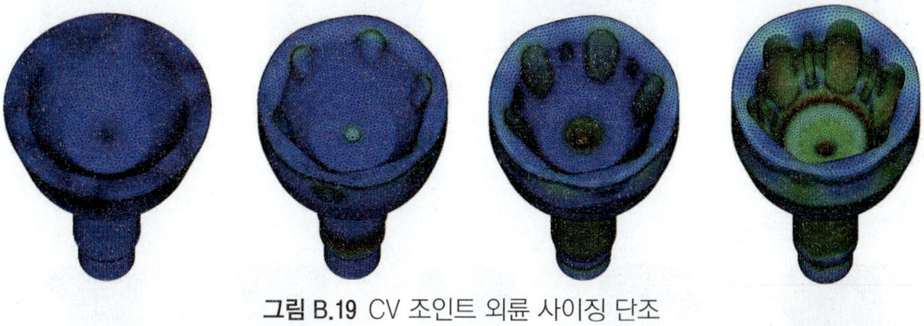

그림 B.19 CV 조인트 외륜 사이징 단조

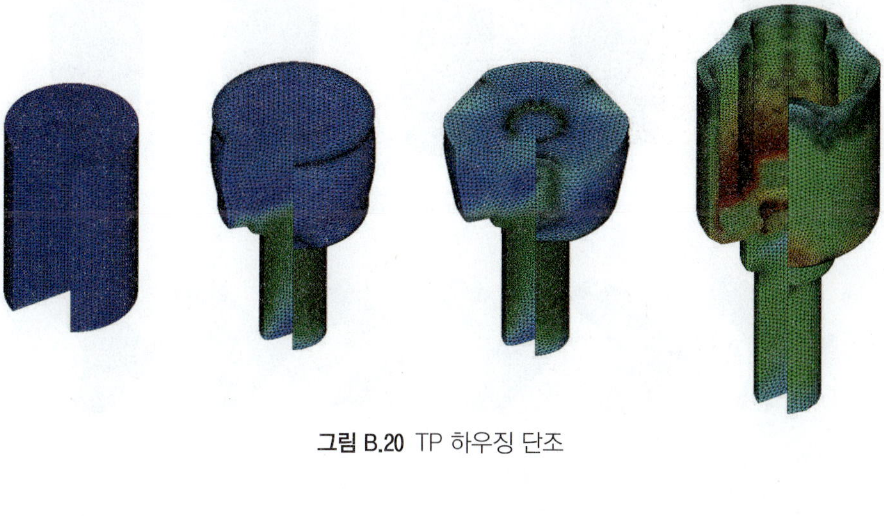

그림 B.20 TP 하우징 단조

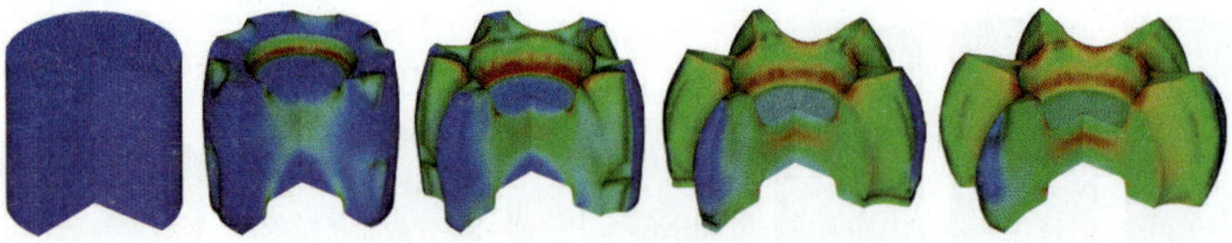

그림 B.21 인너레이스 단조

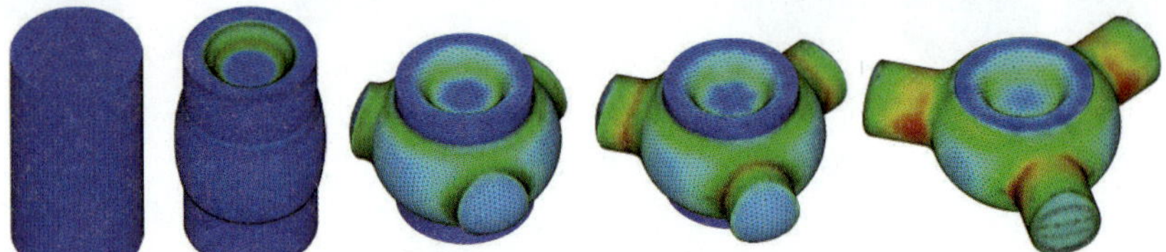

그림 B.22 3족 스파이더(트라이포드) 단조

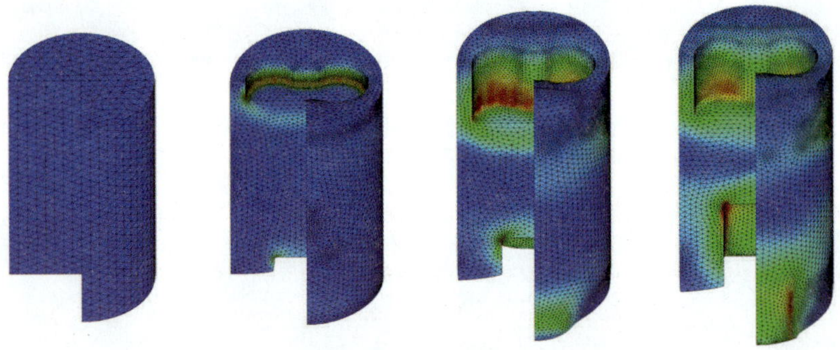

그림 B.23 전후방압출

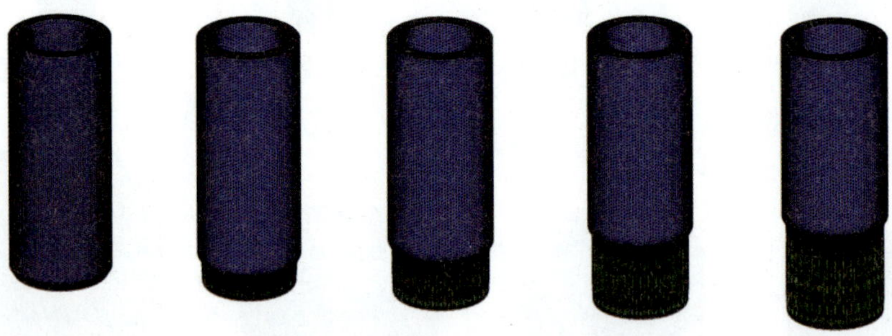

그림 B.24 중공 기어 압출 단조

그림 B.25 칼날 단조

그림 B.26 칼날 단조

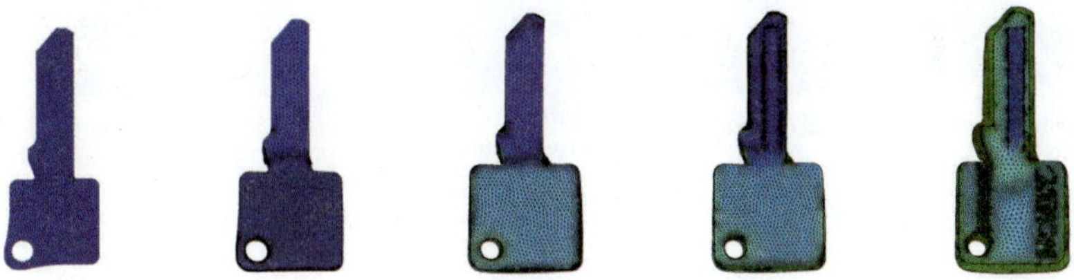

그림 B.27 키 단조

B.1.2 열온냉간 동시단조 및 복합단조

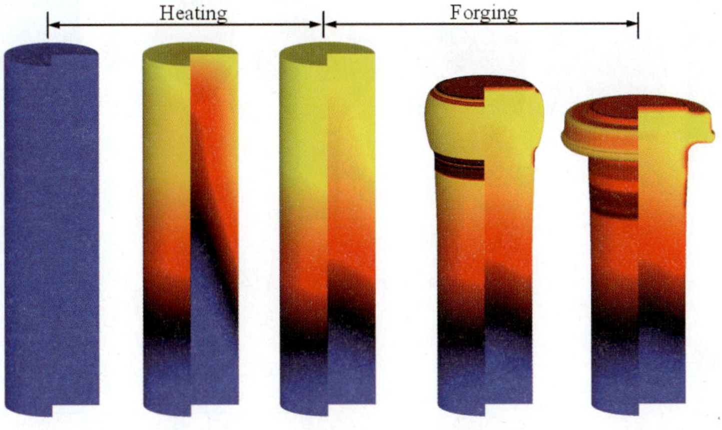

그림 B.28 국부가열 단조

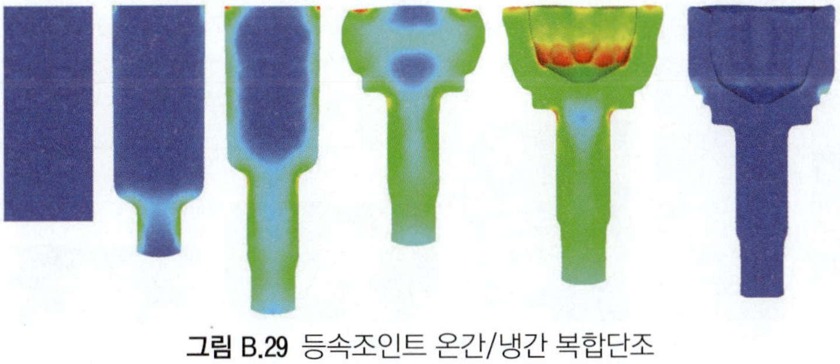

그림 B.29 등속조인트 온간/냉간 복합단조

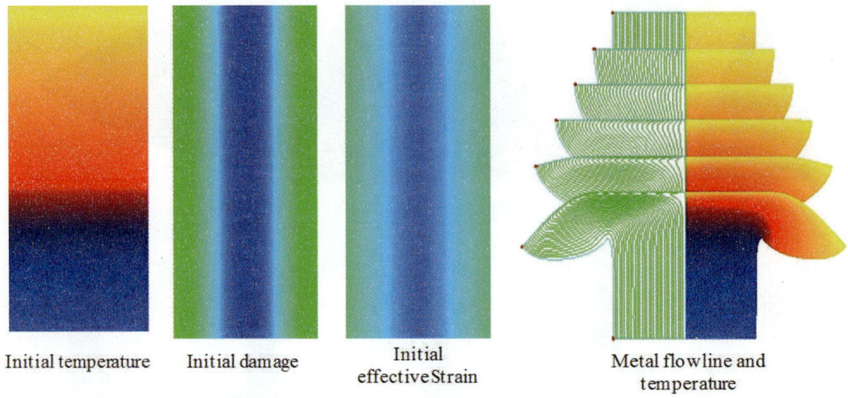

그림 B.30 초기 불균일 분포를 가진 소재의 단조

B.1.3 열간단조

(1) 축대칭

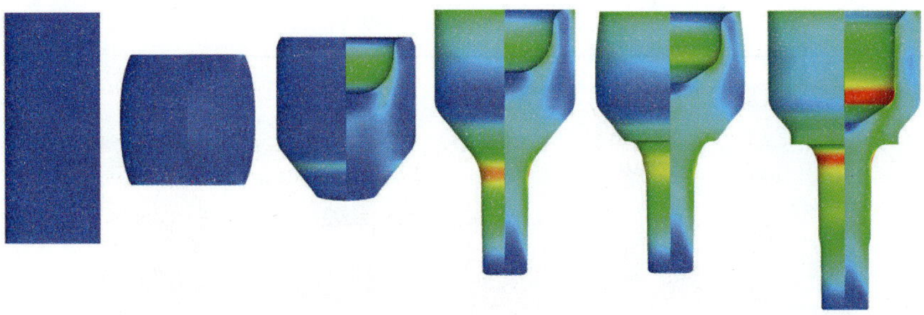

그림 B.31 등속조인트 단조

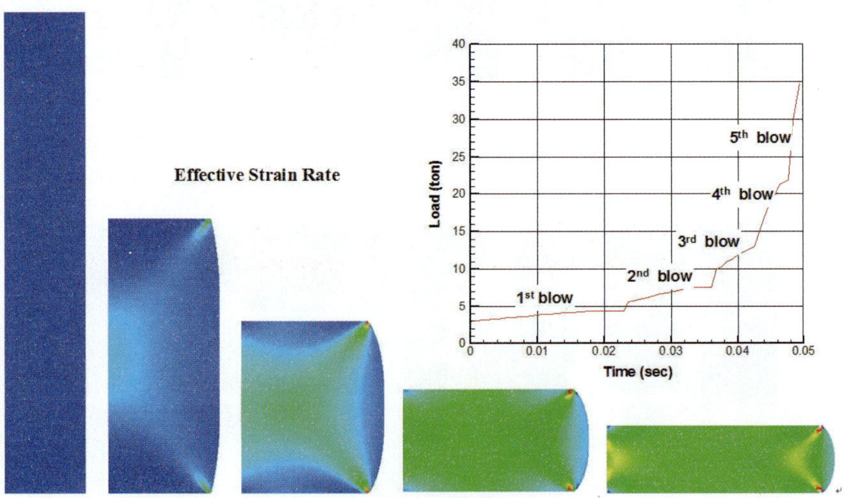

그림 B.32 헤머단조

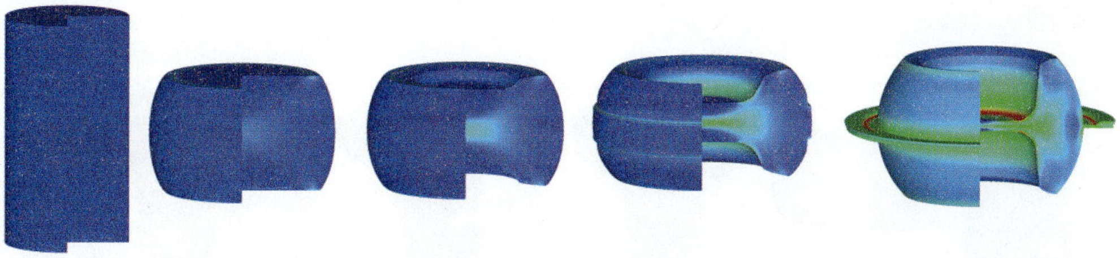

그림 B.33 중공 구형상 단조

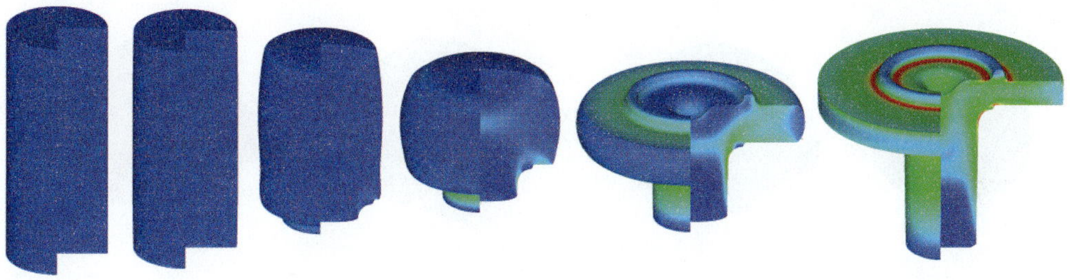

그림 B.34 T 형상 단조

그림 B.35 장폭 H 형상 단조

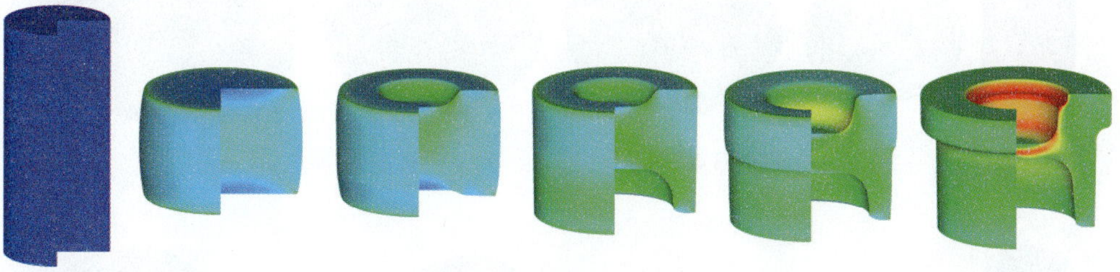

그림 B.36 정밀 밀폐단조

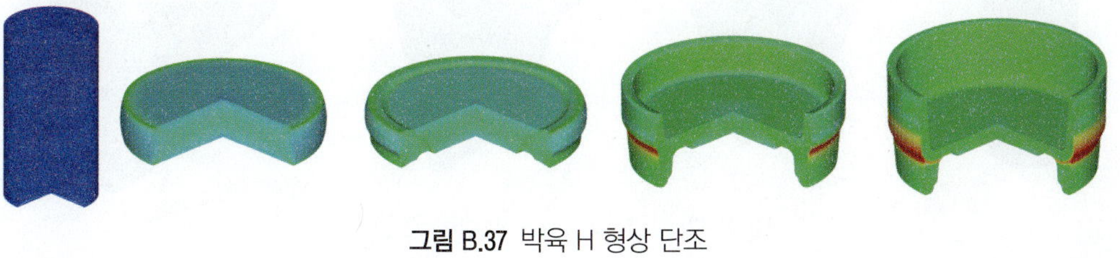

그림 B.37 박육 H 형상 단조

(2) 3차원

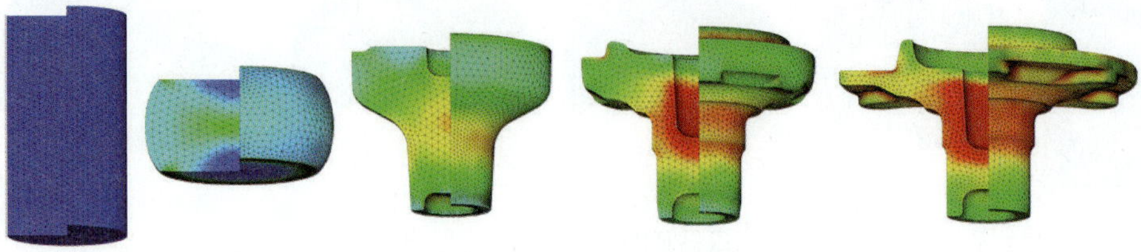

그림 B.38 허브스핀들 단조

그림 B.39 허브 단조

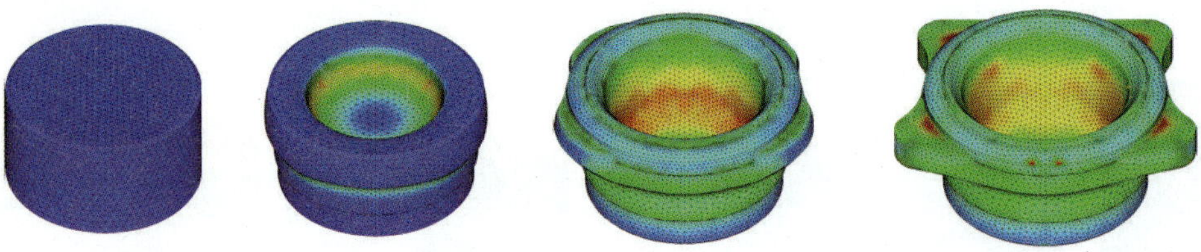

그림 B.40 비대칭 허브 단조

그림 B.41 아우터링(Outer ring) 열간단조

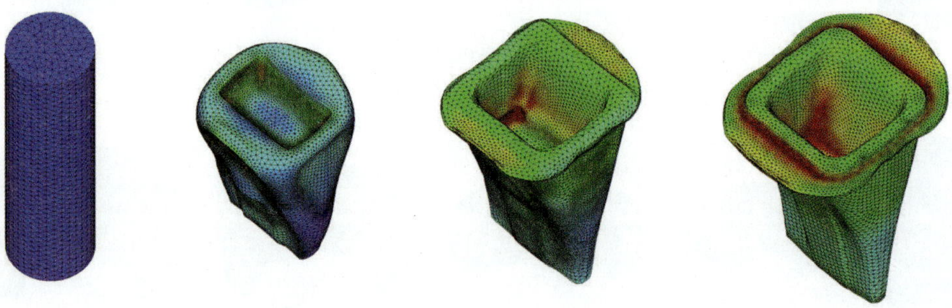

그림 B.42 리퍼투스(Riper tooth) 열간단조

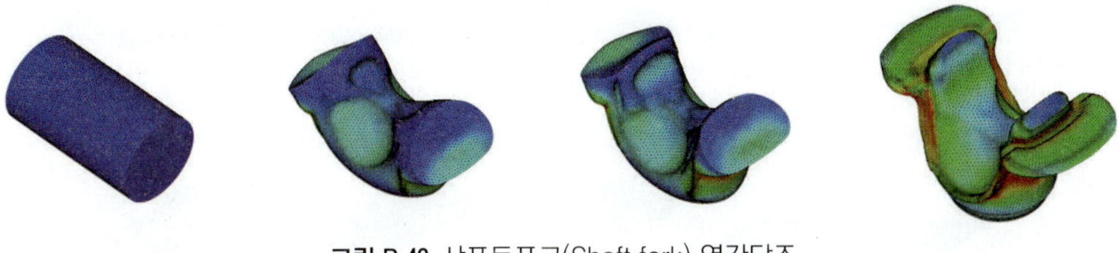

그림 B.43 샤프트포크(Shaft fork) 열간단조

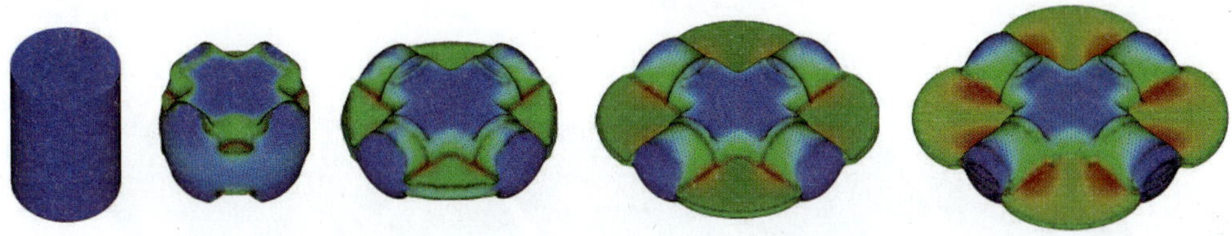

그림 B.44 4족 스파이더 단조

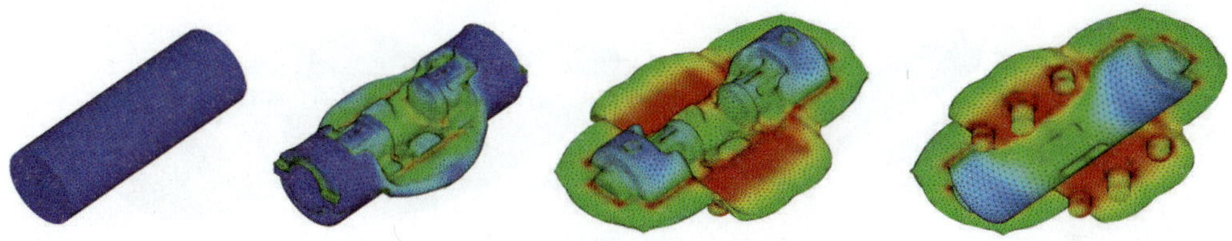

그림 B.45 피스톤 단조

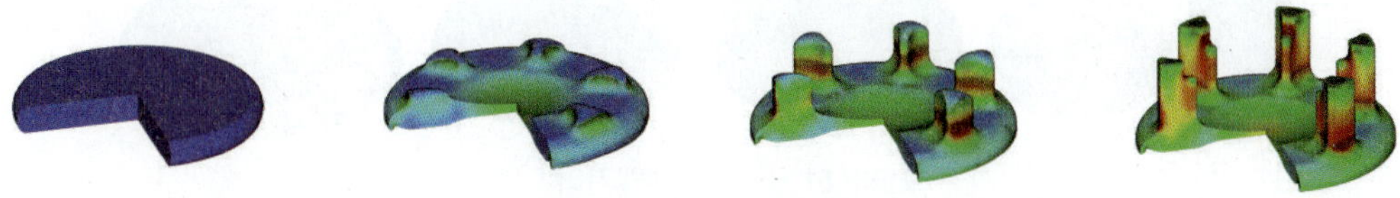

그림 B.46 기어캐리어 단조

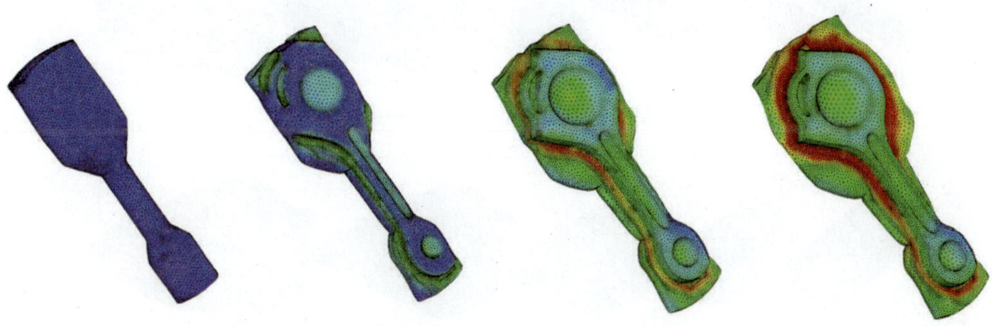

그림 B.47 대형 커넥팅로드 단조

(a) 단면

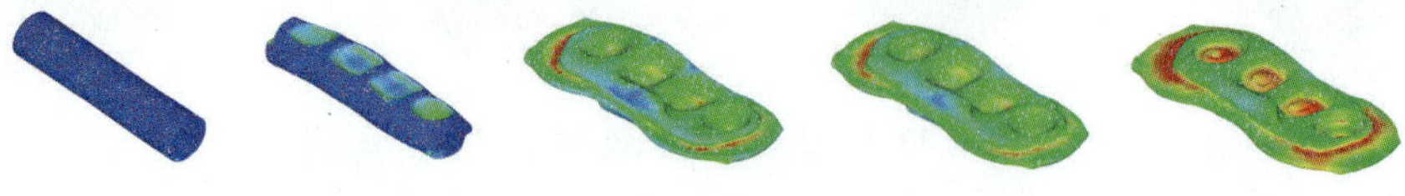

(b) 전체

그림 B.48 링크 단조

그림 B.49 히트싱크 단조

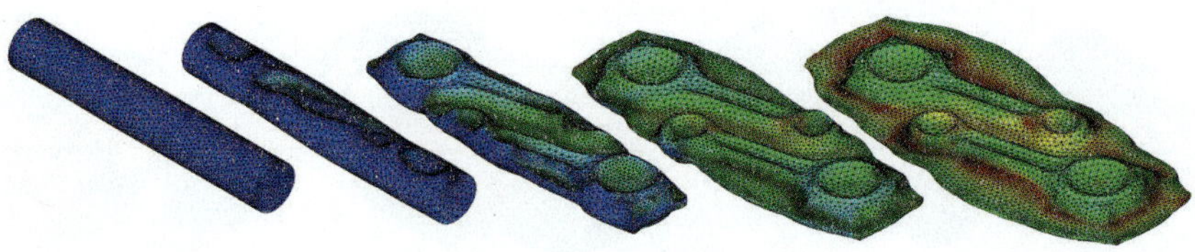

그림 B.50 복수 커넥팅로드 단조

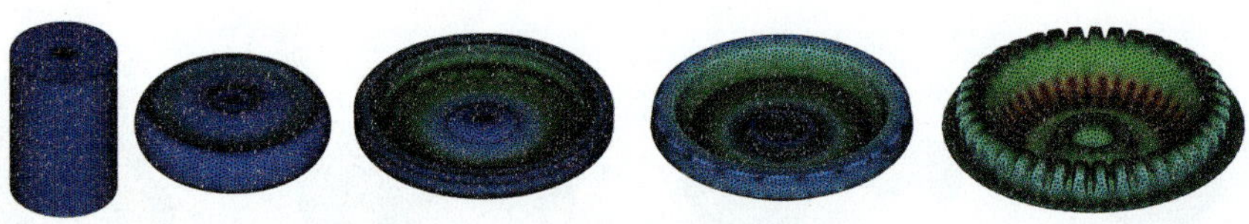

그림 B.51 꽃 형상 베벨기어 단조

그림 B.52 난형상 단조

그림 B.53 비대칭난형상 단조

그림 B.54 링단조

그림 B.55 길이신장 단조

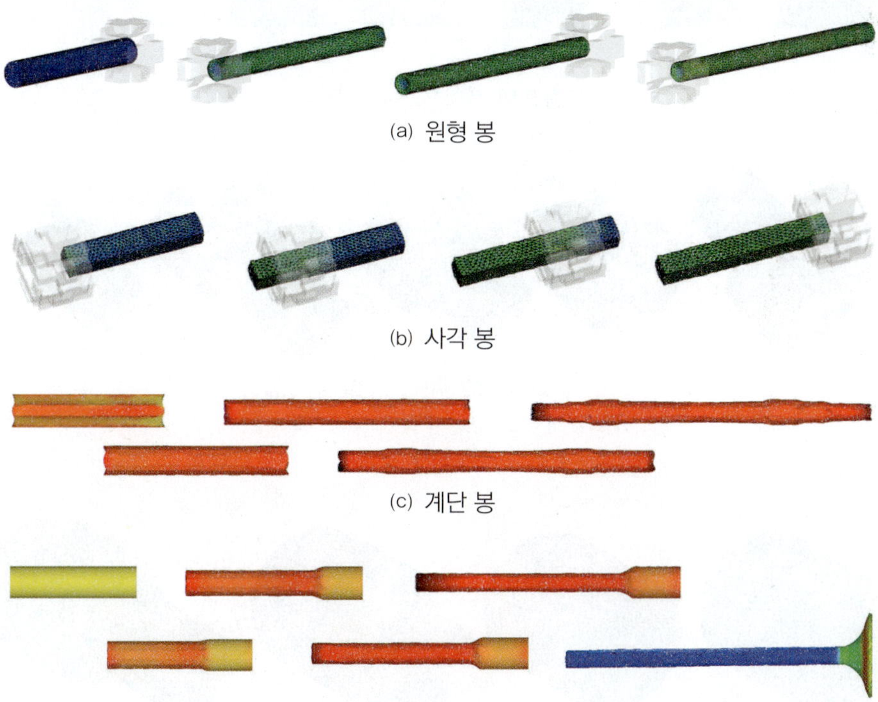

(a) 원형 봉

(b) 사각 봉

(c) 계단 봉

(d) 피스톤

그림 B.56 반경단조

그림 B.57 기공압축

B.2 압출과 인발

(1) 인발

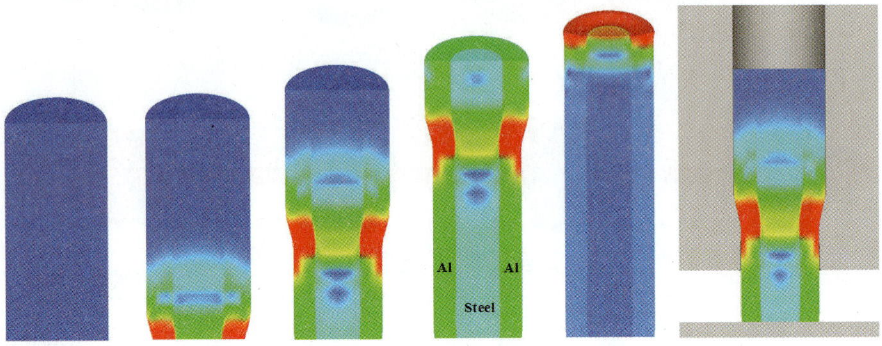

그림 B.58 복합재료 봉재 인발

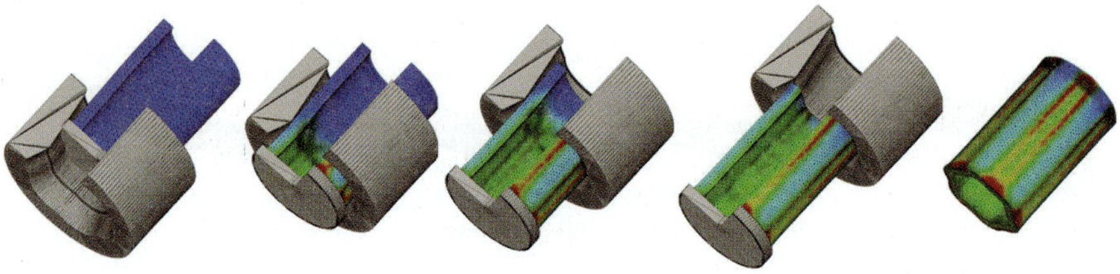

그림 B.59 파이프 인발

(2) 압출

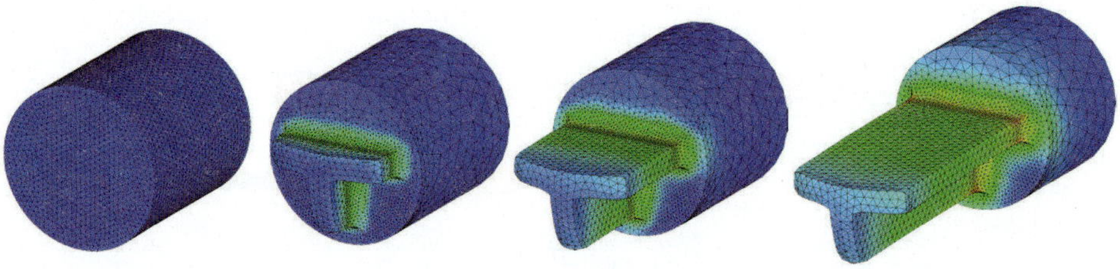

그림 B.60 T형상 압출

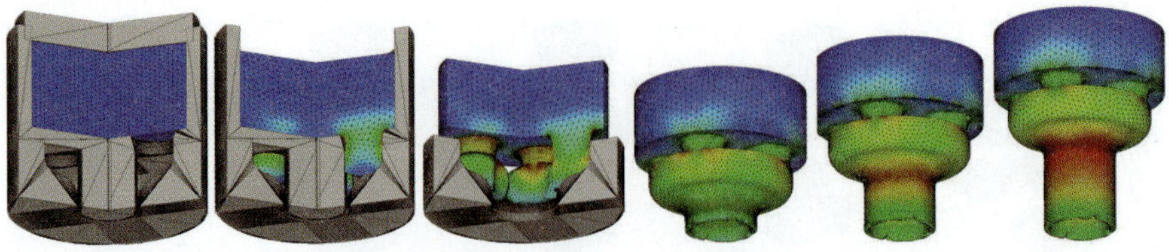

그림 B.61 파이프 포트홀 압출

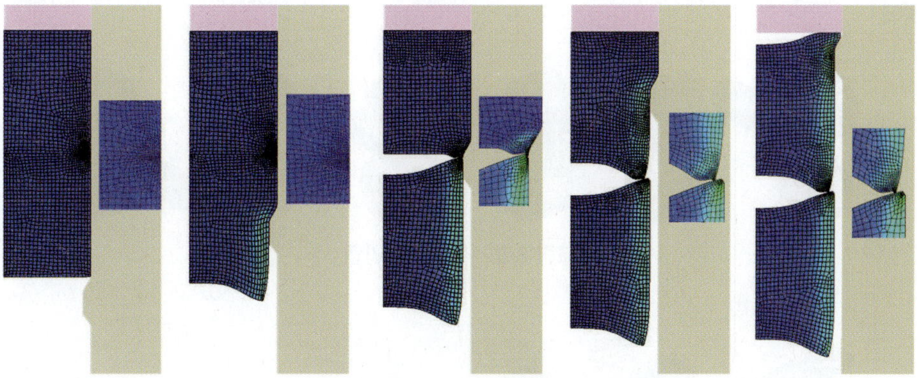

그림 B.62 다층압출

(3) 압출/인발

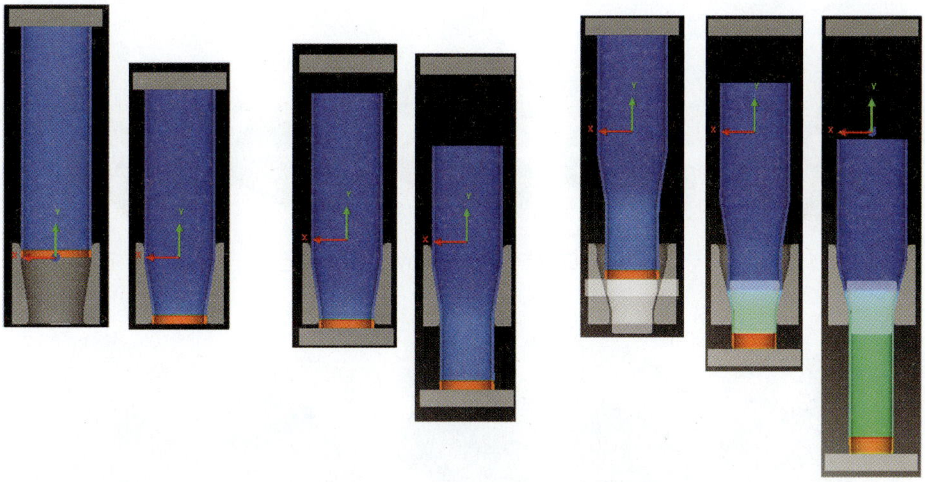

(a) 압출 (b) 일반인발 (c) 플러그 사용 인발

그림 B.63 압출/인발 복합

B.3 압연

(1) 2차원

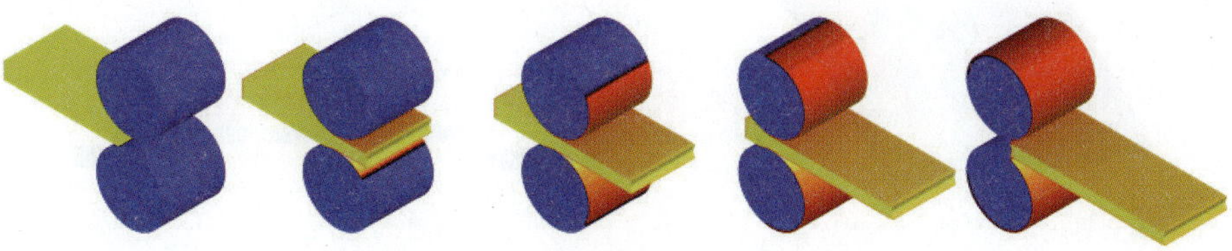

그림 B.64 평면변형 압연

(2) 3차원

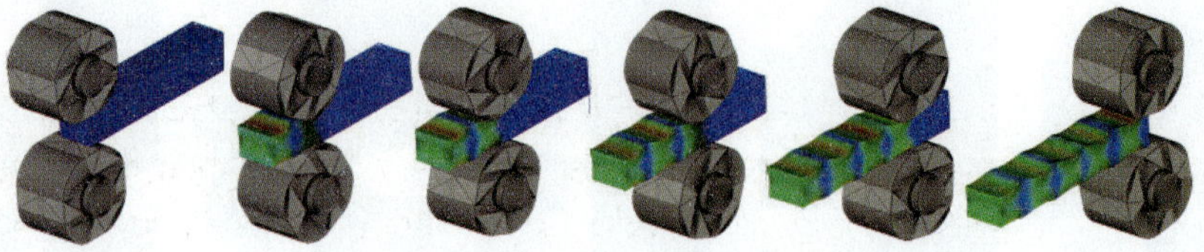

그림 B.65 임의형상 압연

그림 B.66 형강 압연

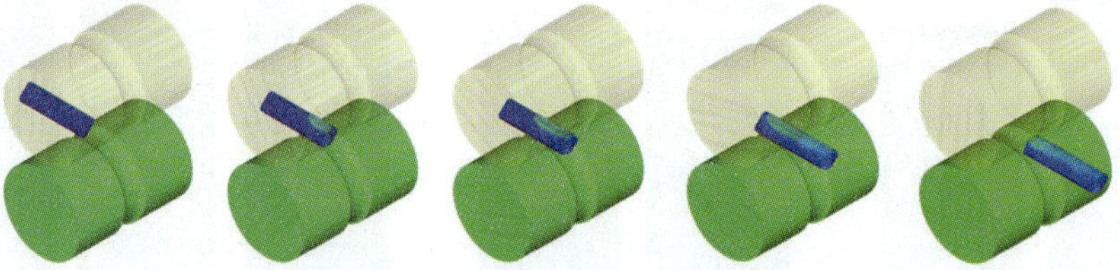

그림 B.67 사각형-오발(oval) 형상압연

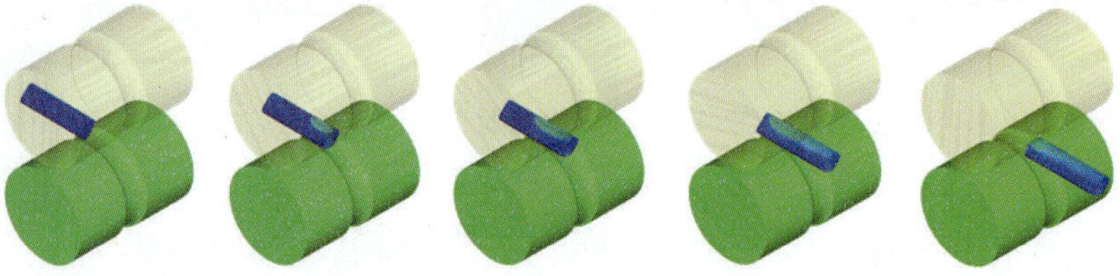

그림 B.68 오발-원형 형상압연

(3) 열간레벨링

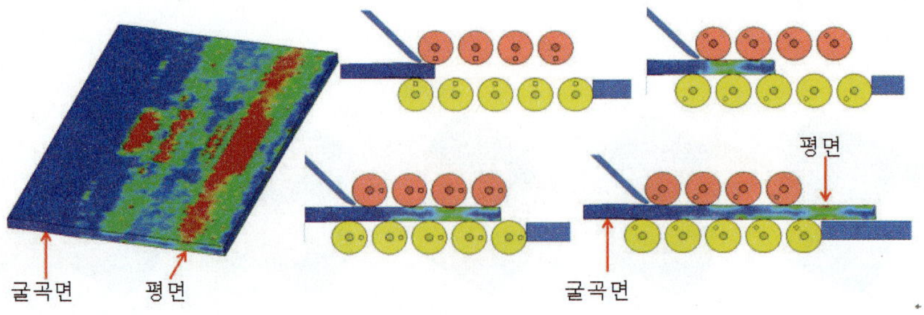

그림 B.69 레벨링(leveling)

B.4 기타

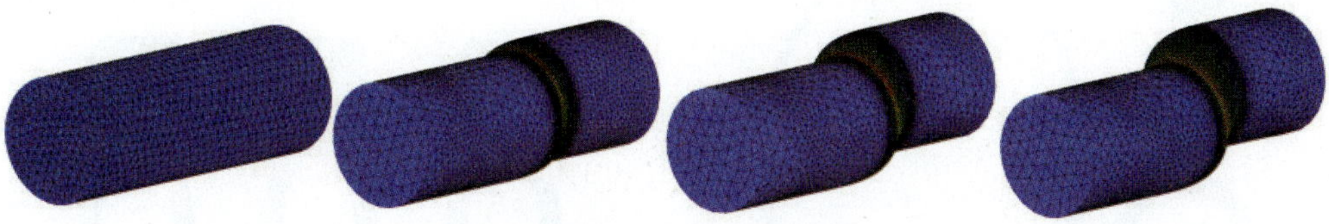

그림 B.70 소재의 냉간절단

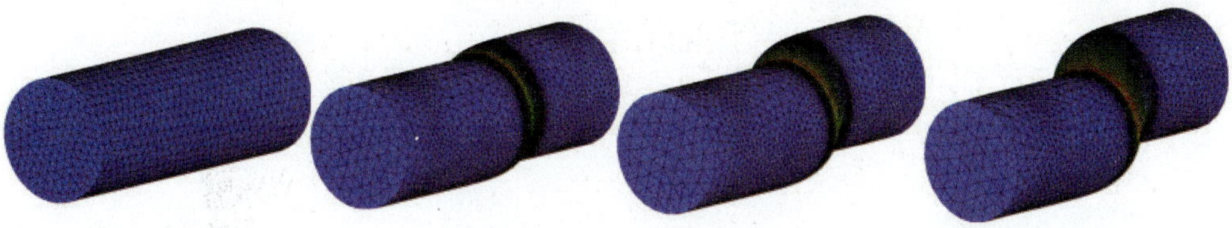

그림 B.71 소재의 열간절단

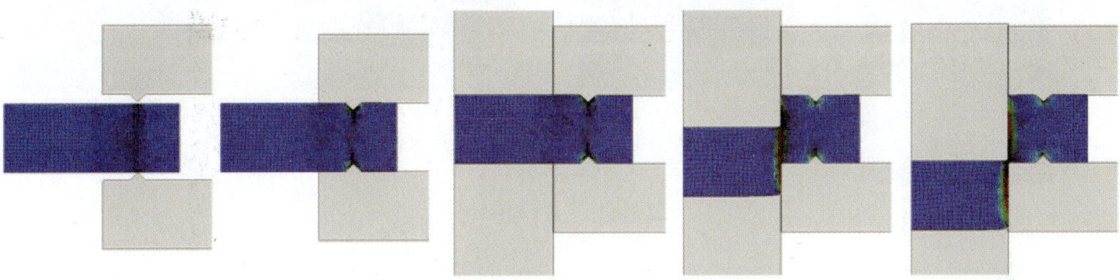

그림 B.72 파인블랭킹

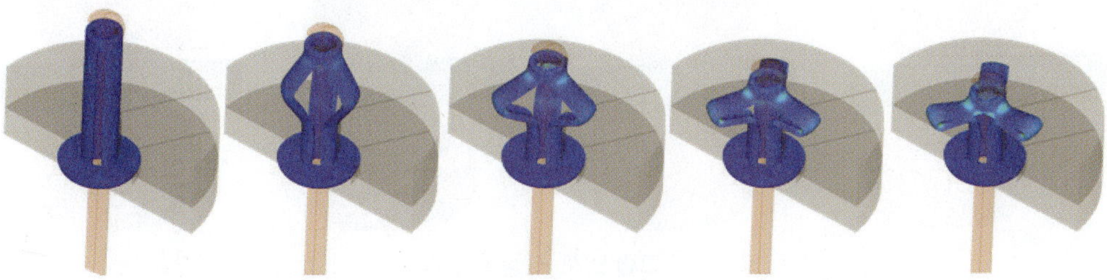

그림 B.73 블라인드 리벳팅

그림 B.74 회전단조

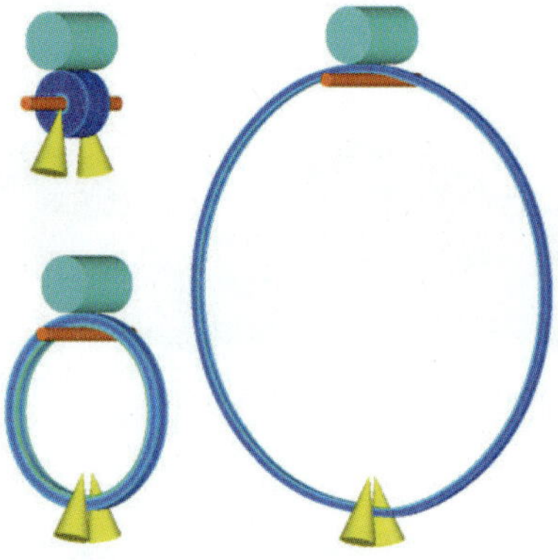

그림 B.75 윈드타워 플랜지 링롤링

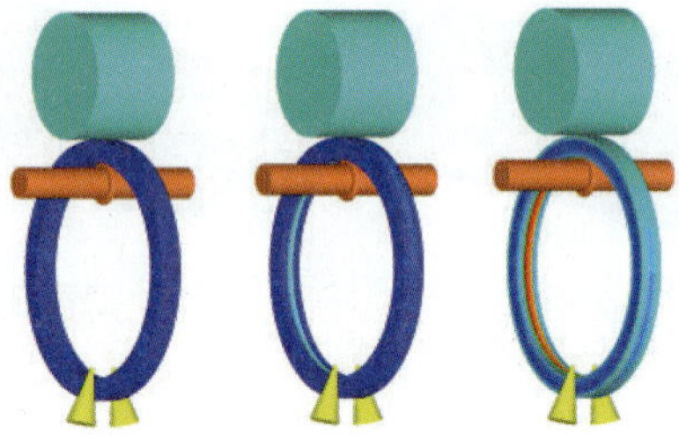

그림 B.76 프로파일 링롤링

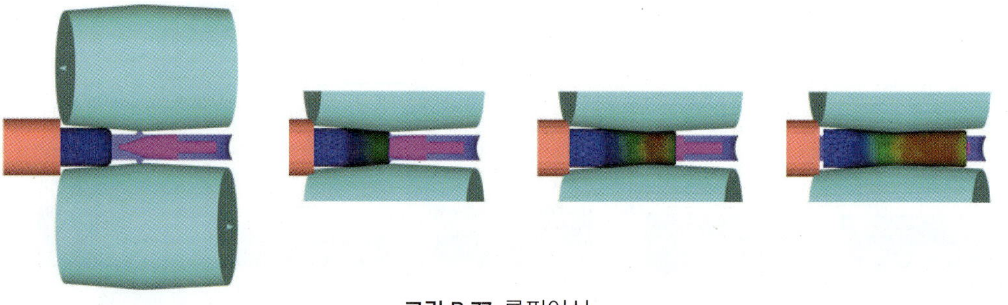

그림 B.77 롤피어싱

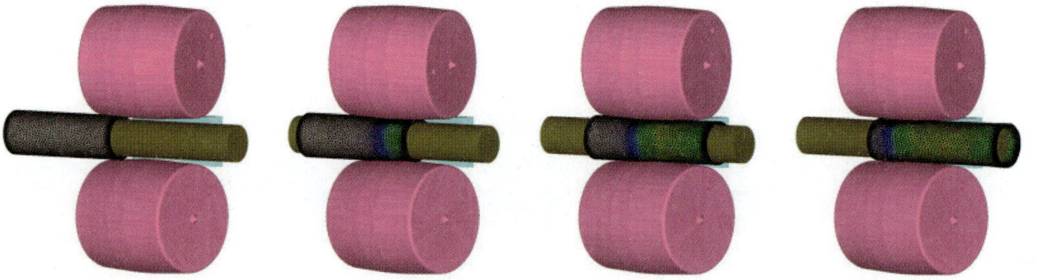

그림 B.78 신장롤링

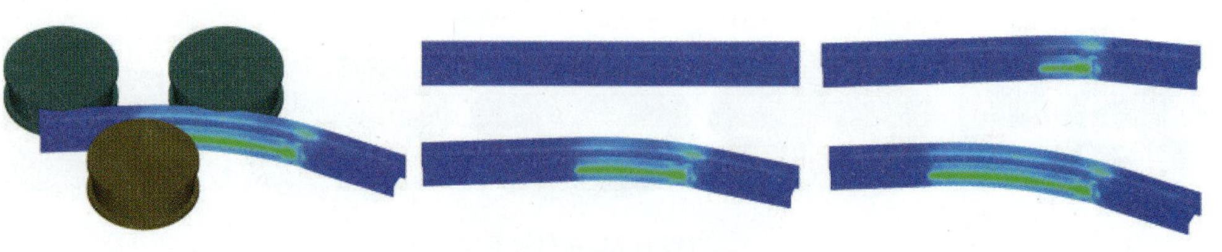

그림 B.79 H형강 냉간벤딩

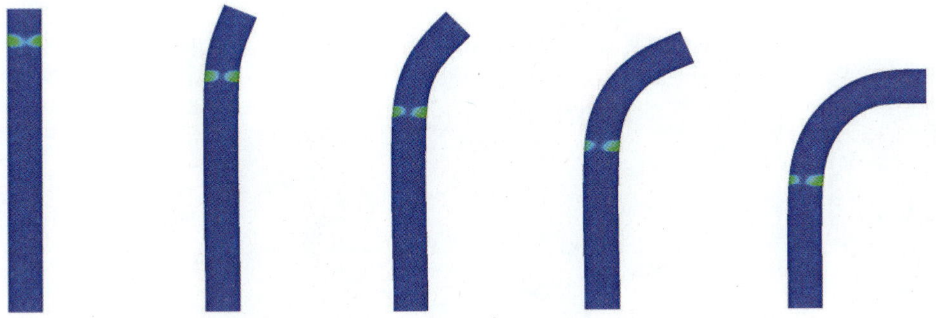

그림 B.80 유도가열파이프벤딩

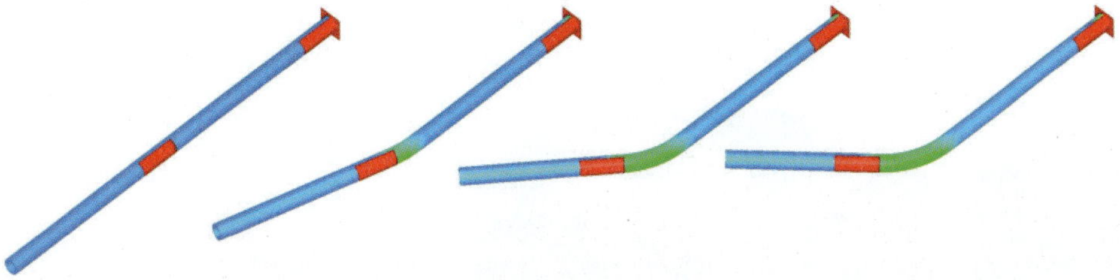

그림 B.81 냉간 파이프벤딩

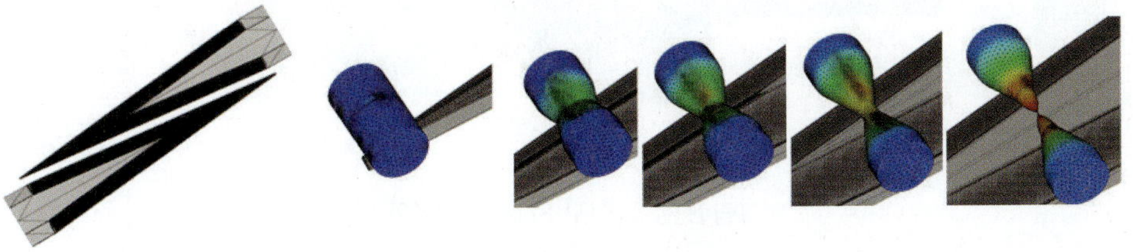

그림 B.82 크로스웨지롤링

B.5 금형의 구조해석

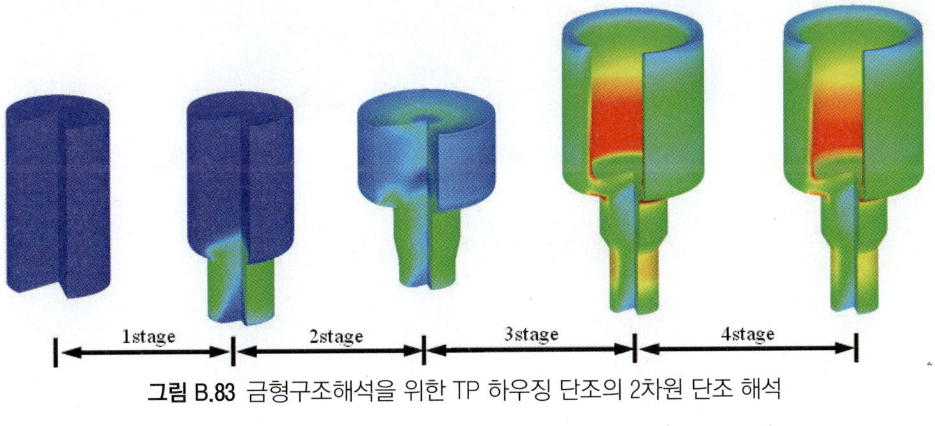

그림 B.83 금형구조해석을 위한 TP 하우징 단조의 2차원 단조 해석

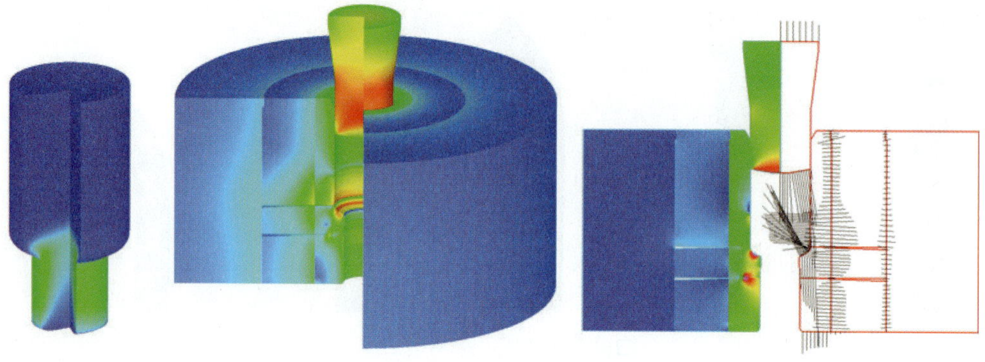

(a) 유효변형률 (b) 유효응력 (c) 정수압 (d) 금형면압

그림 B.84 금형구조해석결과- 1단

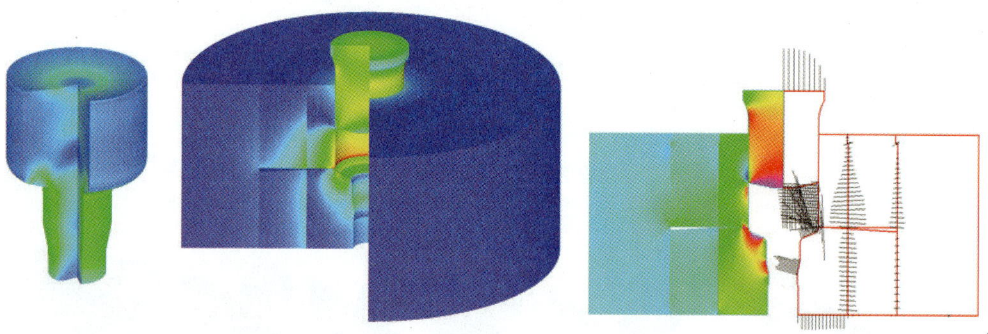

(a) 유효변형률 (b) 유효응력 (c) 정수압 (d) 금형면압

그림 B.85 금형구조해석결과- 2단

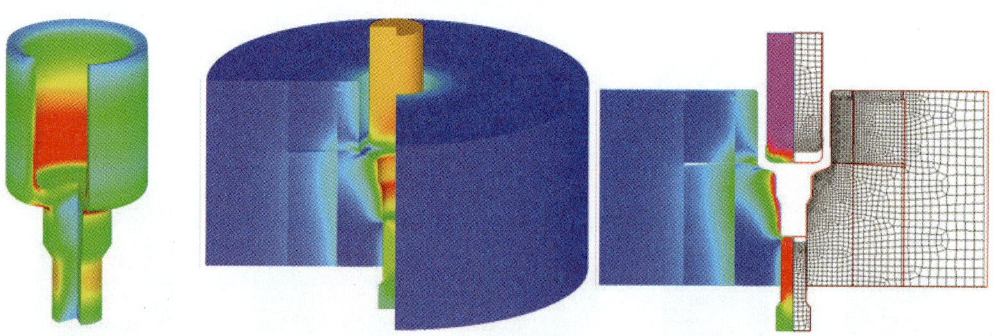

(a) 유효변형률 (b) 유효응력 (c) 유효응력 (d) 변형형상

그림 B.86 금형구조해석결과- 3단

부록 C. 분문 중 그림의 컬러 그림

부록 C는 본문의 그림 중에서 컬러그림이 독자들의 이해를 돕는데 필요한 그림들을 모아둔 것이다.

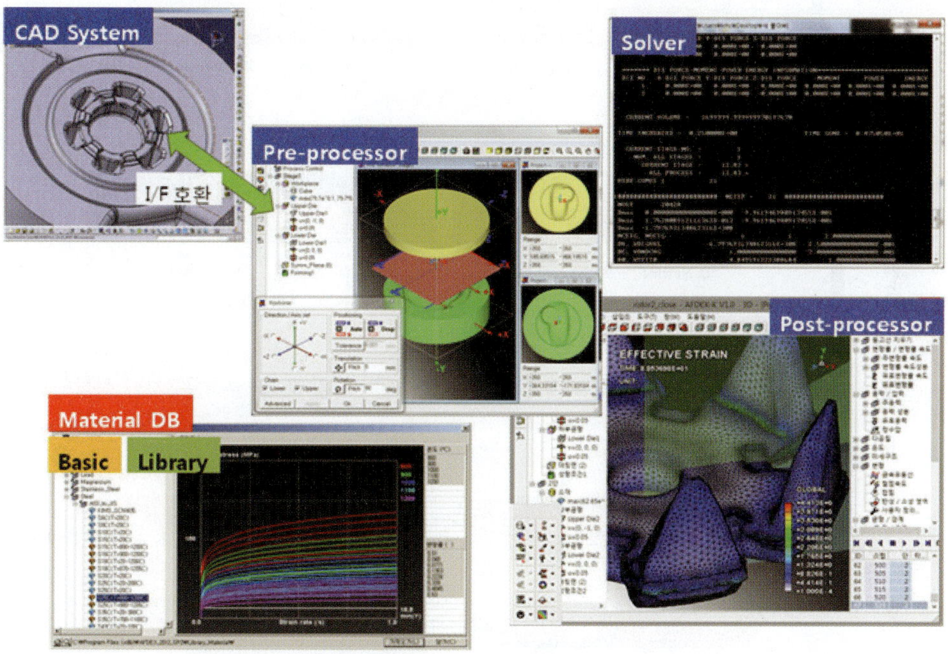

그림 3.1 단조 시뮬레이터의 구성

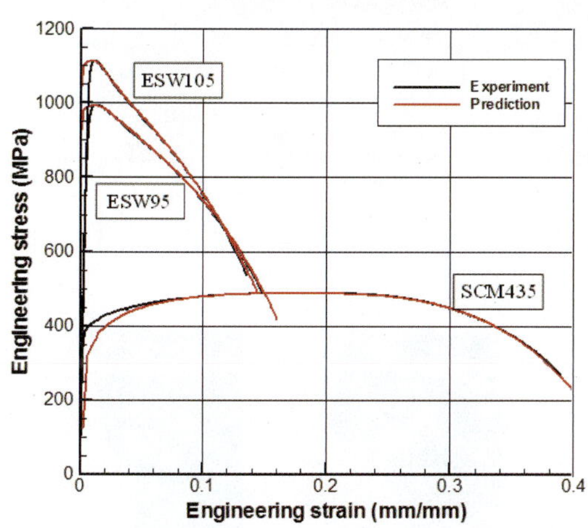

(a) 실험결과와 예측결과의 비교(SCM435)

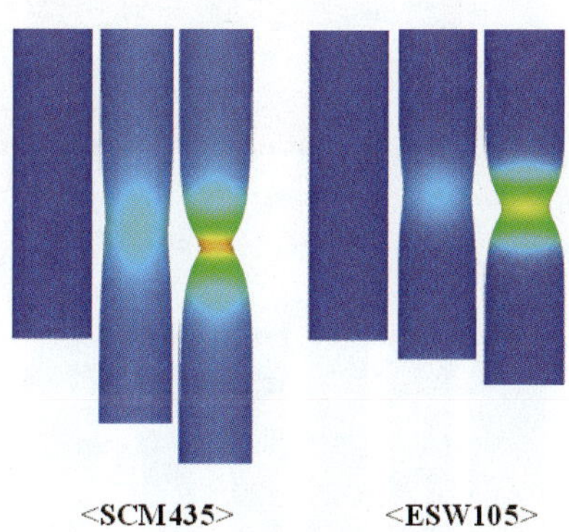

(b) 인장시험의 변형이력

그림 4.5 예측된 인장시험 시편의 변형과정

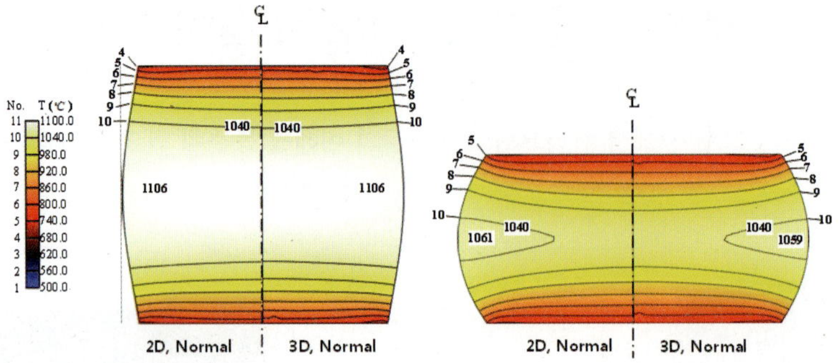

(a) 소재

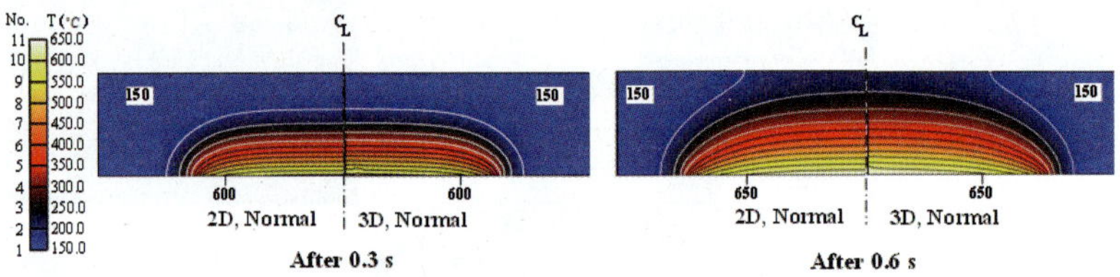

(b) 금형

그림 5.34 2차원 및 3차원 비등온예측결과의 비교, 좌측은 2차원 해석, 우측은 3차원 정상해석

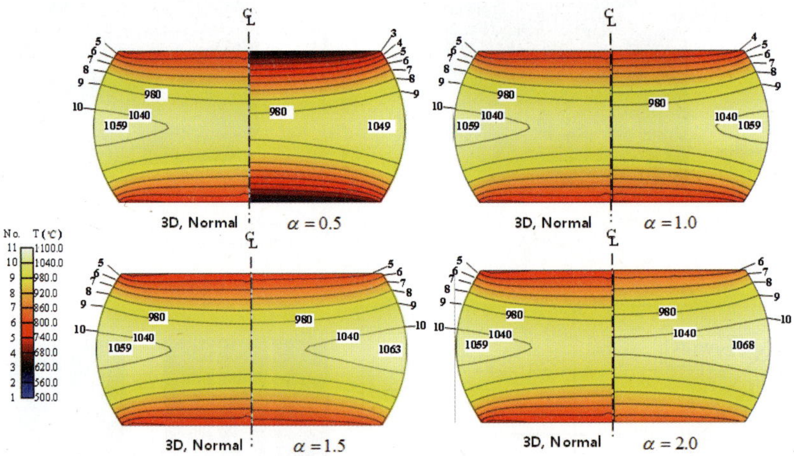

그림 5.35 3차원 근사해석과 정상해석의 비교

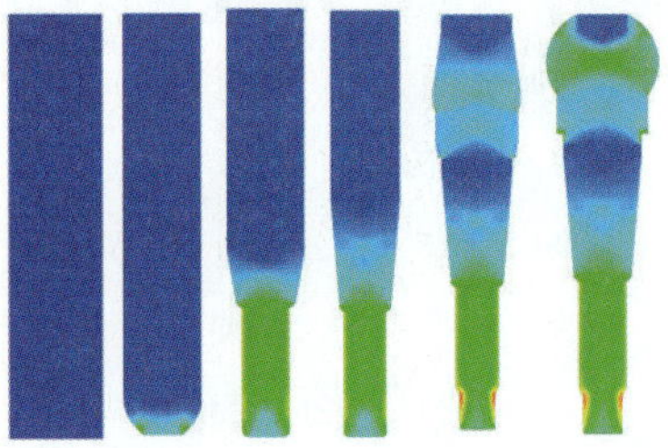

그림 5.39 볼스타드 공정설계 및 해설결과

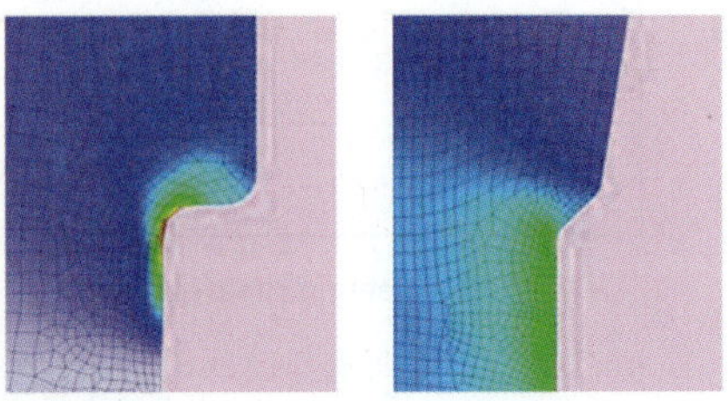

그림 5.40 국부요소망재구성 시의 요소망의 예

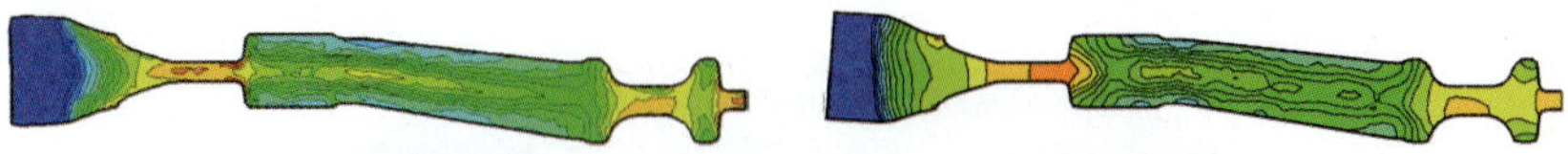

(a) Wan et al. (b) AFDEX 3D

그림 5.47 유효변형률의 비교

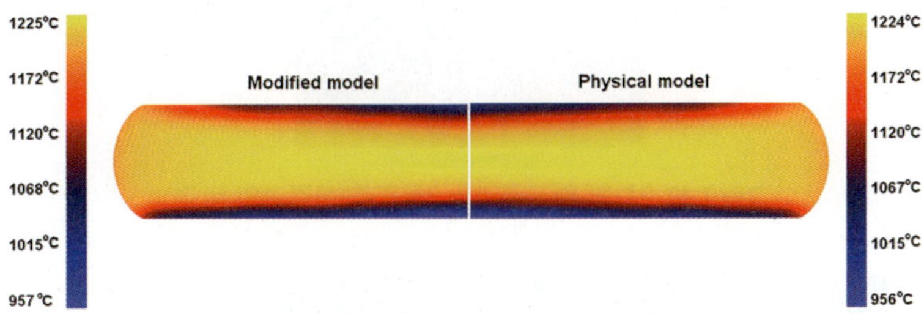

(a) 수정된 치수 (b) 미수정 치수

그림 5.56 열간단조공정의 비등온 예측결과

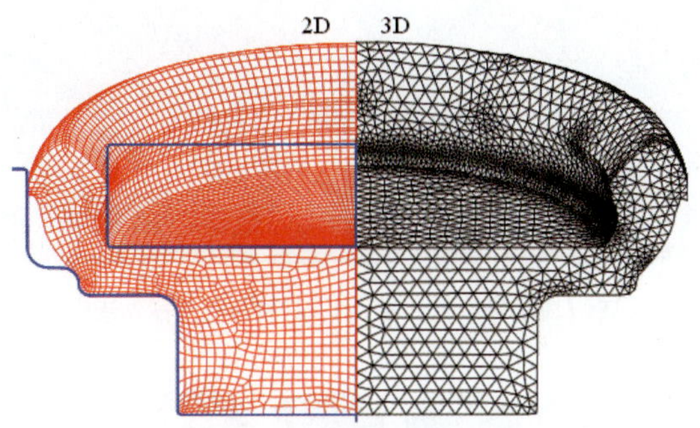

(b) 냉간후방압출

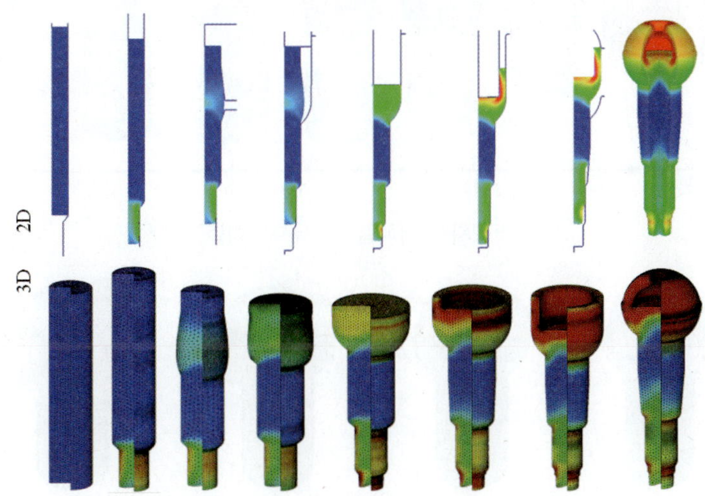

(c) 자동다단냉간단조

그림 7.1 축대칭 공정의 2차원 및 3차원 해석결과의 비교

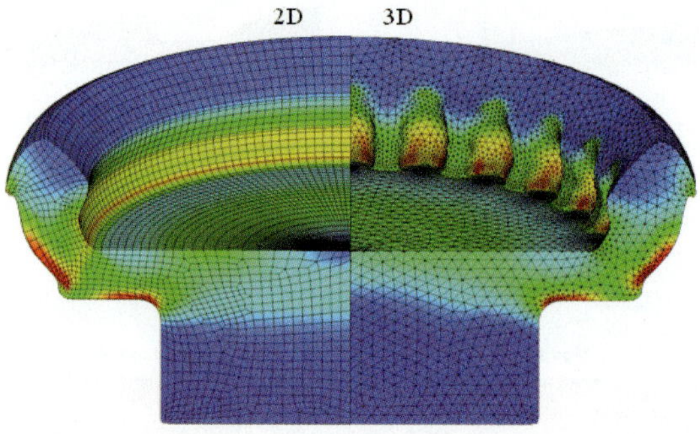

그림 7.10 2차원 해석결과와 3차원 해석결과의 비교

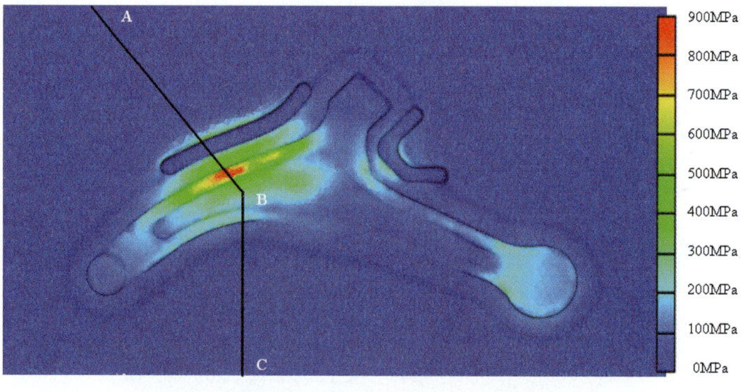

그림 7.14 3차원 금형구조해석결과 - 유효응력

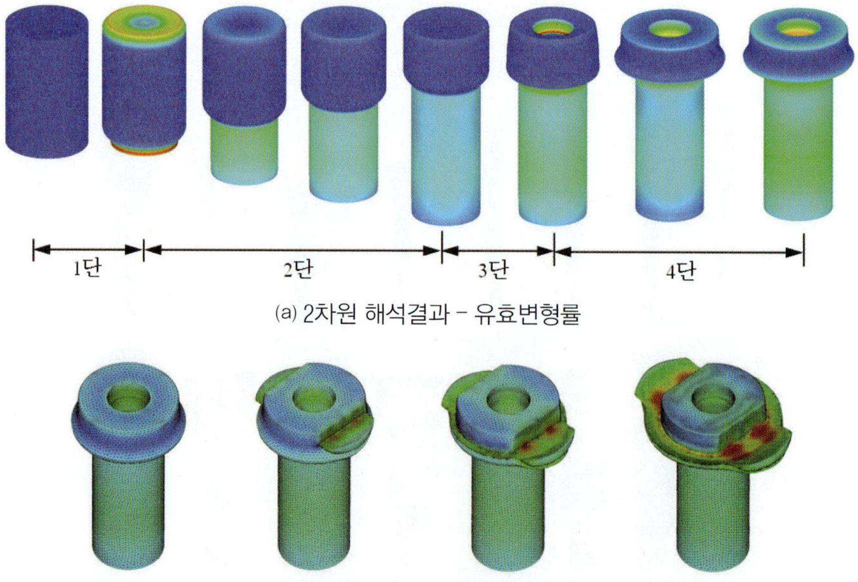

(a) 2차원 해석결과 - 유효변형률

(b) 3차원 해석결과

그림 7.18 2차원/3차원 연결해석결과

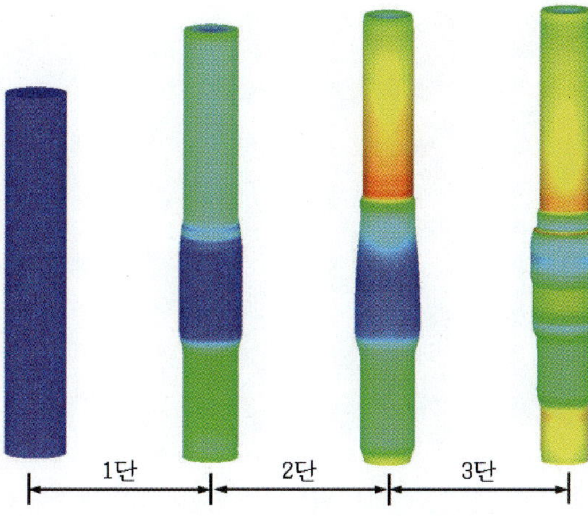

그림 8.7 전후방압출공정 – 유효변형률

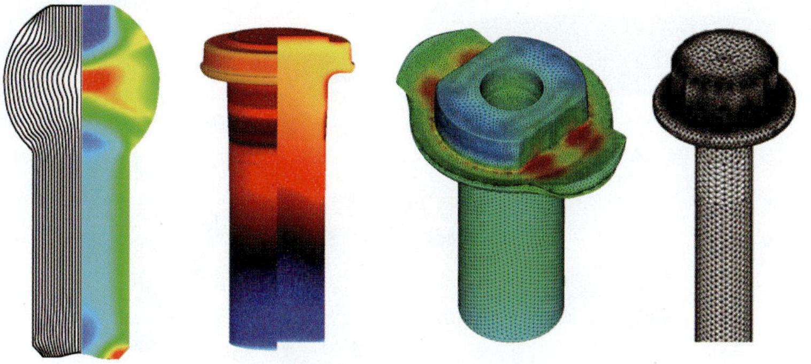

(a) (b) (c) (d)

그림 8.8 헤딩공정의 사례

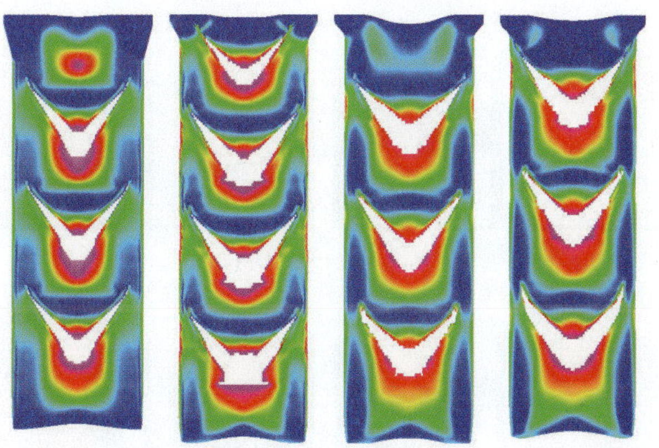

(a) 30° (b) 60° (c) 80° (d) 100°

그림 9.7 금형각도가 중심파괴에 미치는 영향 (R.A.=25%, μ=0.03) – 손상도

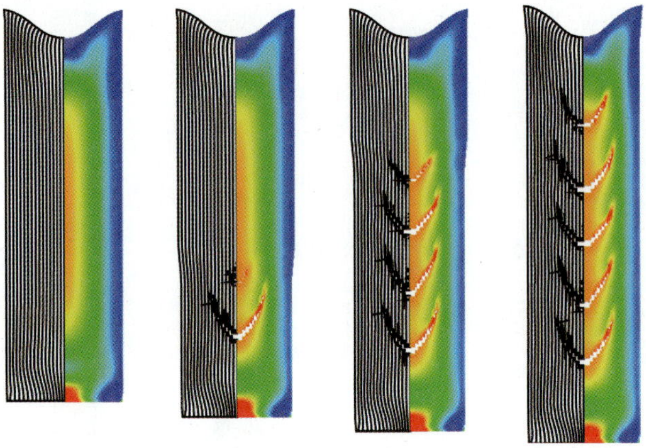

그림 9.10 다단 인발공정에서 발생하는 중심파괴의 예측 – 손상도

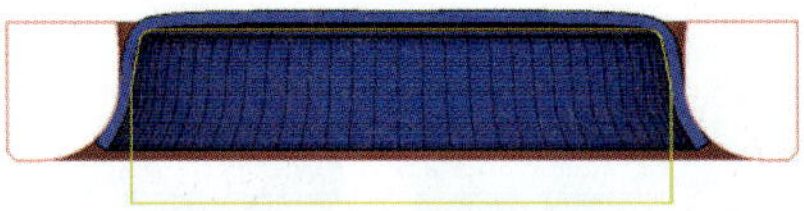

(a) 1단

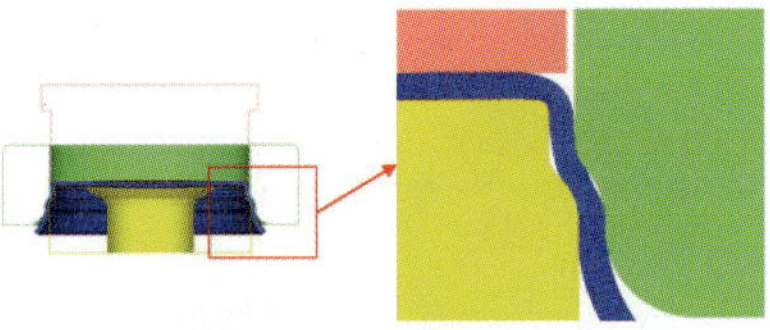

(b) 2단

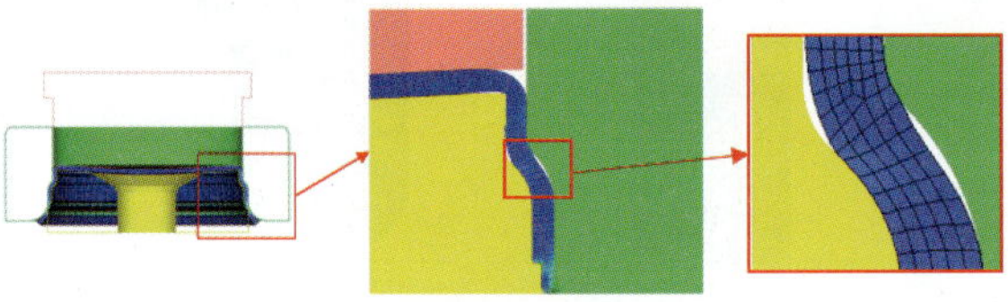

(c) 3단

그림 9.22 공기갇힘 기능 적용 예측결과

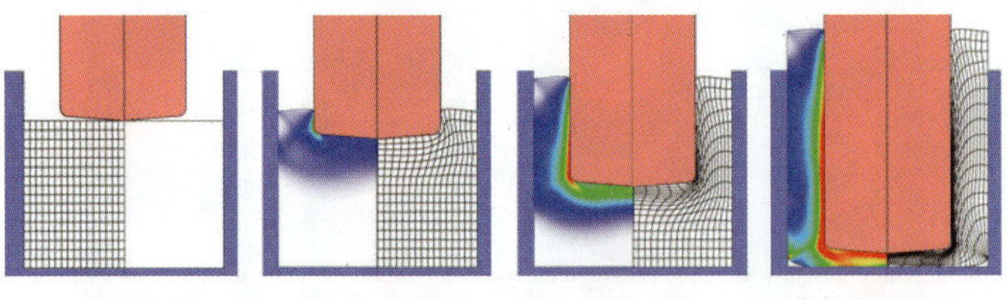

(a) 저변형경화 소재

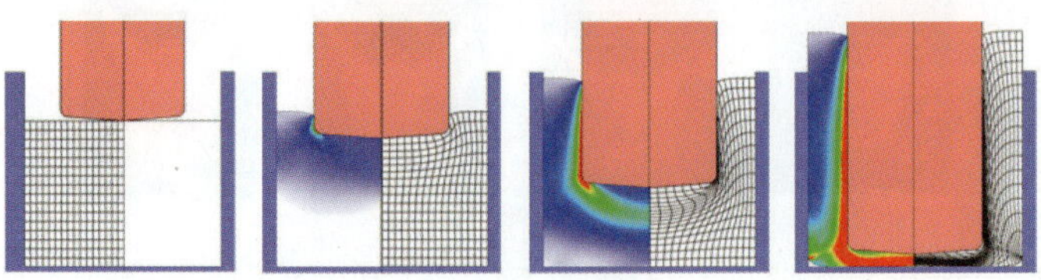

(b) 고변형경화 소재

그림 9.28 후방압출에서 발생하는 미충진결함

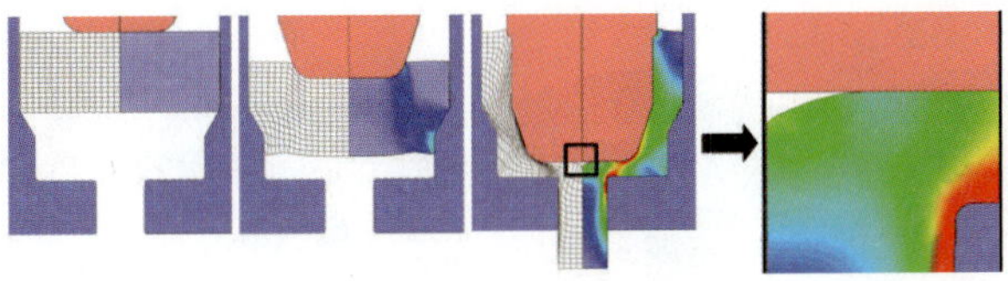

(a) 저변형경화 소재

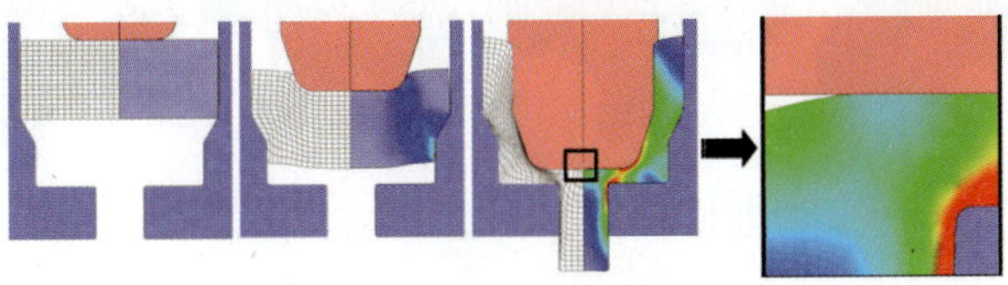

(b) 고변형경화 소재

그림 9.29 전후방압출에서 발생한 파이핑결함

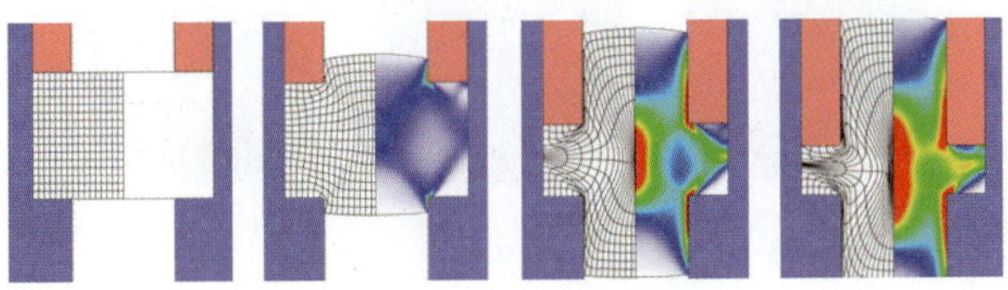

(a) 저변형경화 소재

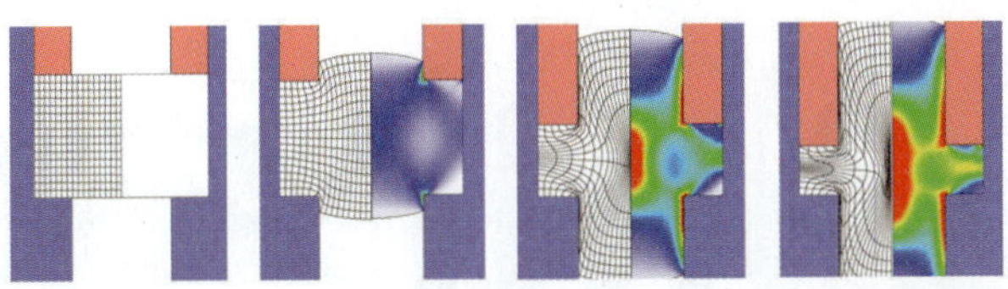

(b) 고변형경화 소재

그림 9.30 평판금형을 이용한 전후방압출공정에서 발생하는 플랜지 부위 유동 결함

(a) 실험결과 (일본의 ASAHI SUNAC사 제공)

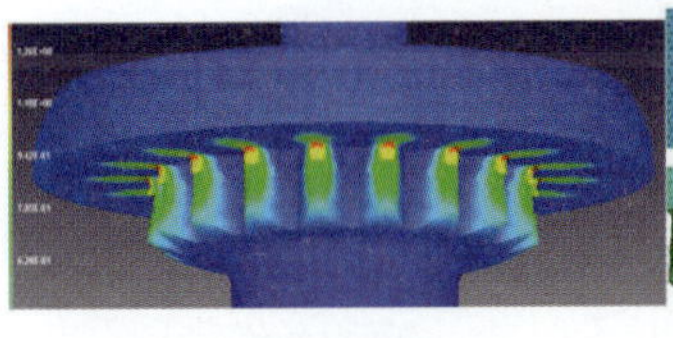

(b) 예측결과

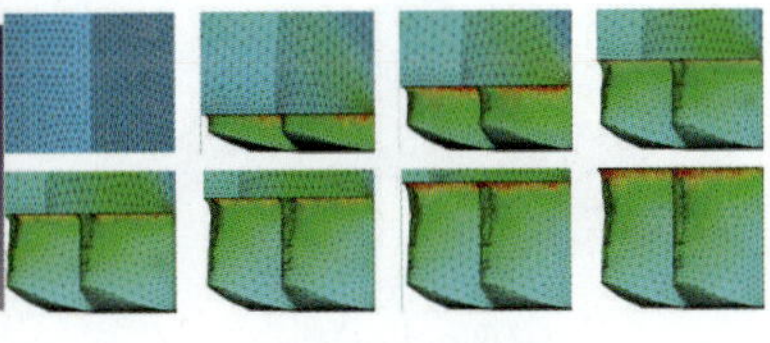

(c) 크랙의 발생과정

그림 9.36 스퍼기어 냉간단조 중 발생한 외부 크랙

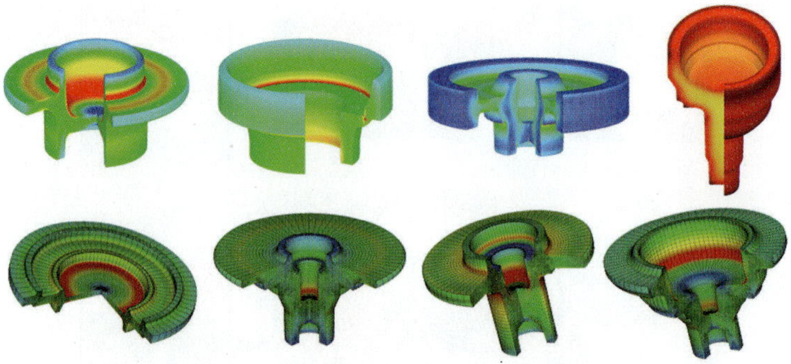

그림 10.8 주요 축대칭 열간단조공정

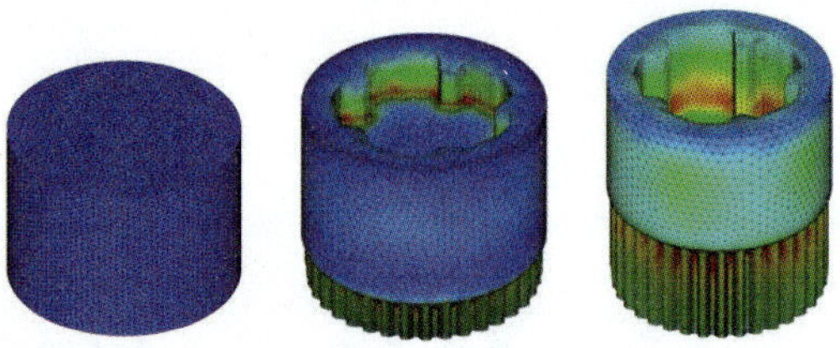

(a)(b) (c)

그림 10.17 예측결과

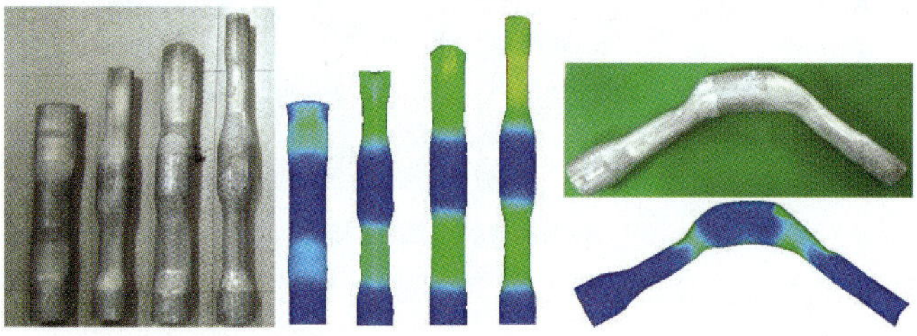

(a) 롤단조 (b) 벤딩

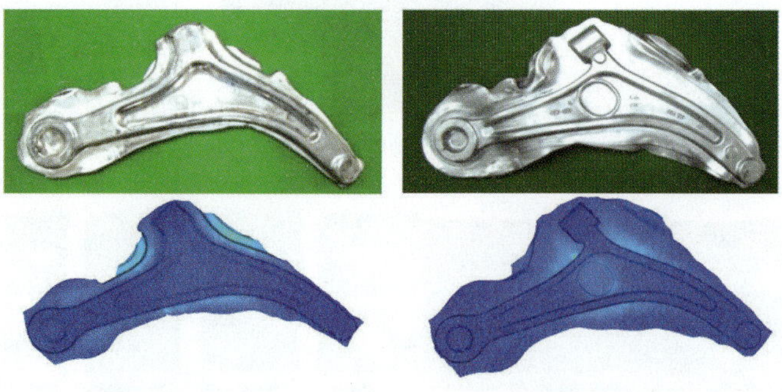

〈Blocker〉 〈Finisher〉

(c) 단조

그림 10.23 전체 제조공정에 대한 예측결과와 실험결과의 비교

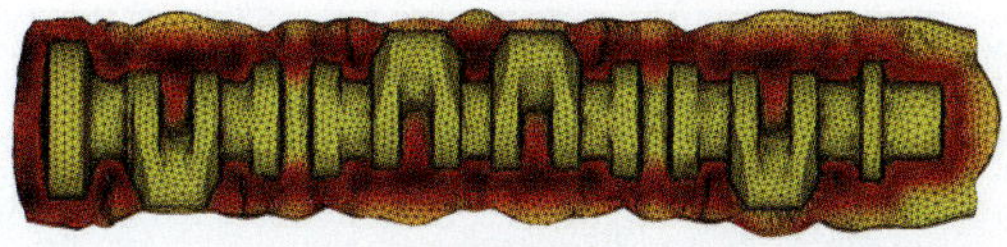

(a) 상형 접촉부

(b) 하형 접촉부

그림 10.49 최종 시점에서의 소재의 온도 분포

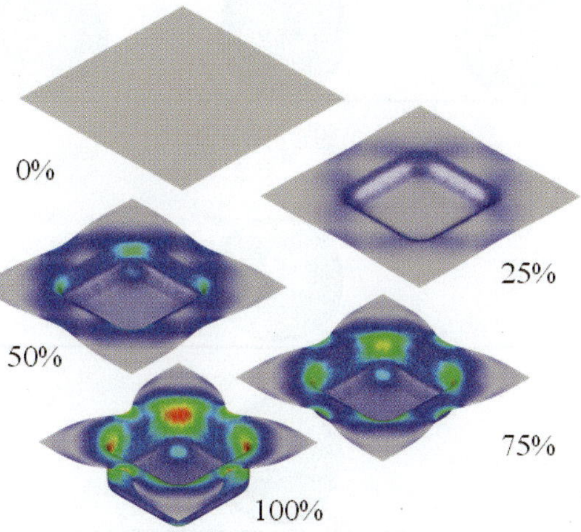

그림 10.54 변형이력

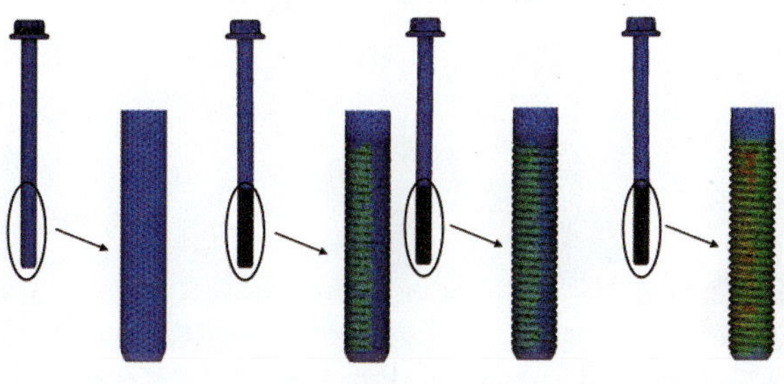

(a) 전체보기

(b) 상세보기

그림 10.65 나사전조공정의 예측결과 – 유효변형률

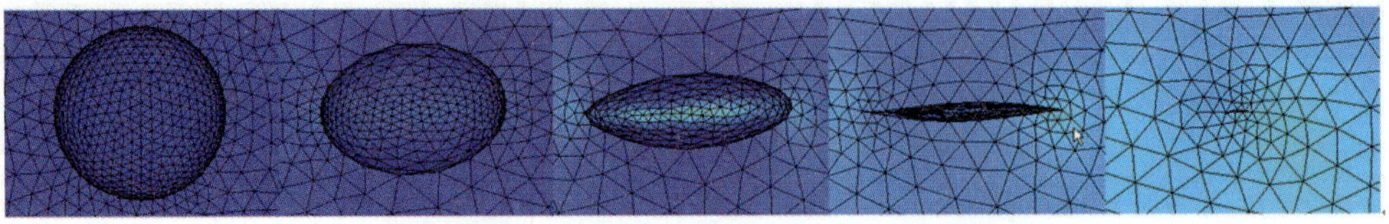

그림 10.103 기공압착의 상세 과정 (= 15.0 mm)

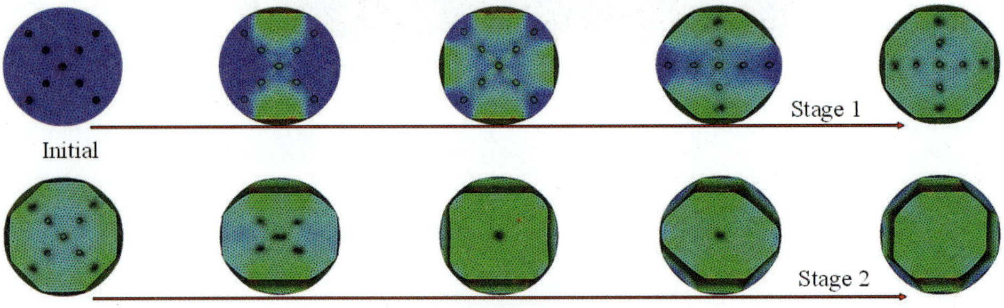

(a) 일반자유단조

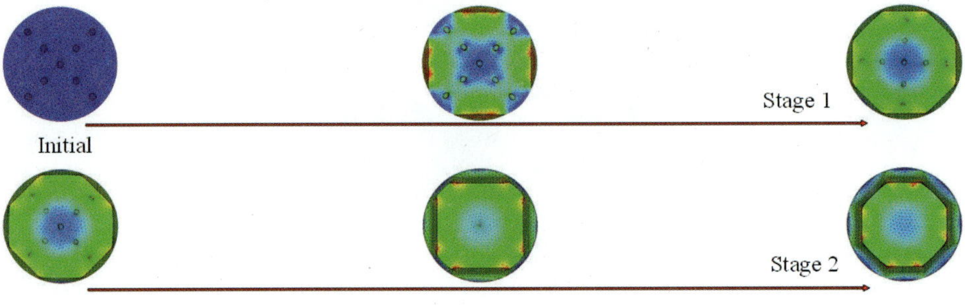

(b) 반경단조

그림 10.109 기공소멸 과정의 비교

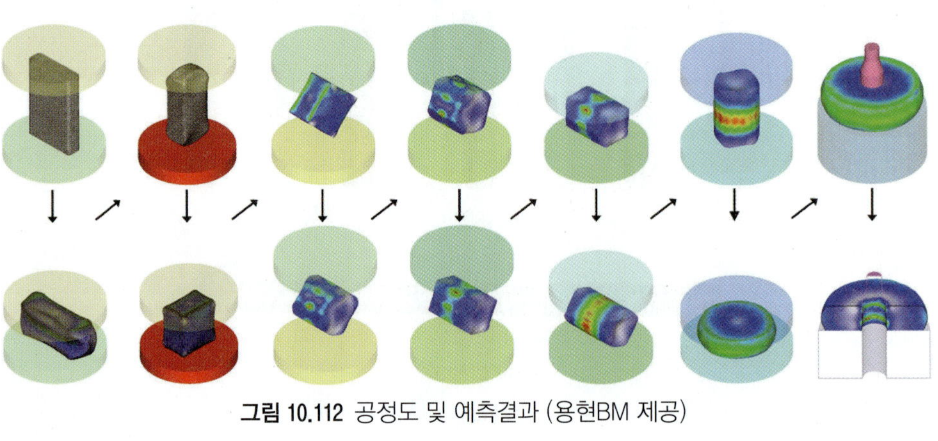

그림 10.112 공정도 및 예측결과 (용현BM 제공)

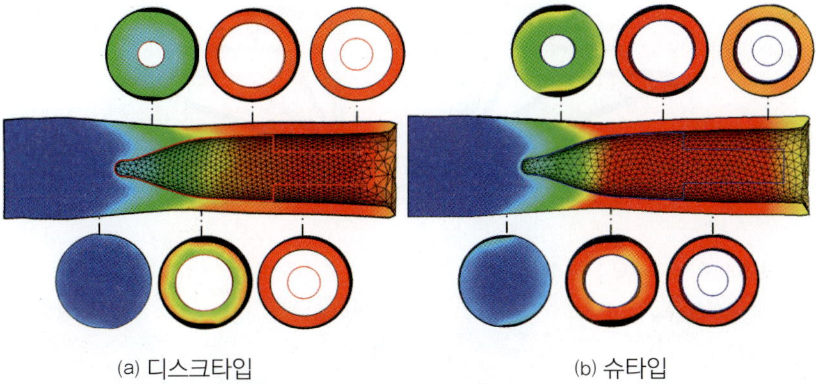

그림 10.119 변형형상 및 유효변형률 비교

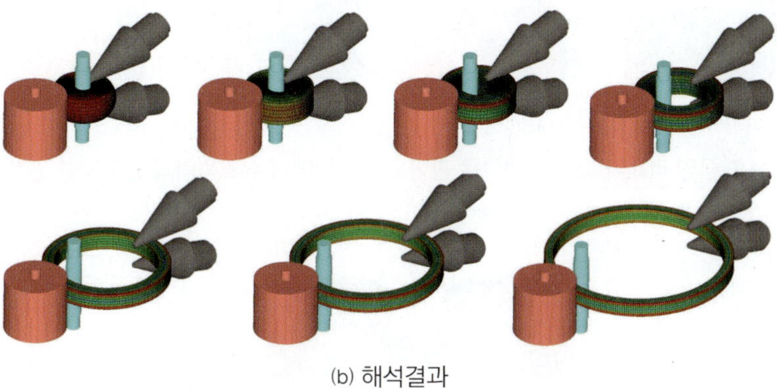

그림 10.133 해상풍력발전기용 베어링 기초 소재의 링롤링

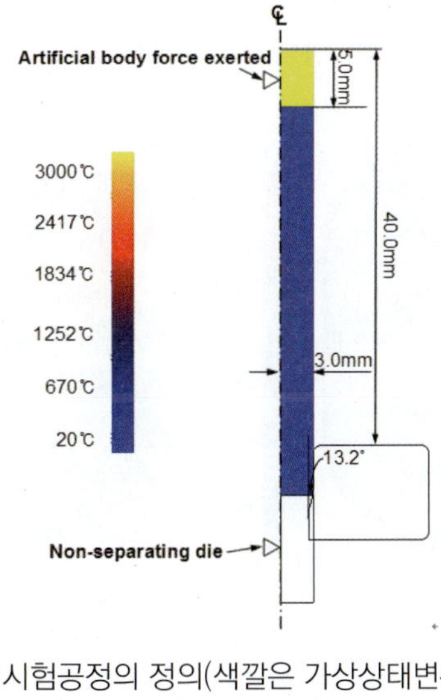

그림 10.139 시험공정의 정의(색깔은 가상상태변수를 의미함)

그림 10.163 2차원 해석을 통하여 획득한 플라워패턴

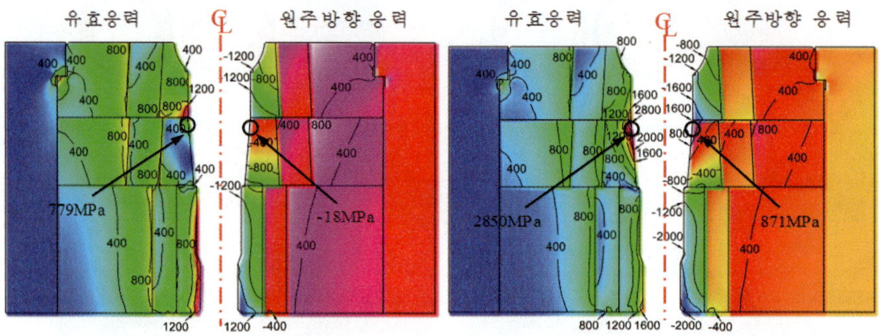

(a) SCM435 (b) ESW105

그림 11.7 금형 파괴가 발생한 것으로 판단되는 시점에서 유효응력과 원주방향 응력 성분

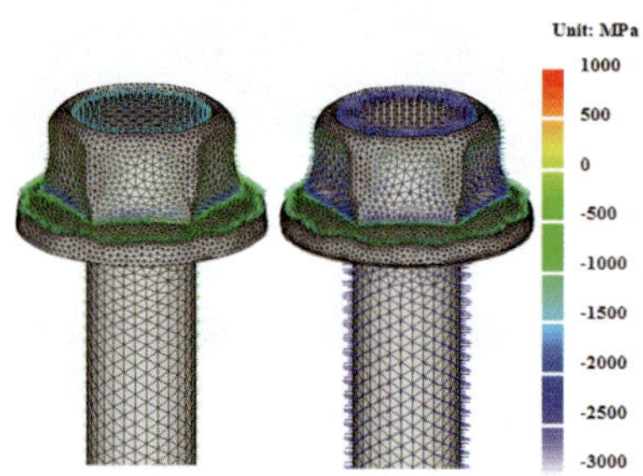

그림 11.11 금형 법선응력 분포

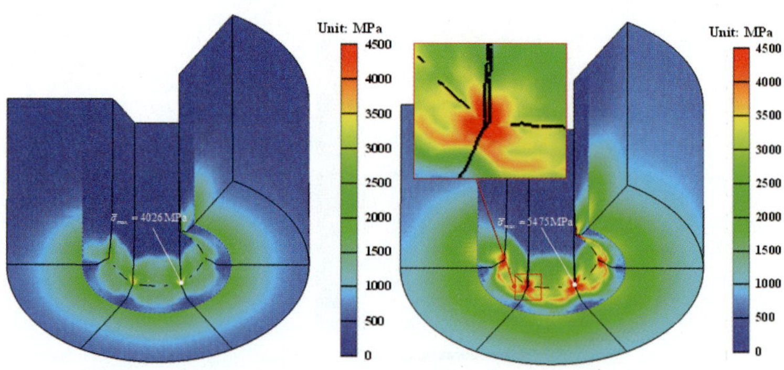

(a) 비분리 (b) 분리금형

그림 11.13 금형구조해석결과

찾아보기

ㅇ

ㅎ

A

B

C

D

E

G

H

참고문헌

1장

[1.1] 전만수, 2009, 고등 고체역학과 유한요소법, 진샘미디어.

[1.2] R. Hill, 1950, The Mathematical Theory of Plasticity, Oxford at the Clarendon Press.

[1.3] E. G. Thomsen, C. T. Yang, S. Kobayashi, 1965, Mechanics of Plastic Deformation in Metal Processing, Macmillan, New York.

[1.4] B. Avitzur, 1968, Metal Forming : Processes and Analysis, McGraw-Hill, New York.

[1.5] W. Johnson, P. B. Mellor, 1973, Engineering Plasticity, England.

[1.6] Slater, 1977, Engineering Plasticity - Theory and Application to Metal Forming Processes, The Macmillan Press.

[1.7] Considére, 1885, M., L'Emploi du Fer de l'Acier dans les Constructions, Annales des Ponts et Chaussées, Vol. 9, pp. 574~775.

2장

[2.1] 일본소성가공학회 편집, 알기쉬운 단조가공, 일간공업신문사, 2007.

[2.2] 손명조, 한국 고대 철기문화 연구, 진인진, 2012.

3장

[3.1] C. C. Chen, S. Kobayashi, 1978, Rigid-plastic finite element analysis of ring compression, Appl. of Num. Methods to forming Process, ASME, AMD 28, pp. 163-174.

[3.2] M.S. Joun, M. C. Lee, 1997, Quadrilateral finite-element generation and mesh quality control for metal forming simulation, Int. J. Numer. Methods. Eng., Vol. 40, pp. 4059~4075.

[3.2] M. C. Lee, M.S. Joun, J. K. Lee, 2007, Adaptive tetrahedral element generation and refinement to improve the quality of bulk metal forming simulation, Finite Elem. Anal. Des. Vol. 43, No. 10, pp. 788~802.

[3.4] 이추실, 이민철, 엄재근, 나승우, 전만수, 2011, 지능적 사면체 요소망생성 기술을 이용한 마이크로패턴 성형공정의 유한요소해석, 한국소성가공학회 춘계학술대회, pp. 201~204

4장

[4.1] G. R. Johnson, W. H. Cook, 1983, A constitutive model and data for metals subjected to large strains. High strain rates and high temperatures, Proceeding of the 7th

International Symposium on Ballistics, pp. 541~548.

[4.2] Y. Misaka, T. Yoshimoto, 1967, Formularization of mean resistance to deformation of plain carbon steels at elevated temperature, JSTP, Vol. 8, No. 79, pp. 414~422.

[4.3] M. S. Joun, I. S. Choi, J. G. Eom, M. C. Lee, 2007, Finite element analysis of tensile testing with emphasis on necking, Comp. Mat. Vol. 41, No. 1, pp. 63-69.

[4.4] M. S. Joun, J. G. Eom, M. C. Lee, 2008, A new method for acquiring true stress- strain curves over a large range of strains using a tensile test and finite element method, Mech. Mater., Vol. 40, No. 7, pp. 586~593.

5장

[5.1] 엄재근, 이추실, 장성민, 안순태, 손요헌, 현성운, 김혁, 윤덕재, 전만수, 2009, 선조질강 소재의 단조공정 측면에서의 특징, 한국소성가공학회지, Vol. 18, No. 6, pp. 453~457.

[5.2] S. H. Crandall, N. C. Dahl, T. J. Lardner, 1978, An Introduction to the Mechanics of Solids, 2nd ed., McGraw-Hill Companies, New York.

[5.3] 안순태, 조재민, 박지태, 윤덕재, 손요헌, 전만수, 고강도 저변형경화 재료의 소성가공을 위한 Bauschinger 효과의 정량적 분석, 한국소성가공학회 춘계학술대회, 2011, pp. 45~49.

[5.4] M. S. Joun, H. G. Moon, I. S. Choi, M. C. Lee, B. Y. Jun, 2009, Effects of friction laws on metal forming processes, Tribol. Int., Vol. 42, No.2, pp. 311~319.

[5.4] S. H. Lee, N. C. Cho, S. S. Hong, J. S. Lee, 1995, Determination of Blow Efficiency of the Forging Hammer, KSME, Vol. 19, No. 6, pp. 1539 ~ 1544.

[5.5] 이동형, 김봉수, 전만수, 2013, 너클프레스의 기구학적 해석 및 성형하중에 미치는 영향, 대한기계학회 춘계학술대회, pp. 408~411.

[5.6] H. K. Moon, J. S. Lee, S. J. Yoo, M. S. Joun, J, K. Lee, 2007, Hot Deformation Behavior of Bearing Steels, ASME Journal of Engineering Materials and Technology, Vol. 129, pp. 349~355.

[5.7] S. M. Hwang, M. S. Joun, Y. H. Kang, 1993, Finite Element Analysis of Temperatures, Metal Flow, and Roll Pressure in Hot Strip Rolling, J. Manuf. Sci. Eng., Vol. 155, No.3, pp. 290~298.

[5.8] 김민철, 김봉수, 전만수, 2013, 가정한 금형 온도를 이용한 소성가공 공정의 근사 비등온 해석, 한국소성가공학회 춘계학술대회, pp. 102~105.

[5.9] 심규하, 엄재근, 전만수, 2012, 국부요소망재구성기법을 이용한 정밀 단조시뮬레이션, 한국소성가공학회 춘계학술대회, pp. 235~238.

[5.10] J. Wan, M. S. Shephard, 2004, Comparison on Remeshing and Mesh Enrichment Based Forming Simulations, Scientific Computation Research Center, Rensselaer Polytechnic Institute.

[5.11] 이민철, 전만수, 2007, 커넥팅로드 단조공정 시뮬레이션 및 타 결과와 비교, 대한기계학회

춘계학술대회, pp. 2271~2276.

[5.12] 한승상, 엄재근, 장성민, 이민철, 전만수, 강신준, 손요헌, 2009, 장축 다각 볼트 제조공정의 시뮬레이션 기술, 한국소성가공학회 춘계학술대회, pp. 44~47.

[5.13] 최인수, 류성욱, 박상균, 윤덕재 전만수, 2007, ABS용 부품의 마이크로 포머단조공정 시뮬레이션, 한국소성가공학회 한국소성가공, Vol. 18, No. 6, pp. 2271~2276.

6장

[6.1] M. S. Joun, S. W. Lee, J. H. Jung, 1998, Finite Element Analysis of a Multi-Stage Axisymmetric Forging Process having a Spring-Attached Die for Controlling Metal Flow Lines, Int. J. Mach. Tools Manuf., Vol. 38, pp.834~854.

[6.2] M. S. Joun, H. K. Moon, R. Shivpuri, 1998, Automatic Simulation of a Sequence of Hot-Former Forging processes by a Rigid Thermo-viscoplastic Finite Element Method, J. Eng. Mater. Technol., Vol. 120, pp. 291~296.

[6.3] 장성민, 김성현, 이민철, 제갈영진, 박태현, 조범제, 전만수, 2010, 대형크랭크샤프트 해머단조공정의 시뮬레이션 및 실험적 검증, 한국소성가공학회 춘계학술대회, pp. 228~231.

[6.4] 현대자동차 소재금형기술부(발표자: 박형근), 2001, 고속단조형의 2D 성형해석 적용, 소성가공CAE 워크 2001.

[6.5] International Conference on Numerical Methods for Metal Forming in Industry, Baden-Baden, Germany, 1994.

[6.6] 엄재근, 김해지, 전만수, 박상균, 류성욱 2007, 파이프 제조 공정을 포함하는 다단자동단조공정의 해석 및 설계, 대한기계학회 춘계학술대회, pp. 462~472.

7장

[7.1] 전만수, 이민철, 엄재근, 2013, 소성유동선도 관점에서의 AFDEX2D와 3D의 예측 결과 비교, 한국소성가공학회 춘계학술대회, pp. 106~109.

[7.2] 정순종, 2001, 밀폐단조기술을 이용한 자동차용허브개발, 소성가공 CAE 워크 2001.

[7.3] 김민철, 엄재근, 박건형, 강신길, 정순종, 전만수 , 2010, 긴 단조품의 측방향 열간 단조공정 중 금형의 실용적 구조해석 기술에 관한 연구, 한국소성가공학회 춘계학술대회, pp. 387~390.

[7.4] M. C. Lee, S. H. Chung, M. S. Joun, 2009, Automatic and precise simulation of multi-stage automatic cold-forging processes by combined analyses of two- and three-dimensional approaches, Int. J. Adv. Manuf. Tech., Vol. 41, No. 1~2, pp. 1~7.

8장

[8.1] W. G. Wusatowski, O, Piot, H. Teofil, 1969, Fundamentals of rolling, Wydawnictwo Slask, cop.

[8.2] J. R. Walker, 1993, Modern metalworking, The Goodheart-Willcox Co., Inc.

[8.3] 문호근, 2007, 베어링 제조공정의 컴퓨터 시뮬레이션, 소성가공기술 Workshop 2007.

[8.4] 최상호, 전병윤, 이민철, 박래훈, 엄재근, 전만수, 2006, 폐쇄단조용 복동링크유압식 다이세트의 개발, 한국소성가공학회지, Vol. 15, No. 5, pp. 373~381.

[8.5] 엄재근, 이진혁, 박정휘, 이민철, 전병윤, 조광제, 전만수, 2007, 정밀 베벨기어 폐쇄단조 공정의 해석적 및 실험적 연구, 한국소성가공학회 춘계학술대회, pp. 144~148.

9장

[9.1] K. Komori, 2003, Effect of ductile fracture criteria on chevron crack formation and evolution in drawing, Int. J. Mech. Sci., Vol. 45, No. 1

[9.2] M. S. Joun, M. C. Kim, D. J. Yoon, H. J. Choi, Y. H. Son, 2011, Finite element analysis of central bursting defects occurring in cold forward extrusion, Proceedings of ASME-MSEC2011, Corvallis, Oregon, USA.

[9.3] 엄재근, 심규하, 김민철, 전만수, 2012, 손상도모델에 따른 인장시험 중 파단 예측 결과의 변화, 한국소성가공학회 춘계학술대회, pp. 239~243.

[9.4] D. C. Ko, B. M. Kim, 2000, The prediction of central burst defects in extrusion and wire drawing, J. Mat. Proc. Tech., Vol. 90, No. 102

[9.5] K. Saanouni, J. F. Mariage, A. Cherouat, and P. Lestriez, 2004, Numerical prediction of discontinuous central bursting in axisymmetric forward extrusion by continuum damage mechanics, Comp. Struct., Vol. 82, No. 72

[9.6] C. Soyarslan, A. E. Tekkaya, U. Akyuz, 2008, Application of continuum damage mechanics in discontinuous crack formation: forward extrusion chevron predictions, ZAMM, Angew. Math. Mech., Vol. 88, No.6

[9.7] K. Komori, 1999, Simulation of chevron crack formation and evolution in drawing, Int. J. Mech. Sci., Vol. 41, No. 12

[9.8] S. Norasethasopon, K. Yoshida, 2008, Prediction of chevron initiation in inclusion copper shaped-wire drawing, Eng. Fail. Ana., Vol. 15, No. 4

10장

[10.1] 이민철, 최인수, 전만수, 2007, 파이프형 요소밀도 제어 함수를 이용한 롤캠 단조공정의 시뮬레이션 및 결과의 검증, 한국정밀가공학회 추계학술대회, pp. 397~398

[10.2] 김장섭, 김기수, 심상현, 엄재근, 전만수, 2010, 액슬하우징의 온간 후판단조에서 굽힘 변형된 모서리에서 발생하는 두께 감소 방지를 위하여 고안된 금형 시스템, 한국소성가공학회지, Vol. 19, No. 8, pp. 447~451

[10.3] 강민석, 전만수, 김진욱, 강상명, 전병윤, 2003, 단조 시뮬레이션 기술을 이용한 소형 풀리의 복합단조 공정의 개발, 한국소성가공학회지, Vol. 12, No. 1, pp. 66~71.

[10.4] M. L. Wenner, 2005, Overview-simulation of sheet metal forming, Proc. Of NUMISHEET 2005, AIP Conference Proceeding, Vol. 778, pp. 3~7.

[10.5] H. J. Xu, Y. Q. Liu, X. B. Xhang, T. Du, 2010, Solid-shell finite element method for progressive die forming simulation, Proc, of Metal Forming 2010, pp. 721~724.

[10.6] Y. Zhao, Q. Peng, G. Du, 2912, Research of fine blanking technology with none-vee ring pressure plate, Proceedings of the 12th Asian Symposium on Precision Forging, pp. 91~94.

[10.7] Z. Pater, J. Kazanecki, J. Bartnicki, 2006, Three dimensional thermo-mechanical simulation of the tube forming process in Diescher's mill, J. Mater Process. Technol., Vol, 177, pp. 67~170.

[10.8] 엄재근, 심상현, 조재민, 김홍석, 전만수, 2011, 인위적 체적력 기법에 의한 후방 가압 및 인장을 고려한 인발공정의 정밀 시뮬레이션 기술, 한국소성가공학회지, Vol. 20, No. 3, pp. 461~467.

[10.9] L. R. Neymann, 1998, Skin effect in ferromagnetic bodies, Theoretical electric engineering, Leningrad, Nauka, (in Russian).

[10.10] NIMONIC alloy 80A, www.specialmetals.com

[10.11] S. M. Hwang, M. S. Joun, Y. H. Kang, 1993, Finite element analysis of temperatures, metal flow, and roll pressure in hot strip rolling, ASME J. Eng. Ind., Vol. 115, pp. 292~298.

[10.12] M. S. Cho, 2004, A study on the simulation of electric upsetting process for exhaust valve of large marine diesel engine, Korea Martime University, Master's degree thesis.

[10.13] R. D. Wood, J. Bonet, 1996, A review of the numerical analysis of superplastic forming, J. Mat. Proc. Tech., Vol. 60, pp. 45~53.

[10.14] J. Pilling, N. Ridley, 1989, Superplasticity in crystalline solids, Institute of Metals, p. 214.

[10.15] J. Lin, 2003, Selection of material models for predicting necking in superplastic forming, Int. J. Plast., Vol. 9, pp, 469~481.

[10.16] 조주현, 김홍태, 이민철, 안규철, 김희원, 전만수, 2007, 항공기용 스트링거 롤 포밍공정의 3차원 강소성 유한요소해석, 한국소성가공학회 추계학술대회, pp. 201~206.

11장

[11.1] S. Takshashi, C. A. Brebbia, 1990, Forging die stress analysis using boundary element method, Adv. Tech. Plast., Vol. 1, pp. 203~210.

[11.2] 서대윤, 류찬호, 이민철, 전만수, 1998, 예압된 냉간단조 금형 세트의 유한요소해석, 대한기계학회 춘계학술대회논문집A, pp. 791~795.

[11.3] M. S. Joun, M. C. Lee, J. M. Park, 2002, Finite element analysis of prestressed die set in cold forging, Int. J. Mach. Tools Manuf., Vol. 42, No. 11, pp. 1212~1222.

[11.4] 김민철, 강신준, 소요헌, 윤덕재, 전만수, 2011, 원주방향 분할 및 반경방향 예압 금형의 3차원 구조해석, 한국소성가공학회 추계학술대회, pp. 68~72.

후기

저자는 '2012년도 중소기업청 업종공통개발사업'의 일환으로 한국단조공업협동조합 주관 하에 국내 중소단조회사에 실질적 도움을 주고자 추진된 AFDEX-K의 개발 과제에 참여하게 되었다. 이 과제는 한글 바탕 단조 시뮬레이터의 개발과 함께 단조 관련 기술서적의 발간을 포함하고 있다. 이 책은 이 과제의 일부로 이루어진 실적이며, 한국단조공업협동조합의 경제적 지원이 뒷받침되었다.

이 책은 우리나라의 소성가공산업, 특히 단조산업 발전에 큰 보탬이 될 것이라는 것을 확신한다. 이 자리를 빌어, 정부는 업종공통 기술개발에 보다 적극적으로 나서야 한다는 점을 강조한다. 기업 간에 경쟁하고 있는 기술에 대한 개발 자금 지원이나 경쟁이 없는 상태에서 사전 수요조사라는 미명하에 이루어지는 기업 지원은 납세자로서 납득하지 않을 시점이 다가오고 있다. 국가적 R&D 지원 정책의 초점이 업종공통 관련 기술, 국가 간의 경쟁 대상 기술, 창업 및 고용 창출 유발 기술, 미래 지향 및 도전 기술에 맞추어져야 할 것이다.

저자 소개

- **전만수** (msjoun@gnu.ac.kr)

1983년	서울대학교 기계설계학과 졸업(공학사)
1985년	한국과학기술원 기계공학과 졸업(공학석사)
1992년	포항공과대학교 기계공학과 졸업(공학박사)
1985~1989년	삼성항공산업주식회사 연구소 연구팀장
1997~1998년	미국 오하이오주립대학 교환교수
1992~현재	경상대학교 교수
2007~2008년	일본 토요하시 과학기술대학 교환교수

단조 시뮬레이션

발 행 일 • 2013년 6월 13일

저 자 • 전만수
발 행 자 • 최봉조
발 행 처 • 진샘미디어
주 소 • 서울시 은평구 역촌동 58-9
부호아파트 102동 상가 5호
전 화 • 02)353-4421
F A X • 02)353-4431

Home-page • www.jinsaem.co.kr
신 고 번 호 • 제311-2005-000025호

I S B N • 978-89-92887-88-5 (93550)

정가 29,000원